이성적 낙관주의자

THE RATIONAL OPTIMIST
by Matt Ridley

Copyright © 2010 by Matt Ridley.
All rights reserved.
Korean Translation Copyright © 2010 by Gimm-Young Publishers, Inc.
The Korean language edition published by arrangement with
Felicity Bryan Ltd., through EYA(Eric Yang Agency)

이성적 낙관주의자

번영은 어떻게 진화하는가?

"경제붕괴, 인구폭발, 기후변화, 테러리즘, 빈곤, 모두 해결될 것이다.
어떻게 해서, 왜 그렇게 되는지를 이 책에서 설명할 것이다!"

THE RATIONAL
OPTIMIST

매트 리들리

조현욱 옮김 | 이인식 해제

김영사

이성적 낙관주의자

1판 1쇄 발행 2010. 8. 19.
1판 12쇄 발행 2023. 4. 1.

저자 매트 리들리
역자 조현욱
해제 이인식

발행인 고세규
발행처 김영사
등록 1979년 5월 17일(제406-2003-036호)
주소 경기도 파주시 문발로 197(문발동) 우편번호 10881
전화 마케팅부 031)955-3100, 편집부 031)955-3200 | 팩스 031)955-3111

이 책의 한국어판 저작권은 EYA(Eric Yang Agency)를 통해
Felicity Bryan Ltd.사와의 독점 계약으로 (주)김영사에 있습니다.
저작권법에 의해 한국 내에서 보호를 받는 저작물이므로 무단전재와 무단복제를 금합니다.

값은 뒤표지에 있습니다.
ISBN 978-89-349-4036-4 03400

홈페이지 www.gimmyoung.com   블로그 blog.naver.com/gybook
인스타그램 instagram.com/gimmyoung   이메일 bestbook@gimmyoung.com

좋은 독자가 좋은 책을 만듭니다.
김영사는 독자 여러분의 의견에 항상 귀 기울이고 있습니다.

**THE
RATIONAL
OPTIMIST**

분업을 하면 숱한 이점이 생기며, 사회 전체가 풍요로워진다. 하지만 애초에 인간의 지혜가 이를 내다보고 의도한 결과로 분업이 발생한 것은 아니다. 분업은 그런 선견지명과는 관계없는 인간의 본성 중 어떤 성향, 무언가를 다른 것과 맞바꾸고 거래하려는 성향의 필연적 결과다. 그 출현에 이르는 과정은 비록 느리고 점진적이었지만.

애덤 스미스, 《국부론》

차례

해제 _ 참 근사한 미래를 꿈꾼다 • 8 | 프롤로그 _ 아이디어들이 섹스할 때 • 15

1   더 나아진 현재 _ 전례 없는 번영 • 31

모두를 위한 번영 | 값싼 조명이 비추는 것 | 시간 절약, 번영의 열매 | 경제 성장과 행복의 상관관계 | 지금 세계 경제는 정말 붕괴되었는가? | 서로 의존하라, 부유해질 것이다 | 순한 생산, 다양한 소비 | 자급자족은 빈곤이다 | 다시 찾은 낙원 | 새로운 것이 부른다

2   집단지능 _ 20만 년 전 이후의 교환과 전문화 • 83

역동적인 인간의 출현 | 물물교환이 시작되다 | 채집을 돕는 수렵, 노동의 성별 분업 | 동쪽 해변을 떠도는 사람들 | 우리, 교역할까요? | 비교우위를 전제로 한 분업 | 이노베이션 네트워크 | 중동에서의 네트워킹

3   덕성의 형성 _ 5만 년 전 이후의 물물교환, 신뢰, 규칙 • 139

교역 파트너 찾기 | 낯선 사람을 신뢰하는 인간의 본능적 자질 | 미래의 그림자가 드리워진 현재의 거래 | 신뢰가 시장을 작동시킨다면, 시장은 신뢰를 창출할 수 있을까? | 강요는 자유의 반대다 | 대기업이라는 이름의 괴물 | 상업과 창의성 | 신뢰를 창출하는 규칙과 도구

4   90억 명 먹여살리기 _ 1만 년 전 이후의 농업 • 189

교역 없는 농업은 없다 | 자본과 금속 제련 | 농업의 발명, 인류 역사상 최악의 실수? | 비료혁명, 공기를 비료로 | 볼로그의 난쟁이 밀 | 집약농업은 자연을 보호한다 | 유기농의 오류 | 유전자를 조작하는 수많은 방법

5   도시의 승리 _ 5천 년 전 이후의 교역 • 243

세계 최초의 대도시 | 목화와 생선을 주고받다 | 깃발이 교역을 따라간다 | 페니키아인들의 해양혁명 | 약한 정부의 미덕 | 갠지스 강에서 티베르 강까지 | 사막의 배, 낙타 | 피사의 상인 | 규제만능주의 국가 | 곡물조령을 다시 폐기하라 | 도시의 절정기

6 맬서스의 함정을 피해 _ 1200년 이후의 인구 · 295

중세 유럽의 실패 | 18세기 일본의 인구 증가와 퇴보 | 영국 예외주의 | 인구학적 천이 | 설명할 수 없는 현상

7 노예 해방 _ 1700년 이후의 에너지 · 327

점점 더 부유해지다 | 영국 중부 지방의 금속산업 | 소비하라, 그들이 공급할 것이다 | 석탄, 에너지의 제왕 | 전기가 펼쳐놓은 마법의 세계 | 열이 일이고, 일이 열이다 | 바이오연료, 미친 세상 | 에너지 효율과 수요

8 발명의 발명 _ 1800년 이후의 수확 체증 · 375

이노베이션은 들불과 같다 | 이노베이션을 추동한 것은 과학인가? | 자본의 힘인가? | 그렇다면 지적재산권? | 정부의 공로일까? | 그렇다면 교환! | 무한한 가능성

9 전환점 소동 _ 1900년 이후의 비관주의 · 419

나쁜 소식의 간략한 역사 | 그치지 않는 전환점 소동 | 우리는 정말 악화일로를 달리고 있나? | 암의 대유행 | 핵 아마겟돈 | 세계적 기근 | 자원의 고갈 | 공기오염 | 유전자 | 악성 전염병 | 후퇴하라는 거짓 경보에 속지 말라

10 오늘날의 양대 비관주의 _ 2010년 이후의 아프리카와 기후 · 467

아프리카의 최하위 10억 명 | 원조, 시험대에 오르다 | 예정된 실패? | 무한한 기회가 열려 있다 | 기후 변화의 문제 | 온난화하고 더 부유해질 것인가, 냉각화하고 더 가난해질 것인가? | 생태계 살리기 | 경제의 비탄소화

11 카탈락시 _ 2100년을 바라보는 이성적 낙관주의 · 519

앞으로, 위로! | 얼마나 더 좋아질 수 있을까?

옮긴이의 글 · 534 | 주와 참고문헌 · 541 | 찾아보기 · 612

해제

참 근사한 미래를 꿈꾼다
이인식(과학문화연구소장, KAIST 겸임교수)

 인류의 보금자리인 행성 지구와 인류 사회의 미래는 항상 당대 지식인의 최대 관심사였다. 미국 역사학자 아서 허먼(1956~)은 19세기 중반부터 20세기까지 인류의 미래에 대해 발표된 문헌을 분석했다. 1997년 펴낸 《서구 역사에서 몰락의 아이디어 The Idea of Decline in Western History》에서 허먼은 인류의 종말을 예견하는 비관론과 인류의 번영을 확신하는 낙관론이 팽팽히 맞서 있다고 밝혔다.
 20세기 중반에 비관론을 펼친 대표적 인물은 미국 생물학자 폴 에를리히(1932~)이다. 1968년 출간된 《인구 폭탄 The Population Bomb》에서 토머스 맬서스(1766~1834)의 가설을 그대로 인용하여, 인구 과잉으로 지구에 재앙이 닥쳐올지 모른다고 경고했다. 영국 정치경제학자인 맬서스는 1798년 발표한 《인구론》에서, 인구는 기하급수적으로 증가하는 반면 식량 공급은 대수적으로 증가할 수밖에 없기 때문에 식량은 항상 부족하다고 주장했다.

 1972년 로마클럽이 펴낸 보고서 〈성장의 한계 The Limits to Growth〉 역시 인구 팽창, 산업화, 자원 고갈이 계속된다면 경제 성장은 한 세기 안에 한계에 도달하고 전 세계는 파멸의 길로 치닫게 될 것이라고 경고했다.

 21세기에 들어서는 지구 온난화 때문에 파국이 임박했다고 주장하는 목소리가 갈수록 거세지고 있다. 2009년 세계적 과학학술지 《네이처》 9월 24일자에 발표된 보고서에 따르면, 지구의 건강은 중병에 걸린 환자 상태이다. 이 보고서는 유럽·미국·호주의 전문가들이 인류의 생존을 위협하는 환경 위기의 실상을 점검하여 지구의 건강 상태를 종합 진단한 것이었기 때문에 충격적으로 받아들여졌다. 지구 온난화에 따른 기후 변화, 이산화탄소에 의한 해양 산성화, 화학물질 방출에서 비롯된 오존층 파괴, 물 부족, 서식지 파괴에 따른 생물 다양성 훼손 등 5대 요인은 인류가 안전하게 삶을 꾸릴 수 있는 한계를 넘어선 것으로 밝혀졌다. 그 밖에도 피할 수 없는 석유 고갈, 일촉즉발의 핵전쟁, 지구를 노리는 소행성 등 인류의 생존을 위협하는 요인은 한두 가지가 아니기 때문에 비관주의는 언제 어느 곳에서나 절대적 지지를 받는다.

 1980년대에 비관론이 득세하는 풍토에서 에를리히와 두 차례 내기를 하여 이긴 에피소드로 널리 알려진 미국 경제학자 줄리언 사이먼(1932~1998)은, 자원 부족에도 불구하고 기술 혁신 innovation에 의해 경제는 지속적으로 성장할 수 있다고 주장했다. 1995년 사이먼이 50여 명의 세계적 학자로부터 지구와 인류의 과거, 현재, 미래를 살펴본 글을 받아 6부 58장으로 엮어낸 《인류의 상태 The State of

Humanity》는 사이먼의 낙관론이 결코 허무맹랑한 것이 아님을 여실히 보여주었다. 식량·보건·수명부터 물·오존층·환경까지 인류의 생존 여건을 점검한 이 책은 경제·사회·문화·환경을 융합한 문제작으로 자리매김했다.

《인류의 상태》의 뒤를 이어 낙관론을 펼친 책들이 잇따라 출간되어 베스트셀러가 되기도 했다. 2007년 1월 인두르 고클라니가 펴낸 《세계의 개선된 상태 The Improving State of the World》는 세계화가 환경을 훼손하기는커녕 경제, 기술, 무역의 발전을 초래한다고 주장했다. 2009년 12월 그레그 이스터브룩이 펴낸 《음속의 벼락경기 Sonic Boom》 역시 세계화로 인류가 번영을 누리게 될 것이라고 전망했다.

이들처럼 낙관론을 펼치면서 훨씬 정교하고 담대하게 논리를 전개한 논객이 등장했다. 영국이 배출한 세계적 과학저술가 매트 리들리(1958~)이다. 그의 저서는 우리나라에서도 적지 않은 애독자를 확보하고 있다. 1993년에 펴낸 《붉은 여왕 The Red Queen》은 부제 '섹스와 인간 본성의 진화 Sex and the Evolution of Human Nature'에 명시된 것처럼, 성선택이론으로 인간의 본성을 탐구한 역작이다. 1996년 작품인 《미덕의 기원 The Origins of Virtue》은 인문사회과학과 자연과학을 융합한 글쓰기로, 그를 세계적 저술가의 반열에 올려놓은 화제작이다. 1999년에 펴낸 《게놈 Genome》은 과학저술가의 존재가치를 유감없이 보여주었다. 생명공학의 최신 성과를 집대성하여 적시에 일반 대중에게 알려준 공로를 인정받아, 《게놈》은 2000년 《뉴욕 타임스》가 선정한 최고의 책 10권에 이름을 올렸다. 2003년 《본성과 양육 Nature via Nurture》을 펴내 여느 과학저술가들과 달리 철학,

심리학, 언어학, 인류학, 사회학에도 전문가 수준의 일가견이 있음을 여유만만하게 과시했다.

이처럼 인문학과 과학기술이 융합된 지식을 보유하고 있다는 사실이 입증된 바 있기 때문에 2010년 5월 펴낸 《이성적 낙관주의자 *The Rational Optimist*》가 문명비평서의 성격을 띠고 있음에도 책 내용의 진정성에 의문을 제기하는 여론은 일어날 것 같지 않다.

리들리는 이 책에서 석기시대부터 앞으로 2100년까지 인류 문명을 특유의 논리로 해석하고, 2100년에도 인류는 오늘날에 비해 아주 엄청나게 잘살 것이며 생태환경도 같은 정도로 개선될 것이라고 주장한다. 이런 낙관론은 인류가 혁신을 할 수 있는 유일한 동물이라는 전제에서 출발한다.

일반적으로 인류가 이런 능력을 갖게 된 까닭은 큰 뇌, 언어 사용, 사회적 학습 또는 모방 능력 덕분이라고 설명된다. 하지만 리들리는 "우리의 머릿속을 들여다봐서는 소용이 없다. 뇌 속에서 무언가가 일어났다는 것은 답이 될 수 없다. 뇌와 뇌 사이에서 무언가가 일어난 것이다. 이것은 집단적 현상이었다"고 주장한다. 이른바 집단지능collective intelligence이 출현해서 인류 문명이 발달하게 되었다는 뜻이다.

인류의 지능이 집단적이고 누적적인 특성을 갖게 된 것은 "인류 역사의 어느 시점에 아이디어들이 서로 만나 짝을 짓고 섹스를 하기 시작"했기 때문이라고 설명한다. 선사시대의 어느 시점에 뇌가 크고 학습 능력이 뛰어난 사람들이 서로 물건을 교환하기 시작했다. 일단 교환이 시작되자 갑자기 문화가 누적적인 성격을 띠게 되었으며 '경제적 진보'라는 위대한 실험이 급속도로 진행되었다. 서로 교환함으로써 노동의 분업을 발견하여, 쌍방의 이익을 위해서 노력과 재능을 특화할 수 있게 된다. 서로가 자신들의 분야를 전문화함에 따라 혁신이 촉진되었고 결국 경제적 번영이 가능해진 것이다.

리들리는 "세상이 네트워크로 연결되었고 아이디어들은 과거 어느 때보다 문란하게 서로 섹스를 나누고 있다. 그러니 혁신 속도는 배가될 것이다. 경제적 진화 덕분에 21세기의 생활수준은 과거 상상도 못했던 수준으로 높아질 것이고, 심지어 세계에서 가장 가난한 사람들조차 생존적 필요만이 아니라 욕구를 충족시킬 여유를 갖게 될 것"이라고 목소리를 높인다.

리들리의 낙관론은 그야말로 막힘이 없고 거칠 것이 없다. 세계화, 지구 온난화, 식량 부족으로 신음하는 사람들에게는 복음처럼 들릴 법도 하다. 하지만 리들리의 논리에 사소한 약점이 섞여 있는 것 같다는 지적이 제기되었다. 영국의 경제 주간지《이코노미스트》는 5월 15일자 서평에서 리들리가 애매한 통계를 인용해서 자의적으로 해석한 대목이 없지 않다고 꼬집었다. 이런 흠결에도 불구하고《이코노미스트》는 가령 "그는 확실히 옳다"는 표현을 사용하면서 리들리를 높이 평가했다. 이를테면 세계화가 확산됨에 따라 기술 혁신은 더 이상 몇몇 전문가의 전유물일 수 없으며, 상향식 과정에 의해 개방적이고도 민주적으로 성취될 것이라는 리들리의 논리에 전폭적 지지를 표명했다.

리들리의 희망사항은 90억 명의 혁신 능력을 활용하는 방법을 찾아내 2100년에 모든 인류가 잘살게 되는 세상을 만드는 것이다. 리들리의 주장처럼 인류의 최대 자산은 무한대로 남아 있는 천연자원, 다름 아닌 인간의 기술 혁신 능력일지도 모른다.

프롤로그
아이디어들이 섹스할 때

THE
RATIONAL
OPTIMIST

나는 이성적 낙관주의자다. 이성적이라고 하는 것은 기질이나 본능 때문이 아니라
증거를 살펴본 결과 낙관주의에 도달했기 때문이다.

동물들의 경우, 개체 수준에서 유년기로부터 노년기 혹은 성숙기로 나아간다.
개체는 주어진 수명 내에서 자신의 본성이 다다를 수 있는 최대한의 완성도를 성취한다.
하지만 인류는 다르다. 개인으로서뿐 아니라 종으로서도 진보한다.
모든 세대는 그 이전 세대까지 선조들이 이미 축적해놓은 기반 위에서 출발한다.

—

애덤 퍼거슨 Adam Ferguson,
《시민사회 역사론 An Essay on the History of Civil Society》

아이디어들이 섹스할 때

내 책상 위에는 크기와 형태가 비슷한 인공물이 두 개 놓여 있다. 하나는 컴퓨터용 무선 마우스고, 다른 하나는 약 50만 년 전 중석기시대의 주먹도끼다. 둘 다 인간의 손에 맞도록 디자인됐다. 인간에 의해 사용되어야 한다는 제약을 따른 것이다.

그러나 양자는 크게 다르다. 전자는 많은 재료를 사용해 정교하게 만들어졌고 내부 디자인도 복잡하다. 다양한 계통의 지식이 동원되었기 때문이다. 후자는 한 가지 재료에 단 한 명의 솜씨가 반영되었다. 양자의 차이는 오늘날 인간의 경험이 50만 년 전과 비교해 얼마나 달라졌는지를 보여준다.

이 책은 인간 사회의 빠르고 지속적이며 중단 없는 변화를 다루고 있다. 다른 동물들의 사회는 이런 식으로 변화하지 않는다. 생물학자에게 이것은 설명이 필요한 현상이다. 지난 20년간 나는 네 권의 책을 썼다. 인류가 다른 동물들과 얼마나 비슷한지를 다루는 내용이었다. 이번 책은 인류가 여타 동물들과 얼마나 다른지에 대해 다룰 것이다.

인간의 생활방식은 떠들썩하고도 지속적으로 바뀌어왔다. 인간에게 어떤 점이 있어서 이런 일이 가능했을까? 인간의 본성이 바뀌기라도 한 것일까? 주먹도끼를 잡았던 손은 오늘날 마우스를 쥐는 손과 똑같이 생겼었다. 인간은 다른 동물들처럼 먹을거리를 찾고, 섹스를 갈망하며, 자손을 돌보고, 지위를 얻기 위해 경쟁하며, 고통을 기피한다. 과거에도 그랬고 지금도 그러하며 앞으로도 그럴 것이다.

인간종에 고유한 많은 특징 역시 그대로 남을 것이다. 지구상에서 가장 깊숙한 오지로 여행을 간다 해도 당신은 예상할 수 있다. 그곳에서도 여전히 노래, 웃음, 연설, 성적 질투심, 유머감각과 마주치게 될 것이라고 말이다. 이중 어떤 특징도 침팬지에게서는 찾아볼 수 없는 것이다.

시간을 거슬러올라가 셰익스피어, 호메로스, 공자, 부처를 만난다 해도 당신은 그들의 동기에 쉽게 공감할 수 있을 것이다. 32,000년 전 프랑스 쇼베 동굴에 코뿔소를 그린 사람을 생각해보자. 만일 만날 수 있다면, 그가 심리적으로 모든 면에서 지금의 우리와 똑같다는 사실을 확인하게 되리라는 것을 나는 조금도 의심하지 않는다. 인간의 삶에는 물론 변화하지 않는 부분이 대단히 많다. 하지만 32,000년 전이나 지금이나 우리의 삶이 똑같다고 한다면 어리석은 소리가 될 것이다. 이 기간 동안 우리 종의 구성원은 약 300만 명에서 거의 70억 명으로, 수천 배 늘어났다.

인류는 여타 종에서는 상상조차 할 수 없는 수준의 이기利器와 사치품을 스스로에게 제공했다. 지구상에서 거주 가능한 모든 지역에서 살고, 거주 불가능한 거의 모든 지역을 조사했다. 세계의 외관과 유전학과 화학을 바꿔놓았으며, 모든 지상식물 소출의 약 23퍼센트를 스스로의 목적을 위해 차지했다. 인류는 기술이라 불리는, 독특하고 작위적인 원자의 배열로 자기 주위를 둘러싸버렸다. 그리고 거의 지속적으로 기술을 발명하고, 재발명하고, 버린다.

다른 동물에게는 이런 일이 없다. 침팬지나 병코돌고래, 앵무새나 문어처럼 지능이 높은 종들도 예외가 아니다. 이들도 때로 도구를 사용하고 가끔 생태적 지위를 바꾸기도 한다. 하지만 생활수준을 향상시키거나 경제 성장을 누리는 일은 없다. 빈곤해지는 일 역시 없다. 생활양식이 진보하는 일도 없고 이를 개탄하는 일도 없다. 농업, 도시, 상업, 산업, 정보 혁명도 없다. 르네상스나 종교개혁, 대공황, 내란, 내전, 냉전, 문화전쟁, 신용 붕괴는 말할 것도 없다.

지금 내가 앉은 책상 주위에 있는 전화, 책, 컴퓨터, 사진, 클립, 커피잔을 만든다는 것은 어떤 원숭이도 엄두를 낼 수 없는 일이다. 디지털 정보를 화면에 띄우는 것은 어떤 병코돌고래도 꿈꿀 수 없는 일이다. 나는 날짜, 일기예보, 열역학 제2법칙 등의 추상적인 개념을 알고 있다. 어떤 앵무새도 근접하지 못할 지식이다. 나는 정말로 다르다. 무엇이 나를 이토록 별난 존재로 만드는가?

다른 동물들보다 뇌가 크다는 것만으로는 이유가 되지 않는다. 무엇보다, 멸종한 네안데르탈인은 평균 뇌 용량이 나보다 컸지만 이처럼 급속한 문화적 변화를 겪지 않았다. 더구나 내 뇌가 다른 동물종들보다 크기는 하지만, 나는 커피잔이나 클립을 만드는 방법에 대해 거의 아무것도 모른다. 일기예보는 고사하고 말이다.

심리학자 대니얼 길버트Daniel Gilbert가 좋아하는 농담을 보자. 모든 전문직업인은 자신의 경력 중 어느 시기에 다음 문장의 빈칸을 채워넣을 의무가 있다.

"인간은 _____ 하는 유일한 동물이다."

인간에게만 있는 특징으로 제시되는 목록은 정말 길다. 언어, 인지적 추론, 불, 익히는 요리, 도구 제작, 자의식, 사기, 모방, 예술, 종교, 다른 손가락과 마주볼 수 있는 엄지손가락, 쏘는 무기, 직립, 조부모의 손자 돌보기…… 하지만 그러기로 한다면야 땅돼지나 하늘다람쥐도 엄청나게 긴 목록을 작성할 수 있는 독자적인 특징들을 가지고 있다.

인간의 모든 특징은 정말 인간에게만 있는 것이다. 그리고 그 특징들이 인류가 오늘날과 같은 생활을 할 수 있도록 하는 데 크게 도움이 된 것이 사실이다. 하지만 원인ape-man, 猿人이 한없이 팽창하는 혁신적인 개혁가로 급변한 이유는 무엇인가? 이는 위에서 열거한 인간의 모든 특징으로도 설명이 되지 않는다. 이 같은 변화를 설명하기에는 특징이 나타난 시기가 맞지 않거나, 역사상 꼭 맞는 영향을 주지는 못했다고 나는 주장하려 한다. 여기서 언어는 예외일 가능성도 있지만 말이다.

대부분의 특징은 역사상 출현 시기가 너무 일러서 내가 말하는 생태적 변화를 일으키지 못했다. 보디페인팅을 하고 싶어 하거나 어떤 문제에 대한 답을 추론할 정도로 의식수준이 높은 것은 정말 멋진 일이다. 하지만 이것이 생태적인 세계 정복으로 이어지지는 않는다.

인간이 현대 기술문명의 생활방식에 적응하는 데 큰 뇌와 언어가 필요할 수도 있다는 것은 분명하다. 또한 인간이 사회적 학습에 매우 능한 것도 분명하다. 심지어 침팬지와 비교해도 우리는 충실하게 모방하는 데 거의 강박적인 관심을 갖고 있다. 그러나 큰 뇌와 모방과 언어는 그 자체만으로는 번영과 진보와 빈곤을 설명할 수 없다. 이들 자체가 생활수준의 변화를 가져다주지는 못한다. 네안데르탈인도 이 모든 것을 가지고 있었다. 큰 뇌와 (아마도 복잡한) 언어, 다양한 기술을 가지고 있었지만, 기존의 생태적 지위에서 뛰쳐나오지 못했다.

우리 종의 예외적인 변화 능력을 설명하려면 다른 시각이 필요하다고 나는 믿는다. 우리의 머릿속을 들여다봐서는 소용이 없다. 뇌 속에서 무언가가 일어났다는 것은 답이 될 수 없다. 뇌와 뇌 사이에서 무언가가 일어난 것이다. 이것은 집단적 현상이었다.

주먹도끼와 마우스를 다시 한 번 보라. 둘 다 사람이 만든 것이다. 하지만 전자는 한 명이, 후자는 수백 명 어쩌면 수백만 명이 만들었다. 내가 말하는 '집단지능'이란 바로 이런 뜻을 담고 있다. 개인으로서 컴퓨터 마우스 제조법을 처음부터 끝까지 다 아는 사람은 아무도 없다. 공장에서 마우스를 조립한 직원은 유정油井을 굴착하는 방법을 알지 못한다(플라스틱은 석유를 원료로 만든다). 그것을 아는 사람 역시 마우스 조립 방법은 모른다.

어느 시점에선가 인류의 지능은 집단적이고 누적적인 성질을 갖게 되었다. 다른 어떤 동물에게서도 볼 수 없었던 방식으로 말이다.

정신의 짝짓기

변한 것은 인간의 본성이 아니라 문화다. 이것이 나의 주장이다. 그렇다고 내가 진화를 부인하는 것은 아니다. 오히려 그 반대다. 인류는 폭발적인 진화적 변이를 겪고 있다. 이를 일으키는 것은 고풍스럽고 훌륭한 다윈주의적 자연선택이다. 다만, 선택이 이루어지는 것은 유전자들이 아니라 아이디어들 사이에서다. 아이디어의 거주지는 인간의 뇌들로 이루어져 있다.

사회과학에서는 이와 같은 인식이 출현할 조짐이 오랫동안 있어 왔다. 프랑스 사회학자 가브리엘 타르드Gabriel Tarde는 1888년 이렇게 썼다. "하나의 발명이 모방을 통해 조용히 퍼져나가는 현상이 일어났을 때 우리는 이를 사회의 진화라고 부를 수 있을 것이다." 오스트리아의 경제학자 프리드리히 하이에크Friedrich Hayek는 1960년대에 다음과 같이 썼다. "사회 진화의 결정적인 요소는 '성공적인 제도와 습성을 모방하는 것에 의한 선택'이다."

1976년 진화생물학자 리처드 도킨스Richard Dawkins는 문화적 모방의 단위를 뜻하는 '밈meme'이라는 단어를 만들어냈다. 경제학자 리처드 넬슨Richard Nelson은 1980년대에 경제 전체가 자연선택을 통해 진화한다고 설명했다.

내가 '문화가 진화한다'고 말하는 것은 다음과 같은 의미다. 10만 년 전의 어느 시점에 문화 자체가 다른 종에서는 없었던 새로운 방식으로 진화하기 시작했다. 다시 말하면 문화에 복제와 돌연변이, 경쟁과 자연선택, 변이의 축적이 일어나기 시작한 것이다. 유전자들이 수십억 년 동안 해온 일과 어느 정도 비슷하게 말이다. 눈이 자연선택에 의해 누적적으로 한 단계씩 생겨나듯, 인류의 문화적 진화도 계속 누적돼서 '하나의 문화'나 '한 대의 카메라'를 만들 수 있게 되었다.

침팬지는 끝을 날카롭게 만든 막대기로 갈라고원숭이를 찌르는 방법을 서로 가르쳐줄 수 있다. 범고래도 해변에 있는 바다사자를 물어채는 방법을 서로 가르쳐줄 수 있다. 하지만 개체가 아니라 집단의 문화를 누적적으로 발전시키는 것은 인간만이 할 수 있는 일이다. 빵 한 덩어리나 협주곡을 만들어낼 수 있는 것은 누적된 문화의 힘이다.

이는 사실이다. 하지만 어째서 그런가? 왜 범고래는 못하고 우리만 할 수 있는 걸까? "인간은 문화적으로 진화한다"고 말해봤자, 이는 독창적이지도 않고 설명에 도움이 되지도 않는다. 하필 인류만이 이런 독특한 방식으로 변화하기 시작한 이유는 무엇인가? 모방과 학습은 아무리 정교하고 풍부하게 이루어진다고 해도 그 자체만으로는 충분한 설명이 되지 못한다.

뭔가 다른 것이 필요하다. 인류에게만 있고 범고래에게는 없는 그 무엇 말이다. 그 답은 다음과 같다고 나는 믿는다. "인류 역사의 어느 시점에 아이디어들이 만나 서로 짝을 짓고 섹스를 하기 시작했다."

자, 이제 설명을 해보겠다. 생물학적 진화를 누적시키는 것이 바로 섹스다. 각기 다른 개체의 유전자들을 한데 합치기 때문이다. 그래서 한 개체에서 일어난 돌연변이가 다른 개체에서 일어난 돌연변이와 힘을 합칠 수 있게 된다.

이는 박테리아의 경우에 비유하면 보다 분명하게 알 수 있다. 박테리아는 자기복제를 하지 않는 순간에도 유전자 교환을 할 수 있다. 그래서 다른 종의 박테리아로부터 항생제에 대한 면역성을 얻는다.

미생물들이 20억~30억 년 전에 유전자 교환을 시작하고 동물들이 섹스를 통해 같은 일을 하지 않았다면, 눈을 만드는 모든 유전자가 한 동물의 몸에 모일 수는 없었을 것이다. 다리나 신경이나 뇌를 만드는 유전자들도 모두 마찬가지다. 각각의 돌연변이는 해당 혈통에만 고립된 채 시너지 효과를 발휘하지 못했을 것이다. 다음과 같은 장면을 머릿속에 그려보라. 어느 물고기는 발생 단계의 폐를 진화시키는 중이고 다른 물고기는 사지를 진화시키는 중이지만, 어느 쪽도 뭍으로 올라가지는 못하는 상황 말이다.

진화는 섹스 없이도 일어날 수 있다. 하지만 그 속도는 엄청나게 더딜 것이다. 문화에서도 마찬가지다. 만일 문화가 단순히 다른 사람들의 습성을 배우는 것으로만 이루어진다면 그것은 곧 정체될 것이다. 누적적인 성격을 갖기 위해서는 아이디어들이 서로 만나 짝을 지을 필요가 있다. '아이디어의 타가수정cross-fertilization of ideas'이라는 표현은 케케묵은 것이지만, 무심결에 상상력을 담은 표현이기도 하다. "창조한다는 것은 재조합하는 것"이라고 분자생물학자 프랑수아 자코브François Jacob가 말하지 않았던가.

상상해보라. 철로를 발명한 사람과 기관차를 발명한 사람이 심지어 제삼자를 통해서도 접촉할 방법이 없었다면 어떻게 되었겠는가? 종이와 인쇄기, 인터넷과 휴대전화, 석탄과 터빈엔진, 청동의 재료인 주석과 구리, 바퀴와 철, 소프트웨어와 하드웨어…….

나는 다음과 같이 주장하려 한다. 선사시대의 어느 시점에 뇌가 크고 문화적이며 학습 능력이 있는 사람들이 처음으로 서로 물건을 교환하기 시작했다고. 일단 교환을 하기 시작하자 갑자기 문화가 누적적인 성격을 띠게 되었으며, 경제적 진보라는 위대한 실험이 급속하게 진행되기 시작했다고.

교환이 문화의 진화에 미치는 영향은 섹스가 생물의 진화에 미치는 영향과 같다. 교환함으로써 인간은 '노동의 분업'을 발견했다. 즉, 쌍방의 이익을 위해 노력과 재능을 특화할 수 있게 되었다.

만일 어떤 영장류학자가 타임머신을 타고 그 시점으로 돌아가서 관찰한다면, 이와 같은 분업은 그다지 중요하지 않은 일로 비칠 것이다. 그 종의 생태나 위계질서, 미신에 비해서 말이다. 하지만 일부 원인猿人이 식량이나 도구를 다른 이들과 교환한 결과, 각자 더 잘살 수 있게 되었고 서로가 자신들의 분야를 전문화할 수 있게 되었다.

전문화는 혁신을 촉진했다. 도구 제작용 도구를 만드는 데 시간을 투자하도록 부추겼기 때문이다. 덕분에 시간이 절약됐다. 번영이란 바로 시간 절약을 말하며 이는 분업의 정도에 비례한다. 사람들은 소비자로서 다양화할수록, 생산자로서 특화할수록, 그리고 서로 교환할수록 더 잘살 수 있다. 과거에 그랬고 현재도 마찬가지이며 앞으로도 그럴 것이다.

좋은 소식은 이 과정에 불가피한 '막장' 같은 것이 없다는 점이다. 세계 전역의 사람들이 분업을 더 많이 할수록, 더 많은 사람이 전문화하고 교환할 수 있으며 우리는 더 부유해질 것이다. 더구나 이 과정에서 우리를 괴롭히는 문제들을 해결하지 못할 이유도 없다. 경제 붕괴, 인구 폭발, 기후 변화, 테러리즘, 빈곤, 에이즈, 경기 침체, 비만 등의 문제 말이다. 물론 해결하기가 쉽지는 않겠지만 분명히 가능하고 정말로 가능성이 높다.

이 책이 출간되고 한 세기 후인 2110년이 되면 인류는 오늘날에 비해 엄청나게 잘살고 있을 것이고, 생태환경도 같은 정도로 좋아질 것이다. 이 책은 인류에게 보내는 메시지다. 변화를 적극적으로 수용하고 이성적인 낙관주의를 갖고, 그럼으로써 인류의 복지를 증진하고 인류가 살아가는 세계를 개선하기 위해 노력하자고 감히 제안하는 것이다.

내 주장이 1776년 애덤 스미스Adam Smith가 했던 말의 단순 반복에 지나지 않는다고 생각하는 사람도 있을 것이다. 하지만 그동안 스미스의 통찰력에 도전, 수정, 강화가 필요한 많은 일이 일어났다. 뿐만 아니다. 예컨대 그는 자신의 시대가 산업혁명의 초기 단계에 해당한다는 사실을 인식하지 못했다. 나는 개인으로서 스미스의 천재성에 필적하기를 바랄 수는 없다. 하지만 엄청나게 유리한 것이 하나 있다. 그의 책을 읽을 수 있다는 점이다. 스미스의 통찰력도 그의 시대 이후 다른 통찰력들과 짝짓기를 해왔다.

더구나 내가 점점 더 놀라게 되는 사실이 있다. 문화가 야단법석을 떨며 변화한다는 문제에 대해 생각하는 사람이 거의 없다는 점이다. 이 세상은 다음과 같이 생각하는 사람들로 가득 차 있다는 사실을 나는 알게 되었다. 자신이 다른 사람들에게 덜 의존하게 되었다거나, 자신이 좀 더 자급자족을 하면 더 잘살게 된다거나, 기술적 진보는 생활수준을 전혀 개선하지 못했다거나, 세상이 점점 나빠진다거나, 물건과 아이디어를 서로 교환하는 것은 쓸데없는 과잉이고 적절하지 못하다고 생각하는 사람들로 말이다.

번영의 정의는 무엇인가? 우리 종에게는 왜 번영이라는 일이 일어난 것일까? 이런 문제에 대해, 훈련된 경제학자들(나는 여기에 속하지 않는다)이 전혀 관심을 보이지 않는다는 사실을 나는 안다. 그래서 이 책을 씀으로써 나 스스로의 호기심을 충족시킬 수 있으리라 기대했다.

내가 이 원고를 쓰고 있는 요즘 전대미문의 경제적 비관주의가 판을 치고 있다. 세계의 은행 체제는 붕괴 직전이 되었고, 빚으로 빚어진 거대한 경제 거품이 붕괴해버렸고, 세계 무역은 위축되었으며, 생산량이 줄어들면서 세계 전역에서 실업이 급증하고 있다. 가까운 미래는 사실 삭막해 보인다. 몇몇 정부는 공공부채 규모를 확대할 계획을 세우고 있으나, 이는 다음 세대의 번영 능력을 해칠 위험이 크다.

후회스럽게도 나는 노던록 은행의 비상임의장으로 있으면서 이런 재앙의 일부에 한몫 거들었다. 노던록은 경제 위기로 어려움에 처한 수많은 은행 중 하나다. 그곳에서의 경험을 통해 나는 자본시장과 자산시장을 불신하게 되었다. 그러나 재화와 용역의 시장은 열정적으로 지지한다.

내가 예전에 미리 알았더라면 하는 지식이 있다. 경제학자 버넌 스미스Vernon Smith 팀이 (실험실에서의) 실험을 통해 확인한 사실이다. 나에게 이런 지식이 예전에 있었더라면 얼마나 좋았을까. 이 팀이 확인한 것은 다음과 같다. "이발이나 햄버거처럼 즉각적으로 소비되는 재화와 용역의 시장은 너무나 잘 기능하기 때문에 효율화와 혁신이 일어나지 않도록 설계하기가 어렵다. 하지만 자산시장은 너무나 자동적으로 거품과 붕괴가 발생하기 때문에 제대로 작동이라도 하게끔 설계하기가 어렵다."

투기, 군중심리에 의한 과열, 비이성적 낙관주의, 지대 추구, 뇌물의 유혹은 자산시장을 과열과 추락으로 몰고 간다. 자산시장에 세심한 규제가 필요한 이유가 바로 여기에 있으며, 나는 언제나 이를 지지해왔다(하지만 재화와 용역의 시장은 규제를 줄여야 한다).

이성적 낙관주의는 세계가 현재의 위기에서 벗어날 것으로 전망한다. 왜냐하면 재화와 용역과 아이디어의 시장은 모두의 번영을 위해 인류가 정직하게 교환하고 전문화할 수 있게 해주기 때문이다. 그러므로 이 책은 모든 종류의 시장을 아무 생각 없이 칭송하거나 비난하는 서적이 아니라, 교환과 전문화라는 시장 과정에 대한 조사서다.

교환과 전문화는 많은 사람이 생각하는 것보다 더 오래전부터, 더 공정하게 이루어져왔으며 인류의 미래를 낙관할 방대한 근거를 제공한다는 사실을 나는 조사를 통해 밝힐 것이다. 무엇보다 이 책은 교환의 이익에 대한 책이다.

나는 어떤 색깔이든 정치색을 띤 반동분자들에게 동의하지 않는다는 것을 스스로 알게 되었다. 문화적 변화를 싫어하는 푸른색 반동분자들, 경제적 변화를 싫어하는 붉은색 반동분자들, 기술적 변화를 싫어하는 녹색 반동분자들 말이다.

나는 이성적 낙관주의자다. 이성적이라고 하는 것은 기질이나 본능 때문이 아니라 증거를 살펴본 결과 낙관주의에 도달했기 때문이다. 이제부터 펼치는 페이지들에서 독자들 또한 그렇게 만드는 것이 나의 희망이다.

우선, 나는 독자들에게 다음과 같은 사실을 확신시킬 필요가 있다. 모든 점을 감안할 때 인간의 진보는 좋은 일이었다. 그리고 고통의 신음을 내뱉고 싶은 충동은 항상 있지만, 평균적인 인간에게 지금 세상은 과거 어느 때보다도 살기 좋은 곳이다. 경기가 심각한 침체에 빠져 있는 지금조차도 그렇다. 세계는 더 부유하고 더 건강하고 더 친절해졌다. 상거래 덕분에도 그렇고, 상거래를 함에도 불구하고 그렇다.

그런 다음 나는 왜 그리고 어떻게 해서 그렇게 되는지를 설명하려고 한다. 그리고 마지막으로, 지금까지처럼 앞으로도 일이 점점 더 잘돼나갈 것인지 아닌지를 살펴볼 것이다.

1

더 나아진 현재 _ 전례 없는 번영

옛 시대 농부의 삶을 미화하기는 쉽다. 배설물 떨어지는 소리가 한참 뒤에야
나는 재래식 화장실을 직접 사용해야 하는 게 당신이 아니라면 말이다.

과거를 돌아보면 오직 좋아진 것밖에 없는 지금,
미래를 내다볼 때는 오직 나빠지기만 할 것으로 예상해야 한다니,
도대체 무슨 그런 신념이 있는가?

—

토머스 배빙턴 매콜리Thomas Babington Macaulay,
사우디Southey의 《사회에 관한 대화Colloquies on Society》에 대한 서평

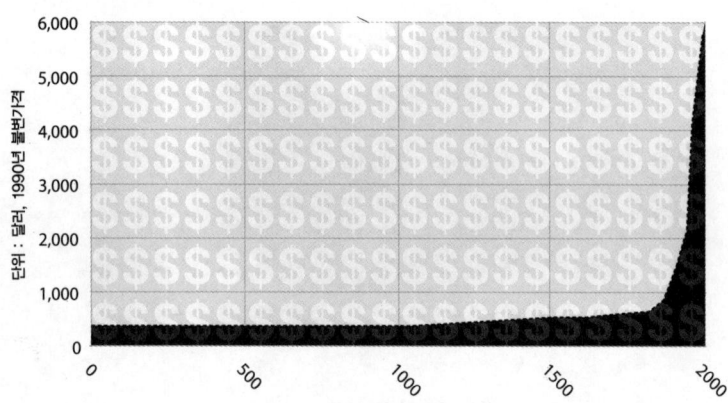

세계 전체의 1인당 국내총생산

A BETTER TODAY: THE UNPRECEDENTED PRESENT
더 나아진 현재 _ 전례 없는 번영

21세기 중반이 되면 지구상의 인구는 거의 100억 명이 될 것이다. 과거 1천만 명일 때로부터 1만 년 만에 이렇듯 엄청나게 팽창하는 셈이다.

오늘날 사람들의 삶은 어떨까? 물론, 석기시대의 가장 안 좋았던 상황보다 더 어렵게, 더 비참하게 사는 사람도 일부 있다. 몇 달 전이나 몇 년 전보다 형편이 나빠진 사람도 상당수에 이른다. 그러나 절대다수는 과거 어느 시대의 조상보다도 훨씬 더 잘살고 있다. 식사와 주거, 여가와 질병 예방, 기대수명 등 모든 면에서 그렇다. 필요로 하거나 원하는 거의 모든 것을 과거보다 훨씬 쉽게 손에 넣을 수 있게 되었다.

이렇게 볼 때 지난 200년은 급속한 상승기, 그 이전의 1만 년은 불규칙한 상승기였다. 수명, 청결한 음료수, 깨끗한 공기, 사생활을 즐길 수 있는 시간, 교통수단, 통신수단 등 모든 면에서 그렇다. 심지어 아직도 가난과 질병과 결핍에 시달리는 극빈계층이 수억 명에 이른다는 사실을 감안하더라도, 오늘날의 세대는 과거 어느 시대의 세대보다 형편이 낫다. 칼로리, 전력, 조명 시간, 거주 면적, 기가바이트, 메가헤르츠, 광년, 나노미터, 에이커당 곡물 생산량, 연비, 푸드마일, 항공여행 거리, 달러화에 이르는 모든 것을 과거 어느 세대보다 더 쉽게 손에 넣고 누릴 수 있다. 벨크로(찍찍이), 백신, 비타민제, 구두, 가수, 주부 대상 드라마, 망고 자르는 기계, 섹스 파트너, 테니스 라켓, 미사일을 비롯해 필요하리라고 생각도 못했을 모든 상품을 말이다. 오늘날 뉴욕이나 런던에서 구매할 수 있는 제품의 종류는 100억 개가 넘는다고 한다.

이런 이야기는 할 필요조차 없어야 하지만 실제로는 할 필요가 크다. 과거에는 사람 살기가 더 좋았다고 생각하는 사람들이 있기 때문이다. 우리가 잃어버린 과거에는 삶이 더 단순하고 고요하고 사교적이며 영적이었을 뿐만 아니라 덕성도 풍부했다는 것이다. 하지만 이런 장밋빛 향수는 일반적으로 부자들에게만 해당된다는 사실을 잊지 마시라.

옛 시대 농부의 삶을 미화하기는 쉽다. 배설물 떨어지는 소리가 한참 뒤에야 나는 재래식 화장실을 직접 사용해야 하는 게 당신이 아니라면 말이다.

예컨대 1800년 서유럽이나 북아메리카 동부의 어떤 지역을 상상해보자. 통나무로 지은 집 안의 화덕 주위로 가족들이 모여든다. 아버지가 큰 소리로 아이들에게 성경 구절을 읽어주는 동안, 어머니는 쇠고기와 양파를 넣은 스튜 요리를 차리고 있다. 우는 아기는 누나 중 한 명이 어르고, 맏아들은 물주전자의 물을 탁자 위의 질그릇에 따른다. 큰딸은 마구간에서 말에게 사료를 주고 있다. 바깥에는 교통 소음도, 마약 상인도 없다. 암소 젖에서 다이옥신이나 방사능 낙진이 발견된 일도 없다. 모든 것이 고요하고 평화롭다. 창밖에서 새가 노래한다.

미안하지만, 여기서 짚고 넘어가야겠다. 이 집은 마을에서 잘사는 축에 든다. 하지만 아버지의 성경 읽기는 자꾸 중단된다. 기관지염으로 인한 기침 때문이다. 그가 53세에 폐렴으로 죽게 될 전조다. 실내 화덕에서 나무를 때는 연기가 기침에 도움이 되지 않는 것은 물론이다(그는 운이 좋은 편이다. 1800년의 기대수명은 심지어 잉글랜드에서도 채 40세가 안 됐다).

아기가 지금 우는 것은 천연두에 걸린 탓인데, 이 때문에 머지않아 죽게 된다. 그의 누나는 곧 결혼해 주정뱅이 남편의 노예가 될 것이다. 맏아들이 따르고 있는 물에서는 소 냄새가 난다. 물을 떠온 개천이 암소가 물을 마시는 곳이기 때문이다. 엄마는 치통 때문에 고문 수준의 고통을 받고 있다.

심지어 지금 이 순간에도 이웃집에 하숙 든 남자는 건초 창고에서 한 소녀를 임신시키는 중이고, 소녀가 낳을 아기는 고아원에 갈 운명이다. 스튜는 회색이고 걸쭉하지만 오늘처럼 고기가 들어 있는 것은 아주 드문 일이다. 평소에는 귀리죽으로 연명한다. 이 계절에 과일이나 샐러드는 없다. 밥그릇과 숟가락은 나무로 만든 것이다. 촛불은 너무 비싸서 실내에 빛이라고는 장작불에서 나오는 게 전부다.

가족 중 누구도 연극을 관람하거나 그림을 그리거나 피아노 연주를 들은 일이 없다. 교육이라고는 목사관의 까다로운 고집불통 선생에게 엉성한 라틴어를 불과 몇 년 배우는 게 전부다. 아버지는 도시에 한 차례 가봤지만 여행경비로 일주일치 임금이 들어갔다. 나머지 식구들은 집에서 24킬로미터 밖으로 나가본 일이 없다. 딸들이 가진 것은 각자 양모 드레스 두 벌, 리넨 셔츠 두 벌, 구두 한 켤레뿐이다. 한 달치 임금을 주고 산 아버지의 상의는 좀이 슬고 있다. 아이들은 한 침대에 두 명씩 함께 잔다. 맨바닥에 깐 매트리스는 짚으로 만들었다. 창밖에서 노래하는 새로 말할 것 같으면, 내일이면 소년이 놓은 덫에 잡혀 그의 식사가 될 예정이다.

　내가 지어낸 가족 이야기가 마음에 들지 않을 수도 있다. 그렇다면 통계를 보자. 1800년 이래 인구는 여섯 배로 늘었지만 기대수명은 두 배 이상으로, 실질소득은 아홉 배 이상으로 늘었다. 가까이 2005년만 봐도, 지구상에 사는 평균적 인간은 1955년에 비해 소득은 거의 세 배로(불변가격), 섭취 칼로리는 3분의 1이 늘었다. 땅에 묻은 자녀의 수는 3분의 1로 줄었고, 기대수명은 3분의 1 늘었다. 그녀(평균적 인간)가 죽을 확률도 훨씬 줄어들었다. 전쟁, 인종학살, 살인, 분만, 사고, 토네이도, 홍수, 기근, 백일해, 결핵, 말라리아, 디프테리아, 장티푸스, 홍역, 천연두, 괴혈병, 소아마비 때문에 죽는 확률 말이다. 그리고 어느 연령대서건 암, 심장병, 뇌졸중에 걸릴 확률도 줄었다. 글자를 읽고 쓸 줄 알며 학교를 졸업했을 가능성은 더 커졌다. 그녀는 전화, 수세식 화장실, 냉장고, 자전거를 가지고 있을 가능성이 더 크다. 1955년에 비해서 그렇다. 2005년에 이르는 50년간 인구는 두 배 이상으로 늘었지만 식량 배급이 이루어지기는커녕, 사람들이 이용할 수 있는 재화와 용역은 더 늘어났다. 어떤 기준으로 봐도 인류는 놀라운 성취를 이룬 것이다.

물론 평균치로는 알 수 없는 것도 많다. 하지만 세계를 지역별로 쪼개 보아도 1955년에 비해 2005년이 살기 어려워진 곳은 찾기 어렵다. 이 반세기 동안 1인당 실질소득이 약간이나마 줄어든 곳은 6개국(아프가니스탄, 아이티, 콩고, 라이베리아, 시에라리온, 소말리아), 기대수명이 짧아진 곳은 3개국(러시아, 스와질란드, 짐바브웨)에 불과하다. 유아생존율이 떨어진 곳은 없다. 이외의 모든 나라에서는 소득, 수명, 유아생존율이 급증했다. 다만 아프리카의 생활수준 개선 속도는 세계 다른 지역에 비해 고통스러울 정도로 느리고 고르지 못했다. 게다가 아프리카 남부의 국가들에서는 1990년대 에이즈가 유행한 탓에 기대수명이 곤두박질쳤다(최근 회복되고 있다).

2005년까지 50년간 생활수준이나 이를 개선할 기회가 끔찍하게 악화된 사례가 이따금 있었다. 1960년대 중국, 1970년대 캄보디아, 1980년대 에티오피아, 1990년대 르완다, 2000년대 콩고가 그랬다. 북한은 50년 내내 악화일로를 걸었다. 20세기 아르헨티나는 실망스러울 정도로 침체상태에 빠져 있었다.

하지만 전체적으로 보아 지난 50년간 세계는 놀랍고도 뚜렷하게 좋아졌다. 평균적 한국인은 1955년에 비해 수명은 26년, 연간 소득은 열다섯 배로 늘었다. 평균적 멕시코인은 1955년의 평균적 영국인보다 오래 산다. 평균적 보츠와나인은 1955년의 핀란드인보다 소득이 많다. 오늘날 네팔의 유아사망률은 1951년의 이탈리아보다 낮다. 베트남에서 하루 2달러 이하로 살아가는 사람의 비율도 20년 새 90퍼센트에서 30퍼센트로 줄었다.

부자는 더 부유해졌지만 가난한 사람들의 형편은 이보다 더 큰 비율로 좋아졌다. 1980~2000년 개발도상국 빈곤층의 소비 증가

속도는 세계 평균의 두 배에 달했다. 중국인은 50년 전에 비해 열 배로 부유해졌고 출산율은 3분의 1로 줄었으며 수명은 28년 늘었다. 심지어 나이지리아 사람들도 1955년에 비해 두 배로 부유해졌고 출산율은 25퍼센트 떨어졌으며 수명은 9년 늘었다.

인구는 두 배로 늘었지만, 심지어 절대빈곤층(1985년 불변가격으로 하루 1달러 이하로 사는 사람)의 비율도 줄었다. 1950년대의 절반 이하인 18퍼센트 아래로 떨어진 것이다. 물론 이 수치도 끔찍하게 높다. 하지만 추세는 절망할 이유와는 거리가 멀다. 현재와 같은 하락률이 지속된다면, 2035년쯤 절대빈곤층의 비율은 0퍼센트가 될 것이다(실제로는 그렇게 되지 않겠지만). 빈곤은 지난 50년간, 그 이전의 500년간에 비해 더 많이 줄었다는 게 유엔의 추정이다.

모두를 위한 번영

그뿐만이 아니다. 비교의 출발점인 1955년이 그렇게 결핍의 해였던 것도 아니다. 오히려 그 자체로 기록적인 연도였다. 그 전에 히틀러와 스탈린과 마오쩌둥이 끼친 폐해에도 불구하고 그랬다(당시 마오는 국민들을 굶기기 시작했다. 남긴 곡물로 러시아에서 핵무기를 구매하기 위해서).

1950년대의 10년은 그 전의 어느 시대보다도 풍요롭고 사치스러운 시기였다. 인도의 유아사망률은 이미 1900년의 프랑스와 독일에 비해 낮아졌다. 일본 어린이들의 교육 기간은 1900년에 비해 두 배로 늘었다. 세계 평균 1인당 소득은 20세기의 첫 50년간 거의 두 배로 늘었다. 1958년 갤브레이스J. K. Galbraith는, '풍요한 사회'가 극에 달한 나머지 불필요한 많은 재화가 광고에 현혹된 소비자들에게 과잉 공급되고 있다고 선언했다.

미국인들이 다른 나라 사람들에 비해 특히 잘산다는 그의 말은 옳았다. 1950년 미국인은 20세기에 진입할 당시보다 키가 7.6센티미터 컸다. 그리고 약값으로 쓴 돈이 장례비의 두 배였는데, 이 비율은 50년 전에는 거꾸로였다. 1955년 미국인 열 가구 중 약 여덟 가구는 수도, 중앙난방, 전기조명, 세탁기, 냉장고를 갖추고 살았다. 이 모든 것이 50년 전에는 거의 없던 사치품들이다.

1890년 제이컵 리스Jacob Riis가 고전이 된 저서 《나머지 절반의 삶How the other half lives》에서 소개한 내용을 보자. 그가 뉴욕에서 만난 가족의 이야기다. 쪼그만 부엌이 딸린 단칸방에서 아홉 명이 살고 있었다. 여자들은 공장에서 열여섯 시간을 일하고 일당 60센트를 받았으며 하루 한 끼밖에 먹지 못했다. 이런 삶은 20세기 중반에는 생각조차 할 수 없는 일이 되었다.

1955년 미국인들은 자동차와 각종 편의시설과 가전제품으로 호사를 누렸다. 하지만 그로부터 다시 50년이 지난 오늘날의 잣대로 보면 이들은 '빈곤선 이하' 계층이다. 1957년 영국의 어느 평균적 노동자를 보자. 당시 해럴드 맥밀런Harold Macmillan은 이 사람에 대해 "과거 어느 때보다도 큰 혜택을 받고 있다"고 말했다. 하지만 실질적으로 그의 소득은 오늘날 자녀 셋 딸린 실직 노동자가 받을 수 있는 사회보장 보조금에도 못 미친다.

오늘날 미국에서 '빈곤하다'고 공식 지정된 사람들의 99퍼센트는 전기·수도·수세식 화장실·냉장고를, 95퍼센트는 여기에 더해

TV를, 88퍼센트는 여기에 더해 전화를, 71퍼센트는 여기에 더해 자동차 한 대를, 70퍼센트는 여기에 더해 에어컨을 갖추고 있다. 철도제국을 건설했던 코르넬리우스 밴더빌트Cornelius Vanderbilt는 하나도 갖추지 못했던 것들이다. 1970년 에어컨이 있는 미국인은 전체의 36퍼센트에 불과했지만 2005년에는 빈곤 가구의 79퍼센트가 이를 갖고 있었다.

심지어 오늘날 중국 도시민의 90퍼센트가 전기조명, 냉장고, 수도를 갖추고 산다. 이중 많은 사람은 휴대전화, 인터넷 연결선, 위성TV를 갖고 있다. 자동차와 장난감에서 백신과 고급 식당에 이르는 모든 것이 더 나아졌고 더 저렴한 비용으로 사거나 이용할 수 있게 된 것은 말할 필요조차 없다.

비관주의자는 말한다. "다 좋은데, 그 때문에 어떤 비용을 치르고 있는 거지? 자연환경이 나빠지고 있는 것은 확실하지 않은가?" 베이징 같은 곳은 아마도 그럴 수 있다. 하지만 다른 많은 지역에서는 그렇지 않다. 유럽과 미국의 강, 호수, 바다와 공기는 계속 깨끗해졌다. 템스 강에는 오수가 줄어들고 고기가 늘어났다. 이리 호의 물뱀은 1960년대 멸종 위기까지 갔지만, 오늘날에는 얼마든지 볼 수 있다. 대머리독수리의 수도 급증했다. 패서디나에도 스모그가 거의 없다. 스웨덴의 새알에 들어 있는 오염물질도 1960년대에 비해 75퍼센트 줄었다. 미국에서 수송기관이 배출하는 일산화탄소는 25년 새 75퍼센트 줄었다. 오늘날 최대 속도로 달리는 자동차가 내뿜는 오염물질은 1970년대 주차된 차에서 새나오던 양보다도 적다.

한편 장수 국가(1850년 스웨덴, 1920년 뉴질랜드, 오늘날 일본)의 평균 기대수명은 해마다 3개월씩 꾸준히 늘고 있으며, 이 추세는 지난 200년간 거의 변하지 않고 있다. 수명이 한계에 도달할 조짐은 아직 보이지 않는다(언젠가는 도달하겠지만).

1920년대 인구통계학자들은 평균 수명의 최대치는 65세라고 단언했다. "급격한 기술 혁신이나 인체 생리구조의 환상적인 진화적 변이가 끼어들지 않는 한" 별수 없다고 했다. 1990년 이들은 "50세 된 사람의 기대여명이 35년을 넘을 수 없다"고 예측했다. "기초 노화율을 조절할 수 있는 획기적인 돌파구가 마련되기 전에는 불가능하다"고 말이다.

하지만 두 예측 모두 그로부터 채 5년도 지나지 않아 오류로 판명났다(적어도 한 국가에서는). 그 결과 사망 연령이 급격히 높아졌다. 1901년 이래 65~74세 영국 남성의 사망률이 20퍼센트 떨어지는 데 걸린 기간은 68년이었다. 여기서 계속 20퍼센트씩 떨어지는 데는 각각 17년, 10년, 6년이 소요됐다. 수명이 증가하는 속도가 점점 빨라진 것이다.

이에 대해 비관주의자는 묻는다. "하지만 노년기 삶의 질은 어떻게 되었는가? 수명이 늘어난 건 분명하지만 결국 고통과 장애를 겪는 기간만 삶에 추가된 데 불과한 것은 아닌가?" 그렇지 않다. 미국에서의 한 연구에 따르면, 65세 이상 인구의 장애율은 1982년 26.2퍼센트에서 1999년 19.7퍼센트로 떨어졌다. 같은 기간 중 사망률 감소 속도보다 두 배 빠르다.

사망 전에 만성 질환으로 고통받는 기간도 늘어나지 않았다. 오히려 약간이나마 줄어들었다. 진단 기술이 발달하고 치료를 더 많이 하는데도 불구하고 그렇다. 기술적 용어로 말하면 '질병의 압축'이다. 질병의 발생을 최대한 억제하면 결국 맨 마지막에 모든 질병이 한꺼번에 나타나 짧은 시간 안에 죽는다는 말이다. 사람들은 더 오래 살 뿐 아니라 죽어가는 기간도 더 줄어들었다.

노년기 장애의 주요 원인인 뇌졸중을 보자. 미국과 유럽에서 이로 인한 사망률은 1950~2000년에 70퍼센트 줄어들었다. 옥스퍼드 시의 뇌졸중 희생자에 대한 어느 연구에서 1980년대 초반에 내린 결론은 이렇다. "향후 20년간 뇌졸중 발병은 30퍼센트 가까이 증가할 것이다." 뇌졸중은 나이가 들면서 더 많이 발병하는데 인간의 수명이 길어질 것으로 예측된다는 것이 주된 이유였다. 사람들은 실제로 더 오래 살았지만 뇌졸중 발병률은 30퍼센트나 떨어졌다(나이가 많을수록 더 많이 발병하는 현상은 여전하지만 발병 연령이 점점 높아지고 있다). 암이나 심장병, 호흡기 질환도 마찬가지다. 나이가 들수록 많이 걸리지만 발병 시기는 점점 늦춰졌다. 1950년대 이후 약 10년이 늦춰졌다.

심지어 불평등도 세계 전역에 걸쳐 줄고 있다. 영국과 미국의 소득 불평등은 지난 2세기 동안 대체로 개선되어왔지만(1800년 영국 귀족의 키는 평균적 영국인보다 15.2센티미터 컸지만 오늘날 그 차이는 5센티미터에 조금 못 미친다), 1970년대 이후에는 정체상태인 게 사실이다. 그 이유는 많지만 모두가 유감스러운 것은 아니다. 예컨대 오늘날 고소득자 상호간의 결혼이 예전보다 늘었다(소득이 집중된다). 이민 유입이 늘었으며, 무역이 자유화됐고 카르텔이 개방돼 기업간 경쟁이 심해졌으며, 작업 현장에서 기술 프리미엄(기술 보유로 인해 더 많이 받는 급여 - 옮긴이)이 많아졌다. 모두가 불평등을 부추기는 요소이긴 하지만, 이는 자유화 추세에서 비롯된 현상이다.

그러나 이상한 통계적 역설에 의해서 일부 국가 내의 불평등은 늘었지만 세계적 불평등은 줄었다. 최근 중국과 인도는 전체적으로 부유해졌지만 부자의 소득이 가난한 사람의 소득보다 빨리 늘어나는 바람에 국내 불평등이 심화되었다. 소득 격차는 경제 팽창에 따른 불가피한 결과다. 하지만 두 나라의 경제 성장은 세계 전체로 봤을 때 빈부 차를 줄이는 효과가 있다.

하이에크가 말했듯, "일단 하층민의 신분 상승이 탄력을 받으면 부자의 요구를 충족시키는 것이 더 이상 주요한 이익의 원천이 아니게 된다. 대신 대중의 수요에 맞추려는 노력이 그 자리를 차지한다. 처음에는 불평등을 스스로 두드러지게 만들었던 힘이 나중에는 이를 사라지게 만드는 데 기여한다."

불평등은 다른 측면에서도 감소해왔다. 지능지수IQ가 높은 사람들과 낮은 사람들의 지수 차이는 계속 좁혀지고 있다. 낮은 지수가 높은 지수를 따라잡고 있기 때문이다. 주어진 연령대에서 사람들의 평균 지능지수가 세계 어디서나 지속적이고 점진적으로 높아지는 이유가 여기에 있다. 10년마다 3퍼센트씩 높아지고 있다. 스페인에서 이루어진 두 건의 연구에 따르면, 지능지수는 30년 만에 9.7 올랐다. 특히 지능이 절반 이하에 속하는 사람들의 지수가 높아진 것이 주된 이유다.

이런 현상은 플린 효과라 불린다. 여기에 처음 주목한 학자 제임스 플린James Flynn의 이름을 딴 것이다. 처음에는 이런 현상 자체가 무시당했다. IQ 테스트 방법 자체가 달라져서 생긴 인위적인 효과라거나, 아니면 교육을 더 오래 받게 됐거나 교육의 질 자체가 개선된 데 따른 효과로 치부된 것이다. 하지만 이런 설명은 사실과 들어

맞지 않았다. 왜냐하면 가장 우수한 학생들에 대한 테스트나, 교육 콘텐츠와 주로 관련돼 있는 테스트에서는 이런 효과가 가장 약한 것으로 일관성 있게 나타났기 때문이다.

이는 영양 섭취와 지적 자극, 혹은 어린이들의 성장 환경이 평준화된 데 따른 것이다. 물론 지능지수 검사가 지능을 제대로 나타내지 못한다고 주장할 수는 있다. 그러나 무언가가 점점 좋아지고, 점점 평등해지고 있는 것이 아니라고 주장할 수는 없다.

심지어 사법 제도 역시 개선됐다. 잘못된 유죄 판결을 바로잡고 진범을 확인하는 새로운 기술 덕분이다. DNA 지문 덕분에 억울한 옥살이에서 풀려난 미국인은 오늘날까지 234명에 이른다. 이들의 평균 수감 기간은 12년이고 이중 17명은 사형수였다. 1986년 DNA가 처음 법의학에 이용되면서 무고한 한 남자의 무죄를 밝혀주었고 진짜 살인범을 잡을 수 있었다. 똑같은 패턴이 지금까지 되풀이되고 있다.

값싼 조명이 비추는 것

사람들은 더 잘살고 건강해지고 키가 크고 머리가 좋아지고 수명이 늘고 더 자유로워졌다. 또한 풍요로워졌다. 필요한 대부분의 것의 값이 지속적으로 내려간 덕분이다. 인간의 가장 기본적인 네 가지 수요인 음식, 의복, 연료, 주거는 지난 2세기 동안 지속적으로 값이 내렸다. 식비와 의복비가 특히 그랬고(2008년 식량 가격이 한때 오르긴 했다), 연료비는 불규칙하게 내렸으며, 심지어 집 값 역시 떨어진 것으로 보인다. 놀랍게 들릴지 모르지만, 오늘날의 평균적인 가정집을 마련하는 비용은 아마도 1900년이나 심지어 1700년에 비해서도 사소하게나마 적을 것이다. 전기, 전화, 가스 배관 등 훨씬 현대적인 설비를 포함하고 있는데도 말이다.

기본 수요를 채우는 비용이 내려가면 가처분 소득이 늘어나서 좀 더 호사를 누릴 수 있게 된다. 예컨대, 필요와 호사의 경계선에 있는 조명을 보자. 화폐로 환산할 때, 오늘날과 같은 양의 인공조명을 1300년대 잉글랜드에서 얻으려면 2만 배의 비용을 지불해야 했다. 이것만으로도 엄청난 차이 같지만, 노동 시간으로 환산해보면 이 수치는 더 커진다. 뿐만 아니라 이러한 경향은 현대에 가까워질수록 더욱 뚜렷해진다.

한 시간분의 평균 임금으로 얻을 수 있는 인공조명의 양을 계산해보자. 기원전 1750년의 경우 참기름 등잔으로 24루멘시(빛의 양을 나타내는 단위인 루멘에 시간을 곱한 것)였다. 이 수치는 1800년 186루멘시(짐승 기름 양초), 1880년 4,400루멘시(등유 램프), 1950년 531,000루멘시(백열등), 오늘날 840만 루멘시(소형 형광등)로 급증해왔다.

이를 다른 방식으로 표현해보자. 오늘날 한 시간 일하면 300일간 독서할 수 있는 분량의 인공조명을 얻을 수 있다. 하지만 1800년의 한 시간 임금으로는 10분간 책을 읽을 수 있는 조명을 얻을 수 있었을 뿐이다.

혹은 거꾸로 볼 수도 있다. 한 시간분의 독서 조명을 얻기 위해 얼마 동안 일해야 하는가를 계산해보는 것이다. 예컨대 18와트 소형 형광등을 한 시간 동안 켜놓았을 때의 조명 말이다. 이를 얻기 위해 치러야 하는 비용은 얼마나 될까? 당신이 평균적인 임금을 받고 있다면 0.5초의 노동 시간에도 미치지 못할 것이다. 1950년대의 임금과 백열등이라면 같은 양의 조명을 얻기 위해 8초간 일해야 했을 것이다. 1880년대 등유 램프라면 15분, 1800년대 짐승 기름 양초라면 여섯 시간 이상의 노동이 필요했을 것이다. 기원전 1750년 바빌론에서 참기름 등잔으로 이만한 양의 빛을 얻으려면 50시간 이상 일을 해야 했을 것이다.

1800년대와 비교해보면 한 시간 독서할 양의 빛을 얻는 데 필요한 노동 시간이 여섯 시간에서 0.5초로 줄었다. 이는 43,200배의 개선이다. 시간을 화폐단위로 삼아 비교해보면, 당신은 당시의 조상들보다 이만큼 잘살게 된 것이다. 초반에 내가 제시했던 가상의 가정에서 왜 장작불빛에 의지해 식사를 했는지 이해하셨는지?

이런 유의 진보 대부분은 생활비 계산에 포함되지 않는다. 종류가 다른 것을 같은 기준으로 비교해야 한다는 어려움이 있기 때문이다. 경제학자 돈 부드로Don Boudreaux는, 오늘날 자신만큼 수입이 있는 1967년의 평균적인 미국인을 상상해보았다. 그는 자신의 도시에서 가장 부유할 수는 있었지만 경매 사이트 이베이, 온라인 서점 아마존, 스타벅스 커피, 할인매장 월마트, 항우울제 프로작, 검색 사이트 구글, 블랙베리 PDA를 이용하는 즐거움은 누릴 수 없었다. 당시 존재하지 않았기 때문이다.

위에서 내가 예로 든 조명 이야기도 마찬가지다. 현대의 조명은 촛불이나 등유 램프에 비해 더 밝고 켜기 편하며, 연기나 냄새도 나지 않고 까물거리지도 않으며 화재 위험도 없다. 이 모든 장점은 계산에 넣지도 않았다.

게다가 조명의 진보는 아직 끝나지 않았다. 간이 형광등은 전기를 빛으로 바꾸는 효율이 백열등의 세 배에 이른다. 하지만 발광 다이오드LED가 이를 빠르게 추월하고 있다(내가 글을 쓰고 있는 이 시점에 LED의 효율은 백열등의 열 배다). 게다가 휴대할 수 있다는 장점도 있다. 태양광 충전지를 이용하는 값싼 LED 플래시는 전기가 공급되지 않는 곳에 사는 16억 명 중 일부의 삶을 곧 바꾸어놓을 것이 확실하다. 특히 아프리카 농민이 두드러진 대상이다. LED는 백열등 대부분을 대체하기에는 아직 값이 너무 비싼 것이 사실이다. 하지만 이는 달라질 수 있다.

조명 효율의 이러한 진보가 갖는 의미를 생각해보자. 조명을 더 얻을 수도 있고, 조명을 얻기 위한 노동 시간을 줄일 수도 있고, 절약한 시간으로 뭔가 다른 일을 할 수도 있다. 그 다른 일이란 다른 사람에게 고용되는 것일 수도 있다. 조명 기술의 발전 덕분에 당신은 여타의 재화나 용역을 스스로 생산하거나 남에게 구매하거나, 혹은 자선 행위를 할 수 있는 여유가 생겼다. 경제 성장이 의미하는 바가 바로 이것이다.

시간 절약, 번영의 열매

시간, 그것이 핵심이다. 달러나 옛날 화폐로 쓰였던 자개조개 껍데기나 금은 잊어버리자. 어떤 것의 가치를 재는 진정한 척도는 그것을 얻기 위해 소비해야 하는 시간이다.

만일 남의 도움 없이 스스로 만들어내야 한다면, 다른 사람이 이미 만들어놓은 것을 구할 때보다 시간이 더 많이 걸리게 마련이다.

반면에 남이 효율적으로 만들어놓은 것을 손에 넣을 수 있다면, 더 많은 양을 소비할 경제적 여유가 생긴다.

비용이 내려가자 사람들은 조명을 더 많이 이용하게 되었다. 오늘날 평균적인 영국인이 소비하는 인공조명의 양은 1750년의 4만 배다. 사용하는 동력의 양은 50배, 평균 이동 거리는 250배에 이른다. 이것이 바로 번영이다. 동일한 양의 노동을 통해 번 돈으로 얻을 수 있는 재화와 용역이 늘어나는 것이 바로 번영이다.

비교적 최근이라 할 수 있는 1800년대 중반을 보자. 프랑스 파리에서 보르도까지 역마차 여행을 하려면 상점 점원의 한 달치 임금이 필요했다. 하지만 오늘날에는 하루치 임금으로 50배 빨리 여행할 수 있다.

1.9리터의 우유를 얻기 위한 미국인의 평균 노동 시간을 보자. 1970년에는 10분이었지만 1997년에는 7분으로 줄었다. 뉴욕에서 LA로 전화를 걸어 3분간 통화하려면, 1910년에는 90시간분의 임금이 필요했지만 오늘날에는 2분 일한 임금이면 된다. 전력 1킬로와트시의 비용을 지불하려면, 1900년에는 한 시간 일해야 했지만 오늘날에는 5분 일하면 된다. 1950년에 맥도날드 치즈버거 살 돈을 벌려면 30분 일해야 했지만 오늘날에는 3분만 일하면 된다. 노동 시간으로 환산했을 때, 1950년대에 비해 비용이 오른 항목은 극히 드물다. 의료비와 교육비 정도다.

19세기 후반, 자본가 중 특히 악명이 높아 소위 '강도귀족(robber baron, 부도덕하고 폭압적인 중세의 귀족을 가리키는 말이었으나, 이후 무자비한 방법으로 부를 축적한 19세기 악덕 자본가들을 일컫는 별칭이 되었다-옮긴이)'이라고 불리던 인물들도 가격을 내림으로써 부를 축적했다.

〈뉴욕 타임스〉가 최초로 '강도귀족'이라는 표현을 쓴 대상은 코르넬리우스 밴더빌트였다. 그는 그런 별명에 딱 맞는 인물이었다. 하지만 1859년 주간《하퍼스》가 그의 철로에 대해서 쓰지 않을 수 없었던 기사를 보라.

> 그가 경쟁사에 대항해 철로를 부설한 모든 지역에서 요금이 영구적으로 인하되었다. 부설한 곳마다 곧바로 요금이 내렸다. 그리고 경쟁의 결과 누가 승리했든, 요금이 과거 수준으로 다시 오른 일은 전혀 없었다. 그가 평소 자주 그러듯 상대측 철로를 사버렸든 아니면 상대측이 그의 철로를 사버렸든 간에 말이다. 우리 사회는 '저렴한 여행'이라는 큰 혜택을 누리게 된 공로를 주로 밴더빌트에게 돌려야 한다.

철도 요금은 1870~1890년 90퍼센트 인하되었다. 밴더빌트가 성공하기 위해 한때 뇌물을 먹이거나 협박을 했으며, 때때로 노동자들에게 다른 자본가들보다 낮은 임금을 지불했다는 사실은 의심의 여지가 없다. 그를 성자로 만들려는 의도는 전혀 없다. 하지만 그가 일반인의 철도여행 경비를 누구나 쉽게 이용할 수 있는 수준으로 낮춰주었다는 사실 또한 의심의 여지가 없다. 그가 아니었으면 우리가 얻을 수 없었을 막대한 편익이다.

앤드루 카네기Andrew Carnegie는 강철로 막대한 부를 축적했지만 그 과정에서 철제 선로의 값을 75퍼센트 내렸다. 존 록펠러John D. Rockefeller는 석유 값을 80퍼센트 떨어뜨렸다. 이 시기의 30년간 미국인의 1인당 GDP는 66퍼센트 성장했다. 이들은 사람들을 부유하게 만드는 귀족이기도 했던 것이다.

헨리 포드Henry Ford는 차를 값싸게 만듦으로써 부자가 됐다. 첫 모델인 T형은 825달러라는, 당시로서는 전례 없이 싼 가격에 팔렸다. 4년 후 그는 가격을 575달러로 내렸다. 1908년 포드 T형 한 대를 사려면 4,700시간분의 임금이 필요했다. 오늘날 일반 승용차를 한 대 사는 데는 1,000시간분의 임금이 든다. T형에는 결코 없던 갖가지 장치를 갖추었는데도 말이다.

알루미늄 1파운드의 가격은 1880년대 545달러에서 1930년대 20센트로 떨어졌다. 찰스 마틴 홀Charles Martin Hall과 알코아Alcoa 사를 만든 그의 후계자가 이룩한 기술 혁신 덕분이다. (알코아 사는 그 대가로, 정부로부터 140개 항목에 이르는 독점 죄목으로 기소당했다. 값을 급속히 내린 사실 자체가 경쟁을 저해하려 했다는 증거로 원용되었다. 같은 세기 후반 마이크로소프트 사도 이와 비슷한 혐의로 고생했다.)

1945년 후안 트립Juan Trippe이 운영하는 팬암 사가 여행자 클래스의 값싼 좌석을 팔기 시작했다. 그러자 여타 항공사들은 팬암 노선의 취항을 금지해달라고 정부에 요구했다. 영국 정부는 수치스럽게도 이를 받아들였다. 그래서 팬암은 영국 대신 아일랜드에 취항해야 했다. 컴퓨터의 계산 능력에 치르는 값은 20세기 마지막 25년 동안 급속히 떨어졌다. 2000년의 휴대용 계산기 성능을 1975년에 이용하려면 평생의 임금이 들었을 것이다. 1999년 영국에서 DVD 플레이어 한 대의 가격은 400파운드였지만 5년 후 40파운드로 떨어졌다. 추세는 과거 비디오 레코더의 가격 하락과 똑같았지만 하락 속도가 훨씬 빨랐다.

소비자 가격이 하락하면 사람들은 저절로 부유해진다(자산 가격이 하락하면 그 반대의 효과가 나타날 수도 있다. 하지만 자산 가격이란 결국 소비 물품을 구매할 자금의 원천이다). 그리고 부유함의 진정한 척도는 시간이라는 점에 다시 한 번 주목하자. 밴더빌트나 헨리 포드는 당신이 가고 싶은 곳에 더 빨리 가게 해주었을 뿐 아니라, 그 비용을 벌기 위해 더 적은 시간을 일해도 되게 해주었다. 당신에게 약간의 자유 시간을 만들어준 셈이다. 이렇게 절약한 시간을 다른 누군가의 생산품을 소비하는 데 쓰기로 선택한다면, 당신은 그 누군가를 부유하게 만들어주는 것이다. 혹은 그 시간을 누군가를 위한 물품 생산에 쓴다면, 이를 통해 당신은 더욱 부유해진다.

주택도 마찬가지다. 시장에서는 주택 공급가의 하락을 간절히 원하고 있으나 정부는 혼란스러운 여러 가지 이유 때문에 이를 저지하기 위해 무슨 짓이든 하고 있다. 1956년 주택 9.3제곱미터를 마련하는 비용은 임금 16주치에 해당했다. 요즘은 14주치의 임금이면 같은 면적을 더 나은 수준으로 구할 수 있다. 하지만 현대 기계설비 덕분에 주택을 조립하기가 쉬워졌다는 점을 감안하면 주택 가격은 이보다 훨씬 많이 하락했어야 한다.

각국 정부가 이를 막고 있다. 첫째는 도시계획법이나 지역개발제한법(특히 영국)으로써, 둘째는 융자금 대출을 유도하는 과세 체계(최소한 미국에서는 그렇다. 영국은 이제 그렇지 않다)로써, 셋째는 경제 거품 붕괴 이후 자산가치 하락을 막기 위해 무슨 조치든 취함으로써 그렇게 한다. 이런 조치들은 아직 집을 갖지 못한 사람들의 삶을 더 힘들게 만들고, 이미 주택을 보유한 사람들에게 막대한 이익을 가져다준다. 그후에야 정부가 이를 바로잡으려 한다면, 보다 저렴한 주택을 건설하도록 강제 조치를 취하거나 빈곤층의 주택 담보 융자에 보조금을 지급해야 한다.

경제 성장과 행복의 상관관계

생필품과 사치품의 가격이 내려가면 우리는 더 행복해지는가? 21세기가 시작하려는 시점에 '행복의 경제학'이라는 소규모 가내공업이 성장하기 시작했다. 더 부유한 사람들이 반드시 더 행복한 것은 아니라는 역설로부터 유래한 업종이다. 1인당 연간 국민소득이 일정 수준(리처드 레이야드Richard Layard에 따르면 15,000달러)을 넘으면 돈으로는 주관적 웰빙을 살 수 없는 것 같았다. 학계에서 책과 논문이 쏟아져나옴에 따라 남의 불행을 고소하게 여기는 분위기가 시사평론가들 사이에서 광범위하게 자리 잡았다. 이들은 부자라고 다 행복하지는 않다는 사실이 확인된 것을 기뻐했다.

정치인들이 이 주제에 달라붙었고, 태국에서 영국에 이르는 각국 정부들이 국민총생산GNP 대신 국민총행복GNH을 극대화하는 방안을 생각하기 시작했다. 그 결과 오늘날 영국 정부에 '웰빙 부서'들이 생겨났다. 부탄 국왕 지그메 싱기에 왕추크Jigme Singye Wangchuck는 처음으로 이 같은 조치를 취한 인물로 인정받고 있다. 1972년, 나라의 웰빙을 추구하는 데 있어 경제 성장은 2차적인 목표라고 선언한 것이다.

새로운 지혜는 이런 내용이다. "경제 성장이 행복을 만들어주는 것이 아니라면 번영을 위해 그렇게 애쓸 것 없다. 세계 경제도 적당한 소득수준에서 연착륙하게 만들 필요가 있다." 혹은 어느 경제학자의 표현대로 "예나 지금이나 히피들이 옳았다"는 것이다. 이것이 사실이라면 이성적 낙관주의자의 풍선에는 구멍이 뚫린다. 죽음과 기근과 질병과 허드렛일이 계속 줄어든다고 축하하는 게 무슨 의미가 있겠는가? 사람들이 더 행복해지지 않는다면 말이다. 하지만 이는 사실이 아니다.

이와 관련한 논쟁은 1974년 리처드 이스털린Richard Easterlin의 연구에서 비롯되었다. 그에 따르면, 한 국가 내에서는 부유층이 빈곤층에 비해 일반적으로 더 행복하지만 부유한 국가의 국민들이 가난한 국가의 국민들보다 더 행복하지는 않았다. 그의 연구 이후로 '이스털린의 역설'은 논쟁의 중심적 도그마가 되었다.

문제는 그것이 틀렸다는 것이다. 2008년 출간된 두 편의 논문은 모든 자료를 분석한 뒤 똑같이 "역설 자체가 존재하지 않는다"는 결론을 내렸다. 부자들은 가난한 사람들보다 행복하다. 부유한 국가의 국민들은 가난한 국가의 국민들보다 행복하다. 그리고 사람들은 부유해질수록 더 행복해진다. 그 전의 연구들은 유의미한 차이를 발견해내기에는 표본의 크기가 너무 작았던 것이다. 국내 비교건 국가간 비교건 시계열 비교건 관계없이, 수입이 늘면 일반적인 웰빙이 실제로 증가했다.

이는 다음과 같은 뜻이다. 다른 조건이 동일하다면, 돈이 더 많을 때 평균적·전면적·전체적으로 더 행복해진다. 둘 중 한 연구의 표현을 빌려보자. "모든 점을 감안할 때, 경제 성장과 주관적 웰빙의 성장 사이에는 중대한 상관관계가 있는 것으로 보인다. 우리의 시계열 비교와 기존의 국가간 비교가 모두 이 방향을 가리킨다."

여기에는 일부 예외가 있다. 오늘날 미국인의 행복은 증대 추세를 보이지 않는다. 그 이유는 무엇일까? 부자들은 더 부유해졌지만 평범한 시민들은 근래 그다지 부유해지지 않았기 때문일까? 아니면 미국이 지속적으로 가난한(불행한) 이민자들을 받아들이고 있어서 행복지수가 낮아지는 것일까?

아무도 모른다. 하지만 미국인들이 너무 부자라서 돈으로는 더 행복해질 수 없는 지경에 도달했기 때문은 아니다. 일본인과 유럽인은 점점 부유해지면서 지속적으로 더 행복해졌다. 미국인만큼 부유해진 경우도 흔히 있었지만 말이다. 더구나 놀랍게도 미국 여성들은 최근 몇십 년간 더 부유해졌음에도 불구하고 덜 행복해졌다.

물론 부자가 되고 불행해질 수도 있다. 이는 많은 유명인사가 우리에게 일깨워주는 바다. 일단 부자가 되었어도 더 큰 부자가 되지 못해서 불행할 수는 있다. 설사 그 이유가 당신의 이웃이나 TV에 나오는 사람들이 당신보다 더 부자이기 때문이라고 해도 말이다. 경제학자들은 이를 '쾌락의 쳇바퀴'라고 하고, 우리 같은 보통사람들은 '이웃에게 지지 않으려고 허세 부리기'라고 부른다. 부자들이 더 부자가 되기 위해 애쓰는 과정에서 지구환경에 불필요한 피해를 주는 것도 사실이다. 이미 돈을 더 벌어서 더 행복해질 수 있는 단계는 일찌감치 지났으면서 말이다.

부자들은 어쨌든 수렵채집 시절부터 이어져내려온 '라이벌 경쟁' 본능을 타고난 사람들이다. 절대적인 지위가 아니라 집단 내의 상대적 지위가 성적인 보상(짝짓기 상대를 얻는 것-옮긴이)에 결정적인 역할을 하던 시절부터 말이다. 이런 점에서 투자 자금이 되는 저축을 촉진하기 위해 소비에 세금을 물리는 것이 반드시 나쁜 아이디어는 아니다.

그러나 위의 논지가, 가난해지면 누구라도 더 필연적으로 행복해진다는 뜻이 될 수는 없다. 잘살면서 불행한 것은 못살면서 불행한 것보다 분명히 낫다. 물론 일부 사람들은 아무리 부자가 돼도 불행할 것이다. 가난해도 어떻게든 쾌활하게 지내는 사람이 있는 반면에 말이다. 심리학자들은 이렇게 말한다. "사람들은 스스로의 행복 수준을 상당히 일정하게 유지하는 경향이 있다. 의기양양한 성공을 거두었건 불행을 당한 후건 원래의 수준으로 다시 돌아온다."

더구나 100만 년에 걸친 자연선택의 결과, 자녀를 성공시키겠다는 포부를 갖는 게 인간의 본성이 되었다. 만족해 안주하는 본성은 선택되지 않았다. 인간은 가진 것에 만족하기보다 더 나은 것을 욕망하도록 설계되었다. 물론 더 부유해지는 것이 행복해지는 유일한 방법도 최선의 방법도 아니다. 정치학자 로널드 잉글하트Ronald Inglehear는, 행복에 훨씬 큰 영향을 미치는 것은 사회적·정치적 해방이라고 말한다. "스스로의 생활방식을 선택할 자유가 있는 사회에서 살면 행복이 크게 증대된다. 어디서 살고, 누구와 결혼하며, 자신의 성적 정체성을 어떻게 표현할지 등을 선택할 자유 말이다." 1981년 이래 52개국 중 45개국에서 행복이 증대된 것은 자유선택권이 늘어난 데 그 원인이 있다. 루트 빈호벤Ruut Veenhoven은 "국가가 개인주의화할수록 국민들이 더 즐겁게 산다"고 주장한다.

지금 세계 경제는 정말 붕괴되었는가?

그렇지만 생활수준이 높아졌다고 해도 오늘날은 그리 좋은 상황이 못 된다. 근래에 많은 것이 좋아졌다는 즐거운 통계는 요즘 공허하게 들릴 수 있다. 디트로이트의 자동차 회사에서 일시 해고된 근로자, 레이캬비크에서 자기 집을 잃고 쫓겨난 사람들, 짐바브웨의 콜레라 환자, 콩고 인종학살의 난민들에게는 특히 그럴 것이다.

전쟁과 질병, 부패와 증오는 아직도 수많은 사람의 삶을 어렵게 만들고 있다. 핵 테러리즘, 해수면 상승, 인플루엔자 대유행의 위험은 21세기 지구를 살기 위험한 곳으로 만들 수 있다. 사실이다. 하지만 최악의 경우를 상정한다고 해서 이런 파멸을 피하는 데 도움이 되는 것은 아니다. 그보다는 인간의 운명을 계속 개선해나가려 분투하는 편이 도움이 되지 않겠는가.

인류에게는 경제적 진화를 지속시킬 도덕적 의무가 있다. 최근 몇 세기의 역사는 인간의 삶이 엄청나게 개선될 수 있다는 사실을 보여주었다. 우리의 도덕적 의무는 정확히 이 때문에 생기는 것이다. 변화와 혁신과 성장을 막는 행위는 어려운 사람들을 도우려는 시도를 방해한다. 2000년대 초반 잠비아의 기근이 그런 예다. 당시 일부 압력집단(그린피스Greenpeace International와 지구의 친구들Friends of the Earth을 말한다 - 옮긴이)이 현지의 굶주림을 악화시켰을지 모른다. 유전자 조작 식품을 원조받는 데 따른 위험성을 과장해서 선전함으로써 말이다. 우리는 결코 이를 잊어서는 안 된다. "나중에 후회하는 것보다는 안전한 게 낫다"는 소위 '예방 원칙'은 그 자체로 유죄다. 불완전한 이 세상에서 아무것도 하지 않고 가만히 있는다고 해서 안전할 수는 없기 때문이다.

당장 우리에게 닥친 문제도 있다. 2008년의 금융기관 붕괴 사태는 깊고 고통스러운 경기 침체를 초래했다. 세계의 많은 지역에서 대량 해고가 일어나고 많은 사람의 삶이 정말로 곤궁해질 것이다. 근래에 생활수준이 향상됐다고 하지만 그 실체는 무엇인가? 오늘날 많은 사람은 그것이 속임수였다고 느낀다. 미래로부터 돈을 미리 당겨쓰는 피라미드 방식의 눈속임에 불과했던 것은 아닌가.

2008년 실상이 드러나버린 버나드 매도프Bernard Madoff의 사업방식을 보자. 지난 30년간 그는 투자자들에게 월 1퍼센트라는 고수익을 지속적으로 배당했다. 신규 투자자들의 자본을 기존 투자자에게 나눠주는 수법이 동원되었다. 이런 피라미드식 수법이 언제까지나 지속될 수는 없다. 투자자들의 펀드에서 매도프가 횡령한 액수는 650억 달러에 이르는 것으로 밝혀졌다.

문제는 근래의 신용 거품만이 아니다. 인류, 특히 미국인의 생활수준은 제2차 세계대전 후 크게 향상됐다. 하지만 이 또한 같은 방식의 신용 확대를 통해 이루어진 것일 수도 있다. 우리가 우리의 자녀들, 즉 다음 세대로부터 재산을 빌려와서 써버리는 방식 말이다. 이제 그 빚을 갚아야 할 순간이 다가온 것은 아닐까?

당신이 대출받은 주택 모기지 자금(자금원은 아마도 중국에 있는 누군가의 저축일 것이다)은 이를 되갚을 미래의 당신으로부터 빌린 것임에 틀림없다. 또 미국이나 영국의 독자들이 받을 국민연금은 틀림없이 자녀 세대의 세금으로 충당될 것이다. 많은 사람이 생각하는 것처럼, 자신들의 급여 공제액으로 충당될 수 있는 것이 아니다.

그러나 여기에 잘못된 점은 없다. 사실 이는 인간의 통상적인 행동 패턴이기도 하다. 침팬지의 경우를 보자. 15세가 될 때까지 생산하고 소비하는 칼로리의 양은 평생 생산하고 소비할 양의 약 40퍼센트를 각각 차지한다.

같은 나이의 수렵채집인은 다르다. 평생 생산하고 소비하는 칼로리의 총량에 비춰봤을 때, 15세까지 생산은 4퍼센트밖에 하지 못하는 반면 소비는 20퍼센트를 한다. 인간이 자신의 미래로부터 빌려오는 칼로리의 양은 다른 어떤 동물보다도 많다. 성장기에 다른 사람들에게 의존하기 때문이다.

이런 현상이 일어나는 큰 이유는 수렵채집인이 주로 먹는 식품이 추출과 가공을 필요로 한다는 특성이 있기 때문이다. 뿌리는 캐내서 익혀야 하고, 조개는 입을 벌려야 하고, 견과류는 쪼개야 하며, 짐승의 고기는 잘라내야 한다. 그에 비해 침팬지의 먹을거리는 과일이나 흰개미처럼 찾아내서 모으기만 하면 되는 것들이다.

먹을거리를 추출하고 가공하는 법을 배우려면 시간과 연습과 큰 뇌가 필요하다. 하지만 일단 그런 방법을 배우고 나면 인간은 스스로 소비할 것보다 훨씬 많은 칼로리를 생산해서 아이들과 나눠먹을 수 있게 된다.

생애 전체를 놓고 볼 때 나타나는 수렵채집인의 칼로리 생산 패턴에는 흥미로운 점이 있다. 농경시대나 중세, 산업화 초기의 생활양식보다 현대 서구의 그것에 더 가깝다는 사실이다. 다시 말해, 수렵채집인이나 현대인이나 다음과 같이 인식하고 있다는 점에서는 동일하다. "어린이는 20세가 되어야 비로소 자신이 소비하는 것보다 더 많은 양을 생산할 수 있게 되고, 그 후 40년간 매우 높은 생산성을 유지한다."

하지만 수렵채집 시대에서 현대 사이에 있는 중간 단계의 사회에서는 별로 그렇지 못했다. 어린이들이 스스로 소비할 것을 만들어내기 위해 일을 할 수 있었고 실제로 일을 했던 것이다.

오늘날의 특징이라면, 한 세대가 다음 세대로 넘겨주는 것이 좀 더 집단적인 형태를 띤다는 점이다. 예컨대 수입이 있는 모든 개인에게 소득세를 걷어 모두를 위한 교육비로 사용한다.

이런 의미에서 경제는 앞으로 계속 굴러가지 않으면 붕괴한다. 이를 뒷받침하는 것이 은행 제도다. 어렸을 때는 대출을 받아 소비할 수 있게 해주고, 나이가 들면 저축하고 돈을 빌려줄 수 있게 해주는 것이다. 그 결과 가계의 생활수준은 그때그때의 소득에 따라 급변하지 않을 수 있다.

후손들이 조상들의 생활비를 지불할 수 있는 것은 혁신을 통해 조상들보다 더 부자가 될 수 있기 때문이다. 어딘가의 누군가가 30년 상환 조건으로 대출을 받아 투자를 한다고 치자. 투자 대상은 고객의 시간을 절약하게 해주는 장치를 개발하는 사업이라고 하자. 개발이 성공하면 그가 미래로부터 빌려온 돈은 그 자신과 고객들을 부유하게 해줄 것이다. 이로써 대출금을 후손들에게 돌려줄 수준이 되면 우리는 이를 경제 성장이라고 부른다.

이와는 다른 길도 있을 수 있다. 누군가가 돈을 빌려서 사치성 소비에 쓰거나 혹은 집을 하나 더 사는 등 자산시장 투기에 사용하는 것이다. 그 피해는 후손들이 입게 될 것이다. 이것이 바로 2000년대 너무나 많은 개인과 기업이 행한 일이다. 지금 와서 보면 분명하다. 이들은 자신들의 혁신율(결국 생산성 증가율)이 감당할 수 없을 정도로 많은 돈을 후손에게서 빌렸다. 자원을 비생산적인 목적에 잘못 분배한 것이다.

과거 폭발적인 번영을 구가하다가 결국 망해버린 대부분의 사회에는 공통점이 있다. 혁신에는 너무 적은 돈을 투자하고 자산 인플레이션이나 전쟁, 부패, 사치, 도둑질에 너무 많은 돈을 배분했다는 점이다.

스페인에서 카를 5세와 펠리페 2세 통치기에 일어난 일을 보자.

페루의 은 광산에서 생산된 엄청난 부는 낭비되고 말았다. 그 후로 이와 똑같은 '자원의 저주'가 횡재를 얻은 나라들을 괴롭혔다. 특히 석유를 횡재한 러시아, 베네수엘라, 이라크, 나이지리아 등은 지대를 추구하는(지대 추구: 생산성에는 전혀 기여하지 않으면서 경제 여건을 조작해 수입을 챙기려는 행위 - 옮긴이) 독재자들의 지배 탓에 파국을 맞았다.

이런 국가들은 횡재를 했음에도 불구하고 경제 성장률이 낮다. 천연자원은 전혀 없지만 무역과 판매에 바쁜 나라들에 비해서 그렇다. 네덜란드, 일본, 홍콩, 싱가포르, 타이완, 한국을 보라.

네덜란드는 17세기 기업가적 적극성으로 성공한 대표 사례로 꼽힌다. 하지만 20세기 후반 지나치게 많은 천연가스가 발견되자 자원의 저주에 빠져버렸다. 통화 인플레이션 때문에 수출에 타격이 생기자 국민들 스스로 '네덜란드 병'이라는 이름을 붙였다.

일본은 20세기의 처음 절반을 탐욕스럽게 자원 확보에 몰두하다 망해버렸다. 그러나 20세기 후반 천연자원이 없는 상태로 무역과 판매에 힘쓴 결과 평균 수명이 가장 높은 국가가 되었다.

2000년대 서방은 미국 연방준비제도이사회가 흘려보내준 횡재(저금리의 중국 저축)의 상당부분을 흥청망청 써버렸다. 문제는 이것이다. 누군가가 혁신에 충분한 자본을 투자해야 한다. 그렇게만 하면 장기적으로 볼 때 신용 붕괴 때문에 인류의 생활수준이 지속적으로 상향하는 추세가 중단되는 일은 없을 것이다.

세계 전체의 1인당 국내총생산GDP 그래프를 보면(30쪽 참조), 1930년대의 대공황조차 상승기 중 잠깐의 하락기에 불과했음을 알 수 있다. 대공황의 타격을 가장 크게 받은 미국과 독일도 그렇다.

1939년에 이미 1930년보다 더 부유해졌다. 대공황기에 모든 종류의 새로운 상품과 신산업이 탄생했다. 1937년 듀퐁사 판매 수입의 40퍼센트는 1929년까지는 존재하지도 않던 상품에서 발생한 것이었다. 레이온, 에나멜, 셀룰로오스 필름 등.

그러므로 성장은 다시 시작될 것이다. 잘못된 정책이 방해하지만 않는다면 말이다. 지금 이순간에도 누군가가 어딘가에서 여전히 소프트웨어를 손보고, 신소재를 실험하고, 미래에 당신과 나의 삶을 개선해줄 유전자를 조작하고 있다.

어디의 누구라고 특정하기는 어렵지만 그런 후보를 제시할 수는 있다. 이 문단을 쓴 주에 일어난 사례를 보자.

미국 캘리포니아 북부의 '아카디아Arcadia 바이오사이언스'라는 회사가 아프리카에서 활동하는 자선단체와 계약을 체결했다. 현지의 소규모 자작농들이 로열티를 내지 않고 벼의 신품종들을 재배할 수 있게 해주는 계약이다. 신품종은 질소비료를 더 적게 쓰고도 일정한 소출을 낼 수 있게 해준다. 이는 알라닌 아미노기転이 효소를 발현시키는 특정한 유전자 버전 덕분이다. 보리에서 빌려온 이 유전자가 벼 뿌리에서 과도하게 발현되도록 만들었다.

이들 품종이 아프리카에서도 캘리포니아에서처럼 잘 자란다면 언젠가 일부 아프리카 농부는 더 많은 쌀을 생산(환경을 덜 오염시키면서), 판매할 수 있게 될 것이다. 이는 그들의 소득이 높아져, 예컨대 유럽의 회사에서 만든 휴대전화를 구매할 수 있게 된다는 뜻이다. 이 전화기는 쌀을 좀 더 비싸게 팔 수 있는 시장을 찾는 데 도움이 될 것이다. 또 유럽 휴대전화 회사의 직원은 임금이 올라 청바지 한 벌을 새로 사게 된다. 청바지 천은 그 아프리카 농부의 이웃이다니는 면직 공장에서 짠 것이다. 기타 등등.

새로운 아이디어들이 자라고 있는 한, 인간의 경제적 진보는 계속될 수 있다. 현재의 경제 위기가 끝나고 세계 경제가 다시 성장하기 시작하는 시기는 불과 1~2년 후일 수도 있다. 하지만 일부 국가에서는 잃어버린 10년이 될지도 모른다. 심지어 1930년대 대공황기에 그랬던 것처럼, 세계의 일부 지역이 자급자족·독재 체제·폭력으로 요동치거나, 경기 침체가 세계대전을 또 유발할 가능성조차 배제할 수 없다.

하지만 다른 사람들의 필요에 더 잘 부응하는 일에 어딘가의 누군가가 동기부여되고 있는 한, 삶의 질 향상을 향한 도정은 결국 재개될 것이다. 이성적 낙관주의자라면 이러한 결론은 필연적이다.

서로 의존하라, 부유해질 것이다

당신이 사슴이라고 가정해보자. 그러면 하루 동안 할 수 있는 일은 본질적으로 네 가지뿐이다. 자고, 먹고, 잡아먹히는 것을 피하고, 사회활동(영역을 표시한다거나 암컷과 수컷이 서로를 찾는다거나 새끼를 키우는 등의 일)을 하는 것이다. 그 이상의 활동을 해야 할 실질적인 필요가 전혀 없다.

이제 당신이 인간이라고 생각해보자. 아주 기본적인 것만 세더라도 네 가지보다는 훨씬 많은 일을 해야 한다. 자고, 먹고, 요리하고, 옷 입고, 청소하고, 여행하고, 빨래하고, 쇼핑하고, 일하고…… 끝없는 목록이 이어진다.

그렇다면 사슴이 사람보다 훨씬 많은 여가시간을 즐길 수 있어야 할 것이다. 하지만 독서하고, 글을 쓰고, 발명하고, 노래하고, 인터넷 서핑을 하는 등 여유를 즐기는 것은 사슴이 아니라 사람이다.

이 모든 여가시간은 어디서 오는가? 그것은 교환과 전문화, 그리고 그 결과인 노동의 분업에서 온다. 사슴은 먹을거리를 스스로 구해야 하지만, 인간은 다르다. 다른 사람에게 먹을거리를 구하게 하고 자신은 그 사람을 위해 무언가 다른 일을 해주는 것이다. 그리고 이런 방식으로 두 사람 다 시간을 절약한다. 그러므로 자급자족은 번영으로 향하는 길이 될 수 없다.

"한 달이 지났을 때 어느 쪽이 더 진보했겠는가?" 헨리 데이비드 소로Henry David Thoreau가 물었다. "직접 잭나이프를 만들기 위해 스스로 철광석을 캐내서 녹이고, 제작에 필요한 지식을 얻기 위해 책을 읽는 소년 쪽인가, 아니면 같은 기간 동안 교육기관에서 야금학 강의를 듣고 아버지에게 기성품인 로저스 펜나이프를 받은 아이 쪽인가?" 내 생각은 소로와 반대다. 후자 쪽이 엄청나게 진보한다. 다른 것들을 배울 시간적 여유가 훨씬 많기 때문이다.

만일 당신이 완전히(소로처럼 흉내만 내는 것이 아니라) 자급자족해야 한다고 생각해보라. 그러면 매일 아침 당신은 스스로 가진 것만으로 모든 것을 해결해야 한다.

하루를 어떻게 보내게 될까? 가장 우선적으로 필요한 것은 음식과 땔감, 의복과 잠자리다. 밭을 일구고, 돼지를 먹이고, 냇물에서 물을 길어오고, 숲에서 나무를 해오고, 감자를 씻고, 불을 피우고(성냥은 없다), 점심을 조리하고, 지붕을 손보고, 신선한 고사리잎을 깔아 깨끗한 잠자리를 마련하고, 쇠를 깎아서 바늘을 만들고, 실을 좀 잣고, 가죽을 기워서 신을 만들고, 계곡에서 몸을 씻고, 진흙으로 그릇을 굽고, 저녁 식사를 위해 닭을 잡아 요리를 해야 한다.

책도 촛불도 없으니 독서를 할 수 없다. 금속을 녹이거나 유정을 파거나 여행을 할 시간도 없다. 자급자족이란, 단어의 정의 그대로 근근이 연명하는 최저 생활수준인 것이다. 당신은 처음에는 소로처럼 "그 모든 끔찍한 북새통에서 멀리 벗어나 있으니 얼마나 멋진가"라고 중얼거릴 수도 있다. 하지만 며칠 지나지 않아 일상이 암울해질 것이다.

생활을 아주 조금이라도 개선하고 싶다면(예컨대 금속으로 만든 연장이나 치약이나 조명 같은 것으로) 당신의 잡일을 다른 사람이 대신하게 해야 한다. 그러지 않으면 손수 그런 것들을 만들 시간이 나지 않을 테니까. 따라서 당신의 생활수준을 향상시키는 방법 중 하나는 다른 사람의 그것을 낮추는 것이 된다. 즉, 노예를 사는 것이다. 실제로 지난 수천 년간 사람들이 부자가 된 방법이 바로 그것이었다.

오늘날 당신에게 딸린 노예는 없다. 그러나 내일 아침 침대에서 일어나면 누군가가 음식과 옷, 연료를 가장 편리한 형태로 제공하리라는 것을 당신은 알고 있다.

1900년의 평균적 미국인은 100달러 중 76달러를 식비와 의복비, 주거비로 지출했다. 오늘날 이런 항목에 지출되는 돈은 평균 37달러에 불과하다. 당신이 평균 임금을 받고 있다면 몇십 분만 일하면 오늘 식비로 지출할 돈을 벌 수 있다. 몇십 분 더 일하면 당신이 필요로 하는 어떤 옷이든 살 수 있는 돈이 들어온다. 그리고 한두 시간 일하면 아마도 오늘치 자동차 기름 값, 전기료, 연료비를 벌 수 있을 것이다. 지붕이 있는 건물에서 잘 수 있도록 집세나 주택 대출금 낼 돈을 벌기 위해서는 좀 더 일해야 할 것이다.

어쨌든 점심 때쯤이면 마음이 편안해질 수 있다. 오늘치의 식비, 연료비, 의복비, 집세를 모두 벌어놓았을 테니까. 그러므로 이제는 좀 더 재미있는 것을 하기 위한 돈을 벌 차례다. 위성TV 시청료, 휴대전화 요금, 휴가를 위한 저축, 아이들에게 새 장난감을 사줄 돈, 소득세 등. 존 스튜어트 밀 John Stuart Mill은 "누군가 생산을 한다는 것은 그가 소비를 원한다는 뜻"이라고 말했다. "그렇지 않다면 괜히 노동을 할 이유가 어디에 있겠는가?"

2009년 토머스 스웨이츠 Thomas Thwaites라는 예술가가 토스터를 손수 만들기 시작했다. 상점에서 4파운드에 살 수 있는 그런 토스터 말이다. 필요한 원자재는 얼마 안 된다. 쇠, 구리, 니켈, 플라스틱, 운모(전열선을 감을 수 있는 절연체)가 전부다. 하지만 이런 재료들을 구하는 것조차 거의 불가능하다는 사실을 그는 알게 되었다. 쇠를 만들 철광석은 아마도 스스로 채굴할 수 있을 것이다. 하지만 바람을 불어넣을 전기풀무 없이 무슨 수로 광석을 녹일 만큼 뜨거운 용광로를 만든단 말인가? (그는 사기를 쳐서 전자오븐을 사용했다.) 플라스틱의 재료인 석유는 스스로 쉽게 채굴할 수 없다. 정제는 말할 것도 없고. 기타 등등.

이보다 중요한 것은 몇 개월에 걸쳐 많은 돈이 들어간 이 프로젝트의 결과다. 시원찮은 제품이 나온 것이다. 그러나 4파운드 하는 토스터를 사려면 한 시간분 최저 임금이면 된다. 소비자로서 자신이 얼마나 무력한가를 알게 된 스웨이츠는 자급자족을 포기했다.

이 사례는 전문화와 교환의 마술을 웅변해준다. 수천 명의 사람이 있다. 이들 중 스웨이츠에게 뭔가 도움을 주고자 하는 사람은 아무도 없다. 그러나 이들이 분업하고 협동한 결과로 그가 아주 적은 돈으로 토스터를 살 수 있게 된 것이다.

이와 똑같은 취지로, 미국 드렉셀 대학의 켈리 콥Kelly Cobb은 자신의 집에서 반경 160킬로미터 이내에서 생산되는 재료만으로 남성용 정장을 만들기로 했다. 이를 위해서는 20명의 장인이 500인시(人時, 한 사람이 한 시간에 하는 일의 양)만큼 일해야 했다. 그러고도 재료의 8퍼센트는 반경 160킬로미터 밖에서 구해야 했다. 만일 이들이 1년 더 일했다면 원래의 제한을 지키고도 성공할 수 있었을 거라고 콥은 주장했다. 요약하자면, 재료의 출처를 특정 지역으로 제한한 결과 양복 제작비가 약 100배로 늘어났다.

내가 지금 이 원고를 쓰고 있는 시각은 오전 9시다. 침대에서 일어난 지 두 시간이 지났다. 그동안 나는 북해 유전의 천연가스로 데운 물로 샤워를 했고, 영국산 석탄을 때는 발전소에서 생산한 전력으로 움직이는 미제 전기면도기를 썼다. 프랑스에서 생산된 밀로 만든 빵 한 조각에 뉴질랜드 버터와 스페인 잼을 발라 먹었고, 스리랑카에서 재배한 찻잎으로 홍차를 마셨다. 인도산 면과 호주산 울로 만든 옷을 입고, 중국산 가죽과 말레이시아산 고무로 만든 신을 신고, 핀란드산 목재펄프와 중국 잉크로 만든 신문을 읽었다. 원고는 태국산 플라스틱 키보드(아마도 출발점은 아랍의 유정이었을 것이다)로 친다. 타자 내용이 모니터에 뜨려면 한국산 반도체칩과 칠레산 구리선을 통과해야 한다. 컴퓨터는 미국 회사가 디자인하고 만든 것이다.

오늘 아침 내가 소비한 상품과 용역만 해도 10여 개국에서 온 것이다. 사실 방금 언급한 일부 항목의 원산지는 그냥 추정한 것이다.

어느 국가가 원산지라고 정의하기가 거의 불가능한 항목이 적지 않다. 그 원재료의 원산지가 너무나 다양하기 때문이다.

이보다 중요한 것은, 내가 수십 수백 명이 행한 생산적 노동의 미세한 조각을 또한 소비했다는 점이다. 누군가는 유정을 뚫고 파이프를 설치하고 면도기를 디자인하고 목화를 키우고 소프트웨어 프로그램 코드를 써야 한다. 이들 모두가 스스로는 자각하지 못했을지라도 나를 위해 일한 셈이다. 내가 지출한 돈의 일부와 교환해 이들은 자기 노동의 결과물 중 극히 일부를 나에게 제공한 것이다.

그들은 나에게 필요한 것을, 내가 원하는 그때 제공했다. 마치 내가 1700년 프랑스 베르사유 궁에 있던 태양왕 루이 14세인 것처럼 말이다. 태양왕은 매일 저녁 홀로 만찬을 즐겼다. 금그릇과 은그릇에 담긴 40종의 요리를 골라 먹었다. 한 끼 식사를 준비하는 데 498명이 동원됐다. 그는 다른 사람들이 일한 결과를, 그중에서도 주로 서비스를 소비했으니, 그야말로 부자였다.

당시 평균적인 프랑스 가구는 식구들의 끼니를 해결하는 한편, 궁에 있는 태양왕의 하인들을 먹여살릴 세금도 내야 했다. 따라서 다른 사람들이 가난했기 때문에 루이 14세가 부자일 수 있었다고 결론짓기는 어렵지 않다.

하지만 오늘날은 어떤가? 당신이 평균적인 사람이라고 생각해보자. 예컨대 중간 정도의 월급을 받는 35세의 여성이라고 하자. 논의의 편의를 위해서, 사는 곳은 파리라고 해두자. 남편도 직장에 다니며 자녀가 둘 있다.

당신은 빈곤과는 거리가 멀지만, 루이 14세와 비교한다면 상대적으로 엄청나게 가난한 셈이다. 루이는 세계에서 가장 부유한 도시에서도 가장 부유한 인물이었던 반면, 당신은 하인도 궁전도 마차도 왕국도 없다. 붐비는 지하철을 타고 퇴근하는 길에 가게에 들러 4인용 인스턴트 음식을 살 때 당신은 생각할지 모른다. 루이 14세의 만찬은 내 손이 닿지 않는 머나먼 곳에 있다고 말이다.

하지만 생각해보라. 슈퍼마켓에 들어서는 당신을 맞이하는 보물창고는 루이 14세가 일찍이 경험해보지 못한 것이다(그리고 식중독을 일으키는 살모넬라균이 있을 가능성도 더 적을 것이다). 신선, 냉동, 통조림, 훈제, 즉석 식품이 완비돼 있다. 재료는 쇠고기, 닭고기, 돼지고기, 양고기, 생선, 새우, 가리비, 달걀, 감자, 콩, 당근, 양배추, 가지, 금귤, 큰 뿌리 셀러리, 아욱, 7종의 양상추 등등이다. 올리브·호두·해바라기·땅콩 기름으로 익히고, 고수잎이나 강황(생강 종류), 바질에서 로즈마리에 이르는 다양한 허브를 향신료로 썼다.

당신에게 전속 요리사는 없을 것이다. 하지만 기분에 따라 주변의 수많은 이탈리아식, 중국식, 일본식, 인도식 레스토랑 중에서 아무데나 고를 수 있다. 그 모든 식당에는 숙련된 요리사들이 당신 가족을 위해 봉사할 준비를 갖추고 있다. 한 시간 전에만 예약을 하면 말이다.

이 점을 생각해보라. 보통사람이 누군가 다른 사람에게 자신의 음식을 차려주도록 만들 수 있는 시대는 과거에 없었다. 지금 세대에 비로소 가능해진 일이다. 그뿐만이 아니다. 당신은 전속 재단사는 없지만 인터넷을 돌아다니며 언제든지 주문을 할 수 있다. 면, 비단, 리넨, 울, 나일론으로 만든 수백만 가지의 제품이 기다리고 있다. 가격도 적당하고 품질은 우수하다. 아시아 전역의 공장에서 당신을 위해 만든 것들이다.

당신에게 마차는 없다. 하지만 저가 항공노선의 표를 살 수 있다. 그러면 숙련된 조종사가 당신을 수백 군데의 기착지 중 어디라도 데려다준다. 루이 14세는 한번 가보겠다는 꿈도 꾸지 못했던 곳들로 말이다. 당신에게 벽난로 땔감을 가져다줄 전속 나무꾼은 없다. 하지만 러시아의 가스 굴착 장치 기사들이 당신에게 안전하고 깨끗한 중앙난방을 공급하려고 서로 경쟁하고 있다.

당신을 위해 양초 심지를 조절해주는 하인은 없다. 하지만 전등 스위치를 올리면 곧바로 밝은 빛이 들어온다. 멀리 떨어진 곳에 있는 원전의 배전반에서 열심히 일하는 사람들 덕분이다. 메시지를 전달하는 심부름꾼 역시 마찬가지다. 대신 휴대전화가 있지 않은가. 지금 이 순간에도 세계 어딘가의 기지국 탑에는 누군가 정비공이 올라가 있다. 당신이 그 기지국을 이용할 경우 아무 이상이 없도록 보장하기 위해서 말이다.

당신에게는 전용 약제사도 없다. 대신 동네 약국에 가면 된다. 수 없이 많은 화학자, 공학자, 물류 전문가들이 만들고 배달시킨 제품들이 대기하고 있다. 당신 휘하에 정부 각료는 없다. 하지만 지금 이 순간에도 부지런한 리포터들이 대기하고 있다. 당신에게 유명 영화배우의 이혼 소식을 전하기 위해서 말이다. TV 채널을 그쪽으로 돌리거나 그들의 블로그에 접속하기만 하면 된다.

내가 말하고자 하는 요점은 간단하다. 루이 14세의 하인 498명보다 훨씬 많은 사람이 당신의 즉각적인 명령을 기다리고 있다. 물론 태양왕의 하인과 달리 이 모든 사람은 다른 사람들을 위해서도 일한다. 하지만 당신의 관점에서 보면 그게 무슨 차이가 있겠는가.

교환과 전문화가 인류를 위해 일으킨 마술이 바로 이것이다. 애덤 스미스의 말을 들어보자. "문명사회의 개인은 수많은 사람의 협력과 지원을 상시적으로 필요로 한다. 우정을 맺을 수 있는 사람은 생애를 통틀어도 불과 몇 명 되지 않는데 말이다."

1958년 레너드 리드Leonard Read가 쓴 고전적 에세이 〈나는 연필I, Pencil〉을 예로 들어보자. 자신이 만들어지기까지 수많은 사람이 어떤 방식으로 관여했는지를 한 자루 연필의 입장에서 설명한 글이다. 미국 오리건 주의 나무꾼, 스리랑카 흑연 광산의 광부, 브라질의 커피콩 재배 인부(나무꾼이 마시는 커피를 생산한다)에 이르기까지, 정말 수많은 사람이 연관돼 있다.

화자인 연필은 이렇게 결론 내린다. "이처럼 많은 사람 중에서 극미한 노하우 이상을 아는 사람은 연필 공장 사장을 포함해 아무도 없다." 연필은 감탄한다. "나 자신이 생겨나기 위해서는 이토록 수많은 행위가 있어야 하는데, 이를 지시하거나 명령하는 지휘자는 없다니!"

이것이 바로 내가 말하는 집단지능이다. 프리드리히 하이에크가 처음으로 명확하게 파악했듯, 지식은 "결코 집중되거나 통합된 형태로 존재하지 않는다. 각 개인 모두가 지닌, 불완전하고 흔히 상충되는 지식의 흩어진 조각으로만 존재"한다.

단순한 생산, 다양한 소비

당신은 타인의 노동과 자원만 소비하고 있는 게 아니다. 타인의 발명도 소비하고 있다. 당신이 시청하는 TV는 전자와 광자의 정교한 춤 덕분에 작동한다. 이를 고안해낸 것은 수많은 기업가와 과학자다. 당신이 입고 있는 면직물을 보자. 방적기로 뽑은 실을 방직기로 짜 천으로 만든 것이다. 이들 기계를 처음 발명한 산업혁명 시대의 영웅들은 벌써 오래전에 죽었다. 당신이 먹는 빵을 보자. 밀을 처음 이종교배해 품종을 개량한 것은 신석기시대 메소포타미아에 살던 사람들이고, 지금처럼 빵으로 굽는 방식을 처음 발명한 것은 중석기시대 수렵채집인들이었다. 이들의 지식은 기계, 조리법, 프로그램으로 지속적으로 구현돼 오늘날 당신을 편리하게 해주고 있다.

루이 14세에게는 없었던 수많은 하인이 당신에게는 있다. 알렉산더 그레이엄 벨(Alexander Graham Bell, 전화 발명), 존 로지 베어드(John Logie Baird, TV 발명), 팀 버너스-리 경(Sir Tim Berners-Lee, 월드와이드웹 발명), 토머스 크래퍼(Thomas Crapper, 수세식 변기 개량·보급), 조너스 소크(Jonas Salk, 소아마비 백신을 개발하고 특허 포기)를 비롯한 수많은 발명가가 바로 당신을 위해 일하고 있다. 그들이 수고한 혜택을 당신이 누리고 있으니 말이다. 이 모든 협력의 핵심은 "더 적은 양의 노동으로 더 많은 양의 제품을 생산(애덤 스미스)"하게 만드는 데 있다.

흥미로운 사실이 있다. 이 모든 서비스의 보고를 이용하는 대가로 당신이 생산하는 것은 단 한 종류뿐이라는 점이다. 다시 말하면 이렇다. 당신은 수많은 사람의 발견과 발명, 노동의 대가를 소비한다. 그런데 당신이 생산, 판매하는 것은 다음 중 한 가지뿐이다. 머리 깎기, 볼베어링 만들기, 보험 상담, 간호, 개 산책시키기…….

당신을 '위하여' 일하는 수많은 다른 사람도 마찬가지로 한 가지

일을 변함없이 하고 있다. 각자 생산하는 것은 한 가지뿐이다. 직업 job이라는 단어의 의미가 바로 그것이다. 당신이 노동 시간을 투입하는, 단순화된 제품 한 가지.

물론 여러 가지 직업을 가진 사람들도 있다. 프리랜서 단편 작가 겸 신경과학자, 컴퓨터 회사의 중역 겸 사진작가…… 하지만 이들도 기껏해야 두세 가지 일을 하면서 수백 수천 가지를 소비한다. 다양한 소비, 단순한 생산은 현대 생활의 특징이며, 바로 '높은 생활 수준'의 정의이기도 하다. 한 가지를 만들고 많은 것을 사용한다.

이와 대조적으로, 자급자족하는 정원사나 그의 조상인 자급자족하는 농부 또는 수렵채집인을 생각해보자(조상들이 과거 자급자족했다는 것은 부분적으로는 어쨌든 허구라는 게 나의 주장이다). 그의 생활은 다양한 생산과 단순한 소비가 특징이다. 그는 한 가지가 아니라 많은 것을 생산한다. 식량, 잠잘 곳, 의복, 놀잇거리 등. 자기가 생산한 것만 소비하기 때문에 그 양이 많을 수 없다. 아보카도 타란티노나 마놀로 블라닉도 해당사항 없다. 그가 소비할 수 있는 브랜드는 그 자신이 만드는 것뿐이다.

2005년 일반적인 소비자라면 세후 소득을 대충 다음과 같은 분야에 소비했을 것이다.

- 주거 : 20%
- 자동차, 비행기, 연료, 기타 모든 교통수단 : 18%
- 의자, 냉장고, 전화, 전기, 수도 등 집안 관리 유지 : 16%
- 음식, 음료, 외식 등 : 14%
- 의료 : 6%

- 영화, 음악, 기타 오락 : 5%
- 모든 종류의 의복 : 4%
- 교육 : 2%
- 비누, 립스틱, 미장원 등 : 1%
- 생명보험과 연금(예컨대 미래 소비를 위한 저축) : 11%
- (그리고 내 관점에서는 한탄스럽게도) 독서 : 0.3%

1790년대 영국의 농장노동자는 대충 아래와 같이 지출했다.

- 음식 : 75%
- 의복과 이불 : 10%
- 주거 : 6%
- 난방 : 5%
- 조명과 비누 : 4%

현대 말라위에서 농업에 종사하는 여성은 대략 다음과 같은 일로 하루를 보낸다.

- 식량 재배 : 35%
- 요리, 세탁, 청소 : 33%
- 물 길어오기 : 17%
- 땔감 구하기 : 5%
- 보수를 받는 일을 포함한 기타 모든 분야 : 9%

다음에 수도꼭지를 틀 때 다음과 같은 상상을 해보라. 말라위 마칭가 지방에서 물을 긷기 위해 시레 강까지 1.6킬로미터 이상 걸어가는 광경을 말이다. 머릿속은 걱정으로 가득하다. '물통에 물을 담을 때 악어가 덤벼들지 말아야 할 텐데(유엔의 추정에 따르면, 마칭가 지방에서는 한 달에 세 명꼴로 악어의 공격을 받아 죽는다. 희생자 중에는 물을 긷던 여성이 많다).' '물통 속에 콜레라균이 들어 있지 않아야 할 텐데.' 강에서 20리터의 물을 길어 집까지 걸어서 운반한다. 이 물로 한 가족이 하루를 버텨야 한다.

당신에게 죄책감을 느끼게 할 생각은 없다. 당신을 부유하게 만드는 것이 무엇인지를 알아내려고 노력하고 있을 뿐이다.

당신이 잘사는 것은 시장과 기계와 다른 사람들 덕분에 삶의 힘든 일들을 처리하기가 쉬워졌기 때문이다. 스스로 동네 가까운 강에 가서 공짜 물을 길어오는 것을 막을 사람은 아무도 없을 것이다. 하지만 당신은 그러지 않고, 수입 중 일부를 지출해서 깨끗한 물이 수도꼭지를 통해 배달되게 만든다.

'빈곤'이라는 말의 뜻은 다음과 같다. 스스로에게 기초적으로 필요한 서비스를 살 수 있을 만큼의 가격에 자신의 시간을 팔 수 없다면, 바로 그만큼 당신은 빈곤한 것이다. 역으로, 기초적 서비스뿐 아니라 욕망을 가지고 원하는 서비스까지 살 수 있다면, 그만큼 당신은 부유한 것이다. 번영, 즉 성장이라는 말은 자급자족에서 상호의존으로 이행하는 것과 동의어다.

과거의 가족은 힘들고 느리게 다양한 생산활동을 하는 단위였다. 오늘날 가족은 특화된 생산품을 제공하는 대가로 쉽고 빠르게 다양한 소비를 하는 단위로 바뀌었다. 이것이 번영이다.

자급자족은 빈곤이다

오늘날 '푸드마일(음식의 무게×수송 거리 - 옮긴이)'을 비난하는 것이 유행이다. 음식이 당신 식탁에 오를 때까지 운송 거리가 길면 길수록 연료가 그만큼 더 타고 그 과정에서 더 많은 평화가 깨진다는 것이다.

하지만 왜 음식만 꼬집어 이야기하는가? T셔츠나 랩톱 컴퓨터에도 항의해야 하는 것 아닌가? 무엇보다 과일과 채소는 빈곤국들의 수출 비중에서 20퍼센트 이상을 차지한다. 그에 비해 랩톱은 대부분 부유한 국가들의 수출품이다. 따라서 식량 수입을 꼬집어 특히 차별하는 것은 빈곤국들만 골라서 제재하는 셈이 된다.

이 문제를 연구한 두 경제학자가 최근 내린 결론은 이렇다. "푸드마일이라는 개념 자체에 '지속 가능성 지표'로서 심각한 흠이 있다." 먹을거리가 농부의 손을 떠나 상점에 진열될 때까지 운송 과정에서 방출되는 오염물질은 전체 방출량의 4퍼센트에 지나지 않는다.

영국산 먹을거리를 영국 내에서 냉장할 때 방출되는 탄소는 외국에서 먹을거리를 공수해올 때 나오는 양의 10배에 이른다. 소비자가 상점에 갈 때 방출하는 탄소는 공수할 때의 50배에 달한다. 뉴질랜드 양을 배로 운송해 런던의 식탁에 올릴 때까지 방출되는 탄소는 영국 웨일스 지방의 양이 동일한 식탁까지 가는 동안 방출되는 탄소량의 4분의 1에 불과하다.

런던에서 팔리는 네덜란드 장미는 난방 온실에서 키운 것이다. 탄소발자국(carbon footprint, 온실가스 총 배출량)이 케냐산 친환경 장미의 6배에 달한다. 후자는 지열 발전한 전기와 양어장에서 재순환한 물과 햇빛으로 자라면서 케냐 여성들에게 일자리도 제공한다.

세계는 교역을 통해 상호의존하고 있으며, 바로 이것이야말로 오늘날 우리의 생활을 지금과 같은 수준으로 지속하게 해주는 힘이다. 진상이 그렇다. 지속 가능하지 않은 것과는 거리가 멀다.

동네의 랩톱 컴퓨터 제조업자가 당신에게 다음과 같이 말하는 장면을 상상해보라. "주문이 이미 세 대나 밀려 있고, 나는 이제 휴가를 가려고 해요. 따라서 겨울까지 기다려야 한 대 만들어줄 수 있겠어요." 그러면 당신은 기다리는 수밖에 없을 것이다.

당신 지역의 농부가 이렇게 말하는 광경은 어떤가? "작년에 내린 비 때문에 올해는 밀을 예년의 절반밖에 배달해줄 수 없겠는데요." 그러면 당신은 배를 곯을 수밖에 없을 것이다.

다행히 현실은 그렇지 않다. 지구 전체를 아우르는 랩톱 컴퓨터 시장과 밀 시장의 혜택을 받을 수 있는 것이다. 이런 시장은 어딘가의 누군가가 당신에게 팔 것을 가지고 있기 때문에 존재한다. 시장에서 물량이 부족한 경우는 드물고 단지 가격이 소폭 오르내릴 뿐이다.

예컨대 밀 가격은 2006~2008년 거의 세 배로 뛰었다. 1315~1318년 유럽에서 있었던 일의 재판이다. 그 옛날 유럽은 인구가 그리 조밀하지 않았고, 유기농법으로 농사를 지었으며, 푸드마일이 짧았다. 어쨌든 2008년에는 아무도 아기를 잡아먹거나 교수대에서 시체를 끌어내려 식량으로 삼지 않았다. 기근 지역으로 식량을 수입하는 데 터무니없이 많은 돈이 들지 않게 된 것은 철도가 등장하고 나서부터다. 그 전에는 사람들이 난민이 되는 편이 더 싸게 먹혔다. 상호의존은 이처럼 위험을 분산시킨다.

초기 경제학자들은 농업 인구가 줄어드는 데 대해 대경실색했다. 프랑수아 케네François Quesnay를 비롯한 중농주의 학자들은 18세기 프랑스에서 다음과 같이 주장했다. "제조업으로는 부를 증가시킬 수 없다. 농업에서 산업으로 전환하면 국부가 줄어들 것이다. 진정한 부를 생산하는 것은 농업뿐이다."

20세기 후반 제조업 분야의 고용이 저하되자 경제학자들은 2세기 전과 비슷하게 깜짝 놀랐다. 제조업이야말로 중요 산업이며 서비스업으로 관심을 돌리는 것은 경솔하다는 것이었다.

경제학자들은 이번에도 틀렸다. '비생산적인 고용' 같은 것은 있을 수 없다. 당신이 제공하는 서비스를 사람들이 구매하려고 하는 한 그렇다. 오늘날 경제활동 인구 중 농업 종사자는 1퍼센트, 제조업 종사자는 24퍼센트다. 나머지 75퍼센트는 영화업, 요식업, 보험상담, 아로마 테라피 등에 종사한다.

다시 찾은 낙원

그러나 오랜 옛날, 교역과 기술, 농업이 없던 시절의 사람들을 생각해보자. 이들이 자연과 조화를 이루며 단순하고 유기적인 삶을 산 것은 분명하다. 그것은 빈곤이 아니었다. '본래의 풍요한 사회'였다.

수렵채집 사회의 전성기였던 15,000년 전을 예로 들어보자. 개가 가축으로 길들고 털코뿔소가 멸종한 지 한참 뒤이자 아메리카 대륙에 사람이 살기 직전의 시대다. 당시 사람들은 투창기(긴 홈에 창을 끼우는 방법으로 원심력을 배가시켜 던지는 도구 - 옮긴이), 활과 화살, 배, 바늘, 까뀌(한손으로 나무를 찍어 깎는 연장 - 옮긴이), 그물을 사용했다. 바위에 독특한 그림을 그렸으며 몸에 장식을 하고 먹을거리, 조개 껍데기, 원자재, 아이디어를 교환했다. 노래를 부르고 의식을 치를 때 춤을 추고 이야기를 전했으며, 질병에 대비해 식물성 치료제를 마련했다. 노인이 될 때까지 사는 일이 자신들의 선조에 비해 훨씬 많았다. 조상들보다 훨씬 오래 사는 일이 흔했다.

이들은 어떤 거주지나 기후에도 충분히 적응할 수 있는 생활양식을 가지고 있었다. 해변이나 사막, 북극이나 열대 지방, 숲이나 초원지대 등 어디서나 자신들의 영역을 개척할 수 있었다. 다른 모든 종이 고유한 생태 영역을 필요로 하는 것과 다른 점이다.

이게 장 자크 루소Jean-Jacques Rousseau 풍의 전원시라고? 수렵채집인들의 외관은 확실히 '고상한 야만인' 같았다. 키가 크고 체력이 좋고 건장했으며, (과거의 찌르는 창에서 던지는 창으로 바꾼 덕분에) 뼈가 부러지는 일도 네안데르탈인보다 적었다. 단백질과 비타민을 충분히 섭취했고 지방은 많이 먹지 않았다.

유럽에서는 기후가 계속 추워진 덕분에 사자와 하이에나가 대부분 사라졌다. 이들 맹수는 조상들과 같은 먹이를 놓고 다투거나 조상들을 잡아먹기도 했지만 이제는 두려워할 필요가 거의 없어졌다.

소비자중심주의에 반대하는 오늘날의 많은 논객이 홍적세(신생대 제4기 전반, 인류의 조상이 나타난 시기다 - 옮긴이)에 향수를 느끼는 것은 놀랄 일이 아니다.

예컨대 제프리 밀러Geoffrey Miller의 뛰어난 저서 《소비Spent》에서 독자들에게 상상을 요구하는 장면이 그렇다. "가족과 친구라는 친근한 씨족들 사이에서 살고 있는 3만 년 전 크로마뇽인 엄마를 생각해보라. 그녀는 자연 그대로의 과일과 채소를 채집한다. 자신이 잘 알고 좋아하고 신뢰하는 사람들과 춤추고 드럼을 치며 노래 부른다. 씨족들이 차지한 프랑스 리비에라 연안 6천 에이커의 녹지 위로 태양이 떠오른다."

좋았던 시절의 삶이여! 하지만 정말 그랬을까? 수렵채집인의 에덴동산에는 뱀(고상한 야만인 속에 섞인 진짜 야만인)이 있었다. 어쨌든 휴일의 캠핑 같은 삶이 평생 지속되지는 않았을 것이다. 폭력의 위험이 만성적이고 상시적으로 존재했기 때문이다. 그래야만 했다. 인류에게 심각한 포식자가 없는 상황에서, 기근이 발생하지 않을 정도로 인구밀도가 낮게 유지될 수 있었던 것은 전쟁 덕분이었기 때문이다. 플라우투스(Plautus, 고대 로마의 극작가 - 옮긴이)는 말했다. "인간은 인간에 대해 늑대다." 수렵채집인의 신체가 건강하고 유연했다면 그것은 살찌고 둔한 사람들이 새벽에 화살이나 창을 맞고 모두 죽었기 때문이다.

다음 자료를 보라. 칼라하리의 쿵 족에서 북극의 이누잇 족에 이르는 현대 수렵채집인 중 3분의 2는 거의 항시적인 부족 전쟁 상태에 있는 것으로 확인되었다. 87퍼센트는 연례적으로 전쟁을 치르고 있다. '전쟁'이라고 하지만 새벽의 습격이나 우발적인 접전, 수많은 가식적 위협 등을 표현할 뿐이다. 하지만 이런 일들이 너무나 자주 일어나기 때문에 사망률은 높다. 통상 성인 남성 중 30퍼센트는 살해당한다.

오늘날 전형적인 수렵채집인들은 해마다 부족민의 0.5퍼센트가 전쟁으로 사망한다. 이를 세계 인구로 환산해보면, 20세기에 20억 명이(1억 명이 아니라) 사망하는 셈이 된다.

이집트의 예벨 사하바에서 발견된 공동묘지는 14,000년 이상 된 것이다. 여기서 발굴된 사체 59구 중 24구는 창이나 화살, 던지는 화살로 인한 상처 때문에 사망한 것으로 드러났다. 40구는 여자와 어린이였다. 이들은 전쟁에는 통상 참여하지 않지만 전투의 목표가 되는 일이 잦았다. 섹스용 전리품으로 납치된 뒤 자신의 자녀들이 살해당하는 것을 목격하는 것은 수렵채집 사회의 여성에게 드문 일이 아니었다. 예벨 사하바의 발굴 결과를 본 이상 에덴동산은 잊는 것이 좋다. 영화 〈매드 맥스〉를 생각하라.

인구 성장을 제한한 것은 전쟁만이 아니었다. 수렵채집인들은 보통 기근에 취약하다. 심지어 식량이 풍부한 때라도 다음과 같은 일이 진행될 가능성이 크다. 여성들은 먼 곳까지 걸어가서 먹을거리를 채집하느라 너무나 많이 수고해야 한다. 그래서 스스로를 위한 잉여 식량을 충분히 비축할 수 없다. 그 결과 청춘의 몇 년간을 제외하면 제대로 임신할 만한 몸 상태를 유지할 수가 없다. 어려운 시절에는 영아 살해가 통상적인 대책이었다. 질병 역시 강 건너 불이 아니었다. 괴저병, 파상풍, 그리고 수많은 종류의 기생충이 주요한 사망 원인이었을 것이다.

노예 이야기도 빼놓을 수 없다. 태평양 북서부 지역에서는 일반적인 일이었다. 아내 구타? 티에라 델 푸에고 제도(남아메리카 남단의 섬들 - 옮긴이)에서는 늘 일어나는 일이었다. 비누, 뜨거운 물, 빵, 책, 영화, 금속, 종이, 직물이 없는 것은 어땠을까?

과거 어느 시절이 지금보다 더 마음에 들어서 '그때 태어났더라면' 하고 생각하는 사람들이 있을 수 있다. 그중 한 사람을 만나게 되면 이야기해주라. 홍적세의 화장실 시설, 로마 황제가 선택할 수 있었던 운송수단, 베르사유 궁전의 이(虱)에 대해서 말이다.

새로운 것이 부른다

그럼에도 불구하고 현대 소비사회 과소비 양상의 일면을 보고 석기시대를 선망의 눈으로 바라볼 필요는 없다. 제프리 밀러는 묻는다. "세상에서 가장 지능이 높은 영장류가 어째서 허머H1 알파 SUV 차량 같은 걸 사는가? 좌석은 네 개뿐이고, 연료 1리터에 4.2킬로미터밖에 못 가고, 시속 96킬로미터에 도달하는 데 13.5초나 걸리고, 가격은 139,771달러나 하는데 말이다." 그는 대답한다. "인류는 사회적 지위와 성적 대상으로서의 가치를 드러내려 애쓰는 방향으로 진화했기 때문이다."

이것이 의미하는 바는, 인간의 소비가 물질만능주의와는 거리가 멀다는 것이다. 그것은 사랑, 영웅적 자질, 찬양을 추구하는 일종의 유사 관념론에 이미 지배되고 있다.

하지만 사람들로 하여금 다른 사람들에게 쓸모가 있게끔 원자와 전자 혹은 광자를 재배열하는 방법을 고안하게 만드는 것은 지위를 향한 갈망이다. 야망은 기회로 바뀐다.

비단 제조법을 고안한 것은 기원전 2600년 중국 황제의 젊은 후궁이었다고 전해진다. 누에를 잡아 한 달간 뽕잎을 먹여 기른다. 고치를 만들게 한 뒤 열을 가해 죽인다. 물에 담가 서로 달라붙은 실이 풀어지게 한 다음 1킬로미터 길이의 실 한 가닥을 조심스럽게 풀어서 바퀴에 감는다. 실을 꼬아 천을 짠다. 그 다음 염색하고 자르고 바느질하고, 광고를 해서 팔아 돈을 번다. 분량에 대해 대충 설명하면, 넥타이 한 개를 만드는 데는 약 5킬로그램의 뽕잎과 100개의 고치가 든다.

인류가 각자 생산하는 물건의 종류는 점점 더 적어지면서 소비는 점점 더 다양하게 할 수 있게 된 것은 전문가들이 누적해온 지식 덕분이다. 나는 이 지식이 바로 인류의 핵심 내력이라고 믿는다.

이노베이션은 세상을 변화시키지만, 그 이유는 오직 하나다. 노동 분업의 완성을 돕고 시간 분업을 촉진하기 때문이다. 전쟁, 종교, 기근, 시詩는 잠시 잊자. 역사의 가장 중요한 주제는 이것이다. 교환과 전문화의 급격한 변화, 그것이 초래한 발명, 그리고 시간의 '창조'. 잠시 뒤로 물러서서 인간이라는 종을 다른 시각으로 바라보자. 지난 10만 년간 진보해온(가끔 후퇴도 있었지만) 인류의 웅대한 사업에 눈을 돌려보는 것이다.

그런 다음 판단해보라. 이 사업은 이제 끝난 것인지, 아니면 이성적 낙관주의자가 주장하듯 앞으로 수백 수천 년간 계속될 것인지. 혹시 바야흐로 이 사업이 전례 없는 속도로 가속화하려는 시기는 아닌지.

만일 번영이 교환과 전문화(노동의 분업이 아니라 노동의 곱셈에 가깝다)를 의미한다면, 이 같은 습성은 언제 어떻게 시작된 것일까? 그것이 인간종의 그토록 독특한 속성이 된 이유는 무엇일까?

2

집단지능 _ 20만 년 전 이후의 교환과 전문화

THE RATIONAL OPTIMIST

교환은 전문화를 촉진했고 전문화는 기술 혁신을, 기술 혁신은 더 많은 전문화를 초래했으며, 이것이 또다시 더 많은 교환으로 이어졌다. 그래서 '진보'가 이루어졌다.

그는 샤워 물줄기 아래로 발을 옮긴다.
3층의 펌프에서 시작된 힘찬 물줄기를 맞는다.
이 문명이 붕괴하고 로마인들(오늘날 그들이 누구든 간에)이 최종적으로 떠난 뒤
새 암흑시대가 시작되면, 이 샤워는 가장 먼저 없어질 사치 중 하나일 것이다.
이탄泥炭불가에 웅크린 노인은 믿을 수 없다는 반응을 보이는 손자손녀들에게
샤워 이야기를 할 것이다. 한겨울에 발가벗은 채
뜨겁고 깨끗한 물줄기의 강력한 세례를 받는 것에 대해,
마름모꼴의 향기로운 비누에 대해,
실제보다 빛나고 풍성해 보이라고 머리카락에 바르는
노란색과 주홍색의 끈적한 액체에 대해,
보온걸이에 걸려 있는 사람 크기의 희고 두터운 타월에 대해…….
—
이언 매큐언Ian McEwan, 《토요일Saturday》

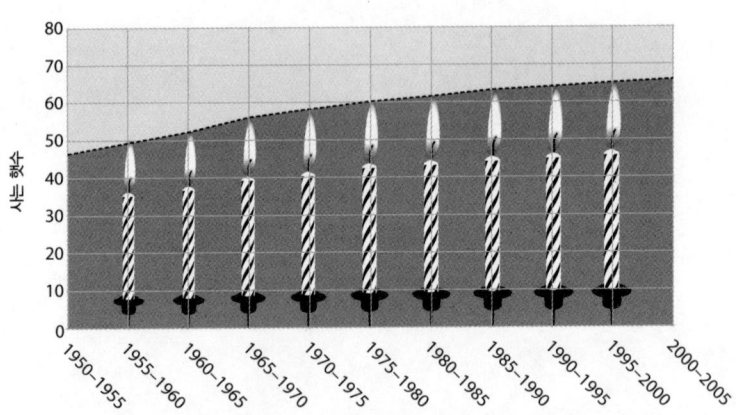

출생 직후의 기대수명(세계 평균)

THE COLLECTIVE BRAIN: EXCHANGE AND SPECIALISATION AFTER 200,000 YEARS AGO
집단지능 _ 20만 년 전 이후의 교환과 전문화

때는 50만 년 전보다 조금 가까운 시기, 장소는 오늘날의 잉글랜드 남부 박스그로브 마을 근처. 다리가 둘인 존재 예닐곱이 아마도 목제 창으로 방금 죽인 야생마의 사체 주위에 둘러앉았다. 각자 부싯돌덩어리를 하나씩 들고 주먹도끼 형태를 만들기 시작했다. 돌이나 뼈, 사슴뿔을 망치 삼아 깎아낸 물체는 좌우가 대칭이고 날이 날카로운 눈물방울 모양의 돌이었다. 크기와 두께는 아이폰과 컴퓨터 마우스의 중간 정도다.

이날 그들이 남긴 돌부스러기는 지금도 남아 있다. 앉은 자세로 작업하면서 남긴 그들의 다리 흔적도 음울한 그림자처럼 남아 있다. 모두가 오른손잡이였음을 알 수 있다. 각자 자신의 도구를 만들었다는 사실에 주목하자. 그들이 말을 해체하기 위해 만든 이 주먹도끼는 '아슐리안 양면핵석기'의 좋은 예다. 몸체가 얇고 좌우 대칭이며 날은 면도칼처럼 날카로워서, 두꺼운 가죽을 가르고 관절에서 힘줄을 잘라내고 뼈에서 살을 긁어내는 데 안성맞춤이다.

아슐리안 양면핵석기는 석기시대 도구의 전형이다. 납작한 눈물방울 모양은 구석기시대를 상징하는 아이콘이다. 이것을 만든 종들은 오래전에 멸종했기 때문에, 우리는 그것이 정말로 어떻게 사용되었는지 알 수 없을지도 모른다. 하지만 우리가 실제로 아는 것이 있다. 그들은 이 도구에 매우 만족했다는 것이다. 박스그로브의 말을 해체한 존재들의 시대 이전부터 이미 그와 거의 동일한 디자인이 약 100만 년간 유지되었다. 그들의 선조들이 만들어온 것도 손 크기에 날카롭고 양면이 있으며 둥근 모양이었다. 그 후손들도 같은 형태를 수십만 년간 계속 만들었다. 똑같은 기술이 100만 년, 1만 세기, 3만 세대 이상 유지된 것이다. 상상하기 어려울 만큼 오랜 기간이다.

그뿐만이 아니다. 이들은 대체로 동일한 도구를 아프리카 남부와 북부, 그리고 그 중간의 모든 지역에서 만들어 썼다. 중동과 유럽 북서부의 끝까지(동아시아는 제외) 거의 동일한 디자인을 유지했는데, 형태는 거의 변하지 않았다. 하나의 동일한 도구 디자인이 세 대륙에 걸쳐 100만 년 넘게 쓰인 것이다. 이 기간 동안 그들의 뇌 용적은 3분의 1 커졌는데 말이다.

여기에 당황스러운 사실이 있다. 아슐리안 주먹도끼를 만든 존재들의 신체와 뇌는 그들이 만들어 쓴 도구보다 더 빨리 변했다. 우리가 볼 때 이는 이치에 맞지 않는다. 그렇게 오랫동안 동일한 기술을 사용할 정도로 상상력과 창의력이 없을 수 있을까? 어떻게 그동안 이노베이션이나 지역적 변이, 진보, 심지어 퇴보조차 일어나지 않을 수 있었을까?

 사실, 전적으로 그렇지는 않다. 하지만 실상을 자세히 살펴보아도 문제는 해결되는 것이 아니라 더 심각해질 뿐이다.

 양면 주먹도끼의 역사에서 기술적 진보는 단 한 번 일어났는데, 그것도 한 차례의 경련처럼 미미한 것이었다. 약 60만 년 전 형태가 갑자기 약간 더 대칭적으로 변했다. 이것은 호미니드(사람과 科)의 새로운 종이 등장한 것과 같은 시기에 일어난 변화다. 유라시아와 아프리카 전역에 걸쳐 직립원인 선조를 대체한 종은 하이델베르크인이었다. 이들은 뇌 용적이 직립원인에 비해 (아마도) 25퍼센트가량 더 컸다. 현대 인류와 거의 같은 크기였다. 그럼에도 불구하고 이들은 주먹도끼를 계속 만들었을 뿐 아니라, 달리 한 일도 거의 없다. 그 후 50만 년간 주먹도끼 디자인은 발전하지 않았다.

 오늘날 우리는 대개 기술과 이노베이션이 동행한다고 생각한다. 하지만 여기에 강력한 반대 증거가 있다. 인류가 도구 제작자가 되었을 때 문화적 진보 같은 것은 전혀 일어나지 않았다는 증거 말이다. 이들은 변하지 않았다. 자신들이 잘할 수 있는 것을 그대로 답습했을 뿐이다.

 기묘하게 들리겠지만, 진화적 관점에서 보면 이것은 지극히 정상적이다. 대부분의 종은 최초 등장 이래 100만~300만 년간 자신들의 습성을 바꾸지 않는다. 그 후의 존속 기간에도 생활양식이 많이 달라지지 않는다. 자연선택은 보수적인 힘이다. 종을 변화시키는 것이 아니라 동일성을 유지하게 하는 데 더 많은 시간을 들인다.

 예외는 오직 특수상황일 때뿐이다. 고립된 섬, 외딴 계곡, 벽지의 고원지대 등에서 자연선택의 힘은 이따금 한 종의 일부를 뭔가 다른 것으로 변하게 만든다. 때로 이 같은 변종이 퍼져나가 더 넓은 생태 영역을 정복하고, 심지어 원래의 종을 대체하기도 한다. 자신들이 퍼져나온 원래의 왕조를 뒤덮는 것이다.

모든 종은 스스로 변화할 수 있는 효모를 자기 안에 항상 품고 있다. 자신의 기생생물에 대항해 적응해야 하고, 기생생물 역시 달라진 현실에 적응해야 한다는 압력을 받기 때문이다. 그러나 그 결과로 유기체가 발전적 변형을 일으키는 일은 거의 없다. 진화적 변화는 일반적으로 해당 종이 자손 종(변종을 의미한다 - 옮긴이)으로 대체됨으로써 일어난다. 해당 종의 습성이 바뀜으로써 일어나는 것이 아니다.

인류의 역사에서 놀라운 점은, 아슐리안 주먹도끼가 오랫동안 정체상태에 머물러 있었다는 사실이 아니다. 이런 상태가 끝났다는 사실이 놀라운 것이다.

박스그로브 인근에 살던 유인원(종으로는 하이델베르크인에 속한다)은 자신들의 생태적 지위를 가지고 있었다. 자신들이 좋아하는 거주지에서 음식을 구하고 주거공간을 마련했으며, 이성을 유혹하고 아기를 양육하는 고유한 방식이 있었다는 말이다. 두 발로 걷고 뇌가 컸으며 창과 주먹도끼를 제작하고 서로에게 전통을 가르쳤다. 아마도 당시의 표준어법에 맞게 서로 말하거나 신호를 보냈을 것이다. 불을 피우고 음식을 익혀먹었다는 것도 거의 확실하다. 대형 동물을 죽였다는 것은 틀림없다. 해가 빛날 때 사냥할 동물은 풍부했고 창은 날카로웠으며 질병은 없었다. 때로 번성해서 새로운 땅으로 뻗어나갔을지도 모른다. 하지만 식량이 줄어든 또 다른 시기에 해당 지역의 주민들은 그냥 죽어서 사라져버렸다.

이들은 자신들의 행태를 많이 바꿀 수가 없었다. 본성이 그렇지 못했던 것이다. 일단 아프리카와 유라시아 대륙으로 퍼져나간 뒤에는 이들의 인구가 실제로 늘어난 일은 없다. 사망률과 출생률이 평균적으로 같았던 것이다. 대부분은 기아, 하이에나, 유기, 싸움, 사고 때문에 만성 질병에 걸릴 만큼 오래 살지 못하고 사망했다. 결정적으로, 이들은 자신들의 생태적 지위를 확장하거나 바꾸지 않았다. 그 지위에 속박된 채 살았다. 아무도 어느 날 아침 일어나 "이제부터 사는 방식을 바꿀 거야"라고 말하지 않았다.

이렇게 생각해보자. 사람들은 앞으로 세대를 거듭할수록 점점 더 잘 걷게 될 것으로 기대하지 않는다. 더 잘 숨 쉬거나 웃거나 씹거나 하는 문제도 마찬가지다. 구석기시대 유인원에게 주먹도끼 제작은 걷기와 같았다. 자라면서 실습을 거쳐 능숙해진 까닭에 다시 생각해본 일이 없었다. 외부 활동이 아니라 신체 기능처럼 된 것이다. 부분적으로 모방과 학습을 통해 전수된 것은 확실하지만, 오늘날의 문화 전통과 달리, 지역적이거나 국지적인 변이를 보이는 일은 거의 없었다.

리처드 도킨스가 직립 호미니드의 '확장된 표현형the extended phenotype'이라고 부른 것의 일부였다. 유전자의 외부적 표현이었다는 말이다. 또한 인간 행태의 고유한 본능이었다. 마치 특정한 디자인의 둥지를 만드는 것이 특정 종의 새에게 그런 것처럼 말이다. 새들이 둥지를 지을 때 그 속에 무엇을 깔아놓는지 생각해보자. 노래지빠귀는 진흙을, 유럽울새는 털을, 푸른머리되새는 깃털을 깐다. 언제나 그렇게 해왔고 앞으로도 계속 그럴 것이다. 그게 선천적인 본능이니까.

날이 날카로운 눈물방울 모양의 석기를 만드는 데는 새들이 둥지를 짓는 것보다 더 많은 기술이 필요하지 않다. 그리고 아마도 새의 경우와 마찬가지로 본능적인 행동이었을 것이다. 그것은 인간 발전의 자연적인 표현이었다.

사실, 신체 기능에 비유한 것은 아주 적절하다. 유인원이 250만 년 중 오랜 기간 동안 많은 양의 신선한 고기를 먹었다는 점은 거의 확실하다는 것이 오늘날의 견해다. 200만 년 전 이후의 어느 시기부터 유인원들은 육식을 더 많이 하게 되었다. 치아는 약하고 갈고리발톱이 있어야 할 자리에 손톱이 있었던 그들은 죽인 동물의 가죽을 찢기 위해 날카로운 도구가 필요했다. 이 날카로운 도구 덕분에 심지어 가죽이 두꺼운 코뿔소나 코끼리에게도 덤빌 수 있게 되었다. 양면 주먹도끼는 외부의 송곳니나 마찬가지였다.

고기를 많이 먹을 수 있게 된 덕분에 직립 호미니드는 더 큰 뇌를 가질 수 있게 되었다(뇌의 에너지 소모율은 신체 다른 부분의 아홉 배에 이른다). 고기를 먹게 된 덕분에 이들은 아주 컸던 창자의 크기를 줄이고 대신 뇌의 크기를 키울 수 있었던 것이다. 그들의 조상들은 익히지 않은 식물과 고기를 소화시키느라 매우 큰 창자가 필요했다.

불과 익혀먹기 덕분에 뇌는 더 커질 수 있었다. 소화가 쉬워져 창자가 더 작아질 수 있었던 것이다. 불에 익히면 전분이 풀처럼 걸쭉해지고 단백질이 변성하기 때문에, 소화에 인체 에너지를 덜 투입해도 소화된 음식이 내놓는 에너지는 더 많아진다. 그 결과 인간은 뇌가 창자보다 더 무거워졌다. 다른 영장류는 창자 무게가 뇌의 네 배에 이르는 것과 대조적이다. 이렇듯 익혀먹게 된 덕분에 직립 호미니드는 창자 크기를 줄이고 뇌를 키울 수 있었다.

다시 말해, 직립 호미니드는 우리가 '인간'이라고 부를 만한 특징을 대부분 보유했다. 두 발, 두 손, 큰 뇌, 다른 손가락과 마주볼 수 있는 엄지, 불, 익힌 음식, 도구, 기술, 협동, 긴 성장 과정, 친절한 태도 등. 그러나 문화적인 도약의 조짐은 없었고, 기술의 진보는 미미했으며, 거주 범위나 생태적 지위도 거의 확장하지 못했다.

역동적인 인간의 출현

그러다가 지구상에 새로운 대형 유인원이 나타났다. 기존의 규칙에 따르기를 거부한 존재들이다. 신체 구조도 달라지지 않았고, 다른 종을 밀어내고 그 자리를 차지한 것도 아닌데 그들은 습성을 계속 바꿔나갔다. 사상 최초로 이들은 해부학적 구조보다 기술이 더 빨리 변화했다. 이것은 진화적 혁신이었고, 당신이 바로 여기에 해당하는 존재다.

이런 새로운 동물이 언제 출현했는지는 가늠하기 어렵고, 등장도 조용하게 이루어졌다. 일부 인류학자는 아주 이른 시기에 이들이 등장했다고 주장한다. 아프리카 동부와 에티오피아에서 도구 세트에 변화의 조짐이 보인 것은 285,000년 전이라는 것이다.

분명한 것은 적어도 16만 년 전 에티오피아에서는 척추 위에 새로운, 얼굴이 작은 '호모 사피엔스'의 두개골이 올라앉게 되었다는 점이다. 이와 거의 같은 시기에 남아공 피너클 포인트의 해변 동굴에서 사람들이(그렇다. 이제부터 나는 이들을 '사람'이라고 부르겠다) 홍합을 비롯한 조개와 갑각류를 익혀먹고 있었다. 또한 원시적인 세석인細石刃, 즉 작고 날카로운 돌 박편도 만들어 썼다. 아마도 창끝에다는 촉이었던 것으로 보인다. 붉은 황토도 사용했는데, 신체를 장식하는 용도였을 것이다. 이는 상징을 이해하는 완전히 현대적인 정신을 가졌음을 뜻한다. 이때는 지난번 빙하기 이전의 빙하기로서 아프리카의 대부분이 사막이던 시기다.

하지만 이 지역의 인류 발전 실험은 별다른 결과를 낳지 못했음이 명백하다. 멋진 도구를 지니고 영리한 행태를 보인 존재들이 있었다는 일관성 있는 증거는 다시 희미해졌다.

유전적 증거를 보면, 인류는 심지어 그 발생지인 아프리카에서조차 여전히 드문 존재였음을 알 수 있다. 기후가 건조했던 당시 초원에 드문드문 있는 삼림지, 혹은 아마도 호수 주변이나 해변에서 불안정한 생존을 간신히 이어나가고 있었다.

130,000~115,000년 전의 에미안 간빙기(북유럽의 제3간빙기, 현대는 제4빙하기 이후의 제4간빙기에 속한다 - 옮긴이)에 기후가 따뜻해지고 비가 자주 내리고 해수면이 상승했다. 이스라엘에서 발견된 일부 두개골을 보면, 에미안 간빙기 말 무렵 머리가 홀쭉한 소수의 아프리카인이 중동 지역으로 이주하기 시작했음을 알 수 있다. 하지만 추운 날씨와 네안데르탈인 때문에 이들은 다시 밀려났다.

이 온난기에 오늘날 모로코에 해당하는 지역의 동굴에서 멋진 도구 세트가 출현했다. 돌 박편, 톱날 긁개, 손질한 창촉 등이다.

가장 두드러진 단서는 나사리우스라 불리는 총알고둥류의 껍데기다. 인공적인 구멍이 뚫린 상태로 곳곳의 고고 유적지에서 계속 발견되고 있다. 확인된 것 중 가장 오래된 나사리우스 껍데기는 모로코 타포랄트 인근의 그로테스 데스 피전스 지역에서 나왔다. 개수는 47개, 모두 구멍이 뚫려 있고 일부는 붉은 황토가 칠해져 있었다. 연대는 최소 82,000년 전, 멀게는 12만 년 전의 것으로 추정된다. 이와 유사한 껍데기들이 알제리 우에드 드제바나와 이스라엘 스쿨 지역에서도 발견되었지만 연대를 추정하기가 어렵다.

그리고 나사리우스와 같은 속의 다른 종 고둥의 구멍 뚫린 껍데기들이 약 72,000년 된 남아공의 블롬보스 동굴에서 발견되었다. 가장 오래된 뼈송곳도 함께 나왔다. 이들 껍데기는 목걸이로 쓰인 것이 분명하다. 아마 실에 꿰어 목에 걸었을 것이다. 이는 개인적인 치장, 상징적 표현, 심지어 (아마도) 화폐 등에 대한 매우 현대적인 태도를 시사한다.

그뿐만이 아니다. 당시 교역이 이루어졌다는 사실도 웅변하고 있다. 출토지에서 가장 가까운 해변까지의 거리를 보면 타포랄트는 40킬로미터, 우에드 드제바나는 200킬로미터나 된다. 아마도 물물교환을 통해 손에서 손으로 옮겨졌을 것이다. 이와 유사한 사례가 있다. 비슷한 시기 동아프리카와 에티오피아에서 화산활동으로 생성된 흑요석이, 추정컨대 교역을 통해 먼 곳까지 이동하기 시작했다는 단서가 있다. 하지만 출처와 연대는 아직 불확실하다.

돌 박편을 만들고 목걸이를 착용하는 사람들의 거주지 바로 맞은편, 지브롤터 해협 건너에는 네안데르탈인의 선조들이 살고 있었다. 이들은 뇌 용적이 건너편 사람들과 동일했지만 장거리 교역은 고사하고 목걸이나 돌 박편을 만들었다는 흔적조차 남기지 못했다. 아프리카인들은 뭔가 달랐던 것이 분명하다.

그 후 2만~3만 년간 도구들이 간헐적으로 개선된 흔적은 있지만 폭발적으로 늘어난 일은 없다. 인구가 급감했을 수도 있다. 당시

대한발이 아프리카 대륙을 휩쓸었기 때문이다. 건조한 바람이 광대한 사막의 먼지를 몰고 와 말라위 호수에 쏟아부었다. 호수의 깊이는 600미터나 줄어들었다.

무언가 중대한 일이 발생하기 시작한 것은 8만 년 전으로부터도 훨씬 후의 일이다. 유전적 증거를 보면 그렇다. 증거는 인공물이 아니라 염색체에 들어 있다. 당시 아주 작은 단일집단의 후손들이 아프리카 대륙 전체에 거주하게 되었음이 DNA 분석에서 드러난다. 이들은 동부나 남부에서 시작해 북쪽으로 퍼져나갔다. 서쪽으로 진출한 속도는 상대적으로 느렸다. 미토콘드리아 L3형이라는 특징을 가진 이들의 유전자는 아프리카에서 갑자기 확산돼 대부분의 다른 유전자형을 대체했다. 예외는 코이산 족과 피그미 족의 조상 정도다.

하지만 그 후 어떤 일이 벌어졌을지 예측할 수 있는 힌트는 심지어 지금 시점에서 보아도 발견할 수 없다. 이것은 위태위태하게 성공을 구가하고 있는 남극 대륙 유인원의 진화적 화신의 또 다른 사례인가? 그것이 결코 아니라고 추정할 수 있는 단서 같은 것이 없다는 말이다. 멋진 도구와 황토 페인트, 고둥껍데기 목걸이 장식을 갖춘 새로운 아프리카인 집단이 이웃 집단들을 대체했을 수는 있다. 하지만 그 뒤 아프리카에 눌러앉아 몇백만 년을 보낸 후 어떤 새로운 존재에게 기꺼이 자리를 내주었을 수도 있다.

그러나 당시 이런 일은 일어나지 않았다. L3 유전형을 가진 사람들 중 일부는 신속히 아프리카를 벗어나 세계 각처로 폭발적으로 퍼져나가 지구를 지배하게 된다. 그 다음 일어난 일은 소위 '역사'라고 부른다.

물물교환이 시작되다

인류학자들은 아프리카에 신기술과 신인류가 등장한 것을 두 가지 이론으로 설명한다. 첫 번째 이론은 기후가 부추겼다는 것이다. 아프리카 기후는 변덕이 심하다. 비가 많은 날씨가 몇십 년간 계속돼 사람들이 사막에서 거주할 수 있도록 빨아들이다가, 건기가 시작되면 사람들을 다시 사막 밖으로 내쫓는다. 덕분에 환경에 적응하는 능력이 가장 중요해졌을 것이고, 그 결과 이 새로운 능력이 자연선택되었다는 것이다.

이 이론의 첫 번째 문제점은, 기후가 아주 오랜 기간 변덕스러웠음에도 불구하고 기술적으로 뛰어난 유인원은 발생하지 않았다는 점이다. 두 번째 문제점은, 아프리카의 다른 동물종들에게도 상황은 마찬가지였다는 점이다. 인류가 그랬다면, 코끼리나 하이에나는 왜 적응 능력이 더 발달하지 않았는가?

변덕스러운 기후에 필사적으로 적응해야 한다는 조건 때문에 지능이나 문화적 유연성이 자연선택되었다는 증거는 생물학 전체를 통틀어도 찾아보기 어렵다. 오히려 그 반대다. 뇌 크기의 증대를 촉진하고 가능케 하는 것은 커다란 사회집단과 풍부한 먹을거리라는 두 가지 조건이다.

두 번째 이론은 행운의 돌연변이설이다. 유전자에 우연한 돌연변이가 일어나 뇌가 생성되는 방식에 미묘한 변화를 일으켰고 이것이 인간 행태에 변화의 방아쇠를 당겼다는 것이다. 덕분에 상상하고 계획하는 등 높은 수준의 두뇌 기능이 가능해졌고, 그 결과 도구를 제작하고 삶을 영위하는 더 나은 방식을 고안해낼 수 있었다는 이론이다.

심지어 한동안은 이 이론에 맞는 FOXP2 유전자상의 돌연변이 후보 두 개가 발견된 것으로 생각되기도 했다. FOXP2는 인간과 명금(鳴禽, 고운 소리로 우는 새)의 말과 언어에 핵심적인 기능을 하는 유전자다. 이 돌연변이를 생쥐에게 추가했더니 실제로 뇌의 배선이 유연해지는 것처럼 보였다. 혀와 허파를 빠르게 움직이는(말을 한다는 것은 바로 이런 뜻이다) 데 필요함직한 방향으로 말이다. 이와 함께 (아마도 우연이었겠지만) 생쥐새끼가 찍찍거리는 방식을 변화시키기까지 했다. 새끼에게 달리 변화를 일으키는 부분은 거의 전혀 없었는데 말이다.

그러나 최근의 증거에 따르면, 네안데르탈인들도 바로 이 두 개의 돌연변이를 가지고 있었던 것으로 확인되었다. 이는 약 40만 년 전, 네안데르탈인과 현생인류의 공통 조상이 상당히 복잡한 언어를 이미 사용하고 있었을 가능성을 보여준다. 언어가 문화적 진화의 핵심이고 네안데르탈인이 언어를 가지고 있었다면, 이들이 사용한 도구들에서 문화적 변화가 거의 나타나지 않은 이유는 무엇인가?

더구나 20만 년 전 이후 인간혁명(human revolution, 인류 최초로 문명이 발생해 식량, 여가, 출산이라는 인간의 기본욕구가 채워진 것을 말한다-옮긴이) 기간 동안 유전자들도 분명히 변화했겠지만, 이는 새로운 습성의 결과이지 이를 촉진한 원인은 아니다.

이보다 더 이른 시기의 예를 보아도 그렇다. 음식을 익혀먹게 됨에 따라 창자와 입이 작아지는 돌연변이가 선택된 것이지, 그 역이 아니다. 더 최근의 일도 그렇다. 우유를 마시게 됨에 따라, 성인이 된 후에도 젖당을 소화시킬 수 있는 돌연변이가 선택되었다. 서유럽과 동아프리카인의 후손들에게 실제로 일어난 일이다.

문화라는 말馬은 유전이라는 마차에 앞선다. 진화의 추동력으로 유전적 변화를 꼽는 것은, 유전자와 문화의 공진화를 거꾸로 보는 것이다. 즉, 아래에서부터 상향식으로 이루어진 과정을 위에서 시작된 하향식 과정처럼 설명하는 꼴이 된다.

게다가 이런 식의 설명에는 더욱 근본적인 결점이 있다. 유전적 변화 때문에 인간이 새로운 행태를 보이기 시작한 것이 사실이라고 가정하자. 그렇다면 그 효과가 다양한 시간대와 지역에서 불규칙하게 서서히 나타나다가, 일단 그것이 확립되면 갑자기 가속화되는 이유는 무엇인가? 새로운 유전자가 어떻게 유럽에서는 빠르게, 호주에서는 느리게 효과를 낸단 말인가?

20만 년 전 이후 인류의 기술은 빠르게 진보해왔다. 이것을 어떤 방식으로 설명하건 하나의 조건을 충족시켜야 한다. 자기 자신을 양분으로 더욱 커지는, 즉 자동촉매적 과정이어야 하는 것이다.

당신이 이미 알아차렸듯, 나는 인류학자들의 두 가지 이론이 다 마음에 들지 않는다. 해답은 기후나 유전학, 고고학, 심지어 전적으로 문화에만 달려 있지도 않다. 핵심은 경제학에 있다고 나는 주장하려 한다. 인류는 사실상 집단지능을 이루기 시작하게 되는 무언가를 서로에게, 그리고 함께 하기 시작했다. 부부도 아니고 혈연관계도 없는 사람들 간에 사상 처음으로 물건을 교환하기 시작한 것이다. 나눠갖고, 맞바꾸고, 물물교환하고, 거래한 것이다. 이 때문에 나사리우스 고둥 껍데기가 지중해에서 내륙까지 이동한 것이다.

교환은 전문화를 촉진했고 전문화는 기술 혁신을, 기술 혁신은 더 많은 전문화를 초래했으며, 이것이 또다시 더 많은 교환으로 이어졌다. 그래서 '진보'가 이루어졌다. 내가 말하는 진보는 기술과 관습이 해부학적 구조보다 더 빨리 변하는 것을 뜻한다. 이들은 프리드리히 하이에크가 카탈락시(catallaxy, 노동의 분업이 진전됨에 따라 탄생한, 가능성의 무한한 확장)라고 명명한 것을 우연히 발견한 것이다. 이것은 일단 시작되면 스스로를 확대해나가는 무엇이다.

교환은 발명되어야 했다. 대부분의 동물에게 이것은 저절로 일어나지 않는다. 다른 동물종은 무언가를 교환하는 일이 놀라울 정도로 적다. 물론 가족끼리 공유하거나, 곤충과 유인원을 포함한 많은 동물이 음식과 섹스를 맞바꾸기도 한다. 하지만 한 동물이 자신과 직접 관계가 없는 다른 동물에게 무언가를 주고 다른 것을 받는 예는 없다. 애덤 스미스는 말했다. "개가 다른 개와 공평하고도 의도적으로 뼈다귀를 교환하는 것을 본 사람은 아무도 없다."

이제부터는 샛길로 빠지는 이야기를 좀 해야겠다. 나는 선물 교환을 이야기하는 것이 아니다. 물론 나이 든 영장류는 모두 이것을 할 수 있다. 원숭이와 유인원들은 자기들끼리 호혜주의를 표현하는 일이 많다. 네가 내 등을 긁어주면 나도 네 등을 긁어주는 식이다. 혹은 리다 코스미데스Leda Cosmides와 존 투비John Tooby처럼 이렇게 표현할 수도 있다. "어느 시점에 한쪽이 다른 쪽을 도와준다. 미래의 불특정한 시점에 상황이 역전되었을 때 그 행위에 대한 호혜주의적 보답을 받을 가능성을 늘리기 위해서."

이 같은 호혜주의는 인간 사회를 결속하는 중요한 접착제이자 협동의 원천이며, 인간이 동물이었던 과거로부터 유전적으로 이어져 온 하나의 습성이다. 인간이 교환을 할 준비가 된 것은 바로 그 덕분임이 분명하다.

하지만 호혜주의는 교환과 같지 않다. 호혜주의는 (대개) 동일한 것을 서로 다른 시기에 상대방에게 준다는 뜻이다. 이에 비해 교환은(물물교환이든 교역이든) 같은 시기에 (대개) 다른 것을 서로에게 준다는 뜻이다. 두 개의 서로 다른 대상을 동시에 교환하는 것이다. 애덤 스미스의 표현을 빌리면 "내가 원하는 그것을 달라, 당신이 원하는 이것을 당신에게 주겠다"가 된다.

교환은 호혜주의보다 훨씬 더 놀랄 만한 일이다. 다른 것은 차치하고라도, 서로가 교대로 상대방에게 똑같은 일을 해줌으로써 상호이익이 되는 활동이 얼마나 있을까? "오늘 너에게 가죽 윗도리를 하나 지어줄 테니 내일은 나에게 하나 지어주렴"이라고 해봤자, 그에 따른 이득은 제한적이고 수확은 체감한다. 그 대신 "옷을 만들어줄 테니 먹을거리를 잡아줘"라고 하면 수확이 체증한다.

사실 교환은 '심지어 공평할 필요조차 없다'는 멋진 속성을 지니고 있다. 물물교환이 기능하기 위해서 반드시 동일한 가치를 지닌 물건을 서로에게 주어야 할 필요는 없다. 불공평한 거래가 있을 수 있지만 그래도 쌍방이 모두 이득을 본다. 거의 모든 사람이 이 점을 간과하는 것 같다.

예컨대 카메룬의 초원에 거주하는 사람들이 지난 몇 세기 동안 해온 일을 보자. 초원의 척박한 주변부에 사는 사람들은 힘들게 일해 값이 별로 나가지 않는 야자유를 만든다. 그들은 이를 인근 사람들의 곡식이나 가축, 철제 도구 등과 교환했다. 그런데 쇠로 만든 괭이 한 자루의 값을 치르려면 한 사람이 평균 30일간 일해야 했다. 하지만 상대측은 한 사람이 괭이 한 자루를 만드는 데 7일밖에 걸리지 않았다. 그래도 야자유는 자기 땅에서 자기 자원을 가지고 만들 수 있는, 가장 이익이 큰 제품이었다. 쇠꽹이를 구하는 가장 효율적인 방법은 결국 야자유를 많이 만드는 것이었다.

트로브리안드 군도에 사는 부족들을 상상해보자. 해변에 사는 부족은 생선이 풍부하고 내륙 부족은 과일이 풍부하다. 두 부족이 서로 다른 거주지에 사는 한, 자신이 가진 것보다 상대방이 가진 것을 더 높게 평가할 것이고, 따라서 교역은 서로에게 이익이 될 것이다. 교역을 많이 하면 할수록, 각자가 전문화하는 편이 서로에게 더 많은 이익을 가져다줄 것이다.

진화심리학자들은 두 사람이 서로 상대방에게 제공할 만한 가치 있는 것을 동시에 가지고 있는 상황은 드물다고 가정한다. 하지만 이는 사실이 아니다. 사람들은 대개 자기 스스로 구할 수 없는 것의 가치를 더 높게 평가하기 때문이다.

사람들은 교환에 의존할수록 더욱 전문화하게 되고, 그러면 교환이 더욱더 요긴해진다. 그래서 교환은 폭발적인 잠재력을 지닌다. 교환은 후손을 낳고 폭발적으로 성장하며 자가촉매 작용을 하는 존재다. 교환은 호혜주의라는 과거의 동물적 본능을 토대로 생겨난 것일 수 있다. 이를 촉진하는 데 언어가 독보적이고도 중요한 역할을 했을 수 있다. 교환하는 습성이 나타나는 데 호혜주의와 언어가 필수 요소가 아니었다고 주장하는 것이 아니다.

다만 나는 말하고자 한다. 물물교환, 즉 서로 다른 것을 동시에 교환하는 것은 그 자체로 인류의 비약적 전진이라고. 심지어 인류가 생태계에서 우세한 지위를 차지하고 물질적 번영을 이루도록 해준 핵심적 요인일 수 있다고. 다른 동물은 근본적으로 교환 자체를 하지 않는다. 하지만 나는 경제학자와 생물학자들에게 이 논지를 이해시키기가 매우 힘들었는데, 지금도 그 이유를 잘 모르겠다.

경제학자들은 물물교환을, 호혜주의라는 인간의 더 큰 성향의 한 사례에 불과한 것으로 본다. 생물학자들은 사회진화('남들이 너에게 행한 그대로 남들에게 행하라'를 의미한다)에 호혜주의가 미친 영향에 대해 이야기한다. 양측 모두 호혜주의와 교환을 구별하는 데 관심이 없어 보인다. 나는 매우 중요하다고 생각하는데 말이다.

그래서 여기서 되풀이해 설명하고자 한다. 서로 등을 긁어주는 호혜주의적 활동을 점차 더 많이 하면서 수백만 년이 흐른 뒤 어느 시점에 어떤 종, 단 하나의 종이 종전과는 전혀 다른 요령을 우연히 발견했다. 아담이 오즈에게 어떤 물건을 주고 대신 다른 것을 받았다. 이는 아담이 지금 오즈의 등을 긁어주고 나중에 오즈가 그렇게 해주는 것과 다르다. 또한 아담이 여유 식량을 지금 오즈에게 주고 내일 오즈가 자신의 여유 식량을 아담에게 주는 것과도 다르다.

물물교환에는 이와는 다른 놀라운 가능성이 포함돼 있다. 아담이 스스로는 만들거나 찾을 수 없는 대상을 지금 손에 넣을 수 있는 가능성을 잠재적으로 갖게 되었다는 점이다. 이것은 오즈 입장에서도 마찬가지다. 그리고 교환은 많이 하면 할수록 그 유용성이 더욱더 커진다. 어떤 이유에서건, 다른 종은 이러한 요령을 발견하지 못했다. 적어도 서로 관련이 없는 개체들 사이에서는 말이다.

내 말을 다 믿지는 마시라. 영장류학자 세라 브로스넌Sarah Brosnan은 각기 다른 두 침팬지 집단에 물물교환을 가르치려 시도했지만, 그것이 매우 문제가 많다는 걸 알게 되었다.

침팬지들이 좋아하는 먹을거리는 포도 〉 사과 〉 오이 〉 당근 순이었다. 이들은 포도를 얻기 위해 당근을 포기하는 경우가 가끔 있었다. 하지만 포도를 얻기 위해 사과를 포기하는 경우는 거의 없었다 (그 역도 마찬가지다). 그 교환이 아무리 이득이 커도 그랬다. 자기가 좋아하는 먹을거리를 더 좋아하는 먹을거리를 얻기 위해 포기한다는 요점을 이해하지 못하는 것이다.

물론, 침팬지와 원숭이에게 토큰을 내놓고 대신 먹을거리를 받는 교환을 가르칠 수는 있다. 하지만 이는 한 가지를 다른 한 가지와 자발적으로 교환하는 것과는 거리가 멀다. 토큰은 침팬지에게 아무 가치가 없으므로 기꺼이 포기할 수 있는 대상이다. 진정한 교환이 성립하려면, 조금 더 가치가 있다고 생각하는 것을 얻기 위해 역시 가치 있는 어떤 것을 포기해야 한다.

이런 점은 야생 침팬지의 생태에 반영돼 있다. 리처드 랭엄Richard Wrangham의 말을 들어보자. 인간 남성과 여성은 "각자가 스스로 구한 먹을거리뿐 아니라 파트너가 구해온 것까지" 먹는다. "다른 영장류들에서는 이러한 상호보완성의 힌트조차 나타나지 않는다." 침팬지의 생태를 다시 살펴보자. 수컷이 암컷보다 원숭이를 더 많이 사냥한다. 수컷이 일단 먹잇감을 죽인 뒤에, 다른 침팬지가 간청하는 경우 고기를 나눠주는 경우도 가끔 있다. 특히 상대가 가임기의 암컷이거나 자신에게 호의를 베푼 적이 있는 가까운 동료인 경우에 그렇다. 이것은 사실이다. 하지만 먹을거리와 먹을거리를 교환하는 것은 볼 수 없다. 고기와 견과류의 교환은 결코 이루어지지 않는다.

이와 대조되는 인간의 행태는 매우 인상적이다. 어릴 때부터 음식을 나눠먹을 뿐 아니라, 어떤 물건을 다른 물건과 교환하는 일에 거의 강박적인 관심을 보인다.

비루테 갈디카스Birute Galdikas는 어린 오랑우탄을 자신의 딸 빈티와 같이 키웠는데, 두 유아가 음식을 나눠먹는 문제에 대해 상반된 태도를 취하는 것을 보고 놀랐다. 그녀는 다음과 같이 썼다. "음식을 나눠먹는 것은 빈티에게 큰 기쁨인 것 같았다. 이와 대조적으로 프린세스는 다른 오랑우탄과 마찬가지로 기회가 있을 때마다 음식을 달라고 간청하고, 훔치고, 게걸스럽게 먹어치웠다."

이처럼 교환하려는 성향, 맞바꾸려는 욕구가 10만 년 전보다 더 이전의 어느 시기에 우리의 아프리카인 조상들에게 어찌어찌해서 나타났다는 것이 나의 주장이다.

어째서 인간은 교환하려는 취향을 갖게 되었는가? 다른 동물은 그렇지 않은데 말이다. 이는 아마도 음식을 익혀먹는 것과 관계가 있을 것이다. 리처드 랭엄은 불을 사용하게 된 것이 인간의 진화에 광범위한 영향을 미쳤다면서 설득력 있는 논증을 제시한다. 인간 조상들은 불 덕분에 나무 위가 아니라 땅 위에서 안전하게 살 수 있게 되었을 뿐 아니라, 고에너지 음식을 먹음으로써 뇌를 더 크게 키울 수 있었다. 그뿐 아니다. 음식을 익혀먹게 되면서 인간은 각기 다른 종류의 음식을 서로 맞바꾸려는 경향을 띠게 되었다. 물물교환은 화식火食 때문에 일어났을 수 있다.

채집을 돕는 수렵, 노동의 성별 분업

경제학자 하임 오펙Haim Ofek이 주장했듯, 불은 피우기가 어렵지 나눠주기는 쉽다. 마찬가지로 익힌 음식은 만들기가 어렵지 나눠먹기는 쉽다. 익히느라 걸리는 시간은 음식을 씹느라 걸리는 시간으로 상쇄된다. 야생 침팬지는 먹을거리를 씹는 데 하루에 여섯 시간 이상을 쓴다. 이에 비해 육식동물들은 고기를 씹지 않고 삼키는 경우가 있을 수 있다(도둑맞기 전에 서둘러 먹어버리는 일이 흔하다). 하지만 이들은 근육이 발달한 위에서 고기를 가는 데 여러 시간을 소비한다. 씹느라 오랜 시간이 걸리는 것과 별반 다르지 않다.

  음식을 불에 익히는 것은 그러지 않을 경우보다 시간이 더 걸리는 일이지만 커다란 장점이 있다. 즉, 먹는 데 몇 분 걸리지 않는다는 점이다. 이것은 무엇을 의미하는가? 누군가 다른 사람이 스스로 마련하지 않은 음식을 먹을 수 있다는 것이다. 어머니는 오랜 기간 자녀에게 음식을 마련해주면서 먹여살릴 수 있다. 여자는 또한 남자를 먹여살릴 수 있다.

  대부분의 수렵채집 사회에서 여성은 기본 식품을 채집하고 장만하고 익히는 데 오랜 시간을 보낸다. 남자들이 맛있는 것을 구하기 위해 사냥을 나가 있는 동안 그런 일들을 한다.

  말이 난 김에, 음식을 익혀먹지 않는 수렵채집 사회는 없다. 수렵채집 사회에서 음식을 불에 익히는 요리 행위는 인간의 모든 활동 중 가장 우선적으로 여성의 몫으로 치부되는 행위다. 예외라면, 의식에 쓸 음식을 남자들이 마련하는 경우, 혹은 사냥을 나가서 간단한 음식을 구워먹는 경우뿐이다(이것이 현대에도 무언가를 시사할 수 있을까? 오늘날 고급 레스토랑의 주방장 그리고 바비큐 굽기는 요리 분야에서 가장 남성적인 작업으로 치부된다).

  세계 어느 곳에서나 남자와 여자가 기여하는 칼로리의 양은 평균적으로 거의 비슷하다. 물론 패턴은 종족에 따라 다르다. 예컨대 이

뉴잇 족은 대부분을 남성이 구해오는 반면, 칼라하리 사막의 코이산 족은 여성이 대부분을 채집해온다. 그러나 인간종을 통틀어볼 때 남성과 여성은 각자 전문화하고 그 다음에 나눠먹는다(바로 이것이 가장 핵심이다).

음식을 익혀먹는 것은 성별 전문화를 촉진한다. 최초이자 가장 중대한 노동의 분업은 성별 분업이다. 수렵채집을 하는 거의 모든 사회에서 "남성이 사냥하고 여성과 아이들은 채집한다"는 것은 철칙이다. 남녀는 "같은 영역에서도 자원을 구하는 방법에 대해 놀라울 정도로 다른 결정을 내리며, 각자 노동의 결과물을 가지고 그 영역의 중심지로 돌아온다".

그래서 예컨대 다음과 같은 일이 늘 일어나는 것이다. 베네수엘라 히위 족 여성들이 먼 데까지 걸어가서 근채류를 캐고 야자녹말을 빻고 콩을 따고 꿀을 채취하는 동안, 남성들은 사냥하고 고기를 잡으며 카누를 타고 오렌지를 딴다. 파라과이의 아체 족 남성들이 길게는 하루 일곱 시간 이상 돼지·사슴·아르마딜로를 사냥하는 동안, 여성들은 그 뒤를 따라다니며 과일을 따고 근채류를 캐기 위해 땅을 파고 벌레를 줍거나 녹말 원료를 빻는다. 때때로 남성들처럼 아르마딜로를 잡기도 한다. 탄자니아의 하즈다 족 여성들이 덩이줄기·과일·견과류를 채집하는 동안, 남성들은 영양을 사냥한다. 그린란드의 이뉴잇 족 남성들이 바다표범을 사냥하는 동안, 여성들은 바다표범을 재료로 스튜를 끓이고 도구와 옷을 만든다. 이 외에도 사례는 수없이 많다.

여성들이 실제로 사냥을 하는 것은 이 규칙의 명백한 예외다. 하지만 그런 경우조차 교육적이다. 여전히 노동의 분업이 존재하기 때문이다. 필리핀의 아그타 족을 보면, 여성은 개를 이용해 사냥을 하고 남성은 활을 써서 사냥한다. 호주 서부 마르투 족의 경우 여성은 고아나도마뱀을, 남성은 새의 일종인 느시와 캥거루를 사냥한다. 코이산 족과 함께 생활했던 한 인류학자는 이렇게 표현한다. "여성은 사회적 권리로서 고기를 요구하고, 이를 얻는다. 그렇지 않으면 남편을 떠나 다른 곳에 가서 결혼하거나 다른 남자들과 섹스를 한다."

현존하는 수렵채집 사회에 진실인 것은 이미 절멸한 수렵채집 사회에도 그대로 해당된다. 현재까지 확인된 바에 의하면 그렇다. 크리 족 인디언의 경우 여성은 토끼를, 남성은 말코손바닥사슴을 사냥했다. 미국 캘리포니아 채널 제도의 추마시 족 여성이 갑각류를 잡는 동안, 남성들은 작살로 바다사자를 잡았다. 티에라 델 푸에고 제도의 야간 족 인디언은 남성들이 수달과 바다사자를 사냥할 때 여성들은 물고기를 잡았다. 영국 리버풀의 머지 강 어귀에는 8천 년 전의 발자국 수십 개가 남아 있다. 여성과 아이들은 맛조개와 새우를 잡고 있었던 것으로 보인다. 남성들의 발자국은 급하게 움직였으며 붉은사슴과 노루의 발자국과 나란히 찍혀 있다.

남녀 사이에 하나의 진화적 계약이 성립된 것으로 볼 수 있다. 남성은 여성을 성적으로 독점하는 대신 고기를 구해오고 도둑이나 불량배로부터 불을 보호한다. 여성은 자녀 양육에 남성의 도움을 받는 대가로 채소를 구해오고 (불에 익히는) 요리를 대부분 담당한다. 인간이 대형 유인원 중 '부부 한 쌍' 관계가 오래가는 유일한 종인 이유를 이로써 설명할 수 있을지 모른다.

여기서 분명히 해둘 것이 있다. 이 주장은 '여자가 있어야 할 자리는 가정'이라는 인식과는 아무 관련이 없다. 수렵채집 사회의 여성은 일을 열심히 한다. 남성보다 열심히 하는 경우도 흔하다. 수렵(남성적)이든 채집(여성적)이든, 어느 한쪽이 책상머리에 앉아 전화를 받기에 특히 좋은 진화적 준비라고는 할 수 없다.

인류학자들은 "노동의 성별 분업이 출현한 것은 인류의 유년기가 유난히 길고 무력하기 때문"이라고 주장해왔다. 여성들은 아기를 유기할 수 없기 때문에 사냥을 할 수 없었다는 이론이다. 그래서 집 근처에 머물면서 육아와 병행할 수 있는 채집 행위와 음식 요리를 담당하게 되었다는 것이다. 사실, 한 아기는 등에 업혀 있고 또 하나는 발치에서 아장아장 걷고 있다면, 숨어 있다가 영양을 공격하는 것보다 과일을 따고 근채류를 캐기가 쉬운 것은 분명하다.

하지만 인류학자들은 노동의 성별 분업이 오로지 육아 제한 때문에 발생했다는 견해를 수정하고 있다. 수렵채집 사회의 여성은 육아와 사냥 중 하나를 선택할 필요가 없을 때조차 남성들과는 다른 종류의 먹을거리를 찾는다는 사실을 알게 된 것이다. 호주 원주민 알야와레 족의 경우, 젊은 여자들이 아이를 돌보는 동안 나이 든 여자들은 고아나도마뱀을 잡는다. 이 경우에도 남자들이 사냥하는 캥거루나 에뮤는 대상에서 제외된다. 노동의 성별 분업은 육아라는 제한이 없는 경우에도 존재해왔다.

이 같은 전문화는 언제 시작되었을까? 수렵채집 사회 내 노동의 성별 분업에 대해서는 깔끔한 경제적 설명이 가능하다. 영양상의 관점에서 볼 때, 여성이 채집하는 것은 일반적으로 신뢰할 수 있는 주식인 탄수화물이다. 이에 비해 남성은 귀중한 단백질을 가져온다. 여성이 구해오는 예측 가능한 칼로리와 남성이 가끔 구해오는 단백질을 결합하면 양쪽의 좋은 점을 모두 취할 수 있다. 추가 노동이라는 대가를 치르는 대신 여성은 사냥하느라 수고할 필요 없이 좋은 단백질을 좀 얻게 된다. 남성 입장에서는 사슴 사냥에 실패하더라도 굶지는 않는다는 보장을 받게 된다. 그래서 그들은 사슴을 추적하는 데 시간을 더 투입할 수 있고, 그래서 실제로 사냥에 성공할 가능성도 더 커진다. 모두가 이익, 즉 거래에 따른 이익을 얻는다. 인간종은 마치 하나가 아니라 두 개의 뇌, 두 개의 지식창고를 가지고 있는 것이나 마찬가지다. 사냥에 정통한 뇌와 채집에 정통한 뇌 말이다. 깔끔한 설명 아닌가?

하지만 여기에는 문제를 복잡하게 만드는 요소가 아직 남아 있다. 예컨대 남성은 집단 전체가 먹을 수 있는 큰 동물을 사냥하려 애쓰는 경향이 있는 것으로 보인다. 사회적 지위를 높이는 동시에 여성을 유혹할 기회가 어쩌다 생길 수 있다는 효과를 노리는 것이다. 여성이 가정을 부양하는 동안에 말이다. 이렇게 되면 남성은 그들의 가능성에 비해 실제 경제적 생산성이 떨어질 수 있다.

하즈다 족 남자들은 거대한 일런드영양을 잡기 위해 몇 주씩 시간을 들인다. 날쥐를 덫을 놓기만 하면 매일 한 마리씩 잡을 수 있는데 말이다. 토레스 해협 메르 섬의 남성들은 무명갈전쟁이(바닷물고기로 최대 170센티미터, 80킬로그램까지 성장한다 - 옮긴이)를 잡겠다고 암초 가장자리에 창을 들고 서서 몇 주씩 보낸다. 조개와 새우 등을 채집하는 여성들이 그 두 배의 식량을 모으는 동안 말이다.

이를 과시적 아량(큰 동물을 잡아 집단 전체와 나눠먹는다는 뜻에서 - 옮긴이)으로 볼 수도 있고, 사회적 기생 행위(여자가 구해오는 식량에 의존한다는 뜻에서 - 옮긴이)라고 볼 수도 있다. 하지만 이런 행태를 감안하더라도, 음식을 나눠먹고 노동을 성별로 전문화하면 실제로 경제적인 이득이 생긴다. 이는 또한 인간에게만 고유한 것이다.

물론, 성별에 따라 먹이의 종류가 다른 새도 있다. 뉴질랜드에서 멸종한 새 후이아는 심지어 암수의 부리 모양까지 달랐다. 하지만 서로 다른 종류의 먹이를 구해다 함께 나눠먹는 종은 세상 어디에도 인간 말고는 없다. 이 습성은 오래전 자급자족에 종지부를 찍게 했으며, 우리 조상들로 하여금 교환하려는 성향을 갖게 만들었다.

노동의 성별 분업은 언제 발명되었을까? 화식火食 이론은 50만 년 전이나 그보다 훨씬 이른 시기를 지목한다. 하지만 이와 다른 주장을 하는 두 고고학자가 있다. 스티븐 쿤Steven Kuhn과 메리 스타이너Mary Stiner는 다음과 같이 주장한다. "아프리카에 기원을 둔 현생인류 호모 사피엔스는 노동의 성별 분업을 했고 네안데르탈인은 그러지 않았다. 4만 년 전 유라시아 대륙에서 양쪽이 정면으로 마주쳤을 때, 전자가 결정적인 생태적 우위를 점할 수 있었던 것은 이 덕분이다."

이 같은 생각을 진전시키기 위해 이들은 자기 학문 분야의 오랜 교리를 반박한다. 그 교리란 수백만 년 전 음식을 나눠먹게 되면서 성 역할이 달라지기 시작했다는 것으로, 1978년 글린 아이작Glyn Isaac이 처음 공개적으로 지지했다.

이에 대해 쿤 등은 다음과 같이 지적한다. "네안데르탈인이 남긴 부스러기들 속에는 채집 여성이 통상 가져오는 종류가 아닌 다른 음식의 흔적이 없다. 남성들이 사냥을 나갔을 때 이뉴잇 족 여성들이 만드는 정교한 의복이나 거주지의 흔적도 없다. 이따금 조개나 갑각류, 거북, 알 껍질 등속이 나오기는 한다. 모두 사냥 도중 손쉽게 채집할 수 있는 식량이다. 하지만 맷돌도 없고 견과류나 근채류의 흔적도 없다."

이것은 네안데르탈인의 상호협동이나 익혀먹기를 부정하려는 주장이 아니다. "네안데르탈인 남녀가 서로 다른 식량 구하기 전략을 가지고 있었고, 그 결과를 서로 교환했다"는 견해에 이의를 제기하기 위한 것이다. 진상은 둘 중 하나일 것이다. 네안데르탈인 여성은 앉아서 아무 일도 하지 않았거나, 대부분의 현대 남성 못지않게 거칠어서 남자들과 함께 사냥을 나갔거나. 후자가 좀 더 그럴싸해 보인다.

이것은 깜짝 놀랄 만한 관점의 변화다. 수렵과 채집은 사실상 영원히 오랜 옛날부터 계속되어온 인류의 자연스러운 상태라고 과학자들은 말해왔다. 하지만 이제 이들은 수렵과 채집이 상대적으로 가까운 시기, 즉 지난 20만 년 정도의 기간에 일어난 이노베이션일 가능성을 검토하기 시작해야 한다.

노동의 성별 분업이 다음과 같은 사실에 대한 설명이 될 수 있을까? 아프리카의 작은 인종집단이 엄청난 가뭄과 변덕스러운 기후 조건 아래서도 지구상의 다른 모든 사람과欚 종들보다 훨씬 잘 생존했다는 사실 말이다. 어쩌면 설명할 수 있을지도 모른다. 네안데르탈인의 유적지에 유물이 얼마나 적은지를 기억하라(증거가 불충분하기 때문에 단정하기 힘들다는 뜻인 듯하다 - 옮긴이). 하지만 적어도 입증 책임은 약간 옮겨가게 되었다.

수렵과 채집은 쿤과 스타이너의 주장보다 더 오래전에 시작된 일일 수도 있다. 하지만 설사 그렇다고 해도, 이것은 당시 아프리카 집단이 전문화와 교환에 대한 전체적인 개념을 쉽게 가질 수 있도록 하는 경향을 부여한 요소였을 수 있다.

남녀의 전문화와 분업에 스스로 익숙해지고 다른 사람들과 노동을 교환하는 습성이 생긴 다음, 완전히 현대적인 아프리카인들은 아이디어를 좀 더 확장하기 시작했다. 그리고 새롭고도 훨씬 더 중요한 트릭을 잠정적으로 시험해보았다. 집단 내, 그 다음엔 집단 간의 전문화라는 트릭 말이다. 후자의 단계는 실행하기가 매우 어려웠다. 서로 다른 부족의 구성원들을 만나면 살해해야 하는 관계였기 때문이다. 인류는 유인원 중 유일하게 낯선 상대를 만나면 죽이려 드는 종으로 유명하다. 이 같은 본능은 아직도 인류의 가슴속에 잠복해 있다. 하지만 82,000년 전에 이르러 인류는 나사리우스 껍데기를 손에서 손으로 200킬로미터 내륙까지 옮길 수 있을 정도로 이 문제를 극복했다. 물물교환이 시작된 것이다.

동쪽 해변을 떠도는 사람들

물물교환이라는 트릭은 세상을 변화시켰다. 웰스H. G. Wells의 말을 빌려서 표현하면 "우리는 캠프로부터 영원히 철수해 길 위로 나섰다".

약 8만 년 전, 아프리카의 많은 부분을 정복한 현대 인류는 여기서 멈추지 않았다. 유전자가 말해주는 내용은 거의 믿을 수 없을 정도다. 아프리카에서 기원하지 않은 모든 집단의 미토콘드리아와 Y염색체의 DNA 변이 패턴은 다음과 같이 증언하고 있다.

약 65,000년 전의 어느 시기, 혹은 그보다 많이 늦지는 않은 어느 시기에 불과 몇백 명 되지 않는 하나의 집단이 아프리카를 떠났다. 아마도 홍해 남단의 좁은 지역을 건넜을 것이다. 당시 이곳 해협은 지금보다 훨씬 좁았다. 이들은 계속 퍼져나갔다. 아라비아 반도의 남부 연안을 따라 후손을 남긴 뒤, 대체로 말라 있던 페르시아 만을 건넜다. 이어 인도와 당시 인도에 연결되어 있던 스리랑카 외곽을 돌아서 점차 아래쪽으로 이동했다. 미얀마와 말레이 반도를 통과한 뒤, 당시 인도네시아의 섬 대부분이 박혀 있던 순다 대륙의 연안을 따라 퍼져나갔다.

남하는 발리 부근 어딘가의 해협에 도달할 때까지 계속되었다. 이들은 거기서도 멈추지 않고 여덟 개 이상의 해협(이중 넓은 것은 폭이 적어도 64킬로미터 이상이다)을 건넜다. 카누나 뗏목을 타고 노를 저어 이동했을 것이다. 이어서 줄줄이 늘어선 섬들을 지나 호주와 뉴기니 등이 연결돼 있던 사훌 대륙에 상륙했다. 아마도 45,000년 전을 전후한 시기였을 것이다.

아프리카에서 호주까지 이어지는 이런 대장정은 이민이 아니라 팽창이었다. 아마도 다음과 같은 일이 일어났을 것이다.

먹을거리가 풍부한 어느 바닷가에 여러 무리의 사람이 살았다. 코코넛, 조개, 거북, 생선, 새를 신나게 먹다 보니 인구가 급증하고 과밀해졌다. 그러자 이들은 개척자(혹은 추방된 말썽꾼?)들을 동쪽으로 보내 새로운 '캠프장'을 찾아보게 했다. 이 개척자들은 때때로 바닷가를 이미 차지하고 있는 집단을 피해 내륙 쪽으로 걸어서 우회하거나 카누를 타고 바다 쪽으로 돌아서 가야 했을 것이다.

가는 도정에 수렵채집인 후손들을 남겼다. 후손 중 극히 일부는 유전적으로 다른 종족들과 섞이지 않은 채 오늘날까지 살아남았다.

말레이 반도 숲속의 오랑 아슬리 수렵채집인은 외관상 니그리토(동남아시아에 사는 몸집이 작은 흑인종 - 옮긴이)로 보인다. 이들은 약 6만 년 전 아프리카 계통수로부터 갈라져나온 미토콘드리아 유전자를 가지고 있는 것으로 확인되었다. 뉴기니와 호주의 부족들도 마찬가지다. 아프리카에서의 첫 이주 후 거의 완전하게 고립돼 있었다. 유전학적으로 분명히 확인된 사실이다.

가장 눈에 띄는 것은 안다만 제도의 원주민들이다. 검은 피부에 곱슬머리를 한 이들은 세상의 다른 어느 것과도 관련이 없는 언어를 구사한다. 이들의 Y염색체와 미토콘드리아 유전자는 65,000년 전 나머지 인류와의 공통 조상으로부터 갈라져나온 것이다. 적어도 대 안다만 섬의 자라와 족은 틀림없이 그렇다.

노스 센티넬 인근 섬의 원주민들은 혈액 샘플 채취에 동의하지 않았다. 자신들의 피를 제공하지 않겠다는 것이었다. 이들은 아직도 외부 세계와의 접촉을 거부하는 유일한 수렵채집족이다. 강인하고 날씬하고 잘빠진 외모에 식물 섬유로 만든 작은 벨트를 제외하면 발가벗고 산다. 외부인이 들어오면 화살 세례를 퍼붓는 게 보통이다. 부디 잘 먹고 잘 살기 바란다.

65,000년 전의 이주자들은 틀림없이 카누를 젓는 데 능숙했을 것이다. 안다만 제도(당시 미얀마 연안은 지금보다 가까웠지만 눈에 보이지 않기는 마찬가지였다)와 사훌 대륙에 이른 것을 보면 말이다. 아프리카 태생의 동물학자 소녀선 킹넌Jonathan Kingdon은 1990년대 초 처음으로 다음과 같은 주장을 제기했다. "아프리카, 호주, 멜라네시아, 아시아 니그리토 등 많은 사람의 검은 피부는 과거 해양생활을 했던 흔적이다."

아프리카의 사바나 초원에 사는 수렵채집인에게는 아주 검은 피부가 필요하지 않다. 코이산 족과 피그미 족의 피부색이 상대적으로 덜 검은 것이 그 증거다. 하지만 암초나 해변 혹은 고기잡이 카누에서는 최대한의 햇빛 차단책이 필요하다. 킹던은 스스로 '반다 스트랜들로퍼Banda strandlopers'라고 이름 붙인 이들이 아프리카를 정복하기 위해 아시아로부터 되돌아왔다고 믿었다.

하지만 그의 주장은 유전학적 증거보다 앞서나가버렸다. '해양 생활을 핵심으로 하는 구석기 종족'이라는 아이디어는 무리한 발상이었다. 아시아의 해변을 따라 인류가 이렇게 현저하게 팽창한 현상은 오늘날 '해변 떠돌이 특급beachcomber express'이라는 이름으로 알려져 있다. 이들이 남긴 고고학적 흔적은 거의 없다. 하지만 이는 당시의 해안선이 오늘날 바닷속 60여 미터 아래에 있기 때문이다.

당시는 한랭하고 건조한 시기였다. 고위도 지방은 광대한 얼음층이, 산악 지역은 거대한 빙하가 뒤덮고 있었다. 여러 대륙의 내륙은 사람이 거주하기 어려울 정도로 건조하고 바람이 많이 불고 추웠다. 그러나 저지대 해안에는 신선한 샘이 솟는 오아시스가 점점이 박혀 있었다.

당시 해수면이 낮았던 것은 두 가지로 작용했다. 첫째, 해안의 샘이 더 많이 드러났다. 둘째, 지하 대수층의 상대적인 압력을 높여 해안 부근에 물을 방출하게 만들었다. '해변 떠돌이'들은 아시아의 모든 연안 지역에서 신선한 물이 샘솟아 바다 쪽으로 개울을 이루며 굽이굽이 흘러가는 모습을 발견하곤 했을 것이다.

해안은 또한 먹을거리가 풍부한 장소이기도 하다. 그걸 찾아낼 재간만 있다면 설사 황량한 해안이라도 그렇다. 해안을 떠나지 않는 것은 합리적인 선택이었다.

DNA 증거에 따르면, 이들 해변 떠돌이의 일부는 인도에 도달한 (처음이었음이 명백하다) 뒤 결국 내륙으로 진출했음이 틀림없다. 왜냐하면 4만 년 전에 이르면 현대 인류가 서쪽으로는 유럽, 동쪽으로는 오늘날의 중국에 해당하는 지역까지 밀고 들어가기 때문이다.

인구가 붐비는 해안을 포기한 일부 떠돌이들은 동물을 사냥하고 과일과 근채류를 채집하는 과거의 아프리카식 생활방식을 재개했다. 그리고 매머드, 말, 코끼리가 무리를 지어 풀을 뜯는 북쪽의 초원지대로 점차 진출하면서 사냥에 점점 더 많이 의존하게 되었다.

머지않아 이들은 직립원인의 후손인 먼 친척들과 마주치게 된다. 50만 년 전 공통 조상을 가졌던 사람들이다. 상상컨대 이들은 심지어 친척들의 몸에 있던 이가 옮겨올 정도로 가까이 접촉했을 것이다. 이의 유전자를 분석해보면 그렇다. 생각건대 이종교배(상호간의 혼인 혹은 섹스-옮긴이)를 통해 먼 친척들의 유전자와 조금이나마 섞이게 할 수 있을 정도로 가깝게 지냈을 것이다.

하지만 이들은 유라시아 직립 호미니드들의 영토로 가차 없이 밀고 들어가 그들을 격퇴했다. 네안데르탈인이라고 알려진, 추운 기후에 적응한 유럽 계통 종의 마지막 생존자는 28,000년 전 지브롤터 해협 쪽으로 등을 돌리고 사망했다. 해변 떠돌이의 후손들은 이후 15,000년에 걸쳐 동북아시아로부터 아메리카 대륙으로 퍼져나갔다.

이들은 먼 친척을 쓸어없애는 데 매우 능했을 뿐 아니라 먹이동물의 상당수에게도 같은 행태를 보였다. 사람과에 속하는 그 전의 종들은 하지 못했던 일이다.

위대한 동굴벽화가 중 가장 초기의 인물은 32,000년 전 프랑스 남부 쇼베 동굴에서 작업을 했는데 특히 코뿔소들에게 푹 빠져 있었다. 그보다 최근의 화가로는 그로부터 15,000년 뒤 라스코 동굴에서 작업한 인물을 들 수 있다. 그는 아메리카들소, 황소, 말을 주로 그렸다. 그때쯤 유럽에서 코뿔소는 희귀해졌거나 멸종했다.

처음에 지중해 근방의 현생인류는 고기를 주로 대형 포유동물에서 얻었다. 작은 사냥감은 동작이 느린 것만 먹었다. 거북과 삿갓조개류가 인기였다. 그러다 중동 지방에서 시작해 점차, 그리고 가차없이 작은 동물, 특히 빨리 번식하는 종에 관심을 돌리기 시작했다. 산토끼, 들토끼, 자고새, 더 작은 종류의 가젤 등이 대표적이다. 거북은 점차 먹지 않게 되었다. 이스라엘, 터키, 이탈리아의 유적지에서 나온 고고학적 기록이 모두 같은 이야기를 전하고 있다.

이처럼 사냥 대상이 바뀐 이유에 대해 메리 스타이너와 스티븐 쿤은 인구밀도가 급속히 높아졌기 때문이라고 설명한다. 번식 속도가 느린 거북, 말, 코끼리로는 늘어난 인구를 먹여살릴 수 없게 되었다는 뜻이다. 빨리 번식하는 들토끼, 산토끼, 자고새, 그리고 한동안은 가젤과 사슴만이 이러한 사냥 압박에 대처할 수 있었다.

이 같은 추세는 15,000년 전쯤 가속화되었다. 이때쯤 지중해 연안 사람들의 식사에서 대형 사냥감과 거북이 완전히 사라졌다. 인간의 포식 행위 탓에 멸종 직전까지 몰린 것이다. (현대에도 이와 유사한 사례가 있다. 캘리포니아 모하비 사막의 갈까마귀는 가끔 거북을 잡아먹는다. 하지만 갈까마귀 때문에 거북 수가 급감하는 것은 오직 한 가지 상황에서뿐이다. 즉, 쓰레기 매립지가 제공하는 풍부한 대체식량(보조금을 받은 셈이다) 덕분에 갈까마귀 수가 급증했을 때 말이다. 이와 마찬가지로 현생인류도 산토끼고기라는 보조금을 받고 수가 급증해 매머드를 멸종시킬 수 있었다.)

자연계에서는 포식자가 자신의 먹잇감을 완전히 없애버리는 일은 드물다. 직립 호미니드의 경우 먹이동물이 드물어지면 다른 포식자들의 경우와 마찬가지로 개체수가 정말로 격감했다. 그 다음에는 먹이동물이 멸종 위기로부터 살아남아, 조만간 개체수가 회복되었을 것이다.

하지만 신인류는 이노베이션을 통해 어려움을 극복할 수 있었다. 생태적 지위를 바꾼 것이다. 그래서 과거의 주된 먹이동물을 멸종시키면서도 계속 번성했다. 아시아의 평원에서 잡아먹힌 최후의 매머드는 아마 희귀한 진미로 여겨졌을 것이다. 평소에 산토끼와 가젤 스튜만 먹는 형편이었을 테니 말이다.

더 작고 재빠른 동물을 사냥하는 쪽으로 전술을 수정함에 따라 현생인류는 더 좋은 무기를 개발했다. 덕분에 인구밀도가 높은 상태에서도 살아남을 수 있었다. 덩치가 크고 번식이 느린 동물이 더 많이 멸종되는 대가를 치르긴 했지만 말이다.

가는 곳마다 대형 동물을 모두 잡아먹은 다음 작은 동물로 사냥 대상을 바꾸는 것은 아프리카 출신 신인류를 특징짓는 패턴이 되었다. 이들이 진출한 곳에서는 어디서나 그런 현상이 일어났다.

호주에서는 인류가 도래한 지 얼마 지나지 않아 디프로토돈(하마처럼 생긴 대형 유대류 - 옮긴이)에서 큰 캥거루에 이르는 거의 모든 대형 동물종이 멸종했다.

아메리카 대륙에서는 인류의 도래 시기와 번식이 느리고 몸집이 가장 큰 대형 동물이 갑자기 멸종한 시기가 일치한다. 그로부터 오랜 시간 뒤 마다가스카르와 뉴질랜드에서 대형 동물이 대량 멸종한 시기 역시 인류가 거주하기 시작한 시기와 같다. (말이 난 김에 한마디 덧붙이고 싶다. 남성 사냥꾼들은 가장 큰 동물을 잡아 부족 안에서 명망을 얻고자 하는, 과시하려는 집착이 있었다. 이를 감안하면 이 같은 대량 멸종은 부분적으로 인간의 성 선택 탓이라는 점을 상기하는 것도 의미가 있다.)

우리, 교역할까요?

그동안 신기술의 흐름이 속도를 내기 시작했다. 약 45,000년 전부터 서부 유라시아 대륙 사람들이 도구를 점차 혁신적으로 개량하기 시작했다. 이들은 원통형 몸돌을 내리쳐서 얇고 날카로운 칼을 떼어냈다. 절단된 날을 기존 방식보다 열 배나 많이 얻을 수 있는 비결이었지만 실행하기는 훨씬 어려운 방식이었다.

34,000년 전에 이르자 뼈를 창의 촉으로 사용하고, 26,000년 전에는 바늘을 만들었다. 창이 날아가는 속도를 크게 높여주는, 뼈로 만든 투창기는 18,000년 전에 등장했다. 곧이어 활과 화살도 출현했다. 바늘이나 목걸이 구슬에 구멍을 뚫는 데 마이크로뷰렝(돌날의 길쭉한 앞부분을 잘라내고 남은 부분 - 옮긴이) 천공기가 사용되기도 했다.

물론, 석기는 기술이라는 빙산의 극히 작은 일부에 지나지 않았을 것이다. 당시에는 주로 나무를 이용하는 기술이 주를 이뤘겠지만, 안타깝게도 목기는 썩어 없어진 지 오래다. 뿔, 상아, 뼈로 만든 도구도 중요하게 쓰였다. 이때쯤이면 식물 섬유나 동물 가죽으로 만든 실이나 끈도 거의 틀림없이 사용되었을 것이다. 고기잡이 그물이나 들토끼를 잡는 덫을 만들고 물건을 넣어 운반할 가방을 만들기 위해서 말이다.

이러한 기교는 실용적 용도에만 동원된 게 아니다. 장식품과 물건들을 만드는 데도 광범위하게 쓰였다. 재료로는 뼈와 상아뿐 아니라 조개, 산호 화석, 동석, 흑옥, 갈탄, 적철광, 황철광 등이 사용되었다. 독수리 뼈로 만든 플루트가 독일 홀레 펠스에서 발굴되기도 했다. 35,000년 이상 된 것이다. 독일 포겔헤르트 동굴에서는 매머드 상아로 만든 아주 작은 말이 나왔다. 목걸이로 사용된 탓에 많이 닳아서 형태는 흐릿해졌지만, 이 또한 32,000년 이상 된 것이다.

모스크바 북동쪽 블라디미르 시 인근의 순기르에는 28,000년 이상 된 야외 거주지 유적이 있다. 여기 매장된 사람들의 옷은 공들여 깎은 상아 구슬 수천 개로 장식돼 있다. 심지어 뼈로 만든 작은 바퀴 모양의 장식품도 출토되었다.

우크라이나 메체리히 지역의 18,000년 전 유적에서는 흑해산 조가비와 발트 해 연안산 호박(송진의 화석으로 보석의 일종 – 옮긴이)으로 만든 장신구가 발견되었다. 이들 재료가 수백 킬로미터 밖에서부터 이곳까지 교역을 통해 이동했음을 의미한다.

이는 네안데르탈인의 행태와 뚜렷한 대조를 이룬다. 이들의 석기는 사용 장소에서 걸어서 한 시간 이내에 있는 곳의 돌로 만들어졌다. 사실상 언제나 그랬다.

이깃은 내가 보기에 핵심적인 단서다. 아프리카 출신의 경쟁자들이 훨씬 많은 종류의 도구를 만드는 동안, 네안데르탈인들은 여전히 주먹도끼를 만들어 쓴 사실을 설명할 단서 말이다. 교역이 없으면 이노베이션은 정말 일어나지 않는다. 교환과 기술의 관계는 섹스와 진화의 관계와 같다. 교환은 혁신을 부추긴다.

서아시아의 현생인류에게서 주목할 점은, 제작한 물건의 다양성보다는 끊임없는 이노베이션에 있다. 8만~2만 년 전에 발명된 것이 그 전 100만 년 동안의 발명품보다 많다. 당시 이노베이션의 속도는 오늘날의 기준으로 보면 매우 느리지만 직립원인의 기준으로 보면 번개처럼 빨랐다. 그 다음 1만 년 동안에는 더 많은 발명품이 나오게 된다. 낚싯바늘, 온갖 종류의 도구, 가축화된 늑대, 밀, 무화과, 양, 화폐······.

당신이 자급자족을 하는 게 아니라 다른 사람들을 위해 일한다면, 시간과 노력의 일부를 스스로의 기술을 개선하는 데 쓰는 것, 그리고 전문화하는 것이 이익이 된다.

예컨대 풀이 무성한 초원지대에 사는 아담을 상상해보라. 이곳에는 겨울에 순록이 많다. 그런데 여기서 걸어서 며칠 걸리는 곳의 해안에는 여름에 고기가 많다. 그는 겨울에는 사냥을 하고 여름에는 해안으로 이주해 고기를 잡을 수 있다. 하지만 이렇게 하면 이동하느라 시간을 낭비할 뿐 아니라 다른 부족의 영역을 가로지르는 커다란 위험을 무릅써야 한다. 또한 두 가지 다른 기술에 모두 익숙해져야 한다.

그렇다면 대안은? 아담이 사냥을 계속 하면서 해안의 어부인 오즈와 교역을 하면 어떨까? 물고기를 받는 대신 말린 순록 고기와 뿔(낚싯바늘을 만들기에 안성마춤이다)을 주면 된다. 그러면 힘도 덜 들고 위험도 덜한 방법으로 식사를 다양화하겠다는 목적을 달성할 수 있지 않을까? 보험도 한 개 들어놓은 셈이 된다. 오즈 역시 생선을 더 많이 잡아서 (그리고 나눠줌으로써) 더 잘살게 될 것이다.

이제 아담은 깨닫는다. 오즈에게 순록 뿔을 통째로 주는 것이 아니라 쪼개서 바늘로 만들어 건넬 수도 있다는 사실을. 그러면 운반하기도 편하고, 그 대가로 물고기를 더 많이 받을 수도 있지 않을까? 이런 아이디어가 떠오른 것은, 언젠가 교역 장소에 갔을 때 다른 사람들이 순록 뿔을 다루기 쉽게 잘라서 파는 것을 주의 깊게 보았기 때문이다.

어느 날 오즈는 아담에게 미늘이 있는 낚싯바늘을 만들어달라고 요청한다. 아담은 생선을 더 오래 저장할 수 있도록 말리거나 훈제해달라고 오즈에게 요구한다. 어느 날 오즈는 조가비도 함께 가져오고, 아담은 좋아하는 젊은 처자에게 줄 장신구를 만들기 위해 그 조가비를 산다.

얼마 후 아담은 속이 상한다. 바늘을 잘 만들어도 값이 눅다는 사실 때문이다. 그리고 아이디어가 하나 떠오른다. 추가로 가죽도 무두질해서 교역 장소로 가져가볼까? 이제 아담은 자신이 바늘보다 가죽을 만드는 데 능하다는 사실을 알게 된다. 그는 가죽에 전문화한다. 순록 뿔은 자기 부족 내의 누군가에게 주고 대신 가죽을 받는 것이다. 이 같은 과정이 계속해서 이어진다.

멋진 이야기다. 사실일 가능성이 있다. 디테일에 하나라도 잘못된 것이 있다고는 아무도 의심하지 않는다. 하지만 핵심은 이러한 발상이 얼마나 쉬운가에 있다. "고기와 식물성 먹을거리, 생선과 가죽, 나무와 돌, 뿔과 조가비를 교환한다." 수렵채집인들 입장에서도 이런 교역의 가능성을 떠올리기란 아주 쉽지 않았을까? 석기시대 사람들의 경우도 마찬가지다. 교역을 하면 서로 이익이라는 사실을 발견하고, 전문화와 분업을 더 많이 함으로써 이익을 더 늘리는 것은 얼마나 쉬운 일인가.

교환의 놀라운 속성은 증식한다는 점이다. 교환은 하면 할수록 더 많이 할 수 있게 된다. 그리고 이노베이션을 유발한다.

하지만 이것은 또 다른 의문을 부를 뿐이다. 그렇다면 당시 그곳에서 경제적 진보가 가속화되어 산업혁명을 향해 치닫지 않은 이유는 무엇인가? 그 후 수천 수만 년간 진보가 그토록 악전고투하듯 느리게 진행된 이유는 무엇인가?

그에 대한 답은 인간 문화의 분열하는 속성에 있다고 나는 추정한다. 인류의 본성에는 고립주의 성향, 서로 다른 집단으로 쪼개지는 성향이 깊이 자리 잡고 있다.

예컨대 뉴기니에는 800개 이상의 언어가 있다. 이중 일부는 사용되는 지역이 반경 몇 킬로미터밖에 되지 않는다. 하지만 이웃 집단의 언어와는 영어와 프랑스어만큼이나 서로 알아듣기 어렵다. 지구상에서는 여전히 7,000개의 언어가 사용되고 있다. 각각의 언어를 사용하는 집단은 이웃 집단으로부터 용어, 전통, 의례, 취향을 도입하는 데 뚜렷한 저항을 보인다.

진화생물학자 마크 페이젤Mark Pagel과 루스 메이스Ruth Mace는 말한다. "문화적 특징은 위에서 아래로 수직적으로 전파될 때는 대체로 눈에 띄지 않는다. 이에 비해 수평적으로 전파될 때는 의심, 심지어 분개의 대상이 될 가능성이 훨씬 커진다. 각 문화는 마치 전령 쏘아버리기를 좋아하는 것처럼 보인다."

사람들은 아이디어, 기술, 습성의 자유로운 유입을 막기 위해 최선을 다한다. 그럼으로써 전문화와 분업의 효과를 제한해버린다.

비교우위를 전제로 한 분업

'부부 한 쌍' 관계를 넘어서는 노동의 분업은 아마도 후기 구석기시대에 발명되었을 것이다. 러시아 순기르에서 발굴된 어린이 주검 두 구에 입혀진 옷은 매머드 상아 구슬 1만여 개로 장식돼 있었다. 이에 대해 인류학자 이언 태터솔Ian Tattersall은 말한다. "죽은 어린이들이 이렇게 장식이 많은 옷을 손수 만들었을 가능성은 매우 희박하다. 이들이 속한 사회에서 이렇듯 다양한 물건이 만들어졌다는 것은 각기 다른 종류의 활동을 하는 개인들이 전문화한 결과일 가능성이 매우 높다."

매머드 상아로 구슬을 만든 순기르의 조각가, 코뿔소를 그린 쇼베 동굴의 화가, 몸돌에서 돌날을 떼어낸 사람, 토끼 잡는 그물을 만든 사람…… 아마도 이들 모두가 전문가로서 자신들의 노동의 결과물을 다른 사람들의 그것과 교환했을 것이다. 10만 년 전 현생인류의 출현 이후 모든 인간집단 안에는 각기 다른 역할이 아마도 분화되어 있었을 것이다.

역할 분담은 그만큼 인간의 본성에 부합하며, 이제 설명이 필요한 일(이노베이션을 할 능력)을 명확하게 설명해준다. 전문화는 전문성을 낳고 전문성은 개선을 초래한다. 전문화는 전문가에게 힘들여 신기술을 개발하는 데 시간을 투자할 이유를 제공한다.

당신이 고기잡이 작살을 한 개 만들어야 한다면, 작살 만드는 교묘한 도구부터 제작하는 것은 불합리하다. 하지만 어부 다섯 명이 쓸 작살을 만들어야 한다면, 작살 제작 도구를 먼저 만드는 것이 합리적으로 시간을 절약하는 행위가 될 것이다.

그러므로 전문화는 교역으로 이익을 얻을 가능성을 만들고 증대시킨다. 고기잡이를 더 많이 할수록 오즈는 고기를 잡는 일에 더 능숙해질 것이고, 물고기를 한 마리 잡는 데 걸리는 시간은 점점 줄어들 것이다. 순록 사냥꾼 아담은 낚싯바늘을 더 많이 만들수록 그 일에 더 능숙해질 것이고, 그래서 바늘 하나를 만드는 데 걸리는 시간은 점점 줄어들 것이다.

따라서 오즈로서는 시간을 고기 잡는 데 더 많이 사용하고, 아담에게 잡은 생선을 일부 주고 낚싯바늘을 바꿔오는 것이 이득이다. 아담은 낚싯바늘을 만드는 데 시간을 쓰고 오즈의 생선을 받는 것이 이득이 된다. 심지어 오즈가 아담보다 낚싯바늘을 만드는 데 더 능숙하다 해도 이 사실은 변하지 않는다. 놀랍게도 말이다.

다음과 같이 가정해보자. 아담은 서투른 바보라서 바늘을 만들다가 반은 부러뜨린다. 하지만 고기잡이에는 더 서툴러서 아무리 해도 낚시질은 제대로 할 수가 없다. 한편 오즈는 약이 오를 정도로 우수해서 순록 뼈로 낚싯바늘을 손쉽게 만들고 고기도 언제나 많이 잡는다. 그래도 오즈 입장에서는 서투른 아담이 만든 낚싯바늘을 쓰는 게 이득이다.

왜냐고? 아담은 훈련을 통해 적어도 고기잡이보다는 낚싯바늘 제작에 더 능숙해졌기 때문이다. 바늘을 한 개 만드는 데는 세 시간이 걸리지만 고기 한 마리 잡는 데는 네 시간이 필요하다. 오즈는 고기 한 마리 잡는 데 한 시간밖에 걸리지 않는다. 낚싯바늘도 잘 만들기는 하지만, 하나 만드는 데 두 시간은 걸린다.

그러므로 만일 각자가 자급자족한다면 이렇게 된다. 오즈는 하루 세 시간(바늘 만드는 데 두 시간, 고기 잡는 데 한 시간) 일하고 아담은 일곱 시간 일한다.

서로 교환을 한다면 어떻게 될까? 오즈가 고기를 두 마리 잡아서 한 마리는 아담의 낚싯바늘 한 개와 교환한다면, 세 시간이 아니라 두 시간만 일하면 된다. 아담은 낚싯바늘 두 개를 만들어 한 개는 오즈의 물고기 한 마리와 바꾼다면 여섯 시간만 일하면 된다. 두 사람 모두 자급자족할 때보다 잘살게 된다. 양쪽 모두 한 시간씩 여유 시간이 생긴다.

이 이야기는 내가 지어낸 것이 아니다. 1817년 주식중개인 데이비드 리카도David Ricardo가 정의한 '비교우위'라는 개념을 석기시대 이야기로 각색했을 뿐이다. 그는 잉글랜드가 직물을 만들어 포르투갈의 와인과 교환하는 예를 들었다. 어쨌든 논지는 같다.

> 잉글랜드는 직물을 만드는 데는 1년간 100명이 일해야 하고, 와인을 생산하려면 같은 기간 120명의 노동이 필요한 상황일 수 있다. 그러므로 잉글랜드는 직물을 수출해 그 대금으로 와인을 수입하는 것이 이득이라는 사실을 알게 될 것이다. 포르투갈에서는 와인 생산에 1년간 80명의 노동이, 직물을 만들려면 90명의 노동이 필요할 수 있다. 포르투갈로서는 와인을 수출하고 직물을 수입하는 것이 이득이다. 이 같은 거래는 심지어 포르투갈이 수입 상품을 자국 내에서 제조하는 편이 잉글랜드에서 만드는 것보다 노동력이 적게 든다는 사실에도 불구하고 일어날 수 있다.

리카도의 법칙은 진실이면서 놀랍기도 하다는 점에서 사회과학을 통틀어 유일한 명제로 꼽혀왔다. 이는 너무나 멋진 아이디어라서, 구석기시대 사람들이 우연히 떠올리는 데 (혹은 경제학자들이 이 개념을 정의하는 데) 그렇게 오랜 시간이 걸렸다는 사실이 믿기지 않을 정도다. 다른 종들은 왜 이 아이디어를 활용하지 않는지 이해하기 어렵다. 인류가 이를 일상적으로 활용하는 유일한 종처럼 보인다는 사실이 오히려 당황스럽다. 물론, 이것이 전적으로 사실인 것은 아니다. 진화는 리카도의 법칙을 발견해 공생에 적용했다. 조류藻類와 지의류地衣類의 하나인 균류 사이의 합작이나 소와 소의 반추위 속 박테리아 간 합작이 그 예다.

하나의 종 내에서도 교역에 따라 명백한 이익을 보는 예는 많다. 동일 개체 내의 세포들, 산호 군체의 폴립(히드라, 말미잘 등) 종, 개미 군체의 개미, 뒤쥐 군체의 뒤쥐가 그렇다. 개미와 흰개미의 엄청난 성공은(곤충을 포함한 육상동물의 바이오매스 총량의 3분의 1을 차지할지도 모른다) 의심할 여지 없이 그들이 노동의 분업을 한 덕분이다.

곤충의 사회생활은 개별 행태가 더 복잡해지는 것이 아니라 개체들이 각자 전문화하는 데 기반을 두고 있다. 아마존 열대우림의 가위개미 군체들은 한 곳의 개체수가 100만 마리를 넘기도 한다. 일개미들은 성장하면서 하층, 중간층, 상층, 최상층 등 네 가지 뚜렷한 계급 중 하나에 속하게 된다. 최상층(혹은 전사계급)의 몸무게가 최하층의 500배에 달하는 가위개미종도 있다.

하지만 인류와 다른 모든 사회적 종들 간에는 커다란 차이가 있다. 다른 종의 군체는 모두 가까운 친척들로 구성돼 있다는 점이다. 100만 마리의 개미가 함께 사는 도시라 해도 사실 거대한 가족에 지나지 않는다.

다만, 인류가 비교우위를 전제로 한 분업을 하지 않는 분야가 하나 있다. 바로 번식이다. 여왕은 고사하고 어떤 전문가에게도 위임하지 않는다.

자연의 지루한 진화적 포복을 기다리지 않고 인류에게 교역을 통해 이득을 볼 기회를 제공한 것은 기술이다. 적절한 장비를 갖추면 인간은 군인도 노동자도 될 수 있고(여왕은 될 수 없지만), 이 역할에서 저 역할로 옮겨갈 수도 있다. 뭔가를 더 많이 하면 할수록 거기에 더 능숙해지기 마련이다.

15,000년 전 유라시아 대륙에서 한 무리의 수렵채집인이 성별 분업뿐 아니라 개인별 분업까지 했다면 그렇지 않은 집단에 비해 각별하게 효율이 뛰어났을 것이다. 예컨대 100명으로 이루어진 집단을 생각해보자. 이들은 각기 나뉘어 도구 제작, 의복 제작, 사냥, 채집에 종사한다. 머리에 사슴 두개골을 쓰고 주문과 기도를 읊으면서 깡총깡총 뛰어다니는 성가신 작자는 사실 집단의 전반적인 복지에 도움이 되지 않는다. 하지만 당시에는 음력 달력 담당자로서, 언제가 삿갓조개를 채집하는 원정대에 알맞은 간조 때인지를 사람들에게 알려줄 수 있었을 것이다.

물론, 현대의 수렵채집 사회에는 전문가가 많지 않다. 아프리카의 칼라하리나 호주의 사막에서 채집 여성과 따로 존재하는 것은 사냥꾼 남성과 (아마도) 샤먼 정도다. 각 집단에는 뚜렷한 직업이 별로 많지 않다. 하지만 이들 사회는 거친 환경 속에 남겨진 매우 단순한 사회다.

인류의 여러 집단에서 전문화가 싹튼 것은 아마도 4만 년 전 이후의 어느 시기, 서부 유라시아의 상대적으로 비옥한 지역에서 집단들의 규모가 크고 할 일의 종류가 다양한 때였을 것이다.

쇼베 동굴의 코뿔소 화가(그렇다. 고고학자들은 주로 한 명이 그린 것으로 생각한다)는, 그 뛰어난 솜씨로 볼 때 분명히 사냥 임무에서는 제외돼 그림 연습을 할 시간이 충분했을 것이다.

순기르의 상아 구슬 제작자는 어떤 종류든 급여를 받고 일했음이 틀림없다. 스스로 사냥을 해서 먹을거리를 구할 시간은 분명히 없었을 테니 말이다.

심지어 찰스 다윈Charles Darwin도 분업을 예상했다. "각자가 자신의 도구나 조잡한 도기를 손수 만들지 않았다. 그런 일만 하는 사람들이 따로 있었던 것으로 보인다. 그들이 만든 물건들은 사냥의 수확물과 교환되었을 것이다."

이노베이션 네트워크

인류학자 조 헨리치Joe Henrich에 따르면, "인간이 서로 기술을 배우는 방법은 명망 있는 사람을 모방하는 것이다. 그리고 모방상의 실수가 개선책이 되는 아주 드문 경우에 이노베이션이 일어난다. 이것이 문화의 진화 방식"이다. 관련된 사람이 많을수록, 모방할 선생의 기술이 뛰어날수록 유익한 실수의 가능성이 커진다. 역으로, 관련 인원이 적을수록 전래된 기술이 지속적으로 퇴보할 가능성이 커진다.

수렵채집인들은 야생 자원에 의존했기 때문에 집단의 크기가 200~300명을 넘는 경우가 극히 드물었고, 현대 인류 같은 인구밀도에는 결코 도달할 수 없었다. 이것은 중대한 결과를 낳았다. 스스로 발명할 수 있는 것에 한계가 생긴 것이다.

100명으로 이루어진 집단이 유지할 수 있는 도구는 일정한 수를 넘지 못한다. 이유는 단순하다. 도구의 생산과 소비, 양쪽에 모두 최소한의 시장이 필요하기 때문이다. 작은 집단의 구성원들은 한정된 종류의 기술만을 배울 것이고, 어떤 희귀한 기술을 가르쳐줄 전문가의 수가 충분치 않다면 그 기술은 맥이 끊어질 것이다. 뼈, 돌, 줄에 관한 좋은 아이디어가 살아남으려면 수가 많아야 한다. 진보는 비틀거리다가 퇴보로 바뀌기 쉽다.

현대 수렵채집인들의 경우, 인구가 많은 교역 상대에 접근할 기회를 차단당한 지역이 많다. 예컨대 인구밀도가 낮은 호주, 그중에서도 태즈메이니아 섬과 안다만 제도가 그렇다. 이 경우 이들의 기술적 기교는 정체되어 있으며, 네안데르탈인 수준 이상으로 발전한 경우가 거의 없다. 현대인의 뇌라고 해서 특별한 점은 없다. 차이를 만들어낸 것은 그들의 교역 네트워크, 즉 집단지능이다.

기술적 퇴보의 가장 두드러진 사례는 태즈메이니아, 세계의 끝에 있는 섬이다. 이곳에 5,000명도 안 되는 수렵채집인이 아홉 개의 부족으로 나뉘어 있다. 이들은 정체하거나 진보하지 못한 정도가 아니다. 지속적이고 점진적으로, 보다 단순한 도구와 생활방식으로 퇴보했다.

이는 오로지 기존의 기술을 유지할 사람의 수가 부족했기 때문이다. 인류가 태즈메이니아에 들어간 것은 적어도 35,000년 전이다. 당시 태즈메이니아는 호주와 육지로 연결돼 있었고, 약 1만 년 전까지는 가끔 끊어지기도 하면서 연결상태가 유지되었다. 그러다가 1만 년 전 해수면이 상승해 배스 해협이 생기면서 섬사람들은 고립되고 말았다.

 유럽인들이 처음 이들 원주민과 접촉했을 때 어떤 일이 일어났을까? 유럽인들은 놀라지 않을 수 없었다. 원주민들에게는 본토의 친척들이 가진 기술과 도구 중 많은 것이 없었기 때문이다. 그뿐 아니라 자신의 선조들이 지녔던 많은 기술도 잃어버린 상태였다. 바늘이나 송곳을 포함해 골각기는 전혀 없었다. 추울 때 입는 의복, 낚싯바늘, 자루가 달린 도구, 미늘이 있는 창, 고기잡이 통발, 투창기, 부메랑도 마찬가지였다. 이중 극소수는 섬과 연결이 끊어진 후 본토에서 발명된 것이다. 부메랑이 그렇다. 하지만 나머지는 바로 최초의 태즈메이니아인들이 만들고 사용하던 것들이다.

 고고학적 역사를 보면, 이들 기술은 차근차근 가차 없이 버려졌다. 예컨대 골각기는 점점 단순해지다 약 3,800년 전부터 완전히 포기되었다. 골각기가 없어지자 가죽을 기워 옷을 만들 수도 없게 되었다. 그래서 원주민들은 매서운 겨울 추위 속에서도 거의 벌거벗고 지내야 했다. 피부에는 바다표범 지방을 바르고 어깨에는 왈라비 모피를 걸치는 게 전부다.

 최초의 태즈메이니아인들은 생선을 많이 잡고 많이 먹었다. 하지만 유럽인과 접촉할 무렵 이들은 생선을 먹지 않았다. 그렇게 한 지 이미 3,000년이나 됐을 뿐 아니라, 먹으라고 권하자 혐오감을 나타내기까지 했다.

 이야기는 이보다 복잡하다. 태즈메이니아인들이 고립 기간 동안 새로운 발명도 조금 했기 때문이다. 약 4,000년 전 이들은 골풀 다발을 재료로 끔찍하게 불안정한 카누(뗏목)를 만들었다. 남자가 노를 젓거나 뒤에서 여자가 헤엄치며 밀어서 움직이는 배다. 이것으로 바다표범이나 새를 잡으러 연안의 작은 섬까지는 갈 수 있었다. 하지만 두세 시간만 사용해도 물에 잠기거나 해체되거나 가라앉았다. 본토와 접촉을 재개하는 수단으로는 전혀 도움이 되지 않았다. 이노베이션의 시각으로 볼 때, 이것은 너무나 불충분해서 규칙을 증명하는 예외로 꼽힐 정도다.

여성들은 깊이 3.6미터까지 잠수하는 법도 배웠다. 물속 바위에 붙은 조개를 나무 쐐기로 따고 가재를 잡기 위해서 말이다. 위험하고 힘든 일이지만 여성들은 매우 능숙했다. 남자들은 하지 않는 일이다.

이 지역에서 이노베이션이 없었다는 이야기가 아니다. 다만 퇴보가 진보를 압도했다. 태즈메이니아의 퇴보를 처음 기술한 고고학자 리스 존스Rhys Jones는 이를 '지능의 서서한 교살' 사례라고 불렀다. 일부 동료 학자들이 화를 낼 법한 표현이다. 개별 태즈메이니아인의 뇌에는 잘못된 것이 전혀 없었다. 잘못된 것은 집단지능이었다. 고립(자급자족)이 기술을 위축시켰다. 앞서 나는 노동의 분업이 기술 덕분에 가능해졌다고 썼다. 하지만 진상은 이보다 훨씬 흥미롭다. 기술은 노동의 분업 덕분에 가능해졌다. 시장에서의 교환이 이노베이션을 부른다.

이제 직립 호미니드의 기술적 진보가 왜 그렇게 느렸는지가 마침내 분명해지기 시작한다. 그들과 그 후손인 네안데르탈인들은 교환을 하지 않고 살았다(네안데르탈인들의 석기는 사용된 곳으로부터 걸어서 한 시간 이내의 장소에 있는 재료로 만들어졌다는 점을 상기하자). 그러므로 직립 호미니드 부족들은 각자 사실상의 태즈메이니아(더 많은 사람의 집단지능과 격리된 곳)에서 살았던 셈이다.

태즈메이니아의 크기는 아일랜드 공화국 정도다. 1642년 유럽인 아벌 타스만Abel Tasman이 텐트를 쳤을 무렵, 이곳에는 아홉 부족으로 갈라진 수렵채집인 약 4,000명이 주로 바다표범, 바닷새, 왈라비를 잡아먹으며 살고 있었다. 수렵 도구는 나무로 만든 곤봉과 창이었다. 이는 어느 순간에 보더라도 새로운 기술을 배우는 젊은 성인의 수가 섬 전체적으로 몇백 명 되지 않았다는 것을 의미한다.

다른 곳도 어디나 마찬가지인 것으로 보이지만, 문화는 충실한 모방을 통해 작동하고 모방 대상은 유명한 사람이라는 편향이 있다(달리 말해 부모나 가까이 있는 사람이 아니라 전문가를 모방한다는 뜻이다). 이것이 사실이라면 몇몇 기술이 단절되기 위한 조건은 불과 몇 가지 불운한 사건이면 충분하다. 가장 유명한 사람들이 기술의 중요 단계를 잊거나 잘못 배웠거나 심지어 도제를 하나도 키우지 않고 무덤에 들어가는 것이다.

예컨대 바닷새가 풍부한 곳에 사는 어느 집단의 사람들이 오랜 기간 고기잡이를 기피하다가 결국 마지막 낚시 도구 제작자가 죽었다고 생각해보라. 혹은 섬에서 으뜸가는 미늘창 제작자가 어느 날 벼랑에서 떨어졌는데, 도제는 한 명도 없었다고 생각해보라. 그가 만든 미늘은 몇 년간 더 사용되겠지만 결국 모두 부러지게 마련이다. 그 후에는 만들 사람이 없다.

기술을 배우려면 많은 시간과 노력이 필요하다. 아무런 사전지식 없이 미늘 제작 기술을 배울 수 있는 사람은 아무도 없다. 인류는 원래 직접 눈으로 볼 수 있는 기술을 배우는 데 치중해왔다.

태즈메이니아의 기술은 차츰차츰 단순해졌다. 만들기 어려운 도구와 복잡한 기술이 먼저 사라졌다. 명인에게 직접 배우기 전에는 습득하기 어렵기 때문이다.

도구는 사실상 노동 분업의 정도를 나타내는 척도다. 그리고 애덤 스미스가 주장했듯, 분업은 시장 규모의 제한을 받는다. 태즈메이니아의 시장은 많은 종류의 전문 기술을 지탱하기에는 너무 작았다. 당신 고향의 주민 4,000명이 어느 섬에 던져져서 완전 고립상태로 1만 년이 지난다고 상상해보라. 얼마나 많은 기술이 보존될 것 같은가? 무선전화 기술? 복식부기? 주민 한 명이 회계사였다고 치자. 그가 복식부기를 한 젊은이에게 가르칠 수도 있다. 하지만 그의 제자 혹은 제자의 제자도 그것을 계속 다음 대에 전수할 수 있을까? 영원토록 말이다.

호주의 다른 섬들에서도 태즈메이니아와 거의 같은 일이 일어났다. 캥거루 섬과 플린더스 섬에 고립된 후 몇천 년 지나지 않아 사람들의 직업은 점차 종류가 줄어들었다. 아마도 기술의 소실이 원인이었을 것이다. 비옥한 섬 플린더스는 낙원이었어야 마땅하다. 하지만 부양 가능한 인원이 100명 남짓에 불과했다. 수렵채집 기술을 유지할 인구집단으로는 너무 작았다.

다윈 섬 북쪽의 두 섬에 살던 티위 족은 5,500년간 고립돼 있었다. 이들 역시 기술 축적의 톱니바퀴를 거꾸로 돌려 과거보다 단순한 도구들로 퇴보했다. 토레스 섬 주민들은 카누 제작 기술을 잃어버렸다. 이는 인류학자 리버스W. H. R. Rivers를 고심하게 만든 문제다. 아주 유용한 기술인데 왜 사라졌단 말인가? 수렵채집 생활양식은 고립이 심해지면 운이 다하는 것 같다.

이와 대조적으로 호주 본토에서는 기술이 꾸준히 진보했다. 태즈메이니아 섬의 창은 단지 나무의 끝을 불에 그슬러 단단하게 만든 정도였다. 하지만 본토의 창은 달랐다. 촉을 탈착할 수 있는 창, 돌 미늘, 우메라 투창기가 있었다. 본토에서 장거리 교역이 이루어지고 있었던 것은 우연의 일치가 아니다. 그래서 멀리 떨어진 곳에서 생산된 발명품과 사치품을 구할 수 있었던 것이다.

예컨대 적어도 3만 년 전부터 조개껍데기로 만든 구슬이 호주 전역을 가로질러 장거리를 이동했다. 당시 북쪽 연안에서 채집된 진주 또는 바닷고둥으로 만들어진 목걸이나 귀고리는 본토 남단까지 여덟 개 이상의 부족이 사는 지역을 통과하면서 1,600여 킬로미터를 이동했다. 멀리 가면서 목걸이의 신성성도 점점 커졌다. 담배 비슷한 식물인 피체라는 퀸즐랜드로부터 서부 지역까지 이동했다. 가장 좋은 돌도끼는 돌이 채굴된 장소에서 멀게는 800킬로미터까지 이동했다.

티에라 델 푸에고 제도는 태즈메이니아와 대조적이다. 면적이나 인구 규모는 태즈메이니아보다 아주 조금 크지만, 전반적으로 더 추운 편인데다 살기도 조금 더 나쁜 환경이다. 하지만 이곳의 한 종족은 1834년 찰스 다윈이 만났을 때 낚시에 미끼를 달고 그물과 덫으로 바다표범과 새를 잡았으며, 낚싯바늘과 작살, 활과 화살, 카누와 의복을 보유하고 있었다(모두 전문화된 도구와 기술로 만들어진 것이었다).

이들에게는 태즈메이니아 원주민과 비교했을 때 중대한 차이가 있었다. 마젤란 해협 건너편의 사람들과 매우 빈번하게 접촉하고 있었던 것이다. 덕분에 단절된 기술을 다시 배우고 때때로 새로운 도구를 도입할 수 있었다. 본토에서 가끔 새로운 이주민이 오는 것만으로도 기술의 퇴보를 충분히 막을 수 있었다.

중동에서의 네트워킹

교훈은 명백하다. 자급자족은 수만 년 전에 끝장났다. 심지어 수렵채집인의 상대적으로 단순한 생활방식조차 아이디어와 기술을 서로 교환하는 인구가 많아야 유지될 수 있다. 이 사실은 아무리 강조해도 지나치지 않다. 인류의 성공을 좌우하는 핵심 요소는 인구수와 연결이다. 여기에 결정적으로 그리고 위태위태하게 의존하고 있는 것이다. 인구가 몇백 명 되지 않으면 복잡한 기술은 유지되지 못한다. 핵심은 교역에 있다.

호주의 경우, 영토는 광활하지만 이 같은 고립 효과 때문에 피해를 입었을지 모른다. 이곳에 사람이 살기 시작한 것이 45,000년 전이라는 점을 상기하자. 아시아의 연안을 따라 퍼져나가던 아프리카 출신 해변 떠돌이들 중 선구자들이 정착했다.

이런 이민의 선봉대는 틀림없이 수도 적고 짐도 가벼웠을 것이다. 홍해를 건널 당시 친척들이 보유했던 기술 중 극히 일부밖에 가지고 오지 못했을 가능성이 크다. 호주 원주민의 기술에 구세계(유럽, 아시아, 아프리카를 가리킨다 – 옮긴이) 기술의 많은 부분이 빠져 있는 현실을 이로써 설명할 수 있을지 모른다.

이들의 기술이 그 후 수천 수만 년에 걸쳐 지속적으로 발전하고 정교해진 것은 사실이다. 그러나 예컨대 활이나 쇠뇌 등의 탄성 무기와 화덕 등은 알려지지 않았다.

이들이 원시적이라거나 정신적으로 퇴보했다는 뜻이 아니다. 선조들이 전체 기술의 일부만을 가진 채 호주에 도착했고, 그 후에도 인구가 충분히 조밀하지 못했으며, 그래서 기술을 크게 발전시킬 만큼 충분히 큰 집단지능을 갖지 못했다는 뜻이다.

'태즈메이니아인 효과'는 16만 년 전 이후 아프리카 대륙에서 기술적 진보가 왜 그토록 느리고 불규칙적으로 진행되었는지도 설명해줄 수 있을지 모른다. 남아공의 피너클 포인트, 블롬보스 동굴, 클라시스 강 유적지를 보자. 출토된 도구들을 보면 발전된 도구가 주기적으로 갑자기 늘었음을 알 수 있다. 그 이유는 위의 효과로 설명할 수 있다.

교환을 발명하기는 했지만 아프리카 대륙은 사실상 태즈메이니아를 이어붙인 조각보 같았다. 스티븐 셰넌Stephen Shennan과 그의 동료들은 다음과 같이 추정했다. (예컨대) 해산물, 맑은 물, 비옥한 사바나 등이 알맞게 어우러져서 지역의 인구가 급증할 때마다 기술이 정교해졌을 것이다. 기술을 유지·발전시킬, 교환의 그물망에 연결된 사람들의 수(집단지능의 크기)에 비례해서 말이다. 하지만 강이 마르거나 사막이 확대되거나 해서 인구가 급감하거나 줄어들면 기술이 다시 단순해지곤 했을 것이다. 인간의 문화적 진보는 집단적 사업이며 조밀한 집단지능을 필요로 한다.

따라서 '후기 구석기 혁명'은 조밀한 인구로써 설명될 수 있을지 모른다. 약 3만 년 전, 아시아 서부와 중동 지역의 기술과 문화적 전통이 놀랄 만큼 변화하며 꽃핀 혁명 말이다. 당시 아시아 서남부에 살던 수렵채집인들은 노동집약적이고 식물을 주로 먹게 되는 쪽으로 생활양식이 차츰 바뀌었으며 부족간 접촉도 긴밀해졌다. 덕분에 그 전의 어떤 인류집단보다 더 많은 기술과 노하우를 축적할 수 있는 위치에 있었다.

서로 연결된 사람들의 수가 아주 많다는 것은, 발명이 더 빠르고 누적적으로 일어날 수 있게 되었다는 뜻이다. 홍콩과 맨해튼 섬이 보여주듯, 이는 오늘날에도 놀랄 만한 진실이다. 경제학자 줄리언 사이먼Julian Simon은 이를 다음과 같이 표현했다. "인구 증가가 수확 체감으로 이어진다는 것은 허구다. 생산성 향상을 유발한다는 것이 과학적 사실이다."

이와 같은 발명 중 하나가 바로 다음 장의 주제인 농업이다. 하지만 수렵채집인 장을 마감하는 이 시점에서 태즈메이니아인들에게 어떤 일이 일어났는지를 기억하는 것이 좋겠다. 1800년대 초, 백인 바다표범 사냥꾼들이 섬 연안에 도착하기 시작했다. 이로부터 얼마 지나지 않아 원주민들은 교역을 하기 위해 사냥꾼들을 열성적으로 만났다. 지난 1만 년 동안 교환이 거의 이루어지지 않았음에도 불구하고 물물교환을 하려는 천성적 열정은 조금도 희석되지 않았다는 증거다.

원주민들은 백인의 개를 특히 찾았다. 사슴을 사냥하는 개는 캥거루도 쉽게 쓰러뜨릴 수 있었다. 이와 교환하기 위해 원주민들이 판 것은 슬프게도 잠자리 상대로 삼을 여성들이었다.

나중에 백인 농부들이 도착하자 원주민과의 관계는 악화되었다. 백인들은 결국 원주민들을 죽이려고 현상금 사냥꾼을 동원했다. 살아남은 원주민들은 모조리 플린더스 섬으로 추방되었고, 그곳에서 비참하게 연명하다 죽었다.

3
덕성의 형성 _ 5만 년 전 이후의 물물교환, 신뢰, 규칙

친족관계가 아닌 다른 사람들과의 협력은 인간만이 이룩한 업적인 듯하다. 다른 종에서는 과거에 전혀 만난 적이 없는 두 개체가 서로의 이익을 위해 재화와 용역을 교환하는 일이 없다.

돈은 금속이 아니다. 새겨넣은 신뢰다.
—
나이올 퍼거슨 Niall Ferguson
《화폐라는 고지를 향해 The Ascent of Money》

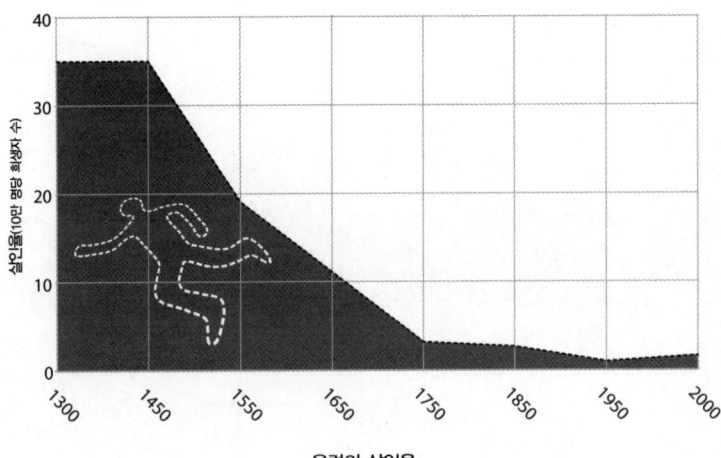

유럽의 살인율

THE MANUFACTURE OF VIRTUE:
BARTER, TRUST AND RULES AFTER 50,000 YEARS AGO
덕성의 형성 _ 5만 년 전 이후의 물물교환, 신뢰, 규칙

영화 〈말타의 매〉에는 험프리 보가트가 시드니 그린스트리트로부터 1,000달러를 받기 직전의 장면이 나온다. 돈의 일부는 메리 애스터에게 나눠줘야 하는 입장이다. 그린스트리트는 보가트에게 충고한다. "그 여자에게 돈을 나눠주려 할 테지? 하지만 알아두게. 얼마 정도는 받아야 한다고 그녀가 생각하는 액수가 있을 거야. 만일 그보다 적게 준다면, 조심하는 게 좋을 거야."

이 장면은 1970년대 말 베르너 귀스Werner Güth가 고안한 '최후통첩 게임'의 예고편 비슷하다. 경제학자들이 매우 좋아하는 이 게임은 인간의 마음을 들여다볼 수 있는 창을 하나 열어준다.

우선, 첫 번째 사람 A에게 돈을 좀 주고 이를 두 번째 사람 B와 나눠가지라고 말한다. B는 A의 제안을 수락하거나 거부할 수 있지만 액수를 바꿀 수는 없다. 수락하면 상대방이 제안한 몫을 받지만 거부하면 자기도 상대방도 한 푼도 갖지 못하게 된다.

문제는 이것이다. A는 B에게 얼마를 주겠다고 제안해야 할까? 이성적으로 보면, A는 푼돈을 제안하고 B는 이를 받아들여야 한다. 아무리 적은 돈이라도 이를 거부해서 한 푼도 못 받는 것보다는 나을 테니 말이다.

하지만 실제는 달랐다. 사람들은 항상 절반에 가까운 액수를 제안했다. 아량은 인간의 천성인 것 같다. 어쩌면 인색하게 행동하는 것이 비이성적이고 바보 같은 짓일지 모른다. 아주 적은 돈을 제시 받은 B가 거부를 고려할지도 모르기 때문이다(실제로 고려한다). 오로지 상대방의 이기주의를 징계하기 위해서라도 말이다.

최후통첩 게임을 비롯한 유사 게임 수백 가지가 주는 교훈은 동일하다. 사람들은 우리가 생각하는 것보다 더 선량하다는 사실이 실험을 할 때마다 확인되고 있다. 하지만 이보다 더 놀라운 교훈이 있다. 현대 상업 세계의 집단지능에 더 많이 젖어 있을수록 아량이 더 크다는 사실이다.

경제학자 허버트 진티스Herbert Gintis의 표현을 빌리면 "시장을 널리 이용하는 사회는 그 구성원들로 하여금 협동, 공정함, 배려의 문화를 발전시키게" 만든다.

그는 스스로의 연구를 통해 발견한 증거를 제시한다. 대체로 소규모인 부족 사회 열다섯 곳의 사람들을 게임에 끌어들인 흥미진진한 연구다. 이에 따르면, 외부인과의 거래 경험이 적은 사회일수록 몰인정하고 인색하며, 좁은 의미로 '이성적'이었다. 브라질 마치구엥가의 화전민 농부들은 겨우 15퍼센트에 해당하는 액수를 제안하는 경우가 가장 많았다. 그리고 단 하나의 예외를 제외하면 모든 상대방이 이를 수락했다. 탄자니아의 하즈다 수렵채집인들도 매우 적은 액수를 제안했지만 거부당하는 일은 거의 없었다.

한편, 현대 시장에 가장 많이 편입된 사회의 사람들은 달랐다. 케냐의 오르마 유목 부족이나 에콰도르에서 채소를 재배하는 영세농 아추아르 족의 경우, 통상 절반의 액수를 제안했다. 서구의 대학생들이 제안하는 바로 그 수준이다.

고래를 잡을 때 많은 외부인 팀과 협력해야 하는 인도네시아 렘바타 섬의 라마레라 족을 보자. 이들이 상대방에게 제시한 금액은 받은 돈의 평균 58퍼센트에 이르렀다. 마치 뜻밖의 횡재를 상대방에게 부담을 하나 지우는 기회로 삼는 것 같았다. 뉴기니의 아우 족과 그노 족도 유사한 행태를 보였다. 이들은 상대방에게 자주 '과도하게 공정한' 제안을 했지만, 그래도 거부당하는 경우가 있었다. 이런 문화에서 선물은 받는 사람에게 부담이 될 수 있다. 나중에 보답해야 할 의무를 지게 되기 때문이다.

전체적으로 보아 이 연구의 교훈은 다음과 같다. "모르는 사람과 거래를 해야 하는 상황에서 사람들은 상대방에게 예의를 갖춰야 한다는 사실을 배우게 된다. 그러한 아량이 출현하기 위해서는 손해를 보면서라도 상대방의 이기심을 처벌할 필요가 있을 수 있다." 두 번째 사람 B의 입장에서 상대방의 제안을 거부하는 것은 100퍼센트 손해다. 하지만 그는 첫 번째 사람 A를 응징하는 것이 그만한 가치가 있다고 판단한다.

이 이야기의 논점은 교환이 사람들에게 고운 마음씨를 가르쳤다는 게 아니다. 교환은 협동을 추구하는 게 사리사욕에도 도움이 된다는 것을 깨닫도록 만든다는 것이다. 사정이 그렇다면 이는 인간에게 특유한 다음의 속성을 이해하는 열쇠가 될 수 있다. "모르는 사람과 거래하고, 심지어 적에게까지 노동의 분업을 확대하는 능력을 가진 동물은 인간밖에 없다."

가족 내의 협동, 교환, 전문화는 동물의 왕국 어디서나 항용 일어나는 일이다. 침팬지, 돌고래, 늑대, 사자 등 집단생활을 하는 거의 모든 종이 그렇게 한다. 미어캣(몽구스의 일종)이나 어치(새)는 독수리가 나타날 경우 보초를 맡은 친척이 경고를 할 것이라고 믿는다. 그 임무도 교대로 맡는다. 일개미는 여왕개미, 병정개미, 그리고 다른 직능의 자매 일개미들과 분업을 한다. 하지만 이 모든 집단은 단지 규모가 큰 가족에 지나지 않는다.

친족관계가 아닌 다른 사람들과의 협력은 인간만이 이룩한 업적인 듯하다. 다른 종에서는 과거에 전혀 만난 적이 없는 두 개체가 서로의 이익을 위해 재화와 용역을 교환하는 일이 없다. 하지만 이는 우리가 가게나 식당 또는 웹사이트를 방문할 때 거의 언제나 일어나는 일이다. 사실 개미나 침팬지처럼 집단생활을 하는 여타 종들의 경우, 서로 다른 집단의 구성원 사이에서 일어나는 상호작용은 거의 언제나 폭력적이다. 하지만 인간은 낯선 사람을 '명예 친구(honorary friend, 친구 자격은 없지만 친구처럼 대우해주는 인물 - 옮긴이)'로 대접할 수 있다.

살인을 저지르는 적에게 협력하자고 손을 내미는 첫 단계를 시작하는 것은 틀림없이 매우 중대하고도 대단히 힘든 일이었을 것이다. 동물의 왕국에서는 이와 같은 일이 극히 드문 것도 아마 이 때문일 것이다.

이것이 얼마나 진기한 일인가를 알려면 세라 허디Sarah Hrdy와 프란스 드 발Frans de Waal 같은 영장류학자가 있어야 한다. 서로 모르는 침팬지들이 같은 비행기를 타려고 질서 정연하게 줄을 서는 것은 상상도 못할 일이다. 서로에게 폭력적으로 덤벼들지 않고 식당의자에 얌전히 앉아 있는 것도 마찬가지다.

그리고 일반적으로 집단 내에서 서로 협동을 잘하는 종일수록 집단 간에는 더 심하게 적대한다. 인류는 고도로 집단적인 종으로서 집단 내에서는 서로 돕고 집단 간에는 서로 폭력을 행사하는 버릇을 여전히 가지고 있다. 이런 종의 구성원들이 이방인과 사교적인 교역을 할 수 있을 만큼 본능을 극복할 수 있다는 것은 얼마나 놀라운 일인가.

이 같은 모험의 서곡을 처음 울린 것은 여성이었을 거라고 나는 생각한다. 이웃 집단을 습격해 살해하는 것은 인간을 포함한 대부분의 영장류에서 언제나 수컷이다. 하지만 낯선 여성들이 서로 마주치는 경우, 결과가 반드시 폭력으로 이어지지는 않는다.

더구나 유인원의 경우 짝을 지으려고 자신이 태어난 집단을 떠나는 것은 언제나 암컷이다. 원숭이의 경우 집단을 떠나는 것이 수컷이라는 점이 흥미롭다. 인간이 유인원의 방식을 따른다고 했을 때 (대부분의 인간 사회는 오늘날까지 그렇게 한다), 여성은 다른 집단 내에서 어머니나 아내로서 긴밀한 친척관계를 맺어왔을 것이다. 심지어 유럽인이 도착하기 전 동남아시아에는 흥미롭게도 여성 중심의 교역 양식이 존재했다. 아주 오랜 옛 교역 패턴의 메아리라고 할까. 말레이시아, 인도네시아, 필리핀에서 교역은 흔히 여자가 담당했다. 이들은 어릴 때부터 셈과 계산을 배웠다.

신뢰라는 것은 우선 친척들 사이에서 시작돼 낯선 사람에게까지 확장된다는 것을 인류의 역사는 되풀이해서 보여준다. 친척을 대리인으로 외국에 파견해온 역사는 길다.

아시아의 교역항에는 저마다 구자라트(인도 서부 구자라트 주), 푸젠(중국 남부 복건성), 페르시아, 아르메니아, 유대, 아랍 사람들의 공동체가 있었다. 유럽의 항구마다 제노바, 피렌체, 네덜란드, 영국, 한자동맹(중세 북해·발트 해 연안의 독일 도시들이 상업상의 목적으로 결성한 동맹 – 옮긴이) 상인들의 공동체가 있었던 것과 마찬가지다.

국외로의 집단 이주가 확산되면서 이들 공동체는 가족 내부에서 신뢰를 유지하는 역할을 했다. 1809~1812년 스페인에 있던 웰링턴 장군의 군대에 전비를 대는 것은 영국 정부가 나탄 로스차일드 Nathan Rothschild라는 유대인 대금업자를 믿었기 때문에 가능했다. 로스차일드는 유럽에 있는 형제들을 믿고 영국 돈으로 금괴를 사는 일을 맡겼다.

교역 파트너 찾기

2004년 미국 버지니아 조지 메이슨 대학에서 한 무리의 대학생 자원자가 돈 벌기 게임을 하려고 컴퓨터 화면 앞에 앉았다. 게임의 규칙은 다음과 같았다. 각자는 가상의 마을에 있는 집과 땅에서 푸른 물건과 붉은 물건을 생산, 소비한다. 게임은 짧은 기간 동안 반복해서 이어진다. 물건을 더 많이 획득할수록, 그리고 푸른 물건과 붉은 물건을 특정 비율(예컨대 3:1)에 가깝게 보유할수록 더 많은 현금을 받아 집으로 돌아갈 수 있다. 선수들은 사실 홀수나 짝수 집단에 속해 있지만, 스스로는 알지 못한다. 홀수는 붉은 물건을, 짝수는 푸른 물건을 더 빨리 만들 수 있다.

각자는 게임 세션마다 컴퓨터 화면에서 다른 선수들이 무엇을 하고 있는지 볼 수 있다(게임 인원은 2명, 4명, 8명으로 각각 진행되었다). 그리고 각 세션과 100초씩의 중간 휴식 시간에 화면상으로 대화를 나눌 수 있다. 제6세션 때 두 선수가 이런 대화를 주고받았다.

"나에게 물건을 줄 수 있어?"
"그럼!"
"나는 푸른 물건을 빨리 만들어, 너는 어때?"
"붉은 것!"
"그럼 나는 푸른 것만, 너는 붉은 것만 만들면 되네!"
"그리고 각자 상대방 집에 그걸 갖다주고?"
"좋아, 그렇게 하자!"
"오케이, 100퍼센트 붉은 것!"
"100퍼센트 푸른 것!"

바트 윌슨Bart Wilson과 버넌 스미스, 그리고 그 동료들이 설계한 이 실험의 목적은 명백하다. 사람들이 아무런 규칙이나 지시 없이도 교환과 전문화를 발견하는지 알아보는 것이었다.

이 게임에서 전문화는 위험하다. 게임이 끝났을 때 한 가지 색 물건만 가지고 있으면 돈을 한 푼도 받지 못하게 된다. 하지만 전문화하고 교환하면 자급자족할 때에 비해 세 배의 수입을 올릴 수 있다. 실제 게임에서는 심지어 교환거래가 가능하기는 한지에 대한 단서도 전혀 주어지지 않았다. 일부는 끝까지 소득이 낮은 자급자족에 매달렸지만, 대부분의 선수는 결국 교환거래에 따른 이득을 발견했다.

실험 입안자들은 이렇게 말했다. "교환거래가 발생하기 전에는 거의 자급자족에 가까운 경우가 대부분이었다. 하지만 일단 '교환의 힘'이 발견되자 전문화가 점차 진화했다." 흥미로운 것은 선수들이 처음에는 개인적인 일대일 거래만 하다가 나중에야 다른 사람들도 거래에 초청하는 행태를 보였다는 점이다. 거래라는 것이 쌍무적이고 개인적인 형태로 시작되었다고 봐도 좋을 법하다.

19세기 호주 북부에 살던 이르 요론트 원주민의 경우, 각 가족의 캠프마다 적어도 한 개의 귀중품 돌도끼가 있었다. 모든 도끼는 요론트 섬에서 남쪽으로 640킬로미터 떨어진 이사 산의 채석장에서 만든 것이었다. 칼카둔 족이 이곳을 철저히 지키면서 체계적으로 작업해 도끼를 생산한다. 도끼는 요론트 섬에 도달할 때까지 손에서 손으로 수많은 교역 파트너를 거친다. 부락의 노인들에게는 각자 한 명씩의 교역 파트너가 남쪽 지역에 있다. 1년에 한 번 건기에 열리는 의식행사 모임 때 만나는 파트너다. 모임에서 노인은 가오리로 만든 미늘(창의 촉으로 쓰인다) 열두 개를 주고 대신 돌도끼 한 개를 받는다. 도끼는 차례차례로 더 북쪽에 있는 또 다른 교역 파트너의 미늘과 교환된다. 여기서 남쪽으로 240킬로미터 더 내려가면 교환 비율이 달라져, 미늘 한 개에 도끼 한 자루다. 모든 거래마다 차익에 따른 이윤이 발생했다.

따라서 외부인과 거래하는 첫걸음은 아마도 개인적인 친분에서 시작되었을 것이다. 딸이 같은 부족집단에 속한 동맹 부락으로 시집간 경우, 엄마는 그 딸을 믿을 수 있다. 엄마의 남편도 자신의 사위를 아마도 믿을 수 있었을 것이다. 이들은 공통의 적에 대한 부락 간의 동맹관계 덕분에 불신의 벽을 뛰어넘어 서로 믿는 상태를 오래 지속할 수 있었다. 상대편에게 도끼를 만들 돌이나 창의 촉을 만들 가오리 미늘이 남아돈다는 사실을 발견할 만큼 오랫동안 말이다. 교역 풍습은 외국인 공포증과 함께 한 단계씩 점차 성장하기 시작했다. 남성과 여성의 야심을 복잡하게 만들면서 말이다.

대부분의 사람들은 다음과 같이 추정한다. 즉, 서로 모르는 사람들 사이의 장거리 교역, 그리고 시장의 개념 자체는 인류사에서 상대적으로 늦은 시기, 즉 농업이 시작된 후에 발전했다고 말이다. 하지만 호주 원주민들이 보여주는 바와 같이, 이는 허튼소리다. 교역을 하지 않는 것으로 확인된 인간 종족은 없다. 크리스토퍼 콜럼버스Christopher Columbus에서 쿡 선장에 이르기까지, 서구의 탐험가들은 고립된 부족 사람들과 처음 만났을 때 많은 혼란과 오해를 겪었다. 하지만 교역이라는 원칙은 예외였다. 이들이 만난 모든 부족의 사람들이 물건을 교환한다는 인식을 어떤 경우에나 가지고 있었기 때문이다. 모든 탐험가는 새로운 부족을 만난 지 몇 시간 또는 며칠 내에 교역을 시작했다.

1834년 티에라 델 푸에고에서 찰스 다윈이라는 젊은 박물학자가 어떤 수렵채집인들과 얼굴을 맞대게 되었다. "일부 원주민은 자신들이 물물교환의 개념을 확실히 알고 있다는 것을 명백히 보여주었다. 나는 한 원주민에게 대가를 바란다는 어떤 몸짓도 없이 큰 못(가장 귀중한 선물)을 주었다. 그는 즉시 물고기 두 마리를 들더니 창에 꿰어서 나에게 건넸다." 다윈과 그 원주민은 말이 통하지 않아도 자신들이 방금 합의한 거래를 이해할 수 있었다.

1933년 광산 탐사가인 마이클 리히Michael Leahy와 그의 동료들이 뉴기니 고지에서 만난 종족의 사례도 이와 유사하다. 처음 접촉했을 때 이쪽에서 별보배고둥을 주자 그들은 바나나를 건넸다. 이런 접촉 이전부터 뉴기니인들은 이미 오랫동안 돌도끼 장거리 교역을 해오고 있었다.

호주에서는 아주 오랜 세대에 걸쳐 바닷고둥 껍데기와 돌도끼가 교역을 통해 대륙 전체를 횡단하며 이동했다. 북아메리카 태평양 연안 사람들은 바닷조개를 내륙 수백 킬로미터 안까지 보냈고, 그보다 더 먼 곳에서 흑요석을 수입했다. 구석기시대 유럽과 아시아에서 호박, 흑요석, 부싯돌, 바닷조개는 한 개인이 운반할 수 있는 거리보다 훨씬 먼 거리를 이동했다. 10만 년 전 아프리카에서는 흑요석과 조개껍데기, 황토 등에 대한 원거리 교역이 이루어지고 있었다.

교역은 선사시대부터 도처에서 이루어졌다. 더구나 고대의 일부 수렵채집인 사회는 교역과 번영이 극치를 이룬 나머지, 인구밀도가 높고 위계질서가 복잡하며 전문화도 많이 진행된 사회를 이루기도 했다. 바다에서 수확하는 것이 풍부한 지역에서는 인구밀도가 매우 높아지는 것도 가능했다. 부족장, 성직자, 상인, 그리고 과시적 소비까지 모두 갖출 수 있었다. 보통은 그럴 정도의 인구를 부양하려면 농업이 필요하다.

태평양 북서부에서 연어를 잡으며 사는 콰키우틀 인디언의 경우, 개울이나 고기잡이를 하는 지점에 대한 가족 소유권이 있었다. 조각과 직물로 화려하게 장식한 거대한 건물도 있었다. 그리고 과시적 소비라는 기괴한 의례를 치렀는데, 서로 구리를 잔뜩 선물하거나 바다빙어 기름을 태우는 식이었다. 단지 박애주의자로 보이기 위해서 말이다. 노예도 고용했다. 그렇지만 이들은 문자 그대로 수렵채집인이었다.

미국 캘리포니아 남부 채널 제도의 추마시 족은 해산물과 바다표범 고기가 풍부한 덕분에 잘 먹고 살았다. 이 부족에는 전복껍데기로 구슬을 만드는 전문 장인도 있었다. 구슬은 카누를 이용한 장거리 복잡한 교역에 화폐로 쓰였다. 외부인과의 교역과 이를 뒷받침하는 신뢰는 현생인류가 매우 초기부터 보여준 습성이었다.

낯선 사람을 신뢰하는 인간의 본능적 자질

하지만 교역을 가능하게 한 것은 무엇인가? 인간의 호의라는 우유인가, 아니면 인간의 이기주의라는 산성물질인가? 한때 독일에는 '애덤 스미스 문제'로 알려진 철학적 난제가 주목을 끌었다. 스미스의 책 두 권에서 상호모순을 찾아냈다는 주장이었다. 한 책에서 스미스는 말했다. 사람들은 본능적으로 호의와 선량한 마음을 타고난다고. 하지만 다른 책에서는 사람을 움직이는 것은 주로 이기주의라고 했다.

《도덕 감정론》에서 스미스는 다음과 같이 썼다. "인간이 제아무리 이기적이기 마련이라 할지라도, 그 본성에는 어떤 고결함이 존재하는 것이 명백하다. 인간이 다른 사람들의 번영에 관심을 갖고 그들의 행복을 바라는 것은 이 때문이다. 설사 그로부터 얻는 것은 타인의 행복과 번영을 보는 즐거움뿐일지라도."

한편 《국부론》에서는 이렇게 썼다. "인간은 거의 모든 상황에서 동업자들의 도움을 필요로 한다. 그런데 타인의 박애심에만 의존해서 이를 기대하는 것은 헛되다. 잘될 가능성이 훨씬 큰 방법은 따로 있다. 다른 사람들이 이기심 때문에 그 자신에게 유리한 쪽으로 관심을 갖게 만드는 것이다."

난제에 대한 스미스의 해답은 다음과 같다. 박애심과 우애는 사회가 기능하기 위해 필요하지만 그것만으로는 충분치 않다. 인간은 "수많은 사람의 협력과 지원을 상시적으로 필요로 하기" 때문이다. 한편 인생은 "몇 안 되는 사람들의 우정을 얻기에도 부족"하다. 다시 말해 인간은 우정의 범위를 넘어서, 모르는 사람들과 공동 이익을 성취한다. 폴 시브라이트Paul Seabright의 표현을 빌리면, "이들은 낯선 사람을 '명예 친구'로 변화"시킨다.

스미스는 이타주의와 이기주의 사이의 구별을 멋지게 흐트러뜨렸다. 만일 당신이 남을 기쁘게 함으로써 자신도 행복해진다는 우호적 감정을 갖고 있다면, 당신은 이기적인가 아니면 이타적인가? 철학자 로버트 솔로몬Robert Solomon의 표현을 빌려보자. "나 자신을 위해 내가 원하는 것은 당신이 나를 좋아하고 칭찬해주는 것이다. 그리고 나는 그것을 얻기 위해 '내가 해야 한다고 당신이 생각하는 일'을 반드시 할 것이다."

인간은 낯선 사람들과 마치 친구인 양 교섭할 수 있는 능력이 있다. 타인을 신뢰할 줄 아는 인간의 재능 덕분이다. 이는 인간에게만 있는 본능적 자질이다.

모르는 사람(예컨대 처음 가보는 식당의 웨이터)을 처음 대할 때 당신이 가장 먼저 하는 행동은 무엇인가? 아마도 미소를 짓는 경우가 제일 흔할 것이다. 신뢰를 나타내는 작고 본능적인 제스처 말이다. 인간의 웃음은 스미스가 말한 선천적 우호 감정이 환하게 구체화된 것이다. 웃음은 상대방의 뇌에 바로 도달해 그의 생각에 영향을 미칠 수 있다. 극단적인 경우, 아기의 미소는 엄마 뇌의 특정 회로를 작동시켜 행복한 기분을 느끼게 만든다.

이런 방식으로 미소 짓는 동물은 없다. 오직 인간만 다르다. 심지어 어른 사이에서도 그렇다. 신체 접촉이나 마사지, 혹은 실험에서 드러났듯 금전적으로 관대한 행동은 상대방의 뇌에서 옥시토신 호르몬이 분비되게 만들 수 있다. 옥시토신은 진화 과정에서 포유동물이 서로 상대방에게 좋은 느낌을 갖게 하는 용도로 쓰여왔다. 부모자식간이든, 연인끼리든, 친구 사이든 모두 그렇다.

옥시토신은 다른 작용도 한다. 학생들의 코에 옥시토신을 뿌리면 플라시보(가짜 약)를 뿌린 경우보다 낯선 사람에게 돈을 더 쉽게 맡기는 것을 볼 수 있다. 이런 실험을 하고 있는 신경경제학자 폴 작Paul Zak은 말한다. "옥시토신은 공감의 생리적인 신호다. 그리고 타인에게 일시적인 애정을 느끼게 만드는 것으로 보인다."

2004년 그는 에른스트 페르Ernst Fehr를 포함한 동료들과 함께 경제학 역사상 가장 뜻깊은 실험 중 하나를 수행했다. 옥시토신의 신뢰 효과가 얼마나 명백한지를 보여준 실험이었다. 이들은 취리히에서 194명의 남학생을 모집했다(이 실험은 여성에게 해서는 안 된다. 임신했지만 자신은 아직 그 사실을 모르는 여성이 우연히 포함돼 있을 위험이 있기 때문이다. 이 경우 옥시토신은 분만을 유도할 수 있다). 그리고 다음의 두 가지 게임 중 하나를 하게 했다.

하나는 신뢰 게임이다. 투자자 역할을 맡은 참가자는 가상 화폐 12단위를 받는다. 그리고 다음과 같은 설명을 듣는다. "화폐 중 일부를 다른 참가자(수탁자)에게 건네면 그 액수는 실험자에 의해 네 배로 불어 수탁자에게 주어진다." 12단위를 모두 건네면 수탁자는 48단위를 받게 된다는 말이다. 수탁자는 투자자에게 일부를 돌려줄 수도 있지만 그럴 의무는 없다. 그러므로 투자자는 돈을 몽땅 잃을 수도 있다. 하지만 수탁자의 아량을 믿을 수 있다면 그는 많은 이윤을 낼 수 있다.

그렇다면, 투자자는 얼마를 건넬 것인가? 결과는 주목할 만했다. 실험에 앞서 코에 옥시토신을 뿌린 투자자들은, 아무 효과 없는 소금물 용액을 뿌린 대조집단에 비해 17퍼센트 더 많은 돈을 수탁자에게 건넸다. 그리고 중간값도 8단위가 아니라 10단위였다. 옥시토신 집단은 12단위를 모두 맡기는 경우가 대조집단에 비해 두 배 이상 많았다.

하지만 수탁자들이 투자자에게 돌려준 액수는 옥시토신을 뿌렸든 그렇지 않든 변화가 없었다. 따라서 (동물실험이 암시한 대로) 옥시토신은 호혜주의에는 영향을 미치지 않는다고 볼 수 있다. 단지 위험과 사회적 손해를 감수하는 성향에만 영향을 미치는 것이다.

게다가 두 번째 게임에서 조건을 약간 바꾸자 옥시토신은 투자자의 행동에 아무런 영향도 미치지 못했다. 첫 게임과 다른 점은, 수탁자의 아량이 무작위로 결정된다는 것뿐이었다(투자자에게 얼마를 돌려줄지 혹은 아예 돌려주지 않을지를 수탁자가 결정하지 않는다는 뜻이다-옮긴이). 따라서 옥시토신은 위험을 감수하는 성향 일반을 키우는 것이 아니라 신뢰에만 한정해서 영향을 미친다고 할 수 있다.

연인이나 엄마들에게 그랬던 것처럼, 이 호르몬은 동물에게 같은 종의 다른 개체에게 다가가는 위험을 감수할 수 있게 만들어준다. "사회적 회피를 극복할 수 있도록 뇌 내 보상회로를 활성화시켜준다." 옥시토신의 이러한 기능은 부분적으로 공포를 표현하는 기관인 소뇌 편도핵의 활동을 억제하는 데서 기인한다.

인류의 경제적 진보에 결정적으로 중대한 시기가 있었을 것이다. 낯선 사람을 적이 아니라 교역 상대로 취급하는 것을 배운 시기 말이다. 그렇다면 당시 옥시토신이 분명히 핵심적인 역할을 하지 않았을까.

누가 신뢰할 만한 인물인가에 대해 사람들은 놀라울 만큼 잘 추측한다. 경제학자 로버트 프랭크Robert Frank와 그의 동료들이 수행한 실험을 보자. 우선, 자원한 피실험자들을 세 집단으로 나눠 30분간 서로 이야기하게 했다. 그런 다음 각자 독방에 들어가 자신의 대화 상대들과 '죄수의 딜레마 게임'을 하도록 했다(상호 이익을 노리고 같이 협력할 것인가, 아니면 상대가 협력할 경우 혼자 이익을 보려는 이기적인 목적으로 변절할 것인가를 각자 결정해야 하는 게임이다).

하지만 고전적인 '죄수의 딜레마 게임'과 약간 다른 점이 있었다. 게임을 하기 전에 설문지를 돌려 각자 다음 사항을 적어넣게 한 것이다. 자신이 게임에서 어떻게 행동할 것인가에 대한 계획뿐 아니라 다른 사람들이 자신에게 어떤 전략을 취할 것인가에 대한 예측도 쓰게 했다.

이런 게임에서 흔히 그러듯, 피실험자의 4분의 3은 자신들이 협력할 것이라고 응답했다. 사람은 천성적으로 선하다는 스미스의 논점을 뒷받침하는 현상이다(다만 인간의 본성은 이기적이라고 배운 경제학과 학생들은 달랐다. 변절 확률이 일반인의 두 배에 달했다!). 눈에 띄는 점은 누가 협력하고 누가 변절할지에 대해 피실험자들이 매우 잘 예측했다는 것이다. 협력할 것으로 예상된 사람 중 81퍼센트가 실제로 협력했다. 전체 평균 74퍼센트에 비교해서 높은 수치다. 변절할 것으로 예상된 사람 중 57퍼센트가 실제로 변절했다. 전체 그룹의 변절률은 26퍼센트였다.

프랭크는 다음과 같이 말한다. "혼잡한 콘서트장에서 잃어버린 지갑을 당신에게 돌려줄 만한 친구가 있는가? 대부분의 사람들은 그렇게 해줄 것으로 믿는 친구 한 사람을 떠올릴 수 있다." 반면, 사람들은 자신을 속인 사람의 얼굴을 예리하게 기억한다.

인류의 번영과 진보는 협력과 교환이라는 전당 위에 세워졌다. 앞에서도 말한 것처럼, 이 전당 전체는 운 좋은 생물학적 자질에 의존하고 있다. 인류는 감정이입을 할 능력이 있으며 안목을 갖추고 남을 신뢰하는 종이다. 그런가? 그래서 어떻다는 말인가? 인간이 복잡한 사회를 만들고 번영을 구가할 수 있는 것은 협력을 조장하는 생물학적 본능이 만들어낸 결과라고?

그렇게 단순하다면 얼마나 좋으랴! 홉스와 로크, 루소와 볼테르, 흄과 스미스, 칸트와 롤스Rawls의 주장이 그렇게 깔끔한 환원주의적 결론으로 귀결된다면 얼마나 좋으랴!

하지만 인간의 생리는 시작에 불과하다. 인류의 번영을 가능하게 만든 무엇이기는 하지만, 그것만으로 전부를 설명할 수는 없다. 게다가 이 같은 생리의 일부분이라도 인류에게만 고유하게 발전한 것이라는 증거는 아직 없다. 꼬리감기원숭이와 침팬지는 불공정한 처사에 대해 인간 못지않게 분개한다. 친척이나 같은 집단 구성원들에게 도움을 주는 행동을 할 능력도 갖추고 있다.

이타주의와 협력은, 들여다보면 볼수록 인간만의 고유한 속성이 아닌 것으로 보인다. 옥시토신은 모든 포유동물에게 있으며 어미양의 모성애, 밭쥐 커플의 이성애에 작용한다. 따라서 옥시토신은 거의 모든 사회적 포유동물에게서 신뢰를 지탱하는 역할을 할 가능성이 높다. 이것은 인간의 교환 성향에 필요한 조건이기는 하지만 충분조건은 아니다.

한편, 지난 10만 년간 인류는 공감할 때 발현할 준비가 훨씬 잘되어 있는, 특별히 예민한 옥시토신 체계를 발전시켰을 가능성이 매우 높다. 교역하는 종이 자연선택된 결과로서 말이다.

이는 다음과 같은 뜻이다. 낙농업이 발명되자 우유를 소화시키는 성인의 유전자가 달라진 것을 생각해보자. 이와 꼭 마찬가지로 인구 증가, 도시화, 교역에 대응해 인간의 뇌에 옥시토신을 공급하는 유전자도 바뀌었을 것이다. 인류는 다른 어떤 동물보다 훨씬 더 심한 옥시토신 중독자가 되었다. 게다가 신뢰의 저변에 깔린 생리학을 찾는 것은 다음과 같은 사실을 설명하는 데 거의 도움이 되지 않는다. 일부 인간 사회는 다른 사회들에 비해 신뢰를 창출하는 데 더 능하다는 사실 말이다.

폭넓게 일반화하자면, 한 사회의 구성원들이 서로를 더 많이 믿고 있을수록 그 사회는 더 번영하며, 신뢰가 증가하면 소득의 증가가 따라온다. 이는 설문조사와 실험을 병행함으로써 측정할 수 있다. 실험은 예컨대 지갑을 길거리에 떨어뜨려놓고 그것이 주인에게 돌아오는지를 보는 것이다. 또 사람들에게 질문을 할 수도 있다. "일반적으로 당신은 어느 쪽에 속합니까? 사람들은 대체로 믿을 수 있다는 쪽입니까, 아니면 사람들을 대할 때 아무리 조심해도 지나치지 않다는 쪽입니까?"

이런 척도들로 보았을 때, 노르웨이는 신뢰로 넘치며(65퍼센트가 서로 믿는다) 사람들도 부유하다. 한편 페루는 불신의 진창 속에서 뒹굴며(5퍼센트만 서로 믿는다) 사람들도 가난하다. 폴 작은 말한다. "한 나라에서 남을 믿을 수 있다는 사람들의 비율이 15퍼센트 늘어나면 1인당 소득이 그때부터 매년 1퍼센트씩 증가한다."

노르웨이 사람들이 페루 사람들보다 뇌 속 옥시토신 수용기가 더 많아서 이런 현상이 일어난 것일까? 그럴 리는 없다. 이는 노르웨이 사회가 페루 사회보다 신뢰 체계를 더 잘 끌어내도록 설계돼 있기 때문이다.

교역 본능이 먼저냐, 교역이 먼저냐? 이는 전혀 분명하지 않다. 옥시토신 시스템이 더 예민해지는 방향으로 우연히 돌연변이가 일어나서 인간이 교역을 발전시킬 수 있게 되었을 리는 없다. 그보다 훨씬 더 그럴듯한 설명이 있다. "인간이 시험적으로 교역을 시작하고 비교우위와 집단지능에 따른 이익을 얻게 되자, 이것이 이번에는 자연선택을 부추겼다. 신뢰와 공감 능력이 특별히 뛰어난(그래도 여전히 의심을 가지고 조심스럽게 행동하는) 인간 심리의 돌연변이 형태를 선호하는 자연선택 말이다."

유전자와 문화는 공진화한다. 인류가 교역을 발명한 것은 최근의 일이다. 여기 대응해 인류의 옥시토신 시스템이 최근 급격하게 바뀌었을 것이다. 그렇다는 증거가 유전학에서 나타나지 않는다면, 내게는 몹시 충격적인 일이 될 것이다.

미래의 그림자가 드리워진 현재의 거래

당신이 어머니와 하고 있는 협상 뒤에는 수만 세대에 걸쳐 보전되어온 부모의 아량이 자리 잡고 있다. 당신이 친구에게 의지하는 것은 수많은 도움을 받은 경험이 있기 때문이다. 동네 가게 주인이 당신과 벌이는 흥정 뒤에는 미래의 긴 그림자가 드리워져 있다. 그는 분명히 알고 있다. 바가지를 씌워서 당장 돈을 쉽게 벌 수는 있겠지만, 그러면 미래에 올릴 수 있는 모든 매상을 잃을 위험이 있다는 사실을 말이다.

현대 사회에서 놀라운 점은, 당신과 서로 모르는 가게 주인이 서로를 믿을 수 있다는 사실이다. 거의 보이지 않지만, 현대의 모든 시장거래 뒤에는 신뢰 보증인이 숨어 있다. 봉인된 포장, 보증서, 고객 의견 설문지, 소비자 보호법, 브랜드 자체, 신용카드, 현금 지불 보증 등.

유명 슈퍼마켓에서 유명 브랜드의 치약을 살 때 당신은, 튜브 안에 혹시 물이 들어 있는 것은 아닌지 확인하기 위해 포장을 뜯고 치약을 손가락에 짜볼 필요가 없다. 그 가게가 가짜 상품 판매를 처벌하는 법의 적용을 받는 가게인지 아닌지를 알 필요조차 없다. 그저 다음과 같은 것만 알면 족하다. 이 대형 소매점과 치약을 만든 대기업이 내가 몇 년이고 계속 물건을 사러 오기를 열성적으로 바란다는 것, 그리고 이 간단한 거래 위에는 '평판을 잃을 위험'이라는 그림자가 드리워져 있다는 것. 이 그림자 덕분에 나는 이 치약 판매자를 아무 걱정 없이 믿을 수 있다.

치약 한 개의 신뢰성 뒤에는 방대한 역사가 자리 삼고 있다. 오랜 기간에 걸쳐 한 치씩 신뢰를 쌓아온 경위가 있는 것이다. 하지만 일단 신뢰의 길이 개척되고 나면 신제품이나 새 미디어가 놀라울 만큼 쉽게 이 길을 이용할 수 있다.

초기 인터넷시대에서 눈에 띄는 점은, 익명의 공간 속에서 사람들을 서로 신뢰하도록 만들기가 얼마나 쉬운지가 확인되었다는 점이다. 얼마나 어려운지가 아니라 말이다.

신뢰 구축을 위해 필요한 것은 이베이의 간단한 조치밖에 없었다. 이베이는 개별 거래가 끝났을 때마다 고객들에게 피드백을 요청했고, 판매자에 대한 구매자의 평가를 게시했다. 그러자 모든 거래가 갑자기 미래의 그림자 속으로 들어갔다. 모든 이베이 이용자는 자신의 목에 평판의 뜨거운 숨소리가 닿는 것을 느꼈다. 지난해에 썩은 가죽을 판매한 석기시대의 순록 가죽 판매자가 올해 그 교역 장소를 또 방문했을 때 느낀 것과 똑같은 숨결을 말이다.

피에르 오미디아르Pierre Omidyar가 이베이를 설립했을 때를 생각해보자. 인터넷이라는 새로운 매체의 공간 속에서 익명의 타인들을 서로 신뢰하도록 만들기가 쉬울 것인가? 그렇다고 믿은 사람은 피에르 본인 말고는 거의 없었다. 하지만 2001년 이 사이트에서 성립된 거래 중 사기를 시도한 경우는 0.01퍼센트 미만이었다.

존 클리핑거John Clippinger는 이로부터 낙관적인 결론을 도출했다. "신뢰는 네트워크의 자산이며 이를 확대하기란 매우 쉽다. 이베이, 위키피디아, 오픈소스 운동(자신이 만든 소프트웨어의 소스를 공개해 모두가 개선에 참여할 수 있게 한다 – 옮긴이) 등 신뢰에 기초한 조직의 성공이 이를 증명한다."

아마도 우리는 인터넷에 의해 석기시대와 조금 비슷한, 사기꾼은

숨을 곳이 없는 세계로 돌아가게 된 것인지 모른다. 하지만 이렇게 생각한다면 너무 순진한 반응일 것이다. 미래에 혁신적이고 파괴적인 사이버 범죄가 얼마든지 나타날 수 있으니 말이다.

그럼에도 불구하고 인터넷은 모르는 사람 사이의 신뢰라는 문제가 매일매일 해결되는 장소다. 바이러스는 피할 수 있고 스팸은 필터를 작동시켜 걸러낼 수 있다. 사람들에게 은행계좌 정보를 누설하게 유도하는 나이지리아발 이메일은 무시할 수 있다. 판매자와 구매자 간의 신뢰 문제라면 이베이 같은 회사들에서 이미 해결했다. 피드백이라는 간단한 관행을 통해 고객들이 서로의 명성을 단속하게 만든 것이다. 달리 말해, 인터넷은 범죄를 저지르기에 가장 좋은 광장일지 모르지만, 인류 역사상 가장 자유롭고 공정한 거래를 할 수 있는 최선의 광장이기도 하다.

내 주장의 핵심은 단순하다. 인류의 역사에서 신뢰는 후퇴하는 일도 자주 있었지만 대체로 점진적이고 발전적으로 성장하고 넓어지고 깊어졌다. 이는 교환 덕분이다. 교환은 신뢰를 낳으며 그 역도 똑같은 정도로 진리다. 당신은 의심스럽고 부정직한 사회에 살고 있다고 스스로 생각할지도 모른다. 하지만 실제로는 막대한 신뢰의 수혜자다. 신뢰가 없었다면 사람들을 잘살게 만드는, 노동의 작은 조각들의 교환은 결코 일어날 수 없었을 것이다.

1912년 미국 의회 청문회에서 모건 J. P. Morgan은 말했다. "신뢰는 돈이나 다른 어떤 것보다도 중요하다. 돈으로는 신뢰를 살 수 없다. 왜냐하면 내가 신뢰하지 않는 사람은 기독교 세계의 모든 채권을 가져온다 해도 내게서 돈을 받을 수 없기 때문이다."

구글의 윤리규정도 모건의 말과 같은 취지를 담고 있다. "신뢰는 우리의 성공과 번영의 토대다. 이것은 우리 모두가 모든 방법을 다해 매일매일 새롭게 얻어야 하는 대상이다."(그렇다. 어느 날 사람들은 시대를 되돌아보고 구글의 창업자들에 대해서도 '강도귀족'이라고 할지 모른다).

사람들이 서로를 잘 믿는다면 거래에 따른 마찰을 줄이면서 상호 서비스를 진화시킬 수 있다. 그렇지 않다면, 번영은 금세 새나가 없어질 것이다. 물론 2008년 금융 위기의 대부분이 이런 사례였다. 은행들은 자신들이 하찮은 거짓 증서(스스로가 실제보다 훨씬 큰 가치를 지닌다고 주장하는)를 들고 있다는 사실을 깨달았고, 거래는 붕괴되었다.

신뢰가 시장을 작동시킨다면, 시장은 신뢰를 창출할 수 있을까?

두 사람(판매자와 구매자)이 성공적으로 거래했다면 양측 모두에게 이익이 되어야 한다. 한쪽만 이득을 본다면 그것은 착취이며 삶의 질 향상에 도움이 되지 않는다. 로버트 라이트Robert Wright가 주장했듯이, 인간이 번영해온 역사는 당사자 쌍방 모두에게 도움이 되는, 제로섬이 아닌 거래를 거듭해서 발견한 것에 기초를 두고 있다. 《베니스의 상인》에 나오는 포셔의 자비처럼, 거래는 "두 배의 은총, 주는 사람과 받는 사람 모두를 축복"한다. 그것은 세계를 잘살게 만드는 인도의 밧줄마술(마술사가 하늘로 밧줄을 던져 꼿꼿이 세운 뒤 이를 타고 올라가 사라져버린 다음 관객 앞에 다시 나타난다. 여기서는 믿기 어려운 기적을 만드는 트릭이라는 의미로 쓰였다-옮긴이)이다.

하지만 당신이 동료들을 몇 차례만 곁눈질해봐도 이렇게 생각하는 사람은 거의 없다는 사실을 알 수 있을 것이다. 대중의 담론을 지배하는 것은 제로섬 사고방식이다. 무역에 관한 토론에서건 서비스업자에 대한 불평에서건 마찬가지다. 사람들이 어떤 가게에서 나오면서 이렇게 말하는 소리를 들어본 일이 있는가? "엄청 싸게 샀어요. 하지만 걱정 말아요. 가게 주인이 가족을 먹여살릴 수 있을 만큼의 돈은 확실히 냈으니까요."

그 이유에 대해 마이클 셔머Michael Shermer는 석기시대에 이루어진 대부분의 거래는 양측 모두에 도움이 된 일이 드물었기 때문이라고 생각한다. "우리는 진화 기간 동안 한 사람의 이익은 다른 사람의 손해를 의미하는 제로섬(승패)의 세계에서 살았다."

이는 유감스러운 일이다. 20세기의 수많은 이념과 주의가 그토록 큰 오류였던 것은 세상을 제로섬으로 보았기 때문이다. 중상주의는 주장했다. 수출은 당신을 부유하게 만들고 수입은 가난하게 만든다고. 애덤 스미스는 중상주의의 오류를 다음과 같이 조롱했다. "잉글랜드가 프랑스에 내구재를 수출하고 대신 깨지기 쉬운 와인을 수입한 것은, 자국 내의 솥과 냄비 수를 엄청나게 늘릴 수 있는 기회를 놓친 처사였다." 마르크시즘에 따르면, 자본가들이 부자가 된 것은 노동자들이 가난해졌기 때문이다. 이 또한 오류다.

영화 〈월 스트리트〉에 등장하는 고든 게코Gordon Gekko는 "탐욕은 선하다"고 말할 뿐 아니라 "누군가 승리하면 누군가 패배하는 제로섬 게임"이라고 덧붙인다. 그의 말은 일부 자본과 자산 시장에 대해서는 반드시 틀리다고 할 수 없다. 하지만 재화와 용역의 시장에 대해서는 틀렸다. 시너지 또는 동반 혜택이라는 개념은 사람들에게 자연스럽게 와닿지 않는 것 같다. 시너지는 선의와 달리 본능적인 것이 아니기 때문이다.

그러므로 대부분의 사람에게 시장은 고결한 장소처럼 느껴지지 않는다. 누가 이길지 확인하기 위해 소비자와 생산자가 전투를 벌이는 장소처럼 느껴진다. 2008년 신용 붕괴가 발생하기 훨씬 오래 전부터 대부분의 사람들은 자본주의를 인간에 고유한 선이라기보다 필요악이라고 보았다(따라서 시장도 그렇게 보였다).

현대의 토론에서 거의 금언이 되다시피 한 주장들이 있다. "상업화가 되기 전 사람들은 더 친절하고 점잖았지만, 자유거래는 이기심을 필요로 하고 조장한다"거나, "모든 것에 가격을 매긴 탓에 사회가 분열되고 영혼의 가치가 떨어졌다"는 것이다.

이런 주장들이 다음과 같은 견해의 배후에 있는 것 같다. 상업은 부도덕하고 재물은 더러우며, 현대인들은 시장 덕분이 아니라 시장에 말려들었음에도 불구하고 선하다거나 하는 견해 말이다. 이는 엄청나게 광범위하게 퍼져 있으며, 거의 모든 영국 성공회 교회에서 항상 이런 설교를 한다.

하지만 시장은 생물학적 진화와 마찬가지로 책임자가 없는 상향식 세계다. 호주 사회학자 피터 손더스Peter Saunders가 주장한 바 그대로다. "지구적 자본주의 체계를 구상한 사람은 아무도 없다. 운영하는 사람도, 이를 정말 이해하는 사람도 없다. 이 사실은 특히 지식인들에게 불쾌감을 준다. 자본주의가 그들을 잉여인간으로 만들기 때문이다. 자본주의는 지식인들 없이도 완벽하게 돌아간다."

지식인들이 불쾌해하는 것은 전혀 새로운 일이 아니다. 서구 역사를 통틀어 이들은 언제나 상업을 경멸해왔다. 그리스의 시인 호메로스와 유대의 대예언자 이사야는 상인을 몹시 싫어했다. 사도 바울St. Paul, 성 토마스 아퀴나스St. Thomas Aquinas, 마르틴 루터Martin Luther 모두 고리대금업을 죄악으로 보았다. 셰익스피어Shakespeare 는 박해받는 샤일록(《베니스의 상인》에 나오는 악덕 고리대금업자 - 옮긴이)을 영웅으로 만들 수 없었다.

1900년에 대해 브링크 린지Brink Lindsey는 이렇게 서술했다. "이 시대의 가장 뛰어난 지식인 중 많은 사람이 오류를 범했다. 궁극적인 대중 해방의 엔진(경쟁 시장 시스템)을 지배와 압제의 보루로 착각하는 오류 말이다." 소스타인 베블런Thorstein Veblen 같은 경제학자들은 이윤동기를 '공공심과 중앙집권 정부의 의사결정의 결합'으로 대체하기를 간절히 바랐다.

1880년대 아널드 토인비Arnold Toynbee는 노동자들을 그토록 더 잘살게 만든 영국 산업혁명에 대해 노동자들에게 강연하면서 자유기업 자본주의를 다음과 같이 혹평했다. "인간의 정이라고는 조금도 없는, 황금을 좇는 동물들의 세계"이며 "릴리푸트 섬(《걸리버 여행기》의 난쟁이 나라 - 옮긴이)보다 더한 가공의 세계"다.

2009년 애덤 필립스Adam Phillips와 바버라 테일러Barbara Taylor는 주장했다. "자본주의는 마음 고운 사람들을 위한 시스템이 아니다. 그 옹호자들조차 이를 인정한다. 자본주의자들의 동기가 아무리 천박할지라도 그에 따른 결과는 사회에 도움이 된다고 주장하면서 말이다."

영국의 정치인 대버른 경Lord Taverne은 자신에 대해 말하면서 다음과 같이 표현했다. "전통적인 교육은 당신에게 부를 경멸하라고 가르친다. 부는 당신이 일을 해서 수입을 얻는 것을 가로막는다."

하지만 이는 전제와 결론이 모두 잘못된 사례다. 시장이 필요악(그 해로운 단점을 상쇄할 만큼 사람들을 부유하게 만들어준다)이라는 개념은 과녁을 한참 벗어난 것이다. 시장경제 사회에서 공정치 못하다는 평판이 나면 사람들이 거래를 하지 않으려 들 것이다. 명예를 기반으로 한 봉건 사회가 타산打算을 기반으로 한 상업 사회에 자리를 내준 결과는 천박화가 아니라 문명화였다. 예컨대 1400년 이탈리아, 1700년 스코틀랜드, 1945년 일본이 모두 그랬다.

14세기 이탈리아 피렌체의 상업혁명에 대한 자료를 다량 수집한 시카고 대학의 존 패짓John Padgett은 다음과 같은 사실을 알아냈다. "사업 파트너들이 서로에 대한 신용과 지원을 점점 더 확장하는 '호혜적 신용' 체계가 등장하자, 이기주의는 확대되기는커녕 시들해졌다. 대신 '신용 폭발'이 일어났다."

《법의 정신》의 저자 몽테스키외Charles, Baron de Montesquieu가 관찰한 바에 따르면, "풍습이 너그러운 곳은 어디나 상업이 있었고, 상업이 있는 곳은 어디나 사람들이 너그러웠다".

볼테르Voltaire는 다음과 같이 지적했다. "다른 경우라면 잘못된 신을 믿는다고 서로 죽이려 했을 사람들이 런던의 거래소 객장에서 만났을 때는 서로를 정중하게 대했다."

데이비드 흄David Hume은 이렇게 생각했다. "상업은 자유에 상당히 유리하며 자유주의 정부를 창출하지는 못하더라도 이를 유지시키는 자연적 경향이 있다. 상업과 정책으로 서로 연결된, 인접한 많은 국가보다 정중함과 학식의 향상에 유리한 것은 없다."

존 스튜어트 밀 같은 빅토리아 왕조 시대 사람들은 로스차일드나 베어링스의 지배가 나폴레옹이나 합스부르크 왕조의 지배보다 더 좋을 수 있음이 드러나고 있다고 생각하게 되었다. 용기나 명예 혹은 충성보다 타산이 피비린내가 덜 나는 덕목일 수 있다는 생각 또한 확산되기 시작했다. (용기, 명예, 충성은 앞으로도 언제나 소설의 좋은 소재가 될 것이다.) 어느 시대에나 루소나 마르크스 같은 잔소리꾼, 러스킨이나 괴테 같은 조롱꾼이 있었다. 하지만 혹시 상업적 행태가 사람들을 더 도덕적으로 만들 수 있는 것은 아닌지, 이들은 볼테르나 흄과 함께 생각해볼 수 있지 않았을까.

강요는 자유의 반대다

아마도 애덤 스미스가 옳았을 것이다. 교환은 기본적인 이기주의를 일반적인 박애주의로 변화시킬 수 있다고 본 점에서 말이다. 타인을 '명예 친구'로 바꾸려면 이것이 필요하다. 1800년 이후 생활의 급속한 상업화는 그 이전 세기와 비교해 놀라운 인간 감성의 향상을 수반했는데, 이러한 변화는 당시 가장 상업화된 국가인 네덜란드와 잉글랜드에서 시작되었다.

상업화 이전의 세계는 상상할 수 없을 만큼 잔인한 일이 통상 일어나는 곳이었다. 공개 처형은 관중들의 오락, 팔다리를 자르는 것은 보통의 형벌, 사람을 제물로 삼는 인신공양은 하찮은 비극, 동물을 고문하는 것은 대중적 놀이였다.

19세기는 산업자본주의가 수많은 사람을 시장에 의존하도록 만든 시대였다. 이 시기에 이르러 비로소 노예제도, 아동 노동, 여우 튕기기(사람들이 잡고 있는 넓은 천 위에 여우를 올려놓고 더 높이 튕겨올리는 팀이 이기는 경기. 여우는 결국 죽는다 - 옮긴이)나 투계 같은 여홍이 용납되지 않게 되었다. 지난 20세기는 생활이 더욱 많이 상업화된 시대이자 인종차별, 성차별, 아동 성추행이 용납될 수 없는 일이 된 시대였다. 양자의 중간 시기, 자본주의가 다양한 형태의 국가 전체주의와 그 비슷한 모방자들에게 자리를 내주었을 때, 위에서 열거한 덕목은 후퇴했다. 그동안 충성과 용기(라는 구시대의 덕목 - 옮긴이)가 되살아났다.

상업화가 더욱 확산된 21세기에는 대량 사육 농장(아주 좁은 공간에 닭이나 다른 동물을 대량으로 사육하는 곳 - 옮긴이)이나 일방적 선전포고가 용납할 수 없는 일로 막 바뀌어가고 있다. 무차별 폭력이 뉴스가 되는 것은 그런 일이 그토록 드물기 때문이다. 통상적인 호의가 뉴스가 되지 않는 것은 그것이 보편화되었다는 바로 그 이유 때문이다. 지난 몇십 년간 자선 기부는 경제 성장 속도보다 더 빨리 늘어났다. 인터넷에서는 자신의 비법을 공짜로 공개하는 사람들의 소리가 울려퍼지고 있다.

물론, 이 같은 추세는 우연의 일치에 불과할 수도 있다. 우리는 점점 더 돌이킬 수 없을 정도로 시장과 자유기업에 의존하게 되면서 우연하게도 점점 더 훌륭해지고 있는 것일 수도 있다.

하지만 나는 그렇게 생각하지 않는다. 노예무역을 추방하고 가톨릭교도에 대한 탄압을 없애고 가난한 사람들을 먹여살려야 한다고 처음으로 걱정한 것은 영국 국민들이었다. 1800년을 전후해 노예 반대 운동을 이끌고 자금을 댄 것은 웨지우드Wedgwood나 윌버포스Wilberforce 같은 신흥 상인 부자들이었다. 그동안 구시대의 부자들은 수수방관해왔다.

오늘날에도 이와 똑같은 상황이 벌어지고 있다. 불우한 사람들과 애완동물에 동정심을 느끼고 이들을 위해 자금을 대는 사람은 기업가와 배우다. 상업과 미덕은 직접 연결돼 있다. 이몬 버틀러Eamonn Butler는 말한다. "시장 시스템은 악덕이기는커녕, 이기주의를 완전히 고결한 어떤 것으로 바꾸어놓는 무엇이다."

시장의 놀라운 측면은 바로 이것이다. 개별적으로는 비이성적인 많은 개인을 집단적으로는 이성적인 결과를 낳도록 바꾸어놓을 수 있다. 마찬가지로, 개별적으로는 이기적인 수많은 동기가 집단적으로는 선한 결과를 낳도록 만들 수 있다.

예컨대 진화심리학자들이 확언하듯, 큰 부자가 과시적으로 덕을 드러내는 이면의 동기는 순수와는 거리가 멀 때가 가끔 있다. 어떤 여성에게 매력적인 남자의 사진을 보여주고 그 사람과의 이상적인 데이트에 관한 이야기를 써달라고 하면, 그녀는 남의 눈에 띄는 사회적 자원봉사에 시간을 들일 준비가 돼 있다고 말할 것이다. 이와 대조적으로 길거리의 풍경 사진을 보여주고 그곳에 이상적인 날씨에 대한 이야기를 써달라고 요청할 경우, 그녀는 앞서의 사례와 같은 갑작스러운 자선 충동을 나타내지 않는다. (이와 동일한 '짝짓기 우선' 조건에 놓여 있는 남자는 눈에 띄는 사치품이나 영웅적인 행동에 더 많은 돈과 시간을 쓰려고 할 것이다.)

찰스 다윈의 부유한 숙모이자 노처녀였던 세라 웨지우드Sarah Wedgwood는 노예 해방 운동에 큰돈을 기부했다(기부 당시 최고액이었다). 그 이면에 무의식적인 성적 동기가 있을지도 모른다는 생각은 놀랍고도 멋지다. 하지만 그렇다고 해서 그녀의 선행이나, 돈이 결국 좋은 목적을 위해 쓰였다는 사실이 손상을 입는 것은 아니다.

이 점은 가난한 사람들에게도 (부자의 경우와 마찬가지로) 해당된다. 근로빈곤층이 선행에 쓰는 돈이 소득에서 차지하는 비율은 부자들의 경우보다 훨씬 더 높다. 그리고 결정적으로, 이들의 기부액은 생활보호 수혜자들이 기부하는 액수의 세 배에 이른다.

마이클 셔머는 이렇게 지적한다. "가난은 자선의 장애가 아니다. 그러나 복지는 장애다." 자유주의 성향을 가진 사람은 흔히 사회주의 신념을 가진 사람보다 더 관대한 것으로 드러난다. 사회주의자들은 가난한 사람은 정부가 세금으로 돌봐야 한다고 생각한다. 이에 반해 자유주의자들은 이를 자신의 의무라고 생각한다.

나는 시장이 자선의 유일한 원천이라고 말하는 것이 아니다. 분명히 아니다. 종교와 공동체 역시 인류애를 갖도록 큰 동기를 부여한다. 하지만 시장이 이기주의를 가르침으로써 자선을 파괴한다는 생각은 빗나가도 한참 빗나간 것이다. 시장경제가 급속히 발전하면 자선도 함께 급증한다. 워런 버핏Warren Buffett과 빌 게이츠Bill Gates에게 물어보라.

시장의 확산과 함께 후퇴한 것은 약자에 대한 잔인함과 무관심 말고도 많다. 문맹과 건강이상도 줄어들었다. 범죄도 마찬가지다. 사람이 살해될 확률은 17세기 이후 모든 유럽 국가에서 지속적으로 떨어졌다. 이 또한 교역에 몰두한 네덜란드와 잉글랜드에서 가장 먼저 시작되었다. 산업혁명 이전 유럽의 인구 대비 살인 발생률은 오늘날의 열 배에 달했다. 범죄 발생률은 21세기 초에 급락했고 불법 약물 사용도 크게 줄었다.

공해도 마찬가지다. 공산주의 국가의 공해는 민주주의와 시장경제를 영위하는 서구에 비해 훨씬 심각했다. 경험에 근거한, 아주 잘 확립된 규칙(쿠츠네츠Kuznets 환경 곡선이라는 이름으로 알려져 있다)이 있다. 1인당 국민소득이 약 4,000달러에 이르면, 사람들은 자기 동네의 개울물과 공기를 정화할 것을 요구한다.

계층에 관계없이 모든 사람이 교육을 받을 수 있게 된 것은 서구 사회가 자유기업에 유난히 몰두해 있던 시기였다. 전후 서구에서 탄력적 근로시간제, 퇴직연금, 노동 안전이 모두 개선된 것은 사람들이 더 잘살게 되면서 더 높은 기준을 충족시키라고 요구했기 때문이다. 또한 다루기 어려웠던 기업들에게 성인 같은 정치가들이 더 높은 기준을 부과한 것도 또 다른 한 가지 이유다.

산업재해 발생률은 '직업 안전 및 건강법' 도입 이전이나 이후에나 변함없이 급락 추세를 유지했다.

이런 추세 중 일부는 어쩌면 생활의 상업화 없이도 어쨌든 시작되고 유지되었을지 모른다. 하지만 거기에 돈을 걸지는 마라. 하수관에 쓰이는 세금은 상업 부문에서 거둬들인 것이다.

상업은 소수자 보호에도 유익하다. 예컨대 선거 결과가 마음에 들지 않아도 당신은 참아야 한다. 하지만 단골 미용사가 마음에 들지 않는 경우 당신은 다른 미용실을 찾아갈 수 있다. 정치적 결정은 단어의 정의상 독점적이고 권리 박탈적이고 전제적 다수결주의의 성격을 띤다. 하지만 시장은 소수자의 수요를 충족시키는 데 능숙하다.

얼마 전 나는 승용차에 플라이낚싯대를 부착하는 장치를 구입했다. 만약 내가 1970년대 소련 레닌그라드에 있었다면 도대체 얼마나 기다려야 했을까? 중앙정부의 계획 입안자가 그와 같은 수요도 충족시킬 물건을 만들어야 한다는 놀라운 생각을 해낼 때까지 말이다. 하지만 시장은 이미 해냈다. 더구나 인터넷 덕분에 시장은 소수자의 수요에 점점 더 잘 부응할 수 있게 되었다.

승용차에 낚싯대를 부착하는 도구나 14세기 자살에 관한 책을 구하려는 극소수의 사람들도 오늘날 인터넷에서 공급자를 찾을 수 있다. 덕분에 틈새시장이 번성하고 있다. '분포의 긴 꼬리', 즉 아주 적은 수의 사람이 제각각 필요로 하는 아주 많은 종류의 제품에 대한 서비스를 점점 더 쉽게 받을 수 있게 된 것이다.

자유 그 자체가 신장되는 데도 상업의 덕이 컸다. 보통선거, 종교의 자유, 여성 해방을 지향하는 위대한 운동은 자유기업 체제의 실용주의적 팬인 벤저민 프랭클린(Benjamin Franklin, 미국 건국의 아버지, 사업가-옮긴이) 같은 사람들에 의해 시작되었다. 이를 계속 밀고 나간 것은 도시 중산층이었다. 이 모두가 경제 성장에 대응해 일어난 일들이다.

20세기에 차르(러시아 황제)들과 총서기(공산당 최고위 직책)들은 중산층 소비자 대중보다 농민을 독재 통치하는 것이 훨씬 쉽다는 사실을 알게 되었다. 1930년대 영국에서 의회 개혁 운동이 시작된 것은 성장하는 공업도시들에서 선출되는 의원 수가 기괴할 정도로 적었기 때문이다. 심지어 마르크스도 엥겔스의 아버지가 운영하는 직물 공장에서 보조금을 받지 않았던가.

오늘날에는 별로 인기가 없는 철학자 허버트 스펜서Herbert Spencer는, 자유는 상업을 따라 확대된다고 주장했다. 그는 1842년(존 스튜어트 밀보다 9년 앞서서) 다음과 같이 썼다. "개인의 자유를 제한할 수 있는 것은 오직 그와 똑같은 자유권을 가진 전체의 자유뿐이다. 나의 목표는 이 같은 자유다."

하지만 그는 강요의 가치를 믿지 않도록 지도자들을 설득하는 싸움은 결코 끝나지 않았다고 내다봤다. "우리는 사람들을 그들의 영적인 선을 위해서는 더 이상 강요하지 않는다. 그렇지만 그들의 물질적인 선을 위해서는 강요하는 것이 소명이라고 여전히 생각한다. 후자가 전자에 못지않게 부당하다는 것을 알지 못하는 것이다."

스펜서는 관료주의의 위험을 경고했다. 부패하고 방종하는 경향은 말할 것도 없고, 천성적으로 반진보적 성향을 가지고 있다고 말이다. 하지만 그의 경고는 허사였다.

그로부터 1세기 후 인종차별과 흑백분리주의가 점진적으로 사라졌는데, 여기에도 상업화의 역할이 컸다. 미국의 인권운동에 부분적으로 힘을 보태준 것은 바로 경제적인 이유로 인한 대대적인 이주였다. 1940~1970년, 미국 남부를 떠난 흑인의 수는 대규모 이민 유입기에 입국한 폴란드인, 유대인, 이탈리아인, 아일랜드인보다 많았다. 남부의 흑인 소작인들은 더 좋은 직업에 이끌렸거나 목화 따는 기계에 밀려났거나 등의 이유로 북부의 산업도시로 옮겨갔다. 이들은 그곳에서 경제적·정치적 목소리를 내기 시작했다. 그리고 자신들이 뒤에 남겨두고 온 편견과 차별 체제에 항의하기 시작했다. 이 도정에서 거둔 최초의 승리는 소비자의 힘을 과시한 1955~1956년의 몽고메리 버스 보이콧이었다.

1960년대 여성이 노동력을 절약해주는 가전제품 덕분에 주방에서 해방되자 곧바로 이들의 성적·정치적 해방이 뒤따랐다.

하층민 여성들은 언제나 임금을 벌기 위해 일해왔다. 밭을 경작하고, 노동착취형 공장에서 봉제를 하거나 상점에서 점원으로 일했다. 하지만 중상류층에서는 일하지 않는(혹은 가사노동만 담당하는) 아내이거나, 자신의 아내가 일을 하지 않는다는 것은 봉건시대로부터 전해온 계급의 징표였다. 1950년대 전쟁에서 돌아온 많은 교외 거주 남성들은 자신들도 그 같은 액세서리(일하지 않는 아내를 가리킨다 - 옮긴이)를 가질 수 있다는 사실을 알게 되었다. 그리고 많은 여성이 전함 용접 일을 남자들에게 다시 넘겨주라는 압력을 받았다.

경제적인 변화가 없었다면 이러한 상황은 계속 유지될 수도 있었을 것이다. 하지만 곧이어 등장한 다양한 가전제품 덕분에 가사노동 시간이 줄어듦에 따라 집 밖에서 일을 할 기회가 늘어났다. 이것은 1960년대 페미니즘이 견인력을 얻는 데 어떤 정치적인 각성 못지않게 큰 역할을 했다.

지난 2세기의 교훈은 '자유와 복지는 번영·교역과 손을 잡고 나란히 행진한다'는 것이다.

오늘날 군사쿠데타 때문에 자유를 잃고 독재 통치를 받는 나라는 일반적으로 그 기간 동안 1인당 국민소득이 연평균 1.4퍼센트씩 줄어든다. 양차대전 사이에 러시아, 독일, 일본이 독재국가로 변신하는 데 1인당 국민소득의 감소가 기여했던 것과 같은 이치다.

역사상 가장 큰 수수께끼 중 하나는 1930년대 미국에서 이런 일이 일어나지 않은 이유가 무엇인가 하는 점이다. 당시 심각한 경제 쇼크에도 불구하고 다원주의와 관용정신은 살아남았을 뿐 아니라 융성했다.

사실은 독재화가 실제 일어날 뻔했는지도 모른다. 커글린 신부(Father Coughlin, 반유대주의적이고 친파시스트적인 선동을 했던, 악명 높은 '라디오 사제'- 옮긴이)가 이를 시도했다. 만일 루스벨트의 야심이 좀 더 컸거나 헌법이 더 허술했다면 뉴딜 정책이 어디로 흘러갔을지 누가 알겠는가. 일부 민주주의 체제는 그 가치가 살아남을 수 있을 정도로 충분히 강한 체질인지도 모른다.

경제가 성장하려면 민주주의가 필요한가? 이 문제는 오늘날 많은 논쟁을 낳고 있다. 그렇지 않다는 것을 중국이 증명하고 있는 것처럼 보인다. 하지만 의심의 여지가 거의 없는 일이 있다. 만일 경제 성장률이 제로로 떨어진다면 중국에서 더 많은 혁명(문화혁명을 염두에 둔 것으로 보인다 - 옮긴이)이나 더 많은 탄압이 일어나게 될 것이다.

나는 데어드르 매클로스키Deirdre McCloskey와 함께 만세를 부를 수 있어서 행복하다. "20세기 후반의 풍요화와 민주화 만세! 산아제한과 인권운동 만세! 지구상의 비참한 자들이여, 궐기하라!" 이런 일들은 시장을 통한 상호의존 덕분에 가능했다.

정치적으로는, 번영과 관용정신이 동시에 생겨난 결과로 기괴한 역설이 출현했다. 다음은 브링크 린지의 진단이다. 경제적 변화는 포용하면서 그 사회적 결과는 혐오하는 보수주의 운동, 사회적 결과는 사랑하면서 이를 발생시킨 경제적 원천은 미워하는 자유주의 운동은 역설이 아닐 수 없다. "한쪽은 자본주의를 비난하지만 그 열매는 게걸스럽게 먹는다. 다른 한쪽은 그 열매를 저주하면서 이를 탄생시킨 시스템은 옹호한다." 만화에 흔히 묘사되는 것과는 달리, 사람들을 좁은 의미의 물질주의에서 벗어나게 하고, 서로 달라질 기회를 준 것은 상업이다.

지식인 계급은 교외 주택 지역을 몹시 경멸해왔지만 관용정신, 공동체, 자원봉사 단체, 계급간의 평화가 번성한 것은 바로 그곳에서였다. 갑갑한 공동주택이나 지루한 농장에서 도망나온 사람들이

의식 있는 소비자가 되고 히피들의 부모가 된 것도 그곳이었다. 교외야말로 경제적으로 독립한 젊은이들이 부모의 조언에 얌전히 따르는 대신 뭔가 다른 일을 시도한 장소였기 때문이다.

1950년대 후반 10대들이 버는 돈은 1940년대 초반 가족 전체가 번 액수와 맞먹을 정도였다. 프레슬리Presley, 긴즈버그Ginsberg, 케루악Kerouac, 브란도Brando, 딘Dean의 이름이 세상에 울려퍼지게 만든 것은 이와 같은 번영이었다. 자유연애 공동체라는 꿈이 가능했던 것도 1960년대 대중의 풍요로움(그리고 이것이 만들어낸 신탁기금) 덕분이었다. 물질적 진보는 경제적 질서를 전복시키는 것과 똑같이 사회적 질서도 전복시킨다. 오사마 빈 라덴Osama Bin Laden에게 물어보라. 잘못 키운 부잣집 자식의 극단적 사례인 그자에게 말이다.

대기업이라는 이름의 괴물

하지만 상업이 주는 이 모든 해방 효과에도 불구하고 현대의 시사해설가 대부분은 다음과 같은 시각을 갖고 있다. "자유시장 경제체제가 필연적으로 만들어내는 대기업은 그 힘이 너무 커서 인간의 자유에 아주 큰 위협이 된다."

인기 있는 문화비평가들은 자신들을, 부패하고 인간성을 말살하는 거대한 골리앗 같은 대기업에 돌팔매질을 하는 다윗으로 여긴다. 대기업은 남에게 손해를 끼치고 환경을 오염시키며 폭리를 취하면서도 면책을 받는 존재라고 본다.

내가 알기로, 거대 기업을 다룬 할리우드 영화 중에서, 그 사장이 사람들을 죽일 사악한 계획에 착수하지 않은 사례는 없다. (가장 최근에 본 영화에서는 틸다 스윈튼이 조지 클루니를 죽이려고 했다. 자기 회사의 살충제가 사람들을 중독시킨다고 폭로했기 때문이다.)

사실 나는 대기업들을 지지하지 않는다. 비효율, 자기도취, 경쟁에 반하는 성향에 대해 다른 일반인들만큼이나 화가 난다. 나는 밀턴 프리드먼Milton Friedman의 시각에 동의한다. "전반적으로 영리 법인들은 자유기업 체제의 옹호자가 아니다. 그와 반대로 이들은 (자유기업 체제에 대한 - 옮긴이) 위험의 주된 원천이다." 그들은 기업의 이익에만 몰두하고 소규모 경쟁자들의 진입을 막는 규제를 좋아하며 독점을 갈망하고 시간이 흐르면서 점점 비능률적이고 무기력해진다.

하지만 나는 다음과 같은 사실을 알게 되었다. 이 같은 비판은 점점 시대에 뒤떨어진 것이 되어간다. 요즘 대기업들은 자신들의 민첩한 경쟁자들의 공격에 과거 어느 때보다 취약하다. 혹은 취약해질 것이다. 주 정부로부터 특혜를 받지 못한다면 말이다. 대부분의 대형 회사들은 사실 점점 허약해져서 깨지기 쉬운 상태가 되고 있으며 언론, 압력단체, 정부를 점점 더 두려워하고 있다. 그들은 그래야 한다. 부도가 나거나 다른 회사에 인수되어 사라져버리는 일이 얼마나 흔한지를 감안하면 놀랄 일이 아니다.

어느 비평가의 표현에 따르면, 코카콜라 회사는 "소비자들이 중세 지주에 딸린 농노처럼 브랜드의 노예였으면" 하고 소망할지 모른다. 하지만 뉴코크에 일어난 일을 보라(소비자들의 반발에 부딪혀 클래식 코크를 다시 출시해야 했다 - 옮긴이).

1995년 쉘은 식유 저장 시설을 심해에 버리려고 시도했는지 모른다. 하지만 소비자들이 불매운동을 벌일 낌새가 보이자 마음을 바꿨다. 엑손은 여론과 동떨어지게 기후 변화에 대한 회의주의에 자금을 댄 것으로 유명하고, 또 그로 인해 주목을 받았다(엔론 사가 기후 변화 경고주의에 돈을 댄 것과 대조된다). 하지만 2008년 압력에 굴복해 이를 철회해야 했다.

기업의 반감기는 정부기관보다 훨씬 짧다. 1980년 최상위 서열이던 기업 중 절반은 인수나 파산으로 인해 사라지고 없다. 오늘날 최상위 서열에 속하는 기업 중 반수는 1980년에는 존재하지도 않았다. 정부 독점 기관은 그렇지 않다. 국세청이나 국민건강보험공단은 아무리 엄청난 무능함을 드러내도 없어지지 않을 것이다.

하지만 반 대기업 운동가들은 우리에게 거래를 강요할 힘을 가진 거대 괴수(국세청 등 - 옮긴이)의 선의는 믿는 반면, 우리에게 거래를 간청해야 하는 괴수(대기업)에 대해서는 의심스러운 눈길을 보낸다. 이상한 일이 아닐 수 없다.

게다가 대기업은 그들이 종국적으로 저지르는 죄악에도 불구하고 처음의 성장기에는 엄청나게 좋은 일을 할 수 있다. 1990년대 미국과 영국 같은 나라의 생산성이 예상과 달리 폭발적으로 향상된 사례를 보자. 처음에는 많은 경제학자가 이를 당혹스럽게 생각했다. 이들은 그 공로를 컴퓨터에 돌리고 싶어 했다. 하지만 그 오류는 1987년 경제학자 로버트 솔로Robert Solow가 이미 신랄하게 비판한 바 있다. "당신은 어디서나 컴퓨터를 볼 수 있다. 단, 생산성 통계에서는 예외다." 그 시절 컴퓨터를 쓰면서 시간을 낭비하기가 얼마나 쉬운지를 직접 경험한 우리 같은 사람들이 여기에 공감을 표했다.

매킨지 사의 연구는 다음과 같은 결론을 내렸다. "1990년대 미국에서 생산성이 급등한 원인은 (흥분의 드럼 연타) 상업 분야의 유통 합리화에 (실망의 한숨소리) 있다. 특히 소매업, 그중에서도 월마트라는 단일 기업 덕분이다." 효율적인 주문, 가차 없는 협상, 초정밀 시간 엄수(물품 공급자들이 배달 시각을 30초 이상 어겨서는 안 되는 경우도 있다), 무자비한 비용 절감, 소비자 선호에 대한 정교한 반응 등을 실행한 것이다.

덕분에 1990년대 초반 월마트는 경쟁사들에 비해 40퍼센트 높은 능률을 달성할 수 있었다. 경쟁 회사들은 월마트의 방법을 발빠르게 도입했고, 90년대 말이 되자 생산성을 그 전에 비해 28퍼센트 높일 수 있었다. 하지만 월마트도 가만히 있지 않았다. 같은 기간 생산성을 또다시 22퍼센트 높인 것이다. 심지어 10년간 매월 3에이커 넓이의 초대형 매장을 세 개씩 신설하면서도 말이다.

매킨지 사의 에릭 바인하커Eric Beinhocker에 따르면, 소매 분야에서 단독적으로 발생한 이 같은 '사회적 기술 이노베이션'은 미국 전체 생산성 향상의 4분의 1을 도맡았다. 테스코 사는 영국에서 아마도 비슷한 효과를 가져왔을 것이다.

샘 월턴Sam Walton이 1950년대 미국 아칸소 주에서 일상용품을 경쟁자보다 싸게 팔기로 결정한 것은 새로울 것이 없는 아이디어였다. 물론 공급자의 트럭에 실린 물품을 배급 트럭으로 곧바로 옮겨 싣는 '동시 도킹cross-docking' 같은 방식은 정말 새로운 것이었다. 이로써 중간에 창고에 보관해두는 과정과 기간이 생략되었다. 하지만 이런 것들을 두고 이노베이션이라고 하기는 어렵다.

그러나 월턴이 (싸게 판다는) 단순한 아이디어를 추구하고 굳건하게 지켜나간 방식은 미국인의 생활수준을 크게 향상시키는 결과를 낳았다. 골이 진 철판이나 컨테이너 선적처럼, 할인판매는 20세기에 가장 소박하면서도 사람들을 부유하게 만든, 효과가 큰 이노베이션의 하나로 꼽힌다.

1990년대 월마트는 방취제를 판지상자에 넣어서 팔지 않기로 결정했다. 단순하고 사소하고 통상적인 결정이었다. 하지만 이 단 하나의 결정 덕분에 미국은 연간 5천만 달러를 절약할 수 있었다. 이 중 절반은 소비자들의 이익으로 돌아갔다. 찰스 피시먼Charles Fishman은 "온전한 숲들이 남아 있게 된 것은 월마트 본부 사무실에서 (방취제) 상자를 쓰지 않기로 결정한 것에 부분적인 공로가 있다"고 기록했다.

평균적으로 봐서, 월마트가 어느 도시에 상륙하면 그곳 경쟁자들이 상품 가격을 13퍼센트 내리게 만든다. 전국적으로는 고객들로 하여금 연간 2천억 달러를 절약하게 해준다.

하지만 거대 기업들이 폭리를 취한다며 비난하기 바쁜 비평가들은 여전히 월마트를 인정하지 않는다. 싼 가격은 소규모 업자들의 경쟁을 봉쇄하기 때문에 나쁘다거나, 월마트는 저임금으로 부려먹기 때문에 세계 최대 규모의 노동력 착취 공장이라고 말한다. 실제로는 최저 임금의 두 배를 주고 있는데 말이다. (내가 이 글을 쓰는 동안 월마트는 직원들에게 20억 달러의 보너스를 지급할 것이라고 발표했다. 경기 후퇴에도 불구하고 기록적인 매출을 달성했기 때문이란다.)

1990년대 월마트의 성장이 혼란을 일으킨 것은 사실이다. 월마트 매장이 새로 문을 열면 어떤 도시에서나 똑같은 현상이 일어났다. 경쟁자들은 파산하거나 굴욕적인 합병을 받아들이는 수밖에 없었다. 물품 공급자들도 새로운 관행에 끌려들어갔다. 산별 노조는 소매업 노동자들에 대한 영향력을 잃었다. 판지상자 제조업자들은 궁지에 몰렸다. 소비자들은 습관을 바꿨다.

이노베이션은 창조와 마찬가지로 파괴도 할 수 있다. 그것이 새로운 기술의 형태건 세계를 조직화하는 새로운 방식이건 마찬가지다. 월마트 매장은 영세 소매상들을 업계에서 확실히 퇴출시킨다. 컴퓨터가 타자수를 추방한 것과 똑같이 말이다.

하지만 이를 상쇄하는 장점도 함께 보아야 한다. 소비자(특히 빈곤층)들이 더 싸고 다양하고 좋은 상품을 구매함으로써 얻는 이익이 바로 그것이다.

조지프 슘페터 Joseph Schumpeter가 지적했듯이, 사업가를 밤에 잠들지 못하게 하는 것은 라이벌들의 가격 인하가 아니다. 자신의 상품을 시대에 뒤떨어진 것으로 만들 혁신적 기업가들이다.

1990년대 코닥과 후지가 35밀리미터 필름 산업에서 우위를 차지하기 위해 끝까지 맹렬하게 싸우는 동안, 디지털 사진은 아날로그 필름 시장 전체를 끝장내기 시작했다. 아날로그 녹음기와 비디오카세트가 이미 사라져버렸듯이 말이다. 슘페터는 이를 '창조적 파괴'라고 불렀다. 그의 논점은 파괴만큼의 창조가 진행되고 있다는 것이다. "디지털 사진의 성장은 장기적으로 볼 때 아날로그 분야에서 없어진 만큼의 일자리를 창출해낼 것이다. 또는 월마트 소비자들이 절약한 돈은 머지않아 다른 데 쓰이고, 이는 새로운 수요에 부응할 새로운 매장의 개점으로 이어질 것이다." 미국의 경우를 보면 대략 15퍼센트의 일자리가 매년 없어지고 그만큼이 새로 생긴다.

상업과 창의성

이 같은 재편성은 그 자체로 근로 조건의 꾸준한 향상을 보장한다. 각 세대의 혁신적 기업가들은 대개 근로 환경을 개선하기 위해 노력했다. 에트루리아 도기 공장의 근로 조건을 자랑스러워한 조사이어 웨지우드Josiah Wedgwood로부터, 이직률을 낮추기 위해 고용인들의 임금을 두 배로 올렸던 헨리 포드를 거쳐, 구글플렉스(호텔 뺨치게 편안한 것으로 유명한 구글 본사 - 옮긴이)를 이상적으로 디자인한 래리 페이지Larry Page에 이르기까지…….

초기 인터넷시대에 이베이는 수많은 온라인 경매 회사 중 하나에 불과했다. 하지만 경쟁자들이 실패한 바로 그 지점에서 성공했다. 핵심은 경쟁적인 경매 과정이 아니라 공동체에 참여한다는 느낌에 있다는 사실을 인식했기 때문이다. 이베이의 최고경영자 메그 휘트먼Meg Whitman은 말한다. "경매와는 관계가 없습니다. 사실 경제전쟁과도 관계가 없지요. 그 반대입니다." 가장 멋진 것이 살아남은 것이다.

오늘날 기업의 퇴출과 변신 속도는 점점 더 빨라지고 있기 때문에 대기업에 대한 대부분의 비판은 이미 시대에 뒤떨어진 것이 되고 말았다. 대기업들은 과거에 비해 더 자주 무너질 뿐 아니라(2008년 어느 달에 많은 은행이 사라진 것은 단지 특정 산업에서 이런 속도가 빨라진 하나의 예에 불과하다), 작은 단위로 쪼개지거나 분권화하는 일도 점점 더 많아지고 있다.

대기업들은 상향식의 바다에서 하향식의 계획을 하는 섬이기 때문에 미래가 점점 더 어둡다(계획은 규모가 작을수록 잘 작동한다). AIG

와 제너럴모터스는 납세자들에 의해 생명을 부지했을지 모르지만 현재는 혼수상태다.

현대 시장경제의 총아와 산업자본주의의 거인은 크게 다르다. 자본주의와 사회주의만큼, 이베이와 엑손만큼이나 차이가 크다.

1972년 창립한 나이키는 어떻게 거대 회사로 성장했을까? 상대적으로 규모가 작은 본부에서 아시아의 공장과 미국의 매장 사이에 계약을 맺어주는 업무만으로 그렇게 되었다. 한편 위키피디아는 유급 직원이 채 30명도 안 되며 이윤을 내지 않는다.

과거의 진형적인 회사는 위계질서로 조직된 한 팀의 근로자들이 같은 건물에서 일하는 형태였다. 이에 비해 오늘날의 회사는 창의적 재능과 마케팅 능력을 갖춘 사람들 사이의 모호하고 수명이 짧은 모임 형태가 점점 더 많아지고 있다. 이들은 자신들과 계약한 사람들이 노력한 결과가 소비자의 선호를 충족시키는 데 쓰이도록 만든다.

이런 의미에서 '자본주의'는 죽어가고 있다. 그것도 빠른 속도로. 평균적인 미국 회사의 직원 수는 불과 25년 사이 25명에서 10명으로 줄었다. 시장경제는 새로운 형태를 진화시키고 있다. 심지어 대기업의 힘에 대해 언급하는 것조차 핵심을 놓치는 일이 될 정도로 말이다.

대체로 자영업자에 가까울 미래의 노동자들은 각자 편리한 시간과 장소를 선택해 온라인으로 출근부를 찍고, 그때그때 각기 다른 고객을 위해 집중적으로 일할 것이다. 이들은 틀림없이 즐거운 마음으로 과거를 돌아볼 것이다. 사장과 중간간부, 회의, 칭찬, 일정표, 노동조합이 있던 시절을 말이다

다시 한 번 말한다. 기업은 다른 사람들의 소비를 돕는 방향으로 생산을 하기 위해 사람들이 일시적으로 모인 자조집단이다.

시장의 번성이 문화를 풍요롭게 하고 정신을 자극한다는 점은 의심의 여지가 없다.

지식인 계급은 일반적으로 상업을 경멸한다. 상업은 구제할 수 없을 만큼 속물적이고 평범하며 타락하기 쉬운 취향이라는 것이다. 하지만 위대한 예술과 위대한 철학이 상업과 아무 상관이 없다고 생각하는 사람이 있다면, 아테네와 바그다드를 방문해보라. 그래서 아리스토텔레스와 알콰리즈미(al-Khwarizmi, 9세기 최고의 과학자로 꼽히는 페르시아의 수학자이자 천문학자 겸 지리학자 – 옮긴이)가 사색할 여유 시간을 어떻게 가질 수 있었는지 물어보라. 피렌체, 피사, 베네치아를 방문해 미켈란젤로와 갈릴레오와 비발디가 받은 보수가 어디서 나온 것인지 알아보라. 암스테르담과 런던을 찾아가 누가 스피노자, 렘브란트, 뉴턴, 다윈에게 자금을 제공했는지 조사해보라. 상업이 번성하는 곳에서 창의성과 측은지심이 함께 꽃핀다.

신뢰를 창출하는 규칙과 도구

상업화의 진행에 따라 세계의 신뢰가 커지고 폭력이 줄어들고 있는 것은 분명한 사실이다. 하지만 그렇다고 해서, 상업이 그 자체로서 신뢰를 창출한다거나 세계의 신뢰를 확장하기에 충분하다는 의미는 아니다.

새로운 도구뿐 아니라 새로운 규칙이 있어야 한다. 세상을 더 살기 좋게 만든 이노베이션은 제도지 기술이 아니라고 주장할 수도 있다. 황금률(golden rule, 기독교의 기본적 윤리관. 남에게 대접을 받고자 하는 대로 남을 대접하라는 가르침이다 - 옮긴이) 같은 윤리관, 법의 지배, 사유재산권 존중, 민주정부, 공평한 법원, 신용, 소비자보호 제도, 복지국가, 언론의 자유, 도덕에 대한 종교적 가르침, 저작권, 식탁에서 침을 뱉지 않는 관습, 차량의 우측통행(일본, 영국, 인도, 호주 그리고 아프리카의 많은 나라에서는 좌측통행) 관행 등.

이러한 규칙들 덕분에 더 믿을 만하고 안전한 상업이 가능해졌다. 거꾸로 이 같은 규칙이 가능해진 것도 상업 덕분이다. 호주 원주민이나 아프리카 남부의 코이산 족이 처음 서구인들을 만났을 때 없었던 것은 강철 제품과 증기기관만이 아니었다. 법원과 크리스마스도 없었다.

한 사회가 경쟁 사회들보다 먼저 교환과 전문화의 이익을 누리고 시민들의 삶을 물질적으로뿐만 아니라 도덕적으로도 개선할 수 있게 하는 요인은 무엇인가? 새로운 규칙을 지키게 만듦으로써 그것이 가능해진 경우가 흔하다.

세계를 돌아보면, 좋은 규칙으로 시민들을 잘 다루는 사회가 있는가 하면, 나쁜 규칙으로 시민들의 삶을 잘못 다루는 사회도 있다. 좋은 규칙은 교환과 전문화에 보상을 주고 나쁜 규칙은 사유재산 몰수와 정치적 충성에 보상을 준다. 여기서 남·북한이 생각난다. 한쪽은 전반적으로 공정하고 자유로운 곳이다. 사람들은 일반적으로 점점 부유하고 행복해진다. 다른 한쪽은 무자비한 독재 하에서 굶주리며 살아가고 있다. 주민들은 틈만 있으면 도망나와 절망적인 난민신세가 된다. 남한은 1인당 국민소득이 북한의 열다섯 배에 이를 정도로 번영하고 있다. 이 같은 차이를 만드는 것은 통치 방식과 제도임이 명백하다.

잘못된 정부는 장기적으로 국민을 가난하게 만드는 재앙적 요소가 될 수 있다. 중국의 명明제국이 대표적인 예다. 이 점을 나는 이 책 후반부에서 주장할 것이다. 오늘날 짐바브웨가 더 좋은 시장을 갖고자 한다면, 그에 앞서 더 좋은 규칙이 필요하다.

하지만 여기서 지적해둘 것이 있다. 한 나라의 융성을 예측하게 해주는 지표는 경제적 자유다. 광물자원 부존량이나 교육 제도, 사회간접자본보다 예측력이 높다. 세계 127개국을 조사한 결과를 보자. 경제적 자유가 더 잘 보장된 63개국은 그렇지 못한 나라들에 비해 1인당 소득이 네 배, 성장률이 두 배에 달했다.

불과 몇 년 전 세계은행은 '무형의 부'에 대한 연구보고서를 출판했다. 교육, 법치 등 모호한 요소들이 지니는 가치를 측정하는 연구였다. 연구는 다음과 같이 진행되었다. 우선, 단순하게 자연자본(자원과 토지)과 생산된 자본(도구와 재산)을 더했다. 그런 다음 각 나라의 1인당 국민소득을 설명할 수 있는 것으로 무엇이 남았는지를 측정했다.

보고서는 다음과 같이 결론지었다. 미국인이 의지할 수 있는 무형 자본은 멕시코인의 열 배가 넘는다. 미국 국경을 넘는 멕시코인의 생산성이 거의 순간적으로 네 배로 향상되는 것은 이 때문이다. 더 유연한 제도, 더 분명한 규칙, 더 교육수준 높은 소비자, 더 간단한 서식 등에 접촉할 수 있는 덕분이다. 세계은행의 결론은 "부유한 국가들이 부유한 이유는 주로 경제활동을 지원하는 제도의 질과 국민들의 역량 덕분"이라는 것이다.

일부 국가는 무형 자본이 미미하거나 심지어 마이너스다. 예컨대 나이지리아는 법치, 교육, 공공기관의 청렴도 점수가 너무 낮아서 막대한 석유자원이 있음에도 불구하고 부유해지지 못했다. 그러므로 인류를 진보시킨 플라이휠(엔진의 안정적인 회전을 가능하게 하는 무거운 바퀴 - 옮긴이)을 교환과 전문화의 점진적인 발전에서 찾으려고 하는 나는 아마도 틀렸을 것이다. 어쩌면 교환과 전문화는 원인이 아니라 징후이며, 교환을 가능하게 한 것은 제도와 규칙의 발명이었는지 모른다.

예컨대 보복 살해를 금지하는 규칙은 사회의 안정에 크게 기여했다. 이렇게 말하는 것은 대단한 돌파구를 마련하는 전기가 되었을 것이다. "'남들이 나에게 행한 대로'라는 금언은 자선에 적용되는 것이지, 살인에는 적용되지 않는다. 개인적으로 복수할 것이 아니라, 정당한 절차를 거쳐서 처리하도록 국가에 맡겨라. 그렇게 하는 것이 모든 사람에게 일반적인 이익이 될 것이다."

《오레스테스Orestes》(아버지를 살해한 어머니를 죽인 그리스 신화의 인물 이야기 - 옮긴이)와 《로미오와 줄리엣》 같은 작품들은 복수라는 이슈와 씨름을 벌이는 사회를 묘사하고 있다(그 문제라면 영화 〈대부〉와 〈더티 해리〉도 마찬가지다). 법의 지배가 상호보복의 규칙보다 낫다는 데는 모두가 동의할 수 있다. 그래서는 좋은 희곡이 나오기 어려워질지라도 말이다. 그러나 모두가 복수의 관행과 자신들의 본능을 극복할 수 있는 것은 아니다.

다 맞는 말이다. 하지만 나는 이런 규칙과 제도가 또한 진화적 현상이기도 하다는 것을 안다. 다행히 솔로몬 같은 통치자가 있어서 백성들에게 하향식으로 강요한 것이 아니라, 사회에서 상향식으로 출현한 것이라는 말이다. 이는 기술과 마찬가지로 문화적 선택이라는 필터를 통과해서 나온 것이 분명하다.

예컨대 상법의 역사를 보면 정확히 알 수 있다. 상인들이 계속적으로 활동하며 이것을 만들었고, 이 같은 이노베이션을 관행으로 변화시켰으며, 이러한 비공식 규칙을 깨는 자는 배척했으며…… 나중에야 군주들이 이를 법률에 포함시켰다. 이것이 중세 상법 lex mercatoria의 역사다. 잉글랜드의 위대한 입법왕 헨리 2세와 존 등은 교역을 하는 신민들이 자기들끼리 이미 합의해서 이방인들과 교역할 때 시행하는 불문율을 성문법으로 만들었다. 이들의 입법은 대체로 그랬다. 사실, 이것이 영국 보통법 common law의 핵심이다.

1980년대 마이클 셔머와 그의 세 친구가 미국 횡단 자전거 경기를 시작했을 때는 사실상 규칙이라고 할 만한 것이 없었다. 그런데 교통체증을 유발한 죄로 애리조나 주의 언덕에서 체포되는 등 예상치 못한 복잡한 일들을 겪게 되자 비로소 이 문제들을 처리할 규칙을 도입하게 되었다. 그러므로 공공 영역의 제도를 혁신하는 사람들이 사적 영역의 기술적인 혁신을 이루는 사람들 못지않게 중요한 것은 사실이다.

하지만 나는 두 분야 모두에서 핵심은 전문화라고 생각한다. 부족 전체를 위한 도끼 제작 전문가가 되면 더 좋은 신형 도끼를 만들 시간과 자본, 시장이 생긴다. 마찬가지로, 전문 선수가 되면 자전거 경주 규칙을 만들 수 있다. 인류의 역사를 이끌어온 힘은 규칙과 도구의 공진화다. 인간종들 내의 전문화 증대와 교환 풍습의 확대는 이노베이션을 일으킨 근원적 원인으로서 양측 모두에 작용했다.

4

90억 명 먹여살리기_1만 년 전 이후의 농업

THE
RATIONAL
OPTIMIST

농업 덕분에 인구밀도가 높아진 사회들은 협동, 조직화, 노동의 분업이라는
잠재력을 더 잘 이용해 많은 성과를 거둘 수 있었다.

과거 옥수수 한 이삭이나 목초 한 잎밖에 자라지 않던 땅 한 뼘에서
두 이삭이나 두 잎이 자라게 만들 수 있는 사람이 있다면,
그가 누구든 인류의 큰 상을 받을 만하다.
그는 정치인 족속 전체가 하는 것보다 더 중요한 기여를 자기 나라에 하는 것이다.
-
조너선 스위프트Jonathan Swift, 《걸리버 여행기|Gulliver's Travels》

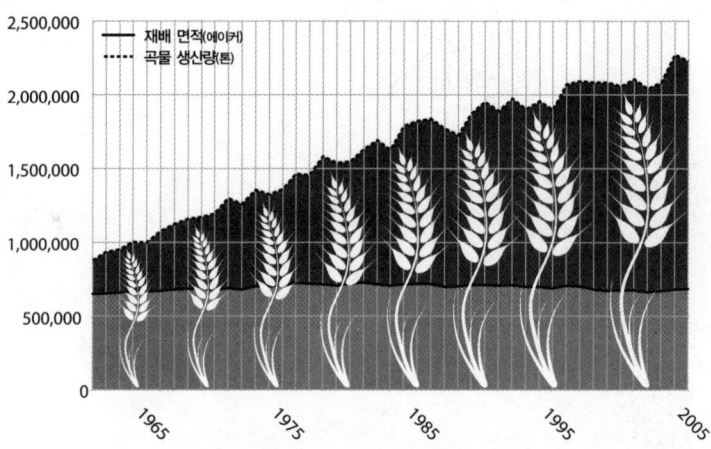

세계 곡물 수확량

THE FEEDING OF THE NINE BILLION:
FARMING AFTER 10,000 YEARS AGO
90억 명 먹여살리기 _ 1만 년 전 이후의 농업

1991년 알프스 산맥 고지대에서 빙하시대의 인간이 바짝 마른 상태로 발견되었다. 이름은 외치Ötzi라고 붙여졌다. 그와 함께 발견된 도구의 종류는 그를 발견한 도보여행자가 가진 것만큼이나 다양했다. 도구의 재료는 구리, 부싯돌, 뼈, 그리고 여섯 종류의 나무(물푸레나무, 가막살나무, 라임나무, 층층나무, 주목, 자작나무)였다. 입고 있던 의복의 재료는 풀 엮은 것, 나무껍질, 동물 힘줄, 그리고 곰·사슴·염소·송아지 가죽이었다. 균류 두 종류도 소지하고 있었다. 하나는 약용, 다른 하나는 불쏘시개용 버섯이었다. 쏘시개 버섯은 불꽃을 만들기 위한 황철광과 함께 있던 쏘시개 식물 10여 종의 일부였다.

그는 축적된 지식의 살아 있는 백과사전이었다. 무엇을 재료로 어떻게 도구와 옷을 만들지에 대한 지식 말이다. 그리고 수많은 사람, 아마도 수천 명이 발명한 물건을 지니고 있었다. 발명자들의 통찰력이 그의 불 피우는 도구 세트에 구현되어 있었다.

만일 그가 모든 장비를 아무런 기초지식 없이 발명해야 했다면 천재가 되는 수밖에 없었을 것이다. 설사 무엇을 어떻게 만들어야 하는지 안다고 해도 그렇다. 먹을거리와 입을거리만 해도(거처나 도구는 차치하고) 필요한 재료를 모두 혼자서 구해야 했다면 지쳐서 쓰러지고 말았을 것이다. 구리광석을 제련하고 가죽을 무두질하고 천을 짜고 바느질하고 도끼를 만드는 틀을 만들고 날을 갈고 하는 일은 제쳐두고라도 말이다.

그는 수많은 사람이 일해서 만들어놓은 물건을 쓰고 있었다. 그걸 구하는 방법은 자신이 만든 물건과 교환하는 것이었을 터이다. 틀림없이 그랬을 것이다.

그는 또한 다른 생물종의 전문화된 노동도 소비했다. 외치는 5,300년 전 알프스 산맥 계곡의 어느 지역에서 살았다. 남부 유럽에 농업이 전래된 지 2,000년 후였다. 외치에게는 수렵채집인 조상들과 다른 점이 있었다. 자신을 위해 종일 풀을 뜯어먹고 이를 고기와 가죽으로 변화시킬 소와 염소, 햇빛을 받아서 이를 곡식으로 바꿔줄 밀이 있었던 것이다. 이들 종은 인간의 유전적 감독 때문에 스스로의 생물학적 의무를 희생하고 전문적으로 이런 일을 하도록 키워졌다. 이것이 농업의 핵심이다. 인간 자신에게 봉사하도록 다른 종들의 생산활동을 바꾸는 것이다.

생물학자 리 실버Lee Silver는 어느 날, 동남아시아의 어느 농촌에서 닭들이 닭장으로 돌아오는 것을 관찰하고 있었다. 그러다 불현듯 닭들이 농부의 도구 같다는 생각이 들었다. 그를 위해 종일 숲

속에서 식량을 채집하니 말이다. 농업은 다른 종들을 포함시키기 위해 전문화와 교환을 확장한 것이다.

외치 역시 자본 투자의 수혜자였다. 그는 청동기시대 초입, 인류가 처음으로 구리를 제련한 시기에 살았다. 그가 지녔던 원시적인 구리도끼의 순도는 99.7퍼센트였다. 그 구리는 누군가가 많은 자본을 투자해 건설한 용광로에서 녹인 것이다. 그의 옷에 붙어 있던 왕겨는 자본을 투자해 재배하고 수확한 곡식에서 나온 것이다. 이 자본은 저장된 씨앗과 저장된 노동이라는 형태를 띠고 있다.

애덤 스미스에게 자본이란 "필요한 경우 미래의 언젠가 사용하기 위해 비축, 저장한 일정량의 노동"을 뜻한다. 만일 당신이 미래에 사용하기 위해 다른 사람들의 노동을 저장할 수 있다면, 당신은 스스로에게 당장 필요한 것들을 위해 시간과 노동을 들이지 않아도 된다. 이것이 의미하는 바는, 당신이 뭔가 새로운 것에 투자해 더 큰 수익을 올릴 수 있다는 것이다.

일단 자본이 등장하자 이노베이션의 속도가 곧바로 빨라졌다. 초기 수익이 전혀 없는 프로젝트에 시간과 자산을 투입할 수 있게 되었기 때문이다.

이와 반대의 예로 수렵채집인들을 보자. 용광로를 건설하고 도끼 한 개를 만들 만큼의 구리를 힘들여 천천히 제련할 시간적 여유가 거의 없었다. 그러는 동안 굶어죽고 말았을 것이다. 설사 그렇게 만든 도끼를 판매할 시장을 찾을 수 있다나 해도 말이다.

전통적인 설명에 따르면, 잉여 생산물(이는 교역에 사용될 수 있다)의 축적을 통해 자본의 출현을 가능하게 만든 것은 농업이었다. 농업이 도입되기 전에는 아무도 잉여를 축적할 수 없었다.

이런 설명은 일부 진실을 포함하고 있지만, 이야기를 잘못된 방향으로 이끌어가는 것도 어느 정도 사실이다. 농업이 가능했던 것은 바로 교역 덕분이었다. 농업에 전문화하고 잉여 식량을 생산할 인센티브가 여기에서 나왔다.

농업은 불과 몇천 년 전에 중동, 안데스, 멕시코, 중국, 뉴기니 고원, 브라질 열대우림, 아프리카 초원지대 등에서 독자적으로 시작되었다. 당시의 무언가가 필연적으로, 거의 강제적으로 농업을 출현시켰다. 그에 따른 장기적인 결과가 비참함, 질병, 독재인 경우가 많았던 것도 사실이다. 그렇다고 해도 농업은 이를 처음 시작한 사람들에게 비교우위를 제공했음이 분명하다.

하지만 농업으로의 이행이 하루아침에 이루어진 것은 아니다. 농업은 수만 년에 걸쳐 인간의 식단이 서서히 강화되면서 도달한 정점에 해당한다. 인류는 추가 칼로리를 얻기 위해 서서히 생태적 피라미드를 내려왔다. 말하자면 채식을 더 많이 하게 되었다.

23,000년 전쯤 지금의 이스라엘과 시리아에 살던 사람들은 생선과 새뿐 아니라 도토리, 콩, 심지어 풀씨를 주식으로 하게 되었다. 가끔 가젤도 먹었는데, 이는 아마도 수렵 부족과의 교역을 통해 입수한 것일 터이다.

이와 관련, 눈에 띄는 유적지가 있다. 이스라엘 키네렛 호수(갈릴리 바다) 속에 잠겨 있다 건기에만 모습을 드러내는 오할로2 Ohalo II 라는 곳이다. 농업이 시작되기 오래전에 사람들이 야생 곡류를 먹었다는 직접적인 증거가 이곳에서 발견되었다. 관목으로 지은 오두막 여섯 채 중 한 채에서 나온 평평한 돌이 주목거리다. 틀림없이 씨앗을 가는 데 쓰인 것으로 보이는 이 돌 위에서 야생 보리 씨앗에서 나온 극히 미세한 전분 알갱이들이 발견되었다. 호수의 침전물 덕분에 23,000년간 보존된 것이다. 그 옆에는 구이용 돌화덕으로 보이는 것도 있었다. 이곳의 거주자들은 낟알을 가루로 만들고 불에 익힘으로써 그냥 먹는 것보다 두 배에 가까운 열량을 섭취할 수 있었을 것이다.

그러므로 빵은 농업보다 훨씬 오래전에 발명되었다. 오할로2 이후 무려 12,000년이라는 긴 세월이 지난 후에야 누군가 호밀, 밀, 보리 같은 작물을 재배해 수확하기 시작했다. 그로부터 다시 4,000년이 흐른 뒤에야 이삭이 크고 탈곡하기 쉬운 6배체(보통은 염색체 두 벌이 있는 2배체다 - 옮긴이) 밀이 발명돼 인류 최대의, 가장 널리 퍼진 칼로리 공급원으로서의 긴 여정을 시작했다.

피할 수 없는 결론은, 중동 지역에 살던 사람들은 바보가 아니었다는 것이다. 이들은 곡류를 잘 이용했으며, 갈아서 익혀먹었다. 곡물 재배라는 중노동을 시작하기 오래전부터 그랬다. 그랬는데 굳이 자기 밭에서 몇 달씩 걸려 옥수수를 키울 필요가 있었겠는가. 불과 몇 시간이면 야생 옥수수를 수확할 수 있었는데 말이다. 이들이 "식량을 재배하는 쪽으로 이행하기를 극단적으로 꺼렸다"고 지적한 연구논문도 있다.

13,000년 전 중동 사람들의 생활방식은 오늘날 '나투피아 문화'로 불린다. 이들은 풀을 바구니에 쳐서 씨를 터는 대신 돌낫으로 이삭을 벴다. 주거지도 쉽쥐의 피해를 입을 만큼 충분히 안정적이었다. 유전적 육종을 하지 않았다는 점만 빼고는 농업에 가장 근접한 문화를 지니고 있었다.

하지만 이들은 역사를 만들기 직선에 옛 방식으로 되돌아가버렸다. 거주지를 버리고 유목생활로 돌아가 먹을거리를 다시 다양화했다. 같은 시기 이집트에서도 같은 일이 일어났다. 곡식을 갈아서 먹다가 사냥과 고기잡이로 역행한 것이다(이집트가 달랐던 점은 초기 형태의 농업 실험이 재개되기까지 훨씬 오랜 시간이 걸렸다는 점이다).

농업이 이처럼 중단된 이유는 어쩌면 기후 변화 때문이었을지도 모른다. 당시 한파가 1,000여 년간 계속되었다. '영거 드라이아스기Younger Dryas'로 불리는 기간이었다. 유력한 원인은 아마도 북대서양이 갑자기 차가워진 것일 텐데, 그 이유는 아메리카 대륙 북부의 광대한 얼음댐들이 터졌거나 북극해의 물이 갑자기 넘쳐서 흘러 들어왔기 때문일 것이다.

일단 한파가 시작되자 날씨가 춥고 건조해졌을 뿐 아니라, 해마다 기후가 심하게 요동쳤다. 평균 기온이 단 10년 만에 최대 7도까지 변했다. 한 지역에서 강우량이나 곡식이 익는 여름의 기온과 일조량에 의지할 수 없게 되자, 사람들은 더 이상 노동집약적인 곡물 재배 문화를 유지할 수 없었다. 틀림없이 엄청난 수의 사람들이 굶어죽었을 것이다. 살아남은 사람들은 다시 수렵채집하며 떠도는 생활로 돌아갔다.

그 후 11,500년 전쯤 그린란드 빙하의 온도가 50년 만에 10도나 올라갔다. 세계 전역에 걸쳐 기후가 극적으로 달라졌다. 따뜻하고 습해졌으며 예측 가능성이 커졌다. 동부 지중해 연안에서 곡물을 집중적으로 이용할 수 있었고, 나투피아인들은 예전의 정착지로 돌아갈 수 있게 되었다.

그리고 누군가가 재배를 위해 의도적으로 씨앗을 저장했다. 첫 농작물은 병아리콩이었던 것으로 보인다. 이어 호밀, 외알밀, 밀의 재배가 이루어졌다. 그보다 몇천 년 전에 이미 개가 가축화되었고 무화과를 재배했을 텐데도 불구하고, 이제야 비로소 농업이 시작된 것이다.

곡물 씨를 땅에 뿌리는 아이디어를 처음 낸 사람은 누구였을까? 기분에 따라 사냥하는 남성이기보다는 부지런한 채집가인 여성이었을 것이다. 여기에는 의문의 여지가 없다.

강변의 진흙땅이나 여타 맨땅에 씨를 뿌리고, 조심스럽게 잡초를 뽑고, 새들을 쫓으면서 농작물을 잘 기른다는 것은 새롭고도 힘든 노동을 뜻했을 것이다. 하지만 이를 시도한 여성의 가족은 소출이라는 이득을 얻었을 것이다. 이로써 사냥꾼들의 고기와 맞바꿀 수 있는 잉여 곡물이 생겼을 것이다. 경작지의 소유주와 그 자녀들뿐 아니라 다른 사냥꾼 가족도 몇 집 먹여살릴 수 있었을 것이다.

고기와 곡물의 교환은 사실상 사냥에 대한 보조금 지급, 즉 '고기 가격의 상승'을 의미한다. 이는 산토끼와 가젤에 대한 압박이 심해진다는 뜻이고, 결국은 거주지 주민 전체가 농업에 더욱더 의존하게 된다. 또한 어미 잃은 새끼염소를 잡아먹느니 키울 생각을 한 최초의 인간에게 새로운 인센티브가 주어지게 된다.

농업은 그 지역 주민 모두에게 필요불가결해졌을 테고, 수렵채집하는 방식의 삶은 점차 쇠퇴했을 것이다. 이 과정은 분명히 길고 완만하게 진행되었을 것이다. 농부들은 땅을 경작하기 시작한 뒤에도 수천 년에 걸쳐 자신들의 식단을 스스로 사냥한 야생 동물의 고기로 보충했다. 북아메리카 대륙 대부분의 지역에서 원주민들은 농사와 계절에 따른 사냥을 결합해 생활했다. 오늘날에도 아프리카 일부 지역에서는 많은 사람이 여전히 그렇게 살아가고 있다.

농업이 처음 시작된 곳은 아마도 '비옥한 초승달 지대(서아시아의 고대 문명 발상지 - 옮긴이)'였을 것이다. 농업 관행은 이 지역을 기점으로 남으로는 이집트, 서로는 소아시아, 동으로는 인도까지 서서히 퍼져나갔다.

하지만 이와 별도로 적어도 여섯 곳의 각기 다른 지역에서 머지않아 농업이 발명된 것도 사실이다. 이를 촉진한 톱니바퀴가 교역, 인구 증가, 안정된 기후, 그리고 채식주의의 강화라는 점은 첫 발상지와 같다. 9,200년 전쯤 페루에서는 호박에 이어 땅콩이, 8,400년 전 중국에서는 조와 쌀이, 7,300년 전 멕시코에서는 옥수수가, 6,900년 전 뉴기니에서는 타로토란과 바나나가, 6,000년 전 북아메리카 대륙에서는 해바라기가, 비슷한 시기 아프리카에서는 수수가 재배되었다.

농업의 이러한 동시 발생은 놀랄 만한 일이다. 마치 호주 원주민, 이뉴잇 족, 폴리네시아인, 스코틀랜드인이 18세기의 어느 10년 사이에 서로간의 접촉이 전혀 없이 각자 증기기관을 발명했다는 사실이 드러났다고 하는 것만큼이나 기묘한 일이다. 하지만 이는 빙하시대가 끝나면서 기후가 새로이 안정되었다는 사실로 설명이 된다. 최근 논문의 표현을 빌리면, "농업은 빙하시대에는 불가능했지만 충적세에는 필수적"이었다.

호주는 예측할 수 없는 가뭄이 몇 년 계속되다가 비가 많이 오는 날씨가 또 몇 년간 이어지는 대륙이다. 오늘날의 호주가 빙하시대의 변덕스러운 세상과 아직도 약간 비슷해 보이는 것은 우연이 아니다.

호주인들도 농사를 지을 능력이 충분했을 것이다. 풀씨를 빻고,

선호하는 식물이 더 잘 자라고 캥거루가 풀을 뜯기에도 더 좋으라고 관목숲을 태우는 방법을 알고 있었다. 또한 뱀장어가 더 잘 자라게 해서 나중에 포획하기 좋도록 강물의 물길을 돌리는 방법도 틀림없이 알고 있었다. 하지만 이들은 또한 알고 있었다. 기후가 몹시 불안정한 곳에서는 농사를 제대로 지을 수 없다는 것을. 어쩌면 비싼 대가를 치르고서 알게 되었는지도 모른다.

교역 없는 농업은 없다

최초의 농업 정착지들과 관련해 흥미로운 점 가운데 하나는, 이들 지역이 교역 타운이기도 했던 것으로 보인다는 것이다. 예컨대 석기시대 이래로 귀하게 취급되었던 흑요석(유리질 화산암)이 이동한 경로를 보자. 14,000년 전 이후 터키 아나톨리아의 카파도키아 지역 화산들에서 채취돼 남쪽으로 유프라테스 강 상류를 따라 이동해서 다마스쿠스의 바라다 강 유역을 거쳐 요르단 계곡까지 옮겨지고 있었다. 홍해의 조개껍데기들은 이 경로를 거꾸로 거슬러서 옮겨졌다.

이 경로는 정확히 최초의 농업 정착지(차탈회유크, 아부 후레이라, 예리코)가 있던 곳들이다. 그 위치는 산맥에서 내려온 신선한 물이 사막의 서부 지역으로 분출돼나온 오아시스 지내였다. 이들 지역은 토양의 양분, 습도, 햇빛이 잘 맞아떨어진 곳이자 교역 때문에 이웃 지역 사람들과 어울리는 곳이기도 했다.

이것이 놀라운 것은, 우리가 초기 농부들을 한곳에만 머무르는 자급자족적인 족속들로 생각하기 쉽기 때문이다. 하지만 이러한 지역에서 그들은 다른 어느 지역에서보다 활발하게 교역을 하고 있었다. 그리고 농업을 발명하게 만든 압력 중 하나는 부유한 상인들에게 식량을 대고 취할 수 있는 이익으로부터 나왔다고 추측하는 것이 합리적이다. 그 목적은 흑요석이나 조개껍데기 혹은 기타 좀 더 잘 부서지거나 썩기 쉬운 물건으로 교환할 수 있는 잉여물을 창출하는 데 있었을 것이다. 교역이 농업보다 먼저 있었다.

1960년대 제인 제이콥스Jane Jacobs가 출간한 《도시의 경제The Economy of Cities》를 보자. 그녀가 제시한 바에 따르면, 농업이 발명된 것은 최초의 도시들에 식량을 조달하기 위해서였다. 농업의 발명 덕분에 도시를 세우고 유지할 수 있게 된 것이라기보다는 말이다.

하지만 이것은 너무 멀리 나간 주장이다. 고고학자들은 도회지의 중심부가 최초의 농장보다 먼저 생겼다는 아이디어를 믿지 않는다. 수렵채집인들의 정착지 중 가장 큰 곳이라 해도 이를 '도시'라고 표현할 수는 없다. 심지어 북아메리카 태평양 연안의 어부들이 이를 본다 해도 그렇다.

그럼에도 불구하고 그녀의 아이디어에는 진실의 미세한 조각이 담겨 있다. 최초의 농부들은 이미 열성적인 교역자들이었고, 교환 거래를 통해 최저 생활수준을 벗어났으며, 농업은 교역의 또 다른 표현에 지나지 않았다.

그리스에서는 약 9,000년 전 농부들이 갑자기 극적으로 출현했다. 당시의 석기를 보면, 이들이 새로운 땅을 식민화할 목적으로 터키 아나톨리아나 동부 지중해 연안에서 아마도 배를 타고 왔다는 점을 알 수 있다. 게다가 그리스 최초의 농부들은 상호간에 활발하게 교역을 했으며 자급자족과는 거리가 멀었음도 명백하다. 그들은 다른 지역에서 들여온 흑요석을 도구로 만들기 위해 전문적인 장인에게 의존했다. 이 또한 기존의 통념으로는 생각하기 어려운 일이다.

교역이 농업보다 먼저 생겨났다. 나중에 나타난 것이 아니다. 농업이 작동하는 것은 교역망 속에 포함돼 있기 때문이다. 정확히 그 때문이다.

그로부터 얼마 후인 7,600년 전 육시네Euxine 호수 인근의 비옥한 평원에서 행복하게 농사를 짓던 농부들은 갑자기 충격적인 사태를 겪는다. 해수면 상승 때문에 헬레스폰트(다르다넬스 해협의 옛 이름)에서 넘친 바닷물이 호수 유역으로 쏟아져 들어온 것이다. 호수의 수위는 하루에 15센티미터씩 상승해 결국 이 지역을 오늘날의 흑해로 변모시켰다.

낙담한 피난민들은 다뉴브 강으로 달아나 유럽의 중심부까지 들어갔다. 이로부터 불과 몇백 년 지나지 않아 이들은 유럽 남부 지역 절반을 농부들로 가득 채우면서 대서양 연안까지 다다랐다. 이들은 때때로 이웃들에게 농업이라는 새로운 기술을 전염시키기도 했다. 하지만 그보다는 도정에 있는 수렵채집인들을 쫓아내고 폭력적으로 제압하는 일이 더 많았다(유전자 증거가 그렇게 말한다).

이들이 발트 해에 도달하기까지는 다시 수천 년이 걸렸다. 발트 해 연안에 밀집해 살고 있는 어부들에게는 농경을 시작할 필요가 없었기 때문이다. 이 지역에서는 농부들이 가지고 간 농작물로 인해 바뀐 것이 거의 없었다. 렌즈콩이나 무화과 같은 일부 작물은 (기후 때문에) 지중해에 남겨두고 와야 했다. 에머밀이나 외알밀 같은 일부 작물은 강수량이 더 많고 더 서늘한 북유럽 기후에 잘 적응했다.

5,000년 전에 이르자 농부들은 아일랜드, 스페인, 에티오피아, 인도에 다다랐다.

흑해 피난민의 후손 중 또 다른 일부는 오늘날 우크라이나 평원에 해당하는 지역까지 진출했다. 이곳에서 말을 가축으로 길들이고, 인도-유럽어라는 새로운 언어를 발전시켰다. 이 언어는 나중에 유라시아 대륙의 서쪽 절반을 지배하게 되었으며 산스크리트어와 게일어의 모태가 됐다.

신체의 착색을 결정하는 OCA2 유전자의 DNA 염기서열에 돌연변이가 일어나, A(아데닌)가 들어갈 자리에 G(구아닌)가 들어간 것도 1만~6천 년 전 흑해 북부 해안에 가까운 어느 지역에서였다. 이로 인해 성인의 파란 눈이 처음으로 출현했고, 결국 40퍼센트에 가까운 유럽인에게 계승되었다. 이 돌연변이는 유별나게 흰 피부도 동반했기 때문에, 일조량이 적은 북쪽 지역의 곡물(비타민D가 부족하다)을 주식으로 삼으려 하는 사람들에게 도움이 되었을 것이다. 햇빛은 신체로 하여금 비타민D를 합성할 수 있게 해준다. 이 유전자의 빈도는 농부들의 다산 능력을 말해준다.

농업이 일단 시작되기만 하면 그토록 급속히 퍼져나가는 이유가 무엇일까? 처음 작물이 된 극소수의 품종은 나중에 작물이 된 것들에 비해 생산성이 높고 발육도 빠르다는 게 그 이유 중 하나다. 그래서 농부들은 언제나 즐겁게 새로운 땅을 향해 옮겨갈 수 있었다. 숲을 태우면 그곳에는 재라는 비료가 뿌려진, 부드럽고 쉽게 부서지는 흙이 남는다. 그 다음에 할 일은 너무나 간단하다. 땅 파는 막대기로 흙을 찌른 다음 씨를 심으면 끝이다. 뒷전에 물러앉아 작물이 커가는 것을 기다리기만 하면 된다.

하지만 몇 년이 지나면 흙이 단단해져서 괭이로 땅을 갈아야 하고 잡초도 무성해진다. 이때 지력을 회복시키기 위해 땅을 놀리려면, 우선 질긴 풀뿌리를 잘라서 파묻어야 한다. 그래야 나중에 좋은 못자리를 만들 수 있다. 그러려면 쟁기와 이를 끌 황소가 필요하다. 그런데 황소는 꼴을 먹여야 한다. 결국 농사를 지으려면 경작지뿐 아니라 목초지도 있어야 한다.

오늘날 숲에서 사는 많은 부족에게 아직도 화전(나무를 베어내고 불을 질러 농사를 짓는 밭)이 그토록 일반적인 것은 놀랄 일이 아니다. 신석기시대 유럽에서 농업이 서쪽으로 퍼져감에 따라 숲을 태우는 연기가 틀림없이 공기 중에 짙게 맴돌았을 것이다. 화재 때문에 방출된 이산화탄소는 심지어 6,000년 전의 온난한 기후를 최고조로 따뜻하게 만들었을지도 모른다. 북극의 얼음이 여름에 그린란드 북쪽 연안에서 후퇴한 때가 그 정점이다. 이것은 초기 농업의 1인당 토지 사용량이 오늘날의 아홉 배 정도에 이르렀기 때문이다. 당시 인구는 적었지만 1인당 이산화탄소 배출량은 많았다.

자본과 금속 제련

농부들은 가는 곳마다 자신들의 습성을 퍼뜨렸다. 씨를 뿌리고 수확하고 탈곡하는 것뿐 아니라 곡물을 굽고, 발효시키고, 비축하고, 소유하는 습성까지 말이다.

수렵채집인들은 짐을 가볍게 해서 이동해야 한다. 심지어 칠따라

방랑을 하지 않을 때조차 언제라도 이동할 준비를 갖추고 있어야 한다. 농부들은 이와 대조적이다. 곡물을 저장하고 가축떼를 보호해야 한다. 수확을 할 때까지 경작지도 지켜야 한다. 밀을 경작한 최초의 인간은 틀림없이 딜레마에 맞닥뜨렸을 것이다. "내 거야, 나만 수확하는 거야"라고 알릴 방법 때문에 말이다. 사유재산을 나타내는 최초의 표식은 8,000년 전 시리아와 터키 국경지대에 살던 할라프 족이 사용한 인장이었다. 이와 유사한 인장이 나중에 소유권 표시에 사용되었다.

아직 남아 있던 수렵족들은 농토를 노리는 사람들의 대량 유입을 당혹스럽게 바라보았을 것이다. 가난하고 결사적인 농부들이 자기네 사냥터를 각자의 농지로 분할해버리는 장면을 말이다. 아마도 카인은 농부였고 아벨은 사냥꾼이었을 것이다.

한편, 농업이 채집을 대체함에 따라 목축이 수렵을 대신했다. 신석기시대 중동의 거주지들은 아마도 시장으로 커나갔을 것이다. 언덕의 양치기들이 들판에서 곡물을 재배하는 농부들과 만나 서로의 잉여물을 교환하는 장소 말이다. 수렵인-채집인 시장은 이제 목축인-농부의 시장이 되었다.

하임 오펙은 이렇게 기술했다. "인간의 입장에서, 잘 확립된 교환 성향보다 농업의 출범에 더 도움이 된 것은 없었을 것이다. 식품 생산을 전문화하고 식품 소비를 다양화할 필요성을 이보다 잘 조화시킬 수 있는 것은 없기 때문이다."

구리를 제련하는 것은 한 개인의 수요를 충족시키기 위해서라면 불합리한 일이었다. 심지어 자급자족하는 한 부족을 위해서라도 마찬가지다. 광석을 채굴하고 정교한 풀무를 이용해 숯불의 온도를

1,083도 이상으로 올리려면 엄청난 수고가 필요하다. 단지 주괴 몇 덩어리를 만드는 데만 해도 그렇다. 주괴는 질기고 잘 부러지지 않으며 다양한 모양을 만들기 쉬운 금속덩어리를 말한다.

상상해보라. 나무를 베어서 숯을 만들고, 도자기 도가니를 만들고, 광석을 채굴하여 부수고, 구리로 주형을 만들고 망치로 두들겨야 한다. 일을 끝마칠 수 있는 방법은 오직 타인의 축적된 노동을 소비하는(자본에 의지하는) 것밖에 없다. 구리도끼를 다른 수렵채집인들에게 판매할 수 있다고 해도 여전히 문제는 남는다. 시장 규모가 너무 작기 십상이기 때문이다. 이래서는 금속 제련에 시간과 노력을 들이는 게 무의미하다.

하지만 일단 농업이 자본을 제공하고 인구밀도를 높이고, 나무를 베어넘길 훌륭한 이유를 제공하면 이야기가 달라진다. 전업 구리 제련가들의 공동체를 부양할 만한 커다란 시장이 형성될 수 있다. 구리를 이웃 부족들에 팔 수 있다는 전제 하에서 말이다. 혹은 두 이론가의 말을 빌리면 이렇다. "농업 덕분에 인구밀도가 높아진 사회들은 협동, 조직화, 노동의 분업이라는 잠재력을 더 잘 이용해 많은 성과를 거둘 수 있다."

금속 제련이 발명된 것은 농업이 발명된 데 따른 거의 필연적인 결과다. (슈피리어 호 부근의 순수 구리 광상鑛床을 아주 초기에 채굴한 사람들 중 일부는 명백히 수렵채집인들이었지만, 캐낸 구리는 아마도 태평양 연안에서 농업에 가까운 성격의 연어잡이를 하던 어부들에게 공급되었을 것으로 보인다.) 구리는 최고 품질의 광석이 나오는 알프스 도처에서 생산됐지만 유럽 전역으로 수출되었다. 외치가 죽은 후 수천 년간 그랬다. 한참 후에야 키프로스에서 채굴된 구리가 알프스산産을 대체하게 되었다.

외치가 죽은 지 1천 년이 약간 더 지난 뒤 오스트리아의 미터버그 지역에서 서쪽으로 조금 떨어진 곳에 있었던 거주지를 보자. 이곳의 거주자들은 인근 산의 광맥에서 구리를 채굴하고 제련하는 일을 거의 전적으로 했던 것이 분명하다. 추운 계곡에 살던 이들은 스스로 가축을 키우기보다 구리를 생산하는 것이 더 이익이라는 사실을 깨달았다. 예컨대 다뉴브 평야에서 나오는 고기 및 곡식과 바꾸면 되는 것이다. 하지만 그렇게 해서 크게 부자가 되지는 못했던 것 같다. 그 후의 1천 년간 벌어진 일도 이와 마찬가지였다. 영국 콘월의 주석, 페루의 은, 웨일스의 석탄도 채굴자들을 큰 부자로 만들어주지는 못했다.

미터버그의 광부들은 다뉴브 평야의 농부들보다 장식품이나 사치품을 훨씬 조금 남겼다. 하지만 산에서 스스로의 먹을거리를 키워 자급자족을 시도했을 경우에 비해서는 훨씬 잘살았다. 이들은 하나의 필요를 충족시키기 위해 무엇을 만든 것이 아니라 생계를 꾸렸다. 어느 현대인 못지않게 경제적 인센티브에 분명하게 부응한 것이다. 경제적 인간 $Homo\ economicus$ 은 18세기 스코틀랜드의 발명품이 아니다.

이들의 구리는 주괴와 낫으로 변했고, 무게가 표준화되었으며, 이어 쪼개져서 멀리까지 널리 유통되었다. 머지않아 원시적 형태의 돈으로 유럽 전역에서 교환의 윤활유 역할을 하게 된다.

오늘날의 통념은 아마도 신석기시대 전문화와 교역의 정도를 과소평가하는 것 같다. 그 시대에는 모두가 농부였다고 생각하는 경향이 있다. 외치가 살던 세상에는 외알밀을 경작하는 농부가 있었다. 또한 망토의 재료가 되는 풀을 재배하는 농부도 있었을지 모른다. 도끼를 만드는 구리 대장장이가 있었고, 모자와 신발을 만드는 곰 사냥꾼이 있었을 수 있다. 물론, 외치 스스로 만든 것이 틀림없는 물건들도 있다. 그의 활과 화살 일부는 마감이 덜 된 것이다.

오늘날 산업화하지 않은 전통적인 사회에 사는 사람들의 전형적인 행태는 어떨까? 스스로의 생산물 중 3분의 1 내지 3분의 2를 소비하고 나머지는 다른 물품들과 교환한다는 게 대략적인 추정이다. 자신이 생산한 식량을 자신이 먹는 것은 1인당 연간 약 300킬로그램까지다. 이를 넘어서는 잉여분은 의복, 주거, 약, 교육과 교환하기 시작한다.

누군가가 부유하면 할수록 전문가로부터 더 많은 것을 조달한다는 것은 부유함의 정의 그 자체에 가깝다. 번영의 고유 징표는 전문화의 증대다. 가난의 징표는 자급자족으로 되돌아가는 것이다. 오늘날 말라위나 모잠비크의 빈촌에 가보라. 전문가는 거의 볼 수 없고 스스로 생산한 것을 직접 소비하는 비율이 높다는 것을 알게 될 것이다. 경제학자라면 "이들은 시장경제에 속해 있지 않다"고 말할 것이다. 이들은 외치 같은 고대 농부 부족보다도 '시장경제'에 덜 속해 있는 것이 거의 확실하다.

지금부터 강의를 좀 해야겠다. 많은 인류학자와 고고학자들은 과거를 지금과는 매우 다른 곳, 특유의 신비한 의례가 이루어지던 곳으로 취급하는 전통을 갖고 있다. 그렇다면 석기시대나 오늘날 남태평양의 부족을 현대 경제학의 전문용어로 설명하는 것은 억지이자 자본주의적 편향을 나타내는 시대착오적 오류가 될 것이다.

이 같은 관점은 특히 인류학자 마셜 살린스Marshall Sahlins가 널리 보급했다. 그는 산업 사회 이전의 경제는 '호혜주의'에 기반하고 현대 경제는 시장경제에 기반한다고 구분했다. 스티븐 셰넌은 이를 다음과 같이 풍자했다. "우리가 교환을 하는 것은 어떤 이윤을 얻기 위해서지만 그들이 그러는 것은 사회적 관계를 돈독히 하기 위해서다? 우리는 상품을 거래하지만 그들은 선물을 주고받는다?"

내 생각은 셰넌과 같다. 살린스의 주장은 거만한 허풍에 불과하다. 사람들은 인센티브에 반응하며 고래로부터 언제나 그래왔다는 것이 내 생각이다. 비용과 편익을 따져서 자신에게 이익이 되는 행동을 하는 것이 사람이다.

물론, 비경제적 요소도 고려한다. 예컨대 거래 상대와 좋은 관계를 유지할 필요라든가 악의적인 신들을 달랠 필요 등이 있을 수 있고, 친족이나 친구나 단골에게는 낯선 사람보다 후하게 거래하는 것도 분명하다.

하지만 오늘날에도 사람들은 그렇게 하고 있다. 심지어 시장경제 체제에 골수까지 물든 현대의 금융업자라 할지라도 의식, 예절, 관행, 의무의 그물망을 벗어날 수는 없다. 점심을 잘 대접받았다거나 미식축구 경기에 초대받는 등의 사회적 신세 역시 잊지 않는다. 현대 경제학자들이 소비자들의 냉정한 합리주의를 흔히 과장하는 것과 꼭 마찬가지로, 인류학자들은 산업화 이전 사람들의 사랑스러운 비합리주의를 과장한다.

산업화 이전 사람들은 시장을 몰랐다고 주장하는 이들이 좋아하는 사례는 남태평양(파푸아뉴기니 - 옮긴이)의 '쿨라kula' 시스템으로, 인류학자 브로니스와프 말리노프스키Bronislaw Malinowski가 보고한 것이다. 그에 의하면, 열네 개의 각기 다른 섬 집단에 속한 사람들이 조가비로 만든 팔찌와 목걸이를 교환하는데, 팔찌는 시계 반대 방향으로, 목걸이는 시계 방향으로 열네 개 섬 집단의 지역 전체를 순환하며 옮겨간다. 2년 또는 그 이상의 기간이 지나면 원래의 소유자에게 목걸이나 조가비가 다시 돌아온다. 이런 시스템을 시장경제라고 부르는 것은 분명 이치에 맞지 않는다. 핵심은 이익이 아니라 교환 그 자체임이 분명하다.

하지만 좀 더 자세히 들여다보면, 쿨라의 독특함은 많이 퇴색된다. 쿨라는 이들 섬에서 시행되는 많은 종류의 교환방식 중 하나에 불과할 뿐이다. 서구인들이 크리스마스에 카드와 양말을 교환한다는 사실은 그들의 삶에서 교환이 사회적으로 큰 의미를 지닌다는 점을 말해준다. 하지만 이 사실이, 이들이 시장에서 이윤을 추구하지 않는다는 것을 뜻하는 것은 아니다.

남태평양에서 온 인류학자가 서구의 크리스마스를 연구한다고 생각해보자. 그는 다음과 같은 결론을 내릴 수 있다. "종교의 계시를 받은, 완전히 무의미하고 쓸데없고 제정신이 아닌 한겨울의 상업활동이 서구인들의 생활을 지배한다."

예나 지금이나 태평양 섬사람들은 낯선 사람과 거래할 때는 싸게 사는 것이 중요하다는 점을 민감하게 인식한다.

어쨌든 후속 연구에 따르면, 말리노프스키가 쿨라 시스템의 순환적 성격을 어느 정도 과장했음이 드러났다. 유용한 물품을 교환하는 거래자들이 서로 상대방에게, 실용성은 없지만 예쁜 물건 선물하기를 좋아한다는 사실의 부수적인 결과라는 것이다. 이런 선물이 처음의 출발점으로 돌아오는 일이 때때로 있을 뿐이었다.

농업의 발명, 인류 역사상 최악의 실수?

20세기 전반 고든 차일드Gordon Childe와 그의 추종자들은 신석기 혁명을 인류 복지의 향상으로 해석했다. 명백한 혜택을 가져왔다는 것이다. 기근을 살아 넘길 수 있게 해주는 저장 식량, 우유나 달걀처럼 쉽게 구할 수 있는 새로운 형태의 영양, 황야를 가로지르는 여행(소모적이고 위험하며 소득이 없는 때도 많다)을 할 필요의 감소, 몸이 약하거나 부상이 있는 사람도 할 수 있는 일, 문명을 발명할 수 있는 더 많은 여유시간 등.

경제적으로 번영했고 아직도 향수를 부르는 20세기의 후반 30여 년에 이르자 농업은 재해석되었다. 창조적 영감에 의해서가 아니라 절망에서 탄생한 발명이자, 심지어 '인류 역사상 아마도 최악의 실수'라는 것이다. 마크 코헨Mark Cohen과 마셜 살린스가 이끄는 비관주의 그룹의 주장은 다음과 같다. "농업은 공해와 더러움과 전염병과 조기 사망으로 고통받는 사람들에게 영양가가 부족한 단조로운 식사를 제공하는 뼛골 빠지는 다람쥐 쳇바퀴였다." 토지의 인구 부양 능력은 향상되었지만 지력이 계속 떨어졌으므로 사람들은 더 열심히 일해야 했고, 출산율은 높아졌지만 젊어서 죽는 사람이 더 많아졌다는 것이다.

칼라하리 사막의 '도브 쿵 부시맨' 같은 현존하는 수렵채집인들을 보라. 이들은 여유시간도 많고 '원초적으로 풍요로운 사회(살린스의 표현)'에 살고 있는 것 같다. 스스로 출산을 제한해서 인구 과밀을 방지하고 있지 않은가.

최초의 농부들의 유골은 어떤가? 상처와 마모, 만성 기형, 치통,

작은 키가 드러난다. 질병은 또 어떤가? 홍역은 가축에게서, 천연두는 낙타에게서, 결핵은 우유에서, 독감은 돼지에게서, 흑사병은 들쥐에게서 옮았다. 자신들의 배설물을 비료로 쓰기 때문에 생기는 기생충, 배수구나 빗물받이통에서 번식하는 모기로부터 옮은 말라리아는 말할 것도 없다.

이들은 또한 사상 최초로 불평등의 피해자가 되었다. 이에 비해 현존하는 수렵채집인들은 현저하게 평등주의적이다. 그럴 수밖에 없는 사정이 있다. 수렵과 채집의 성과는 운에 좌우되고, 집단으로서 생존하려면 나눠먹는 도리밖에 없다. (분수를 망각한 자들에게는 잔인한 복수를 통해 이 같은 평등주의를 강제할 필요가 때때로 있다.)

하지만 성공한 농부들은 얼마 지나지 않아 양식 일부를 비축할 수 있게 된다. 이것으로 자신보다 못한 이웃의 노동력을 살 수 있으므로 그는 더욱 부유해진다. 종국적으로 (특히 사는 곳이 관개가 되는 강 유역이고 그가 물을 관리한다면) 그는 황제가 될 수도 있다. 하인들과 군사들을 이용해 자신의 횡포한 변덕을 신민들에게 강요하는 존재 말이다.

이보다 더 나쁜 것은 농업이 성적 불평등을 악화시켰을지도 모른다는 점이다. 이는 프리드리히 엥겔스Friedrich Engels가 최초로 주장했다. 많은 농업 공동체에서 남자들이 여자들에게 힘든 일을 많이 시킨다는 것은, 가슴 아프지만 명백한 사실이다.

수렵채집 사회의 남성들에게도 진저리나는 성차별 관습이 많다. 하지만 이러한 관습들은 적어도 사회에 기여하는 바라도 있다. 약 6천 년 전 쟁기가 처음 발명되었을 때 황소를 몰아 땅을 가는 일은 남성이 맡았다. 근력이 더 필요한 일이었기 때문이다. 하지만 그 탓에 불평등은 더 심화되었다. 이제 여성들은 더 많이 남성들의 소유물 취급을 받게 되었고 남편의 부를 상징하는 팔찌와 발찌를 잔뜩 차야 했다.

예술 분야에서는 남성의 힘과 경쟁을 상징하는 화살, 도끼, 단검 등의 상징이 지배하게 되었다. 이때부터 아마도 일부다처제가 확산되고, 가장 부유한 남성은 많은 아내와 족장의 지위를 갖게 되었을 것이다. 슬로바키아의 브랑크에서는 남성보다 많은 수의 여성이 공들여 만든 부장품과 함께 묻혔다. 이는 이들 여성이 부자였다기보다는 남편들이 많은 처첩을 거느린 부자였다는 사실을 의미한다. 또한 다른 남성들은 금욕 상태에서 비참하게 살았다는 뜻이 되기도 한다. 이 같은 방식을 통해 일부다처제는 가난한 여성들이 가난한 남성들보다 번영에 더 많이 참여할 수 있게 만들어준다. 이때는 가부장제의 시대였다.

그렇지만 초기 농부들의 행실이 수렵채집인들보다 조금이라도 더 나빴다는 증거는 없다. 부유하고 번영한 극소수 수렵채집 사회의 경우를 보자(의존할 만한 자원이 풍부한 지역에 살면 그럴 수 있다. 아메리카 대륙 북서부의 연어잡이 부족이 대표적인 예다). 이런 사회들 역시 곧바로 가부장제와 성적 불평등에 빠져들었다. 현대의 수렵채집 부족인 쿵 족이 소위 '원초적 풍요'를 누릴 수 있었던 것은 오로지 현대의 도구를 사용하고 농부들과 교역할 수 있었기 때문이다. 심지어 인류학자들이 상식 밖의 도움을 준 덕분인 경우도 있다. 이들의 출산율이 낮은 것은 산아제한보다는 성병 탓이 더 크다.

초기 농부들의 신체 기형에 대해서도 다른 설명이 가능하다. 발견된 유골들이 대표적인 것이 아닐 수도 있다. 혹은 유골의 주인들이 상처를 입거나 병을 앓은 후에도 죽지 않고 살아남았다고 해석될 수도 있다. 수렵채집 사회가 성적으로 평등했다는 주장조차도 단지 희망적인 사고의 소산에 불과한 것으로 확인될지 모른다.

어쨌든 티에라 델 푸에고 제도의 남편들이 저지른 행태를 보라. 이들은 수영을 할 줄 모른다. 아내들은 바다의 켈프(다시마 등의 대형 갈조褐藻 — 옮긴이) 채취장으로 카누를 몰고 가서 닻을 내린 뒤 눈보라 속을 헤엄쳐서 해변으로 돌아온다. 아내가 이 모든 일을 하는 동안 남편들은 두 손 놓고 있다.

진실은 다음과 같다. 수렵채집과 농업 모두 풍요를 만들 수도 궁핍을 낳을 수도 있다. 식량이 많으냐 적으냐, 상대적인 인구밀도가 높은가 낮은가에 따라서 말이다. 어떤 해설가는 이에 대해 다음과 같이 표현했다. "산업화 이전의 모든 경제 체제는, 단순하거나 복잡한 체제를 막론하고 빈곤을 낳는 능력을 갖추고 있으며, 시간만 충분히 주어지면 그 능력을 발휘할 것이다."

수렵채집 사회의 만성적이고 지속적인 폭력은 농업의 발명과 함께 끝난 것이 아니다. 빙하시대의 인간 외치는 폭력에 의해 살해되었다. 뒤에서 날아온 화살에 어깨의 동맥이 뚫렸다. 그 전에 그는 자신의 화살로 두 명의 남성을 죽였고 부상당한 동료를 등에 업고 있었다. DNA 분석 결과가 그렇다. 그의 칼에는 또 다른 남성의 피가 묻어 있었다. 이 과정에서 그는 엄지를 깊이 베였고 머리에도 치명적인 타격을 당했지만, 살아남았다. 이것은 소규모의 접전이 아니었다. 죽어 있는 자세를 보면, 상대가 화살을 회수하기 위해 그의 몸을 뒤집었다는 것을 알 수 있다. 하지만 돌로 만든 화살촉은 몸에 박힌 채 부러져 있었다.

고고학자 스티븐 르블랑Steven LeBlanc은 말한다. 고대에 폭력이 일상적으로 자행되었다는 증거들이 장 자크 루소 식의 희망적인 사고를 하는 학자들에 의해 고의로 무시당해왔다고 말이다. 그는 터키의 8천 년 전 유적지에서 팔매질(두 가닥의 줄 끝에 붙인 가죽이나 천에 돌을 넣고 빙빙 돌리다가 던지는 도구인 슬링sling을 이용했다. 다윗이 골리앗에게 쓴 무기가 바로 이것이다 - 옮긴이)용 돌과 도넛 형태의 돌을 수없이 많이 발견했다. 1970년대 그가 현지에서 작업할 때는 이 돌의 용도가 목동들이 늑대를 쫓고 농부들이 괭이를 무겁게 만드는 것으로 생각했다고 한다. 하지만 그것이 폭력적 무기였다는 사실을 그는 오늘날 알게 되었다. 도넛 모양의 돌은 전투용 곤봉의 머리 부분이었고, 돌멩이들은 방어 전투를 위해 쌓아둔 것이었다.

초기 농부들은 서로 죽이는 싸움을 끊임없이 했다. 고고학자들이 둘러보는 곳마다 그런 증거가 나타난다. 예리코(팔레스타인의 고대 도시 - 옮긴이)의 초기 거주자들은 금속 연장도 없이 단단한 바위를 파서 깊이 9미터, 폭 3미터가 넘는 방어용 수로를 만들었다.

독일 메르츠바흐 계곡의 경우를 보자. 이곳에서 농업이 시작되자 5세대 동안 인구가 평화롭게 증가했다. 그 다음에는 방어용 토목시설이 건설되었고, 구덩이들에 시체들을 버렸고, 계곡 전체를 포기하고 떠났다. 기원전 4900년경 독일 남서부 탈하임에서는 한 공동체에 속하는 34명이 등에 화살을 맞고 머리를 가격당해 한꺼번에 학살되었다. 성인 여성의 시체는 없는 것으로 보아(하지만 후에 유골 DNA 분석 결과 성인 여성 7명이 있었던 것으로 확인되었다 - 옮긴이), 아마도 성적인 노리개로 끌려간 것으로 보인다.

이들이 당한 행위는 후에 성경에서 모세가 추종자들에게 지시한 것과 다를 바 없었다. 미디안인들과의 전투에서 이겨 성인 남성들에 대한 대량 살육이 끝난 뒤 모세는 자신의 추종자들에게 어린 처녀들을 강간하는 것으로 일을 마무리 지으라고 말한다. "그러므로 너희는 이제 모든 남자 어린이와, 남자와 동침하여 남성을 경험한 모든 여자를 살해하라. 그리고 남자와 동침하지 않아 경험이 없는, 여자 어린이들은 너희 자신을 위해 모두 살려두라."(구약성서 민족유랑사 31절. 《새즈믄 우리말 구약정경》 269쪽을 참고하면서 표현을 조금 바꿨다 – 옮긴이.)

오늘날에도 인류학자들이 관찰한 곳은 어디나 사정이 같다. 뉴기니에서 아마존, 이스터 섬에 이르기까지. 자급 농업 부족들은 서로 끊임없이 전쟁을 벌이고 있다.

폴 시브라이트는 다음과 같이 썼다. "제도적인 견제 장치가 없는 경우, 혈연관계가 없는 타인을 계획적으로 살해하는 것은 너무나 흔한 일이다. 살인이 끔찍한 것은 사실이지만, 너무나 흔한 현상이라 예외적이라거나 병적이라거나 정신장애 탓이라고 할 수 없다."

그뿐만이 아니다. 이 같은 폭력은 현대인을 메스껍게 만들 정도의 잔인성을 상시적으로 동반한다는 점을 부인할 수 없다. 1609년 북아메리카 원주민 휴런 족이 모호크 족을 습격해 승리를 거둘 때 동행했던(스스로 화승총을 들고 한몫 거들었다) 사뮈엘 샹플랭Samuel Champlain이 목격한 참상을 보자.

이들은 포로 한 명을 해질녘부터 새벽녘까지 산 제물로 삼아 고문했다. 벌겋게 달아오른 숯막대기를 불속에서 끼내 몸통에 낙인을 찍은 것이다. 포로가 기절하면 물을 쏟아부어 정신을 차리게 한 뒤 다시 숯으로 지지곤 했다. 전통에 따르면, 이들은 태양이 떠오르고 나서야 희생자의 배를 갈라 내장을 꺼내 먹을 수 있었다. 이 과정에서 포로는 서서히 죽어갔다.

비료혁명, 공기를 비료로

신석기혁명은 후손들에게 거의 무제한의 칼로리를 제공했다. 그 후 수천 년간 수많은 기근이 닥쳤지만, 인구밀도를 수렵채집 사회 수준으로 끌어내리는 일은 다시는 없었다. 인류는 아무리 메마른 땅에서도 식량을 우려내는 방법을 찾아냈다. 점차 요령을 개선해가며 조금씩 더 거둬들였다. 아무리 보잘것없는 식량에서도 칼로리를 섭취하는 방법 역시 찾아냈다. 거의 기적적인 명민함과 통찰력을 구체화해 그런 방법을 알아낸 것이다.

신석기시대로부터 불과 몇천 년 더 산업혁명에 가까운 쪽으로 시선을 돌려보자. 인구가 팽창하는 수준이 아니라 폭발하기 시작하는 시기 말이다. 그러면 경탄하지 않을 수 없을 것이다. 선조들이 굶주린 것이 아니라 잘 먹으면서 인구 폭발기를 지나왔다는 사실에 대해서 말이다.

1798년 로버트 맬서스Robert Malthus는 《인구론》에서, 토지의 생산력은 유한하기 때문에 식량 공급이 인구 증가를 따라갈 수 없을 것이라고 예측했다. 그는 틀렸다. 하지만 물론 쉬운 일은 아니었다. 19세기에는 아슬아슬한 때도 더러 있었다. 미국은 증기로 움직이는 상선, 철도, 이리 운하, 냉장고, 바인더(곡식을 베면서 단으로 묶는 기계) 덕분에 막대한 양의 밀을 유럽으로 보내 산업 대중을 먹여살릴 수 있었다. 쇠고기와 돼지고기 역시 마찬가지였다. 그럼에도 불구하고 기근이 멀리 있다고 할 수는 결코 없었다.

1830년경 이상한 횡재를 하는 일이 없었더라면 상황은 더 나빴을 것이다. 남아메리카 해안과 남아프리카 해안에서 좀 떨어진 곳에 바닷새들이 사는 섬들이 있다. 여기에 가마우지, 펭귄, 부비(가마우지의 일종)의 배설물이 몇백 몇천 년간 쌓여왔다. 비가 오지 않기 때문에 씻겨나가지 않은 것이다. 이는 막대한 양의 질소와 황을 의미했다. 구아노(새똥이 돌로 굳은 것) 채굴은 이윤이 큰, 무자비한 사업이 되었다. 몇 년 지나지 않아 이차보Ichaboe라는 작은 섬에서 80만 톤의 구아노를 캐냈다.

1840~1880년, 구아노에서 추출한 질소는 유럽의 농업에 막대한 변화를 가져왔다. 하지만 품질이 좋은 퇴적물은 머지않아 바닥이 났다. 광산업자들은 안데스 산맥에 풍부한 초석 퇴적물을 캐는 쪽으로 방향을 틀었다. (남아메리카 대륙이 서쪽으로 조금씩 이동하는 바람에 고대의 구아노 섬들이 융기한 것으로 밝혀졌다.) 하지만 이것으로는 수요를 충족시킬 수 없었다. 20세기로 전환할 무렵 인류는 절망적인 비료 위기를 맞고 있었다.

맬서스의 비관적 예측이 나온 지 100주년이 되는 1898년, 영국의 저명한 화학자 겸 물리학자 윌리엄 크룩스 경Sir William Crookes은 영국 화학협회 회장 취임식에서 이와 유사한 한탄을 길게 늘어놓았다. 연설 제목은 '밀 문제'였다. 그는 주장했다. 인구는 늘어나고 아메리카 내륙에 새로운 경작지는 더 이상 없다는 점을 감안하면 "모든 문명은 식량 부족이라는 치명적 재앙을 맞이하고 있다"고. 그리고 모종의 과학적 공정을 통해 공기 중의 질소를 화학적으로 고정할 수 있게 되지 않는다면 "위대한 백인종은 세계의 선두 자리를 지킬 수 없을 것이며 밀로 만든 빵을 주식으로 삼지 않는 인종들에 밀려 멸종하게 될 것"이라고.

그가 제시한 과제는 15년이 지나지 않아 해결되었다. 프리츠 하버Fritz Haber와 카를 보슈Carl Bosch가 증기, 메탄, 공기를 원료로 대량의 무기질소 비료 만드는 방법을 발명했다. 우리 몸에 있는 질소 원자의 거의 절반은 그 같은 암모니아 공장을 거쳐 온 것이다.

그러나 크룩스 경이 말한 재앙을 피하는 데 이보다 더 큰 역할을 한 것은 내연기관이었다. 최초의 트랙터들은 최고의 말들과 비교할 때 나은 점이 별로 없었다. 하지만 세상과 관련해서는 막강한 장점이 하나 있었으니, 연료를 재배할 땅이 필요하지 않다는 점이었다. 미국 내 말의 수는 1915년 최고치에 이르러 2,100만 두를 기록했다. 당시 미국 내 농지의 3분의 1이 말 먹이용 사료를 재배하는 데 바쳐졌다.

수레 끄는 동물을 기계로 교체하자, 사람이 먹을 식량을 재배할 막대한 면적의 농지가 새로 생겼다. 엔진이 달린 운송수단은 또한 철도 수송 종점에 접근할 수 있는 농지를 크게 확대해주었다.

1920년까지도 미국 중서부의 우수한 농업용지 300만 에이커 이상이 경작되지 않은 채 방치되었다. 철도로부터 129킬로미터 이상 떨어져 있었기 때문이다. 이 거리를 마차로 수송하려면 닷새가 걸린다. 그러면 수송비용이 수송하는 곡물의 가치보다 최대 30퍼센트 더 들어간다.

1920년, 종묘업자들은 히말라야산 밀과 미국산 밀을 교배해 튼튼하고 내한성이 강한 변종 '마르키스'를 개발했다. 캐나다의 더 북쪽 지역에서도 살아남을 수 있는 품종이었다.

크룩스는 기근이 닥쳐올 시기를 1931년으로 예측했다. 하지만 트랙터와 비료와 신품종 밀 덕분에 그 해의 밀 생산량은 수요를 크게 넘어섰다. 그 바람에 밀 가격은 폭락했고, 유럽 전역에서 밀밭이 목초지로 바뀌었다.

볼로그의 난쟁이 밀

20세기는 맬서스 유의 비관주의자들을 계속해서 당혹하게 만들었다. 가장 극적인 사건은 1960년대 아시아에서 일어났다. 60년대 중반 2년간 인도는 대량 기아사태에 빠질 위험에 처해 있었다. 가뭄 때문에 농사를 망쳐 굶주리는 사람이 계속 늘어났다. 인도 아대륙은 오랫동안 굶주림을 겪어온데다 1943년의 벵골 대기근이 기억에 생생하던 터였다. 당시 인구는 전대미문의 급증세를 보여 4억 명이 넘었다. 정부는 농업을 '어젠더 1순위'로 올려놓았다.

하지만 밀과 쌀의 신품종 개발을 맡은 주 정부의 곡물 독점 기업들은 성과를 내놓지 못했다. 새로 경작할 토지도 거의 없었다. 인도의 끔찍한 파멸을 막고 있는 것은 미국이 매년 원조하는 500만 톤의 식량뿐이었다. 이런 지원이 언제까지나 계속될 수 없다는 것은 분명했다.

하지만 이 같은 패배주의의 와중에도 인도의 밀 생산은 크게 늘기 시작했다. 20여 년 전부터 일어나기 시작한 일련의 사태 때문이었다.

제2차 세계대전이 끝나갈 무렵 일본에 주둔한 더글러스 맥아더Douglas MacArthur 장군의 팀에는 세실 새먼Cecil Salmon이라는 농학자가 있었다. 그가 수집한 변종 밀 16종 중에 '노린Nonrin 10'이라는 품종이 있었다. 보통 밀의 절반인 60센티미터까지밖에 자라지 않는 종자다. 오늘날에는 그 이유도 알려졌다. Rht1이라는 단 하나의 유전자에 일어난 돌연변이 덕분이다. 이로 인해 천연 성장 호르몬에 대한 반응이 둔감해진 것이다. 새먼은 씨앗을 좀 수집해 미국으로 보냈고, 이 샘플은 1949년 오리건 주의 과학자 오빌 보겔Orville Vogel에게 전해졌다.

키가 큰 밀은 인공비료를 더 줘도 소출 증대가 불가능하다는 점이 확인되고 있던 시기였다. 줄기를 더 굵고 길게 자라도록 함으로써 밀대가 쓰러져버리는 것이다. 보겔은 밀짚이 짧은 변종을 만들기 위해 '노린 10'을 다른 품종들과 교배하기 시작했다.

1952년 멕시코에서 일하는 과학자 노먼 볼로그Norman Borlaug가 보겔의 연구실을 방문했다. 그는 노린, 노린-브레버 잡종 두 종류의 씨앗을 멕시코로 가져가 새로운 교잡종을 키우기 시작했다. 그리고 몇 년 지나지 않아 과거의 세 배를 수확할 수 있는 새 품종을 만들어냈다. 1963년이 되자 볼로그의 변종은 멕시코에서 경작되는 밀의 95퍼센트를 차지하게 되었다. 밀 수확량은 그가 멕시코에 발을 디딘 해의 여섯 배에 이르렀다. 볼로그는 이집트와 파키스탄을 비롯한 여러 나라의 농학자들을 훈련시키기 시작했다.

1963~1966년, 볼로그와 그의 '멕시코 난쟁이 밀'은 파키스탄과 인도에서 수없는 난관을 겪어야 했다. 지방에서 재배 실험을 진행한 연구자들은 시기심 때문에 의도적으로 비료를 덜 주었다. LA 폭

동은 말할 것도 없고 멕시코와 미국의 세관 관리들 때문에 씨앗 선적이 늦어져 파종 시기를 놓치기도 했다. 세관에서 훈증 소독을 너무 열성적으로 한 탓에 씨앗의 절반이 죽어버린 일도 있다. 인도 주정부가 운영하는 곡물 독점 기업들은 새 품종이 질병에 취약하다는 소문을 퍼뜨리며 반대 로비를 했다. 인도 정부는 자국의 비료산업을 육성하기 위해 비료 수입 확대를 막았다. 이 문제는 볼로그가 인도 부총리에게 소리를 지른 다음에야 해결되었다. 설상가상으로 인도와 파키스탄 간에 전쟁이 일어났다.

하지만 볼로그가 불굴의 의지로 노력한 덕분에 난쟁이 밀은 점차 널리 보급되었다. 파키스탄 농림부 장관은 라디오에 나와 새 품종을 칭송했다. 인도 농림부 장관은 자신의 크리켓 경기장 한가운데를 갈아엎고 난쟁이 밀을 심었다. 1968년 멕시코산 씨앗을 대량으로 수입한 뒤 두 나라의 밀 수확량은 엄청나게 늘었다. 수확량에 수반되어야 할 인력, 우마차, 트럭, 저장소가 부족할 정도였다. 일부 도시에서는 곡물을 학교에 쌓아두어야 했다.

그 해 3월 인도는 밀혁명을 축하하는 기념우표를 발행했다. 환경주의자 폴 에를리히Paul Ehrlich가 《인구 폭탄 The Population Bomb》을 출판한 바로 그 해였다. 그는 책에서 단언했다. 인도가 식량을 자급한다는 것은 환상이라고. 그 예측은 책의 잉크가 마르기도 전에 틀린 것으로 판명났다.

1974년이 되자 인도는 밀 순 수출국이 되었다. 밀 생산량은 세 배로 뛰었다. 볼로그의 밀과 그 뒤를 이은 난쟁이 쌀 품종들은 녹색혁명을 선도했다. 인구가 급증했음에도 불구하고 대륙 거의 전 지역에서 기근을 몰아낸 1970년대 아시아 농업의 일대 변혁을 이끈 것이다. 1970년 노먼 볼로그는 노벨 평화상을 받았다.

볼로그와 그의 아군들은 화석연료로 만든 비료가 완전한 능력을 발휘할 수 있게 고삐를 풀어주었다. 1900년 이래 세계 인구는 네 배로 늘었다. 경작지는 30퍼센트 증가했다. 평균 소출은 네 배로, 총 수확량은 여섯 배로 늘었다. 따라서 1인당 식량 생산량은 50퍼센트 늘어났다. 화석연료 덕분에 생긴 멋진 뉴스다.

집약농업은 자연을 보호한다

2005년 세계의 총 곡물 생산량은 1968년의 두 배에 이르렀다. 농업을 집약화하면 방대한 규모의 토지를 놀릴 수 있다. 경제학자 인두르 고클라니Indur Goklany가 계산한 통계는 놀라운 내용이다. 만일 1961년의 평균 소출이 1998년에도 이어졌다면 세계 인구 60억 명을 먹여살리기 위해 79억 에이커를 경작해야 했을 것이다. 하지만 1998년의 실제 경작 면적은 37억 에이커에 불과했다. 칠레를 제외한 남아메리카의 면적만큼 차이가 난다.

앞서의 추산은 그나마 낙관적으로 본 것이다. 열대우림, 늪, 반사막을 새 경작지로 편입해도 예전 경작지와 같은 소출을 낼 것으로 가정했기 때문이다. 따라서 단위면적당 소출이 늘지 않았다면, 우림을 불태우고 사막에 관개를 하고 습지에서는 물을 빼고 간석지를 개간하고 목초지를 경작해야 했을 것이다. 인류가 실제로 한 것보다 훨씬 대규모로 말이다.

달리 말하면 이렇다. 오늘날 인류가 농축업(예컨대 경작하고 수확하고 가축을 기르는)을 하는 면적은 육지 전체의 38퍼센트에 불과하다. 소출이 1961년 수준이었다면 오늘날의 인구를 먹여살리기 위해서는 육지의 82퍼센트가 투입되어야 했을 것이다.

집약농업 덕분에 육지의 44퍼센트가 야생상태로 보존될 수 있었다. 환경적인 관점에서 보면, 집약농업은 이제까지 일어난 일 중 가장 좋은 것이다. 오늘날 농부들이 도시로 떠난 덕분에 다시 숲으로 자라고 있는 '2차 열대우림'은 20억 에이커가 넘는다. 이들 지역의 생물 다양성은 벌써 원래의 열대우림에 근접할 정도로 풍부해졌다. 이는 집약농업과 도시화 덕분이다.

물론 다음과 같이 주장하는 사람들도 있다. "인류는 지구의 1차 생산물을 자기 마음대로 쓰고 있다. 이미 지속 가능한 수준을 넘어섰다. 만일 현재보다 소비를 더 많이 하게 된다면 지구 전체의 생태계가 붕괴될 것이다."

인류는 무게로 볼 때 지구 생물의 0.5퍼센트를 차지한다. 그런데도 지상식물의 1차생산물 중 약 23퍼센트(바다를 포함한다면 수치는 훨씬 작아질 것이다)를 수단과 방법을 가리지 않고 소비하고 있다. 23퍼센트라는 수치는 생태학자들에게 HANPP(human appropriation of net primary productivity, 지구 순 1차생산력의 인류 독점)라는 명칭으로 알려져 있다.

말하자면 다음과 같은 이야기다. 지상식물이 1년간 대기로부터 흡수할 수 있는 잠재적 탄소량은 총 6,500억 톤이다. 그런데 이중 800억 톤은 농작물이 흡수해버리고, 100억 톤은 태워지고, 600억 톤은 쟁기질이나 길거리 또는 염소 때문에 식물의 성장에 쓰이지 못한다. 인류 이외의 다른 모든 종을 지탱할 탄소는 5,000억 톤이 남는 셈이다. 이 정도면 아직도 경제 성장 여력이 남아 있는 것처럼 보일지 모른다. 하지만 일개 유인원종의 그렇게 두드러진 단일 문화를 지구가 계속 지탱해줄 것으로 기대하는 게 정말 실용적인 생각일까?

이 질문에 대답하려면 수치를 지역별로 나눠보아야 한다. 시베리아와 아마존의 경우, 식물 성장분의 99퍼센트는 아마도 인간이 아니라 야생 생물을 부양하는 데 쓰이고 있을 것이다. 아프리카와 중앙아시아의 많은 지역에서는 인간이 토지 생산량의 5분의 1을 독점하면서도 그 생산성은 감소시키고 있는 것이 사실이다. 방목이 너무 많이 이루어진 관목지대에서 부양할 수 있는 염소의 수는, 만일 자연상태로 두었다면 부양 가능했을 영양의 수보다 적다.

하지만 서유럽과 동아시아를 보라. 인간은 그 지역 식물 소출의 절반을 먹어치우지만 다른 종의 식량을 거의 축내지 않는다. 비료로 토지 생산성을 극적으로 높이기 때문이다. 1년에 두 차례 질산비료를 주는 우리집 근처의 목초지가 그런 예다. 큰 무리의 젖소를 부양하는 이 목초지에는 또한 지렁이, 각다귀애벌레, 쉬파리, 그리고 이들을 먹이로 삼는 지빠귀, 갈까마귀, 제비가 우글거린다.

이런 현상은 실질적으로 낙관주의에 커다란 명분을 제공한다. 아프리카와 중앙아시아 전역에 걸쳐 농업을 집약화하면 사람뿐 아니라 다른 종들도 더 많이 부양할 수 있다는 의미가 되기 때문이다. 혹은 학술적으로 말하자면, "이 같은 조사 결과가 시사하는 바는, 지구 전체로 볼 때 반드시 HANPP를 늘리지 않고도 농업 산출량을 증대시킬 상당한 잠재력이 있을 수 있다"는 것이다.

현대 농업은 과거의 농업보다 환경 보존에 더 유익하다. 다음과 같은 추세들이 여기에 기여한다. 오늘날에는 잡초 제거를 위해 쟁기질(쟁기의 주된 기능은 잡초를 파묻는 것이다) 대신 제초제를 동원하기 때문에, 땅을 갈지 않고 바로 파종하는 작물이 점점 늘고 있다. 덕분에 토양 침식과 미세모래 유출이 줄어든다. 또한 쟁기질에 수반되기 마련인, 땅속에 있던 작은 생물들의 무고한 대량 학살도 줄일 수 있다. 벌레를 잡아먹는 갈매기 무리가 입증하듯 말이다. 또 식품을 방부제로 처리한(환경론자들이 매우 싫어하지만) 덕분에 썩어서 쓰레기통으로 가는 양이 크게 줄었다.

심지어 소와 돼지, 병아리를 축사나 닭장에 가둬 키우는 것도 그렇다. 동물 복지를 걱정하는 사람들(나도 그중 하나다)의 양심에 걸리는 일이긴 하다. 하지만 이렇게 하면 사료도 적게 들고 환경오염이나 질병도 줄어든다. 그러면서 고기는 더 많이 생산하지 않는가. 조류인플루엔자가 유행했을 때 큰 위험에 처한 것은 방목 병아리였지, 닭장에서 사육되던 것들이 아니었다.

집약적 축산업 방식 중 일부는 너무 잔인해서 받아들이기 어려울 정도다. 하지만 다른 일부는 방목 축산의 일부 방식보다 나쁘지 않다. 그리고 환경에 미치는 영향도 더 작은 것이 분명하다.

볼로그의 유전자들은 하버의 암모니아, 루돌프 디젤Rudolf Diesel의 내연기관과 기가 막히게 결합했다. 이 모두는 결국 원자의 재배열에 해당한다. 덕분에 적어도 그 후 반세기 동안 맬서스가 틀렸다는 점이 확인되었을 뿐 아니라, 호랑이와 큰부리새가 아직도 야생에 존재할 수 있게 되었다.

따라서 나는 이제 과감하게 제안하려 한다. 지금의 세계가 21세기 내내 식량 문제에 관한 한 세계 인구 전체가 점점 더 잘 먹고 살게 만든다는 목표를 설정하는 것은 타당하다고. 추가로 경작되는 토지가 전혀 없다는 전제 하에서, 실제로는 경작 지역을 점차 줄여가면서 말이다. 이것이 과연 실현 가능한 목표일까?

1960년대 초반 경제학자 콜린 클라크Colin Clark가 계산한 내용에 따르면, 한 사람을 부양하는 데 필요한 토지 면적은 이론상 27제곱미터면 족하다. 그의 추론은 다음과 같다. 인간의 1일 평균 에너지 소요량은 2,500칼로리다. 이를 곡물로 환산하면 약 685그램에 해당한다. 땔감과 섬유, 그리고 목축을 위한 곡물을 감안해 이를 두 배로 계산하면 1,370그램이다. 비옥하고 관개가 잘된 토지에서 자라는 작물의 1일 최대 광합성 능력은 1제곱미터당 350그램이다. 혹시 모르니까 보수적으로 추산해서 약 50그램으로 보자. 실제로 농경을 할 수 있는 지역은 광대해서 생산 효율이 낮은 곳도 있으니 말이다. 따라서 한 사람이 필요로 하는 1,370그램의 곡물을 생산하기 위한 토지 면적은 27제곱미터다. 이를 근거로 삼고 당시의 농업 소출량을 감안해, 1960년대 클라크는 "세계가 먹여살릴 수 있는 입은 350억 개"라고 주장했다.

클라크는 1일 광합성 양을 보수적으로 추정했다. 그럼에도 불구하고 그의 계산이 지나친 낙관에 입각했다고 가정해보자. 그가 제시한 수치를 네 배로 키워서, 한 사람을 부양하려면 최소 100제곱미터가 있어야 한다고 가정하자.

우리는 여기에 어느 정도 근접했을까? 2004년 인류는 약 5억 헥타르의 토지에서 쌀, 밀, 옥수수 약 20억 톤을 생산했다. 헥타르당 평균 4톤을 수확한 셈이다. 위에서 예시한 세 가지 곡물은 직접 소비되거나 쇠고기, 돼지고기, 닭고기의 형태로 간접 소비되면서 세계 식량의 약 3분의 2를 공급했다. 이는 40억 명을 먹여살릴 양에 해당한다. 5억 헥타르로 40억 명을 부양했으니 헥타르당 8명꼴이다. 이를 1인당 농지 면적으로 환산하면 1,250제곱미터가 된다. 1950년대에는 한 사람을 부양하는 데 약 4,000제곱미터가 투입됐던 것을 감안하면, 그동안 필요 토지 면적이 크게 줄어든 것이다.

하지만 1인당 100제곱미터보다는 아직 훨씬 큰 수치다. 게다가 인류는 이밖에도 10억 헥타르를 경작해 기타 곡물, 콩, 채소, 목화 등을 재배했다(목축지는 계산에 넣지 않았다). 이는 1인당 5,000제곱미터에 해당한다. 설사 인구를 90억 명으로 늘려잡는다 해도 농업 생산성의 한계에 다다를 때까지는 막대한 여유가 있다. 앞으로 소출을 두 배, 네 배로 늘린다 해도 토지에서 실제로 수확할 수 있는 최대량에 이르기까지는 아직 한참 남았다. 최대 광합성 한계치는 차치하고라도 말이다.

우리가 모두 채식주의자가 됐다면 1인당 필요 토지 면적은 더 줄어들었을 것이다. 하지만 만일 유기농법으로 전환했다면 필요 면적은 더 늘어났을 것이다. 좀 더 정확히 말해보겠다. 오늘날 사용되는 공업 질소비료를 유기농법으로 대체한다는 것은 300억 에이커의 추가 목초지에서 추가로 70억 마리의 가축이 풀을 뜯는다는 뜻이 된다. (오늘날 유기농 옹호자들이 유기비료와 채식주의를 찬양하는 것을 흔히 들을 수 있다. 독자들은 양자의 상호모순에 주목하기 바란다.) 하지만 위의 계산들이 보여주는 바에 따르면, 심지어 채식주의가 없다 해도 농지의 여유분은 앞으로도 계속 늘어닐 것이나.

그러므로 그렇게 하자. 1인당 필요 농지 면적을 계속 줄여나가자. 남아도는 농지를 자연상태로 되돌리기 시작할 수 있을 때까지 말이다.

햇빛을 받을 수 있는 땅이 고갈돼가는 것은 식량 생산에 장애가 되지 않을 것이다. 하버가 비료 공급의 병목을 해결했으니 말이다.

하지만 수자원 고갈은 장애가 될 가능성이 높다. 레스터 브라운 Lester Brown은 지적한다. "인도는 지하 대수층과 갠지스 강에 크게 의존해 농작물에 물을 대고 있다. 하지만 대수층은 빠르게 고갈되는 중이고 갠지스는 서서히 말라가고 있다. 관개용 물의 증발에 따른 염분 증가는 세계 전역에서 점점 더 큰 문제가 되고 있다. 세계 물 사용량의 70퍼센트가 온전히 농작물 관개에만 사용되고 있다."

하지만 그는 이어서 다음과 같이 인정한다. "관개 시스템의 비효율성(증발에 의한 손실)은 특히 중국에서 빠르게 개선되고 있다. 문제를 거의 완전히 해결할 수 있는 점적관개(호스에 미세한 구멍을 뚫어 농작물 뿌리 근처에만 물방울이 떨어지게 하는 방법 - 옮긴이) 기술이 이미 잘 사용되고 있다. 키프로스, 이스라엘, 요르단 같은 나라들은 이미 점적관개법을 아주 많이 사용하고 있다."

달리 말해 비효율적인 관개는 물값이 싸기 때문이다. 일단 시장에서 적절한 가격이 매겨지면 물을 아껴쓰게 될 뿐 아니라, 모으고 저장할 인센티브가 생겨 수자원 자체가 풍부해질 것이다.

2050년 90억 명의 인구를 부양하기 위해 필요한 조치는 다음과 같다. 아프리카의 비료 사용을 크게 확대해서 농업 생산량을 최소한 두 배로 늘려야 한다. 아시아와 아메리카 대륙에 관개농법을 도입해야 한다. 적도 부근의 여러 나라에서 이모작을 해야 한다. 세계 모든 나라에서 유전자 조작 작물을 재배해야 한다. 소출을 늘리고 공해를 줄이기 위해서 말이다. 가축 사료를 곡물에서 콩으로 대체하는 변화가 더 많이 일어나야 한다. 소와 양의 사육을 줄이고 물고기, 병아리, 돼지의 사육 비율을 늘려야 한다(병아리와 물고기가 곡물을 고기로 전환하는 효율은 소의 세 배다. 돼지는 그 중간쯤이다). 그리고 많은 양의 교역이 필요하다. 이는 작물과 소비자가 같은 장소에 있지 않기 때문이지만, 교역은 해당 지역별로 가장 소출이 많은 작물을 재배하도록 전문화를 촉진할 것이기 때문이기도 하다.

가격 신호가 세계의 농부들로 하여금 이러한 조치들을 취하게 만든다면, 2050년에는 90억 명이 오늘날보다 더 잘 먹고 살 것이라고 확실하게 전망할 수 있다. 경작지는 오늘날보다 더 줄어들어 광대한 토지를 자연보호 구역으로 만들 수도 있을 것이다. 상상해보라. 2050년에 전 세계에서 막대하게 늘어날 자연의 황무지를. 이런 멋진 목표는 오직 더 많은 집약화와 변화를 통해서만 달성할 수 있다. 퇴보와 유기비료를 쓰는 최저 생활을 통해서가 아니라.

이런 점을 생각하면, 우리는 정말로 농업의 복합화를 달성해야 한다. 도시 내에서 이용되지 않는 부지에 농장을 세우고 점적관개를 활용한 수경재배와 전기조명을 통해 1년 내내 식량을 생산해서 슈퍼마켓까지 컨베이어벨트로 직접 운반하는 복합농업 말이다. 이를 위한 건물과 전기료를 지원해주자. 개발업자에게 세금을 깎아주면 된다. 어딘가의 농지가 숲이나 소택지, 초원으로 되돌아가게 만든 보상으로 말이다. 희망을 주는, 감격적인 이상 아닌가!

내가 맡은 라디오 프로그램에서 교수 한 명과 요리사 한 명이 함께 제안한 내용이 있다. 각 나라는 대체로 자기 나라에서 생산한 식량으로 자급자족해야 한다는 것이다(왜 하필 각 나라인가? 대륙이나 농촌, 행성 단위가 아니고). 그런데 세계가 꼭 그런 선택을 해야 할까?

그러면 물론 지금보다 훨씬 넓은 땅이 필요하게 될 것이다. 영국은 바나나와 목화 재배에 부적합하고, 자메이카는 밀과 양모 생산에 부적합하다. 양국의 부적합 정도는 우연히도 동일하다. 만일 세계가 자동차 연료를 유정에서 빼내는 대신 농지에서 재배하기로 결정한다면(2000년대 초반 그런 미친 짓이 시작되었다), 경작할 토지 면적은 또다시 풍선처럼 팽창할 것이다. 그리고 하룻밤 자고 나면 열대우림 한 지역이 사라지는 사태가 발생할 것이다.

하지만 온전한 사고방식이 어느 정도 유지된다면, 우리의 손자손녀들은 먹기도 잘 먹고, 지금보다 더 넓고 보존상태가 좋은 자연보호 구역을 방문할 수 있을 것이다. 내가 달성하려 애쓰는 비전이 바로 이것이다.

이를 달성하는 길은 집약농업에 의한 집약생산에 있다. 인간이 아직도 수렵채집을 하던 시절에는 한 명을 부양하려면 수천 헥타르의 땅이 필요했다. 오늘날 1인당 필요 면적은 1,000제곱미터 남짓, 10분의 1헥타르에 불과하다. 이는 농업, 유전학, 석유, 기계, 교역 덕분이다. (석유가 충분히 오랫동안 고갈되지 않고 나올 수 있느냐 하는 문제는 다른 주제다. 이는 이 책의 후반부에서 논의할 것이다. 내 생각을 요약하면, 가격이 충분히 비싸지면 대용품이 채택되리라는 것이다.)

이런 일이 가능한 것은 오직 다음과 같은 이유 때문이다. 모든 토지의 구석구석이 무엇이든 거기서 잘 자라는 작물을 재배할 수 있는 상황이 조성돼 있으며, 세계 교역망은 그 생산물을 분배해 모두가 모든 산물을 조금씩 구할 수 있도록 해준다. 여기서도 번영의 핵심 열쇠는 생산의 전문화, 소비의 다양화라는 것이 다시 한 번 분명해진다.

유기농의 오류

하지만 이러한 나의 예측을 정치인들이 망칠 수 있다. 세계가 유기농업을 하기로 결정한다면 말이다. 이 말은 농축업에 필요한 질소를 식물과 생선에서 얻기로 결정한다는 뜻이다. 공장에서 화석연료를 이용해 질소를 공기에서 직접 추출하는 방법을 포기한다는 뜻이다. 그러면 90억 명 중 많은 사람이 굶어죽을 것이고, 모든 우림을 베어내는 결과로 이어질 것이다. 그렇다. '모든'이라고 썼다.

유기농업은 소출이 적다. 당신이 좋아하든 그렇지 않든 말이다. 그 이유는 단순한 화학에 있다. 유기농업은 모든 합성비료를 회피하기 때문에 토양의 광물성 영양분을 고갈시킨다. 특히 인과 칼륨이 먼저 고갈되고 결국은 황, 칼슘, 마그네슘도 그렇게 된다. 이 문제를 피해가기 위해 유기농법은 분쇄한 광석과 으깬 생선을 땅에 보태준다. 모두 채굴하거나 그물로 잡아야 하는 것들이다.

이보다 더 큰 문제점은 질소 부족이다. 이를 되돌리는 방법은 콩과 식물(클로버, 알팔파, 콩 등)을 길러 공기로부터 질소를 고정하게 만드는 것이다. 그리고 콩과 식물 자체 또는 이를 소에게 먹여서 나온 배설물을 쟁기질로 땅에 파묻는 것이다. 이런 방법을 쓰면 특정한 좁은 면적에서는 유기농법의 소출이 비非 유기농법에 필적할 수 있다. 하지만 이를 위해서는 콩과 식물을 키우고 소를 먹일 추가 토지가 반드시 필요하다. 경작지가 사실상 두 배로 늘어나는 것이다. 유기적이지 않은 보통의 농법이 질소를 조달하는 원천은 이와 대조적이다. 사실상 단 한 곳, 공기로부터 직접 질소를 고정하는 공장이 바로 그 원천이다.

유기농가는 또한 화석연료 의존을 줄이고 싶어 한다. 하지만 유기농 식품은 비싸고 희소하며, 더럽고 썩기 쉽다. 이를 피하려면 집약적으로 생산하는 수밖에 없다. 이는 연료를 사용한다는 의미다.

실제 사례를 보자. 캘리포니아에서 합성비료나 살충제를 사용하지 않고 유기재배한 양상추 450그램에는 80칼로리가 들어 있다. 이것이 도시 레스토랑의 식탁에 오르기까지 소모되는 화석연료는 4,600칼로리다. 파종, 제초, 수확, 냉장, 세척, 상품화, 수송에는 모두 화석연료가 사용된다. 유기재배가 아닌 보통 양상추의 경우 4,800칼로리가 필요하다. 양자의 차이는 미미하다.

그런데 유기농업에 경쟁력과 효율성을 제공하는 기술이 출현했을 때 유기농 운동은 이를 즉각 거부했다. 그 기술은 바로 유전자 조작이다. 감마선과 발암성 화학물질을 사용하는 '돌연변이 육종'에 대한 부드러운 대안으로 1980년대 중반에 처음 발명되었다.

지난 50여 년간 많은 작물이 돌연변이로 만들어졌다는 사실을 알고 있는가? 많은 파스타가 방사선을 쬔 듀럼밀의 변종으로 만들어진다는 것을? 아시아의 배 대부분은 방사선 조사 접목으로 성장한다는 것을? 유기농가에 특히 인기 있는 보리 품종 골든 프로미스는 1950년대 영국의 원자로에서 처음 만들어졌다는 사실을? 그런 방식으로 유전자에 대량의 돌연변이를 일으킨 다음 좋은 형질을 선택하는 과정을 밟아 만들어진 품종이라는 사실을?

목표 식물의 유전자를 무작위로 휘젓는 이 같은 방법은 결과도 예측할 수 없고 유전자의 부수적인 피해도 컸다. 1980년대에 이르러 과학자들은 이런 방법 대신, 기능이 밝혀지고 존재가 파악된 유전자를 대상 식물에 주입해 원래 하던 일을 하도록 만들 수 있게 되었다.

서로 다른 종에서 추출한 유전자를 사용할 수도 있었다. 서로 다른 종 사이에서 특질이 수평 이동할 수 있게 된 것이다. 이는 자연 상태의 식물에서는 상대적으로 드문 일이다(미생물 세계에서는 흔한 일이지만 말이다).

예컨대 1930년대 프랑스에서 '스포렌'이라는 이름으로 처음 상품화됐던 살충 박테리아 '바실루스 투린기엔시스*Bacillus thuringiensis*, bt'를 보자. 많은 유기농가가 해충의 증식을 막기 위해 이를 농작물에 뿌렸다. 화학적이 아닌 생물학적 살포제라서 그들의 검사를 통과한 것이다.

1980년대가 되자 각기 다른 곤충을 구제하는 bt의 다양한 품종이 개발됐다. 모두 유기적 살충제로 인정받았다. 그러자 당시 유전공학자들이 bt의 독소 생성 유전자를 추출해 목화에 집어넣었다. 이로써 최초의 유전자 조작 작물 중 하나가 탄생했다.

bt목화에는 두 가지 커다란 장점이 있었다. 살충 스프레이가 쉽게 도달하지 못하던 목화 내부에 사는 목화다래벌레를 죽였고, 목화를 먹지 않는 무해한 곤충들은 죽이지 않았다. 공식적으로 인정된 유기성 제품을 생물학적으로 식물에 이식, 통합한 것이다. 환경에도 명백하게 더 좋았다.

하지만 그럼에도 불구하고, 유기농 운동의 고위 사제들은 이 기술을 거부했다. bt목화는 목화산업을 계속 바꿔나갔고, 오늘날에는 전체 목화의 3분의 1 이상을 차지하게 되었다. 인도 농민들은 정부가 승인을 거부하자 bt목화씨를 요구하는 폭동을 일으켰다. 이웃의 밭에서 밀수한 목화가 자라고 있는 것을 목격했던 것이다.

오늘날 인도 목화는 대부분 bt 품종이고, 그 결과 소출은 거의 두 배로 늘었으며 살충제 사용량은 절반으로 줄었다. 쌍방 모두에 이익이 되는 윈-윈이었다. 중국에서 미국 애리조나 주에 이르는 세계 모든 지역을 통틀어, bt목화에 대한 조사 결과는 동일하다. 살충제 사용량은 최대 80퍼센트까지 줄었으며, 벌과 나비와 새들이 다시 풍부해졌다. 경제적으로나 생태적으로 모두 좋은 소식이다.

하지만 유기농 운동 지도자들은 합성 살충제의 사용을 크게 줄여 준 이 신기술의 수용을 고집스럽게 거부했다. 단지 항의를 통해 매스컴의 주목을 받는 식의 시류에 편승하려는 목적으로 말이다. 혹자는 유전자 조작 덕분에 사용되지 않은 살충제의 유효 성분이 2억여 킬로그램에 달하며, 그 양도 증가세에 있는 것으로 추산했다. 유기농 운동은 농업 기술을 20세기 중반 수준에 동결시키려는 억지를 부리고 있다.

이 이야기는 이런 억지가 어떤 의미를 갖는지 보여주는 하나의 예에 불과하다. 그 후의 발명이 가져다준 환경적 혜택을 이들은 놓치고 있다.

"자신들은 MRI 대신 청진기를 쓰는 의사에게 가지 않으려고 하면서, 나 같은 농부들에게는 작물을 재배하는 데 1930년대 기술을 쓰라고 요구하는 사람들 때문에 정말 신물이 납니다." 미국 미주리 주의 농부 블레이크 허스트Blake Hurst가 쓴 글이다.

유기농가들은 황화구리나 황화니코틴은 기꺼이 뿌리면서 피레드로이드 같은 합성 살충제의 사용은 스스로 금지하고 있다. 해충은 신속히 죽이고 포유동물에는 독성이 매우 낮으며 해충이 아닌 것들에는 부수적인 피해를 미치지 않게 빨리 분해되는데도 말이다.

이들은 제초제 사용도 스스로 금지한다. 이는 저임금의 노동인력이 손으로 잡초를 뽑아야 한다는 의미다. 혹은 농지를 갈아엎거나 기름을 뿌려 불을 질러야 한다는 의미다. 그러면 토양 생물계를 파괴하고 토양 유출을 가속시키며 온실가스를 방출하게 되는데도 말이다.

이들은 공기에서 추출한 비료는 거부하면서 트롤그물로 잡은 고기를 재료로 하는 비료는 사용한다. 레이철 카슨Rachel Carson은 오늘날 고전이 된 저서 《침묵의 봄》에서 과학자들에게 촉구했다. 화학 살충제에 등을 돌리고 해충을 억제할 '생물학적 해결책'을 찾으라고 말이다. 과학자들은 이를 실행했다. 하지만 유기농 운동에 의해 거부당했다.

유전자를 조작하는 수많은 방법

사실 모든 농작물은 '유전적으로 조작된' 것이다. 이는 단어의 정의 자체에 따른 결과라고 할 수 있다. 농작물은 탈곡하기 쉬운, 부자연스럽게 큰 씨앗이나 크고 달콤한 열매를 맺는 능력이 있는 기괴한 돌연변이들이다. 이들은 인간의 개입에 의해서만 생존을 유지할 수 있다.

당근이 주황색인 것은, 오직 16세기 네덜란드에서 처음 발견된 것으로 추정되는 하나의 돌연변이가 선택된 덕분이다. 재배 바나나는 후손을 만들 수 없으며 씨를 생산할 수 없다. 밀의 모든 세포에는 세 종류의 야생 풀에서 이어받은 온전한 2배체 유전자 세 쌍이

들어 있다. 그리고 밀은 야생 식물로서는 전혀 생존할 수 없다. 밀 잡초는 결코 찾아볼 수 없다.

쌀, 옥수수, 밀이 공유하는 유전적 돌연변이가 있다. 씨의 크기가 커지도록 생장을 변화시키고, 낟알이 떨어지는 것을 방지하며, 탈곡하기 쉽게 만드는 돌연변이다. 이는 이들 품종의 씨를 뿌리고 수확하기 시작한 최초의 농부들에 의해 우연히 선택된 것이다.

하지만 단일 유전자를 이용하는 현대의 유전자 조작은 탄생 초기부터 걱정스럽게도 질식사할 뻔했다. 압력단체들이 부추긴 비이성적인 공포 때문이었다. 처음에 이들은 유전자 조작 식품이 안전하지 못할 수 있다고 말했다. 하지만 무수히 많은 사람이 먹었어도 이로 인해 인간이 질병에 걸린 사례가 하나도 없는 것으로 드러나자 이런 주장은 자취를 감췄다.

그 다음에는 유전자가 종간 장벽을 넘는 것은 부자연스럽다고 주장했다. 하지만 가장 주요한 작물인 밀의 경우를 보자. 야생 식물 세 종의 배수체를 부자연스럽게 병합한 것이다. 그리고 유전자의 수평 이동은 암보렐라를 비롯한 많은 식물에서 이루어지고 있다. 원시적 현화(顯花, 꽃을 피우는) 식물인 암보렐라는 이끼와 조류(藻類)에서 빌려온 DNA 염기서열을 지니고 있는 것으로 밝혀졌다(심지어 뱀의 DNA가 바이러스의 도움을 받아 자연상태에서 게르빌루스 쥐에게 전달되는 것까지 확인되었다).

그러자 유기농을 주장하는 사람들은 말했다. 유전자 조작 농작물들은 농부를 돕기 위해서가 아니라 이윤을 위해 생산, 판매되는 것이라고 말이다. 하지만 그렇기는 트랙터도 마찬가지다.

그러자 이들은 기괴한 주장을 시도했다. 제초제 내성 농작물이

야생 식물과 교차교배해서 해당 제초제로는 박멸할 수 없는 슈퍼 잡초를 탄생시킬 수 있다고 말이다. 제초제에 반대하는 사람들이 이런 주장을 펼치다니, 놀라운 일이다. 그들 입장에서 제초제를 무력화시키는 것보다 더 매력적인 일이 어디 있단 말인가!

유전자 조작 농작물이 탄생한 지 25년도 채 지나지 않은 2008년에 이미 경작 가능한 토지의 10퍼센트, 즉 3천만 에이커에서 유전자 조작 농작물이 자라고 있었다. 농업 역사상 신기술이 가장 빠르고 성공적으로 채택된 사례 가운데 하나다.

농부와 소비자들이 이런 작물을 이용할 길이 막혀 있는 곳은 오직 유럽과 아프리카, 두 대륙의 일부 지역에 불과하다. 전투적인 환경주의자들의 압력 때문이다. 스튜어트 브랜드Stewart Brand는 이를 "굶주림에 대한 이들의 습관적 무관심"이라고 표현했다. 서구 운동가들의 집중적인 로비에 설득당한 아프리카 정부들은 유전자 조작 식품을 금지 품목에 넣었다. 상업적 재배가 허용된 곳은 남아공, 부르키나파소, 이집트 세 나라뿐이다.

2002년 잠비아가 심지어 기근을 겪는 중에도 유전자 조작 식량의 원조를 거부한 사례는 악명 높다. 유전자가 조작됐기 때문에 위험할 수 있다는 선전에 넘어간 것이다. 그린피스와 '지구의 친구들' 등의 단체가 이를 선도했다. 심지어 어떤 압력단체는 잠비아 대표단에게 유전자 조작 농작물이 인간에게 '역전사 감염(레트로 바이러스에 의해 유전자가 인간에게 옮겨지는 것 - 옮긴이)'을 일으킬 수 있다고까지 말했다.

이에 대해 로버트 팔버그Robert Paarlberg는 "유럽인들은 최고의 부자 취향을 가장 가난한 사람들에게 강요하고 있다"고 썼다. 또 골든라이스(비타민A의 전구체인 베타카로틴을 다량 함유한 노란색 쌀-옮긴이) 품종의 개발자인 잉고 포트리쿠스Ingo Potrykus는 "모든 유전자 조작 식품을 일괄적으로 반대하는 것은 오직 배부른 서구인들만이 누릴 수 있는 사치"라고 생각한다. 케냐 과학자인 플로렌스 왐부구 Florence Wambugu는 이렇게 표현했다. "선진국에 사는 당신들은 분명히 유전자 조작 식품의 장단점에 대해 논란을 벌일 자유가 있다. 하지만 먼저 우리가 먹을 수 있도록 좀 해달라."

어쨌든 유전자 조작 농작물의 혜택을 가장 크게 볼 수 있고 또 이를 간절히 기다리는 것은 아프리카 지역이다. 이 지역의 많은 농부는 너무 영세해서 화학 살충제를 구하기가 거의 불가능하다는 바로 그 이유 때문이다.

우간다의 주요 작물인 바나나는 블랙 시가토카Black Sigatoka라는 곰팡이병으로 많은 피해를 입고 있다. 쌀의 유전자를 지닌 저항성 품종들이 개발되고 있지만, 규제 때문에 앞으로도 여러 해가 지나야 시장에 나올 수 있다.

유전자 조작 신품종들의 시험 재배지는 울타리와 자물쇠의 보호를 받고 있다. 반대자들이 짓밟을까 봐 두려워서가 아니다. 재배하고 싶어 하는 사람들이 훔쳐갈까 걱정되기 때문이다.

아프리카의 1인당 식량 생산량은 지난 35년간 20퍼센트 떨어졌다. 옥수수의 약 15퍼센트는 줄기를 파먹는 나방애벌레 때문에 못쓰게 된다. 또 최소한 그만큼이 창고에서 딱정벌레에 의해 사라진다. bt옥수수는 두 해충 모두에 저항성이 있다. 대기업의 소유권은 문제가 되지 않는다. 서구의 회사들과 재단들은 이 같은 작물들을 아프리카 농업기술재단 같은 기관을 통해, 로열티를 받지 않고 아프리카 농부들에게 제공하고 싶어 한다.

여기저기서 희망의 불빛이 보이고 있다(아직은 비록 희미하지만). 2010년 케냐에서 가뭄과 해충에 저항성을 지닌 옥수수 품종의 현장 재배 실험이 시작된다. 안전성 검사를 통과하려면 몇 년 더 걸리겠지만 말이다.

유전자 조작 작물에 반대하는 운동이 세계 전체에 가져온 결과는 아이러니하다. 우선, 화학 살충제의 퇴각을 지연시켰다. 또한 환금성 작물에만 유리한 상황을 조성했다. 이런 작물들만이 복잡한 규제를 뚫고 시장에 진출할 여유가 있기 때문이다. 영세농과 구호사업가들에게는 유전자 조작 작물에 접근할 길이 사실상 차단됐다는 뜻이다. 오직 대기업만이 환경론자들의 압력이 강요한 각종 규제에 대처할 능력과 여유를 갖고 있다. 그 결과 유전자 조작은 원래 그랬을 것보다 더 오랫동안 대기업들의 보호구로 남게 되었다.

하지만 유전자 조작 작물은 이미 환경에 막대한 혜택을 주고 있다. 유전자 조작 목화를 키우는 모든 지역에서 살충제 사용량이 급속히 줄고 있으며, 제충제 내성 콩을 재배하는 모든 지역에서 토양 생태계가 풍요로워지고 있다. 땅을 갈아엎을 필요가 없기 때문이다. 가뭄과 염분, 독성 알루미늄에 저항성이 있는 식물들도 개발되고 있다. 라이신 강화 콩이 머지않아 양어장에서 연어 사료로 쓰이게 될지 모른다. 그러면 연어 사료를 만들기 위해 야생의 다른 물고기들을 잡을 필요가 없어진다.

당신이 이 책을 읽을 때쯤이면 질소 흡수력을 강화시킨 식물들이 이미 시장에 나와 있을지도 모른다. 비료를 절반만 써도 소출을 더 많이 내는 종자들이다. 그러면 질소비료가 흘러들어가 수생 생물 서식지를 부영양화하는 일이 크게 줄어든다. 대기도 더 맑아진다. 이산화탄소보다 300배 강력한 온실가스(산화질소)를 줄여주기 때문이다.

비료 제조에 소모되는 화석연료도 줄여준다. 농부의 경작비가 줄어드는 것은 말할 필요도 없다. 물론, 이런 일 중 일부는 유전자 삽입을 하지 않고도 가능할 것이다. 하지만 삽입하는 편이 더 빠르고 안전하다. 그러나 그린피스와 '지구의 친구들'은 아직도 이 모든 것에 반대하고 있다.

현대 농업에 대한 환경론적 비판 중 유력한 논점이 하나 있다. 과학이 양을 추구하다 보니 식품의 영양학적 품질을 희생했을지 모른다는 점이다. 20세기는 인구 증가에 대응해 칼로리 공급량을 사상 최고의 속도로 늘렸고, 이 점에서 너무나 큰 성공을 거둔 시대다. 그 결과 입에 맞는 부드러운 식품을 너무 많이 먹어서 생긴 질병이 만연하게 되었다. 비만, 당뇨, 심장병, 그리고 아마도 우울증이 그 예다.

예컨대 식물 기름과 많은 양의 붉은살코기를 먹는 현대의 식사에는 오메가3 지방산이 부족하다. 이는 심장병의 원인이 될 수 있다. 현대의 밀가루에는 인슐린 저항성을 키워 당뇨병을 일으킬 수 있는 아밀로펙틴 전분이 풍부하다. 그리고 옥수수에는 트립토판 아미노산 성분이 특히 적다. 트립토판은 '좋은 기분'과 관련된 신경전달물질인 세로토닌의 전구체다.

소비자들은 당연히 이런 단점을 제거한 차세대 품종들에 눈을 돌릴 것이다. 물론 생선과 과일, 채소를 많이 먹으면 문제를 해결할 수 있다. 하지만 이런 대안은 더 많은 땅을 소모하는 방식일 뿐 아니라, 가난한 사람들보다는 부자에게 더 맞는 해결책이어서 건강 불평등을 심화시킬 것이다.

인도의 운동가 반다나 시바Vandana Shiva는 비타민 강화 쌀에 반대하면서 이렇게 주장했다. "인도인들은 골든라이스에 의존하지 말고 고기, 시금치, 망고를 더 많이 먹어야 한다." 그녀는 마리 앙투아네트(Marie-Antoinette, 빵이 없으면 케이크를 먹으면 된다는 말로 유명하다 - 옮긴이)의 추종자인 모양이다.

유전자 조작은 이를 대신할 명백한 해법을 제시한다. 소출이 높은 품종들에 건강에 좋은 특성들을 삽입하는 것이다. 옥수수에는 우울증을 방지할 트립토판을, 당근에는 우유를 마실 수 없는 사람들의 골다공증을 치료하기 위해 칼슘 운반 유전자를, 수수와 카사바를 주식으로 삼는 사람들을 위해 비타민과 미네랄을 말이다.

이 책이 출간될 즈음이면 미국 사우스다코타 주에서 개발한, 오메가3 지방산을 함유한 콩이 미국 내 슈퍼마켓으로 배달되고 있을 것이다. 이런 콩은 심근경색 위험을 낮춰줄 뿐 아니라, 그 기름으로 요리하는 사람들의 정신건강에도 도움이 된다. 또한 생선 기름을 채취하느라 야생의 물고기들에게 가해지던 압력도 줄여줄 것이다.

5
도시의 승리 _ 5천 년 전 이후의 교역

THE RATIONAL OPTIMIST

도시가 존재하는 것은 교역을 위해서다. 도시는 사람들이 노동의 분업, 전문화,
교환을 위해 찾아오는 장소다. 도시는 교역이 팽창할 때 커나간다.

수입은 크리스마스 아침이다.
수출은 (다음 해) 1월 마스터카드 청구서다
—
오루크 P. J. O' Rourke, 《국부론 On The Wealth of Nations》

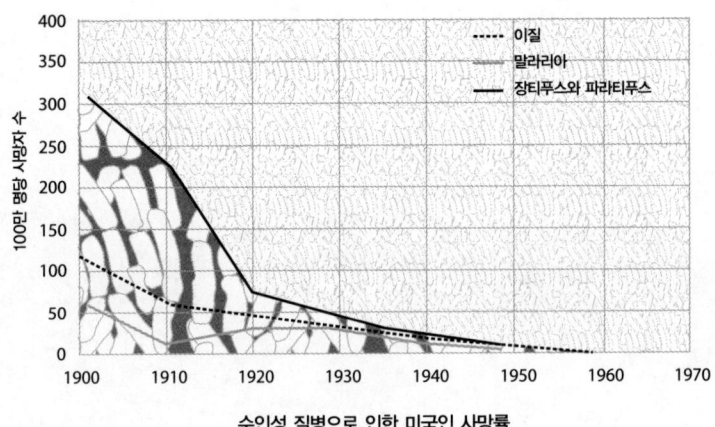

수인성 질병으로 인한 미국인 사망률

THE TRIUMPH OF CITIES: TRADE AFTER 5,000 YEARS AGO
도시의 승리 _ 5천 년 전 이후의 교역

오늘날 단 한 사람이 운전하는 콤바인은 빵 50만 개를 만들 수 있는 밀을 하루에 거둬들인다. 오늘날 사상 최초로 세계 인구의 대부분이 도시에 살고 있다(내가 이 글을 쓰고 있는 지금은 2008년 말이다). 1900년에는 전체 인구 중 도시민이 차지하는 비율이 15퍼센트에 불과했다. 기계화 영농은 인구의 도시 유입을 가능하게 했고, 인구의 도시 유입 덕분에 가능해지기도 했다. 희망과 포부를 안고 도시로 온 사람들도 있었고, 절망과 두려움 속에서 도시로 밀려온 사람도 있었다. 하지만 모두의 목표는 동일했다. 바로 교역에 참가하는 것이었다.

도시가 존재하는 것은 교역을 위해서다. 도시는 사람들이 노동의 분업, 전문화, 교환을 위해 찾아오는 장소다. 도시는 교역이 팽창할 때 커나간다. 20세기에 홍콩 인구는 30배로 늘었지만, 교역이 쇠퇴하면서 인구가 줄고 있다. 기원전 100년 100만 명이던 로마 인구는 중세 초기 2만 명 이하로 줄어들었다. 도시에 거주하게 된 사람들의 사망률은 출생률보다 높기 때문에, 대도시들은 언제나 농촌 인구를 유입하는 방법으로 인구를 유지해왔다.

농업이 세계의 각기 다른 예닐곱 지역에서 동시에 출현했다는 사실은 진화적 결정론을 시사한다. 그로부터 몇천 년 후 생겨난 도시들에 대해서도 동일한 추론이 적용된다.

가장 오래된 도시들은 오늘날 이라크에 해당하는, 메소포타미아 남부에 있었다. 이러한 도시들이 출현했다는 것은 생산이 더 전문화하고 소비가 다양화되어가고 있었다는 징표다. 강수량이 많았던 시기, 유프라테스 강 남쪽 유역의 비옥한 충적토에 살던 농부들은 큰 번영을 누렸던 것 같다. 곡물과 양모로 짠 직물을 북쪽의 구릉지대에서 생산된 목재 및 귀중한 석재와 교환할 수 있을 만큼 충분히 말이다.

약 7,500년 전부터 독특한 우바이드 양식의 도기, 찰흙 낫, 가옥 디자인이 중동 전 지역에 퍼졌다. 이란의 산악지대, 그리고 지중해 건너 아라비아 반도의 연안까지 진출했다. 연안의 어부들은 우바이드 상인들에게 곡물과 그물을 받고 생선을 팔았다. 이것은 교역을 위한 인구집단의 이동이었지 제국이 아니었다. 우바이드 양식을 수용한 먼 지역 사람들은 토착적 풍습을 뚜렷이 유지했다. 이는 그들이 메소포타미아에서 온 식민자들이 아니라 우바이드 풍습을 흉내낸 토착민들이라는 점을 나타낸다.

세계 최초의 대도시

그래서 메소포타미아의 우바이드 문화는 곡물과 직물을 수출함으로써 이웃들로 하여금 목재와 (나중에는) 금속을 수출하도록 유도했다. 이들은 족장들과 사제들을 부양할 수 있을 만큼 부유해졌고, 이들 지배층은 결국 분수에 넘치는 생각을 하게 되었다. 6천 년 전 이후 우바이드 문화가 사라지고 이보다 훨씬 더 제국에 가까워 보이는 무언가로 대체되었다는(우루크 팽창Uruk expansion) 사실에서 이를 알 수 있다.

우루크는 아마도 세계 최초의 대도시였을 것이다. 길이 9.6킬로미터에 이르는 성벽 안에 5만 명이 거주했다. (성벽을 건설한 것은 교역 상대의 땅을 강탈해서 그들의 원한을 산 길가메시 왕이었을지 모른다.)

우루크는 복잡한 관개수로를 만들어 농업이 번성했다. 이곳의 모든 징표는 우루크가 "정치경제학적으로 정교한 행정을 통해 배후지의 잉여 노동과 상품을 동원하는 중앙집중적 제도를 발전시켰음"을 나타낸다. 고고학자 길 스타인Gil Stein의 표현이다. 좀 더 간결하게 표현하면, 이곳에서 중간상인 즉 교역중개인 계급이 최초로 생겨났다. 생산을 하는 것도 아니고 약탈을 하거나 공물을 받는 것도 아니고 오직 거래를 해서 먹고사는 사람들이었다.

이후의 모든 중간상이 그랬듯, 그들도 정보의 흐름을 최대화하고 비용을 최소화하기 위해 최대한 굳게 결속했다. 구릉과의 교역은 계속됐지만 이는 점차 공물을 받는 형태처럼 변해갔다. 교역 상대방인 구릉지대 사람들의 거주지 속에 우루크 상인들의 주거지가, 특이한 중앙 홀이 있는 집, 정면이 움푹 들어간 사원, 독특한 형태의 도기와 석기를 완비한 채 아무렇게나 자리 잡고 있었기 때문이다. 협동적인 교역망이 식민주의에 한결 가까운 형태로 바뀐 것으로 보인다.

세금과 심지어 노예제의 추악한 얼굴이 곧 나타나기 시작했다. 그렇게 해서 이후 6천 년간 이어질 패턴이 형성되었다. 상인들이 부를 창출하고 족장들이 이를 국유화한다. 우바이드와 우루크의 이야기는 친숙하고 현대적이다. 우바이드 상인들이 눈이 휘둥그레진 구릉지대 사람들에게 옷감과 도기, 그리고 곡물이 가득 찬 자루를 펼쳐 보이는 광경을 상상할 수 있을 것이다.

우리는 우루크의 부호들이 특권적 거주지에서 굴종하는 토착민들에 둘러싸여 있는 모습을 떠올릴 수 있다. 영국인이 인도에서, 중국인이 싱가포르에서 그랬던 것처럼 말이다. 이때는 본질적으로 여전히 석기시대였는데도 이런 일이 시작됐다.

구리를 제련하기 시작한 것은 우바이드 시대 말기 무렵이었다. 그리고 우루크 시대에 진입한 지 한참 지나서까지 돌이나 진흙으로 낫과 칼을 만들었다.

우루크 시대 말기에는 상인들의 가축과 이윤을 일정한 규칙에 따라 정교하게 새긴 점토판이 등장한다. 그 표면에 새겨진 원시적 기록들은 문자의 조상이다. 회계가 그 첫 용도였다. 이 점토판들이 전하는 메시지는, 문명의 여러 장치가 생기기 훨씬 전에 시장이 생겼다는 것이다.

교환과 교역은 최초의 도시가 생기기 전에 이미 관습으로서 잘 확립돼 있었다. 그리고 기록 보존이 도시 출현에 핵심적인 역할을 담당했을 수도 있다. 서로 모르는 사람들로 가득 차 있지만 거래할 땐 서로를 신뢰할 수 있도록 하기 위해서 말이다. 들판 근처에도 가 보지 못한 예술가와 장인들이 우루크에 출현하고 또 넘쳐날 수 있었던 것도 교환의 습성 덕분이다.

예컨대 일회용으로 보이는, 테두리가 경사진 사발이 대량 생산되다시피 했던 것으로 보인다. 사원 건설과 같은 공동체의 이벤트 때 제공된 이들 사발은 공장 비슷한 곳에서 만들어진 것이 틀림없어 보인다. 이를 만든 것은 임금노동자였지 부업을 하는 농부는 아니었을 것이다.

우루크는 오래 지속되지 못했다. 기후가 건조해지고 인구가 급감했기 때문이다. 토양 유출, 염분 증가, 제국의 낭비, 건방진 야만인들이 이를 부추겼을 것이다. 하지만 우루크가 있던 지역에는 제국들이 끊임없이 들어섰다. 수메르인, 아카드인, 아시리아인, 바빌론인, 네오아시리아인, 페르시아인, 그리스인, 로마인(트라야누스 황제 시절 잠시) 파르티아인, 아바스인, 몽골인, 티무르인, 오스만인, 영국인, 사담 후세인인, 부시(Bush, 미국 대통령)인…… 모든 제국은 재화 교역의 산물이자 그 자체가 부와 재화를 파괴한 근본적 원인이었다. 상인과 장인이 부를 만들어낸다. 족장과 사제와 도둑들이 이를 탕진한다.

목화와 생선을 주고받다

유프라테스 강 유역에서 일어난 도시혁명은 나일 강, 인더스 강, 황하 유역에서 되풀이되었다. 고대 이집트는 헥타르당 2톤에 가까운 밀을 생산할 수 있었다. 해마다 범람하는 나일 강이 경작지에 물을 대고 영양분을 보충해주었다. 덕분에 잉여 식량이 엄청나게 생겼다. 다른 재화(피라미드도 포함)와 교환하려는 목적으로 밀을 생산하도록 농부들을 설득할 수 있다는 전제 하에서 말이다.

이집트는 메소포타미아보다 훨씬 심하게 관개, 중앙집권화, 기념물 건축, 그리고 종국적인 쇠퇴의 길을 따라갔다. 나일 강의 물길에 의존해 작물을 키워야 했던 농부들은 배와 수문을 소유한 이들에게 종속돼갔다. 잉여 생산물의 대부분을 이들이 가져갔다. 수렵채집인이나 유목민들과 달리 제자리에 머물러 살아야 하는 농부들은 세금이 부과됐을 때 고스란히 내는 수밖에 없다. 사방이 사막이고 관개수로에 의존해야 한다면 특히 그렇다.

그러므로 일단 메네스Menes가 나일 강 아래위 유역을 통일하고 스스로 첫 파라오에 등극하자, 생산성이 높았던 이집트 경제는 국유화, 독점화, 관료화되었다. 그리고 결국 지배자들의 "무겁고 답답한 독재(현대 역사가 두 사람의 표현이다)"에 의해 질식했.

인더스 강 유역에서도 도시문명이 일어났지만 황제를 배출하지는 않았다. 적어도 황제로서 이름이 알려진 인물은 없다. 하라파와 모헨조다로는 정확하게 표준화된 벽돌 규격과 깔끔한 화장실 시설로 이름이 높다. 로탈 항구는 부두, 조수 수문, 구슬 제조 공장으로 보이는 것들을 갖춘 것으로 유명하다. 이곳은 피라미드는 차치하고 왕궁이나 사원이 있었던 흔적도 더 적다. 인류학자 고든 차일드는 이에 대해, 모든 것이 보다 평등주의적이고 평화로워 보인다는 잠정적인 결론을 내렸다.

하지만 이는 대체로 희망적인 사고방식이었던 것으로 드러났다.

누군가가 정돈된 가로망을 강요하고 지주를 갖춘 육중한 요새와 탑, 성벽을 건설하고 있었다. 내가 보기에는 이들 지역에서 전제군주의 냄새가 난다. 모티머 휠러 경Sir Mortimer Wheeler은 자서전에서 다음과 같이 썼다. "나는 앉아서 런던의 고든 차일드에게 편지를 썼다. 부르주아로 안주하고 있던 인더스 문명은 먼지 속으로 사라지고, 그 폐허에서 완전한 군사적 제국주의가 추악한 얼굴을 내밀었다."

인더스인들은 수송에 능했다. 소가 끄는 수레를 역사상 처음으로 사용했을 가능성이 있다. 그리고 판자로 만든 범선도 이용했다. 이러한 수송 덕분에 광역 교역이 가능해졌다. 발루치스탄의 메르가르 같은 인더스 지역의 초창기 거주지 중 일부는 6천 년 전부터 힌두쿠시 산맥 북쪽에서 청금석을 수입하고 있었다. 하라파 시대에 이르면 구리는 라자스탄에서, 면화는 구자라트에서, 목재는 산맥 지역에서 수입했다.

더욱 놀라운 것은 고고학자 셰린 라트나가르Shereen Ratnagar의 결론이다. "수출품을 실은 범선들이 오늘날의 이란 지역 연안을 따라 여러 항구를 거치며 서쪽으로 메소포타미아까지 항행했다." 그렇게 이른 시기로서는 놀라운 선박 조종술을 가졌다는 의미다.

인더스 도시들의 막대한 부가 교역으로 창출된 것이라는 데는 의문의 여지가 거의 없다. 하라파 사람들은 생선을 많이 먹었고 목화를 많이 재배했다. 먼 곳의 다른 강 유역에 자리 잡은 도시민들과 공통된 속성이다.

페루 슈프밸리의 사막에 있는 카랄Caral은 기념물, 창고, 사원, 광장을 갖춘 내도시였다. 1990년대 루스 셰이디Ruth Shady가 발견한 이 도시는 사막을 횡단하는 강 유역에 자리 잡고 있다. 카랄은 그 지역의 많은 도시 중 가장 규모가 컸을 뿐이다. 5천 년 이상 된, 소위 노르테 치코(Norte Chico, 스페인어로 '소북부'라는 뜻 - 옮긴이) 문명이라 불리는 도시들도 있다.

고대 페루의 도시들에는 고고학자들을 당혹스럽게 만드는 세 가지 요소가 있다.

첫째, 이들의 식사에 곡물이 포함돼 있지 않았다는 점이다. 옥수수는 아직 발명되지 않은 시절이다. 이들은 호박 몇 종류를 포함한 몇 가지 먹을거리는 재배하면서도 곡물은 전혀 키우지 않았다. 메소포타미아에서 주식으로 삼았던 곡물은 모으기도 보관하기도 쉬웠는데 말이다. 도시가 성립되려면 비축된 곡물이 대량으로 있어야 한다는 아이디어는 이로써 손상을 입었다.

둘째, 노르테 치코의 도시들에는 도기가 전혀 없었다는 점이다. 이들은 도기 이전 시대에 살았다. 그러면 음식을 저장하고 익혀먹기가 더 힘들었을 것이다. 이 또한 도시가 어떻게 시작되었는지를 설명하고자 하는 고고학자들이 선호하는 신조를 뿌리부터 흔드는 요소다.

셋째, 전쟁이나 방어 시설의 흔적이 전혀 없다는 점이다. 통념에 따르면, 곡물 비축이 도시의 성립을 가능하게 했고, 도기가 도시를 실질적으로 돌아가게 만들었으며, 전쟁 때문에 도시가 필요했다. 하지만 이런 통념은 노르테 치코에서 큰 타격을 입었다.

그렇다면 무엇이 이런 남아메리카의 도시들에 사람들이 몰려들게 했는가? 그 답은 한 마디로 교역이다. 해안 주거지에 사는 사람들은 생선을 대량으로 잡았다. 생선은 주로 안초비와 정어리였고 대합, 뻘조개 등도 잡았다. 어업을 위해서는 그물이 필요했다. 내륙의 주거지에서는 안데스 산맥의 눈이 녹아 흘러내린 물로 관개를 해서 목화를 대량 재배했다. 이들은 목화로 그물을 짜서 생선과 교환했다.

양측은 서로 의존했을 뿐 아니라 서로 이익을 얻었다. 어부는 스스로 그물을 만드는 대신 생선을 좀 더 잡으면 된다. 목화 재배자는 서툰 고기잡이에 시간을 쓰기보다는 목화를 좀 더 많이 기르면 된다. 양측 모두 전문화를 통해 생활수준이 향상됐다. 카랄은 거대한 교역망의 중심에 자리 잡고 있었다. 안데스 산맥, 우림 지역, 먼 곳의 해안을 모두 아우르는 교역망이었다.

깃발이 교역을 따라간다

그러므로 황제나 잉여 농산물 덕분에 도시혁명이 가능했다고 주장하는 것은 사태를 거꾸로 보는 것이다. 교역 증대가 먼저 일어났다. 잉여 농산물을 이끌어낸 것은 교역이다. 농작물을 다른 곳의 가치 있는 물건들로 전환할 수단을 농부들에게 제공한 것이다. 지구라트(ziggurat, 피라미드 모양의 고대 신전 - 옮긴이)와 피라미드를 가진 황제들이 출현할 수 있었던 것도 교역 덕분인 경우가 많았다.

역사를 통틀어 언제나 제국은 처음에 교역 지역으로 시작되었다. 제국이 되어 내부로부터나 외부로부터 군사적 약탈의 노리갯감이 되는 것은 그 후의 일이다. 기원전 2300여 년 사방을 정복해 아카드 왕조를 연 사르곤 왕은 시리아의 에블리 시와 그 교역 상대들의 번영을 물려받았다. 지중해와 페르시아 만 사이에 곡물, 피혁, 섬유, 은과 구리가 쉽게 순환하는 세상을 말이다. 아카드 왕조는 동시대의 중국이나 이집트 왕조보다는 상대적으로 더 많이, 관료주의적 독재의 유혹에 그럭저럭 저항했다. 왕조는 교역이 확대돼 인더스 강 입구의 로탈에 이르도록 놔뒀다. 이는 많은 결실을 맺어 메소포타미아의 밀과 청동으로 인도의 목화와 청금석을 사올 수 있게 되었다. 나일 강에서 인더스 강에 이르는 광대한 교역 지역이 탄생한 것이다.

아카드의 상인은 서쪽으로 1,600킬로미터 떨어진 아나톨리아 지방에서 온 은과, 동쪽으로 1,600킬로미터 떨어진 라자스탄에서 온 구리를 모두 취급할 수 있었다. 이것이 뜻하는 바는 그가 자신의 물품을 구매하는 소비자들의 생활수준을 향상시킬 수 있었다는 것이다. 농부가 됐건 사제가 됐건, 먼 지역의 다양한 재화를 접할 수 있게 되었으니 말이다. 그렇다면 상인은 어떤 사람들이었을까?

경제학자 칼 폴라니Karl Polanyi는 1950년대에 다음과 같이 주장했다. "시장이라는 개념은 기원전 4세기 이전 시대에는 결코 적용될 수 없다. 그 전에는 수요와 공급, 그리고 가격이라는 개념이 없었다. 대신 호혜주의적 교환, 국가 주도의 물품 재분배, 왕실이 필요로 하는 물품을 대리인이 해외에서 구해오는 하향식 약정에 의한 교역이 있었다. 교역은 왕실의 지시를 이행하는 차원이었지, 자발적으로 이루어지지 않았다."

하지만 폴라니와 그를 추종하는 실재주의자substantivist들의 주장은 세월의 시험을 견뎌내지 못했다. 국가는 교역을 후원했다기보다는 금지했던 것으로 보인다는 것이 오늘날의 관점이다. 이러한 사실이 더 많이 드러날수록 고대의 교역은 상향식이었다는 인상이 점점 더 강해진다.

물론, 일부 아카드 상인들은 스스로를 결국에는 부분적인 공무원이라고 생각했을 수도 있다. 지배자를 위한 물품을 구하기 위해 해외로 파견된 것이라고 말이다. 하지만 그들조차 스스로의 이익을 추구하는 교역을 통해 생계를 유지했다.

폴라니의 생각은 '하향식의 계획'이라는 개념에 홀렸던 시절의 사상을 대변한다. 20세기 후반부는 국가통제주의적 사고방식이 지배하는 시절이었기 때문이다. 무역 정책을 결정한 사람이 누구인지를 탐색하면서, 누가 책임자인지를 항상 묻는 것이다. 하지만 세상은 이렇게 돌아가지 않는다. 교역은 개인들간의 상호작용에서 탄생했다. 스스로 진화해온 것이지 책임자는 없었다.

그러므로 전형적인 아카드 상인은 놀라우리만치 현대적인 비즈니스맨이었다. 재화의 자유교환을 통해 이윤을 얻고 생계를 유지한다는 점에서 그렇다. 주조된 화폐는 없었지만 기원전 3000년대 초반 이래 물품 가격은 은 본위로 매겨져 자유로이 오르내렸다. 사원寺院은 이자를 받고 돈을 빌려주는 일종의 은행 역할을 하곤 했다. 고위 사제를 나타내는 우루크 단어는 회계사를 뜻하는 단어와 동일하다.

기원전 2000년 아시리아 제국의 경우를 보자. 아슈르(이라크 북부의 티그리스 강 서쪽 기슭에 있던 고대 도시 - 옮긴이)에서 온 상인들은 아나톨리아의 독립 국가들에 있는 카룸karum이라는 특별 교역 구역에서 완전히 현대 기업가들처럼 일했다.

이곳에는 본부 사무실, 지부 공장, 기업 내의 계급, 지정된 지역

바깥에까지 효력을 미치는 상법, 심지어 해외로부터의 약간의 직접 투자와 부가가치 활동까지 있었다. 이들은 주석, 염소 털로 짠 펠트, 모직물, 향수를 주고 금, 은, 구리를 샀다. 이런 물품들은 많게는 300마리의 당나귀를 운용하는 대상隊商들이 외부에서 실어온 것들이었다. 이들의 이윤은 주석의 경우 100퍼센트, 직물의 경우 200퍼센트였다. 운송이 불안정하고 도둑을 만날 위험이 컸기 때문에 그럴 수밖에 없었다.

이러한 상인들 중에 아나톨리아 카네시 시의 면세 구역(카룸을 말한다 - 옮긴이)에서 활동하는 푸수켄Pusu-Ken이 있었다. 기원전 1900년에 그가 한 것으로 드러난 활동을 보자. 왕에게 로비하고, 의회에서 세정한 직물 수입 규제령을 어겨서 벌금을 물고, 자기에게 투자한 동업자와 이윤을 나눴다. 모든 면에서 현대의 최고경영자와 똑같아 보이지 않는가?

상인들의 교역 품목이 주로 구리와 양모였던 것은 아시리아에 필요한 물품이라서가 아니다. 교역은 금과 은을 더 많이 버는 수단이었기 때문이다. 이윤이 모든 것을 지배했다.

이런 청동기시대 제국들에서 상업은 번영의 조짐이 아니라 직접적인 원인이었다. 그럼에도 불구하고 자유무역 지대는 제국주의의 지배를 받게 되기 쉽다. 교역으로 창출된 부는 머지않아 세금과 규제와 독점을 통해 지배자들에게 흘러들어가 소수의 사치와 다수에 대한 억압을 위해 쓰이게 된다. 기원전 1500년이 되면 세계의 가장 부유했던 지역들이 궁정사회주의(상업활동이 점차 국유화됨에 따른 결과다)의 불경기 속으로 침몰했다는 주장을 펼칠 수 있게 된다.

이집트, 미노아, 바빌로니아, 중국 상나라의 독재자들은 통제는 엄격하고 관료주의는 과도하며 개인의 권리는 미약한 사회를 다스렸다. 그래서 기술적 혁신을 더디게 만들고 사회적 혁신은 몰아냈으며 창의성을 응징했다.

청동기시대의 제국이 침체했던 이유는 오늘날 국유기업이 침체하는 이유와 많은 부분 동일하다. 독점은 신중함에 보상을 주고 실험을 좌절시킨다. 독점적 생산자들은 점점 더 소비자들의 이익을 많이 희생시키면서 자기들의 잇속을 챙긴다. 파라오들이 성취한 혁신의 리스트는 영국 철도청이나 미국 우정성의 그것만큼이나 얇다.

페니키아인들의 해양혁명

하지만 그렇다고 해서 좋은 아이디어를 묵혀둘 수는 없다. 기원전 1200년이 되자 이집트와 아시리아의 힘은 약화되고 미노아는 무너지고 미케네는 잘게 쪼개졌으며 히타이트는 등장했다가 사라졌다. 제국의 암흑시대였다. 그리고 이 같은 정치적 분권화(아마도 인구 감소가 이런 경향을 심화시켰을 것이다)는 로마제국이 붕괴한 후의 중세 암흑시대와 마찬가지 현상을 초래했다. 자유민들의 수요가 커지면서 발명이 폭발적으로 늘어난 것이다. 블레셋인들이 철을, 가나안인들이 알파벳을, 그리고 해안에 사는 이들의 사촌인 페니키아인들이 유리를 발명했다.

고전고대(古典古代, classical world, 지중해를 중심으로 한 그리스로마 문명-옮긴이)를 진실로 창조한 것은 페니키아인들의 또 다른 발명인, 노 젓는 곳이 상하 2단으로 된 갤리선이었다. 이 배는 뛰어난 목재 덕분에 가능했다. 비블로스(레바논 베이루트 북쪽 약 40킬로미터의 지중해에 면한 고대 도시 유적 - 옮긴이), 티레, 시돈(이상 고대 페니키아의 항구 도시 - 옮긴이) 지역 인근에는 최상의 삼나무와 키프로스나무가 자라는 광대한 숲이 있었다. 이런 나무들을 켜면 단단하고 향기 있는 판자가 나오고, 이것으로 배를 만들면 특히 내구성이 강하다. 키프로스 섬의 소나무 갑판과 요르단의 오크로 만든 노를 갖춘 페니키아 선박은 제조 원자재를 모두 합친 것보다 더 위대했다(구약의 선지자 에스겔의 말이다).

물론 '배'라는 개념 자체는 새로운 것이 없었다. 나일, 유프라테스, 인더스, 황하에는 수세기 동안 배가 항행해왔고 아시아와 지중해 연안에도 거의 비슷하게 오랫동안 선박이 오갔다. 하지만 목재의 상대적인 우수성을 알아차린 페니키아인들은 그 이전 시대의 어떤 사람들보다도 더욱 정밀하게 다듬은 목재로, 항해에 더 적합하게 목재간의 장붓구멍 이음매를 맞춰 짐을 더 많이 실을 수 있는 배를 건조했다.

결국 그들이 만든 배는 너무 커서 이를 나아가게 하려면 노 젓는 자리를 아래위 두 겹, 즉 2층으로 설치해야 했다. 노는 연안에서 움직일 때만 사용된다. 이 배들은 돛을 갖춘 범선이었고, 크기가 클수록 배를 조작하는 인간의 힘을 더 크게 증폭할 수 있었다. 상대적으로 적은 수의 선원으로도 풍력을 이용해 무거운 짐을 수백 킬로미터 더 멀리 훨씬 싼 비용으로 운송할 수 있었다. 당나귀 대상으로서는 꿈도 꿀 수 없을 만한 효율과 규모였다. 이를 통해 갑자기, 해운을 통한 대규모 노동 분업이 가능해졌다.

이집트의 밀이 아나톨리아의 히타이트인들을 먹여살렸고, 아나톨리아의 모직물은 나일 강변 이집트인들의 의복이 되었다. 크레타의 올리브 기름은 메소포타미아 아시리아인들의 식탁을 풍성하게 했다.

오늘날 레바논에 해당하는 지역의 배들은 교역으로 이윤을 낼 수 있는 매력적인 상품을 찾아 바다를 오가며 여기저기를 샅샅이 뒤지고 다녔다. 곡물, 와인, 꿀, 기름, 송진, 향료, 상아, 흑단, 피혁, 양모, 직물, 주석, 납, 철, 은, 말, 노예, 뿔소라의 분비샘 채취물로 만든 자주색 염료 등. 애지중지하는 애첩이 있는 파라오나 약혼자에게 깊은 인상을 주고 싶은 부유한 아시리아 농부를 위해 페니키아인들이 찾아낼 수 없는 것은 없었다.

지중해 어디서나 시장이 커져서 읍이 되었고 항구는 도시가 됐다. 항해 범위가 집으로부터 더 멀어지면서 페니키아인의 혁신은 배가됐다. 용골, 돛, 항해술, 회계 제도, 항해일지가 모두 개선됐다. 여기서도 교역은 혁신이라는 기계를 안정적으로 돌아가게 하는 플라이휠이었다.

한편, 남쪽 지역에서는 종교적 망상에 사로잡힌 이스라엘의 목축민들이 청교도적인 반감을 가진 채 페니키아인들의 부가 이렇게 해서 폭발적으로 늘어나는 것을 지켜보고 있었다. 구약의 예언자 이사야는 야훼께서 '국제 시장' 티레를 파괴해 그 자만심을 겸손하게 해주기를 기대하고 있었다. 선지자 에스겔은 티레(한글 성경에서는 두로)가 공격받았을 때 그 불행을 통쾌하게 여기는 마음을 이렇게 표현했다. "네 물품을 바다로 실어낼 때에 네가 여러 백성을 풍족하게 하였음이여. 네 재물과 무역품이 많으므로 세상 열왕을 풍부하게 하였었도다…… 네가 경계거리가 되고 네가 영원히 다시 있

지 못하리라."(에스겔서 27장, 톰슨2 주석 성경 1193쪽 - 옮긴이)

이곳의 서쪽에 있는 에게 해의 많은 섬은 당시 서로 전쟁 중이었다. 이들 섬의 농부들은 그들 사이에서 갑자기 출현하는 부르주아 교역자들을 전사의 경멸감을 가진 채 낮춰보고 있었다. 호메로스는 〈일리아드〉와 〈오디세이〉 모두에서 페니키아의 교역자들에게 내내 가차 없는 반감을 드러내면서, 이들이 틀림없이 해적일 거라고 암시했다. 호메로스 시대 그리스인들의 교역은 보통사람들이 필요로 하는 평범한 물건이 아니라 엘리트끼리 호혜주의적으로 주고받는 귀중한 선물을 취급하는 수준이었을 것으로 짐작된다. 교역을 깔보는 엘리트들의 우월의식은 고대로부터 뿌리가 깊다.

페니키아인들의 활약으로 지중해 인근의 모든 지역에서 전문화가 폭발적으로 일어났음에 틀림없다. 마을과 도시와 지역들이 저마다 금속 제련, 도기 제작, 가죽 무두질, 곡물 재배에 나름의 비교우위가 있다는 사실을 깨달았을 것이다.

뜻밖의 지역들이 서로 의존하게 되고 상호교역에 따른 이익을 얻었을 것이다. 예컨대 각종 금속 원광이 불균등하게 분포된 현상을 완화시키면 모두에게 도움이 된다. 키프로스에는 구리가, 영국에는 주석이 많았을 수 있다. 하지만 이들을 합쳐서 티레에 가져가면 훨씬 유용한 청동을 만들 수 있다. 티레의 무역상들은 기원전 750년 경에 카디즈(오늘날의 가디르)를 건설했다. 그 지역에 살기 위해서가 아니라 주민들과 교역을 하기 위해서였다. 특히 이베리아 반도 내륙의 은광석을 활용하는 데 관심이 많았다. 숲에 불이 났을 때 은 녹은 물이 개울처럼 흘러내리는 것을 보고 은광을 발견했다는 전설도 있다.

페니키아인들은 그 지역 사람들을 대체로 자급자족하던 농부에서 생산자이자 소비자로 바꿔놓았다. 은광을 관리하고 은을 제련한 것은 이베리아 반도 남부 타르테소스 지역의 원주민들이었다. 이들은 은을 가디르의 티레인들에게 팔고 기름, 소금, 와인, 그리고 좀 더 내륙 지역의 부족장들을 매혹시키기 위한 장신구들을 받았다. 티레인들은 은을 지중해 동쪽으로 가져가 생필품과 사치품으로 교환했다. (그리스 역사가 디오도루스에 의하면, 티레인들은 선적 공간을 조금이라도 넓히기 위해 현지의 은으로 배의 닻을 만드는 경우도 있었다고 한다.)

티레인들은 믿기 힘들 정도로 큰 행운을 잡았다고 생각했을 것이다. 크레타에서 가져온 약간의 올리브 기름을 얻으려고 그처럼 많은 양의 은을 기꺼이 내주는 야만인을 발견했으니 말이다. 이와 꼭 마찬가지로 타르테소스인들도 엄청난 행운이라고 생각했을 것이다. 단지 금속에 불과한 것을 얻으려고 그렇게 칼로리가 풍부하고 사용 및 저장이 편리한 식품을 내주는, 이상한 해상족을 만났으니 말이다.

거래 쌍방이 서로 상대방이 바보처럼 비싼 값을 지불한다고 생각하는 경우는 흔하다. 이것이 바로 리카도의 마술적 트릭이 갖는 아름다움이다. "영국인들은 몰지각하다." 17세기 캐나다 몬태나의 덫 사냥꾼이 프랑스 선교사에게 한 말이다. "이런 비버 가죽 한 장을 받고 칼을 열두 자루나 내주니 말이다."

거래 쌍방이 서로를 이처럼 멸시했다. 1767년 타이티에 기착한 영국 군함의 선원들은 20페니짜리 쇠못 한 개면 여자와 한 번 잘 수 있다는 것을 알게 되었다. 선원들이나 주민들 모두 자신들의 행운을 믿을 수 없었다. 이 거래에 대해 타이티 여자들이 남자들처럼 기뻐했는지에 대해서는 기록이 없다. 12일이 지나자 엄청난 인플레이션 탓에 화대는 밧줄을 꿰는 20센티미터 길이의 쇠막대로 바뀌었다.

교역상들은 심지어 남쪽의 아프리카 연안까지 상로를 개척했다. 이들 지역에서는 해변에 물품을 내려놓고 배로 철수하는 '침묵의 거래'를 통해 원주민들로부터 금을 얻어냈다.

페니키아인의 세상을 지배한 것은 리카도의 비교우위였다. 당시 티레는 제노바, 암스테르담, 뉴욕, 홍콩 등 무역항의 원형이었다. 페니키아인들의 행적은 역사에서 논의되지 않는 가장 중요한 스토리 중 하나다. 티레와 티레인들의 저술이 철저하게 파괴되었기 때문이다. 범인은 바빌로니아의 네부카드네자르, 페르시아의 키루스 대왕, 알렉산더 대왕, 카르타고를 파괴한 스키피오 부자 등이다. 따라서 이들의 행적을 엿볼 수 있는 근거는 이들을 질투하면서 깎아내리는 이웃들이 남긴 단편적 기록뿐이다.

하지만 정말이지 페니키아인만큼 감탄스러운 사람들이 또 어디에 있었단 말인가. 이들이 교역망을 통해 하나로 묶은 것은 지중해 세계만이 아니다. 약간의 대서양 지역, 홍해, 아시아에 이르는 육로까지 포함된다.

그럼에도 불구하고 이들은 황제가 없었고, 종교활동에 들인 시간도 상대적으로 적었으며, 기억할 만한 전투를 벌인 적도 없다. 예외라면 칸나이 전투(한니발이 로마군에 대승을 거둔 전투 - 옮긴이) 정도를 들 수 있을 뿐이다(카르타고의 돈을 받은 용병부대가 싸웠다).

그들이 훌륭한 사람들이었다는 뜻이라고 주장하는 것은 아니다. 노예무역을 했고 때로는 전쟁이라는 수단을 사용했으며, 기원전

1200년경 연안의 도시들을 파괴한 해적 블레셋 해상족들과 거래하기도 했다. 하지만 페니키아인들은 스스로 도둑이나 사제, 족장이 되려는 유혹에 그럭저럭 저항한 것으로 보인다. 역사상 가장 성공한 다른 족속보다 더 잘 저항했다는 이야기다.

약한 정부의 미덕

페니키아인들의 행적은 또 다른 중요한 교훈을 준다. 이에 대해서는 데이비드 흄이 처음 제시했다. 정치적 분열은 경제적 진보의 적이 아니라 친구인 경우가 많다는 것이다. 권력과 권위 양쪽에 제동을 걸기 때문이다.

티레, 시돈, 카르타고, 가디르는 자신들 모두의 번영을 위해 단일한 정치적 단위로 뭉칠 필요가 없었다. 이들의 관계는 기껏해야 동맹이었을 뿐이다. 기원전 600~300년 에게 해 주변 지역의 부와 문화가 엄청나게 꽃핀 것도 이와 관련이 있다. 처음에는 밀레투스가, 다음에는 아테네와 그 동맹이 부유해졌다. 서로 통합해서 제국을 이룸으로써가 아니라 소규모의 독립적 '도시국가'들로서 상호 교역함으로써 그런 결과를 이뤘다.

페니키아의 선박과 거래 관행을 본뜬 밀레투스는 이오니아 지방에서 가장 성공한 그리스 도시였다. 네 갈래의 교역로가 교차하는 길목에 '부풀어오른 거미'처럼 자리 잡고 있었다. 동으로는 육로로 아시아까지, 북으로는 헬레스폰트를 거쳐 흑해까지, 남으로는 이집트까지, 서로는 이탈리아까지 이어지는 교역로들이었다. 밀레투스는 흑해 전 지역에 식민지를 만들었지만 스스로는 제국의 수도가 아니었다. 동급 중 최고였을 뿐이다.

밀레투스가 선호하는 교역 상대로 이탈리아 남단의 비옥한 평원에 위치한 시바리스가 있었다. 인구가 수십만 명으로 불어난 시바리스는 부와 교양의 상징이었으나 기원전 510년 적들에 의해 파괴되었고 물길이 바뀐 크라티스 강 밑으로 수몰되었다.

아테네의 실험적인 민주정부는 기원전 480년대 아티카의 로리온에서 발견된 풍부한 은광 덕분에 지역 경제의 맹주로 올라설 수 있었다. 특히 해군을 육성할 자금을 마련할 수 있었던 것이 중요한 역할을 했다. 이 해군으로 페르시아를 격퇴할 수 있었다. 하지만 아테네 역시 동류 중의 일인자였을 뿐이다. 그리스 세계를 지탱하는 핵심은 교역으로 얻는 이익이었다. 크림 반도의 곡물, 리비아의 샤프란 염료, 시칠리아의 금속이 에게 해 지역에서 생산된 올리브 기름과 교환되었다.

세계의 누추한 경제적 현실을 초월하고 싶어 하는 현대 철학자들은 다음과 같은 사실을 상기하면 문제를 더 잘 해결할 수 있을 것이다. 교역 덕분에 아이디어의 상호 교류가 가능해졌고, 그에 따라 위대한 발견이 이루어질 수 있었다는 사실 말이다. 피타고라스는 아마도 자신의 정리를 밀레투스 사람 탈레스의 제자 중 한 명에게서 얻었을 것이다. 탈레스는 교역을 위한 이집트 여행 중에 기하학을 배웠다.

다음과 같은 사람들이 없었더라면 우리는 결코 페리클레스, 소크라테스, 아이스킬로스의 이름을 듣지 못했을 것이다. 로리온에서 남이 알아주지 않는 힘든 노동을 감당한 수많은 노예, 그리고 지중해 전역에 걸쳐 있던 아테네 상품의 수많은 소비자 말이다.

그러나 그리스는 기원전 338년 '마케도니아의 필립'이라는 악당에 의해 제국으로 통일되자마자 경쟁력을 잃어버렸다. 만일 그의 아들 알렉산더의 제국이 그대로 유지되었다면 그 직전의 페르시아 제국과 마찬가지로 상업적·지적으로 침체되었을 것이다. 하지만 알렉산더 사후에 제국이 쪼개졌기 때문에 그 일부는 무역으로 먹고 사는 독립적 도시국가로 다시 태어났다. 그중 가장 유명한 것이 이집트의 알렉산드리아다. 책 수집을 좋아하던 프톨레마이오스 3세의 상대적으로 자비로운 통치 아래 30여 만 명이 그 유명한 부를 누리며 살았다. 이들의 번영은 새로운 도로에 기반을 두고 있었다. 도로는 목화, 와인, 곡물, 파피루스(종이의 재료가 되는 갈대 비슷한 식물 – 옮긴이) 같은 환금 상품을 나일 강 영역까지 운반해 수출할 수 있게 만들어주었다.

이런 이야기를 하는 이유에 대해 오해하지 마시라. 경제적 진보가 일어날 수 있는 곳은 민주적 도시국가뿐이라고 주장하려는 게 아니다. 하나의 경향을 가려내기 위해서다. 간단히 말해서, 정부는 권력이 제한적이거나(약탈 행위가 광범위하게 일어날 정도로 약해서는 안 되지만) 공화제로 통치되거나 혹은 쪼개져 있는 편이 노동의 분업이 발전하는 데 뭔가 유리한 점이 있다는 것이다.

이렇게 되는 이유는 분명하다. 강한 정부는 그 정의상 독점 체제이기 때문이다. 독점 기관은 언제나 현실에 안주하고, 침체하고, 스스로에게(고객이 아니라 – 옮긴이) 봉사하기 마련이다. 그렇지만 군주들은 독점 기관을 좋아한다. 스스로 유지할 수 없게 되는 경우에는 팔거나 자기가 총애하는 인물에게 넘긴 뒤 세금을 매길 수 있기 때문이다.

사실, 군주들은 똑같은 오류에 계속 빠진다. 스스로 발달하도록 놔두고 장려하는 것보다 자신이 계획하고 통제하는 편이 상업을 더 잘 돌아가게 만들 수 있다고 생각하는 것이다.

과학자이자 역사가인 테렌스 킬리Terence Kealey는, 사업가들은 이성적이어서 부를 창조하는 것보다 도둑질을 하는 편이 더 쉽다는 것을 알게 되면 도둑질을 할 것이라고 지적한다. "지난 1만 년간 인류가 치러온 위대한 전투는 독점에 대항하는 전투였다."

물론, 제국으로서 번영을 누린 예가 두 건 있기는 했다. 그래도 위의 주장을 무력화하지는 못한다. 로마와 인도는 경제적 통일의 혜택을 누린 뒤에 정치적 통일이라는 재앙을 그럭저럭 견뎌낸 사례다. 인도 마우리아제국은 갠지스 강 유역의 번영에 힘입어 제국주의적 군주제와 교역의 확대를 동시에 이룩할 수 있었던 것으로 보인다.

이 같은 통치가 절정에 도달한 것은 기원전 250년경 아소카 대왕 재위 기간이다. 그는 전사였으나 일단 승리한 다음에는 불교평화주의자로 돌아섰다(흥미로운 이야기다). 그리고 경제 운용으로 말하자면, 국가 지도자로서 우리가 상상할 수 있는 최상급이었다. 그는 재화의 이동을 촉진하기 위해 도로와 운하를 건설하고 화폐를 통일했다. 중국, 동남아, 중동과 해상 교역을 시작해 수출이 주도하는 경제 부흥을 일궜다.

여기서 핵심적인 역할을 한 것은 면직물과 비단이었다. 교역은 법인 성격을 띤 스레나이sreni라는 민간기업이 거의 전담했으며, 세금은 고율이었지만 공정하게 부과됐다. 과학도 눈에 띄게 진보했다. 특히 0과 십진법이 발명되었으며 원주율(파이값)이 정확하게 계산됐다. 그리고 독재주의로 변하기 전에 해체됐다.

그 유산은 인상적이다. 그로부터 2~3세기 동안 인도 아대륙은 세계에서 가장 인구가 많고 번영하는 지역이었다. 세계 인구, 그리고 세계 총 GDP의 3분의 1을 차지했다. 인도는 당시 의심할 여지 없는 경제 초강대국이었다. 중국과 로마가 난쟁이처럼 보일 정도였다. 수도 파탈리푸트라는 세계 최대의 도시로서 정원과 사치품과 시장으로 유명했다. 카스트 제도가 인도의 상업을 경직시킨 것은 나중의 일로 굽타 왕조 시대였다.

갠지스 강에서 티베르 강까지

아소카는 카르타고의 한니발, 로마의 스키피오와 같은 시대 사람이었다. 그러므로 여기서 로마 이야기를 좀 해보자. 로마제국의 독특한 장기는 인근의 속주들을 그저 약탈하는 것이었다. 제국이 시작된 첫날부터 멸망할 때까지 내내 그랬다. 약탈한 재물은 뇌물, 사치품, 개선식, 병사들의 연금에 쓰였다.

로마의 주요 인사가 부자가 되는 어엿한 방법은 네 가지가 있었다. 토지 소유, 전리품 획득, 대금업, 뇌물 수수. 기원전 51~50년, 실리시아 총독을 지낸 키케로는 새임 중 200만 세스테르티우스(이전에 자신이 '사치'에 대해 설명할 때 인용했던 액수의 세 배다)가 넘는 돈을 챙기고도 '특히 정직한 총독'이라는 명성을 누렸다.

하지만 로마의 헤게모니가 교역을 기반으로 구축된 것이라는 데는 의심의 여지가 없다. 로마는 그리스와 카르타고의 무역 권역을 최종적으로 통합했다. 이를 담당한 것은 극소수의 호전적 에트루리아인과 라틴인들이었다. 토머스 카니Thomas Carney는 이렇게 썼다. "그리스 로마사는 아리아인 엘리트 전사들이 피로 이룩한 업적 이야기로 가득하다. 하지만 그 시대의 경제적 영웅은 당시 멸시당하던 레반트인, 아랍인, 시리아인, 그리스인들이었다."

로마제국의 핵심은 이탈리아 남부, 시칠리아와 그 동쪽의 여러 곳에 있는, 인구가 많고 번영하는 도시들이었고 이곳 사람들은 라틴어가 아닌 그리스어를 썼다. 사람들이 계속 윤택하게 살 수 있도록 하는 힘든 과업을 수행한 것은 이들이었다. 로마 군단의 병사들과 집정관들이 승리를 뻐기며 활보하는 동안에 말이다.

표준적인 로마사는 전투에 대해 떠들기를 좋아할 뿐, 제국을 지탱했던 시장, 상인, 선박, 가족기업에 대해서는 거의 언급하지 않는다. 하지만 그렇다고 해서 이런 것들이 존재하지 않았다는 의미는 아니다. 오스티아는 오늘날의 홍콩만큼이나 확실한 무역도시였고, 약 60개 기업의 본부 사무실이 들어선 광대한 광장을 갖추고 있었다. 이탈리아 남부 캄파니아의 농촌 지역은 노예를 이용하는 대규모 농원들이 폭넓게 자리 잡고 있었다. 여기서 와인과 기름을 수출하기 위한 작물을 재배했다.

더구나 공화국에서 제국으로 변한 직후에 로마가 계속 번영한 것은 인도를 '발견'한 덕분인지도 모른다. 적어도 부분적으로는 말이다. 아우구스투스가 이집트를 흡수하면서 로마인들은 이집트의 동방무역을 물려받았다. 곧이어 홍해는 주석, 납, 은, 유리 제품, 와인을 실은 로마의 화물선들로 붐볐다. 와인은 인도에서 진기한 신상품으로 금세 각광받았다.

　게다가 당시 계절풍의 존재가 확인됐다. 여름에는 배들을 동쪽으로 밀어주고 겨울에는 다시 서쪽으로 밀어주는 바람이 안정적으로 불었다. 덕분에 아라비아 해를 횡단하는 데 걸리는 시간이 과거 몇 년에서 몇 개월로 단축되었다.

　로마의 선박들은 마침내 세계의 경제 초강대국과 직접 접촉했다. 1세기에 《에리트레아 해(오늘날의 홍해 - 옮긴이) 항해기》를 쓴 미지의 저자는 인도양의 항행과 교역에 대해 다음과 같이 기술했다. "스트라본(고대 그리스의 지리학자 겸 역사학자, 《지리지》의 저자 - 옮긴이)은 '이제 대규모 선단이 멀리 인도까지도 다녀온다'고 썼다. 그리고 티베리우스 황제는 인도산 사치품 때문에 제국의 부가 빠져나가고 있다고 불평했다."

　인도산 공작은 로마 부호들의 인기 소유물이 되었다. 인도의 바리가자(오늘날 구자라트의 바루치에 해당한다) 같은 항구들은 면직물을 비롯한 수공업 제품을 서쪽으로 수출해 번영을 누렸다. 오래지 않아 심지어 인도 내에도 로마 무역상들의 집단 거주지가 생겨났다. 이들이 비장했던 암포라(손잡이가 두 개 달린 항아리)와 동전들은 오늘날에도 때때로 발굴되고 있다.

　예컨대 오늘날 퐁디셰리 근처의 동부 해안 아리카메두를 보자. 이곳 사람들은 로마령 시리아에서 수입한 유리 제품을 중국에 수출하고 있었다. (녹은 유리를 대롱 끝에 붙인 다음 입김을 불어 유리 제품을 만드는 기법은 로마에서 처음으로 발명되었다. 곧이어 제국 전체에서 유리 제품의 질이 훨씬 향상되고 값이 저렴해졌다.)

　소비자의 관점에서 한번 생각해보라. 중국에는 유리를 대롱 끝에 매달아 불 수 있는 사람이 없다. 그리고 유럽에는 고치에서 명주실을 자아낼 수 있는 사람이 없다. 하지만 인도의 중개상 덕분에 유럽인이 비단옷을 입고 중국인이 유리 제품을 사용할 수 있다. 유럽인들은 이 아름다운 옷감이 애벌레의 고치로 만든 것이라는 말을 들으면 터무니없는 전설이라고 비웃을지 모른다. 중국인들은 이 투명한 도자기가 모래로 만들어졌다는 이야기에 웃기는 설화라며 박장대소할지 모른다.

하지만 양측 모두 더 잘살게 되었고, 이는 인도의 중개상도 마찬가지다. 삼자 모두 다른 사람의 노동의 결과물을 얻었다. 로버트 라이트의 용어를 빌리면, 이것은 제로섬이 아닌 거래non-zero transaction다. 노동의 분업은 인도양을 넘어서 확대되었고, 인도양 양쪽 끝의 생활수준을 향상시켰다.

사막의 배, 낙타

하지만 결국 로마는 망했다. 약탈, 발명의 결여, 야만인들, 그리고 무엇보다도 디오클레티아누스 황제의 기독교 탄압 탓이었다. 제국, 적어도 서로마제국은 이 같은 관료주의의 부담 때문에 결국 해체됐다. 그에 따라 대금업은 중단되었고, 돈이 전처럼 잘 유통되지 않았다. 자유무역이 불가능해짐에 따라 중세 유럽에 암흑시대가 닥쳤다. 도시는 쇠퇴하고 시장은 위축되었으며 상인들은 사라지고 문맹이 늘어났다. 그리고 대충 말하자면 고트 족, 훈 족, 반달 족의 약탈이 횡행하면서 모두 자급자족 생활로 되돌아갈 수밖에 없었다.

유럽 전역에서 도시가 쪼그라들었다. 심지어 로마와 콘스탄티노플의 인구도 과거에 비해 몇 분의 일로 줄었다. 이집트 및 인도와의 무역 또한 크게 위축됐다. 특히 아랍인들이 알렉산드리아를 장악한 탓이었다. 그 결과 파피루스, 향료, 비단 같은 동방 수입품의 씨가 말랐을 뿐 아니라 캄파니아의 수출 지향 대농원들은 자급하는 농부들의 소규모 경작지로 분할되었다.

이런 의미에서 로마제국의 쇠퇴는 소비자 무역상들을 근근이 살아가는 농부로 되돌려놓았다. 중세 암흑기는 "땅으로 돌아가자"는 히피 생활방식의 거대한 실험장이었다. 자기가 먹을 옥수수는 자기가 갈고, 자기가 기른 양의 털을 손수 깎고, 자기가 쓸 가죽은 직접 무두질하고, 사용할 나무는 스스로 베면서 살았다.

얼마 안 되는 양이라도 잉여가 창출되면 모두 징발돼 성직자를 먹여살리는 데 쓰였다. 어쩌면 파트타임 대장장이에게 철제 도구를 사기 위해 가끔은 누군가가 무언가를 팔았을 수도 있다. 그 외에는 최저 생활이 전문화를 대신했다.

물론, 이것이 절대적으로 진실인 것은 아니다. 각 마을이나 수도원 내에서는 어느 정도 전문화가 이루어졌다. 다만 큰 마을을 부양할 수준의 전문화가 진행되지 못했을 뿐이다. 적어도 이제는 기술을 진보시킬 인센티브(노예로 움직인 로마에서는 없었던)가 생겼다. 서로마제국이 멸망하고 오랜 시간이 흐른 뒤 북유럽에서는 소규모 이노베이션이 계속 이어져 생산성을 향상시키기 시작했다. 대형 나무통, 비누, 살이 있는 바퀴, 물이 위에서 떨어지는 낙차식 물레방아, 말편자, 짐말의 목사리(horse collar, 끄는 짐의 하중을 목과 어깨에 분산시키기 위해 목에 거는 굴레-옮긴이) 등이 그 예다.

비잔티움은 소규모로 남아 있던 지중해 무역으로 단속적인 번영을 누렸지만 흑사병, 전쟁, 정치, 해적이 지속적으로 발목을 잡았다.

8세기 카롤링거 왕조의 프랑크 왕국은 수공업 제품과 곡물의 역내 거래가 점점 되살아나면서 사납게 팽창하기 시작했다. 이는 지중해를 횡단하는 향료 및 노예 무역을 촉진하는 요소로도 작용했다.

바이킹 족은 배로 러시아의 강을 따라내려와 흑해와 지중해까지 진출해서 동방무역을 부분적으로 되살렸다(덤으로 약탈도 좀 했다). 바이킹이 갑자기 번성하고 힘이 강해진 것은 바로 이 때문이다.

하지만 그동안 횃불은 동방으로 건너갔다. 유럽이 자급자족으로 후퇴함에 따라 아라비아는 무역이 남는 장사라는 것을 발견하기 시작했다. 7세기 사막 한복판에서 모든 것을 정복하는 예언자(무함마드를 말한다 - 옮긴이)가 갑자기 등장했다는 이야기는 좀 이해하기 어렵다. 통상 종교적 영감과 군사적 리더십만으로 이야기되기 때문이다. 여기에는 빠져 있는 부분이 있다. 아랍인들이 완벽한 성공을 거둘 수 있는 위치에 갑자기 올라선 경제적 근거 말이다.

아라비아 반도의 사람들이 동방과 서방 간의 무역을 통해 이익을 얻기 좋은 자리에 자신들이 살고 있다는 것을 발견하게 된 것은 새로이 진보한 기술, 즉 낙타 덕분이었다. 무함마드와 그 추종자들을 권력으로 인도한 부의 원천은 아라비아의 낙타 대상들이었다.

낙타가 가축화된 것은 그보다 수천 년 전이었지만 짐을 실을 수 있는 믿을 만한 동물로 개량된 것은 기원후 초반 몇 세기 동안이었다. 낙타는 당나귀보다 훨씬 많은 짐을 운반하며 소달구지가 갈 수 없는 길도 갈 수 있다. 게다가 길을 가면서 스스로 먹이를 찾아먹는 능력도 있다. 덕분에 연료비용이 본질적으로 0이었다. 돛단배와 마찬가지로 말이다.

심지어 홍해의 비잔틴제국 범선들까지도 '사막의 배'에 비해 경쟁력이 떨어지는 시기가 한동안 있었다. 이들의 범선은 순풍을 기다려야 했고, 점점 늘어나는 해적들의 집중 공격을 받았다. 유프라테스 강을 따라내려가는 항해 루트는 사산조 페르시아와 비잔틴제국 콘스탄티노플 간의 전쟁 탓에 끊겨버렸다. 그러자 메카 사람들에게 무역을 통해 부자가 될 길이 열렸다. 사막의 페니키아인들이라고 할까. 향료, 노예, 직물은 서쪽과 북쪽으로 이동하고 금속, 와인, 유리 제품은 남쪽과 동쪽으로 갔다.

나중에 중국의 두 가지 발명품, 즉 삼각돛과 선미 키를 채택한 아랍인들은 아프리카의 깊숙한 곳과 극동까지 상업의 촉수를 뻗쳤다. 서기 826년, 인도네시아 벨리퉁에서 침몰한 아랍 범선에 실렸던 물품을 보자. 금, 은, 납, 옻, 청동으로 만든 물품들과 도자기 57,000점. 도자기는 중국 창사長沙산 사발 40,000개, 장례용 유골항아리 1,000개, 잉크병 800개 등이었다. 바스라와 바그다드의 부유한 소비자들을 위해 후난성의 가마에서 수출용으로 대량 생산한 것이다.

자유무역을 하는 아랍인들은 상품뿐 아니라 아이디어도 상대방과 서로 교환했으며(이는 우연이 아니다), 그 결과 문화가 번성했다. 고향 밖으로 쏟아져나온 아랍인들은 예멘의 아덴에서 스페인 남부의 코르도바에 이르는 지역에 사치품과 학문을 전달했다.

나중에 이들은 필연적으로 제국적 자기만족에 빠지고, 본거지에서는 성직자들의 압제 아래 놓이게 된다. 일난 사제들이 강력한 권력을 쥐자, 책은 읽히지 않고 불태워졌다.

피사의 상인

이들 무슬림이 무역으로 얻은 이익은 유럽이 자급자족에서 빠져나올 여건을 조성했다. 주로 유대인 무역상들 덕분이었다. 이들은 10세기에 점점 압제가 심해지는 바그다드 아바스 왕조의 통치 지역에서 빠져나와 보다 관용적인 이집트 파티마 왕조의 치하로 들어갔다.

지중해 남부 해안과 시칠리아에 정착한 이들 마그레브 무역상은 계약의 의무적 이행, 투표에 의한 추방이라는 제재 등을 담은 상거래 규약을 발전시키기 시작했다. 공식 법정과는 별개로 말이다. 이들이 번성한 것은 정부 덕분이 아니다. 다른 모든 최고의 기업가들과 마찬가지로, 정부의 규제에도 불구하고 번성했다.

그리고 이탈리아의 항구도시들과 거래를 시작한 것 또한 바로 이들이었다. 이탈리아의 농부들도 자식들에게 땅을 분할 상속해 자신들보다 가난하게 만드는 대신, 아들들을 읍으로 보내 마그레브 유대인들과 교역을 시킬 수 있다는 점을 깨닫기 시작했다.

이탈리아 북부는 지대地代를 추구하는 탐욕스러운 왕이 없다는 혜택을 한동안 누릴 수 있었다. 로마 황제와 교황 간의 상호 견제로 인한 교착상태 덕분이었다. 오토 대제(신성로마제국 초대황제)의 영향력 덕분에 아랍인들의 해적질과 교황의 약탈이 한동안 중단된 시기가 있었다. 이때 롬바르디아와 토스카나 지방의 도시들은 자신들이 자치정부를 세울 수 있다는 것을 알게 되었다. 그리고 도시가 거기 있는 것은 무역 때문이었으므로, 이들 자치정부들은 상인들의 이익에 봉사하게 되었다. 아말피, 피사, 무엇보다 제노바가 마그레브와의 무역 덕분에 번성하기 시작했다.

유럽이 인도-아랍의 십진법, 분수, 이자 계산법에 관심을 갖게 만든 사람이 있다. 북아프리카에 거주하는 피사 무역상 피보나치Fibonacci로, 그는 1202년 《계산법Liber Abaci》이라는 책을 출간했다.

제노바와 북아프리카 간의 무역은 1161년 상인보호 협정이 체결된 후 두 배로 늘었다. 1293년이 되자 제노바의 교역량은 프랑스 왕의 전체 수입보다 커졌다. 루카는 비단 무역에서 중요한 위치를 점했고, 나중에는 은행업에서도 그렇게 됐다. 피렌체는 모직물과 비단으로 부유해졌다.

알프스 산맥을 넘는 고개의 관문이었던 밀라노는 시장도시로 번성했다. 그리고 베네치아는 점차 교역 자치국의 상징이 되었다. 베네치아 만 안쪽의 석호(사취, 사주 따위가 만의 입구를 막아서 바다와 분리되어 생긴 호수-옮긴이)에 자리 잡고 있어서 오랫동안 독립을 유지해 온 터였다.

도시공화국들은 서로 경쟁하고 때로 전쟁도 치렀다. 하지만 상인들이 운영하는 이들 도시국가는 교역이 말살될 정도로 세금을 매기거나 규제를 가하지 않도록 보살폈을 뿐 아니라, 교역을 촉진하기 위해 최선을 다했다. 예컨대 베네치아는 정부가 배를 건조해 상인들에게 임대했고 호위함까지 붙여주었다.

이탈리아의 번영은 북유럽에서도 실감될 정도였다. 베네치아 상인들은 은을 찾아서 알프스의 브레너 고개를 넘어 독일까지 들어갔고, 플랑드르(왕국들 사이에 있는 무주지無主地였다)의 샹파뉴에 서는 장에도 출현하기 시작했다. 이곳의 양모와 바꾸기 위해 비단, 향료, 설탕, 수지를 가져온 것이다.

예컨대 1400년대 초, 루카에서 비단 사업을 하는 자기 집안의 대리인으로 브뤼헤에 정착한 조반니 아르놀피니Giovanni Arnolfini를 보자. 그는 반 에이크van Eyck의 유명한 그림(《아르놀피니의 결혼》-옮긴이)에 등장해 불멸의 이름을 얻었다.

물론, 중세의 유럽 인구 중 비단이나 설탕을 접해보기라도 한 사람은 몇 퍼센트 되지 않았고, 그런 무역이 유럽의 GDP에 기여하는 바도 미미했던 것이 사실이다. 그러나 유럽의 재각성이 빨라진 것은 중국, 인도, 아라비아, 비잔티움의 생산성과 접촉한 덕분이라는 사실을 부인할 수는 없다. 이 접촉은 이탈리아와의 교역을 통해 이루어졌다.

아시아와의 교역에 참여한 지역들은 그렇지 않은 지역들에 비해 부흥했다. 1500년이 되자 이탈리아의 1인당 GDP는 유럽 평균보다 60퍼센트 높아졌다. 하지만 역사가들은 흔히 동방과의 이국 무역을 지나치게 강조한다. 비교적 최근인 1600년을 보자. 이때만 해도 유럽과 아시아 간의 무역량은 미미했다(수송비용 때문에 향료 같은 사치품에 집중됐다). 액수로 볼 때 유럽 역내 가축 교역량의 절반에 불과했다. 유럽이 아시아와 교역할 수 있었던 것은 역내 무역량이 컸기 때문이지 그 역이 아니다.

교역을 하면 이익이 생긴다는 사실을 사람들은 다시 발견했다. 이 과정은 일단 시작되면 멈출 수 없다. 사람들은 타인이 생산한 물품의 소비자로 되돌아갔다. 이는 그들이 서로에게 팔 환금 작물의 생산자가 될 수도 있다는 의미였다. 내가 밀을 조금 더 재배하고 당신은 가죽을 좀 더 무두질하면, 나는 당신에게 식량을 제공하고 당신은 나에게 구두를 신길 수 있다.

결국 12세기에 읍이 급속히 발전하기 시작했다. 1200년이 되자 유럽은 다시 시장, 상인, 장인이 존재하는 장소가 되었다. 물론, 인구의 70퍼센트는 아직도 땅에서 식량, 섬유, 연료, 건축자재를 생산했고 여기에 크게 의존하고 있었던 것이 사실이지만 말이다.

유난히 온화해진 기후 속에서 유럽 대륙은 경제적 호황을 누리고 있었다. 생활수준은 대륙의 모든 지역에서 향상되었고, 특히 북유럽에서 더 그랬다. 북유럽에서는 과거 제노바 상인들이 지중해 세계에 해준 일을, 뤼베크를 비롯한 한자동맹 도시에서 온 상인들이 발트 해 인근 지역에 해주었다. 이들은 느리지만 많은 짐을 실을 수 있는 신형 선박('코그'라고 불렸다)을 갖추고 있었다. 이들 배에 목재, 모피, 밀랍, 청어, 수지를 싣고 서유럽과 남유럽에 가서 직물이나 곡물과 교환했다.

마그레브 상인들처럼 이들도 독자적인 상법을 발전시켰다. 여기에는 외국에서 계약을 어긴 자기네 상인들을 국법과는 별개로 처벌하는 규정도 있었다. 고틀란드(발트 해 중앙의 섬) 비스뷔의 상인들은 심지어 오리엔트와도 접촉을 재개했다. 아랍인들이 장악한 지브롤터 해협을 우회하느라 러시아의 강들과 흑해를 지나서 노브고로드 공국을 경유해 이룩한 성과였다.

규제만능주의 국가

그동안 중국은 다른 길로 가고 있었다. 침체와 가난의 길이었다. 서기 1000년경 경제적·기술적 융성을 누린 중국이지만 1950년 즈음에는, 인구는 과밀하고 농업은 낙후된 채 절망적인 가난에 허덕이고 있었다.

앵거스 매디슨Angus Maddison의 추정에 따르면, 중국은 세계에서 유일하게 1950년의 1인당 GDP가 1000년에 비해 낮아진 지역이다. 그 책임은 정확히 역대 중국 정부들에 있다.

우선, 과거의 융성을 돌아보자. 중국이 호시절을 보낸 것은 통일되지 않고 쪼개져 있을 때였다. 경제가 처음 제대로 번영한 것은 불안정한 주 왕조(기원전 1046~256년) 때였다. 그 뒤 문화와 기술이 융성한 시기는 서기 220년 한漢제국이 무너진 후의 삼국시대였다. 907년 당唐제국이 무너지자 오대십국은 서로 끊임없이 전쟁을 벌였다. 이때 중국은 폭발적으로 장대한 발전을 이룩했다. 그 전의 어느 시대보다 창의적 발명이 늘고 경제적으로 큰 번영을 누렸다. 그 다음의 송 왕조가 이를 이어받았다.

심지어 20세기 말 중국이 거듭나는 데에도 통치의 분권화와 지방정부 자치권의 급신장이 크게 기여했다. 1978년 이후 폭발적으로 늘어난 경제활동을 주도한 것은, 기업활동의 자유를 얻은 말단 지방자치단체 주민들이 공동으로 세운 '향진鄕鎭 기업'들이었다. 현대 중국의 역설적인 측면은 권위주의적일 법한 중앙정부의 힘이 약하다는 사실이다.

서기 1000년대 후반 중국인들은 나침반과 화약은 말할 것도 없고 비단, 차, 도자기, 종이, 인쇄 분야의 거장들이었다. 이들은 순도 높은 철을 제련하기 위해 석탄으로 코크스를 만들었고, 이것으로 한 해에 125,000톤의 선철을 제조했다. 이들은 또 우산, 성냥, 칫솔, 놀이용 카드뿐 아니라 한 번에 여러 가닥의 면사를 잣는 다축 물레, 수력식 기계 해머도 만들었다. 뛰어난 물시계도 있었다. "남자는 밭을 갈고 여자는 베를 짠다"는 공자의 말이 양쯔 강 삼각주 전역에서 지켜졌다. 이들은 근면하고 효율적으로 일했다. 농부들은 자기들이 먹을 것뿐 아니라 돈을 벌기 위해서도 일했고, 그렇게 번 돈으로 물건을 사서 썼다.

예술, 과학, 기술이 꽃을 피웠다. 어디에나 교량과 탑이 들어섰다. 목판인쇄술이 문헌에 대한 갈증을 풀어주었다. 한마디로 송나라 시대는 노동의 분업이 고도로 정교하게 이루어진 시기였다. 많은 사람이 서로가 생산한 것을 서로 소비했다.

그런데 1200년대와 1300년대에 고난이 닥쳤다. 처음에는 몽골의 침입, 다음에는 흑사병, 그리고 일련의 자연재해가 있었고, 그 후 명나라의 전체주의적 통치라는 완전히 인위적인 재난이 덮쳤다.

다음 장에서 논의하겠지만, 유럽에서 흑사병은 자급자족의 덫에서 벗어나 교역을 더 많이 해서 이득을 얻도록 박차를 가했다. 그런데 왜 중국에서는 이 같은 일이 발생하지 않았는가? 흑사병 때문에 인구가 반으로 줄어서 여유 토지가 많아졌을 테고, 이는 가처분 소득의 원천이 되었을 텐데 말이다.

그 책임은 온전히 명 왕조에 있다. 유럽이 흑사병의 여파를 딛고 다시 일어선 것은 독립 도시국가들 덕분이었다. 상인에 의한, 상인을 위한 도시국가는 이탈리아와 플랑드르 지방에 특히 많았다. 덕분에 지주들이 농노제를 다시 강요하거나 농부들의 이주를 제한하기가 힘들었다. 흑사병 때문에 노동계층의 힘이 잠시 깅해졌던 시기에 말이다. 이와 반대로 동유럽이나 이집트의 맘루크 왕조, 중국의 명나라에서는 농노제가 사실상 복구됐다.

제국과 국가는 처음에는 좋은 존재였다가 나중에는 나쁜 존재로 변하는 경향이 있다. 이런 경향은 오래 존속할수록 더 심해진다. 처음에는 사회의 번영 능력을 개선한다. 중앙정부 차원의 서비스를 제공하고 교역과 전문화를 저해하는 장애물을 제거해준다. 심지어 칭기즈 칸의 '팍스 몽골리카'조차 실크로드의 도둑떼를 근절함으로써 아시아의 육로 무역을 원활하게 했다. 그래서 유럽의 응접실을 오리엔트 상품들로 꾸미는 비용이 낮아졌다.

하지만 그러고 나서 정부들은 야심찬 엘리트를 점점 더 많이 고용한다. 이들은 스스로 점점 더 많은 규칙을 만들고 부과함으로써 사람들의 삶에 점점 더 많이 개입한다. 이를 통해 그 사회의 수입 중 점점 더 많은 몫을 자기 것으로 차지한다. 이 과정은 결국 황금알을 낳는 거위를 죽일 때까지 계속된다.

이런 점을 처음 지적한 것은 중세 지리학자 이븐 할둔Ibn Khaldun이었고, 그를 따라 근래에 페테르 투르친Peter Turchin도 같은 주장을 폈다. 오늘날에도 교훈으로 삼을 만한 내용이다.

경제학자들은 무슨 문제가 생기면 재빠르게 '시장의 실패' 운운하는데, 대체로 맞는 말이다. 하지만 더 큰 위험은 '정부의 실패'에서 온다. 정부는 독점 체제이기 때문에 스스로 운영하는 대부분의 기관에 비효율과 침체를 초래하게 된다.

정부기관은 고객에 대한 서비스보다는 자기 쪽의 예산 확대를 추구한다. 이익단체들은 자기 회원들을 위해 쓸 돈을 납세자들에게서 더 많이 짜내려고 정부기관들과 타락의 동맹을 맺는다. 사실이 이러한데도 머리가 좋은 사람들 대부분은 아직도 정부에게 더 많은 기관을 직영하라고 요구한다. 직영을 하게 되면 다음번에는 어떻게 해서든 덜 이기적이고 더 완벽해질 거라고 가정한다.

명나라 황제들은 제조업과 무역의 많은 부분을 국유화해 소금, 철, 차, 알코올, 대외무역, 교육에 대해 전매청 또는 독점기관을 만들었다. 뿐만 아니라 시민들의 일상생활에도 개입하고, 전체주의적으로 의사표현을 검열했다. 명나라의 관료들은 사회적 지위는 높고 급여수준은 낮았다. 이러한 조합은 필연적으로 부패와 지대 추구를 부르게 마련이다.

이들은 모든 공무원과 마찬가지로 혁신을 본능적으로 불신한다. 자신들의 지위에 대한 위협으로 보는 것이다. 그리고 직무상 마땅히 추구해야 할 목표(그들을 그 자리에 앉힌 이유)보다는 사적인 이익을 좇는 데 점점 더 많은 에너지를 쓴다.

규제만능주의 국가의 팔, 관료주의의 전능성은 이보다 더 멀리까지 뻗친다. 복식에 관한 규정들이 있고, 주택의 민간 건설과 공공 건설에 대한 규정들이 있다. 입는 옷의 색깔, 개인이 듣는 음악, 축제, 모든 것이 규제의 대상이다. 출산과 죽음에 대한 규정들도 있다. 지방정부는 백성들의 모든 행동을 요람에서 무덤까지 세세하게 감시한다. 문서업무의 정권이자 괴롭힘의 정권이다. 끝없는 문서업무와 끊임없는 괴롭힘!

현재시제로 쓴 것에 속지 마시라. 에티엔 발라즈(Etienne Balazs, 헝가리 태생의 중국학 학자 - 옮긴이)가 묘사한 이 이야기는 마오쩌둥 시절이 아니라 명나라에 대한 이야기다.

초대황제인 홍무제의 행태는 경제를 질식시키는 방법의 모범이라고 할 만하다. 국가의 허락이 없는 모든 무역과 여행을 금지한다. 상인들에게 매달 한 번씩 보유 물품 재고량을 기록하라고 강요한다. 농부들에게는 자기들 먹을 것만 재배하고 시장에 내놓을 것은 키우지 말라고 지시한다. 인플레이션으로 지폐가치가 1만분의 1로 떨어지는 것을 방치한다.

그의 아들 영락제는 이 리스트에 항목을 보탰다. 엄청난 비용을 들여 수도를 이전한다. 막대한 군대를 유지한다. 베트남 침공에 실패한다. 총애하는 환관을 초대형 선박으로 구성된 대함대의 책임자로 임명한다. 장병 27,000명과 천문학자 5명, 기린 한 마리를 태운 선단이다. 그리고 원정에서 이익을 올리는 데 실패하자, 분노한 나머지 민간인의 선박 건조와 해외여행을 금지한다. (7차에 걸친 '정화의 대원정'을 무의미한 실패처럼 묘사한 것은 저자의 왜곡된 시각으로 보인다-옮긴이.)

정부의 이 같은 조치에도 불구하고 중국인들은 세계와의 무역에 폭발적으로 나서고 있었다. 1500년대 포르투갈의 무장 상선들은 마카오에서 비단을 싣고 일본에 가서 은과 교환했다. 1600년대 중국 푸젠성 연안을 비공식적으로 빠져나와 마닐라에 도착한 정크선들에는 비단, 목화, 도자기, 화약, 수은, 구리, 호두, 차가 가득 실려 있었다. 거기서 이 배들은 페루의 광산에서 나온 은을 가득 실은 스페인의 대형 갈레온선과 만났다. 뉴스페인(오늘날의 멕시코) 아카풀코를 출발해 태평양을 건너온 배였다. 나중에 은 부족 때문에 국력이 약해진 명나라가 만주족 무역업자들에 의해 무너진 것은 우연이 아니다. 무역업자들은 한국 및 일본과의 상품 교역으로 이윤을 남겨 만주족의 중국 정복에 자금을 댔다.

유럽에서와 달리 중국의 장인들은 도망쳐서 보다 관대한 통치자 밑으로 들어가거나, 여건이 좋은 공화제 국가에서 일할 수가 없었다. 그게 문제의 일부였다. 유럽 장인들은 일상적으로 그렇게 했는데 말이다. 유럽은 반도와 산악 지역이 많아서 중국처럼 일통一統하기가 훨씬 힘들었다. 카를 5세, 루이 14세, 나폴레옹 혹은 히틀러에게 물어보라.

로마인들이 한때 유럽 통일 비슷한 것을 했다. 그리고 그 결과는 명나라와 똑같았다. 침체와 관료주의였다. 디오클레티아누스 황제 치하 때 (명나라 영락제 치하와 똑같이) "세리의 수가 납세자보다 많아지기 시작했다"고 락탄티우스Lactantius는 말했다. 또한 "수많은 총독과 많은 무리의 집정관이 모든 지역, 거의 모든 도시를 억압했다. 설상가상으로 무수한 세리와 서기, 보좌관이 여기에 따라붙었다."

그 후 유럽은 서로 싸우는 국가들로 쪼개졌다. 그래서 유럽인들은 언제나 달아났다. 때로는 잔인한 지배자를 피해 도망쳤다. 프랑스의 위그노 교도들이나 스페인의 유대인들이 그랬다. 때로는 야심 찬 지도자들에게 이끌려 이주했다. 공화정의 자유를 찾아가는 경우도 있었다.

이탈리아인 크리스토퍼 콜럼버스Christopher Columbus는 포르투갈을 포기하고 대신 스페인의 문을 두드렸다. 스포르차 가문은 엔지니어들을 밀라노로 끌어들였다. 프랑스 루이 11세는 이탈리아의 실크 제조업자들을 꾀어들여 리옹에서 작업하도록 했다. 요하네스 구텐베르크Johannes Gutenberg는 투자자들을 찾아 독일 마인츠에서 프랑스 스트라스부르로 이주했다. 구스타프 2세 아돌프 대왕은 루이 드 기어Louis de Geer라는 왈론인(지금의 벨기에 남반부에 사는 켈트게 주민-옮긴이)을 끌어들여 스웨덴의 철강 산업을 출범시켰다. 직조 기계에 씨실을 넣는 기계장치 플라잉셔틀을 발명한 영국인 존 케이 John Kay는 프랑스 당국으로부터 1년간 금화 2,500리브르를 받고 노르망디를 순회하며 자신의 기계를 설명하고 보여주었다.

1700년대의 가장 기묘한 산업적 부정행위 중 하나를 저지른 주인공은 작센 선제후(황제 선출권을 가진 제후-옮긴이)였던 '괴력 아우구스투스Augustus the Strong of Saxony'다. 그는 비열하게도 금을 제조할 수 있다고 주장하는 사기꾼 여행자를 투옥했다. 다른 나라에 그의 기술이 들어가지 못하게 하기 위해서였다.

그 결과는 엉뚱하게 도자기 제조업의 독점으로 나타났다. 문제의 인물인 요한 프리드리히 뵈트거Johann Friedrich Böttger는 금을 만들지는 못했다. 대신 두께가 얇은 도자기를 만드는 기술을 완성시켰다. 그 공으로 풀려나기를 기대한 것이다. 그러나 아우구스투스는 그를 마이센의 언덕 꼭대기에 있는 성에 더욱 엄중하게 감금했다. 그리고 찻주전자와 꽃병을 대량으로 찍어내게 했다.

한마디로 말해, 유럽 산업화에 막대한 인센티브를 제공한 것은 경쟁이었다. 경쟁은 국가 차원에서나 기업 차원에서나 관료주의적 억압에 브레이크로 작용한다.

곡물조령을 다시 폐기하라

유럽이 정치적으로 분할되어 가장 크게 혜택을 본 것은 네덜란드인들로, 이들은 1670년에 이르자 유럽의 국제무역을 지배했다. 황제도 없고 내부에서 더욱 쪼개진 덕을 본 것이다. 이들의 상선단 규모는 프랑스, 잉글랜드, 스코틀랜드, 신성로마제국, 스페인, 포르투갈의 상선단을 모두 합친 것보다 클 정도였다.

이들은 발트 해에서 곡물을, 북해에서 청어를, 북극에서 고래 지방을, 남유럽에서 과일과 와인을, 오리엔트에서 향료를 들여왔다. 당연히 자신들이 만든 물품도 원하는 사람들에게 가져다주었다. 효율적인 선박 건조술(특히 조선소에서 노동의 새로운 분업이 일어났다. 윌리엄 페티William Petty라는 호기심 많은 학자가 이를 목격했다)에 힘입어 이들은 해운비용을 3분의 1 이상 절감했다.

하지만 이것은 오래가지 않았다. 1세기도 지나지 않아 루이 14세를 비롯한 왕들이 네덜란드인들의 황금시대를 끝장냈다. 전쟁, 중상주의적 보복, 전쟁비용을 대기 위한 높은 세금이 복합적으로 작용했다. 자유무역을 통해 생활수준을 향상시키려는 또 하나의 시도가 실패로 돌아갔다.

하지만 다행히 이곳은 완전히 통일된 중국이 아니었다. 덕분에 다른 사람들, 특히 영국인들이 그 역할을 이어받았다. 빅토리아 왕조 시대 영국의 커다란 행운은 산업이 도약할 시점에 로버트 필(Robert Peel, 재무장관과 총리 역임 - 옮긴이)이 자유무역을 환영했다는 점이다. 중국 영락제가 이를 금지한 것과 대조된다.

1846~1860년, 영국은 역사상 유례없는 수준으로 자국 시장을 자유무역에 개방하는 일련의 조치를 일방적으로 취했다. 곡물 수입에 중과세하는 곡물조령을 폐지하고 항해조례를 없앴으며 모든 관세를 철폐했다. 프랑스를 비롯한 여러 국가와 '최혜국 대우' 무역조약을 체결해, 어떤 규제든 완화하는 경우 모든 교역 당사국에 적

용되도록 했다. 이는 세계 여러 나라에 관세 인하를 바이러스처럼 퍼뜨렸으며, 마침내 글로벌 자유무역이 도래했다.

이는 페니키아인 방식의 전 지구적인 실험이었다. 그래서 미국은 결정적 시기에 영국과 유럽에 곡물과 섬유를 공급하는 데 특화할 수 있었고, 덕분에 영국과 유럽은 세계의 소비자들을 위한 물품 제조업에 더 특화할 수 있게 되었다.

양측이 모두 이익을 얻었다. 예컨대 1920년이 되자 런던에서 소비되는 쇠고기의 80퍼센트는 외국, 주로 아르헨티나에서 수입된 것이었고, 그 결과 아르헨티나는 세계에서 가장 부유한 국가 중 하나가 되었다. 라플라타 강 어귀 양쪽은 수출을 위해 쇠고기를 통조림으로 만들고 소금간을 하고 건조시키는 광대한 도축장이 되었다. 우루과이의 프라이벤토스 타운은 영국에서 '고기 통조림'을 뜻하는 단어가 됐다.

보호주의는 빈곤을 부르지만 자유무역은 번영을 가져다준다. 이는 역사가 주는 교훈이다. 너무나 뻔하고 명백한 교훈이라서, 누군가 혹시라도 이와 다르게 생각하는 사람이 있다는 것을 믿기 힘들 정도다. 한 국가가 무역에 국경을 개방한 뒤 더 가난해진 사례는 단 한 건도 없다(강요에 의해 노예무역이나 마약무역을 하는 경우는 다른 문제일 수 있다).

자유무역은 해당 국가에 도움이 된다. 심지어 이웃 국가들은 국경을 닫아놓고 있는데 자기네만 개방하는 경우에조차 그렇다. 당신네 거리의 상점들은 다른 거리의 생산품을 받아들이지만 다른 거리는 자신들이 생산한 것만 팔 수 있는 상황을 상상해보라. 누가 패배자가 되겠는가?

하지만 20세기에 이르러 제1차 세계대전의 여파로 이웃 나라들을 빈곤에 빠뜨리려 시도하는 국가가 하나둘 생겨나기 시작했다. 1930년대 인플레이션과 실업이 악화되자 각국 정부는 하나둘 자급자족과 수입 대체를 추구하기 시작했다. 그리스의 이오안니스 메타크사스Ioannis Metaxas 정권, 스페인의 프란시스코 프랑코Francisco Franco 정권, 미국의 스무트-홀리Smoot-Hawley 관세법…….

1929~1934년, 국제무역량은 3분의 1 수준으로 줄어들었다. 1930년대 인도의 영국 식민정부는 밀 농사꾼, 면화 제조업자, 설탕 제조업자를 각각 호주, 일본, 자바의 저렴한 수입품으로부터 보호하기 위해 관세를 부과했다.

이와 같은 보호주의적 조치들은 경제 붕괴를 앞당겼다. 1929년 이후 5년간 일본의 비단 수출이 총 수출에서 차지하는 비중은 36퍼센트에서 13퍼센트로 줄었다. 인구는 급격히 증가하는데 재화와 인력을 수출할 기회는 축소된 것이다. 일본 정부가 대안으로 제국주의적 공간을 찾기 시작한 것은 놀랄 일이 아니다.

그리고 제2차 세계대전 후 라틴아메리카 대륙 전체가 자유무역과 결별해 몇십 년에 이르는 경기 침체를 자초했다. 라울 프레비시Raúl Prebisch라는 아르헨티나 경제학자의 영향이었다. 그는 리카도식 논리의 허점을 발견했다고 믿었다.

자와할랄 네루Jawaharlal Nehru가 이끄는 인도도 자급자족 경제를 택했다. 국내에서 수입 대체품을 생산하는 붐이 일어날 것이리는 희망을 품고 무역의 문을 닫은 것이다. 결과는 역시 경제 침체였다.

그래도 똑같은 시도가 계속되었다. 김일성 치하의 북한, 엔버 호자Enver Hoxha 치하의 알바니아, 마오쩌둥 치하의 중국, 피델 카스트로Fidel Castro 치하의 쿠바…… 보호주의를 택한 나라는 모두 어려움을 겪었다.

이와는 다른 길을 간 나라들이 있다. 싱가포르, 홍콩, 타이완, 한국, 그리고 나중에 모리셔스가 그렇게 했다. 이들 국가는 경이적 성장의 동의어가 되었다.

20세기에 방침을 바꾼 나라들이 있다. 일본, 독일, 칠레, 마오쩌둥 이후의 중국, 인도, 그리고 좀 더 최근에는 우간다와 가나가 그에 해당한다. 중국은 20년에 걸쳐 수입관세를 55퍼센트에서 10퍼센트로 내렸다. 이와 같은 개방 정책으로 중국은 세계에서 가장 폐쇄된 시장에서 가장 열린 시장으로 바뀌었다. 그 결과 세계에서 가장 경제 성장이 빠른 나라가 되었다.

요한 노르베리Johann Norberg는 말한다. "무역은 감자를 컴퓨터로, 혹은 무언가를 다른 무언가로 바꿔주는 기계나 마찬가지다. 그런 기계를 손에 넣고 싶어 하지 않는 사람이 어디 있겠는가."

무역은 예컨대 아프리카의 장래 전망을 바꿔놓을 수 있다. 중국이 아프리카의 여러 국가로부터 구매하는 액수는 (현지 직접투자를 제외하고) 1990년대에 다섯 배로, 그 후 2009년까지 다시 다섯 배로 늘었다. 그래도 이는 중국 대외 교역량의 2퍼센트에 불과하다. 중국은 어쩌면 유럽이 저질렀던 실수 중 일부를 이제 막 되풀이하려는 참인지도 모른다. 과거 아프리카를 식민지화해 착취했던 실수 말이다.

하지만 아프리카에 대한 수입 개방의 측면에서 보자면, 중국은 유럽과 미국을 부끄럽게 만든다. 아프리카가 다른 나라의 농업보조금, 그리고 면화, 쌀, 설탕, 기타 여러 상품에 대한 수입관세로 인해 손실한 수출액은 연간 5천 억 달러에 이른다. 이는 아프리카 대륙에 대한 원조 총액의 열두 배에 달하는 액수다.

물론, 무역은 경제에 지장을 초래할 수 있다. 값싼 수입품은 수입국의 일자리를 없앨 수 있다. 하지만 이와 동시에 수입국과 수출국 모두에서 언제나 훨씬 많은 일자리를 창출한다. 소비자들이 원하는 물건을 좀 더 싸게 구입함으로써 절약한 돈으로 다른 상품과 서비스를 구매하게 되기 때문이다. 유럽인들이 베트남에서 저렴하게 생산된 구두를 사면 머리를 단장할 돈이 좀 더 생기게 된다. 그러면 유럽에서는 구두공장의 후진 일자리는 주는 대신 미용실에 멋진 일자리가 더 생기게 된다.

제조업자들은 더 낮은 임금과 근로 조건을 감내하는 나라들을 찾을 것이고 실제로 찾아내고 있다. 서구의 인권운동가들은 이런 행태를 비난하고 방해하려 들지만, 실제로 나타나는 결과는 그들의 비난과 반대되는 현상이다. 가난한 나라들의 임금과 근로 조건이 향상되고 개선되는 것이다. 따라서 이는 최저수준을 찾아가는 경주라기보다는 최저수준을 높이는 경주에 가깝다.

베트남에 있는 나이키의 '노동력 착취' 공장을 예로 들어보자. 현지 지방정부가 소유한 공장에 비해 임금은 세 배로 높고 시설도 훨씬 좋다. 그 지역의 임금과 근로 조건을 향상시키고 있는 것이다. 교역과 아웃소싱이 가장 크게 팽창한 기간 동안 아동 노동은 1980년에 비해 절반으로 줄었다. 만일 이것이 근로 조건의 악화라면, 그런 일이 더 많이 생기게 하라.

도시의 절정기

무역은 사람들을 도시로 끌어들이고 빈민가를 팽창하게 만든다. 이게 나쁜 일이 아니란 말인가? 한 마디로 대답하자면, 아니다. 낭만적 시인들에게는 산업혁명기의 공장들이 악마처럼 보였을지 모른다. 하지만 농촌의 젊은이들에게 공장은 기회의 횃불이었다. 손바닥만 한 땅을 갈아먹으며 비좁고 누추한 오두막에서 살아야 하는 현실에 직면한 젊은이들에게는 말이다. 에드워드 7세 시대에 포드 매독스 포드Ford Madox Ford가 《런던의 영혼》이라는 소설에서 찬양했듯, 도시는 부자에게 더럽고 누추한 곳으로 여겨졌을지 모르지만 노동계급에게는 해방과 진취적인 정신의 장소였다.

오늘날 인도 여성에게 물어보라. 농촌을 떠나 뭄바이의 빈민가로 가고 싶어 하는 이유가 뭐냐고. 도시는 그 모든 위험과 누추함에도 불구하고 기회의 상징이기 때문이다. 자신이 태어난 마을에서 도망칠 기회 말이다. 고향 마을은 임금도 없는 고된 노동, 집안의 숨 막히는 통제가 있는 곳이다. 노동을 하는 장소도 뜨거운 햇볕이 가차 없이 내리쬐거나 장맛비가 퍼붓는 야외다.

헨리 포드는 자신이 가솔린 자동차를 발명할 수밖에 없었던 이유에 대해 "미국 중서부 지역 농장의 끔찍하게 권태로운 삶으로부터 탈출하기 위해서"라고 설명했다. 마찬가지로 수케타 메타Suketa Mehta는 말한다. "인도의 농촌 젊은이들이 뭄바이에 끌리는 것은 돈 때문만은 아니다. 자유 때문이기도 하다."

아시아, 라틴아메리카, 아프리카의 어디서나 자급하던 농부들이 지금껏 살던 땅을 떠나는 행렬이 이어지고 있다. 도시로 가서 임금

노동을 하기 위해서다. 이는 소위 '흙에 대한 향수'로 가득 찬 상당수 서구인이 볼 때는 매우 유감스러운 추세다.

많은 자선단체와 원조기관들은 자신들이 세상에 도움이 되는 일을 한다고 생각한다. 농촌의 삶을 좀 더 견딜 만하게 만들어줌으로써 가난한 농부들이 도시로 이주해야 하는 상황을 막는 일이라고 말이다. 스튜어트 브랜드는 이렇게 쓰고 있다. "선진국 사람들 중 많은 수가 입에 간신히 풀칠만 하는 수준의 농사에 대해 혼이 담겨 있으며 환경친화적이라고 생각하지만, 이런 농사는 실상 가난의 덫이며 환경적 재앙이다."

나이로비나 상파울로의 빈민가가 평화로운 농촌 마을에 비해 더 살기 나쁜 곳임이 분명하다고? 그리로 이주하는 사람들에게는 그렇지 않다. 질문을 받으면 이들은 머뭇거리지 않고 대답한다. "상대적으로 자유롭고 기회가 많은 도시가 좋다"고. 생활 조건이 아무리 열악하다 해도 말이다. "나는 농촌에 남겨진 또래들보다 모든 면에서 더 잘살고 있습니다." 가나의 수도 아크라에서 하루 4달러를 받는 교사 더로이 퀘시 앤드루Deroi Kwesi Andrew의 말이다. 자급자족하는 농촌이란 낭만적 신화에 불과하다. 도시에서의 기회야말로 사람들이 원하는 것이다.

2008년, 역사상 처음으로 세계 인구 중 절반 이상이 도시에 살고 있다. 이것은 나쁜 일이 아니다. 인구의 과반수가 자급자족적 가난을 벗어나 교환을 기반으로 한 삶의 가능성을 찾을 수 있다는 것은 경제적 진보의 척도다. 경제 성장의 3분의 2는 도시에서 일어난다.

인구통계학자들은 불과 얼마 전에 다음과 같이 예상했다. 신기술의 발전에 따라 사람들이 고요한 교외에서 살면서 원격통신을 하게 되고, 그에 따라 도시는 공동화될 것이라고. 하지만 그렇지 않았다. 사람들은 고층 빌딩 안에서 보다 더 밀접하게 접촉하면서 서로 교환하는 것을 선호한다. 금융업처럼 실물을 다루지 않는 업종에서도 그렇다. 그리고 이를 위해 엄청난 임대료를 지불하고 있다.

2025년이 되면 도시 인구는 50억 명에 이를 것으로 보인다(농촌 인구는 급속히 줄 것이다). 그리고 인구 2천만 명이 넘는 도시가 여덟 곳이나 될 것이다. 도쿄, 뭄바이, 델리, 다카, 상파울로, 멕시코시티, 뉴욕, 콜카타.

지구 전체로 보아 이는 좋은 소식이다. 도시 거주자들은 농촌 거주자들에 비해 공간을 적게 차지하고 에너지도 덜 소모하며 자연 생태계에도 영향을 덜 끼친다. 세계의 도시들에는 이미 세계 인구의 절반이 살고 있지만 그 면적은 육지의 3퍼센트도 안 된다.

물론, 일부 미국 환경주의자들은 '도시 확산urban sprawl'에 대해 진저리를 칠지 모른다. 하지만 지구 전체 규모로 보면 실제로는 반대의 현상이 일어나고 있다. 농촌이 공동화됨에 따라 사람들은 인구밀도가 더욱더 높은 개미탑에서 살고 있다. 에드워드 글레이저Edward Glaeser의 표현에 따르면, "소로(Thoreau, 자연의 삶을 예찬한《월든》의 저자)는 틀렸다. 시골에 사는 것은 지구를 보살피는 좋은 방법이 아니다. 지구를 위해 우리가 해줄 수 있는 최선의 일은 고층 빌딩을 더 짓는 것이다."

생태학자 폴 에를리히는 1960년대 델리 도심의 끔찍하게 더운 택시 안에서 저녁시간을 보낸 뒤, 평범한 일상에서 비범한 깨달음을 얻는 경험을 했다. "거리가 사람들로 인해 살아 있는 것처럼 보였다. 먹는 사람들, 세탁하는 사람들, 자는 사람들, 방문하고 논쟁하고 소리를 지르는 사람들, 택시 창문으로 손을 밀어넣고 구걸하는 사람들, 똥 싸고 오줌 싸는 사람들, 버스에 매달려 가는 사람들, 동물들을 모는 사람들, 사람들, 사람들, 사람들, 사람들……."

에를리히가 문화충격을 받은 수많은 서구인과 마찬가지의 결론을 내린 것은 그때였다. "세계에는 '너무 많은 사람(그의 책 중 한 장의 제목이다)'이 살고 있다. 생활수준이 아무리 나아지더라도 종국에는 아마 인구 증가 때문에 모두 허사가 되고 말 것이다." 그의 판단이 옳았을까? 이제 오래된 '맬서스의 인구론'을 이해할 때가 되었다.

6
맬서스의 함정을 피해 _ 1200년 이후의 인구

THE RATIONAL OPTIMIST

오늘날 대부분의 경제학자들이 걱정하는 것은 인구 폭발보다 고령화다.
출산율이 매우 낮은 국가들에서 노동 인구 중 고령자 비율이 급속히 증가하고 있는 것이다.

중대한 질문이 지금 쟁점이 되고 있다.
향후 인류는 전대미문의 무한한 진보를 향해 점점 빠르게 나아갈 것인가,
아니면 영원히 행복과 비참 사이를 규칙적으로 오갈 수밖에 없는가?

―

맬서스T. R. Malthus, 《인구론Essay on Population》

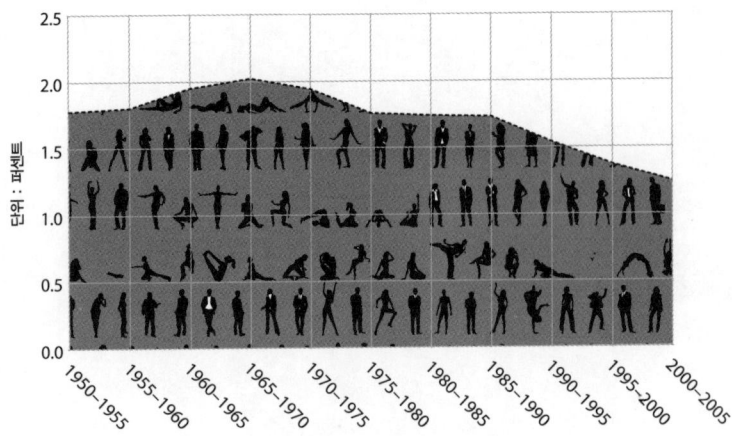

세계 인구 증가율

ESCAPING MALTHUS'S TRAP:
POPULATION AFTER 1200

맬서스의 함정을 피해 _ 1200년 이후의 인구

인간은 동물의 한 종류에 지나지 않기 때문에 인구 이야기도 단순할 수밖에 없다. 식량을 더 주면 아기를 더 많이 낳을 것이다. 인구밀도가 점점 늘다가 결국 굶주림과 포식자와 기생충이 시스템을 붕괴시키는 지점에 이를 때까지 말이다. 역사상 이와 비슷한 일이 실제로 일어난 사례가 많다. 하지만 붕괴 후 인구밀도는 흔히 전보다 높은 수준에서 안정되었다. 최저생계 수준은 계속해서 높아지고 있다. 상승은 간헐적이지만 그 추세는 거침이 없다.

국력과 상대적인 부유함이라는 측면에서 볼 때, 현대 이집트는 아마도 파라오 시절의 그림자에 불과할 것이다. 하지만 오늘날 인구는 람세스 2세 시절보다 훨씬 많다.

의외의 측면은 또 있다. 식량 생산 그래프가 상승세를 그릴 때, 풍부해진 식량은 어떤 기능을 할까? 일부 사람들로 하여금 먹을거리를 재배하거나 잡는 것 외의 다른 일에 전문화하도록 부추긴다. 그 외의 사람들은 자급자족이 아니라 판매를 위해 식량을 생산한다. 이에 따라 노동의 분업이 증가한다.

하지만 그래프의 정점 근처에서 식량 공급이 빠듯해지면 식량을 팔려고 하거나 팔 만큼 여분이 있는 사람이 줄어들 것이다. 식량은 자기 가족이 소비하고, 다른 사람들에게 사서 쓰던 물품들은 없이 견딜 것이다. 농부가 아닌 사람들은 식량도, 자신들의 서비스를 소비할 사람도 구하기 어려워지면 현재 업종을 포기하고 스스로의 식량을 재배하는 일로 돌아갈 것이다. 인류의 전문화 수준이 올라갔다 내려가는 순환을 되풀이하는 것은 이 때문이다.

경제학자 버넌 스미스는 회고록에서 대공황 시절에 대해 회상한다. 1930년대 기계기술자였던 아버지가 직장을 그만두었을 때 그의 가족은 미국 캔자스 주 위치토를 떠나 어느 농장으로 이주했다. "우리는 최소한 우리가 먹을 것은 대부분 키우며 근근이 입에 풀칠하는 경제활동에 참여할 수 있었다."

인류 역사에서 이같이 최저생계 수준으로 복귀한 사례는 흔하다. 동물 세계에서 이는 인간에게만 있는 일이다. 개체수가 늘면 각자가 더 전문화하든지, 개체수가 정체하거나 줄어들면 전문화가 줄어든다든지 하는 동물종은 달리 없다. 사실, 인류 외 다른 종에는 '전문화한 개인'이라는 개념 자체가 드물다. 그리고 예컨대 개미처럼 실제로 전문화가 일어나는 경우에도 인간처럼 그 수준이 올라갔다 내려갔다 하지는 않는다.

이것이 의미하는 바는, 맬서스주의자들의 훌륭한 구식 이론인 '인구 한계론'이 실제로 인간에게는 적용되지 않는다는 것이다. 그 이유는 인간이 교환하고 전문화하는 습성을 가지고 있기 때문이다. 말하자면 인간은 식량 공급에 비해 수가 너무 많아졌을 때 기근과 역병으로 죽어가는 대신, 전문화 수준을 높여 가용 자원만으로도 더 많은 사람이 존속하게 할 수 있다.

한편, 만일 교환이 어려워지면 인간은 전문화 수준을 낮출 것이다. 이렇게 되면 심지어 인구 증가가 없는 상태에서도 인구 위기가 올 수 있다. 맬서스주의자들이 말하는 위기는 인구 증가의 직접적인 결과로서가 아니라 전문화의 감소 때문에 닥치게 된다.

자급자족의 증가는 어떤 문명이 스트레스를 받고 있다는 결정적인 징표이며, 생활수준 하락의 정의 그 자체다. 1800년까지는 모든 경제 부흥이 이런 방식으로 끝났다. 엘리트들의 수탈이나 농업 생산성의 저하 때문에 부분적인 자급자족으로 회귀할 수밖에 없었다.

기원전 1500년 이후 메소포타미아와 이집트, 혹은 서기 500년 이후의 인도나 로마에서 일어난 일이 그 예라고 확신할 수는 없다. 그 시대에 대해서는 단편적인 정보밖에 없기 때문이다. 하지만 그 후의 중국과 일본에서는 이런 일이 일어났음이 대단히 명백하다. 그레고리 클라크Gregory Clark의 표현에 따르면, "산업혁명 이전의 세상에서 간헐적인 기술적 진보는 부를 창출한 것이 아니라 인구를 늘렸다".

중세 유럽의 실패

로버트 맬서스와 데이비드 리카도는 좋은 친구였지만 의견차는 컸다. 다만 한 가지 점에 대해서는 완전한 의견의 일치를 보였다. 인구 증가가 억제되지 않으면 생활수준이 떨어질 수 있다는 점에 대해서 말이다.

맬서스는 말했다. "일부 국가의 주민들은 구할 수 있는 최소한의 식량만으로 살게끔 내몰린(점차 길들여진) 것으로 보인다…… 중국이 이 같은 경우에 해당하는 듯하다."

리카도의 표현은 이렇다. "토지의 양은 제한돼 있고 그 생산력은 각기 다르다. 그래서 투입되는 자본이 한 단위씩 증가할 때마다 그에 대응하는 생산량은 점점 줄어들게 된다(한계수확 체감의 법칙이다-옮긴이)."

중세 잉글랜드가 이 같은 수확 체감의 명백한 사례에 해당한다는 것은 첫눈에 알 수 있다. 유럽 전역에 걸쳐 기후가 온난했던 13세기에 인구는 계속 팽창했다. 그 다음 세기에 기후가 악화되자 인구는 급감했다.

1200년대는 유럽 중세의 최고 황금기였다. 장원에는 비품이 풍족했고 대규모 수도원들이 번성했으며 큰 성당들이 높게 지어졌고 음유시인들은 재능을 뽐냈다. 잉글랜드 전역에 물방앗간과 풍차방앗간, 교량과 항구가 만들어졌다. 가축과 물품 시장이 도처에서 번성했다. 1150~1300년, 상업활동이 전례없이 증가했다. 이중 많은 부분은 양모 교역 덕분이었다.

플랑드르(오늘날 벨기에에 속한다) 지역 상인들은 자기네 직물 제조업자들에게 공급할 양모를 점점 더 많이 찾게 되었다. 덕분에 선박 소유주, 직물 가공업자, 그리고 무엇보다 양 치는 농부들이 생계를 유지할 수 있었다. 영국에서 양은 약 1,000만 마리로 늘어났다. 1인당 두 마리가 넘는 꼴이었다.

영국인들은 온난하고 비가 많이 오며 풀이 잘 자라는 자기네 기후가 유럽에 섬유를 공급하는 데 비교우위(무역을 통한 이익)가 있다는 것을 알게 되었다. 전문화와 교환이 인구 증가를 부추겼다. 예컨대 1225년 대머램의 윌트셔 마을에서 124명을 조사한 결과를 보자. 이중 59명이 총 1,259마리의 양을 소유했다. 이는 자급자족한 것이 아니라 돈을 벌기 위해 양모를 팔았다는 뜻이다. 그 돈은 아마도 빵집에서 빵을 사는 데 쓰였을 것이다. 빵장수는 제분업자에게 밀가루를 사오고, 제분업자는 농부들에게서 밀을 사왔을 테니, 농부들 역시 현금을 벌었을 것이다.

자급자족하는 대신 이제는 모든 사람이 시장에 속해 있었고 가처분 소득을 가지고 있었다. 윌트셔 사람들은 이제 물건을 사기 위해 근방의 솔즈베리까지 가고 싶어 했다. 그래서 마차 영업도, 솔즈베리 상인들의 경기도 호황을 이루게 되었다. 1258년 솔즈베리에 호화로운 대성당이 건설되기 시작했다. 그 배경은 양모 붐이었다. 교회가 십일조와 세금으로 걷어들이는 돈이 많아진 것이다.

당신이 대머램의 농부 입장이 되어보라. 방앗간 주인은 당신이 재배할 수 있는 밀을 모두 사준다. 그래서 당신은 두 아들에게 일찍 결혼해서 땅 몇 에이커를 당신에게 빌리라고 부추긴다. 마부, 제분업자, 빵집 주인, 상인, 목동이 모두 각자의 자녀들에게 가게를 차리게 한다. 가족 형성(family formation, 결혼과 출산 – 옮긴이)은 13세기에 뚜렷하게 증가했는데, 이는 언제나 생물학적 결정 못지않게 경제학적 결정이었다. 결혼 연령이 낮아지고 결혼이 증가한 결과는 아이가 많이 생기는 것이다. 13세기 잉글랜드 인구는 두 배로 증가한 것으로 추정된다. 약 200만 명에서 500만 명으로 늘었다.

이에 따라 인구 증가율이 생산성 증가율을 점차 추월하게 되었다. 이는 필연적인 현상이다. 지대는 인상되고 임금은 떨어졌다. 부자들은 땅 임대료를 더 내라고 했고 가난한 사람들은 더 적은 임금이라도 받겠다고 했다. 1315년이 되자 실질임금이 1세기 전에 비해 절반 수준으로 떨어졌다. 가족 형성 덕분에 가구 수입은 개별 임금처럼 빨리 떨어지지 않았겠지만 말이다. 예컨대 1290년대 에식스 피어링 지역의 한 제분공은 업주가 한 명을 더 고용하고 자신의 임금을 절반으로 삭감하는 데 동의했다. 신참은 실상 제분공의 아들이었고, 이것은 단지 동일한 수입을 한 가족 내에서 나누는 데 불과한 것이었을 가능성이 크다.

그럼에도 불구하고, 임금이 줄어듦에 따라 상인들이 공급하는 물건에 대한 수요도 정체되기 시작했다. 늘어나는 인구를 먹여살리기 위해 척박한 땅까지 경작하게 되었고, 이에 따라 단위면적당 소출은 점점 줄어들었다. 수확 체감이 두드러졌다. 수탈이나 일삼는 사제와 영주들은 전혀 도움이 되지 않았다.

오래지 않아 굶주림이 실제적 위협으로 떠올랐고, 갑자기 닥쳤다. 1315년과 1317년 여름에 비가 너무 많이 내려 북유럽 전역의 밀 생산량이 절반 이하로 줄었다. 작물은 땅에서 썩었다. 종자용 옥수수까지 먹어야 할 만큼 막다른 상황에 몰린 농가도 있었다. 엄마들은 아기들을 버렸다. 갓 처형당한 범죄자들의 시체가 식량용으로 교수대에서 끌어내려진다는 소문이 떠돌았다. 그 후 여러 해에 걸쳐 흉년이 계속되었고, 겨울에 이상한파가 닥쳤다. 치명적인 소 전염병이 퍼져 일부 농지는 황소가 없어서 쟁기질을 할 수 없게 되었고, 이로써 식량 사정은 더욱 악화되었다.

당시 인구는 30년간 성장이 정체돼 있었다. 그리고 1340년대 흑사병이 닥치자 인구는 격감했다. 1360년대에 다시 흑사병이 돌았다. 더 많은 사람이 병에 걸렸고 작황은 더욱 나빠졌다. 1450년이 되자 잉글랜드 인구는 대략 1200년대 수준으로 줄어들었다.

하지만 리카도나 맬서스 식의 단순한 이론으로는 13세기의 인구 급증이나 14세기의 급감 어느 쪽도 설명할 수 없다. 13세기에 토지의 인구 부양 능력이 리카도 식 기술적 진보에 의해 크게 늘어난 것도 아니고, 14세기에 맬서스 식 수확 체감 때문에 크게 줄어든 것도 아니다. 변화한 것은 토지가 아니라 경제의 인구 부양 능력(그토록 많은 사람을 먹여살릴)이었다. 어쨌거나 흑사병을 일으킨 것은 인구 과잉이 아니라 세균이었다.

얄궂게도 흑사병은 르네상스를 일으킨 원인 가운데 하나였을지 모른다. 노동력이 부족해지자 지주들은 소작인과 임금노동자 양자를 모두 구하기 위해 애썼고, 그에 따라 지대보다 임금의 경제적 비중이 커졌다. 흑사병에서 살아남은 농민 중 일부는 임금 인상의 덕을 보았다. 롬바르드 상인과 한자동맹 상인이 공급하던 동방의 사치품과 고급 직물을 다시 향유할 수 있게 된 것이다.

그동안 금융업에 수많은 이노베이션이 일어났다. 신용장(상품 대금을 지급하기 위해 강도들이 날뛰는 지역을 통과해 은을 직접 수송하는 문제를 해결하기 위한 것이었다), 복식부기, 보험 제도가 생겨났다. 이탈리아 금융업자들이 대륙 도처에 진출해 왕들과 그들이 치르는 전쟁에 비용을 냈다. 그 과정에서 이윤을 내는가 하면 재앙에 가까운 손실을 입기도 했다.

이탈리아의 상업도시들에서 창출된 부는 학문이나 예술 혹은 과학 분야에 흘러들어갔다. 레오나르도 다 빈치의 경우는 세 가지 모두에 해당한다.

1450년 잉글랜드의 1인당 소득은 1820년 이전 기간 중 아마도 최고치였을 것이다. 동급의 최고치가 그 중간에 한 번 더 있었다.

요점은 이렇다. 1300년 유럽은 노동집약적인(따라서 수확 체감 법칙의 지배를 받는) '산업적' 혁명을 향한 궤도에 있었던 것 같다. 1290년대 아들을 채용시키면서 자신의 임금을 반으로 삭감했던 피어링의 제분공을 기억하는가? 혹은 1294년 도버 성의 풍차제분소 신축 공사장으로 물을 운반하면서 남성 임금의 절반을 받았던 여성들을 생각해보라.

당사자들은 틀림없이 일자리가 있고 돈을 조금이라도 버는 게 기뻤을 것이다. 당시 인건비가 너무 싼 탓에 고용주들은 소나 짐차를 살 필요가 전혀 없었다. 하지만 1400년이 되자 유럽은 노동절약적인 '산업적' 궤도에 부분적으로 진입했다.

이 패턴은 춥고 잔인했던 17세기에 되풀이되었다. 기근과 흑사병과 전쟁이 유럽 인구를 다시 한 번 감소시킨 것이다. 1692~1694년 프랑스 인구의 약 15퍼센트가 굶어죽었다.

메소포타미아, 이집트, 인도, 멕시코, 페루, 중국, 로마와 달리 근대 초기 유럽은 노동집약화한 것이 아니라 자본집약화했다. 자본은 인력이 아니라 동물, 강, 바람으로 일을 하는 데 투입되었다. 조엘 모키르Joel Mokyr의 표현에 따르면, 유럽은 "노예나 하층 외국인 노동자의 지게가 아니라 비인간 동력을 기반으로 경제를 구축한 최초의 사회"였다.

18세기 일본의 인구 증가와 퇴보

유럽에 흑사병이 없었으면 어떻게 되었을까? 이를 상상하려면 18세기 일본의 경우를 보면 된다. 1600년대 일본은 상대적으로 번영하는 세련된 국가였다. 인구는 프랑스와 스페인을 합한 규모였고 특히 종이 제품, 면직물, 무기(많은 양을 수출했다) 등의 제조업에 강세를 보였다. 1592년 일본인들은 포르투갈의 디자인을 본떠 제작한 조총을 무수히 들고 가 조선을 정복했다(conquered, 복종시킨 것은 아니니 잘못된 인식이다. 하지만 이를 '침략'으로 고치면 문맥과 맞지 않는다 – 옮긴이).

그럼에도 불구하고 일본 경제의 주축을 이룬 것은 농업이었다. 양과 염소, 돼지를 많이 쳤고 어느 정도의 소와 상당수의 말을 키웠다. 쟁기가 일반적으로 사용되었는데 말이나 소가 끌었다.

그러나 1800년대가 되자 가축은 사실상 사라졌다. 양이나 염소는 단어 자체가 생소할 지경이었고, 마소는 매우 드물었으며, 심지어 돼지도 얼마 되지 않았다. 1880년 현지를 여행한 이사벨라 버드 Isabella Bird 여사는 이렇게 지적했다. "짐을 끌거나 잡아먹거나 젖을 짤 동물을 기르지 않고 목초지도 없다. 그래서 나라와 그 농경지가 조용하고 가축이 눈에 띄지 않는다는 점에서 똑같은 인상을 주고 있다."

당시 일본에는 마차나 수레(심지어 외바퀴수레)도 드물었다. 수송은 인력으로 했다. 등에 진 지게나 어깨에 멘 장대에 물건을 매달아 운반했다. 물레방아는 거의 사용되지 않았다. 해당 기술은 오래전부터 알려져 있었는데도 말이다. 벼를 탈곡하고 가는 데는 손으로 돌리는 맷돌이나 발로 밟는 기계식 돌망치가 사용됐다. 쌀을 가는 사람은 커튼 뒤에서 벌거벗은 채 한 번에 몇 시간씩 고된 노동을 감당했다. 심지어 도쿄 같은 도시에서도 그런 사람들이 작업하는 소리를 들을 수 있었다. 논에 물을 대는 펌프는 막노동꾼이 페달을 밟아 돌리는 경우가 흔했다.

무엇보다도 나라 전체가 '마소가 끄는 쟁기질'이라는 것을 사실상 모르고 있었다. 남녀가 괭이질로 땅을 갈았다. 유럽인들이 동물, 수력, 풍력을 사용하던 영역에서 일본인들은 직접 몸으로 때웠다. 1700~1800년의 어느 시기에 일본인들은 집단적으로 쟁기를 포기하고 괭이를 선택한 것으로 보인다. 짐 끄는 동물을 쓰는 것보다 사람을 고용하는 것이 싸게 먹혔기 때문이다.

당시는 인구가 급격히 팽창하던 시기다. 무논에서 짓는 벼농사의 생산성이 높았기 때문에 가능했던 일이다. 벼는 질소를 고정하는 물속의 시아노박테리아 덕분에 잘 자라서 비료를 줄 필요가 별로 없었다(사람의 분뇨를 꼼꼼히 모아 주의 깊게 저장했다가 공들여 땅에 뿌리기는 했지만 말이다).

식량이 풍부한데다 위생에 세심한 주의를 기울인 덕분에 일본 인구는 땅이 부족하고 인건비는 싼 수준까지 늘어났다. 쟁기질을 시킬 소나 말을 먹이기 위해 귀한 땅을 목초지로 돌리느니 사람을 써서 괭이질을 시키는 것이 실제로 더 경제적이었다.

그래서 일본인들은 기술과 교역으로부터 엄청나게 후퇴했고, 자급자족을 더 많이 하게 됨에 따라 상품 수요도 줄어들었다. 모든 기술 제품의 시장이 위축됐다. 일본인들은 심지어 자본집약적인 총도 포기하고 노동집약적인 칼을 썼다. 좋은 일본도의 치명적으로 날카로운 날은 끊임없는 망치질로 탄생한다.

18세기 유럽도 하마터면 일본이 간 길에 빠져들 뻔했다. 1700년대 유럽 인구는 13세기와 동일한 경로로 급팽창했다. 역내무역 및 동방무역으로 부를 창출했고 농업 생산성이 향상됐다. 감자 같은 새로운 작물은 지배자가 식용을 부추길 때는 오히려 주민들의 의심을 사기도 했다(마리 앙투아네트 왕비가 감자꽃으로 치장을 했던 탓에 프랑스인들은 몇십 년 동안 감자를 먹지 않았다). 하지만 감자는 아일랜드를 비롯한 일부 국가의 인구를 급증하게 만들었다. 감자는 쟁기가 아니라 가래를 이용해 재배할 수 있었다. 그리고 단위면적당 밀이나 호밀의 세 배가 넘는 환상적인 양의 칼로리를 생산했을 뿐 아니라 영양도 풍부했다.

덕분에 인구밀도가 매우 높아졌다. 1840년 아일랜드에서는 1에이커당 감자 6톤을 생산할 수 있었다. 중국 양쯔 강 삼각주 1에이커에서 생산하는 쌀과 거의 맞먹는 식량이다. (1691년 윌리엄 페티 경은 아일랜드인이 게으르다고 한탄하면서 그 원인으로 감자를 지목했다. "감자로 만족할 수 있는데 이들에게 굳이 일할 필요가 있겠는가. 한 사람의 노동으로 40인분의 식량이 나오는데 말이다." 여기에 애덤 스미스는 반대 의견을 표명했다. 런던이 영국령 중에서 가장 건강한 남성과 아름다운 여성을 보유한 것은 감자 덕분이라고 말이다.) 당시 영국 농부 한 사람이 스스로에게 필요한 빵과 치즈를 얻기 위해 필요한 농지는 20에이커였다.

아일랜드에서 근근이 살아가는 농부는 심지어 1800년대 초입까지도 경작과 운송 수단으로 주로 자신의 근육을 이용했다. 뿐만 아니라 가처분 소득이 없어서 제조업 상품은 거의 소비하지 않는 '탈시장' 상태에 있었다(수탈하는 영국인 지주들은 도움이 되지 않았다).

감자 농사를 지을 가구당 토지 면적이 줄어들면서 아일랜드는 맬서스가 말한 재앙이 닥치기를 기다리는 상태가 되었다. 심지어 1845년의 감자역병 기근이 닥치기 전이었는데도 말이다. 이 기근으로 100만 명이 사망하고 100만 명이 미국으로 이주할 수밖에 없었다. 스코틀랜드 북부의 하일랜즈 지역에서도 1700년대 인구 급증은 최저생계로의 후퇴를 유발했다. 맬서스가 말한 압력은 막대한 인구를 '정리'하고 미국과 호주로 이민시킴으로써만 완화될 수 있었다.

덴마크도 한동안 일본의 전철을 밟았다. 덴마크인들은 18세기에 생태학적 규제를 강화하고 농업 노동을 더욱 집약화했다. 미래의 땔감을 보호하기 위해 가축이 숲에 들어가지 못하게 했다. 이는 거름으로 쓸 가축 분뇨 가격의 인상을 초래했다. 지력을 유지시키기 위해 이들은 엄청나게 열심히 일해야 했다. 배수로를 파고 클로버를 키우고 석회와 진흙을 뿌렸다. 노동 시간이 50퍼센트 이상 늘어났다.

1800년대가 되자 덴마크는 자급자족이라는 스스로의 덫에 걸리고 말았다. 국민들은 농사일에 너무 바빠서 아무도 다른 산업에 종사할 수 없었고, 제조업 상품을 소비할 여유가 있는 사람도 거의 없었다. 생활수준은 상대적으로 괜찮은 편이었지만 더 이상 나아지지 않았다.

19세기 후반에 이르러 인접국들이 산업화하면서 농산물을 수출할 시장이 형성되었다. 덕분에 덴마크인들의 생활수준은 서서히 향상될 수 있었다.

영국 예외주의

영국은 사회의 기초와 인력 면에서 산업사회의 삶에 대한 대비가 자신도 모르게 세계 어느 나라보다 잘되어 있었다. 중국, 아일랜드, 덴마크가 빠졌던 '유사 맬서스적 함정'으로부터 영국이 탈출한 것은 숙명적이었다. 거기에는 많은 이유가 있고 논란의 소지도 있다. 하지만 여기서 놀라운 인구통계학적 요소를 하나 제시하는 것도 가치 있는 일일 것이다.

상대적으로 부유한 사람들이 상대적으로 가난한 사람들보다 자식을 더 많이 낳는 일이 몇 세기 동안 계속되었다(귀족은 예외다. 이들은 말에서 떨어져 죽는 일이 잦았기 때문에 후손이 상대적으로 적었다). 유언장에서 1,000파운드를 남긴 영국 상인에게는 평균 네 명의 생존 자녀가 있었다. 이에 비해 10파운드를 남긴 노동자에게는 자녀가 평균 두 명밖에 없었다. 이것은 1600년을 전후한 시기의 일이지만 다른 시대에도 양쪽의 자녀 수 차이는 비슷했다. 이 같은 차등 출산은 중국에서도 나타났지만 정도가 훨씬 약했다.

1200~1700년, 영국인들의 생활수준은 거의 혹은 전혀 향상되지 않았다. 따라서 부유층이 자녀를 과도하게 많이 낳았다는 말은 부유층의 빈곤층화가 계속되었다는 뜻이 될 것이다. 그레고리 클라크가 법률문서에 대한 조사를 통해 보여준 사실도 이를 뒷받침한다. 가난한 계층의 희귀한 성은 부유층의 그것에 비해 훨씬 조금 살아남았다.

1700년이 되자 영국의 가난한 사람들 대부분은 실제로 부유한 사람들의 후손이었다. 이들은 부자들의 습관과 풍습을 노동자계급속으로 가져갔을 것이다. 예컨대 문해력, 수 계산 능력, 그리고 아마도 근면성과 빈틈없는 재무관리 능력 등을 말이다. 이 이론은 근대 초기에 수수께끼같이 문해율이 증가한 현상을 특히 잘 설명해준다. 달리는 설명이 되지 않는 현상이다.

또한 폭력이 지속적으로 줄어든 현상도 설명해준다. 잉글랜드의 통계를 보면, 살인사건의 희생자는 1250년 1,000명당 0.3명에서 1800년 0.02명으로 줄어들었다.

이는 흥미로운 인구통계학적 발견이기는 하지만 산업혁명을 모두 설명해주지는 못한다. 네덜란드의 황금기에 일어난 일은 이와 비슷하지도 않았다. 뿐만 아니라 이 이론으로는 예컨대 1980년 이후 중국이 급속한 산업화에 성공한 점도 설명하기가 매우 어렵다. 그에 앞선 문화혁명기에 문자해득자와 부르주아를 계획적으로 살해하고 모욕했다는 점을 상기하면 말이다.

1750년 이후 유럽이 이룩한 것은 노동 분업의 증대였다. 불안정하게, 예상 밖으로, 그러나 오직 유럽에서만 일어난 일이었다. 이는 개개인이 생산을 더 많이 하고 따라서 소비도 더 많이 할 수 있게 되었다는 의미다. 이는 또한 더 많은 생산에 대한 수요를 창출했다. 역사학자 케네스 포머란츠Kenneth Pomeranz에 따르면, 유럽이 이룩한 성취에 결정적인 역할을 한 것은 두 가지 요소, 즉 석탄과 미국이었다.

다른 나라들과 달리 영국 경제만 도약을 계속할 수 있었던 궁극적인 이유는 영국이 맬서스의 함정을 피했기 때문이다. 여기서 다른 나라란 중국을 필두로 네덜란드, 이탈리아, 아랍, 로마, 마우리아 왕조 때의 인도, 페니키아, 메소포타미아를 말한다. 영국인들에게 옥수수, 면화, 설탕, 홍차, 연료를 공급하기 위해 필요한 토지는 세계의 다른 지역에서 계속 나타났다. 포머란츠가 제시한 수치들은 다음과 같다. 1830년을 전후해 영국은 경작지 1,700만 에이커, 목초지 2,500만 에이커, 그리고 200만 에이커에 못 미치는 숲을 보유하고 있었다.

하지만 영국이 수입해서 소비한 서인도 제도의 설탕을 칼로리로 환산하면 200만 에이커가 넘는 경작지에서 생산한 밀의 그것과 같다. 캐나다에서 수입한 목재는 삼림지 100만 에이커의 생산량에 해당하고 남북 아메리카에서 수입한 면화는 목초지 2,300만 에이커에서 생산한 양모와 같다. 지하에서 캐낸 석탄은 숲 1,500만 에이커의 산출물에 해당한다.

이처럼 광대한 '유령 토지'가 없었다면, 1830년 생활수준이 향상되기 시작하는 단계에 있었던 영국에서 산업혁명은 일찌감치 중단됐을 것이다. 칼로리, 면화, 혹은 석탄 부족으로 말이다. 남북 아메리카는 자신들의 생산물을 영국에 실어다주었을 뿐 아니라, 맬서스적 인구압을 줄여줄 안전밸브도 제공했다. 산업혁명 때문에 급증한 인구가 이민갈 수 있는 곳이 되어주었으니 말이다.

특히 19세기 급속히 산업화한 독일은 출산율이 급격히 치솟았지만 미국으로의 이민 붐 덕분에 재앙을 피할 수 있었다. 그렇지 않았다면 수많은 후손이 땅을 잘게 쪼개 가지면서 2세기 전 일본에서처럼 '가난과 자급자족'으로 돌아갈 수밖에 없었을 것이다.

20세기 초 아시아의 인구가 급증했을 때는 이민이라는 안전밸브가 없었다. 사실 황화론(黃禍論, 황인종이 유럽 문명에 위협을 준다는 이론 - 옮긴이)에 겁을 먹은 서구의 나라들은 빗장을 굳게 걸어잠갔다.

그 결과는 전형적인, 맬서스적인 자급자족의 증대였다. 1950년이 되자 중국과 인도는 자급자족하는 농업 빈민층으로 미어터질 지경이었다.

인구학적 천이

20세기 중반 전문가들이 촉구한 인구 정책이 얼마나 심하게 강압적이었는지를 지금에 이르러 돌아보기는 쉽지 않다. 인디라 간디 인도 총리의 미국 방문을 앞두고 린든 존슨 대통령의 고문 조지프 칼리파노Joseph Califano는 기근을 구호할 원조를 확대하겠다고 발표하라고 조언했다. 이에 대해 존슨은 스스로의 인구 문제 해결을 거부하는 나라들에게 대외 원조를 낭비할 생각은 없다고 대답한 것으로 알려졌다.

개릿 하딘Garrett Hardin의 유명한 평론 〈평민들의 비극〉을 보자(오늘날 집단행동에 관한 글로 기억되고 있으나 사실은 강제적 산아제한을 길게 주장한 것이었다). 그는 "출산의 자유는 용인될 수 없는 것"이고 강제는 "필수 불가결"하며 "더 소중한 다른 자유들을 보전, 신장하는 유일한 방법은 출산의 자유를 빠른 시일 내에 포기하는 것"이라고 주장했다.

하딘의 견해는 거의 보편적인 것이었다. 1977년 존 홀드런(John Holdren, 현재 오바마 대통령의 과학고문)과 에를리히 부부(Paul and Anne Ehrlich)가 쓴 글을 보자. "식수나 주식主食에 불임 성분을 첨가하자는 제안은 어떤 비자발적인 산아제한 계획보다 더 사람들을 두

럽게 하는 것 같다." 그래도 걱정할 필요는 없다며 이들은 다음과 같이 주장했다. "인구 위기가 사회를 위험에 빠뜨릴 정도로 심각해지면 심지어 강제 낙태까지도 포함하는 강제적인 산아제한법의 효력이 현행 헌법 하에서 인정될 수 있다는 결론이 도출됐다."

제대로 생각하는 모든 사람이, 그들이 흔히 그렇게 하듯, 하향식의 정부 조치가 필요하다는 데 의견의 일치를 보았다. 강제적 명령 혹은 적어도 금전적 유혹을 통해 사람들이 불임시술을 받아들이게 해야 하며, 그렇지 않으면 처벌해야 한다는 것이다.

정확히 그런 일이 실제로 일어났다. 1970년대 아시아 대륙 전체에서 강제 불임시술이 정형화된 양식이 되었다. 서방의 정부들과 '계획적인 부모 되기 국제 재단(International Planned Parenthood Foundation)' 같은 압력단체들이 꼬드긴 결과였다.

미국에서 안전 문제로 수많은 소송의 대상이 된 자궁 내 피임기구 '달콘 실드'를 보자. 연방정부는 이를 대량 구매해 아시아로 수송했다. 중국에서는 여성들을 집에서 강제로 끌고나가 불임시술을 해버렸다. 인도 총리(인디라 간디)의 아들인 산자이 간디Sanjay Gandhi는 로버트 맥나마라Robert McNamara가 이끄는 세계은행의 부추김을 받아 대대적인 캠페인을 벌였다. 정관절제술을 받도록 금전적인 보상과 강제적 수단을 병행해, 가난한 인도인 800만 명이 불임시술을 받게 만든 것이다.

역사가 매슈 코널리Matthew Connelly가 상술한 한 사례의 경우, 경찰이 우타와 마을을 포위해 결혼 직령기의 모든 남성에게 불임시술을 했다. 그에 대한 대응으로 군중이 모였다. 인근 피플리 마을을 보호하기 위해서였다. 경찰이 여기에 발포해 네 명이 사망했다.

'인구오염'과의 전쟁에서 물리력 사용은 정당화됐다. 한 정부관리는 이에 대해 변명하는 기색도 없이 이렇게 말했다. "지나친 일이 좀 벌어지더라도 나를 비난하지 말라…… 당신이 원하든 원치 않든 소수의 사망자가 생기게 마련이다."

결국 산자이 간디의 정책은 너무나 평판이 나빠서 그의 어머니는 1977년 선거에서 참패했다. 그 후 여러 해 동안 가족계획은 매우 의심스러운 정책으로 취급당했다.

하지만 비극적인 것은 이 같은 하향식 강제가 역효과를 낳았을 뿐 아니라 불필요했다는 점이다. 1970년대 아시아 대륙 전체에 걸쳐 완전히 자발적으로 출산율이 이미 급감하고 있었다. 강제하지 않아도 급속히 큰 폭으로 떨어진 것이다. 하향세는 오늘날까지도 지속되고 있다. 무역에 따른 호황을 느끼자마자 아시아는 과거 유럽이 경험했던 것과 똑같은 방식으로 출산율이 저하하는 변화를 겪었다.

오늘날 방글라데시는 큰 나라 중 인구밀도가 가장 높아 2.6제곱킬로미터당 2,000명 이상이 살고 있다. 플로리다보다 좁은 땅덩이에 러시아보다 많은 인구가 몰려 있다는 뜻이다. 출산율은 1955년 여성 1인당 6.8명이었다. 그 후 50여 년이 지난 오늘날의 출산율은 2.7명이다. 절반 이하로 떨어진 것이다. 현재 추세로 보건대 방글라데시의 인구 성장은 곧 완전히 멈출 것이다.

이웃 인도의 출산율도 여성 1인당 5.9명에서 2.6명으로 급락했다. 파키스탄의 출산율 하락은 1980년대 중반 이후에야 비로소 시작되었지만 이웃 국가들을 거의 따라잡았다. 불과 20년 만에 여성 1인당 3.2명으로 떨어진 것이다. 이들 세 나라의 인구는 세계 인구의 약 4분의 1을 차지한다. 이들 국가의 출산율이 그토록 급격히 떨어지지 않았더라면 세계 인구는 엄청나게 증가했을 것이다.

비단 이들 국가뿐만이 아니다. 출산율은 세계 전역에 걸쳐 하락하고 있다. 현재 출산율이 1960년에 비해 높은 국가는 하나도 없다. 또 저개발국 전체로 보아 출산율은 대략 절반으로 떨어졌다.

2002년 이전 유엔은 미래의 세계 인구를 추산하면서 출산율이 여성 1인당 2.1명 이하로 떨어지는 일은 대부분의 국가에서 결코 일어나지 않을 것으로 추정했다. 2.1명이라는 수치는 '인구 대체율'이다. 부모의 수를 대체하기에 충분한 자녀 수라는 말이다. 0.1명이 더 붙는 것은 남성이 아주 조금 많다는 점과 어린 시기의 사망률을 감안한 것이다. 하지만 유엔은 2002년 이 같은 추정을 변경했다. 여성 1인당 출산율이 2.1명을 곧바로 통과해 계속 떨어지는 국가가 속출했기 때문이다.

출산율 하락 속도는 소가족에 맞춘 주택단지들 때문에 더욱 빨라질지도 모른다. 오늘날 세계의 절반이 출산율 2.1명 이하를 기록하고 있다. 스리랑카의 경우 이미 인구 대체율을 훨씬 밑도는 1.9명이다. 러시아의 인구도 급속히 줄고 있어서, 2050년의 인구는 과거 최대치였던 1990년대 초반에 비해 3분의 1이 적을 것이다.

이 같은 통계가 놀라운가? 세계 인구가 늘고 있다는 것은 누구나 알고 있다. 하지만 1960년대 초반 이래 세계 인구 증가율이 떨어지고 있으며, 1980년대 후반 이후 순 증가 인구가 매년 줄고 있다는 것을 알고 있는 사람은 별로 없는 것 같다.

환경주의자 스튜어트 브랜드는 이를 다음과 같이 표현했다. "대부분의 환경주의자는 아직도 사태의 핵심을 파악하지 못하고 있다.

세계 전체로 보아 출산율은 자유낙하하고 있다. 모든 대륙의 모든 지역, 모든 문화권에서(심지어 모르몬교 문화에서도) 그렇다. 인구 대체율 수준에 이른 뒤에도 하락은 계속되고 있다."

사람들의 수명이 늘어나서 세계 인구를 늘리는 데 더 오랫동안 기여하는데도 불구하고 이런 일이 발생하고 있다. 또한 20세기 초반과 달리 유아사망률이 그리 높지 않음에도 불구하고 그렇다. 심지어 사망률이 떨어지는데도 인구 증가 추세는 둔화되고 있다.

솔직히 말해 이는 예외적으로 운이 좋은 덕분이다. 과거 인류는 수많은 세기에 걸쳐 지속적으로, 부유해지면 출산율을 늘려 결국 부를 말아먹는 행태를 보여왔다. 만일 근래에도 그런 행태가 지속되었다면 결국 비참한 결과를 낳을 수밖에 없었을 것이다.

세계 인구가 2050년이 되면 150억 명에 이르고 그 후에도 계속 증가할 것처럼 보이던 때가 있었다. 당시에는 이런 수의 사람들에게 문제 없이 식량과 물을 공급하지 못할 수도 있다는 실질적인 위험이 존재했다. 적어도 자연적 주거환경에 의존해 산다는 전제 하에서는 말이다.

하지만 지금은 다르다. 심지어 유엔도 세계 인구는 2075년 92억 명으로 최대치에 이른 뒤 줄어들 것으로 추산하고 있다. 이를 감안하면 앞으로도 영원히 세계 인구 전체를 먹여살릴 수 있을 가능성은 차고 넘친다. 무엇보다 현재 지구에는 68억 명이 살고 있으며, 이들은 여전히 매 10년이 지날 때마다 더 잘 먹고 살고 있다. 미래에 추가로 먹여살려야 할 인구는 불과 24억 명뿐이다.

이렇게 생각해보라. 세계 인구가 10억 명을 넘어선 것은 1804년 (가장 가능성이 높은 추정)이었다. 그 후 인류가 10억 명을 더 먹여살릴 방법을 강구할 시간이 123년 있었다. 20억 명이라는 이정표에 도달한 것은 1927년이었으니 말이다.

그 후 10억 명씩 더 늘어나는 데 걸린 기간은 각각 33년, 14년, 13년, 12년이었다. 하지만 인구 증가 속도가 이처럼 점점 빨라지는 데도 불구하고 1인당 칼로리 공급량은 극적으로 증가했다. 또한 10억 명이 추가되는 속도는 이제 점점 둔화될 것으로 보인다.

인류가 70억 명이 되는 것은 60억 명에 도달한 지 14년 후인 2014년이고, 80억 명이 되는 것은 그 15년 뒤, 90억 명이 되는 것은 그 26년 뒤의 일이다. 100억 명째의 아기는, 공식 예측에 의하면 결코 태어나지 않을 것이다.

전문용어를 쓰자면 고출산 고사망에서 저출산 저사망으로 바뀌는 '인구학적 천이'의 후반 단계가 세계 전체에서 진행 중이다. 이는 많은 나라에서 일어난 일이다. 18세기 말 프랑스에서 시작돼 19세기 스칸디나비아와 영국으로, 20세기 초반 나머지 유럽 지역까지 퍼졌다. 아시아가 똑같은 길을 걸은 것은 1970년대였고, 아프리카 대부분이 그렇게 된 것은 1980년대였다.

현재 이것은 세계적인 현상이다. 카자흐스탄을 제외하면 출산율이 증가하는 나라는 오늘날 없다. 패턴은 언제나 동일하다. 먼저 사망률이 떨어져 인구가 급증하고, 그 후 20~30년 만에 출산율이 갑자기 큰 폭으로 떨어진다. 40퍼센트 하락하는 데 통상 15년이 걸린다. 1970년대 대부분의 기간 여성 1인당 평균 9명에 가까운 아이를 낳았던 예멘을 보자. 세계 최고의 출산율을 기록했던 이 나라에서조차 그 수치는 오늘날 반으로 줄었다.

어떤 국가에서 인구학적 천이가 일단 시작되면 사회 모든 계층에서 동시에 일어난다. 인구학적 천이가 다가오고 있다는 것을 모두가 알아차린 것은 아니지만 선견지명이 있는 사람들이 일부 있었다. 1973년에 책을 출간한 언론인 존 매독스John Maddox가 대표적인 인물이다. 그는 인구학적 천이 때문에 아시아의 출생률 증가율이 이미 떨어지고 있다고 주장했다. 이에 대해 폴 에를리히와 존 홀드런은 잘난 체하며 맹렬한 비난을 퍼부었다.

매독스가 저지른 수많은 오류 중 가장 심각한 것은 아시아, 아프리카, 라틴아메리카의 인구 증가에 대한 해결책으로 '인구학적 천이'를 들먹인 것이다. 이들 지역의 출생률이 산업혁명 후의 선진국들이 그랬던 것처럼 하락할 것으로 그는 기대하고 있다. 이것은 잘 봐줘도 낙관주의에 불과하다. 대부분의 저개발국에서는 산업혁명이 일어날 것 같지 않기 때문이다. 하지만 설혹 이들 국가가 이런 과정을 당장 밟기 시작한다 해도 이들의 인구는 1세기 훨씬 넘게 계속 늘어날 것이다. 때문에 2100년이 되면 세계 인구는 아마도 200억 명에 이를 것이다.

하나의 문단이 그토록 큰 오류였음이 이토록 빨리 증명된 일도 드물다.

설명할 수 없는 현상

인구학적 천이는 불가사의하지만 예측 가능한 현상이다. 하지만 어떻게 해서 일어나는 일인지는 미스터리다. 이를 제대로 설명할 수 있는 사람은 아무도 없다. 인구학적 천이 이론은 정말 혼란스러운 분야다. 출산율 급락은 대체로 상향식으로 이루어지는 것으로 보인다. 문화적 진화에 의해서 출현해 입에서 입으로 퍼져나간다. 상부의 명령이나 지시에 따라 일어나는 것이 아니다.

정부나 교회의 역할은 크지 않다. 무엇보다 19세기 유럽의 인구학적 천이가 대표적인 예다. 정부가 공식적으로 권장한 일도 없었고, 심지어 이런 현상이 일어나고 있는 줄도 몰랐다. 프랑스의 경우 정부가 출산을 장려했는데도 불구하고 천이가 일어났다.

이와 유사한 현상이 현대의 많은 국가에서도 발생했다. 정부가 가족계획 정책을 전혀 추진하지 않은 상태에서 천이가 시작된 것이다. 특히 라틴아메리카가 대표적 사례다. 1955년 이래 중국은 강력한 산아제한 정책(한 자녀 갖기)으로 출산율을 5.59명에서 1.73명으로, 즉 69퍼센트 떨어뜨렸다. 같은 기간 스리랑카에서는 이와 거의 같은 수준의 천이가 대체로 자발적으로 일어났다. 출산율이 5.70명에서 1.88명으로, 즉 67퍼센트 하락한 것이다.

종교적 요인을 보자면, 교황의 뒷마당인 이탈리아에서 출산율이 급락한 것은(오늘날 여성 한 명당 1.3명에 불과하다) 비가톨릭교도들을 어느 정도 즐겁게 해준다.

물론, 정부기관이 가족계획을 상담해주는 게 도움이 되는 것은 분명하다. 아시아 일부 지역에서는 천이를 가속화시켰다. 하지만 전체적으로 보아 그 역할은 어디까지나 여성이 애당초 원하던 것을 더 쉽고 빠르게 달성하는 데 도움을 주는 정도인 것 같다.

1870년대 영국에서 인구학적 천이가 시작된 시기는 피임에 관한 애니 베전트Annie Besant와 찰스 브래들로Charles Bradlaugh의 베스트셀러 출간 시기와 일치한다.

하지만 어느 쪽이 어느 쪽을 유발했는가? 인류의 출산율이 정말 특이하게 하락한 이들 사례의 원인일 수 있는 것은 무엇인가?

설명 목록의 첫 줄을 차지하는 것은 역설적이게도 유아사망률의 하락이다. 유아 사망 위험이 클수록 부모들은 아기를 더 갖게 마련이다. 여성들이 아이를 계속 낳기보다 가족계획을 하고 출산을 중단하는 것은 자녀들이 살아남을 것이라고 생각할 때뿐이다. 이는 뚜렷한 사실인데도 아는 사람이 극히 드문 것 같다.

대부분의 서구 지식인들은 논리적으로 다음과 같이 생각하는 듯하다. '가난한 나라의 아기들을 살려두면 인구 문제만 악화될 뿐이다. 그리고……' 이것이 암시하는 바는 입 밖으로 내지 않는 것이 보통이다.

이제 제프리 삭스Jeffrey Sachs의 이야기를 들어보자. 그의 강연회가 끝난 뒤 청중 한 사람이 그에게 속삭였다. "이 모든 어린이의 목숨을 우리가 구하면 이 아이들은 나중에 굶주린 성인이 될 뿐 아니겠어요?"

답변이 궁금한가? "아닙니다. 우리가 아이들을 죽음으로부터 구해주면 사람들은 가족 수를 줄일 겁니다. 오늘날 니제르와 아프가니스탄의 유아는 100명 중 15명꼴로 첫 생일을 맞기 전에 사망하지요. 이들 나라의 평균적인 여성은 평생 일곱 차례 출산을 합니다. 이에 비해 네팔과 나미비아의 유아사망률은 100명당 5명이 채 되지 않습니다. 여성의 출산율은 생애 평균 세 명입니다. 하지만 양자의 상관관계가 정확한 것은 아닙니다. 예컨대 미얀마의 유아사망률은 과테말라의 두 배지만 출산율은 절반이거든요." 그 날 이후 삭스는 기회가 있을 때마다 같은 이야기를 수없이 되풀이했다.

또 다른 요소는 돈이다. 수입이 많으면 아기를 더 가질 여유가 생긴다. 하지만 수입은 아기가 아니라 사치품을 더 많이 장만하는 데 쓰일 수도 있다. 경제학적으로 볼 때 아이는 소비재다. 다만 시간을 많이 잡아먹고 요구사항도 많은 소비재다. 예컨대 자동차에 비해 그렇다. 인구학적 천이는 국민소득이 증가함에 따라 효과를 내기 시작하는 것 같다. 하지만 천이가 발생하기 시작하는 일정한 소득 수준이 있는 것은 아니다. 어쨌든 어느 국가에서든 부자와 빈자의 출생률이 거의 같은 시기에 떨어진다.

여성 해방이 원인일까? 여성 교육의 보편화와 낮은 출생률 사이에는 매우 밀접한 상관관계가 있는 것이 분명하다. 그리고 많은 아랍 국가의 출산율이 높은 것은 그곳 여성들이 스스로의 삶을 통제할 힘이 상대적으로 미약하다는 사실을 부분적으로 반영하고 있음 또한 틀림없다. 현재로서 인구를 줄이는 최선의 정책은 여성 교육을 확대하는 것인 듯하다.

여기에는 진화론적으로 그럴듯한 설명이 있다. 인간종의 경우 여성은 상대적으로 아이를 적게 낳아 좋은 환경에서 높은 수준으로 양육하고 싶어 하는 반면, 남성은 아이를 많이 낳고 싶어 하고 양육의 질에는 관심이 덜하다는 것이다. 그러므로 교육을 통해 여성에게 자율권을 부여하면 여성들이 우세해질 수 있다.

하지만 여기에도 예외는 있다. 케냐의 여자아이들은 90퍼센트가 초등학교를 졸업하지만 출산율은 모로코의 두 배다. 모로코의 졸업률은 72퍼센트에 불과한데 말이다.

그렇다면 도시화가 원인일까? 도시로 이주한 사람들은 대가족이 불리하다는 것을 알게 될 것이다. 농촌에서는 아이들이 들에서 집 안일을 거들 수 있지만, 도시에서는 집세도 비싸고 일자리는 집 밖에 있어서 아이들이 도움이 될 수 없기 때문이다. 대부분의 도시에서는 사망률이 출산율을 웃돈다. 언제나 그래왔다. 도시의 인구를 유지해주는 것은 이주민들이다. 하지만 이것이 언제나 들어맞는 이야기는 아니다. 나이지리아의 도시화 비율은 방글라데시의 두 배지만 출산율도 두 배다.

달리 말해, 인구학적 천이에 관해 분명한 사실은 다음과 같다. 국민들이 더 건강하고 부유해지고, 교육을 더 잘 받고, 도시화가 더 많이 진행되고, 여성이 더 해방되면 국가의 출산율은 낮아진다.

전형적인 여성은 다음과 같이 생각할 것이다. '나는 지금 아이들이 병으로 죽을 가능성이 낮다는 것을 알고 있다. 따라서 아이를 그렇게 많이 낳을 필요는 없다.' '나는 지금 아이들을 부양할 일자리를 가질 수 있다. 내 일자리 경력이 너무 자주 중단되는 것은 원치 않는다.' '나는 교육을 받았고 급여도 받고 있다. 피임 문제는 내가 조절할 수 있다.' '아이들이 교육을 받으면 농사 이외의 직업을 가질 수 있게 된다. 학교를 마칠 때까지 내가 뒷바라지할 수 있는 만큼만 아이를 낳을 것이다.' '나는 소비재를 살 수 있다. 가족 수가 너무 많아지면 소득을 잘게 쪼개서 써야 한다. 그렇게 되지 않도록 조심해야겠다.' '나는 이제 도시에 살고 있다. 그러니 가족계획을 해야겠다.'

혹은 이중 몇 가지를 동시에 고려할 것이다. 그리고 그녀는 다른 사람의 예를 보고, 가족계획 클리닉의 도움을 받아 피임이나 단산을 더 쉽게 결정할 것이다.

인구학적 천이는 정부 정책이 성공한 결과라고 보기 어렵다. 그보다는 불가사의하고, 진화론적이며, 자연스러운 현상이라고 할 수 있다. 하지만 이를 촉진할 방법이 없다는 뜻으로 이런 주장을 하는 것은 아니다.

아프리카의 출산율이 떨어지는 속도는 느리다. 이 속도를 빠르게 만들 수 있다면 복지 측면에서 매우 유리할 것이다. 니제르 같은 나라들의 유아사망률을 낮춰서 가구당 자녀 수를 줄이고 가족계획 소식을 농촌 마을까지 퍼뜨릴 대담한 프로그램을 생각해보자. 인류애 때문에 이런 일을 시작할 수도 있다. 물론 해당 국가 정부의 지원을 받을 수도 있다. 하지만 그 지원에 성적인 금욕을 교육한다는 의무가 포함돼 있어서는 안 된다.

이 같은 프로그램이 성과를 거두면 2050년 아프리카에서 먹여살려야 하는 인구가 3억 명 줄어들 수도 있다. 그냥 방치했을 경우에 비해서 그렇다. 하지만 정치인들은 조심해야 할 것이다. 1970년대 아시아에서 저질러졌던 만행이 아프리카에서 되풀이되지 않도록 주의해야 한다.

상당수의 지식계층은 다음과 같은 사실을 받아들이기가 좀 불쾌할 것이다. 소비와 상업이 인구 조절의 친구가 될 수 있으며, 사람들이 가족계획을 하는 것은 그들이 소비자로서 시장에 진입하는 시점이라는 사실을 말이다. 이런 이야기는 반자본주의적 금욕을 설교하는, 시장 공포증이 있는 대부분의 교수가 듣고 싶어 하지 않는 이야기다.

그래도 시장과 출산율 사이에 강력한 상관관계가 존재하는 것은 분명하다. 세스 노턴Seth Norton이 찾아낸 사실을 보자. 경제적 자유가 거의 없는 나라들의 출산율(여성 1인당 평균 4.27명)은 자유가 많은 나라들의 출산율(1인당 평균 1.82명)에 비해 두 배 이상 높았다.

게다가 이 규칙을 증명하는 아주 깔끔한 예외도 있다. 북아메리카의 개신교 재세례파 분파인 후터파와 아미시파 신도들의 경우다. 이들은 인구학적 천이에 크게 저항해왔다. 자녀를 많이 낳아 대가족을 이룬다는 말이다. 이는 교리의 속박에도 불구하고, 혹은 오히려 교리 때문에 가능했다. 이들의 교리는 가족 구성원들의 역할을 금욕적으로 강조한다. 그래서 시간낭비적 취미(고등교육이 여기에 포함된다)에 관심이 없고, 비싼 장치를 좋아하는 취향이 없다.

이 얼마나 행복한 결론인가. 인류는 노동의 분업이 특정 수준에 이르면 인구 팽창이 중단되는 종이다. 구성원 서로간에 재화와 용역을 매우 활발하게 교환하는 수준에 이르면 말이다. 상호 의존도가 더 높아지고 더 부유해질수록 세계 인구는 지구 자원의 한계 내에서 더 잘 안정될 것이다.

개릿 하딘을 철저히 반박한 론 베일리Ron Bailey의 표현을 빌려보자. "강제적인 인구 조절 조치를 취할 필요는 전혀 없다. 경제적 자유가 인구를 억제하는, 자비로운 보이지 않는 손을 실제로 만들어낸다."

오늘날 대부분의 경제학자들이 걱정하는 것은 인구 폭발보다 고령화다. 출산율이 매우 낮은 국가들에서 노동 인구 중 고령자 비율이 급속히 증가하고 있는 것이다. 근로 연령의 인력은 점점 줄어드는데 이들의 세금과 저축을 먹어치우는 노령자들이 점점 늘어난다는 뜻이다. 걱정은 타당하지만 그렇다고 종말이라도 오는 듯 수선을 피울 필요는 없다. 어쨌든 오늘날 40세인 사람들은 70대가 될 때까지 계속 컴퓨터를 조작하는 일에 더 만족할 것이 분명하다. 오늘날 70세인 사람들이 계속 기계장치를 조작하는 경우에 비해서 말이다.

그리고 이성적 낙관주의자는 여기서도 독자들이 마음을 놓을 수 있는 근거를 또다시 제시할 수 있다. 아주 최근의 연구 결과, 두 번째 인구학적 천이가 드러났다. 가장 잘사는 국가들의 경우 일단 번영이 특정 수준을 넘어서면 출산율이 미세하게 증가한다는 사실 말이다. 예컨대 미국의 경우 1976년쯤 최저 출산율을 기록했다. 여성 1인당 1.74명이었다. 출산율은 그 뒤 2.05명으로 증가했다. 인간개발 지수가 0.94를 넘는 24개국 중 18개국은 출산율이 높아졌다.

흥미로운 예외는 출산율 하락이 계속되는 일본이나 한국 같은 나라들이다. 위 연구의 공저자인 미국 펜실베이니아 대학의 한스 피터 콜러Hans-Peter Kohler는 그 이유가 다음과 같은 데 있다고 믿는다. "국가가 부유해짐에 따라 여성들이 일과 생활의 균형을 더 잘 맞출 수 있게 해줘야 하는데, 이들 국가에서는 그것이 지체되고 있다."

대체로 보아 세계 인구에 대한 소식은 거의 더할 나위 없이 좋다. 문제점이 더 빨리 개선되면 더욱 멋진 일이겠지만 말이다. 인구 폭발 가능성은 소멸하고 있고, 출산율 저하는 바닥을 쳤다. 사람들이 더 부유하고 자유로워질수록 출산율은 여성 한 명당 두 명 근처에서 안정된다. 강요할 필요 없이 말이다. 이것이 좋은 소식이 아니고 무엇이란 말인가!

7
노예 해방 _ 1700년 이후의 에너지

THE RATIONAL OPTIMIST

현대와 같은 생활수준이 가능한 것은 피스톤을 움직이고 발전기를 돌리는 화석연료 덕분이다. 석탄 같은 자원은 재생 불가능하지만 양은 충분히 풍부하다.

석탄이 있으면 거의 모든 일이 가능해지거나 쉬워진다.
만일 그것이 없다면 우리는
예전의 힘들고 궁핍한 시절로
돌아가야 할 것이다.
―
스탠리 제번스Stanley Jevons, 《석탄 문제The Coal Question》

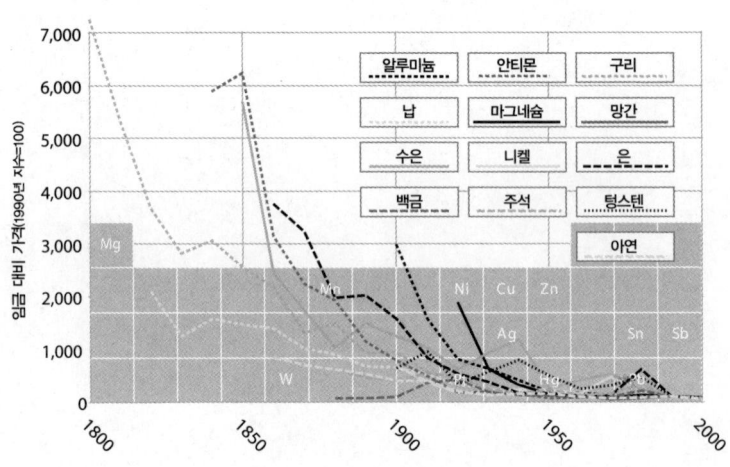

미국의 임금 대비 금속 가격

THE RELEASE OF SLAVES: ENERGY AFTER 1700
노예 해방 _ 1700년 이후의 에너지

1807년 런던 의회에서 마침내 노예무역을 폐지하는 윌버포스 Wilberforce 법을 통과시킬 준비를 하고 있었다. 맨체스터 앤코트에서 세계 최대의 공단이 문을 연 직후였다. 석탄 가스를 때는 증기기관을 사용하는 머리스 밀스 Murrays' Mills 공단은 영국 전역으로부터 호기심 많은 방문객을 끌어들였고, 사람들은 현대적 기계설비에 감탄을 금치 못했다.

이 입법과 공단 사이에는 연관이 있다. 랭커셔의 면직물 공업은 동력원을 수력에서 석탄으로 빠르게 전환하는 중이었다. 전 세계가 이 같은 선례를 따라, 20세기 후반이 되면 인류가 이용하는 전체 에너지의 85퍼센트가 화석연료에서 나올 터였다. 종국적으로 노예제를 (동물의 힘, 땔나무, 풍력, 수력과 함께) 비경제적이게 만든 것은 화석연료였다.

화석연료가 없었다면 윌버포스가 포부를 이루기는 훨씬 힘들었을 것이다. "자본주의가 노예제를 근절했다. 이는 역사가 증명하는 진리"라고 경제학자 돈 부드로는 서술하고 있다.

에너지 이야기는 간단하다. 옛날옛적 사람들은 모든 일을 자신을 위해, 스스로의 근육을 써서 했다. 그 다음에는 일부 사람들이 자신들을 위한 일을 다른 사람들에게 시키는 시대가 왔다. 그 결과는 소수만이 여유시간을 갖고 나머지 다수는 궂은일로 기진맥진하는 피라미드 구조였다.

그 다음에는 하나의 에너지원에서 다음 에너지원으로 점진적인 발전이 이어졌다. 사람 → 동물 → 물 → 바람 → 화석연료 순이다. 각 경우마다 사람이 다른 사람을 위해 할 수 있는 일의 양은 동물이나 기계에 의해 증폭됐다.

로마제국은 주로 인간 근육의 힘(노예의 형태를 띠었다)을 기반으로 세워졌다. 그 시절 도로와 주택을 건설하고 땅을 갈고 포도를 발로 밟은(와인을 만드는 첫 번째 과정이다 - 옮긴이) 것은 노예 스파르타쿠스와 그의 친구들이었다. 말과 대장간과 범선이 있기는 했지만 로마 시대의 주된 동력원은 사람이었다.

로마제국 이후 시대에 동물의 근육으로 인간의 근육을 대체하는 일이 광범위하게 이루어졌다. 특히 유럽에서 그랬다. 유럽의 중세 초기는 소의 시대였다. 말린풀을 목초로 사용하는 기술이 발명된 덕분에 유럽 북부 지역에서도 소가 겨울을 나도록 키울 수 있었다.

노예는 동물로 대체되었다. 그 이유가 동정심보다는 실용성 때문이었다고 의심하는 사람들도 있다. 소는 노예보다 더 단순한 것을 먹고 불평도 적게 하며 더 튼튼하다. 그런데 소는 풀을 뜯어야 한다. 그래서 이 문명은 도시가 아니라 촌락을 기반으로 구축되어야만 했다.

말의 목사리가 발명되자 소는 밀려났다. 말이 쟁기질을 소보다 거의 두 배의 속도로 할 수 있게 된 것이다. 그래서 1인당 생산성이 두 배로 높아졌고, 농부들은 더 많은 사람을 먹여살리거나 다른 사람이 일한 결과물을 소비하는 데 더 많은 시간을 쓸 수 있게 되었다. 잉글랜드의 경우, 짐 끄는 동물들 중에서 말이 차지하는 비중이 1086년 20퍼센트였으나 1574년이 되자 60퍼센트로 높아졌다.

소와 말은 곧 다른 동력원으로 대체되었다. 로마인들은 물레방아를 알고 있었지만 상대적으로 적게 사용했다. 유럽 중세의 암흑시대에 이르자 물레방아는 일반적으로 쓰였다. 1086년의 토지조사부에 의하면 잉글랜드 남부에 50명당 한 개꼴로 있었다. 이후 200년이 지나면서 물레방아는 두 배로 많아졌다. 1300년이 되자 파리 센강의 1.6킬로미터 구간에 68개의 물레방아가 설치돼 있었다. 강에 뜬 바지선에서는 이와 별개의 물레방아들이 돌고 있었다.

시토 수도회의 수도원은 물레방아를 기술적 정점에 이르게 만들었다. 개선점을 찾고 완벽하게 만들었을 뿐 아니라 경쟁 상대인, 동물의 힘을 이용하는 방앗간을 법적인 조치까지 동원해 공격적으로 억압했다. 기어와 캠(회전운동을 왕복운동으로 바꾸는 장치 - 옮긴이)과 기계 해머를 갖춘 물레방아를 시토 수도회 수사들은 다목적으로 사용했다.

예컨대 프랑스 클레르보 수도원의 경우, 강에서 끌어온 물은 처음에 물레방아 바퀴를 돌려 곡물을 으깨는 데 이용된다. 그 후 이 물은 왕겨와 밀가루를 분리하는 체를 흔든 뒤 맥주 제조용 대형 통을 가득 채운다. 이어 모직 원단의 조밀화 작업을 위한 반원형 망치를 작동시킨 다음, 가죽 무두질 공장으로 조금씩 흘러내린다. 마지막에는 쓰레기를 씻어낼 곳으로 보내진다.

12세기에 처음 등장한 풍차는 수력을 사용하기 힘든 저지대 국가들(Low Countries, 오늘날의 벨기에·네덜란드·룩셈부르크에 해당한다-옮긴이)의 모든 지역으로 빠르게 퍼져나갔다.

하지만 1600년대 네덜란드가 세계의 작업장이 될 수 있는 힘을 제공한 것은 바람이 아니라 이탄(토탄)이었다. 물을 뺀 늪에서 대량으로 채취한 이탄은 벽돌, 세라믹, 맥주, 비누, 소금, 설탕 공업의 연료로 쓰였다. 하를렘에서 표백하는 리넨(아마 직물)은 독일 전체의 소요량을 충족시켰다. 땔나무가 귀하고 비싸던 시절, 이탄은 네덜란드인들에게 기회를 제공했다.

건초, 물, 바람은 태양의 에너지를 끌어내는 방법이다. 식물을 키우고 비바람을 일으키는 힘은 태양에서 온다. 목재(땔감)는 수십 년간 축적된 태양에너지(이를테면 태양자본이다)를 끌어내 이용하는 방법이다. 이탄은 이보다 오래된 햇빛의 저장고다. 1천 년 넘게 저장된 태양자본인 셈이다. 그리고 석탄(에너지 함량이 높아 영국인들이 네덜란드인들을 따라잡을 수 있게 해줬다)은 이보다 훨씬 오래된, 대부분 약 3억 년 이전에 포획된 햇빛이다.

산업혁명의 비밀은 현재의 태양에너지에서 비축된 태양에너지로 동력원을 바꾼 데 있다. 그렇다고 사람의 근육 힘이 쓰이지 않게 되었다는 이야기는 아니다. 러시아, 카리브 해 지역, 그리고 미국을 비롯한 여러 나라에서 노예제가 지속됐다. 하지만 사람들이 만드는 물건 중 점점 많은 몫이 화석에너지로 생산되게 된 것은 사실이다.

불규칙적이지만 꾸준히 이런 일이 진행되었다. 화석연료로는 산업혁명의 출범을 설명할 수 없다. 하지만 산업혁명이 끝나지 않은 이유는 잘 설명해준다.

일단 화석연료가 가세하자 경제가 정말로 도약해 맬서스 식 제약을 뚫고 거의 무한히 성장하면서 생활수준을 향상시켰다. 한마디로 말해, 오로지 화석연료가 가세한 덕분에 비로소 성장이 지속 가능해진 것이다.

이는 놀라운 역설로 이어진다. 나는 이제부터 주장하려 한다. 경제 성장이 지속 가능해진 것은 오로지 재생 불가능한 비유기적 에너지에 의지한 덕분이라고 말이다.

우루크 시 이래 역사상 모든 경제 붐은 재생 가능한 에너지원의 고갈 때문에 파멸로 끝났다. 목재, 농경지, 목초지, 노동, 물, 이탄이 그랬다. 모두가 저절로 보충되지만 보충 속도가 너무 느리고, 인구가 급증하면 쉽게 고갈된다.

석탄은 아무리 많이 쓰더라도 고갈되지 않았을 뿐 아니라 시간이 가면서 점점 값싸고 풍부해졌다. 이는 숯과 대조된다. 숯은 어느 수준 이상으로 사용이 확대되면 언제나 값이 비싸졌다. 목재를 찾으러 점점 더 멀리 가야 한다는 단순한 이유 때문이다.

잉글랜드는 설사 석탄을 이용하지 않았더라도 여전히 일종의 산업적 기적을 이룰 수 있었을지도 모른다. 랭커셔를 세계의 면직물 수도로 만든 방적기와 방직기를 수력으로 돌릴 수 있었을 테니 말이다(실제로 수력을 이용했나). 그러나 수력은 재생 가능한 대신 대단히 제한돼 있어서, 영국의 산업 붐은 팽창이 불가능해짐에 따라 쇠퇴할 수밖에 없었을 것이다. 인구압이 소득을 따라잡고, 임금이 줄어들고, 그에 따라 수요가 감소하는 과정이 진행되었을 것이라는 뜻이다.

재생 불가능한 자원이 무한하다는 이야기는 물론 아니다. 대서양은 무한하지 않다. 그렇다고 아일랜드의 항구를 떠나 나룻배의 노를 젓는 당신이 캐나다 동부의 뉴펀들랜드 섬과 맞닥뜨릴까 봐 걱정할 필요는 없다.

유한하지만 수량이 막대한 자원도 있고, 무한히 재생되지만 수량이 매우 한정돼 있는 자원도 있다. 석탄 같은 자원은 재생 불가능하지만 양은 충분히 풍부하다. 인구와 경제활동이 어느 수준까지 계속 늘어나고 확대되는 걸 지탱해줄 수 있을 만큼은 된다. 그 수준이란 맬서스의 한계에 부딪히지 않고 지구인 전체를 위해 지속 가능한 부를 창출할 수 있는 시점을 말한다. 그때 가서 석탄의 역할은 또 다른 형태의 에너지원에 넘겨주면 된다. 석탄자원은 그때까지 버티기에 충분한 양이다.

어느 날 나에게 찾아온 빛나는 깨달음의 내용은 이렇다. 우리는 모든 사람이 태양왕 루이 14세처럼 사는 문명을 건설할 수 있다. 모두가 수천 명의 하인에게 봉사를 받으면서 각자 수천 명에게 서비스를 제공하고 있기 때문이다. 이 모든 서비스는 엄청난 양의 비非 동물 에너지에 의해 증폭된다. 서비스를 제공하는 각자 또한 태양왕처럼 살고 있다.

지금 생각해도 경이감이 느껴지는 깨달음이다. 이에 대해 비관적 환경주의자들이 제기할 수많은 반론은 후반부에서 다룰 예정이다. 대기의 이산화탄소 흡수 능력은 한계가 있으며 재생 불가능하지 않느냐는 의문도 여기에 포함된다.

점점 더 부유해지다

현대와 같은 생활수준이 가능한 것은 피스톤을 움직이고 발전기를 돌리는 화석연료 덕분이다. 하지만 이 같은 주장을 펼치기 전에, 여담 삼아 생활수준 이야기를 먼저 하고자 한다.

산업화 덕분에 생활수준이 정말 개선되었을까? 카를 마르크스의 뒤를 따르는 사람들이 아직도 있다. 내 아이들이 배우는 역사 교과서의 저자들도 여기에 포함돼 있는 듯하다. 이들은 산업혁명이 생활수준을 크게 저하시켰다고 믿는다. 걱정 없이 즐겁게 살던 촌무지렁이들을 악마 같은 공장과 더럽고 오염된 빈민촌으로 몰아넣었다는 것이다. 뼈 빠지게 일하다 폐병에 걸려 일찍 죽게 만들었다는 것이다.

하지만 공장이 생기기 전에도 가난, 불평등, 아동 노동, 질병, 공해는 존재했다는 점을 굳이 지적할 필요가 있을까? 가난 이야기를 하자면, 1700년의 농촌 극빈층은 1850년의 도시 극빈층에 비해 훨씬 더 못살았고 수도 더 많았다. 1688년 영국 인구를 조사한 그레고리 킹Gregory King에 따르면, 120만 명의 노동자가 연간 4파운드로 살았고 130만 명의 농민은 연간 2파운드로 살았다.

다시 말해 국민 절반이 비참한 가난 속에서 살았다. 이들은 자선 구호를 받지 못하면 굶어죽곤 했다. 산업혁명기에도 가난한 사람은 많았지만 이런 규모는 아니었고 정도가 이렇게 심하지도 않았다. 심지어 농장노동자의 임금도 산업혁명기에 인상되었다.

불평등 문제도 그렇다. 신장과 생존 자녀 수를 보면 최상류층과 극빈층 간의 차이는 산업혁명기에 줄어들었다. 만일 경제적 불평등이 확대되었다면 일어날 수 없는 일이다.

아동 노동도 마찬가지다. 동력을 쓰는 공장이 생기기 오래전인 1678년 수동식 리넨 방직기의 특허증서를 보자. 이 기계를 쓰면 "3~4세 아동도 7~8세 아동이 하는 만큼의 일을 할 수 있다"고 자랑하고 있다.

질병을 보면, 감염성 질병에 의한 사망률은 산업혁명 기간 내내 지속적으로 떨어졌다. 공해로 말할 것 같으면, 산업화된 도시에서 스모그가 증가한 것은 명백하다. 하지만 새뮤얼 피프스Samuel Pepys가 묘사한 17세기 런던 시의 오물로 가득한 거리는, 엘리자베스 개스켈Elizabeth Gaskell이 묘사한 1850년대 맨체스터보다 어느 모로 보나 건강에 더 해로웠다.

분명한 사실은 생산의 기계화 덕분에 모든 계층의 수입이 산업혁명기에 늘었다는 점이다. 영국인의 평균 수입은 3세기 동안 정체돼 있다가 1800년경 오르기 시작했다. 1850년이 되자 1750년에 비해 50퍼센트가 올랐다. 그동안 인구가 세 배로 늘었는데도 말이다. 가장 큰 폭으로 오른 것은 비숙련 노동자의 임금이었다. 숙련된 건축 노동자의 임금 프리미엄(숙련됐다고 더 받는 돈 – 옮긴이)은 지속적으로 하락했다. 수입 불평등이 줄어들었다. 성차별도 줄었다. 국민소득에서 노동이 차지하는 비중은 높아지고 지대가 차지하는 비중은 낮아졌다.

영국 농장지대 1에이커의 지대로 살 수 있는 상품의 양은 1760년대나 산업혁명기나 동일했다. 이에 비해 한 시간 노동에 따른 실질임금으로 살 수 있는 상품은 막대하게 늘었다. 19세기 내내 실질임금은 실질 총생산보다 빠르게 증가했다. 상품 값이 저렴해진 데 따른 혜택을 주로 누린 것은 사장이나 지주들이 아니라 소비자로서의 노동자들이었다는 뜻이다. 다시 말해 제조업 상품을 생산하는 이들이 스스로 그런 상품을 소비할 경제적 여유가 증가한 것이다.

현대의 기준으로 본다면, 1800년대 공장과 제분소에서 일하던 사람들의 여건이 열악했다는 것은 분명한 진실이다. 어린 나이에 일을 시작했고 작업장은 극도로 위험하고 시끄럽고 먼지가 많았다. 일이 끝나면 더러운 거리를 지나 비좁고 비위생적인 집으로 돌아갔다. 직업의 안정성, 식사, 의료, 교육도 지독한 수준이었다. 그럼에도 불구하고 이들의 삶이 농장에서 노동을 했던 할아버지나 울 방적기를 돌렸던 할머니에 비해 훨씬 양질이었다는 것 또한 똑같이 분명한 진실이다.

이들이 농장을 떠나 공장으로 몰려든 것은 이 때문이었다. 1870년대 뉴잉글랜드, 1900년대 미국 남부, 1920년대 일본, 1960년대 타이완, 1970년대 홍콩, 오늘날 중국에서도 같은 일이 진행됐다. 뉴잉글랜드의 아일랜드인, 노스캐롤라이나의 흑인들이 공장에 취업할 수 없었던 것은 이런 이유 때문이었다(농촌 출신의 자국민, 백인 노동 인력이 일자리를 이미 다 차지했다는 뜻이다 – 옮긴이).

산업혁명 초기의 빈곤이 우리에게 그렇게 심하게 느껴지는 것은 작가와 정치인들이 처음으로 눈길을 돌리고 문제로 삼았기 때문이지, 전에 없던 빈곤이 새로 생겼기 때문이 아니다. 엘리자베스 개스켈 여사나 찰스 디킨스Charles Dickens처럼 빈곤 문제를 들춘 소설가는 한 세기 전에는 전혀 없었다. 당시에는 공장법과 아동 노동 제한을 도입할 여유가 없었다.

산업혁명은 사람들의 부 창출 능력을 비약시켰다. 잠재적 출산 능력을 크게 앞지르는 수준으로 말이다. 하지만 그 때문에 또한 사회의 동정심이 강화되었고, 이는 자선단체와 정부의 활동으로 표출되었다.

영국 중부 지방의 금속산업

1700년대 말 영국에서 이노베이션이 갑자기 폭발적으로 발생한 것은 산업이 기계화한 원인이자 결과였다. 기계화란 기계와 연료를 이용해 인간의 노동을 증폭하는 것을 뜻한다.

1700년대 말 영국은 인구 800만 명에 불과한 소국이었다. 당시 인구 2,500만 명의 프랑스는 영국보다 훨씬 세련된 나라였다. 일본에는 3,100만 명의 인구가 북적이고 있었으며, 중국은 인구 2억 7,000만 명에 생산성도 훨씬 높았다. 그러나 이때부터 영국 경제는 놀랍게 팽창하기 시작해 그 추진력으로 한 세기 내에 세계를 지배하게 된다.

1750~1850년, 영국인들은(일부는 해외에서 이민온 사람들이었다) 노동을 절약하고 증폭시키는 다양한 장치를 수없이 발명했다. 덕분에 영국인들의 생산, 판매, 수입, 소비, 생활수준, 자녀 생존율이 증가할 수 있었다. 〈1807~1808년 생존 중인 영국의 뛰어난 과학인〉이라는 유명한 인쇄물은 국회가 노예무역을 축출한 해에 발간되었다. 이것을 보면 51명의 위대한 기술자와 과학자가 당시 모두 생존해 있었음을 알 수 있다. 이 인쇄물에는 마치 이들을 왕립 과학연구소 도서관에 한데 모은 뒤 화가가 그린 것 같은 그림도 실려 있다.

여기 실린 발명품과 발명자들을 보면 입이 벌어진다. 운하(토머스 텔퍼드Thomas Telford), 터널(마크 브루넬Marc Brunel), 증기기관(제임스 와트James Watt), 기관차(리처드 트레비식Richard Trevithick), 로켓(윌리엄 콩그리브William Congreve), 수압 프레스(조지프 브라마Joseph Bramah), 동력 공구(헨리 모즐리Henry Maudslay), 동력 방직기(에드먼드 카트라이트Edmund Cartwright), 공장(매슈 볼턴Matthew Boulton), 광부용 램프(험프리 데이비Humphrey Davy) 천연두 백신(에드워드 제너Edward Jenner)······.

네빌 매스켈린(Neville Maskelyne, 지구의 위도와 경도 측정)과 윌리엄 허셜(William Herschel, 천왕성 발견) 같은 천문학자, 헨리 캐번디시Henry Cavendish와 카운트 럼퍼드Count Rumford 같은 물리학자, 존 돌턴John Dalton과 윌리엄 헨리William Henry 같은 화학자, 조지프 뱅크스Joseph Banks 같은 식물학자, 토머스 영Thomas Young 같은 대학자······.

이런 그림을 보면 궁금할 것이다. "어떻게 한 나라에 이토록 많은 재능이 몰려 있을 수 있었을까?" 물론, 전제가 틀렸다. 그런 재능을 끌어낸(그리고 끌어들인) 것은 시간과 장소의 분위기였다(브루넬은 프랑스인, 럼퍼드는 미국인이었다). 와트, 데이비, 제너, 영이 뛰어난 것은 사실이지만 어느 시대 어느 나라에나 그만한 사람들은 있었다. 다만 이들의 재능을 이끌어낼 수 있을 만큼의 자본, 자유, 교육, 문화, 기회가 동시에 주어지지 못했을 뿐이다.

2세기 후에 누군가가 미국 실리콘밸리의 탁월한 인물들을 그린다면, 나중에 후손들이 경이로운 눈빛으로 바라볼 것이다. 고든 무어Gordon Moore와 로버트 노이스Robert Noyce, 스티브 잡스Steve Jobs와 세르게이 브린Sergey Brin, 스탠리 보이어Stanley Boyer와 르로이 후드

Leroy Hood 같은 사람들이 같은 시대, 같은 장소에서 살았다는 사실에 대해서 말이다.

오늘날 캘리포니아의 사업가와 마찬가지로, 1700년 영국의 제조업 기업가들은 아주 자유롭게 투자하고 발명하고 사업을 확장하고 이윤을 거둬들일 수 있었다. 그들은 유럽이나 아시아의 기업가들에 비해 유별나게 자유로웠다.

이들의 입장에서 한번 보자. 거대한 수도 런던은 언제나 정부가 아니라 상인이 지배해온 독특한 도시였다. 세계의 대양을 정기적으로 오가는 영국의 배들 덕분에 세계를 시장으로 삼을 수 있었다. 내륙의 농촌 지역은 임금을 더 많이 주는 곳에 자유롭게 노동력을 팔 수 있는 사람들로 가득 차 있었다.

당시 대부분의 유럽 대륙은 변화에 저항하는 영주-농노 관계가 지배하고 있었다. 이런 관계에서는 어느 쪽도 생산성을 높일 인센티브를 느끼지 못한다. 1800년대 유럽 중부와 동부의 많은 지역에서 농노제의 수명이 연장됐다(1600년대 전쟁과 기근을 겪은 후유증이었다). 농부들은 노동력이나 생산품의 큰 몫을 영주에게 바쳐야 했고 (교회에 십일조도 내야 했다), 이주의 자유도 거의 없었다. 따라서 생산성을 높이거나 상업활동을 늘릴 인센티브가 거의 없었다.

한편 영주들은 농노를 해방시키려는 개혁 군주들의 시도에 격렬하게 저항했다. "지주는 농노를 자신의 토지 경작에 필요한 도구로 본다." 어느 헝가리 자유주의자의 표현이다. "그리고 부모로부터 상속받거나 구입했거나 상으로 받은 동산으로 취급한다."

심지어 교역하고 번영할 자유가 존재했던 지역(툴루즈 인근, 슐레지엔, 보헤미아 등)에서도 규제와 뇌물 강요가 횡행했다. 또한 전쟁이 자주 일어나 상업활동을 망쳤다.

  인구가 잉글랜드의 세 배에 이르던 프랑스는 '내부 관세장벽으로 인해 세 곳의 주요 교역지대로 분할돼 있었다. 또한 비공식적 관세, 구시대적 통행료와 각종 부과금 때문에도 그랬다. 그리고 무엇보다 부분적으로 자급자족하는 수많은 작은 지역 사이의 통신수단이 부실한 탓에 이리저리 쪼개져' 있었다. 국내 밀수가 횡행했다. 스페인은 '국지적 생산과 소비가 이루어지는 섬들이 모인 열도나 다름없었다. 각 섬은 내부 관세로 몇 세기째 서로 분리 고립돼' 있었다. 그와 대조적으로 영국인들은 꼬치꼬치 캐묻는 관료나 성가신 세금징수원들의 질문에 그 정도로 시달리지는 않았다.

  이 점에서 영국인은 지난 세기의 격변 덕을 부분적으로 보고 있었다. 내전이나 제임스 2세의 전제정치에 대항해 일어난 명예혁명이 여기에 포함된다. 후자는 왕을 교체한 것 이상의 의미가 있었다. 이는 사실상 네덜란드 벤처자본가들이 영국 전체의 경영권을 반쯤 적대적으로 인수한 사건이었다. 그 결과 네덜란드 자본이 앞 다퉈 투자되었으며, 상인들의 의회에 힘을 실어주는 방향으로 헌법이 바뀌었다. 윌리엄 3세는 왕좌를 지키기 위해, 썩 내키지 않더라도 국민들의 재산권을 존중할 수밖에 없었다.

  또한 영국은 상비군을 유지하지 않았으며, 해안선이 심하게 들쭉날쭉해 대부분의 지역에서 해상무역이 가능했다. 그리고 행정수도와 상업수도가 일치했다.

  이런 사실들을 종합해보면 영국은 예컨대 1700년에 비즈니스를 시작하거나 확대하기에 나쁘지 않은 장소였다는 사실이 분명해진다. "제조업이 시골 지방까지 그토록 속속들이 스며들고, 변화를 향한 압력과 인센티브가 그토록 강력하며, 전통의 힘이 그렇게도 약한 곳은 영국을 제외하고 세계 어디에도 없었다." 데이비드 랜디스David Landes의 말이다.

버밍엄을 보자. 도시로서의 특권이 없고 덕분에 구속적인 길드(상인이나 수공업자의 조합 - 옮긴이)도 없었던 작은 읍내였다. 그런데 1600년대 초반 금속 가공무역의 중심지로 떠오르기 시작했다. 1683년이 되자 석탄을 때서 철을 생산하는 용광로가 200여 곳이나 자리 잡았다. 이용 가능한 기술과 기업의 자유가 잘 결합한 결과 '장난감 거래'라고 불리는 산업이 붐을 이루게 되었다. 실제 생산품은 이름과 달리 장난감이 아니라 버클, 핀, 못, 단추, 소형 주방용품 등이었다.

18세기에 런던을 제외하고 버밍엄만큼 많은 특허를 획득한 도시는 없었다. 주요한 발명으로 꼽힐 것은 거의 없었지만 말이다. 이처럼 특허가 많았다는 것은 이들이 철, 놋쇠, 양철(주석 도금한 철판), 구리의 이용 방법을 많이 연구했다는 뜻이다.

작업은 소규모 작업장에서 이루어졌으며 지나치게 복잡한 기계는 거의 사용되지 않았다. 하지만 작업은 숙련되고 전문화된 직업 영역별로 세분화되었으며 점점 더 복잡한 생산 라인으로 조직화됐다. 가게의 기능공들이 조직적으로 뭉쳐 제조업자들로 변신했고, 이들은 각자 자기 책임 아래 별도의 비즈니스를 시작했다. 이는 1980년대 미국 샌프란시스코 만 주변에서 일어난 일들의 선례였다고 할 수 있다.

소비하라, 그들이 공급할 것이다

비즈니스는 소비자들의 수요가 없이는 시작되지 않는다. 잉글랜드가 기적을 일으킬 수 있었던 근본적인 이유 중 하나는 구매력이었다. 1700년 이후 교역 덕분에 많은 국민이 부유해진 것이다. 제조업자들이 제공하는 재화와 서비스를 구매할 수 있을 만큼 말이다. 그래서 제조업자들 입장에서는 더 생산적인 기술을 찾아볼 인센티브가 있었다. 그 과정에서 이들은 경제학적 영구운동기관(에너지의 추가 투입 없이 스스로 영원히 운동하는 기계장치 - 옮긴이)에 가까운 것과 우연히 맞닥뜨리게 되었다.

"18세기의 가장 예외적인 측면 중 하나는 소비계층의 확대였다"고 로버트 프리델Robert Friedel은 말한다. 닐 맥켄드릭Neil McKendrick은 "소비자혁명이 18세기 잉글랜드에서 일어났다"고 썼다. "인류 역사상 그 전의 어떤 시대보다 더 많은 수의 남자와 여자가 물질적 재화를 손에 넣는 경험을 했다." 대륙의 유럽인들과 달리 영국인들은 모직(리넨과 대비)으로 된 옷을 입고 쇠고기(치즈와 대비)를 먹고 흰 밀(호밀과 대비)로 만든 빵을 먹었다. 1728년 대니얼 디포Daniel Defoe가 쓴 글을 보면, 대중의 낮은 수준의 수요가 소수의 풍부한 수요보다 훨씬 중요하다는 생각을 읽을 수 있다.

가난한 사람, 직공, 하층 근로자, 힘들게 일하는 사람…… 소비 전체를 담당하는 것은 이런 사람들이다. 당신이 토요일 밤늦도록 가게를 여는 것은 이런 사람들을 위해서다. 그들의 수는 수백, 수천, 수십만 명이 아니라 수백만 명이다. 거래의 수레바퀴가 순환할 수 있는 것도,

육지와 바다의 제품과 생산물이 해외 수출을 위해 마감질되고 보존처리되고 손질될 수 있는 것도 이들의 수가 대단히 많은 덕분이다. 내가 말하고자 하는 바는 이것이다. 이들이 먹고살 수 있는 것은 자신들의 수요가 대규모이기 때문이며 나라 전체가 먹고살 수 있는 것도 이들의 수가 대단히 많은 덕분이다.

처음에 가장 빠르게 값이 내린 것은 사치품이었다. 당신이 식량과 땔감과 옷을 살 여유밖에 없다면 중세시대의 선조보다 더 잘산다고 할 수 없다. 하지만 향료, 와인, 실크, 책, 설탕, 양초, 버클 등을 가질 수 있다면 그보다 세 배 잘사는 것이다. 수입이 늘어나서 그렇게 된 것은 아니다. 그보다는 동인도회사와 그 동류의 회사들에서 일하는 교역자들이 노력한 덕분에 이들 상품의 가격이 내렸기 때문이었다.

대중은 인도산 면직물과 중국산 도자기에 열광했다. 제조업자들이 출범한 것도 이들 동방 수입품을 베껴만들면서부터다. 예컨대 조사이어 웨지우드는 남들보다 도자기를 더 잘 만드는 기술은 없었다. 하지만 적당한 가격으로 많이 만드는 데는 뛰어난 재주가 있었다. 숙련된 노동자들이 분업을 하도록 하고 제조 공정에 증기를 사용한 덕분이었다. 그는 또한 소비계층에게 도자기가 호화롭고도 가격이 적당한 것으로 보이도록 마케팅을 하는 데도 뛰어난 실력을 발휘했다. 마케팅의 성배는 이후로 줄곧 이어졌다.

그러나 대표적인 예는 면직물이다. 1600년대 영국인들은 울, 리넨, 그리고 부자의 경우 실크로 만든 옷을 입었다. 면직물은 거의 알려지지 않았다. 스페인인들의 처형을 피해 안트베르펜을 탈출한 일부 피난민들이 노리치에 정착해 면직물을 만들긴 했지만 말이다.

그러나 인도와의 교역으로 얼룩덜룩한 무늬의 캘리코 면이 점점 더 많이 수입되자 사정이 달라졌다. 가볍고 부드럽고 세탁하기 쉬운데다 무늬를 찍거나 염색하기도 쉬워 부유층의 수요가 늘었다. 울과 실크 제조업자들은 라이벌의 출현에 분노해 수입을 막도록 의회에 압력을 넣었다. 1699년 모든 판사와 학생은 울 가운을 입으라는 지시를 받았고, 1700년 모든 시체에 입히는 수의는 양모 천으로 만든 것이어야 한다는 명령이 내려졌다. 1701년부터는 "채색되거나 염색되거나 나염되거나 착색된 모든 캘리코 면"을 입어서는 안 된다는 포고령이 내렸다. 그래서 패션을 추구하는 여성들은 흰 캘리코 천을 사서 염색했다. 실크 및 울 제조업자들이 폭동을 일으켰다. 면직 옷을 입은 여성이 눈에 띄면 공격하는 일까지 발생했다. 면은 매국적인 것으로 여겨졌다.

1722년이 되자 업자들에게 굴복한 국회는 '캘리코 법'을 제정해 크리스마스에 시행했다. 이때부터 어떤 종류의 면직물도 착용이 금지됐으며, 심지어 집안 가구에도 사용하지 못하게 되었다. 무역보호법을 통해 생산업자들의 편협한 이익이 소비자들의 보다 광범위한 이익을 누르고 승리를 거둔 사례는 이것이 마지막이 아니었다. 또한 보호무역주의가 실패하고 심지어 역효과를 낳은 것 역시 마찬가지다.

동인도회사의 무역상들은 금지법을 피하기 위해 원면을 수입했다. 그리고 중개인들은 시골의 가내수공업자들에게 외주를 주어 수출용 면직물을 짜거나, 리넨이나 울을 약간 섞는 방법으로 합법적인 국내 판매의 길을 열었다. (캘리코 법은 결국 1774년 폐지됐다.) 이들은 이미 몇십 년째 외주로 모직물을 만들고 있었다. 이는 저지대 국가들(오늘날의 베네룩스 3국)과 다른 점이다. 이들 국가에서는 강력한 직공 길드가 시골 수공업자들의 베틀을 때려부수는 바람에 외주의 길이 막혀 있었다.

직물을 취급하는 외주업자들은 고리대금업자로도 악명이 높았다. 이들이 돈을 버는 주된 방식은 이랬다. 시골의 가내공업 노동자들에게 원모를 공급한 뒤 이들이 짠 천을 걷어가면서 보수를 지급한다. 미리 빌려준 돈의 이자는 보수에서 공제한다. 농부의 아내와 딸, 그리고 농한기에는 남자들도 생산활동뿐 아니라 자신들의 노동력을 파는 방식으로 가계 수입을 늘릴 준비가 돼 있었다. 이들은 그러고도 빚을 떠안고 있는 경우가 종종 있었다. 천을 짤 장비를 마련하기 위해 외주업자들에게 돈을 빌린 탓이었다.

당신은 이들을 '공유지의 사유지화 법령(인클로저 법) 때문에 공동체가 함께 사용하던 땅에서 쫓겨난, 절망적인 임금노예라고 볼 수도 있다. 공유지를 쪼개서 소단위 사유지로 나누는 이 법령은 1550~1800년 잉글랜드 전역으로 점차 퍼져나가며 시행되었다.

하지만 위와 같은 시각은 오해다. 보다 정확한 관점은 시골의 직물노동자들이 생산과 소비, 전문화와 교환의 사다리에 첫발을 내디딘 것으로 보는 것이다. 이들은 자급자족에서 탈출해 화폐경제에 뛰어든 것이다.

물론, 사유지화 법령 때문에 생계수단을 빼앗긴 사람이 일부 있었던 것은 사실이다. 그러나 사유지화는 농장노동자들의 임금제 고용을 실제로 증가시켰다. 따라서 대체로 보아 이는 궁핍한 자급자족에서 이보다 약간 나은 '생산과 소비' 쪽으로 바뀐 것이다. 게다가 영국인 이주자뿐 아니라 아일랜드나 스코틀랜드 사람들도 직물 제조 가내수공업에 참여하기 위해 섬유업지구로 몰려들었다.

이들은 화폐경제에 참여할 기회를 찾아 고된 농사일을 포기한 사람들이었다. 임금은 낮고 일은 고되더라도 말이다. 이들은 예전보다 젊은 나이에 결혼했고 따라서 아이도 더 많이 낳았다. 그 결과 노동자로서 산업에 참여하는 바로 그 사람들이 머지않아 해당 산업의 고객이 되었다. 평균적인 노동자의 임금은 계속 오르고 면직물의 가격은 점점 떨어지다 보니 어느새 모든 사람이 면 내의를 구매할 여유를 갖게 되었다.

1835년 역사가 에드워드 베인스Edward Baines는 "면직 제품의 가격이 놀랍도록 싸져서 이제 수많은 사람이 그 혜택을 보고 있다. 19세기 시골 출신도 18세기 대저택의 응접실에 모인 사람들에 못지않게 화려한 옷을 입을 수 있게 되었다"고 기록했다.

그로부터 한 세기 후에 조지프 슘페터는 다음과 같이 회상했다. "일반적으로 자본가의 위업은 실크 스타킹을 여왕들에게 더 많이 공급하는 데 있는 것이 아니라 여공들도 어렵지 않게 구매할 수 있게 만드는 데 있다. 자본가는 스타킹 살 돈을 벌기 위해 여공들이 해야 하는 일의 양을 꾸준히 줄여준다."

하지만 공급을 늘리는 것은 쉽지 않았다. 실을 잣고 천을 짜는 오두막들이 페나인 계곡이나 웨일스 인근에 이르는 아주 먼 지역에까지 빼곡히 들어섰기 때문에 운송료가 많이 먹혔다. 그리고 일부 노동자는 주말과 휴일을 즐길 수 있을 정도로 많은 임금을 받고 있었다. 때로 이들은 월요일 저녁까지 계속 술을 마셨다. 하루 일해서 버는 수입을 포기하고 소비하는 쪽을 선택한 것이다. 20세기 경제학자 콜린 클라크의 표현대로 "레저는 대단히 가난한 사람들에게조차 진정 중요"했다.

수요는 급증하는데 공급은 제한돼 있었다. 따라서 외주업자들과 이들에게 원재료를 공급하는 상인들은 생산성을 향상시킬 발명에 목말라했다. 그 같은 인센티브에 부응해 발명가들이 곧 혜택을 베풀었다. 존 케이의 플라잉셔틀, 제임스 하그리브스James Hargreaves의 제니 방적기, 리처드 아크라이트Richard Arkwright의 수력식 프레임 방적기, 새뮤얼 크롬프턴Samuel Crompton의 뮬 방적기 등이 그 예다. 이는 생산성이 점점 더 많이, 지속적으로 향상되는 도정이 시작되었다는 이정표이기도 하다.

제니 방적기는 실을 만드는 속도가 기존에 비해 20배 빨랐고 실의 품질도 더 일정했다. 하지만 이를 가동하는 것은 순전히 인간의 힘이었다. 제니는 1800년이 되자 이미 구식이 되었다. 수백 배 빠른 프레임 방적기가 나왔기 때문이다. 프레임 방적기는 점차 물레방아를 동력으로 쓰게 됐다.

이어 제니와 프레임의 장점을 결합한 뮬 방적기가 나왔다. 뮬은 등장한 지 10년 만에 총 생산량 기준으로 프레임의 10배를 넘어섰다. 그리고 곧 증기를 동력으로 이용하게 된다. 그 결과 면사의 생산량은 엄청나게 늘어나고 면사로 짠 천의 가격은 급속히 떨어졌다. 1780년대 영국의 면직 제품 수출은 5배로 늘었고 1790년대에 또다시 5배로 증가했다. 가는 면사 1파운드의 가격은 1786년 38실링에서 1832년 3실링으로 뚝 떨어졌다.

1800년 이전 잉글랜드에서 실을 만드는 데 쓰이는 원면의 대부분은 아시아산이었다. 그러나 중국과 인도의 목화 재배인들은 생산을 늘릴 의사나 능력이 없었다. 새로 경작할 땅도, 그를 위한 인센티브도 거의 없었다. 생산성이 조금이라도 향상되면 그에 따른 이익은 인도 자민다르의 대지주나 중국 황제의 관료들이 몽땅 거둬갔기 때문이다.

대신 기회를 잡은 것은 미국 남부의 주들이었다. 1790년 미국의 목화 생산량은 미미했으나 1820년대에 이르자 세계 최대 규모가 되었다. 1860년에는 세계 목화 생산량의 3분의 2를 차지할 정도였다. 1815~1860년, 목화는 미국 총 수출액의 절반을 차지했다.

일을 한 것은 노예들이었다. 목화는 노동집약적 작물이다. 한 사람이 씨를 뿌리고 (계속 반복적으로) 잡초를 뽑고 수확하고 솜을 깨끗하게 손질할 수 있는 목화밭의 면적은 18에이커에 불과했다. 그리고 대규모로 투입하면 효율이 높아지는 규모의 경제 효과도 거의 나타나지 않는다.

토지는 풍부하고 인구는 희박한 미국 입장에서 생산을 확대하는 유일한 방법은 노동시장을 완전히 말살하는 것이었다. 노동자들에게 강제로 무임금 노동을 시키는 것이다. 경제학자 피에트라 리볼리Pietra Rivoli는 이를 다음과 같이 표현한다. "노예들의 삶이 불행해진 것은 노동시장에 내재한 위험 때문이 아니라 시장이 억압당했기 때문이었다."

영국의 노동계층이 면직물을 향유할 여유가 생긴 것은 결국 아프리카인들을 잡아와 사고파는 노예무역 덕분이었다.

석탄, 에너지의 제왕

이때까지는 화석연료의 역할은 미미했다. 만일 영국에 쓰기 좋은 석탄자원이 없었다면 그 다음에 어떤 일이 발생했을지 상상해보라. 석탄은 세계 어디에나 묻혀 있다. 이는 분명하다. 하지만 영국의 일부 석탄층은 지표 가까이에 있었을 뿐 아니라 선박이 항행할 수 있는 수로와 가까운 곳에 있어 수송비도 싸게 먹혔다. 육로를 통해 석탄을 운반할 수 있게 된 것은 철도가 등장한 후였다.

석탄이 다른 것보다 값싼 에너지원은 아니었다. 공장에서 수력에 대항할 가격경쟁력을 갖추는 데 한 세기가 걸렸다. 그렇지만 사실상 무한한 공급이 가능했다. 이에 비해 동력원으로서의 수력은 한계수확이 체감하고 있었다. 페나인 지방의 수력시설은 포화상태에 이르렀기 때문이다. 그렇다고 달리 수요를 충족시킬 수 있는 재생 가능한 연료가 있는 것도 아니었다.

18세기 전반 영국의 철강산업은 상대적으로 소규모였는데도 불구하고 숯이 부족해 빈사상태에 이르렀다. 국내의 숲은 이미 많이 사라진 상태였다. 잉글랜드 남부에 있던 목재는 선박을 건조하는 데 충당됐다. 목재 가격이 올라갔다. 그래서 철기 제조업자들은 서식스 윌드의 옛 삼림지를 떠났다. 용광로에 땔 숯을 구하기 위해서. 이들은 중부 지방을 거쳐 웨일스와 잉글랜드의 경계지대를 지나 요크셔 남부를 경유한 뒤 최종적으로 북서부의 컴벌랜드까지 차례로 작업장을 옮겼다.

섬유산업의 기계화에 따라 영국의 원자재 수요는 늘어났다. 숲이 풍부한 스웨덴과 러시아에서 수입되는 연철이 이를 채워주었다. 하지만 산업혁명의 수요를 충당하기에는 부족한 양이었다. 석탄만이 이 문제를 해결할 수 있었다. 공장에 충분한 동력을 제공할 만한 바람, 물, 나무는 잉글랜드 어디서도 찾을 가망이 없었다. 제대로 된 장소에서 발견하는 것은 더욱 불가능했다.

1700년에 중국이 처했던 상황도 이와 같았다. 섬유산업이 활기를 띠어 영국에서 기계화가 도입될 때만큼이나 번성했다. 하지만 탄전은 멀리 있었고 철강산업은 오직 숯에만 의지하고 있었다. 숲이 점점 더 먼 곳으로 후퇴함에 따라 숯 가격이 치솟았다.

탄전이 있는 지역은 산시陝西 성과 몽골 내륙이었다. 그런데 이들 지역에는 문제가 있었다. 1100년 이래 3세기 동안 야만족과 흑사병의 피해를 입어 인구가 급감했다는 점이었다. 그래서 인구와 경제활동의 무게중심은 남쪽의 양쯔 강 유역으로 이동했다. 이로써 중국의 철강산업은 화석연료 사용 실험을 초기에 포기했다. 선박이 다닐 수 있는 수로 가까운 곳에 자리 잡은 석탄 매장지가 전혀 없었기 때문이다.

중국의 산업활동은 수확 체감을 겪었고, 인구가 늘어남에 따라 사람들은 상품을 소비하고 생산할 인센티브를 점점 느끼지 못하게 되었다. 철강 가격이 비싸져 이것으로 기계를 만들 발명가들의 의욕을 꺾었다. 중개인들이 규제를 받지 않고 농촌 지역에 외주를 줄 수도 없었다. 공장 건설은 고사하고 말이다. 황제의 관료들은 설사 이런 걸 허락해달라는 요청을 받았다 해도 눈도 깜짝하지 않았을 것이다.

석탄산업의 효율성이 그 자체로서 영국의 생산성 증대에 크게 기여한 것은 아니다. 심지어 19세기에도 그랬다. 산업화 중인 영국에서 생산성 증대에 기여한 몫을 따지면 목면이 석탄의 34배에 달한다. 1740~1860년대에 석탄의 톤당 산지 가격은 아주 약간 상승했다. 그러나 세금과 수송비가 낮아져 런던에서는 가격이 떨어졌다. 광부의 안전램프를 제외하면, 증기펌프가 사용된 후 석탄산업에 적용된 신기술은 거의 없었다. 20세기가 한참 지날 때까지 전형적인 광부의 장비는 램프, 곡괭이, 갱목, 작은 물통뿐이었다.

석탄 소비량이 크게 증가한 것은(18세기에 5배, 19세기에 14배로 늘어났다) 생산성이 높아져서가 아니라, 석탄 생산에 대한 투자가 늘어난 덕분이다. 이를 철강산업과 비교해보자. 선철 1톤을 제련하고 이를 정제해 연철로 만드는 데 소비되는 석탄의 양은 30년마다 절반씩 줄어들었다. 하지만 석탄 1톤을 캐는 데 필요한 인간 근육의 힘은 1900년이나 1800년이나 거의 똑같았다. 광부 1인당 채탄량이 급증한 것은 20세기 후반 노천 채광이 시작되고부터였다.

석탄업의 특징은 열악한 근로 조건에 있다. 광부를 고용하려면 농장노동보다 어느 정도 높은 임금을 지급해야 한다. 이는 그 전과 후의 모든 광산업에 똑같이 적용되는 점이기도 하다. 광부의 임금은 적어도 초기에는 높았다. 그렇지 않았다면 19세기 타인사이드 광역도시권에 스코틀랜드인과 아일랜드인들이 몰려들지 않았을 것이다. 19세기 잉글랜드 북동부 지역 채탄부의 임금과 임금 상승 속도는 각각 농장노동자의 두 배에 달했다.

석탄이 없었다면 잉글랜드의 직물, 철강, 수송업은 1800년 이후 침체할 수밖에 없었을 것이다. 새로 등장하기 시작한 그 많은 발명이 아직 생활수준에 거의 영향을 주지 못하던 그 시기에 말이다. 역사학자 토니 리글리Tony Wrigley는 이를 다음과 같이 표현했다. "잉글랜드가 과거 네덜란드와 비슷한 운명을 맞게 되는 것이 아닐까 하는 우려에는 합리적인 근거가 있었다. 18세기 거의 중반에 이를 때까지도 말이다. 그래서 고전파 경제학자들의 예언에는 경제 정체론이 두드러졌다." 리글리는 이어서 영국이 침체를 피할 수 있었던 것은 연료를 재배하는 유기물경제에서 연료를 캐는 광물경제로 전환한 덕분이었다고 주장했다.

석탄은 이렇듯 산업혁명을 돕는 놀라운 두 번째 순풍이 되어주었다. 덕분에 공장과 용광로와 기관차를 계속 움직이게 할 수 있었다. 이 순풍은 결국 1860년대의 소위 제2차 산업혁명에 불을 댕겼다. 전력, 화학 제품, 전보 덕분에 유럽이 전대미문의 번영을 누리고 글로벌 파워를 쥘 수 있게 된 것이 바로 이때다.

석탄이 영국에 제공한 연료는 1,500만 에이커, 즉 거의 스코틀랜드만 한 숲에서 생산되는 땔나무 양에 필적한다. 1870년이 되자 영국에서 석탄을 태워 생산되는 칼로리는 노동자 8억 5,000만 명이 소모할 양에 해당했다. 마치 명령만 기다리는 하인 20명씩을 노동자 한 사람 한 사람에게 제공한 것과 마찬가지였다. 증기엔진의 파워만 하더라도 말 600만 마리, 혹은 사람 4,000만 명분의 힘을 낼 수 있었다. 만일 인구수가 이 정도였다면 연간 밀 생산량의 세 배를 먹어치웠을 것이다.

이것은 당시 노동의 분업을 활용하는 데 투입된 에너지가 얼마나 막대한 양인가를 보여준다. 또한 19세기 영국이 이룬 기적은 화석연료가 없었다면 전혀 불가능했을 것이라는 점도 보여준다.

이제 랭커셔는 가격이나 품질 면에서 세계를 제패할 수 있게 되었다. 1750년대 인도산 면직물은 전 세계 직물업자들에게 선망의 대상이었다. 그로부터 1세기가 지났을 때 랭커셔의 임금은 인도의 네다섯 배에 달했지만, 여기서 생산된 값싼 면직물은 심지어 인도에서도 홍수를 이뤘다. 원료로 쓰이는 면화 중 일부는 인도에서부터 2만여 킬로미터를 수송해온 것이었다. 오로지 기계화 공장의 생산력 덕분이었다. 이는 화석연료가 얼마나 많은 차이를 만들어냈는가를 보여주는 사례이기도 하다.

인도인 직공은 임금을 아무리 적게 받더라도 맨체스터의 뮬 증기기관 방적기를 조작하는 직공과 경쟁이 되지 않았다. 1900년이 되자 맨체스터 48킬로미터 인근에서 생산된 면직물 제품이 세계 소비량의 40퍼센트를 차지하게 되었다.

산업화는 다른 업종에까지 번져나갔다. 면직 공장의 생산성이 증대되자 다른 업종에 대한 수요가 늘어났다. 화학 제품 업체는 이에 부응해 표백용 염소를 발명했고, 나염 업체는 무늬 찍는 방식을 원통인쇄로 전환했다.

면직물 가격이 싸지자 소비자들이 다른 제품을 구입할 여유가 생겼다. 신규 수요는 다른 제조업 분야의 발명을 부추겼다. 그리고 신종 기계를 만들기 위해 당연히 필요한 고품질의 철은 값싼 석탄으로 만들 수 있었다. 석탄의 핵심적인 장점은 수확 체감과 이에 따른 가격 상승이 없다는 점이었다. 숲이나 강물과 다른 점이다.

1800년대 석탄 가격은 크게 떨어지지 않았을지언정 인상되지도 않았다. 소비가 엄청나게 늘었음에도 불구하고 말이다. 1800년 영국의 연간 석탄 소비량은 1750년의 세 배인 1,200만 톤이었다. 석탄은 이때까지도 가정 난방과 기본 제조업(당시에는 주로 벽돌, 유리, 소금, 철을 의미했다)에만 쓰였다. 1830년이 되자 석탄 소비는 두 배로 늘었다. 철강업의 소비량이 16퍼센트, 탄광업의 자체 소비량이 5퍼센트를 차지했다. 1860년이 되자 영국의 석탄 소비량은 10억 톤에 이르렀고, 쓰임새는 기관차 바퀴와 기선의 추진장치인 외륜을 돌리는 데까지 확대됐다. 1930년이 되자 영국의 석탄 소비량은 1750년의 68배가 되었고 용도는 발전과 가스 생산으로 확대됐다. 오늘날 석탄은 대부분 발전용으로 사용된다.

전기가 펼쳐놓은 마법의 세계

전기가 인간의 복지에 미친 영향은 아무리 강조해도 지나치지 않다. 우리 세대에게 전기는 그저그런 문명의 이기에 불과하다. 물이나 공기처럼 당연하고 어디에나 있는 흔한 존재다. 송전탑과 전선은 보기 흉하고 전기 플러그는 성가시고, 정전이 되면 화가 치민다. 누전 화재 위험은 겁이 나고 전기료 청구서는 짜증나며, 발전소는 인류에 의한 기후 변화의 괴물 같은 상징이다.

하지만 전기가 펼쳐놓은 마법을 생각해보라. 전기를 아예 모르는 사람의 시각에서 바라보자. 무게도 없고 보이지도 않으며, 가는 전선으로 몇 킬로미터씩 이동할 수 있고, 조명에서 토스트 굽기, 추진력에서 음악 재생에 이르기까지 못하는 일이 거의 없는 동력을 말이다.

오늘날 생존 인구 중 20억 명은 조명 스위치를 한 번도 올려본 일이 없다. 당신이 1873년 빈 박람회장에 갔다고 생각해보라. 그곳에는 제노브 테오필 그람Zénobe Théophile Gramme이라는 화려한 이름을 가진 반문맹 벨기에 발명가의 작품을 전시하는 스탠드가 있었다. 그람의 동업자인 프랑스 엔지니어 이폴리트 퐁텐Hippolyte Fontaine도 나와 있었다. 이들이 전시한 것은 그람 발전기로, 손이나 스팀엔진으로 회전시켜서 직류 전류와 안정적인 불빛을 만들어낼 수 있는 최초의 발전장치였다. 이후 5년에 걸쳐 이들의 발전기는 파리의 새 산업전기 시설 수백 곳에 전력을 공급하게 된다.

그런데 빈 박람회 전시장에서 인부 중 한 사람이 부주의로 실수를 저질렀다. 돌고 있는 발전기의 전선을, 고장에 대비해 한 대 더 갖다놓은 예비 발전기에 우연히 연결시킨 것이다. 예비 발전기는 저 혼자서 회전하기 시작했다(사실상 전기모터가 된 것이다). 퐁텐의 머리도 회전하기 시작했다. 그는 근처에 있는 가장 긴 전선을 달라고 한 뒤 250미터 길이의 전선으로 발전기 두 대를 연결했다. 예비 발전기는 전선을 연결하자마자 회전했다. 전기는 벨트나 체인, 기어의 톱니보다 훨씬 먼 거리까지 동력을 전달할 수 있다는 사실이 갑자기 분명해졌다.

1878년 마른Marne 강의 수력을 이용하는 그람 발전기가 4.8킬로미터 떨어진 곳에 있는 두 대의 다른 발전기에 동력을 공급해 모터를 작동하게 해주었다. 모터는 파리 근교 므니에 지역의 들판 너머까지 케이블로 이어져 있는 쟁기를 끌고 있었다. 런던 기계공학자 연구소의 고관들이 이 장면을 눈을 동그랗게 뜨고 바라보았다.

이후 후속 발명들이 계단 폭포처럼 이어졌다. 윌리엄 지멘스William Siemens의 전기철도, 조지프 스완Joseph Swann과 토머스 에디슨Thomas Edison이 개량한 전구, 니콜라 테슬라Nikola Tesla, 조지 웨스팅하우스George Westinghouse, 세바스찬 드 페란티Sebastian de Ferranti가 발명한 교류전류, 찰스 파슨스Charles Parsons의 터빈 발전기 등.

세계의 전기화가 시작되었다. 이것이 생산성 통계에 반영되기까지는, 컴퓨터가 그랬던 것처럼 수십 년이 걸렸다. 하지만 전기의 성공은 틀림없는 것이었고 그것이 미친 영향은 광범위했다.

그로부터 130년이 지난 오늘날에도 전력은 사람들에게 전달돼 삶을 변화시키고 있다. 각 가정으로 무색, 무연의 무게 없는 에너지를 전달하는 것이다. 필리핀인들을 대상으로 한 최근의 연구 결과를 보자. 한 가구가 전력망에 연결됨에 따라 얻는 효용은 매월 108달러에 이른다. 값싼 조명(37달러), 더 싼 라디오와 TV(19달러), 더 긴 교육 기간(20달러), 시간 절약(24달러), 사업 생산성(8달러) 등이다. 제기랄, 전기는 출생률에까지 영향을 미친다. 저녁시간대의 활동을 아이 만들기에서 TV 시청으로 바꿔놓으니 말이다.

지구가 받는 햇빛은 17경 4천조 와트에 해당한다. 인류가 사용하는 화석연료 출력의 1만 배에 이르는 에너지다. 달리 표현하면 가로·세로 4.6센티미터의 땅에 내리쬐는 햇빛의 에너지는 독자 한 사람의 첨단 전자생활에 필요한 에너지와 같은 양이다. 그렇다면 왜 전기료를 내야 하나? 어디에나 동력원이 있는데 말이다.

그 이유는 이 같은 광자의 빗줄기가 쓸모없기 때문이다. 시간대가 맞지 않는 겨울, 밤, 구름, 나무그늘 문제를 차치하더라도 그렇다. 목재에너지 1줄(Joule, 에너지 단위)은 석탄에너지 1줄보다 사용하기가 불편하다. 에너지 사용이 편리한 순서는 석탄 → 천연가스 → 전기 → 내 휴대전화에 조금씩 흐르는 전기다. 나는 스테이크나 셔츠를 사기 위해 돈을 지불할 용의가 있는 것과 마찬가지로 전기를 공급해주는 사람에게 상당한 돈을 낼 용의가 있다.

1장에서 내가 예로 들었던 1800년의 가상 가족을 생각해보라. 장작불빛 앞에서 걸쭉한 스튜를 먹던 사람들 말이다. 이들에게 설명을 해준다고 생각해보자. 2세기 후 당신들의 후손들은 통나무를 가지러 가거나 물을 길러 가거나 톱질을 할 필요가 없다고. 물과 가스, 전력이라는 이름의 눈에 보이지 않는 마술적 힘이 파이프와 전선을 통해 가정에 들어오기 때문이라고 말이다. 이들은 그런 집을 당장 갖고 싶다고 할 것이다. 그러나 한편으로는 조심스럽게 물을 것이다. 자기네가 그런 경제적 여유가 있겠느냐고. 그때 당신이 말해준다고 상상해보라. 그런 집을 장만하기 위한 유일한 조건은 엄마와 아빠가 모두 사무실에 나가 하루 여덟 시간씩 일하는 것뿐이라고 말이다. 출퇴근에는 말이 없는 마차로 각각 40분씩 걸린다고. 아이들은 일을 할 필요가 전혀 없지만 20세 때 부모와 같은 일자리를 확실하게 얻으려면 학교에 다녀야 한다고.

이런 설명을 들으면 이들은 깜짝 놀라서 입을 다물지 못할 것이다. 흥분해서 정신을 잃을지도 모른다. 그리고 소리를 지르며 물을 것이다. 숨겨진 애로사항이 뭐냐고(그렇게 좋은 일이 액면 그대로 있을 수는 없으니 뭔가 숨겨진 함정이나 어려움이 있을 거라고 생각해 그렇게 묻는다는 뜻이다 - 옮긴이).

열이 일이고, 일이 열이다

이제부터 산업혁명을 내 가설에 맞도록 줄이고 늘여보겠다. 마치 프로크루스테스의 침대처럼 말이다. 그동안 후기 구석기, 신석기,

도시혁명, 상업혁명을 다루면서 줄곧 해온 일이기도 하다.

새로운 에너지 기술 덕분에 1750년 직물공 한 사람이 20분 걸려서 하던 일을 1850년에는 단 1분에 할 수 있게 되었다. 즉, 1일 생산량이 20배로 늘어났다는 말이다. 그는 동일 물량을 과거의 20배에 달하는 사람들에게 공급할 수도 있고, 과거와 같은 수의 사람들에게 20배 많은 물량을 공급할 수도 있다. 또한 고객들이 과거 셔츠를 사는 데 지불했던 액수의 20분의 19를 다른 용도에 쓸 수 있도록 만들어줄 수도 있다.

후반기 산업혁명이 영국을 부유하게 만들어준 핵심적인 이유가 바로 이것이다. 예전보다 더 적은 수의 사람이 생산한 재화와 용역을 더 많은 사람에게 공급할 수 있게 된 것이다. 애덤 스미스의 표현을 빌리면 "더 적은 양의 노동으로 더 많은 양을 생산"하게 되었다는 말이다.

한 사람이 재화와 서비스를 제공할 수 있는 고객의 수가 크게 늘어났다. 생산이 비약적으로 전문화했고 소비는 엄청나게 다양화하는 큰 변화가 일어났다. 석탄 덕분에 모든 사람이 저마다 루이 14세 못지않은 생활을 즐길 수 있게 되었다.

오늘날 평균적인 지구인이 소비하는 에너지는 2,500와트, 달리 말해 초당 600칼로리에 이른다. 이중 85퍼센트는 석탄, 석유, 가스를 태워서 나오고 나머지는 원전과 수력 발전소에서 생산된다(바람, 태양, 바이오매스가 차지하는 비중은 극히 미미하다. 당신이 먹는 음식의 경우도 마찬가지다).

상당히 건강한 사람 한 명이 자전거 헬스 기구에서 약 50와트를 생산할 수 있다는 점을 감안하면, 2,500와트는 노예 50명, 24시간

3교대한다고 쳤을 때 150명의 일률이 된다. 당신이 현재와 같은 생활양식을 유지하려면 노예로 환산해 150명이 필요하다는 말이다(미국인은 660명, 프랑스인은 360명, 나이지리아인은 16명의 노예가 필요할 터이다). 인간이 화석연료에 의존하는 것이 못내 걱정스럽다면, 길에서 마주치는 4인 가족 한 가구마다 집에 600명의 노예를 거느려야 한다고 상상해보라. 임금은 한 푼도 못 받으며 절망적으로 빈곤하게 사는 노예 말이다. 그들이 이보다 조금이라도 더 잘살려면 자기 몫의 노예가 따로 있어야 할 것이다. 이렇게 따지면 지구상에는 1조 명에 가까운 노예가 필요하다.

이 같은 나의 귀류법 논증을 받아들이는 방식에는 두 가지가 있을 것이다. 하나는 흥청망청 낭비하는 현대의 생활방식이 죄스럽다며 못마땅해하는 것이다. 이는 통념적 반응이다. 또 하나는 사뭇 다르다. 만일 화석연료가 없었다면 인류의 99퍼센트는 노예 상태로 살아야 했을 것이라는 결론을 내리는 것이다. 나머지 1퍼센트가 화석연료 없이도 상당한 생활수준을 유지하게 하려면 말이다. 이는 청동기시대에 실제로 일어난 일이기도 하다. 당신에게 석탄과 석유를 사랑하라고 하는 이야기가 아니다. 우리가 루이 14세에 버금가는 생활을 할 수 있게 된 것은 노예를 대신할 대체 에너지원이 발명된 덕분이라는 이야기다.

여기서 나 자신의 이해관계를 다시 한 번 선언하고 싶다. 나는 대대로 석탄 채굴로 이득을 보아온 조상들의 후손이며 지금도 석탄의 혜택을 입고 있다.

석탄은 커다란 단점을 가지고 있다(이산화탄소, 방사선, 수은을 방출한다). 하지만 내가 지적하고 싶은 것은 석탄에 큰 장점도 있다는 것이다(인간의 번영에 크게 기여한다).

석탄으로 생산되는 전력은 당신이 사는 집의 조명을 밝히고 세탁기를 돌리며, 당신이 타는 항공기의 재료인 알루미늄을 녹인다. 석유는 선박과 트럭과 항공기에 연료를 공급한다. 당신의 슈퍼마켓에 식품이 가득 찬 것은 이런 수송수단 덕분이다. 당신의 아이들이 갖고 노는 완구는 플라스틱으로 만들어졌고, 그 원재료는 석유다. 가스는 가정에 난방을 공급하고 빵을 구우며, 당신의 먹을거리를 키우는 비료를 만든다. 석탄과 석유와 가스는 당신의 노예다.

하지만 이것들이 고갈되지는 않을까? 화석연료가 곧 고갈될 것이라는 우려는 화석연료 자체만큼이나 오래된 것이다.

1865년 경제학자 스탠리 제번스Stanley Jevons가 쓴 글을 보자. 그는 석탄의 수요는 늘었고 공급은 달리고 있으니 가격이 곧 오를 거라고 전망하면서 다음과 같이 주장했다. "그러므로 우리가 현재와 같은 성장 속도를 오랫동안 유지할 수 없다는 결론이 분명해진다." 그리고 덧붙였다. "석탄을 대체할 다른 종류의 연료를 생각해보는 것은 헛된 일이다." 그래서 그의 동료 영국인들에게 "대규모로 영국을 떠나야 한다. 그대로 남아 있으면 고통스러운 인구압과 가난을 초래할 수밖에 없다"고 주장했다. 이는 오늘날 '석탄 최고점 이론(석탄 생산량이 이미 최대치에 이르렀으며 앞으로는 계속 줄어들 수밖에 없다는 이론 - 옮긴이)'으로 불린다.

제번스의 한탄은 엄청난 영향을 미쳤다. 1866년 신문이 주도한 '석탄 패닉'이 일어났다. 그해 윌리엄 글래드스턴William Gladstone 내각은 예산안과 관련해 약속을 했다. 석탄 생산이 아직 지속되는 동안 국가부채를 갚기 시작하겠다고 말이다. 석탄 공급을 조사할 왕립 위원회도 구성됐다. 역설적인 사실은, 당시의 10년 동안 세계 곳곳에서 거대한 석탄광산이 발견되었으며, 카프카스 산맥과 북아메리카 대륙에서 본격적으로 석유 시추가 시작되었다는 것이다.

20세기에 가장 큰 우려의 대상은 석유였다. 1914년 미국 광산국은 미국의 석유 매장량이 앞으로 10년이면 바닥날 거라고 예측했다. 1939년 미국 내무성은 국내 석유가 앞으로 13년밖에 못 갈 거라고 발표했다. 20년 후 같은 기관은 또다시 그때부터 13년밖에 안 남았다고 말했다.

1970년대 지미 카터Jimmy Carter 대통령은 "다음 10년이 끝나갈 때쯤 우리는 전 세계의 확인된 석유 매장량을 모두 소비한 상태일 가능성이 있다"고 발표했다. 1970년 세계의 석유 매장량은 5,500억 배럴이었다. 그리고 1970~1990년, 전 세계가 소비한 석유는 6,000억 배럴이었다. 1990년에 이미 500억 배럴이 초과 채굴되었다는 말이다.

실상 1990년 세계의 미개발 석유 매장량은 9,000억 배럴에 이르렀다. 다음의 석유자원은 제외하고도 말이다. 캐나다 앨버타 주 아타바스카의 타르 모래, 베네수엘라 오리노코의 타르 셰일, 로키 산맥의 석유 셰일 등. 여기서 얻을 수 있는 중유는 6조 배럴로, 사우디아라비아에서 확인된 석유 매장량의 20배에 해당한다. 이런 모래나 셰일에서 중유를 뽑아내려면 비용이 많이 든다. 하지만 그 비용은 하락 추세에 있다. 또한 박테리아 정제 기술 덕분에, 머지않아 이런 중유가 정상 가격으로도 통상의 석유와 경쟁할 수 있는 시기가 도래할 가능성도 있다.

천연가스의 고갈이 임박했다는 잘못된 예측도 지난 몇십 년간 끊임없이 되풀이되었다.

　석유, 석탄, 가스는 유한한 것이 사실이다. 하지만 이들을 모두 합치면 몇십 년, 아마도 몇백 년은 갈 것이다. 그리고 사람들은 이런 자원이 고갈되기 훨씬 전에 대안을 찾아낼 것이다. 물을 재료로 연료를 합성하는 것은 에너지만 있으면 가능하다. 원자력이든 태양력이든 말이다. 현재로서는 합성비용이 너무 비싸지만, 합성 효율이 높아지고 석유 가격이 올라가면, 어느 시점에선가 방정식이 다르게 보일 것이다.

　게다가 화석연료 덕분에 많은 땅이 산업화를 피해갈 수 있었다는 사실은 부정할 수 없다. 이 점은 흔히 간과돼왔다. 화석연료가 등장하기 전에는 땅에서 에너지를 재배했고, 이를 위해서는 넓은 면적이 필요했다. 내가 사는 지역에서는 냇물이 자유롭게 흐르고 숲에서 나무들이 자라고 썩는다. 목초지에서는 젖소들이 풀을 뜯고 있다. 스카이라인을 망치는 풍차는 없다. 만일 화석연료가 없었더라면 이들 지역은 인간에게 에너지를 공급하는 데 그대로 징발됐을 것이다.

　만일 미국이 모든 수송기관의 연료를 바이오연료로 대체하려 든다면? 현재 식량 생산에 사용되고 있는 농경지의 1.3배에 해당하는 땅이 필요하게 될 것이다. 그러면 식량은 어디서 생산한단 말인가?

　그리고 재생 가능한 대체 에너지는 자연경관을 크게 해칠 수 있다. 미국의 현재 인구 3억 명이 각자 필요로 하는 에너지는 오늘날 약 1만 와트(초당 2,400칼로리)다. 이를 재생 가능한 대체 에너지만으로 공급하려 한다면 어떤 시설이 필요할지 상상해보라.

- 스페인 크기의 태양열 패널.
- 혹은 카자흐스탄 크기의 풍력 발전기 밀집 지역.
- 혹은 인도와 파키스탄을 합친 크기의 삼림지대.
- 혹은 러시아와 캐나다를 합친 크기의 말먹이용 목초지.
- 혹은 모든 대륙을 합친 것보다 3분의 1 넓은 수력 발전 댐 저수지.

사실 현재 미국인 3억 명이 필요로 하는 에너지의 거의 대부분을 공급하는 것은 얼마 되지 않는 수의 석탄 및 원자력 발전소와 석유 정제소, 가스 파이프라인들이다. 이런 것들이 생태계에 미치는 영향은 웃어넘길 정도로 미미하다. 설사 노천광산 때문에 파괴되는 땅을 포함시키더라도 말이다.

예컨대 노천 채굴이 행해지는 애팔래치아 산맥의 석탄지대를 보자. 전체 1,200만 에이커 중 7퍼센트, 즉 델라웨어 주의 3분의 2에 해당하는 면적이 지난 20여 년간 채굴의 영향을 받았다. 물론 넓은 면적이다. 하지만 위에서 내가 제시한 수치들에 비해서는 그리 심각하지 않다. 풍력 터빈 발전소 건설에 들어가는 콘크리트와 강철은 그와 똑같은 양의 전력을 생산하는 원자력 발전소의 5~10배에 이른다. 몇 킬로미터에 이르는 포장도로와 공중의 전선은 말할 것도 없다. 재생 가능 에너지 시설은 엄청난 면적의 땅을 훼손하는 괴물이다. 여기에 '그린'이니 '청정'이니 하는 라벨을 붙이는 것이 나에게는 무척 기괴하게 비친다.

자연보호를 바란다면 절대 하지 말아야 할 일이 있다. 땅을 에너지 생산에 이용하던 중세적 관행으로 되돌아가는 일이 그것이다. 캘리포니아 알타몬트에 있는 풍력 발전소 한 곳의 경우만 보아도,

해마다 스물네 마리의 검독수리가 부딪쳐 죽는다. 석유 회사에서 그런 일이 일어났다면 법정에 서야 했을 것이다.

해마다 수백 마리의 오랑우탄이 바이오연료를 재배하는 농장에 방해가 된다는 이유로 살해당하고 있다. "그릇된 잡신을 신성시하는 일은 이제 그만두자." 에너지 전문가 제시 오서벨Jesse Ausubel의 말이다. "그리고 이단의 성가를 부르자. 재생 가능 에너지는 청정하지 않다."

진상은 이렇다. 인간이 서식지와 자연환경에 가장 커다란 악영향을 미치기 시작할 바로 그 시점에, 바빌론에서 일어났던 것 같은 환경재난이 닥치는 대신 땅속에서 거의 마술에 가까운 물질이 등장했다. 자연환경이 부분적으로 보존될 수 있었던 것은 그 덕분이었다.

이제 수송용 연료를 재배하기 위해 땅을 사용할 필요는 없다(석유가 말먹이용 건초를 대체했다). 난방용 연료(천연가스가 목재를 대체했다), 동력(석탄이 수력을 대체했다), 조명(원자와 석탄이 밀랍과 짐승 기름을 대체했다)이 모두 그렇다.

아직도 옷감을 만들 동물이나 식물은 기르거나 재배해야 한다. 요즘은 석유에서 뽑아낸 각종 합성섬유가 이용되고 있는데도 그렇다. 안타까운 일이다. 만일 면직물이 같은 품질의 합성섬유로 대체될 수 있다면 아랄 해도 회복될 수 있을 것이고, 인도와 중국 일부 지역은 호랑이에게 돌려줄 수 있을 테니 말이다. 석탄이나 석유를 재료로 공장에서 생산하는 방법을 아무도 생각해내지 못한 대상이 하나 있다. 바로 식량이다(고마워라!). 하지만 당신이 먹는 음식에 포함된 질소원자의 절반은 천연가스가 제공하는 에너지를 이용해 고정시킨 것이다.

바이오연료, 미친 세상

에탄올이니 바이오연료니 하는 쓸데없는 짓거리를 보면 화가 치밀어 참을 수가 없다. 지금 벌어지고 있는 상황은 조너선 스위프트(《걸리버 여행기》를 쓴 영국 풍자작가 – 옮긴이)였더라도 감히 쓰지 못했을 블랙코미디다.

생물종들은 계속 사라지고 있으며 10억 명이 넘는 사람들이 굶주리는 세상이다. 그런데도 정치인들은 열대우림을 없애고 그 자리에 기름을 추출할 야자나무를 키우자거나 식용 작물 대신 바이오연료를 키우자고 주장한다. 그 목적이란 게 탄수화물에서 뽑아낸 연료를 탄화수소 대신 자동차에서 연소시키자는 것밖에 없다. 그래서 가난한 사람들이 먹을 식량의 가격만 올라가게 만든다. '바보스러운 짓'이라는 표현은 이런 극악한 범죄에 대한 표현으로는 너무 약하다.

하지만 나는 관련 수치들을 제시할 동안만 화를 참기로 했다. 혹시 아는 사람이 없을지도 몰라서 여기 제시한다.

2005년 세계에서 생산된 에탄올은 약 100억 톤이다. 이중 45퍼센트는 브라질산 사탕수수로, 또 다른 45퍼센트는 미국산 옥수수로 만들었다. 여기에 유럽산 유채씨로 만든 바이오디젤 10억 톤을 더해보자. 그 결과 세계 농경지의 약 5퍼센트(미국은 20퍼센트)가 식량 대신 연료를 생산하는 데 전용됐다.

2008년 세계 식량 생산은 수요를 밑돌았고 세계 도처에서 식량 폭동이 발생했다. 이런 사태를 유발한 핵심 원인은 바이오연료, 그리고 호주의 가뭄과 중국인들의 고기 섭취 증가다. 2004~2007년,

세계 옥수수 생산량은 5,100만 톤 증가했다. 하지만 그중 5,000만 톤이 에탄올로 바뀌어버렸다. 에탄올 이외의 용도로 인한 수요 증가분 3,300만 톤을 충당할 몫은 전혀 남지 않았다. 그래서 가격이 올랐다. 기억해두자. 가난한 사람들은 소득의 70퍼센트를 식량에 쓴다. 실상 미국의 자동차 운전자들은 연료 탱크를 채우기 위해 가난한 사람들의 입에서 탄수화물을 빼앗고 있었던 것이다.

혹시 바이오연료에 상당한 장점이라도 있다면 이런 현상도 인정할 수 있다. 환경에 큰 도움이 된다든지, 미국인의 연료비 지출을 줄여줘 가난한 사람들의 재화와 용역을 더 많이 구매하는 방법으로 이들을 가난에서 구해준다든지 한다면 또 모르겠다. 이런 현상도 받아들일 수 있을지 말이다.

하지만 미국인들은 에탄올 산업을 위해 세 차례나 세금을 물고 있다. 옥수수 재배 보조금, 에탄올 제조 보조금, 더 비싸진 식량으로 인한 추가 지출. 그래서 미국 소비자들이 제조업 상품의 수요에 기여할 능력은 나아지기는커녕 손상을 입는다.

한편, 바이오연료는 환경에 도움이 되지 않는 정도가 아니라 해를 끼친다. 우선, 탄수화물 발효는 탄화수소 연소에 비해 효율이 낮다. 또한 옥수수나 사탕수수는 트랙터 연료, 비료, 살충제, 트럭 연료, 증류용 연료를 소모한다. 이 모두가 연료다. 그렇다면, 연료 재배에 들어가는 연료는 얼마나 되는가? 양자는 거의 동일하다. 2002년 미국 농무성 추산에 의하면, 옥수수 에탄올 생산에 투입되는 에너지 한 단위당 산출량은 1.34단위였다. 하지만 이는 건조증류립(생산 과정의 부산물로 가축 사료로 쓰일 수 있다)의 에너지를 포함했을 때의 수치다. 이를 제외하면 에너지 증가분은 9퍼센트에 불과하다.

게다가 이보다 부정적인 결론을 내린 또 다른 연구들이 있다. 제조 공정에서 오히려 29퍼센트의 손실이 발생한다는 연구 결과도 보고되었다. 이와 대조적으로 석유 채굴과 정제에 들어가는 에너지는 600퍼센트 이상으로 증폭되어 우리에게 돌아온다. 어느 쪽이 더 좋은 투자로 보이는가?

설사 에탄올에 에너지 순 증가분이 있다고 해도(사실 브라질 사탕수수는 옥수수에 비해 좀 낫지만 이는 오로지 저임금 노동력을 대량으로 쓴 덕분이다), 이것이 환경에 도움이 된다는 뜻으로 해석되지는 않는다.

자동차 운행에 기름을 쓰면 이산화탄소가 방출된다. 이는 온실가스다. 농작물 경작을 위해 트랙터를 쓰면 토양으로부터 산화질소가 방출된다. 이산화탄소보다 거의 300배 강력한 온실가스다. 그리고 바이오연료 산업은 곡물 가격을 상승시켜서 열대우림에 압박을 가한다. 열대우림 파괴는 대기 중의 이산화탄소를 가장 적은 비용으로 가장 많이 늘리는, 가장 효율적인 방법이다.

미국 환경단체 '자연보호Nature Conservancy'의 조지프 파르지온Joseph Fargione은 다음과 같이 말한다. "브라질 미개척지의 토양을 디젤용 콩 재배지로 만들거나 말레이시아의 이탄지대를 디젤용 야자유 산지로 바꾸는 것은 바보짓이다. 이 때문에 배출되는 온실가스는 이들 바이오연료가 화석연료를 대체함으로써 줄어드는 1년치 온실가스의 17~420배에 이른다." 달리 표현하자면, 바이오연료에 대한 이 같은 투자가 기후 측면에서 효과를 내려면 수십 년 내지 수백 년이 걸릴 것이라는 말이다. 대기 중의 이산화탄소를 줄이고 싶다면 농경지를 다시 숲으로 되돌려야 한다.

더구나 에탄올 1킬로그램을 생산하려면 재배에 130킬로그램, 정제에 5킬로그램의 물이 든다. 해당 곡물 중 단지 15퍼센트에만 관개용수를 댄다고 가정했을 때의 이야기다. 이와 대조적으로 휘발유 1킬로그램을 생산하는 데 드는 물은 채굴에 3킬로그램, 정제에 2킬로그램이다. 미국이 공포한 목표대로 매년 350억 갤런의 에탄올을 재배하려면, 캘리포니아 주민 전체가 매년 사용하는 만큼의 물이 필요하다.

의심하지 마시라. 바이오연료 산업은 경제에만 나쁜 것이 아니다. 지구환경에도 나쁘다. 이 산업이 미국 정치인들의 목을 움켜쥐고 있는 주된 이유는 대기업들이 로비를 하면서 정치자금을 제공하고 있기 때문이다.

사실 나는 미래에 대한 팬이니까 바이오연료 1세대를 너무 서둘러 물리쳐서는 안 되는 입장이다. 더 나은 작물이 등장하고 있다. 환경에 그렇게까지 큰 영향을 미치지 않을 수 있는 작물 말이다. 열대 사탕무는 물을 적게 쓰고도 막대한 소출을 낼 수 있다. 산호유동 jatropha 같은 작물은 언젠가 황무지에서 연료를 뽑아내는 효율이 좋은 것으로 확인될 수도 있다. 만일 유전공학적인 조작을 가한다면 말이다. 그리고 물에서 자라는 조류는 이들 모두보다 더 효율적일 가능성이 있다. 물론 관개할 필요 없이 말이다.

하지만 바이오연료의 가장 중요한 문제점은 잊지 말자. 이는 환경 문제를 그렇게 많이 일으키게 되는 원인이기도 하다. 바이오연료는 땅을 필요로 한다. 단 하나의 행성에서 앞으로 90억 명이 지속 가능하게 살아가려면 사람들의 수요를 충족시키기 위한 토지 이용량이 가능한 한 적어야 한다.

이제 식량 생산 효율이 지금 같은 비율로 계속 증가한다고 가정해보자. 2050년이 되었을 때 지금과 같은 경작 면적으로 세계 인구 전체를 먹여살릴 수 있을까? 수요를 겨우 충당할 수준이 될 뿐이다. 그래서 연료를 재배할 추가 토지는 우림이나 다른 야생 동물 서식지에서 구해야 할 것이다.

이 같은 요지를 달리 표현하는 방법이 있다. 우리가 흔히 듣는 환경운동가들의 탄식을 빌리는 것이다. 생태주의자 윌슨E. O. Wilson의 표현을 인용하자면, 인류는 이미 "유기물이 포획한 태양에너지의 20~40퍼센트를 사용"하고 있다. 이 비율을 더 늘리고자 할 이유가 무엇인가? 다른 종들에게는 훨씬 작은 몫을 남기면서 말이다. 한 문명에 연료를 대기 위해 서식지와 경관을 훼손하는 실수는 중세에 이미 저지른 바 있다. 이를 다시 되풀이할 수는 없다. 지금 우리 손에는 석탄 광맥과 타르 셰일과 원자로가 있지 않은가.

아, 당신은 대답한다. "그럴싸한 이유가 하나 있다. 기후 변화!" 이 문제는 9장에서 다룰 것이다. 지금은 간단히 말해두겠다. 기후 변화 논쟁이 없었다면 재생 가능 에너지는 친환경적이고 화석에너지는 그렇지 않다는 주장은 꺼내보지도 못했을 것이다.

에너지 효율과 수요

문명의 요체는 생명 그 자체와 마찬가지로 언제나 에너지 획득에 있다. 말하자면 이렇다. 성공하는 종이란 다른 종들보다 더 빨리 태양에너지를 자손으로 바꾸는 종을 말한다. 국가의 경우에도 이는 똑같이 적용되는 진실이다. 무한히 긴 시간이 경과하는 동안 생명체 전체는 이 같은 과업을 점점 더 효율적으로 달성하게 되었다. 열역학 제2법칙(에너지는 점차 쓰지 못하는 형태로 바뀐다는 '엔트로피 증가의 법칙'-옮긴이)을 국지적으로 속이는 일을 말이다.

오늘날 지구를 지배하는 동식물은 캄브리아기(예컨대 땅에 식물이 없던 시대)의 조상들에 비해 더 많은 에너지를 몸체로 중계한다. 이와 비슷하게 인류의 역사는 스스로의 생활양식을 지탱할 에너지원을 점진적으로 발견하고 다양화해가는 과정의 역사다. 재배 작물은 더 많은 태양에너지를 최초의 농부들을 위해 포획했다. 짐 끄는 동물은 인류의 생활수준 향상을 위해 더 많은 식물에너지를 운반했다. 물레방아는 태양의 증발 엔진을 포획해 이를 중세의 수도사들을 유복하게 만드는 데 이용했다.

이와 관련, 피터 휴버Peter Huber와 마크 밀스Mark Mills는 다음과 같이 표현했다. "문명은 생명과 마찬가지로, 카오스로부터 벗어나려는 시시포스의 (헛되이 한없이 되풀이되는-옮긴이) 비행이다. 결국은 카오스가 지배할 것이다. 하지만 가능한 오래 이를 늦추고, 모든 창의력과 결의를 모아 이를 반대방향으로 밀어올리는 것이 우리의 의무다. 에너지는 문제가 아니다. 에너지는 해결책이다."

뉴커먼 증기기관의 효율은 1퍼센트였다. 석탄을 태워서 만든 열의 1퍼센트를 유용한 일로 바꿨다는 뜻이다. 와트 증기기관은 효율이 10퍼센트였고 회전 속도가 훨씬 빨랐다. 오토의 내연기관은 효율이 약 20퍼센트였고 속도는 더 빨랐다. 현대의 복합행정 터빈은 천연가스로 전력을 만드는 효율이 약 60퍼센트고 회전 속도는 분당 1,000회다. 현대 문명은 같은 양의 화석연료로 점점 더 많은 일을 해내고 있다. 효율이 이렇게 점차 늘어나면 석탄, 석유, 가스를 그렇게 많이 태울 필요가 점차 줄어들 거라고 생각할 수 있다.

한 국가가 산업혁명을 거치는 동안, 초기에는 다음과 같은 일이 일어난다. 점차 더 많은 사람이 화석연료 시스템에 참여한다. 예컨대 일터와 가정에서 화석연료를 쓰기 시작한다. 소비량도 점점 늘어난다. 그래서 에너지 집약도(energy intensity, GDP 1달러 생산에 투입되는 에너지의 양)가 실질적으로 증가한다. 1990년대 중국에서 일어난 일이다. 시간이 흘러 대부분의 사람이 이 시스템에 참여하고 나면 효율이 높아져 에너지 집약도는 떨어지기 시작한다. 오늘날 인도에서 일어나고 있는 일이다. 오늘날 미국이 GDP 1단위 생산에 쓰고 있는 에너지는 1950년의 2분의 1이다. 세계 전체로 보면 연간 GDP 상승분 1달러당 에너지 사용량이 매년 1.6퍼센트씩 줄고 있다. 종국적으로 에너지 사용량이 줄어들기 시작할 것이라는 점이 이제는 확실하지 않은가!

이것이 나의 생각이었다. 하지만 휴대전화로 별 필요 없는 통화를 하고 있던 어느 날 생각이 달라졌다. 옆에서 누군가가 풍력 청소기(낙엽과 쓰레기를 바람으로 쓸어내는 정원용 기계 - 옮긴이)를 사용하고 있었다. 나는 생각했다. 과거보다 부유해진 사람들이 에너지를 새로운 용도로 쓰기 시작하면 에너지 집약도의 하락분이 상쇄되지 않을까? 설사 모든 사람이 단열재로 지붕 밑 공간을 덮고 백열등을 형광등으로 바꾸고 테라스 난방기를 치워버리고 좀 더 효율적인 발전소에서 전력을 공급받으며 제강 공장의 일자리를 잃고 콜센터에 새로 취직한다고 해도 말이다.

전구값이 싸지니까 사람들은 조명을 더 많이 한다. 실리콘칩은 전력을 극히 조금 소모하니까 온갖 곳에 다 장착한다. 그 수가 많으니까 전력 소모량도 증가한다. 검색엔진은 증기기관만큼 에너지를 소모하지는 않지만 많은 사람이 사용하니까 에너지에 미치는 영향도 커진다.

에너지 효율은 매우 오랜 기간에 걸쳐 계속 증가해왔으며, 이와 함께 에너지 소비량도 계속 늘었다. 이 같은 현상은 제번스의 역설이라 불린다. 빅토리아 왕조 시대의 경제학자 스탠리 제번스의 이름을 딴 것이다. 그는 이 역설을 다음과 같이 표현했다. "연료를 절약해서 쓰면 소비량이 감소한다고 추정하는 것은 완전히 틀린 생각이다. 그 역이 진실이다. 에너지를 절약하는 새로운 방법은 에너지 소비의 증가를 유발한다. 이는 법칙이다."

나는 지금 화석연료가 대체 불가능하다고 말하는 것이 아니다. 화석연료의 중요성이 다른 형태의 에너지에 비해 축소된 2050년의 세상을 나는 머릿속에 쉽게 그려볼 수 있다. 충전식 하이브리드 자동차도 예상할 수 있다. 값싼 비수기 (원자력 발전) 전력을 이용해 최초의 32킬로미터를 가는 차 말이다. 전력을 수출하는 대규모 태양열 발전 시설도 마찬가지다. 설치 장소는 알제리나 미국 애리조나처럼 일조량이 큰 사막지대가 될 것이다.

지하의 고온 암체를 이용하는 신형 지열 발전소도 이런 예상에 포함된다. 무엇보다 페블베드 모듈형 원자로(PBMR, 공 모양의 저농축 우라늄을 연료로 쓰는 가스 냉각 방식의 소형 원자로, 노심 용융 위험이 없고 효율이 높다 - 옮긴이)가 도처에 설치될 것을 예측할 수 있다. 심지어 바람, 조수, 파도, 바이오매스에서 뽑아낸 에너지도 약간의 기여를 할 것으로 예상한다. 이는 비용이 너무 많이 들고 환경 파괴적이어서 마지막 수단이 되어야 할 발전 방식이지만 말이다.

하지만 나는 알고 있다. 우리는 무언가의 에너지를 필요로 하게 될 것이다. 에너지는 우리의 하인이다. 이와 관련해서는 토머스 에디슨의 말이 결정판이다. "내 집이나 거리의 가게들에서 동물(인간이라는 동물을 말한다)이 하는 일이 그렇게 많다는 사실이 수치스럽다. 피로나 고통을 전혀 느끼지 않는 모터가 해야 하는 일인데 말이다. 이제부터 모든 허드렛일은 모터가 도맡아야 한다."

8
발명의 발명 _ 1800년 이후의 수확 체증

THE RATIONAL OPTIMIST

지식이 놀랍고 멋진 것은 진실로 한계가 없기 때문이다. 아이디어, 발명, 발견이 고갈된다는 것은 심지어 이론적으로도 불가능하다. 낙관주의의 가장 큰 근거는 여기에 있다.

나에게 아이디어를 전달받는 사람은
내 아이디어를 감소시키는 일 없이 가르침을 받는 것이다.
내 촛불에 양초 심지를 대는 사람이
나를 어둡게 만들지 않으면서 불을 댕기듯이 말이다.
—
토머스 제퍼슨Thomas Jefferson,
〈아이작 맥퍼슨에게 쓴 편지Letter to Isaac McPherson〉

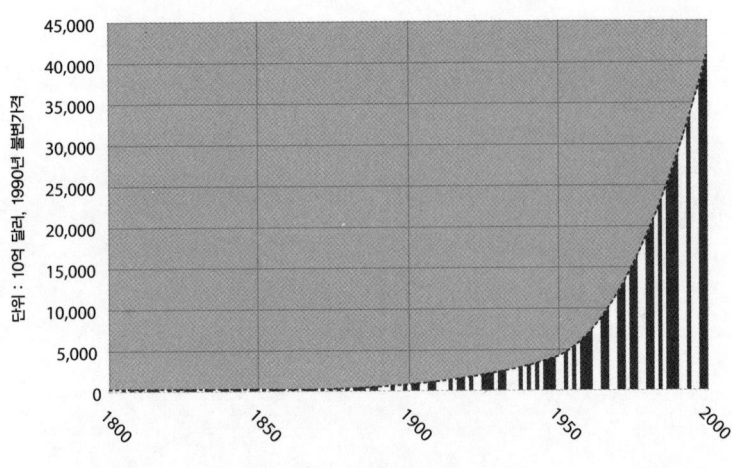

세계 총생산

THE INVENTION OF INVENTION: INCREASING RETURNS AFTER 1800
발명의 발명 _ 1800년 이후의 수확 체증

'수확 체감'이라는 용어는 너무 진부해서 그 의미를 생각해보는 사람은 거의 없다. 견과류가 담긴 대접에서 피칸을 골라내는 일(나의 나쁜 버릇 중 하나다)의 수확은 체감한다. 대접에 남은 피칸은 크기도 작아지고 수도 줄어든다. 손가락에 계속 집히는 것은 아몬드, 개암, 캐슈너트, 브라질 호두다. 이제 대접은 적당량의 피칸을 더 이상 내놓지 않는다. 마치 고갈된 금광 같다고나 할까.

이와는 정반대의 성질을 가진 견과류 대접을 상상해보자. 피칸을 끄집어낼수록 대접에는 점점 더 큰 놈이 많이 생긴다. 믿기 어려운 이야기다. 인정한다. 하지만 인간이 지난 10만 년 동안 겪은 일은 정확히 이런 속성을 띠고 있다. 시구라는 견과류 대접은 인간이 피칸을 얼마나 많이 꺼내 쓰든 그보다 더 많은 피칸을 변함없이 계속 내놓았다.

수확 체증의 속도는 1만 년 전쯤 농업혁명이 일어났을 때 급격히 빨라지기 시작했다. 그 속도는 서기 1800년 다시 급증했고 20세기에도 같은 추세가 이어졌다.

1800년 이후 근현대의 속성 중 가장 근본적인 것은 '수확 체증'을 계속 발견해왔다는 것이다. 심지어 인구 폭발 속도를 앞지를 정도로 빠르게 그래왔다. 이 속성은 항공기, 라디오, 핵무기, 웹사이트보다 심원하고 과학, 건강, 물질적 복지보다 중대하다. 번영하면 할수록 더 많은 번영이 가능해진다. 발명을 할수록 더 많은 발명이 가능해진다.

어떻게 이런 일이 가능한가? 피칸이나 발전소 같은 사물의 세계에서는 수확 체감이 지배하는 경우가 흔하다. 하지만 아이디어의 세계는 그렇지 않다. 지식을 생산할수록 점점 더 많은 지식을 생산할 수 있게 된다. 예컨대 자전거는 물건이어서 수확 체감의 지배를 받는다. 자전거 한 대는 매우 유용하다. 하지만 두 대를 가진다고 해서 효용이 크게 늘지는 않는다. 세 대는 더 말할 것도 없다. 하지만 '자전거'라는 아이디어의 가치는 줄어들지 않는다.

당신이 누군가에게 자전거 제조법이나 타는 법을 설명해주는 경우를 생각해보자. 아무리 여러 차례 말해줘도 아이디어의 생산성이나 쓸모가 줄어들거나 모서리가 닳는 일은 없다. 토머스 제퍼슨의 촛불과 마찬가지로, 자신은 잃는 것 없이 남에게 줄 수 있다. 오히려 정반대의 일이 일어난다. 당신이 자전거에 대해 더 많은 사람에게 말할수록 더 많은 사람이 새롭고 유용한 특성(진흙받이, 가벼운 차체, 경주용 타이어, 어린이용 안장, 전기모터 등)에 대한 아이디어를 가지고 올 것이다.

유용한 지식을 퍼뜨리는 행위는 유용한 지식을 더 많이 낳게 한다. 이를 예견한 사람은 아무도 없었다. 정치경제학의 선구자들은 종국적으로 불황이 올 것이라고 예측했다. 애덤 스미스, 데이비드 리카도, 로버트 맬서스…… 모두가 결국에는 수확이 체감하기 시작할 것으로 보았다. 또한 당시 생활수준이 향상되고 있던 추세는 결국 수그러들 것으로 예상했다.

리카도의 말을 들어보자. "발견과 기계의 유익한 응용은 언제나 국가 순생산의 증가를 유발한다. 비록 얼마 지나지 않아 그 순생산을 더 이상 늘릴 수 없게 되겠지만……." 모든 것은 그가 '정체상태'라고 이름 붙인 방향으로 가게 될 것으로 보였다.

심지어 존 스튜어트 밀조차 1840년대에 "수확이 체감하는 조짐은 보이지 않는다"고 인정하면서, 이는 기적 덕분이라고 했다. 그는 말했다. "이노베이션은 외부 요인이다. 경제 성장을 일으킨 원인이지 그 효과로서 생긴 것이 아니다. 이노베이션은 불가해한 행운의 한 조각이다." 그리고 밀의 낙관주의는 그의 후계자들에게 이어지지 않았다. 후계자들은 이렇게 생각했다. "발명과 발견의 속도가 늦어지면서, 점점 완전경쟁에 근접해가는 시장에서 기업의 이윤은 경쟁 때문에 점점 줄어들게 마련이다. 결국 남은 것이라고는 지대와 독점밖에 없게 될 때까지 이 과정은 계속될 수밖에 없다."

신고전파 경제학자들은 비관적으로 '성장의 종말'을 예보했다. 스미스의 '보이지 않는 손'이 완벽한 정보를 가진 무한한 수의 시장 참가자들을 이윤 제로의 균형점과 수익 제로 상태로 이끌 것이라고 보았다. 하지만 이는 완전히 허구적인 세상을 묘사한 데 불과하다. '안정된 최종 상태'라는 개념을 경제 같은 동적 시스템에 적용한 것 자체가 오류다. 모든 종류의 철학적 추상화 중에서 가장 큰 오류다. 그것은 빌프레도 파레토(Vilfredo Pareto, 이탈리아의 경제학자이자 사회학자)의 허튼 소리다. 경제학자 이몬 버틀러는 이를 다음과 같이 표현했다. "완전경쟁 시장이라는 개념은 그저 추상화에 불과할 뿐이 아니다. 완전한 바보짓이다. …… 책에서 균형이라는 단어를 보면 아예 지워버려라."

그것이 틀린 이유는 완전경쟁, 완벽한 정보, 완벽한 이성적 판단을 전제했기 때문이다. 현실에서는 이중 어느 것도 존재하지 않고 존재할 수도 없다. 완벽한 정보를 필요로 하는 것은 계획경제 체제이지 시장이 아니다.

신지식의 가능성이 정체상태를 불가능하게 만든다. 어딘가의 누군가가 새로운 아이디어를 생각해낸다. 이를 이용해 그는 원자를 새롭게 배열하는 방법을 발명할 수 있게 된다. 발명의 목적은 시장에 불완전성을 만들어내고 이를 이용하려는 것이다. 이런 일은 언제라도 일어나게 마련이다. 프리드리히 하이에크가 주장했듯, 지식은 사회 전체에 퍼져 있으며 이는 각자가 나름의 특수한 관점을 갖고 있기 때문이다. 지식은 결코 한 장소에 집결될 수 없다. 지식은 개인적이 아니라 집단적인 성격을 띠고 있다.

더구나 특정 시장이 완전경쟁에 필적하는 데 실패했다고 해서 이것이 '시장의 실패'일 수는 없다. 특정한 결혼이 완전한 결혼에 필적하는 데 실패했다고 해서 '결혼의 실패'가 되지는 않는 것과 같은 이치다.

생태학도 이와 똑같은 오류를 지속적으로 범하고 있다. 생태계가 교란되더라도 나중에 그 자리로 되돌아오게 마련인 완벽한 평형상태가 자연계에 일부 존재한다는 이론이 그것이다. '자연의 균형'에 대한 이런 집착은 심지어 아리스토텔레스 이전부터 지금에 이르기까지 서구 과학계에 널리 퍼져 있다. 최근에 그것이 표현된 예로는 '생태적 극상ecological climax' 같은 개념을 들 수 있다. 극상이란 충분히 오랜 기간 내버려두면 한 지역을 뒤덮게 되는 자연적 식생을 말한다.

하지만 이는 허튼소리다. 내가 앉아 있는 이 자리를 예로 들어보자. 필경 이 자리의 극상에 해당하는 식생은 떡갈나무 숲일 것이다. 하지만 이 지역에 떡갈나무가 등장해서 소나무와 자작나무를 대체한 것은 불과 몇천 년 전의 일이다. 18,000년 전만 해도 이곳은 1.6킬로미터 두께의 얼음이 덮고 있었다. 12만 년 전에는 하마들이 노니는 무더운 늪이었고 말이다. 이중 어느 것이 이 자리의 '자연' 상태인가?

게다가 설사 기후가 전혀 변하지 않는 안정상태로 정착했다(한 번도 없었던 일이다) 해도 마찬가지다. 떡갈나무 묘목은 떡갈나무 밑에서 번성할 수 없다(떡갈나무를 먹는 해충들이 비 오듯 떨어진다). 그래서 불과 몇천 년 지나지 않아 떡갈나무 숲의 떡갈나무 지배는 무너지고 다른 것에 자리를 내주게 된다. 빅토리아 호는 15,000년 전 완전히 메마른 곳이었다. 호주의 대보초大堡礁 일부는 2만 년 전에는 연안의 언덕지대였다. 아마존 우림은 끝없는 요동상태에 있다. 나무가 쓰러지고 불이 나고 홍수가 덮친다. 계속 변화해야 생명 다양성이 유지되는 데 유리하다. 자연에는 평형 같은 게 없다. 오직 지속적인 활력이 있을 뿐이다. 헤라클레이토스의 표현대로 "오래 지속되는 것은 오직 변화뿐"이다.

이노베이션은 들불과 같다

현대의 세계 경제를 설명하려면 이 같은 이노베이션 영구기관이 어디서 왔는가를 먼저 설명해야 한다. 무엇이 수확 체증에 시동을 걸었는가? 계획이나 지시, 명령이 있었던 것이 아니다. 전문화와 교환에서 생겨나 상향식으로 진화했다. 지난 세기의 특징은 부의 성장 속도가 더욱 빨라졌다는 것이다. 무엇이 여기에 동력을 제공했을까? 그것은 아이디어가 교환되고 사람들이 오고가는 속도가 점점 빨라진 덕분이다. 이를 가능케 한 것은 기술이었고.

정치인, 자본가, 관료들은 발명의 해일이 강어귀를 덮치면 상류로 밀려간 표류물이 되어 수면 위로 떠올랐다 가라앉았다를 반복할 뿐이다.

하지만 쓸모 있는 신지식의 창출은 일상적이거나 한결같거나 꾸준하거나 지속적인 것과는 거리가 대단히 멀다. 인류 전체로 보아서는 끊임없는 변화를 겪었지만, 개별적인 사람들의 눈에 비친 진보는 간헐적으로, 명멸하면서 이루어져왔다. 변화의 속도와 발생 장소가 계속 변해왔기 때문이다. 이노베이션은 관목숲지대에 난 들불과 같다. 잠깐 밝게 타오른 다음 사그라지고 어딘가 다른 장소에서 또다시 타오른다.

5만 년 전 가장 활기찼던 곳은 서아시아였다(화덕, 활과 화살). 1만 년 전에는 비옥한 초승달 지대(농경, 도기 제조), 5천 년 전에는 메소포타미아(금속, 도시), 2천 년 전에는 인도(섬유, 0의 발견), 1천 년 전에는 중국(도자기, 인쇄술), 500년 전에는 이탈리아(복식부기, 레오나르도), 400년 전에는 지금의 베네룩스 3국에 해당하는 저지대 국가들

(암스테르담 외환은행), 300년 전에는 프랑스(미디 운하), 200년 전에는 잉글랜드(증기), 100년 전에는 독일(비료), 75년 전에는 미국(대량 생산), 50년 전에는 캘리포니아(신용카드) 25년 전에는 일본(워크맨)이 었다.

어떤 나라도 지식 창조의 리더 역할을 오래 하지는 못했다. 언뜻 보기에 이것은 놀라운 일이다. 만일 이노베이션에 수확 체증이 가능하다면 특히 그렇다. 횃불이 다른 곳으로 옮겨져야 할 필연적인 이유가 무엇이란 말인가? 내가 앞선 5~7장에서 주장했듯, 해답은 두 가지 현상 속에 들어 있다. 그것은 바로 사회 제도와 인구다.

과거 이노베이션을 실컷 누린 사회들은 곧이어 땅에 비해 아이들이 너무 많아지도록 방치했다. 그래서 발명가들에게 필요한 레저, 부, 시장이 줄어들게 만들었다(사실 상인의 아들들은 생활고와 싸우는 농부로 되돌아갔다). 혹은 관료들이 너무 많은 규칙을 제정하거나, 우두머리가 너무 많은 전쟁을 일으키거나, 성직자들이 수도원을 너무 많이 만들게 허용했다(사실 상인의 아들들은 군인, 사치 향락꾼, 수도사가 되었다). 혹은 금융업에 빠져들어 기생충처럼 투자수당으로 먹고살게 되었다.

조엘 모키르는 이를 다음과 같이 표현했다. "번영과 성공은 다양한 형태와 위장술을 갖춘 포식자와 기생충의 출현을 유발했다. 이것들이 결국 황금알을 낳는 거위들을 살해했다." 발명의 불꽃이 타닥거리며 타오르다 꺼지고, 곧이어 다른 곳에서 다시 치솟는 일이 되풀이되고 또 되풀이되곤 했다. 좋은 소식은 언제나 새로운 불길이 솟았다는 점이다. 지금까지는 그랬다.

세계의 각기 다른 지역에서 각기 다른 시기에 관목숲에서 불이

나듯, 이 불은 기술에서 기술로 옮겨붙는다. 오늘날의 상황은 500년 전의 인쇄혁명 때와 똑같다. 커뮤니케이션에는 수확 체증이 불붙고 있는데, 수송은 수확 체감으로 캑캑거리고 있다. 다시 말해, 자동차와 항공기의 능률과 속도는 너무 느리게 개선되고 있으며 개선에 드는 비용은 점점 더 커지고 있다는 말이다.

어떤 종류의 수송수단이건 리터당 연비 몇 킬로미터를 개선하려면 점점 더 많은 노력을 기울여야 하는 상황이다. 그에 비해 데이터의 저장 용량이나 통신 속도를 한 단위 늘리는 데 필요한 비용은 점점 줄어들고 있는 추세다. 아주 개략적으로 말해서, 역대 최고의 혁신적 산업은 다음과 같다. 1800년에는 섬유, 1830년에는 철도, 1860년에는 화학 제품, 1890년에는 전력, 1920년에는 자동차, 1950년에는 항공기, 1980년에는 컴퓨터, 2010년에는 웹.

19세기에는 사람들을 이동시킬 새로운 수단이 많이 생긴 데 비해, 20세기에는 정보를 이동시킬 새로운 수단(전화, 라디오, TV, 인공위성, 팩스, 인터넷, 휴대전화)이 많이 생겼다. 물론, 전보의 출현이 비행기보다 훨씬 오래전인 것은 사실이지만 전체적인 요지에 흠이 될 정도는 아니다. 인공위성은 멋진 사례다. 수송 프로젝트(우주여행)의 부산물로 발명된 기술이지만 우주여행 대신 통신에 주로 쓰이게 되었다.

혁신가들이 따라잡아야 할 새로운 흐름이 30년마다 일어나지 않는다면 수확 체증은 정말로 점차 소멸하는 것으로 보인다. 수확 체증 추세가 가장 큰 효과를 보이는 시기는 해당 기술이 처음 발명된 지 한참 뒤라는 점을 알아두자. 이 같은 흐름은 그 기술이 민주화된 다음에 나타난다. 구텐베르크의 인쇄기가 종교개혁을 일으키기까지는 수십 년이 걸렸다. 오늘날의 컨테이너선은 19세기의 증기선에 비해 그리 빠르지 못하며, 인터넷 전송 속도는 19세기의 전보에 비해 약간 빠를 뿐이다. 하지만 오늘날에는 부자들만이 아니라 모든 사람이 이를 이용하고 있다. 요즘 제트기의 속도는 1970년대와 다르지 않다. 하지만 당시에 없던 저가 항공사들이 생겼다.

아주 오래전인 1944년 조지 오웰George Orwell이 신물나도록 들은 주장이 있다. 세계는 축소되고 있는 것으로 보이며, 이는 아마도 현대에 나타난 새로운 현상일 것이라는 내용이었다. 그는 스스로의 표현에 따르면, "상당히 피상적인 낙관주의를 담은 일련의 '진보적' 서적"을 읽었다. 그리고 1914년 이전에 인기를 끌었던 특정 문구들이 반복되는 데 대해 강한 인상을 받았다. '거리의 소멸abolition of distance', '변경의 소멸disappearance of frontiers' 등.

하지만 오웰의 회의주의는 핵심을 놓친 것이다. 중요한 것은 속도가 아니라 비용(임금 몇 시간분에 해당하는가)이다. 거리의 소멸은 새로운 현상이 아닐지 모르지만, 이제는 모든 사람이 그 혜택을 누릴 수 있게 되었다. 과거에 속도는 사치였다. 오웰의 시대에는 최고의 부자나 아주 큰 정치권력을 지닌 사람만이 항공여행을 하거나 이국적인 상품을 수입하거나 국제전화를 할 수 있었다. 오늘날은 거의 모든 사람이 컨테이너선으로 운반된 값싼 상품을 소유할 수 있으며, 인터넷을 이용할 여유가 되고, 제트기로 여행할 수 있다. 내가 어릴 때 대서양 건너편으로 국제전화를 거는 비용은 말도 안 되게 비쌌다. 오늘날 태평양 너머로 이메일을 보내는 비용은 말도 안 되게 싸다. 20세기의 역사는 과거 부자들만이 누릴 수 있었던 특권을 모두가 누릴 수 있게 만든 역사였다. 사람들을 더 부유하게 만들고, 서비스가 더 싸게 공급될 수 있도록 만듦으로써 이것이 가능해졌다.

1960년대 캘리포니아에서 신용카드가 처음 도입되었을 때도 이와 유사했다. 뱅크오브아메리카의 조지프 윌리엄스Joseph Williams가 이를 추진했는데, 이때도 신용구매 자체가 새로운 현상은 아니었다. 바빌론만큼이나 오래된 현상이니까 말이다. 고객카드에도 새로운 점은 눈곱만큼도 없었다. 다이너스클럽은 1950년대 초반 이후 레스토랑 이용자들의 편의를 위해 고객카드를 발급해오고 있었다. 백화점 고객카드는 이보다 오래전부터 쓰였다.

뱅크아메리카드는 특히 1960년대 후반 디 호크Dee Hock가 비자 카드로 재탄생시킨 이후 놀라운 업적을 이뤘다. 신용을 대중화시킨 것이다. 카드로 구매할 때 미국, 심지어 세계 어느 곳에서나 전자기술로 승인을 받을 수 있게 된 것이다. 이는 20세기 후반 경제의 전문화와 교환에 막강한 윤활유로 작용했다. 소비자들이 미래의 소득을 현재에 빌려 쓸 수 있는 선택권을 주었으니 말이다.

물론, 무책임성의 문제도 대두되었다. 하지만 지적 신분 높은 분들의 우려와는 달리, 신용카드는 금융 혼란을 유발하지 않았다. 1970년대 초반 신용카드가 아직 새로운 존재일 때, 정치인들은 성향을 불문하고 모두가 이를 불건전하고 불안전하며 탐욕스러운 것이라고 비난했다. 이런 견해는 심지어 카드를 사용하는 사람까지 포함해 널리 받아들여졌다. 루이스 맨델Lewis Mandell은 미국인들 중 "신용카드에 찬성하는 사람보다 실제로 사용하는 사람이 훨씬 많다"는 사실을 발견했다.

이는 현대 세계의 역설을 잘 보여준다. 사람들은 기술적 변화를 받아들이면서도 이를 혐오한다는 역설 말이다. 마이클 크라이튼 Michael Crichton은 나에게 이렇게 말한 적이 있다. "사람들은 변화를 싫어한다. 기술이 멋진 것이라는 인식을 가진 사람은 한 줌도 되지 않는다. 나머지 사람들은 변화를 우울해하거나 성가셔한다."

그렇다면 발명가는 불운하다. 사회를 부유하게 만드는 근원이건만 그가 하는 일을 아무도 좋아하지 않으니 말이다. 1679년 윌리엄 페티는 말했다. "새로운 발명이 처음 제시되면 처음에는 모든 사람이 반대한다. 그리고 불쌍한 발명가는 모든 종류의 성마른 위트에 융단폭격을 당한다."

현대 세계를 움직이는 이노베이션 영구기관의 플라이휠은 무엇인가? 이노베이션이 일상화된 이유는 무엇인가? 앨프리드 노스 화이트헤드 Alfred North Whitehead는 "19세기의 가장 큰 발명은 발명하는 방법을 발명한 것이었다"고 썼다. 어떻게 그런 일이 일어났는가? 과학의 발전 덕분인가, 돈의 효과인가, 지적재산권이 인정된 덕분인가? 아니면 이보다 훨씬 상향식으로 이루어진 무언가의 역할이었나?

이노베이션을 추동한 것은 과학인가?

내가 과학을 그 자체로서 많이 사랑하는 것은 사실이다. 하지만 그렇다고 해서 과학적 발견이 발명보다 반드시 선행한다거나, 대부분의 실용적 응용기술이 자연철학자들의 심원한 통찰력을 구체화하는 것을 원천으로 한다고 주장하기는 어렵다.

발명가들은 과학적 발견을 응용하는 것이며 과학은 발명의 아버지라는 주장을 처음 편 것은 프랜시스 베이컨Francis Bacon이었다. 과학자 테렌스 킬리가 관찰한 바에 의하면, 현대의 정치인들은 베이컨의 노예다. 이들은 새로운 아이디어를 만들어내는 쉬운 방법이 있다고 믿는다. 공적 자금을 과학에 쏟아붓는 것이다. 과학은 공공재다. 납세자들 외에는 아무도 아이디어가 창출됐다고 돈을 내지는 않기 때문이다. 그리고 파이프 끝에서 신기술이 등장하는 것을 보면 된다."

문제는 여기에 잘못된 전제가 두 개나 있다는 점이다. 첫째, 과학은 기술의 어머니라기보다 딸에 훨씬 가깝다. 둘째, 과학적 아이디어에 돈을 지불하는 것이 반드시 납세자들만은 아니다.

과거에 유행했던 이론을 검토해보자. 17세기 유럽의 과학혁명은 지식계급의 이성적 호기심을 해방시켰고, 이들이 개발한 이론이 다시 신기술의 형태로 응용되었으며, 이 기술이 생활수준을 향상시켰다는 이론이다. 이에 따르면 중국에서는 어찌됐든 과학적 호기심과 철학적 훈련으로의 이 같은 도약이 일어나지 않았다. 과거 기술적으로 우위에 있었음에도 불구하고 이를 기반으로 발전을 이룩하지 못한 것은 그 때문이라는 것이다.

하지만 역사를 보면 이것이 거꾸로 된 설명이라는 것을 알 수 있다. 산업혁명을 견인한 발명 중에 과학이론의 덕을 본 것은 거의 없다. 물론, 영국이 1600년대 말 과학혁명을 이룩한 것은 사실이다. 보일Boyle, 페티Petty, 뉴턴Newton은 고사하더라도 하비Harvey, 훅Hooke, 핼리Halley 등 쟁쟁한 인물이 즐비했다. 하지만 이들이 다음 세기 제조업에 일어난 일에 미친 영향은 무시할 만한 수준이다. 뉴턴은 제임스 하그리브스보다는 볼테르에게 더 많은 영향을 미쳤다.

가장 먼저, 그리고 가장 크게 변한 면사 방적과 면직 방직업을 보자. 과학자들은 이 분야에 관심이 없었고 그 역도 마찬가지였다. 목면 공정에 혁명을 일으킨 제니 방적기, 조면기, 프레임 방적기, 뮬 방적기, 방직기 등은 심사숙고하는 과학자들이 아니라 되는대로 기계를 손보는 기업가들이 발명한 것이다. 소위 '실제적이고 손재주가 좋은' 사람들 말이다. 이들이 설계한 기계 중 아르키메데스가 이해하지 못했을 법한 것은 없었다는 게 중론이다.

증기기관을 가장 크게 발전시킨 네 명의 인물, 즉 토머스 뉴커먼 Thomas Newcomen, 제임스 와트 James Watt, 리처드 트레비식 Richard Trevithick, 조지 스티븐슨 George Stephenson의 경우도 이와 유사하다. 이들 중 세 명은 과학이론에 완전히 무지했고, 나머지 한 명 즉 와트가 조금이라도 이론의 영향을 받았는가에 대해서는 역사가들의 의견이 갈린다. 이들이 진공이론과 열역학법칙의 발견을 가능하게 한 것이지 그 역이 아니다. 이들의 선조에 해당하는 프랑스인 드니 파펭 Denis Papin은 과학자였다. 하지만 그의 식견은 엔진을 제작하다 생긴 것이지 다른 데서 오지 않았다. 18세기 과학자들은 뉴커먼의 주요 통찰력이 파펭의 이론에서 나온 것이라고 증명하기 위해 온갖 노력을 기울였지만 완전히 실패로 끝났다.

산업혁명 기간 내내 과학자들은 신기술에 도움을 주기보다는 혜택을 훨씬 많이 받았다. 심지어 영국 버밍엄의 유명한 만찬모임인 '달 협회 Lunar Society'의 경우도 마찬가지였다. 이곳은 제조업자 조사이어 웨지우드가 이래즈머스 다윈 Erasmus Darwin이나 조지프 프리스틀리 Joseph Priestley 같은 자연철학자들과 즐거이 친교를 맺었던 곳이다. 하지만 웨지우드가 가장 좋은 아이디어(장미무늬 깎기rose-turning 선반)를 착상하게 된 것은 동료 공장주 매슈 볼턴 덕분이었다. 물론, 창의력이 풍부했던 벤저민 프랭클린Benjamin Franklin은 피뢰침에서 이중초점 안경에 이르는 많은 것을 과학의 원리에 근거해서 발명해냈다. 하지만 이중 어떤 발명품도 해당 산업을 만들어내는 데는 이르지 못했다.

그러므로 하향식의 과학은 산업혁명 초기에 기여한 바가 거의 없다. 어쨌든 영국인들의 과학적 기교는 가장 중요한 순간에 말라버렸다. 18세기 전반에 영국인이 이룩한 위대한 발견을 하나라도 꼽을 수 있는가? 이 시기에는 심지어 영국에서도 자연철학자들이 업적을 내지 못했다. 산업혁명은 과학적 영감을 불어넣어주는 '기계장치의 신'에 의해 촉발된 것이 아니다.

과학이 발명의 가속화에 실제로 기여하고 발명과 과학적 발견 사이의 경계가 희미해진 것은 19세기가 상당히 진행된 뒤에야 비로소 일어난 일이다. 그래서 전기 전송의 원리가 이해되었을 때에야 비로소 전보가 완벽해질 수 있었다. 석탄 채굴업자들이 지층의 연속성을 일단 이해하자 어느 곳에 채굴 갱을 파내려가야 할지를 더 잘 알게 되었다. 일단 벤젠의 고리구조가 알려지자 제조업자들은 우연한 행운에 기대지 않고 염료를 만들 수 있게 되었다. ……

하지만 조엘 모키르의 표현에 따르면, 이조차 대부분 "방향성이 뚜렷하지 않은 채 더듬더듬 비효율적으로 시행착오를 하는 과정을 통해 이루어졌다. 재치 있고 손재주 좋은 전문가들이 이를 수행했다. 이들은 처음에는 작업 과정을 잘 몰랐으나 점차 분명하게 인식하게 되었다."

그러나 그 대부분을 과학이라고 부르는 것은 확대해석이다. 오늘날 이 같은 일이 일어나고 있는 곳은 실리콘밸리의 차고와 카페지 스탠퍼드 대학의 실험실이 아니다. 20세기 역시 철학과 대학의 덕을 본 일이 없는 기술들로 가득하다. 비행기, 고체 전자공학, 소프트웨어 등이 모두 그렇다. 과거 면화산업의 경우와 마찬가지다. 휴대전화나 검색엔진, 블로그를 어떤 과학자의 공으로 돌릴 수 있겠는가?

2007년 케임브리지 대학의 물리학자 리처드 프렌드 경Sir Richard Friend이 우연한 행운에 의한 발견에 대해 강연한 내용을 보자. 그는 고온 초전도 현상을 예로 들었다. 이것이 우연히 발견된 것은 1980년대였지만 이론적 설명이 가능해진 것은 그로부터 상당한 시간이 흐른 뒤였다. 그는 심지어 오늘날에도 과학자들이 하는 일은 과거와 크게 다르지 않다고 인정했다. 기술 분야의 땜장이들이 실험을 통해 알아낸 사실들을 실제로 따라잡고 설명하는 일이라는 것이다. 땜장이들이 무언가를 발견한 다음에야 이런 과정이 시작된다고 그는 말했다.

대부분의 기술적 변화는 기존의 기술을 개선하려는 시도를 통해 일어난다. 이는 분명한 사실이다. 가게 작업장의 견습생과 기구들 사이에서, 혹은 컴퓨터 프로그램 이용자들이 있는 직장에서 일어난다. 지식인들의 상아탑에서 나온 지식이 전달, 응용된 덕분인 경우는 희귀하다. 과학이 쓸모없다고 비난하려는 게 아니다. 17세기에 중력과 혈액순환을 발견한 것은 인류의 지식창고에 보태진 빛나는 업적이다. 하지만 이런 발견은 인간의 생활수준을 높이는 데 면화 조면기와 증기기관만큼 기여하지 못했다.

심지어 산업혁명 후기 단계에 사용된 기술들 중에도 작동원리를 모르는 채로 개발된 것들이 차고 넘칠 정도다.

생물 약재의 경우가 특히 그랬다. 아스피린은 아무도 작용원리를 짐작도 못하는 상태에서 한 세기 이상 두통치료제로 사용됐다. 페니실린의 박테리아 살해 능력을 인간이 이해하게 된 것은 박테리아가 내성을 갖게 될 즈음이었다. 라임주스는 비타민C가 발견되기 몇 세기 전부터 괴혈병 예방에 쓰였다. 식품을 통조림으로 보존하는 기술은 그게 왜 도움이 되는지를 설명할 세균이론이 나오기 오래전부터 사용되었다.

자본의 힘인가?

무엇이 이노베이션 엔진을 움직이는가? 이 질문에 대한 해답은 돈에 있을지도 모른다. 원래 혁신을 장려하는 방법은 자본과 재능을 합치는 것이다. 실리콘밸리의 벤처사업가라면 누구라도 같은 말을 할 것이다. 하지만 역사상 대부분의 기간 동안 사람들은 자본과 재능을 분리해놓는 데 능했다. 발명가들은 자신들을 지원해줄 돈이 있는 곳으로 가려고 하기 마련이다. 18세기 영국이 다른 나라보다 우위에 있었던 점은 두 가지다. 첫째, 대외무역 덕분에 집단적 부를 축적하고 있었다. 둘째, 혁신가들에게 자금을 나눠줄 자본시장이 상대적으로 효율적이었다.

구체적으로 말하면, 산업혁명은 자본 장치에 대한 장기적인 투자를 필요로 했다. 공장이나 기계처럼 쉽게 현금화할 수 없는 투자가 대부분을 차지했다. 그런데 18세기 영국의 자본시장은 다른 나라에 비해 이런 투자를 제공하기 좋은 위치에 있었다. 런던은 네덜란드 암스테르담에서 그럭저럭 돈을 빌려와서 18세기에 다음과 같은 것들을 육성할 수 있었다. 합작투자, 유한회사, 주식과 채권의 유동성시장, 신용 창출 능력이 있는 은행 제도…… 이것들은 발명가들에게 스스로의 아이디어를 제품으로 만들 수단과 자금을 제공했다.

프랑스의 사정은 영국과 대조적이었다. 자본시장은 존 로(John Law, 지폐 남발과 투기 확대로 공황을 일으킨 프랑스의 재정총감-옮긴이)의 실패 때문에, 은행은 루이 14세의 채무 불이행 때문에, 회사법은 세금징수인들의 자의적인 착취 때문에 오랫동안 위축돼 있었다.

18세기 영국에서 일어난 일과 똑같은 패턴이 오늘날에도 기이하게 반복되고 있다. 실리콘밸리에서 창의성이 폭발한 것은 많은 부분 샌드힐 로드의 벤처자본가들 덕분이다. 벤처투자 기업 클라이너 퍼킨스 콜필드 Kleiner Perkins Caulfield가 없었더라면 아마존, 컴팩, 지넨테크, 구글, 넷스케이프, 선은 지금 어디에 있겠는가?

1970년대 중반 이후 기술산업은 도약 성장 단계에 들어섰다. 국회가 연금기금과 비영리단체들에게 자산의 일부를 벤처기금에 투자할 수 있게 허용한 시기이기도 하다. 이는 우연의 일치가 아니었다. 캘리포니아는 모험 기업가들이 태어난 곳이 아니다. 기업을 하러 찾아가는 곳이다. 1980~2000년, 성공적으로 출범한 벤처기업의 3분의 1은 창업자가 인도나 중국 출신이었다.

제국주의 시대 로마를 생각해보자. 무수히 많은 이름없는 노예가 더 나은 올리브 기름 압착기, 풍차, 양모 방직기 만드는 방법을 알고 있었을 것이 틀림없다. 한편 수많은 금권정치가와 부호들은 저축하고 투자하고 소비하는 법을 알고 있었다. 하지만 양자는 아주 멀리 떨어져 있었다. 이들을 한데 모을 의사가 전혀 없는 부패한 중간상인들이 양자를 갈라놓고 있었다.

로마시대의 여러 저작에 자주 등장하는 일화는 매우 인상적이다. 한 남자가 티베리우스 황제에게 깨지지 않는 유리 제품을 발명했다고 실물을 보여주며 설명했다. 보상을 기대한 것이다. 황제는 비법을 아는 사람이 또 있느냐고 묻는다. 없다는 사실을 확인한 티베리우스는 그의 목을 베게 한다. 신제품이 금의 상대적 가치를 폭락시킬 것을 우려한 것이다.

이 일화의 교훈은(사실이든 아니든) 로마의 발명가들이 자신들의 노고에 대해 부정적인 보상을 받았다는 사실만이 아니다. 당시 벤처자본이 너무나 희귀했다는 점도 알 수 있다. 새로운 아이디어에 자금을 지원받는 유일한 방법이 황제를 찾아가는 것이었다니 말이다.

제국시대 중국도 현상 유지에 위협이 되는 발명 재능을 가진 모든 사람의 의욕을 꺾으려 애썼다. 그 신호는 강력했다. 명나라에 파견됐던 어느 기독교 선교사의 기록을 보자. "특별한 재능을 가진 사람은 누구라도 활동이 즉각 금지됐다. 그의 노력이 보상보다는 처벌을 초래할 것이라는 생각 때문이었다."

20세기 들어 혁신에 대한 자금 지원은 점차 회사 내부에서 이루어지게 되었다. 민간기업들은 다른 곳에서 혁신이 일어나 시장을 몽땅 빼앗길지 모른다는 슘페터적 두려움에 사로잡혔다. 또한 자신들이 라이벌 기업의 시장을 독차지할 수 있다는 꿈에도 같은 정도로 현혹되었다. 그래서 점차 기업문화 내에 혁신을 접목시키는 방법을 배우기 시작했고 이를 위한 예산을 별도로 배정했다.

기업에 연구개발 예산이 생긴 것은 한 세기밖에 안 된 일이지만, 그 액수는 상당히 꾸준히 증가해왔다. 미국 기업이 연구개발에 쓰는 돈이 GDP에서 차지하는 비중은 지난 반세기 동안 두 배 이상 늘어서 거의 3퍼센트에 육박하고 있다. 그에 상응하는 발명과 응용 실적이 증가해온 것은 놀랄 일이 아니다.

하지만 표면적인 통계의 이면을 자세히 조사해보면 다른 그림이 나온다. 기업들이 실제로 혁신과 성장의 길을 걸어온 것은 아니다. 기업들이 거듭해서 스스로 알게 된 사실은 이와 거리가 멀다. 점점 더 방어적이고 자기만족적으로 변해가는 관료적 간부들이 연구개발 예산을 좌지우지한다. 이들은 따분하고 리스크가 적은 프로젝트에 예산을 쓰면서 새롭고 거대한 기회를 알아차리지 못한다. 이들이 놓쳐버린 기회는 해당 기업에 위험 요소로 작용하게 된다.

과거 제약업계는 자기 회사의 연구개발 부서에 혁신의 기풍을 불어넣으려는 시도를 되풀이했다. 하지만 이제는 이런 시도를 대부분 포기했다. 요즘에는 그냥 대단한 아이디어를 개발한 작은 회사를 사들인다. 컴퓨터 산업의 역사도 지배적인 기업들이 중대한 기회를 놓쳐버린 사례들로 얼룩져 있다. 그들은 라이벌이 급성장하는 바람에 도전을 받고 있는 실정이다. IBM, 디지털이퀴프먼트, 애플, 마이크로소프트, 심지어 구글도 이 같은 운명에 고통을 겪을 것이다. 위대한 혁신가들은 아직도 통상 아웃사이더들이다.

처음에는 혁신적 열정에 불타서 시작했을지라도, 기업이나 관료 체제가 일단 비대해지기 시작하면 사정이 달라진다. 이들은 리스크를 싫어한 나머지 러다이트 운동(일자리를 빼앗는다며 노동자들이 기계를 파괴했던 운동 – 옮긴이) 수준까지 간다. 선구적 벤처자본가 조르주

도리오Georges Doriot에 따르면, 기업의 생애에서 가장 위험한 순간은 성공했을 때다. 이때부터 혁신을 중단하기 때문이다. "이 전화기는 통신수단이라고 보기에는 단점이 너무 많다. 이 장치는 본질적으로 우리에게 아무런 가치가 없다." 1876년 웨스턴유니언 사의 내부 메모다. 바로 이것이 이유였다. IBM이 아니라 애플이 개인용 컴퓨터를 완성시키고, 프랑스 군이 아니라 라이트 형제가 동력비행을 발명하고, 영국 보건성이 아니라 조너스 소크가 소아마비백신을 발명하고, 미국 우정성이 아니라 아마존이 원클릭 주문 시스템을 발명하고, 핀란드의 국영 전화국이 아니라 목재 공급 회사가 이동 전화 사업의 세계적 리더가 된 이유 말이다.

이에 대한 하나의 해결책은, 직원들에게 창의적 기업가처럼 행동할 수 있는 자유를 주는 것이다. 소니는 1990년대에 그렇게 했다. 혁신을 선도하는 것으로 이름 높던 자사의 과학기술자들이 "여기서 발명되지 않았다"는 정서에 굴복했다는 사실을 알아차린 다음에 말이다. 잭 웰치Jack Welch가 경영하던 시절의 제너럴일렉트릭도 한때 이런 방식을 운용했다. 회사를 서로 경쟁하는 작은 단위로 쪼갠 것이다.

3M은 자사의 과학기술자들에게 근무 시간의 15퍼센트를 각자의 독립 프로젝트와 고객 아이디어 취합에 쓰라고 지시했다. 1980년 자사 직원인 아트 프라이Art Fry가 생각해낸 아이디어가 대성공을 거두자 이 같은 결정을 내린 것이다. 프라이는 교회에서 자신의 찬송가에 표시를 해두려고 시도하던 중 잘 붙고 잘 떨어지는 메모용지(포스트잇)라는 아이디어를 생각해냈다.

또 다른 해결책은, 문제가 발명가들의 가상 시장에서 해결될 수 있도록 상을 내걸고 아웃소싱하는 것이다. 18세기 영국 정부가 바다에서의 경도 측정 문제를 처리한 방식이다. 최근 몇 년간 인터넷이 이 같은 가능성을 되살려주었다. www.Innocentive.com이나 www.yet2.com 같은 사이트들이 그 예다. 기업이 스스로 해결하지 못하는 문제를 상을 내걸고 게시할 수 있고, 응용 분야를 찾는 자사의 발명 기술을 올려놓을 수도 있다.

은퇴한 엔지니어들이 이런 사이트에서 프리랜서로 활동하며 많은 돈을 벌거나 서로의 재능을 겨루면서 즐거운 시간을 보낼 수 있다. 사내 연구개발이라는 구모델은 이 같은 혁신적인 장터에 급속히 자리를 내주게 될 것이다. 돈 탭스콧Don Tapscott과 앤서니 윌리엄스Anthony Williams는 이를 '아이디어 광장'이라고 부른다.

혁신을 추진하는 데 돈이 중요한 것은 분명하지만, 가장 중요한 요소는 결코 아니다. 심지어 모험적 기업가 정신이 가장 활발한 경제 체제에서도 그 체제의 저축이 혁신가들에게 투입되는 양은 극히 적다. 빅토리아 왕조 시대 영국 발명가들은 이자 지불액이 경비 지출의 큰 몫을 차지하는 체제에서 살았다. 이는 부유층에게 사실상 '돈을 굴리는 가장 안전한 방법은 이자소득을 챙기는 것'이라는 신호를 보내는 체제다.

오늘날 성과가 없는 연구에 많은 돈이 낭비되고 있는가 하면, 큰 돈을 들이지 않고 발명과 발견을 이루는 예도 많다. 2004년 하버드대학교 학생이던 마크 주커버그Mark Zuckerberg가 페이스북www.facebook.com을 발명했을 때는 연구개발비를 많이 지출할 필요가 없었다. 심지어 이를 돈벌이 사업으로 확장했을 때 처음 투자한 액수도 마찬가지였다. www.Paypal.com의 설립자인 피터 티엘Peter Thiel

이 에인절투자한 50만 달러가 전부였다. 증기와 철도의 시대에 기업가들이 필요로 하던 돈에 비하면 아주 소액이다.

그렇다면 지적재산권?

어쩌면 지적재산권이 해답일지 모른다. 발명에 따른 수입을 최소한 일부라도 챙길 수 없다면 무엇 때문에 발명을 하겠는가. 자기 땅에서 농작물을 재배하는 사람들을 생각해보자. 만일 이를 수확해서 그 이득을 자신들이 챙길 것이라고 기대할 수 없다면? 만약 그렇다면 상당수가 시간과 노력을 투자하려 하지 않을 것이다. 이는 스탈린, 마오쩌둥, 로버트 무가베Robert Mugabe가 비싼 대가를 치르고 배운 사실이다.

새 도구를 개발하거나 새로운 종류의 조직을 건설하는 일도 마찬가지다. 그에 따른 이익을 최소한 일부라도 자신이 챙길 수 없다면 누가 거기에 시간과 노력을 투자하려 하겠는가.

하지만 지적재산은 실물자산과 큰 차이가 있다. 혼자만 가지고 있으면 쓸모가 없기 때문이다. 추상적 개념은 무한한 공유가 가능하다. 발명을 고무하려는 사람들의 입장에서는 명백한 딜레마가 아닐 수 없다. 사람들은 서로 재화와 용역을 사고팔아서 부자가 되는 것이지, 아이디어를 거래해서 그렇게 되는 것은 아니다. 최상의 자전거를 제조하면 돈을 많이 번다. 하지만 자전거에 대한 새 아이디어를 떠올려도 당신에게 돌아오는 것은 아무것도 없다. 남들이 곧장 복제할 테니 말이다.

만일 혁신가들이 물건이 아니라 아이디어를 생산하는 사람들이라면, 어떻게 거기서 자기 몫을 챙길 수 있을까? 새로운 아이디어 주변에 울타리를 쳐주는 특별한 메커니즘을 발명할 필요가 우리 사회에 있지 않을까? 아이디어를 집이나 땅에 가까운 것으로 만들어주기 위해서 말이다. 그렇다면 아이디어는 어떻게 퍼져나갈 수 있을까?

아이디어를 재산으로 전환하는 방법은 많다. 첫째, 제조법을 비밀로 할 수 있다. 1886년 코카콜라의 존 펨버턴 John Pemberton이 그렇게 했다. 이런 방법이 효과를 내는 것은 라이벌이 제품을 분해해서 역설계를 통해 비법을 알아내기 곤란한 분야에서다. 이와 대조적으로 기계장치는 너무나 쉽게 비밀이 드러난다.

영국 섬유산업의 선구자들은 자신들을 보호하기 위해 상거래 비밀 유지법을 동원하려 했지만 큰 실패를 겪었다. 프랜시스 캐벗 로웰 Francis Cabot Lowell 같은 미국 뉴잉글랜드인들은 '건강을 위한 산책'이라는 명목 하에 랭커셔와 스코틀랜드의 공장 주변을 천진난만한 얼굴로 어슬렁거렸다. 사실은 카트라이트 동력 방직기의 세부사항을 정신없이 암기하면서 말이다. 기계 설계도를 빼돌릴까 봐 외국인들을 검색하는 세관관리들은 있으나마나였다. 미국 매사추세츠로 돌아온 그는 방직기를 재빨리 복제했다.

염료산업은 1860년대까지 주로 비밀에 의존했다. 하지만 이 무렵 분석화학이 라이벌의 제조법을 알아낼 수 있는 수준까지 발전했다. 그 후 이 산업은 특허 쪽으로 돌아섰다.

두 번째 방법을 쓸 수도 있다. 선구자의 이점을 누리는 것이다. 월마트의 설립자 샘 월턴이 그의 경력 내내 해온 일이다. 라이벌 소매업자들이 계속 모방하며 따라붙었지만 그는 새로운 비용절감 기법을 계속 창안하며 앞서나갔다.

인텔이 반도체칩 산업을 지배하고 3M이 다양한 기술산업을 석권한 것도 마찬가지다. 발명품의 비밀을 보호하기보다는 업계의 누구보다 빠른 속도로 스스로의 발명품을 개량해온 것이 선두 유지의 비밀이었다. 패킷 교환(packet switching, 자료를 일정한 단위 길이로 구분하여 전송하는 통신방식 - 옮긴이)은 인터넷을 가능하게 만든 발명이었지만, 그것으로 로열티를 받은 사람은 아무도 없다. 당신이 만일 마이클 델이나 스티브 잡스, 빌 게이츠라면 고객을 계속 잡아두는 방법은 자사의 기존 제품을 한물 간 것으로 만드는 일을 계속하는 것이다.

발명에서 이익을 얻는 세 번째 방법은 특허, 저작권, 상표권이다. 지적재산의 다양한 메커니즘은 조리법 분야에 으스스하게 투영돼 있다. 프랑스인 주방장들이 자신들의 레스토랑을 위해 고안한 조리비법 분야는 경쟁이 치열한 무법지대다. 조리법은 법적 보호 대상이 아니다. 특허도 저작권도 상표권도 인정되지 않는다. 하지만 파리에서 레스토랑을 새로 내면서 라이벌의 최고 요리비법을 훔치려고 시도해보라. 당신은 이곳이 공유지가 아니라는 사실을 금세 알아차리게 될 것이다.

에마누엘 포차르Emmanuelle Fauchart는 파리 근교의 식당 열 곳(이 중 일곱 군데는 《미슐랭》의 별표를 몇 개씩 받았다)의 주방장과 인터뷰하면서, 최고급 요리의 세계는 세 가지 규범으로 움직인다는 사실을 알게 됐다. 법조문이 없고 법으로 강제되지는 않으나 법에 못지않게 실질적인 규범이었다. 첫째, 아무도 다른 주방장의 요리법을 그

대로 복제할 수 없다. 둘째, 한 주방장이 다른 주방장에게 말해준 조리법은 허락 없이 다른 사람에게 알려줄 수 없다. 셋째, 주방장들은 해당 테크닉이나 아이디어에 대해 창시자의 공로를 인정해야 한다. 사실 이런 규범들은 특허, 상거래 비밀 유지 계약, 저작권에 각각 순서대로 대응한다.

하지만 발명가들이 발명을 하게 부추기는 실질적 요인이 특허라는 증거는 거의 없다. 대부분의 혁신은 전혀 특허를 받지 않았다. 19세기 후반 네덜란드나 스위스는 특허 제도가 없었지만 발명가들을 끌어들였고, 이들은 거기서 꽃을 피웠다.

그리고 20세기의 중요 발명 중에는 특허를 끝내 받지 않은 것이 대단히 많다. 자동변속 장치, 베이클라이트(합성수지의 일종), 볼펜, 휴대전화, 셀로판, 입자가속기, 회전나침반, 제트엔진, 자기기록기, 파워스티어링 기계, 안전면도기, 지퍼…….

이와 대조적으로 라이트 형제는 1906년에 획득한 동력비행 기계의 특허를 열성적으로 방어한 결과 미국의 초기 항공산업을 실질적으로 좌초시켰다. 1920년 미국의 라디오 제조업은 막다른 골목에 봉착해 있었다. 네 회사(RCA, GE, AT&T, 웨스팅하우스)가 관련 특허를 나눠갖고 있는 탓에, 어느 회사도 가능한 최선의 라디오를 만들지 못했다.

1990년대 미국 특허청은 유전자 조각에 특허를 허용한다는 아이디어를 만지작거렸다. 정상 유전자나 결함 유전자를 찾아내는 데 사용될 수 있는 유전자 염기서열의 조각들이 대상이었다. 만일 이런 특허가 허용됐다면 인간 유전자 염기서열 분야는 혁신이 불가능한 영역이 되었을 것이다.

그래도 현대의 생명공학 회사들은 신종 질병의 치료법을 개발하는 도중에 칼 샤피로Carl Shapiro가 '특허의 가시숲'이라고 부른 것에 자주 맞닥뜨린다. 만일 특정 물질이 인체 내에서 대사되는 경로의 각 단계마다 특허가 걸려 있다면 어떤 일이 일어날까? 의학 분야의 발명가는 자신이 얻을 수 있는 이득을 특허권자와의 협상 과정에서 모두 날려버리는 상황에 처할 가능성이 있다. 심지어 자신의 아이디어를 테스트해보기도 전에 말이다. 그리고 마지막 단계의 특허권자는 양여 조건으로 잠재적 이익의 최대치를 받는다.

이와 비슷한 일은 이동전화 통신에서도 일어난다. 혁신적 제품을 시장에 도입하려는 대형 이동전화 회사들은 특허의 가시숲을 싸우면서 헤쳐나가야 한다. 이들 회사는 고소인이나 피고소인 혹은 이해관계가 있는 제삼자 자격으로 수많은 소송을 상시적으로 진행하고 있다. 그 결과에 대해 어느 평론가는 이렇게 말했다. "시장점유율을 높이는 데는 혁신이나 투자가 아니라 로비와 소송이 더 유리할 수 있다."

오늘날 미국의 제도 아래에서 특허를 가장 많이 가져가는 것은 '특허 소송꾼patent troll'들이다. 이들은 출원된 상태로 아직 확정되지 않은 특허를 사들인다. 그 목적은 해당 제품을 만드는 것이 아니라 오로지 특허 침해 소송으로 돈을 버는 데 있다. 블랙베리를 제조하는 캐나다의 리서치인모션 사는 NTP라는 작은 회사에 6억 달러를 지불해야 했다. NTP는 제품을 만들기 위해서가 아니라 소송으로 돈을 벌려는 목적으로 문제의 특허를 손에 넣었다.

마이클 헬러Michael Heller는 특허 소송꾼들을 신성로마제국의 멸망과 근대국가 출현 사이 라인 강의 상황에 비유했다. 당시 강변을 따라 몇 킬로미터마다 한 개씩, 모두 수백 개의 성이 세워졌다. 성을 차지한 '강도귀족'들은 저마다 배 통행료를 받아먹고 살았다. 이들의 총체적인 행태는 라인 강을 통한 교역을 질식시켰다. 이런 교역의 부담을 제거하면 모든 사람에게 이익이 될 것이다. 당시 이 같은 목적으로 연맹을 결성하려는 시도가 여러 차례 있었으나 모두 수포로 돌아갔다.

20세기 항공산업의 초창기에도 이런 일이 일어날 가능성이 있었다. 지주들은 자기 땅 위의 탐조등 도달 영역(수직적 소유권 영역)을 통과하는 모든 항공기로부터 통행세를 받게 될 뻔했다. 라인 강의 강도귀족처럼 말이다. 하지만 이 경우에는 양식과 분별이 승리했다. 법원이 신속하게 그 같은 재산권을 무효화했던 것이다.

현대 특허 제도는 개혁 시도가 있기는 하지만 보이지 않는 통행료 징수소가 줄줄이 서 있는 것처럼 작동할 때가 너무 많다. 통과하는 발명가들에게 일일이 통행료를 징수해서 사업에 피해를 입힌다. 실제의 요금 징수소가 교역에 피해를 입히는 것과 똑같이 확실하게 말이다.

하지만 어떤 종류의 지적재산권은 실제로 도움이 된다. 대기업들이 안정된 자리를 이미 차지하고 있는 시장을 뚫고 들어가려는 작은 회사의 입장에서 특허는 하느님의 선물이 될 수 있다. 제약산업이 그런 예다. 정부가 고집하고 있는 관리 체제는 제품 시판 전에 안전성 및 효능 테스트를 하도록 의무화하고 있다. 문제는 테스트에 큰돈이 든다는 점이다. 그래서 어떤 형태의 특허가 없이는 혁신이 불가능하다.

각기 다른 산업 130종의 연구개발 담당 중역 650명에 대한 설문

조사 결과를 보자. 특허가 혁신 촉진에 효과가 있다고 평가한 것은 화학 및 제약 산업의 중역들뿐이었다.

심지어 이런 산업 분야에도 문제점이 있다. 회사들이 특허에 따른 이득을 한시적 독점권을 활용하는 마케팅이 아니라 연구개발에 쓰는 경우에도 생기는 문제다. 개발비의 대부분은 서구인의 질병에 대한 '나도 약(me-too drug, 기존 약보다 효능이 나을 것이 없는 신약 – 옮긴이)'에 들어간다.

저작권법도 가시밭이 되어가고 있다. 이 법은 특히 음악과 영화 산업에서 열성적으로 시행됐다. 그 결과 창조적 예술의 아주 작은 조각이라도 공유하거나 빌리거나, 이를 토대로 새로운 예술을 만들기가 점점 더 어려워지고 있다. 노래의 점점 더 작은 부분이 저작권으로 등록되고 있다. 미국 법원은 저작권 유효기한을 '저자의 생애 + 사후 70년'으로 늘리려는(현재는 50년) 시도를 하고 있다(미국은 이미 입법을 통해 사후 70년으로 늘렸다 – 옮긴이).

하지만 음악가들이 전혀 저작권을 인정받지 못했던 18세기에도 모차르트의 의욕은 전혀 꺾이지 않았다. 당시 음악저작권을 인정한 나라는 영국뿐이었다. 그 결과는 원래도 부족했던 작곡가 양성 능력의 쇠퇴였다. 신문사들은 저작권 라이선스로 미미한 수입이라도 얻고 있다. 마찬가지로 디지털 세상에서 사람들에게 음악과 영화 이용료를 부과하는 방법이 발견될 것이다.

혁신이 실제로 일어나고 있을 때는 지적재산권이 중요한 역할을 한다. 하지만 이것은 어떤 시기나 장소에서는 왜 다른 시기나 장소보다 혁신이 더 잘 일어나는지를 설명해주지 못한다.

정부의 공로일까?

정부는 많은 주요한 발명에 공로가 있다고 할 수 있다. 핵무기에서 인터넷, 레이더에서 위성 내비게이션에 이르는 긴 목록이 여기에 해당된다. 하지만 정부는 기술적 변화를 잘못 해독하는 능력으로도 악명 높다.

1980년대 내가 저널리스트였을 때의 일을 보자. 당시 유럽 정부 조직들은 나에게 홍보의 물량공세를 퍼부으며 컴퓨터 산업의 여러 영역을 지원하는 최신 지원책을 자랑했다. 알비, 에스프리, 제5세대 등 그럴싸한 이름을 가진 이런 프로그램들은 유럽의 산업을 선도적 위치로 올려놓는 데 추진력을 부여할 것으로 기대되었다. 모델로 삼은 것은 자신들과 비슷하게 실패로 돌아간 일본 통상산업성(당시 인기가 있었으나 무능했다)의 시책이었다. 그들은 거의 예외 없이 실패자를 골라 지원했고 기업들을 부추겨 막다른 골목으로 들어가게 했다. 지원받은 기업들이 미래에 휴대전화나 검색엔진을 개발할 가능성은 없었다.

같은 시기 미국에서는 정부 주도로 깜짝 놀랄 만한 진짜 바보짓이 벌어지고 있었다. 세마테크(SEMATECH, 민관 공동으로 만든 반도체 제조 기술 연구조합)가 출범한 것이다. 그 전제는 메모리칩(당시 아시아에서 만드는 몫이 점점 커지고 있었다)을 제조하는 대기업들에 경쟁력의 미래가 달렸다는 것이었다. 세마테크는 칩 제조업자들에게 1억 달러를 쏟아부었다. 목적은 빠른 속도로 생필품 시업이 되어가는 이 업종을 계속 유지하는 것이었다. 조건은 기업들이 상호경쟁을 중지하고 기술을 공유하는 것이었다. 이를 허용하기 위해 1890년에 제정된 반독점법 하나를 개정해야 했다.

심지어 비교적 최근인 1988년까지도 통제주의자들은 여전히 실리콘밸리의 각기 잘게 쪼개져 있는 기업들에 대해 "고질적인 기업가 정신을 갖고 있고" 장기 투자를 할 능력이 없다는 비판을 늘어놓았다. 이미 이때는 마이크로소프트, 애플, 인텔, (그 후에는) 델, 시스코, 야후, 구글, 페이스북의 태동기였는데도 말이다. 고질적으로 기업가 정신이 투철한 이들 기업의 창시자들은 차고나 침실에서 기초를 쌓고 있었다. 통제주의자들이 찬양하는 바로 그 대기업들을 몰락시키며 스스로 세계 시장을 석권할 기초 말이다.

각국 정부가 여기서 배운 교훈은 전혀 없었다. 1990년대, 정부들은 HDTV 기준, 쌍방향 TV, 재택근무촌, 가상현실 같은 막다른 골목에 힘을 쏟았다. 당시 기술은 무선 데이터 전송 시스템, 초고속 데이터 전송, 모바일의 가능성을 탐구하는 방향으로 조용히 움직이고 있었는데 말이다.

혁신은 예측 가능한 사업이 아니다. 그리고 공무원들의 통제주의가 성과를 내지 못하는 분야다. 따라서 정부가 자금을 댄 결과 우연히 신기술이 나오는 경우가 있다 해도, 이것이 대부분의 혁신의 근원이라고 할 수는 없다. 내비게이션(위성항법)과 인터넷은 다른 목적을 가진 프로젝트의 부산물이었다.

20세기 후반은 기업들이 내부 문화에 혁신을 접목하고 산업 분야의 기수들이 잇따라 신흥 강자들의 먹이가 된 시기였다. 그동안 대부분의 공기업과 책임 운영기관들은 예나 다름없이 느림뱅이 행보를 계속했다. 스스로 특히 혁신적으로 변화하지도 않았고, 자신들의 새로운 버전에게 자리를 내주기 위해 해체되지도 않았다.

정부기관들은 자신의 업무를 다른 정부기관이 가져가는 것을 두려워한다. 이는 너무나 독특한 행태라 쉽게 짐작할 수 있다. 만일 제2차 세계대전 후 영국의 식품소매업을 정부 식품청 같은 기관이 관할했다면 오늘날의 슈퍼마켓은 포마이카 칠을 한 카운터 뒤에서 지금보다 약간 나은 스팸을 약간 비싸게 팔고 있었을 거라고 의심하는 사람도 있다.

물론, 대형 강입자 가속기나 달 탐사처럼 민간기업이 수행할 수 없는 프로젝트도 있다. 주주들이 허락하지 않을 테니 말이다. 하지만 정말로 그렇게 확신할 수 있을까? 만일 납세자들의 돈이 이미 투입돼 있지 않은 상태였더라도, 이런 사업들이 정말 워런 버핏이나 빌 게이츠 급 부호들의 마음에 들지 않았을까? 미국 항공우주국이 존재하지 않았다면, 어떤 부호가 오직 명성만을 위해 '인간 달 착륙 프로그램'에 막대한 재산을 이미 썼을지도 모를 일이다. 당신은 이 같은 가능성을 부인할 수 있는가? 공공자금으로 벌이는 사업들은 이 문제의 답을 알 수 있는 가능성을 원천 봉쇄해버린다.

OECD가 수행한 대규모 연구는 다음과 같이 결론짓고 있다. "정부의 연구개발 지출은 경제 성장에 가시적인 영향을 미치지 않는다. 효과가 있으리라는 정부의 믿음은 허황되다." 상당히 놀라운 결론이지만 각국 정부는 이를 거의 완전히 무시해왔다.

그렇다면 교환!

현대 경제를 이끌어가는 혁신 영구기관이 어떻게 존재할 수 있게 되었을까? 과학에 주된 공로가 있는 것은 아니다(과학은 후원자라기보다 수혜자다). 돈 덕분도 아니다(언제나 제한 요소인 것은 아니다). 정부의 공로도 아니다(혁신에 오히려 악영향을 미친다). 하향식 과정이 결코 아니다.

이 문제를 설명하는 데는 하나의 단어로 충분하다. 바로 '교환'이다. 현대 세계에서 혁신을 지속적으로 확대시키는 것은 '아이디어 교환'의 지속적인 확대다.

스필오버spillover라는 단어를 생각해보자. 지식의 특징은 그것을 남에게 주어도 여전히 당신에게 남는다는 데 있다. 실질적인 것이든 난해한 것이든, 기술적인 것이든 사회적인 것이든, 새로운 지식 한 토막은 모두 그런 속성을 지닌다.

당신은 제퍼슨을 어둡게 만드는 일 없이 그의 양초에서 당신의 심지로 불을 댕길 수 있다. 반면 자전거를 다른 사람에게 줘버리고 당신도 계속 탈 수는 없다. 하지만 자전거에 대한 아이디어는 남에게 주어도 여전히 당신에게 남는다. 경제학자 폴 로머Paul Romer가 주장했듯, 인류의 진보는 주로 비결의 축적에서 기인한다. 생활수준을 향상시키는 방향으로 원자를 재배열하는 비결 말이다.

자전거 제조법은 간략히 말하면 다음과 같다. 땅에서 철, 크롬, 알루미늄 광석을 채취한다. 열대 나무의 수액, 지하의 석유, 암소 가죽도 조금씩 준비한다. 광석을 제련해 금속으로 만들어서 다양한 형태로 주조한다. 수액에 황을 넣어 고무를 만들고 이를 속이 빈 원형 튜브로 만든다. 플라스틱과 주형을 만들기 위해 석유를 증류한 뒤 냉각한다. 가죽으로 안장 형태를 만든다. 부품들을 모두 결합해 자전거를 조립한다. 여기에 직관에 반하는 놀랄 만한 발견을 추가

한다. 앞으로 움직이는 물건은 쉽게 쓰러지지 않는다는 발견 말이다. 그리고 자전거를 탄다.

혁신가들은 그러므로 공유하는 업종에 종사하고 있다. 이들이 하는 가장 중요한 일이다. 만일 혁신을 공유하지 않는다면 스스로에게나 타인에게나 혁신의 혜택이 없을 것이기 때문이다.

대략 1800년 이래로 훨씬 쉬워졌고 최근에는 극적으로 쉬워진 하나의 활동이 있으니, 바로 공유다. 정보는 여행과 통신 덕분에 훨씬 빠르게 멀리까지 퍼졌다. 신문과 기술전문지와 전보는 가십과 아이디어를 똑같이 빠른 속도로 퍼뜨렸다.

주요 혁신 46종에 대한 최근 조사에 따르면, 최초의 개량본이 출현하는 데 걸리는 시간은 지속적으로 짧아졌다. 1895년 33년 걸리던 것이 1975년에는 3년 걸렸다. 서기 1세기 알렉산드리아의 헤론Heron이 처음 '아이올로스의 공', 즉 증기기관을 만들어 사원의 문을 여는 데 사용했다. 그때를 생각해보자. 그의 발명 소식은 전파 속도가 느리고 도달 범위도 좁아서 마차 디자이너의 귀에 결코 닿지 못했을 가능성이 크다. 프톨레마이오스의 천문학은 아주 정밀하지는 않지만 독창적이고 상당히 정확했다. 하지만 결코 항해에 활용되지 못했다. 천문학자들과 선원들이 만나지 않았기 때문이다.

현대 세계의 비밀은 막대한 상호연결성에 있다. 지구상 모든 곳에서 아이디어들이 다른 아이디어들과 점점 더 복잡한 난교를 벌이고 있다. 전화와 컴퓨터가 섹스해 인터넷을 낳았다. 최초의 자동차는 마치 '자전거 남편을 둔 마차가 낳은 자식'처럼 보였다.

플라스틱에 대한 아이디어는 사진화학 산업에서 왔다. 카메라 알약(알약형 내시경)은 위장병 전문의와 유도탄 디자이너 간의 대화에서 탄생했다. 거의 모든 기술은 잡종이다.

이는 문화적 진화가 유전적 진화보다 훨씬 큰 이점을 지니는 영역 중 하나다. 서로 다른 동물종 사이에는 교차교배가 일어날 수 없다. 감수분열 시 염색체 쌍을 형성하는 문제 때문이다. 실질적이고 극복이 불가능한 장벽이다(이와 달리 박테리아는 이종교배가 가능하고 실제로 그렇게 한다. 한 종의 박테리아가 가진 유전자의 대략 80퍼센트는 다른 종에서 빌려온 것이다. 항생제에 대한 내성을 진화시키는 능력이 그토록 뛰어난 이유 중 하나가 바로 이것이다). 어떤 동물이 실질적으로 두 품종으로 분화하면, 둘 사이에서는 후손이 생기지 않거나 생기더라도 노새처럼 불임이 된다. 이것이 바로 종의 정의, 한 종과 다른 종을 구분하는 기준이다.

이에 비해 신기술은 기존 기술들이 하나로 합쳐져서 생기는데, 이때 전체는 부분의 합보다 더 커진다. 헨리 포드는 자신이 스스로 발명한 것은 아무것도 없다고 솔직하게 인정한 적이 있다. "몇 세기 동안의 업적을 배경으로 다른 사람들이 발명·발견한 것들을 단지 조합해서 자동차로 만들었을 뿐이다." 새 물건은 다른 물건으로부터 온 혈통을 물려받지만, 옛 디자인은 버리고 새 형태를 취한다. 하나의 아이디어가 자신과 다른 새 아이디어를 낳는 것이다. 5천 년 전 최초의 구리도끼는 당시 널리 쓰이던 마제 돌도끼와 똑같은 형태였다. 두께가 훨씬 얇아진 것은 한참 뒤 사람들이 금속의 성질을 좀 더 이해하고 나서였다.

조지프 헨리 Joseph Henry가 발명한 최초의 전기모터는 제임스 와트의 회전빔 증기기관과 설명하기 어려운 유사성을 지녔다. 심지어 1940년대 최초의 트랜지스터조차 수정 정류기의 직계 후손이었다.

1870년대 페르디난트 브라운Ferdinand Braun이 발명한 수정 정류기는 20세기 초반까지 라디오 수신기 부품에 쓰였다.

기술의 역사에서 이런 것이 항상 명백하게 드러나는 것은 아니다. 발명가들은 누구의 영향을 받았다는 사실을 부인하려는 습성이 있기 때문이다. 이들은 선행 연구자들의 도움 없이 스스로 혁명적인 돌파구를 찾아냈다고 과장하고 싶어 한다. 영광을(그리고 때로는 특허도) 오로지 자신에게만 돌리는 편이 유리하기 때문이다.

전기모터와 발전기를 고안한 마이클 패러데이Michael Faraday의 천재성을 영국이 찬양하는 것은 당연한 일이다. 근래에 지폐 초상으로 잠깐 등장하기까지 했다. 하지만 영국은 덴마크인 한스 크리스티안 외르스테드Hans Christian Örsted는 잊었다. 패러데이의 아이디어는 최소한 절반 이상 그에게서 온 것인데도 말이다.

미국인들은 에디슨이 백열전구를 발명했다고 배운다. 하지만 그보다 상업적 재치가 부족했던 선구자들에 대해서는 모른다. 영국의 조지프 스완과 러시아인 알렉산드르 로디긴Alexander Lodygin의 공로는 에디슨보다 크지 않다 해도 어깨를 나란히 할 자격은 있다.

새뮤얼 모스Samuel Morse가 전신 특허를 출원하면서 보인 행태는 어떤가. 그는 자신이 조지프 헨리로부터 조금이라도 배운 것이 있다는 사실을 "얼토당토않게 완강히 부인"했다. 인용한 부분은 역사가 조지 바살라George Basalla의 표현이다.

기술은 번식한다. 섹스를 통해서. 이로부터 나오는 결론은 다음과 같다. 스필오버(남들이 아이디어를 조금 훔쳐간다는 사실)는 발명가를 짜증나게 하는 뜻밖의 장애가 아니다. 발명활동이 바로 그것으로 이루어져 있다. 스필오버를 통해 하나의 혁신은 다른 혁신을 만나서 짝을 짓는다. 근현대의 역사는 아이디어들이 서로 만나고 뒤섞이고 짝을 짓고 돌연변이를 해온 역사다. 지난 2세기 동안 경제가 급속히 성장한 것은 그 전의 어느 시대보다도 아이디어들이 서로 잘 섞였기 때문이다. 이는 예측하기 어려운 멋진 결과를 낳는다.

1950년 찰스 타운스Charles Townes가 발명한 레이저는 당시 "쓸 곳이 없는 발명"이라며 버림받았다. 하지만 오늘날 레이저는 아무도 상상할 수 없었던 엄청나게 다양한 일을 해내고 있다. 광섬유를 통해 전화 메시지를 보내고 디스크에서 음악을 읽어내고 문서를 인쇄하고 근시를 치료하는 데 두루 쓰이고 있다.

최종 소비자 역시 광란의 짝짓기에 가담했다. 애덤 스미스가 예시한 어느 소년의 이야기를 보자. 증기기관의 밸브 여닫는 일을 하던 소년은 시간 절약을 위해 자기 일을 대신 해줄 장치를 만들어 달았다. 그는 자신의 아이디어를 남에게 알리지 않은 채 무덤으로 갔을 것이다. 어쩌면 알렸을지도 모른다. 하지만 오늘날이라면 그는 틀림없이 인터넷 채팅 사이트에서 비슷한 생각을 가진 다른 사람들과 자신의 개선안을 공유했을 것이다.

오늘날 리눅스와 아파치 같은 제품을 내놓는 오픈소스(프로그램의 소스코드를 공개해 누구나 개선과 개발에 참여할 수 있도록 하는 시스템 - 옮긴이) 소프트웨어 산업이 번창하고 있다. 이기적이지 않은 수많은 프로그래머 덕분이다. 이들은 자신들이 개선한 프로그램들을 서로 무상으로 공유한다.

오픈소스 시스템, 그리고 컴퓨터의 사적 이용과 무료 공동 이용 간의 경계를 흐트러뜨리는 클라우드 컴퓨팅(소프트웨어와 자료는 인터넷 서버에 두고 개인 접속자가 일시적으로 이를 이용하는 시스템 - 옮긴이)을 보자. 심지어 마이크로소프트 사도 이를 받아들일 수밖에 없는 상황이 되었다.

어쨌든 회사 내의 프로그래머 개인이 아무리 똑똑해도 컴퓨터 유저 1만 명의 집단적인 노력에 필적할 수는 없다. 최첨단 아이디어 분야는 특히 그렇다. 위키피디아에 글을 올리는 사람들은 자신들의 일을 통해 이윤을 올릴 생각이 전혀 없다. 컴퓨터 산업은 점점 더 게임 이용자들에게 접수되어가는 상황이다.

인터넷 관련 제품의 혁신을 주도하는 것은 소비자들이다. 에릭 폰 히펠Eric von Hippel이 "무보수로 제안을 내놓는 선도 유저free-revealing lead users"라고 이름 붙인 사람들이다. 이들은 프로그램 제작 회사에 자신들이 생각하는 개선책을 즐거이 알려준다. 그리고 신제품으로 할 수 있는 새로운 일도 찾아내 제보해준다. "선도 유저는 기꺼이 무보수로 개선책을 알려준다. 동료들 사이에서 명성을 누리는 것을 즐기기 때문이다."(첨언하자면 히펠 본인도 자신의 가르침을 실천하고 있다. 우리는 그의 웹사이트에서 그의 저서를 무료로 읽을 수 있다.)

이는 소프트웨어 분야에만 한정된 일이 아니다. 래리 스탠리Larry Stanley라는 서퍼는 보드를 부착한 채 파도 위에서 점프할 수 있도록 자신의 보드를 개량했다. 그는 자신의 아이디어를 팔 생각은 해본 일이 없다. 대신 제조업자를 포함한 모든 사람에게 자신의 아이디어를 알려줬다. 그의 혁신은 신형 서프보드의 형태로 팔리고 있다. 선도 유저 혁신 중 가장 중요한 것은 아마도 팀 버너스-리 경이 1991년 고안한 월드와이드웹일 것이다. 원래는 입자물리학 데이터를 컴퓨터 간에 공유시키는 문제를 해결하기 위한 체제였다.

이러한 이야기의 논지는, 다시 말해 우리가 머지않아 자본주의 이후 시대, 기업 이후의 세상에 살게 될 수 있다는 것이다. 공유하고 협동하고 혁신하기 위해 개인들이 일시적 집단으로 자유롭게 모이는 세상, 사람들이 웹사이트를 이용해 세계 어느 지역에서든 고용주와 고용인, 고객을 찾을 수 있는 세상 말이다.

제프리 밀러가 일깨워주듯, 이는 또한 "인간의 무한한 성욕, 식탐, 게으름, 분노, 탐욕, 질투, 자만심을 충족시켜줄 무한한 생산력"의 세상이 될 것이다. 하지만 과거에도 엘리트들은 이와 비슷한 말을 했다. 처음으로 자동차, 면직물 공장, 그리고(내 추측에 따르면) 밀과 손도끼가 등장했을 때도 말이다. 세상은 상향식으로 다시 바뀌고 있다. 하향식 세월은 종말을 맞았다.

무한한 가능성

만일 '인간의 복지'라는 연약한 작물에 물을 대는 발명과 발견의 마르지 않는 강이 없다면 생활수준은 침체할 것이 분명하다. 인구를 억제하고 화석에너지를 활용하고 무역을 자유화했음에도 불구하고 성장에는 한계가 있다는 것을 인류는 곧 발견하게 될지도 모른다. 만일 지식의 성장이 멈춘다면 말이다.

무역은 무언가를 가장 잘 만드는 게 누구인지를 가려주었고, 교환은 노동의 분업을 최선의 효과를 낼 때까지 확산시켰으며, 연료는 모든 공장에서 노동력의 효율을 증폭시켰다. 그러나 성장 속도는 결국 둔화될 것이었다. 위험한 균형이 음울하게 다가올 예정이었다. 이런 의미에서 리카도와 밀은 옳았다.

그러나 발견은 고속 증식하는 연쇄반응이고, 혁신은 되먹임고리이며, 발명은 자기 충족적 예언이다. 나라에서 나라로, 산업에서 산업으로 쉽게 옮겨다닐 수 있다는 전제만 충족된다면 말이다. 그러므로 자유교환 경제 하에서 균형과 침체는 피할 수 있는 것일 뿐 아니라 애초에 일어날 수 없는 것이다.

역사를 통틀어, 지식은 거침없는 발전을 보여주었다. 생활수준은 좋아졌다가 나빠지기도 하고 인구는 급증했다가 급감하는 일이 있었을지언정 말이다. 불은 일단 발명된 후에는 잊힌 적이 없다. 한번 등장한 바퀴는 다시는 없어지지 않았다. 활과 화살은 무효화되지 않았다. 스포츠(사상 최고 성능의 활이 쓰인다) 외의 분야에서는 구시대적인 것이 되었지만 말이다.

커피 한 잔을 만드는 법, 인슐린이 당뇨병을 치료하는 이유, 대륙이동이 일어나는지 여부…… 지구상에 사람들이 존재하는 한 누군가는 이를 알고 있거나 혹은 그에 관한 지식을 찾아볼 공산이 매우 크다. 물론 인류가 그동안 잃어버린 지식도 극소수 있을 수 있다. 아슐리안 주먹도끼 사용법을 제대로 아는 사람은 없다. 중세에 성을 공격할 때 사용했던 대형 투석기의 제조법을 아는 사람은 근래에야 나타났다(1980년대 영국 슈롭셔에 사는 유지가 시행착오 끝에 피아노를 137미터 이상 던질 수 있는 실물 투석기를 마침내 완성했다). 하지만 잃어버린 지식은 늘어난 지식에 비해 왜소해 보인다. 우리는 잃은 것보다 훨씬 많은 양의 지식을 축적했다. 인류의 전체 지식창고에 쌓이는 양은 해마다 점점 더 늘어나고 있다. 이는 아무리 심각한 비관주의자라 할지라도 부인할 수 없는 사실이다.

지식은 물질적 부와 다르다. 새로운 지식을 만들어내고도 번영을 위해 아무런 일을 하지 않을 수도 있다. 인간을 달에 보내는 방법에 대한 지식은 거의 두 세대 전에 생겼지만 아직도 인류를 크게 부유하게 만들지는 못했다. 들러붙지 않는 프라이팬(우주복에 쓰였던 테플론 소재가 응용된 분야다. 저자는 그 효능이 과장됐다고 보고 있다 - 옮긴이)이라는 도시전설(확실한 근거 없이 퍼져 있는 놀라운 이야기 - 옮긴이)이 있기는 하지만 말이다.

페르마의 마지막 정리가 진실이며 준항성체가 사실은 먼 곳의 은하라는 지식은 GDP를 늘릴 수 없을지 모른다. 이런 문제를 숙고하는 것이 누군가의 삶의 질을 높일 수는 있겠지만 말이다.

인류의 지식창고에 새로운 지식을 추가하지 않고도 부자가 되는 것 역시 가능하다. 아프리카의 독재자, 러시아의 도둑정치가, 세계의 금융 사기꾼을 보면 알 수 있다.

다른 한편으로 보면, 인류의 경제적 복지의 순 증가분 뒤에는 언제나 새로운 지식 한 조각이 자리 잡고 있다. 전자가 에너지와 정보를 실어나르는 일을 할 수 있다는 지식은 주전자의 물을 끓이는 데서 문자 전송에 이르는 거의 모든 일상생활에 응용되고 있다. 씻어 놓은 샐러드를 포장해 사람들의 시간을 절약해주는 지식, 백신주사로 어린이들의 소아마비를 예방할 수 있는 지식, 살충제 함유 모기장으로 말라리아를 예방할 수 있는 지식, 커피숍에서 다양한 크기의 종이컵에 똑같은 크기의 뚜껑을 쓸 수 있도록 한 지식(제조비용을 절감하고 매장에서 혼동을 피하게 해준다)…… 인류 번영의 책을 구성하는 것은 이 같은 지식의 수많은 페이지다.

경제학이라는 학문이 1세기 동안 막다른 골목에 몰려 있었던 것은 혁신을 내부에 포함하지 못했기 때문이다. 1990년대 폴 로머가 이를 구원해준 것은 위대한 성취다.

과거에 경제학자들이 때때로 수확 체증의 원리 속으로 도망치려고 시도한 일이 있다. 1840년대 존 스튜어트 밀, 1920년대 에일린 영Allyn Young, 1940년대 조지프 슘페터, 1950년대 로버트 솔로가 그런 시도를 했다. 하지만 경제학이 현실세계로 완전히 돌아온 것은 1990년대 로머의 '신 성장이론'이 등장한 다음부터였다. "현실세계에서는 혁신이 끊임없이 일어난다. 혁신은 짧은 기간 동안 큰 이윤을 가져다준다. 새로운 재화와 용역에 대한 수요를 한시적으로 독점할 수 있는 사람에게 말이다. 그리고 혁신은 그 외의 다른 사람들에게 장기간에 걸친 성장을 가져다준다. 퍼져나간 아이디어를 결국 공유하게 된 사람에게 말이다."

로버트 솔로는 결론지었다. "노동이나 토지, 자본의 증가로써 설명할 수 없는 성장을 이해할 수 있게 해주는 것은 혁신이다." 하지만 그는 혁신을 외부의 힘으로 보았다. 어떤 경제 체제가 우연히 다른 경제 체제보다 더 많이 갖게 된 행운의 한 조각이라고 말이다. 그는 밀의 이론을 계량화한 데 불과했다. 그가 볼 때 혁신율을 결정하는 것은 기후, 지형, 정치 제도 같은 것들이었다. 육지로 둘러싸여 있는 적도 지방의 독재자들에게는 불운한 일이다. 그리고 이를 어찌할 수 있는 뾰족한 수는 없었다.

로머는 혁신 자체를 투자 대상으로, 실용성 있는 신지식 자체가 생산품이라고 보았다. 새로운 아이디어를 찾기 위해 돈을 쓰는 사람들을 생각해보자. 새 아이디어가 참신성을 잃기 전에 이들이 돈을 벌 수 있는 한, 수확 체증이 가능하다.

지식이 놀랍고 멋진 것은 진실로 한계가 없기 때문이다. 아이디어, 발명, 발견이 고갈된다는 것은 심지어 이론적으로도 불가능하다. 내 낙관주의의 가장 큰 근거는 여기에 있다.

정보계의 멋진 점은 물질계보다 훨씬 광대하다는 것이다. 나타날 수 있는 모든 아이디어의 우주에 비하면 물질적 우주는 보잘것없이 작다. 폴 로머가 표현한 대로, 하드디스크 1기가바이트에 담을 수 있는 소프트웨어 프로그램의 수는 우주에 있는 원자 수의 2,700만 배에 이른다.

혹은 화학성분 100개 중에서 네 개씩을 뽑아 각기 다른 혼합물이나 화합물을 만든다고 생각해보자. 이때 각 성분의 비율은 각기 10단계로 다르게 할 수 있다고 하자. 그러면 시험해봐야 할 화합물이나 혼합물은 3,300억 종이 된다. 이는 하루 1천 종씩 시험할 수 있는 연구팀이 100만 년간 조사해야 하는 양이다.

그런데 혁신에 한계가 없다면 어째서 모든 사람이 미래를 그토록 비관적으로 보는 것일까?

9
전환점 소동 _ 1900년 이후의 비관주의

혹시 당신이 세상은 점점 좋아져왔다고 말한다면, 순진해빠졌고 둔감한 사람이라는 비판을 면할 수도 있다. 하지만 만일 세상이 지금까지와 같이 앞으로도 점점 좋아질 거라고 말한다면 당황스러울 정도로 '미친 사람' 취급을 당할 것이다.

내가 본 바에 따르면,
많은 이에게 현자로 칭송받는 것은
남들이 절망할 때 희망을 품는 사람이 아니라
남들이 희망을 품을 때 절망하는 사람이다.

—

존 스튜어트 밀John Stuart Mill,
'완전성'에 대한 강연Speech on 'perfectibility'

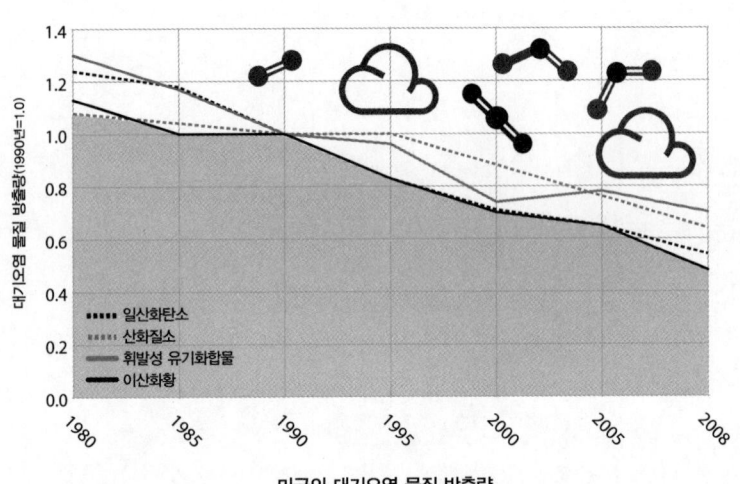

미국의 대기오염 물질 방출량

TURNING POINTS: PESSIMISM AFTER 1900

전환점 소동 _ 1900년 이후의 비관주의

비관주의의 끊임없는 북소리는 지금까지 내가 이 책에서 표현해온 승리주의의 모든 노랫소리를 들리지 않게 만든다. 혹시 당신이 세상은 점점 좋아져왔다고 말한다면, 순진해빠졌고 둔감한 사람이라는 비판을 면할 수도 있다. 하지만 만일 세상이 지금까지와 같이 앞으로도 점점 좋아질 거라고 말한다면 당황스러울 정도로 '미친 사람' 취급을 당할 것이다. 실제로 경제학자 줄리언 사이먼은 1990년대에 이렇게 말했다가 온갖 비난을 받았다. 우둔한 자, 마르크스주의자, 지구가 평평하다고 믿는 자, 범죄자…… 하지만 그의 저서에서 심각한 오류가 밝혀진 바는 전혀 없다.

 2000년대 같은 시도를 한 비요른 롬보르Bjørn Lomborg는 한때 덴마크 국립 과학아카데미로부터 과학적으로 부정직하다는 유죄 평결을 받았다. 실질적인 증거는 없었지만 당사자가 스스로를 변호할 기회는 주어지지 않았다. 평결의 근거는 오류로 점철된 《사이언티픽 아메리칸》의 서평이었다. 하지만 롬보르의 저서에서도 심각한 오류는 전혀 밝혀지지 않았다. "진보의 은혜를 절대적으로 신뢰하는 것은 정신이 천박하다는 증거로 여겨지게 되었다." 하이에크의 말이다.

반면, 파국이 임박했다고 말한다면 당신은 맥아더천재상이나 심지어 노벨평화상을 기대할 수도 있다. 서점들은 비관주의의 신전에 깔려 신음하고 있으며 공중파 방송은 파멸의 소식으로 초만원을 이룬다.

내가 성인이 된 후로 줄곧 들어온 확고한 예측은 다음과 같다. 빈곤의 증가, 다가오는 기근, 사막 확대, 악성 전염병 발발 임박, 곧 일어날 물전쟁, 피할 수 없는 석유 고갈, 광물자원 부족, 정자 수 감소, 엷어지는 오존층, 산성비, 핵겨울, 광우병 대유행, Y2K 컴퓨터 버그, 살인벌떼, (공해로 인해) 성별이 바뀐 물고기, 지구 온난화, 대양의 산성화, 심지어 지금의 행복한 막간을 끔찍한 종말로 이끌 소행성 충돌…… 냉철하고 진지한 유명 엘리트들이 이 같은 위협들 중 어느 하나를 공식적으로 지지했고, 언론은 이를 광적으로 증폭해 퍼뜨렸다. 내가 기억하는 한 이런 히스테리가 이어지지 않은 시기는 한 차례도 없다.

"인류는 경제 성장이라는 어리석은 목표를 포기할 때에만 비로소 살아남을 수 있다." 누군가가 이런 주장으로 나를 설득하고자 하지 않은 시기는 내가 기억하는 한 결코 없다.

비관해야 할 이유는 유행에 따라 달라졌지만 비관주의는 언제나 지속됐다. 1960년대에는 인구 폭발과 세계적 기근이 목록의 가장 위에 있었다. 1970년대에는 자원 고갈이, 1980년대에는 산성비가, 1990년대에는 세계적인 유행병이, 2000년대에는 지구 온난화가 그 자리를 차지했다.

이런 위협들은 하나씩 차례로 대두되었다가 (마지막 하나만 제외하고는 전부) 사라졌다. 단지 우리가 운이 좋았기 때문이었을까? 여기서 오래된 농담이 하나 떠오른다. 마천루 꼭대기에서 추락한 사람이 2층을 지나치면서 생각한다. '지금까지는 문제 없군!' 우리는 이 농담 속 사람과 비슷하게 생각하고 있는 걸까? 아니면 실제로 현실감각이 없는 것은 비관주의 쪽일까?

이제 논의를 시작하면서 공평하게 양보할 것은 양보하고자 한다. 비관주의자가 다음과 같이 말하는 것은 타당한 주장이다. "만일 세계의 상황이 지금과 같이 지속된다면, 모든 인류가 재앙을 맞는 것으로 끝나고 말 것이다." "만일 모든 수송수단이 석유에 의존하고 석유가 고갈된다면, 수송은 중단될 것이다." "만일 농업이 앞으로도 계속 관개에 의존하고 대수층이 고갈된다면, 기아사태가 발생할 것이다."

하지만 조건에 주목하라. "만일……." 세계는 지금과 똑같은 상태로 지속되지는 않을 것이다. 이는 인류 진보의 핵심이자 문화 진화가 보내는 가장 중요한 메시지이며, 역동적 변화의 가장 큰 취지이고, 이 책 전체에서 가장 중요한 주제다. 진정한 위험은 변화의 속도를 늦추는 데서 온다.

내가 제시하는 명제는 이렇다. 인류는 집단적인 문제 해결 기계가 되었으며, 이 기계는 수단을 변경함으로써 문제를 해결한다. 이는 발명을 통해 수행되며, 발명의 동력은 종종 시장에서 나온다. 희소성은 가격을 상승시키고, 이는 대안 개발과 능률 향상을 촉진한다. 역사에서 이런 일은 자주 일어났다. 고래 기름이 희소해지자 석유가 대신 기름의 원료로 쓰였다(워런 마이어Warren Meyer의 표현대로, 그린피스의 사무실마다 존 록펠러의 포스터가 빠짐없이 붙어 있어야 한다).

비관주의자의 오류는 외삽법에 있다. 미래가 단지 과거의 확대판이라고 상정하는 것이다. 일찍이 허브 스타인Herb Stein이 말한 대로, "무언가가 영원히 지속될 수 없다면 그것은 영원히 지속되지 않을 것"이다. 예컨대 환경주의자 레스터 브라운이 2008년에 쓴 글을 보자. 중국인들이 2030년에 지금의 미국인들만큼 부유해진다면 발생할 것으로 예상되는 사태에 대해 그는 비관했다.

예컨대 만약 중국인들이 현재의 미국인만큼 종이를 소비한다면, 2030년 중국 인구 14억 6천만 명은 오늘날 세계 전체 종이 생산량의 두 배를 필요로 할 것이다. 세계의 숲은 그만큼 사라질 것이다. 만일 2030년 중국인들이 현재의 미국인들처럼 네 명당 세 대꼴로 자동차를 갖는다면, 중국 전체의 자동차 수는 11억 대가 될 것이다. 현재 세계 전체의 자동차는 8억 6천만 대다. 11억 대를 위한 도로, 고속도로, 주차장을 만들려면 현재 중국의 쌀 재배 면적에 해당하는 넓이를 포장해야 할 것이다. 2030년 중국은 하루 9,800만 배럴의 석유를 필요로 하게 될 것이다. 오늘날 세계의 석유 생산량은 8,500만 배럴이고, 이보다 생산량을 늘릴 수는 결코 없을 듯싶다. 그러니 세계의 석유 매장량이 모두 중국으로 투입되어야 할 판이다.

브라운의 외삽법은 완전히 옳다. 하지만 그렇기로 치면, '1950

년이 되면 런던 거리는 3미터 두께의 말똥으로 뒤덮일 것'이라고 예측한(유명한 얘기지만 출처가 분명치 않다) 사람도 옳다. 1943년 '세계 전체의 컴퓨터 시장 규모는 다섯 대'라고 말한 IBM 창업자 토머스 왓슨Thomas Watson도 옳다. 1977년 디지털이퀴프먼트 사의 창업자 켄 올슨Ken Olson이 한 말도 옳다. "누군가가 가정용 컴퓨터를 필요로 하게 될 까닭은 전혀 없다." 두 사람의 발언은 충분히 타당하다. 컴퓨터 한 대의 무게가 1톤에 이르고 가격은 엄청나게 비쌌던 시대에는 말이다.

우주여행의 가능성에 대해 영국 왕립 천문대장과 영국 정부의 우주고문은 각각 "허튼소리", "완벽한 난센스"라고 말했었다. 러시아의 스푸트니크 위성이 우주로 발사되기 직전에 말이다. 심지어 이들의 말도 발언 시점에는 틀린 것이 아니었다. 단지 발언 후에 세계가 상당히 빨리 변화했을 뿐이다.

이는 현대에 레스터 브라운이 내놓은 것과 같은, 무엇이 불가능하다는 예측에도 그대로 적용된다. 2030년이 되면 사람들은 종이와 석유를 더욱 절약해서 쓰거나 아니면 다른 대용품을 쓸 것이다. 땅도 좀 더 생산적으로 사용할 것이다.

"우리가 지금처럼 계속할 수 있을까?" 하는 질문은 쟁점이 될 수 없다. 그 대답은 당연히 "아니다"니까. 진정한 쟁점은 "어떻게 하면 우리가 필요로 하는 변화의 급류를 촉진할 수 있을까?"다. 장차 중국인과 인도인, 심지어 아프리카인들도 오늘날 미국인처럼 유복하게 살 수 있도록 만들어줄 변화 말이다.

나쁜 소식의 간략한 역사

"비관주의는 새로운 것이다." "기술과 진보를 우울하게 바라보는 시각은 히로시마 원폭 투하 이후 등장했고, 체르노빌 원전 사고로 더욱 악화됐다." 사람들은 이와 같이 믿는 경향이 있다. 실제 역사는 이와 반대였는데도 말이다.

비관주의자들은 세계 어느 곳에나 항상 존재했고 언제나 환대를 받았다. 애덤 스미스가 산업혁명 출범기에 쓴 글을 보자. "다음과 같은 주장을 담은 책이나 팸플릿이 출간되지 않은 채 5년이 지나간 일은 거의 없다. 국부가 빠르게 쇠퇴하고 있다는 둥, 영국 인구가 줄었다는 둥, 농업이 무시되고 있다는 둥, 제조업이 쇠퇴했다는 둥, 무역이 이루어지지 않고 있다는 둥의 주장을 입증하는 척하는 출판물들 말이다."

1830년을 예로 들어보자. 당시 북유럽과 북아메리카는 역사상 어느 시절보다 훨씬 부유했다. 지난 한 세대 이상의 기간 동안 처음으로 10년 넘게 평화를 누리고 있었으며 새로운 발명, 발견, 기술(technology, 그 해에 새로 만들어진 용어다)로 넘쳐나고 있었다. 증기선, 면 방직기, 현수교, 이리 운하, 시멘트, 전기모터, 최초의 사진, 푸리에 해석(주기함수를 사인함수와 코사인함수의 합으로 표시하는 기법 – 옮긴이)…… 돌이켜보면 가능성으로 충만한, 현대를 향해 폭발적으로 변화할 준비를 갖춘 시대였다.

당신이 그때 태어났다면 사람들의 부와 건강, 지혜와 안전이 한없이 증가하고 좋아지는 것을 목격했을 것이다. 하지만 1830년의 분위기가 낙관주의적이었을까? 아니다. 오늘날과 꼭 같았다. 어디서나 음울한 분위기가 유행했다. 1830년 '캡틴 스윙Captain Swing'이라는 가명으로 통하던 운동가들이 탈곡기에 대해 보여준 태도는, 1990년대 그들의 동류가 유전자 조작 작물에 대해 취한 태도와 똑같았다. 그들은 탈곡기를 파괴했다.

같은 해 개통된 리버풀-맨체스터 철도 노선을 보자. 엄청나게 많은 사람이 소리 높여 반대했다. 이들은 열차 통행이 말들의 유산을 야기할 것이라고 예언했다. 다른 사람들은 기차가 빠르다는 주장을 비웃었다. 《쿼털리 리뷰》는 "기관차가 역마차보다 두 배나 빠른 속도로 달릴 것이라고 전망하는 것만큼 명백하게 이치에 맞지 않고 우스꽝스러운 일이 또 있을 수 있을까?"라고 울부짖었다. "의회가 운행 속도를 시속 13~14킬로미터로 제한할 것으로 우리는 믿는다. 의회는 모든 철로에 대해 이런 규제를 할 수 있다."

1830년은 영국 계관시인 로버트 사우디Robert Southey의 책 《토머스 모어, 혹은 사회의 진보와 전망에 대한 대화》가 갓 출판된 해이기도 하다. 책에는 사우디의 또 다른 자아가 튜더 왕조 시대에 《유토피아》를 쓴 모어의 유령을 안내해 잉글랜드 북서부의 레이크 디스트릭트를 순례하는 상상이 담겨 있다.

모어의 유령을 통해 사우디는 잉글랜드 사람들의 처지에 대해 화를 내며 불평을 늘어놓는다. 그가 특히 문제 삼은 것은, 혼이 깃들지 않은 산업도시의 공동주택과 공장으로 가기 위해 장미로 둘러싸인 시골의 작은 집을 떠난 사람들이었다. 이들의 처지가 헨리 8세 시절보다, 심지어 카이사르나 드루이드(고대 켈트 족의 종교-옮긴이) 시절보다 더 열악하다고 비판했다. 사우디는 현재를 헐뜯는 데 만족하지 않고 미래도 깎아내렸다. 궁핍과 기근과 역병과 종교의 쇠퇴를 예언했다.

　돌이켜보면 이 같은 한탄과 넋두리는 우스워 보인다. 기술뿐 아니라 생활수준 자체가 이때부터 급속히 향상되기 시작해 이후 2세기 동안 전대미문의 속도로 개선됐기 때문이다. 사상 처음으로 사람들의 기대수명이 급속히 늘어났고, 유아사망률이 급속히 떨어졌으며, 구매력이 갑자기 늘었고 선택권도 확대됐다. 이후 20~30년간 이루어진 생활수준의 향상은 특히 가난한 비숙련 노동계층에서 두드러졌다. 영국 노동계층의 실질소득은 이후 30년간 두 배로 증가할 것이었고 이는 전례가 없는 일이었다. 세계의 모든 국가가 영국을 부러운 눈빛으로 바라보며 "우리가 부분적으로라도 저렇게 됐으면" 하고 말하던 시절이다.

　그러나 반동주의적이고 과거에 대한 향수로 가득 찬 왕당파였던 사우디에게 미래는 나빠질 수밖에 없는 것이었다. 그는 현대의 환경운동에서 편안함을 느낄 것이다. 세계 무역을 한탄하며 소비자운동에 혀를 차고 기술에 절망감을 느끼며 잉글랜드의 황금시대였던 메리 여왕 시절로 돌아가고 싶어 하는 운동에 말이다. 사람들이 자기 동네의 유기농 채소를 먹고 오월절 기둥을 돌며 춤추고 각자가 자기 양의 털을 깎던 시절, 형편없는 연휴를 보내러 공항으로 가는 길이 체증으로 시달리지 않던 시절을 그는 그리워한다. 현대 철학자 존 그레이 John Gray는 사우디의 뒤를 따라, 제한 없는 경제 성장은 "고통받는 인류에게 이제껏 제시된 이상 중 가장 천박한 것"이라고 지적했다.

　하지만 역시 시인이었던 토머스 배빙턴 매콜리 Thomas Babington Macaulay는 전혀 다른 주장을 폈다. 1830년 《에든버러 리뷰》 1월호에 기고한 글을 보자. 사우디의 책에 대한 서평에서 그는 노골적으로 사우디를 비판했다. "농부의 삶은 이상적이기는커녕 엄청나게 가난한 삶이다. 공장이 있는 타운이 살기 좋다. 사람들이 모이는 이유가 바로 그것이다. 시골인 서식스 지방의 빈민구제세救貧稅는 1인당 20실링이지만 산업화된 요크셔 지방 일대에서는 5실링에 불과하다."

수공업 체제가 육체 건강에 미치는 효과는 출생률과 사망률로 측정할 수 있다. 오늘날 우리는 알고 있다. 이 '극악한 체제', '제정신인 사람은 도저히 인정할 수 없는 재앙'(둘 다 사우디의 표현이다)의 성장기에 사망률은 크게 떨어졌고, 특히 다른 어느 곳보다 수공업 타운에서 그랬다는 것을. 과거가 더 살기 좋았다는 사우디의 인식에 관해 매콜리는 이렇게 썼다.

1720년 투기 버블이 붕괴된 뒤 공포와 혼란 속에서 열린 의회에 대고 누군가가 다음과 같이 말하는 장면을 생각해보자. 1830년이 되면 영국은 아무도 상상할 수 없었던 수준으로 부유해지며, 사망률은 절반으로 떨어지고, 역마차가 런던에서 요크까지 가는 데 24시간밖에 안 걸리고, 사람들은 바람을 이용하지 않고 항행하는 데 익숙해지고, 말이 끌지 않는 탈것으로 이동하기 시작한다고 말이다. 이 같은 예측을 접한 우리 선조 의원들은 《걸리버 여행기》만큼이나 믿기 어려운 소리라고 했을 것이다. 하지만 이 예측은 옳았다.

그는 계속해서 말한다(25년 후 《영국의 역사》에서).

우리의 후손들 또한 우리를 능가할 것이고 그러면서 우리 시대를 선망할 것이다. 20세기가 되면 다음과 같은 일이 일어날 가능성이 크다. 도싯셔의 농부는 주당 20실링을 받으면서 임금이 엄청나게 적다고 생각한다. 그리니치의 목수는 하루 10실링을 받을지 모른다. 노동계층은 고기를 먹는 저녁식사를 당연하게 여길 것이다. 오늘날 우리가 호밀빵을 먹는 저녁식사를 그렇게 생각하듯 말이다. 위생 점검과 의학의 진보 덕분에 평균 수명이 여러 해 증가한 상태일 수 있다. 오늘날은 알려지지 않았거나 극소수만이 누리는 안락함과 사치품을, 근면하고 검약하는 모든 노동자가 누릴 수 있게 될지 모른다.

매콜리의 예측에서 놀라운 점은 너무 낙관적이라는 것이 아니라 너무 조심스럽다는 것이다. 지난주 나는 역마차(기차)를 타고 런던에서 요크까지 가는 데 두 시간 걸렸다. 24시간이 아니었다. 런던역에서 산 망고 가재 샐러드(3파운드 60실링)를 기차 안에서 먹었다. 그 전주에는 바람을 이용하지 않고 런던에서 뉴욕까지 (11,000미터 높이에서) 항행하는 데 일곱 시간 걸렸다. 기내에서는 영화를 관람했다. 오늘은 말이 끌지 않는 도요타 자동차를 1.6킬로미터 몰았다. 15분간 운전하면서 슈베르트의 음악을 들었다. 주당 20실링(오늘날로 환산하면 70파운드)을 받던 도싯셔의 농부가 나를 보았다면 자신이 정말 비참하게 적은 임금을 받는다고 생각했을 것이다.

매콜리의 성급한 예측과 달리, 기대수명은 위생과 의약품 덕분에 몇 년 늘어난 것이 아니라, 두 배가 되었다. 안락함과 사치품에 대해 말하자면, 심지어 게으르고 낭비하는 노동자도 TV와 냉장고를 소유하고 있다. 근면하고 검약하는 노동자는 말할 것도 없다.

그치지 않는 전환점 소동

1830년 매콜리는 말했다. "사회가 전환점을 맞았으며 좋은 날은 다 지나갔다고 말하는 사람들이 있다. 우리는 그들이 오류를 범하고 있다고 확실하게 증명할 수는 없다. 하지만 우리 이전 시대의 사람들도 나름의 명백한 근거를 갖고 모두 그렇게 말했다."

그리고 매콜리 이후의 사람들도 저마다 어두운 예언을 하게 된다. 그 후 모든 세대는 비관주의자들에 의해 결정적 순간, 임계점, 한계점, 회귀 불능 지점을 맞이했던 것으로 보인다.

비관주의자의 무리는 10년마다 잇따라 튀어나온다. 자신들이 역사의 버팀목 위에서 제대로 균형을 잡고 있다고 뻔뻔스럽게 확신하는 자들 말이다. 1875~1925년의 반세기를 보자. 이 기간 내내 유럽인들의 생활수준은 상상하기 어려울 정도로 향상됐다. 전기, 자동차, 타자기, 영화, 공제조합, 실내 화장실, 백신은 수많은 사람의 삶을 개선시켰다. 그러나 지식계층은 달랐다. 내리막, 퇴보, 재앙이 임박했다는 생각에 사로잡혀 있었다. 매콜리가 말했던 그대로, 이들은 사회가 전환점에 이르렀다고 거듭 울부짖었다. "좋은 날들은 다 지나갔다."

1890년대의 일대 베스트셀러는 독일인 막스 노르다우Max Nordau가 지은 《퇴보Degeneration》였다. 이 책은 범죄와 이민과 도시화 때문에 도덕이 붕괴한 사회를 상세하게 묘사하고 있다. "우리는 퇴보와 히스테리라는 일종의 흑사병, 대 유행병의 한가운데 서 있다."

1901년 미국의 베스트셀러 중 하나는 찰스 와그너Charles Wagner의 《단순한 삶Simple Life》이었다. 사람들이 지나친 물질주의에 질려서 농장으로 다시 돌아가려 한다는 주장이 담겨 있다. 1914년 영국인 로버트 트러셀Robert Tressell의 유작 《누더기 바지를 입은 박애주의자》는 영국을 "무식하고 우둔하며 반쯤 굶주리고, 영혼이 망가진, 타락한 자들의 나라"라고 표현했다.

1900년 이후 세계를 휩쓸었던 우생학 광풍을 보라. 좌파와 우파 모두 이를 열렬히 지지했다. 독일 같은 독재국가뿐 아니라 미국 같은 민주국가에서도 자유를 제한하는 잔인한 법이 통과됐다. 그 전제는 가난하고 지능이 낮은 사람들이 아이를 너무 많이 낳아 혈통을 타락시킨다는 것이었다. 멀리 있는 파국을 막기 위해 오늘 강력한 조치를 취해야 한다는 데 광범위한 지적 컨센서스가 형성됐다.

1910년 윈스턴 처칠Winston Churchill은 "정신박약자들의 번식은 인류에 대한 끔찍한 위협"이라는 메모를 총리에게 보냈다. 시어도어 루스벨트Theodore Roosevelt는 보다 노골적인 표현을 썼다. "문제가 있는 사람들은 번식을 전혀 하지 못하게 만들 수 있어야 한다. 이것은 나의 강력한 희망이다. 물론 이런 사람들의 유해한 기질이 충분히 명백할 때 이를 시행해야 한다. 범죄자는 불임시술을 받아야 하며 정신박약자들은 후손을 남길 수 없게 해야 한다."

결국 우생학은 스스로가 방지하려고 싸운 악이 끼쳤을지 모르는 어떤 해악보다 훨씬 더 큰 해악을 인류 구성원들에게 저질렀다. 아이자이어 벌린Isaiah Berlin은 이를 다음과 같이 표현했다. "지도자들은 어떤 먼 미래의 사회적 목표를 고취하는 것을 자신들의 의무라고 주장한다. 이런 목표를 달성하기 위해 오늘 살아 있는 개인들의 선호와 이익을 무시하는 것은 어느 시대를 막론하고 비참함의 공통된 원인이다."

영국 정부가 사소한 이슈 때문에 제1차 세계대전을 선포함으로써 에드워드 7세 재위 시에 이루어놓은 황금기를 망쳐버렸을 때를 생각해보자. 이때 지식인들은 정부가 더 많은 역할을 해야 한다며, 벌린이 지적한 바로 그런 행태를 보였다.

그 후 양차대전 사이에 비관주의의 구실은 얼마든지 있었다. 인플레이션, 실업, 경기 침체, 파시즘…… 1918년 헨리 애덤스Henry Adams는 《헨리 애덤스의 교육》에서, 문명의 "궁극적이고 거대한, 우주적 규모의 붕괴"를 예언했다.

비관주의에 빠져버린 지식계층의 비탄스러운 웅얼거림은 이제 상시적인 배경 소음이 되었다. 엘리엇T.S.Eliot, 제임스 조이스James Joyce, 에즈라 파운드Ezra Pound, 예이츠W.B.Yeats, 올더스 헉슬리Aldous Huxley가 그 소음의 근원지였다.

일반적으로 이들은 문제를 잘못 짚었다. 이상주의와 국가주의를 비판해야 했는데, 엉뚱하게 돈과 기술을 비판했던 것이다.

오스발트 슈펭글러Oswald Spengler는 1923년 논란의 대상이 된 베스트셀러 《서구의 몰락》에서 "낙관주의는 비겁하다"고 꾸짖었다. 그는 자신에게 귀를 기울이는 독자들에게 한 세대에 걸쳐 신비주의적 산문을 들려주었다. "서구의 파우스트적인 세계는 곧 바빌론과 로마처럼 점차 쇠퇴의 길을 걷기 시작할 것이다. 마침내 독재적인 카이사르주의가 지배하고 피가 돈을 상대로 한 전쟁에서 승리를 거둠에 따라 그렇게 될 것이다." 카이사르주의는 이탈리아, 독일, 러시아, 스페인에서 정말로 자본주의의 폐허 위에서 발흥해 수백만 명을 살해하기에 이르렀다.

1940년이 되자 민주 체제를 유지하고 있는 국가는 열두 나라 정도에 불과했다. 1914~1945년에 걸친 두 차례의 세계대전은 끔찍했지만, 그럭저럭 살아남은 사람들의 수명이 늘고 건강이 개선되는 것을 막지는 못했다. 1950년까지 반세기 동안 유럽인들의 수명, 부, 건강은 전쟁에도 불구하고 그 전의 어느 시대보다 빠르게 개선되었다.

우리는 정말 악화일로를 달리고 있나?

제2차 세계대전 후 콘라트 아데나워Konrad Adenauer가 이끄는 서독인들을 필두로 유럽인들은 미국을 열정적으로 본받아 자유기업의 길로 나아갔다. 1950년 이후 황금시대의 여명이 밝아왔다. 희망(대부분의 사람에게), 번영(많은 사람에게), 레저(젊은이에게), 진보(기술적 변화의 가속화라는 형태로)의 황금기 말이다.

비관주의자들은 사라졌을까? 모든 사람이 즐거워했을까? 제기랄, 그들은 여전히 존재했다. 조지 오웰이 비관주의를 띄워올렸다. 1942년의 에세이에서는 기계시대의 정신적 공허를 불평했고, 1948년의 저서에서는 미래의 전체주의를 경고했다.

20세기 후반의 특징은 절망적 예언이 봇물을 이뤘다는 것이다. 그 규모는 전례 없는 것이었다. 파멸이 잇따라 예고됐다. 핵전쟁, 오염, 인구 과잉, 기근, 질병, 폭력, 그레이 구(grey goo, 자기증식을 거듭해 지구를 삼켜버리는 나노 분자의 재앙 - 옮긴이), 기술의 복수(2000년이 되면 컴퓨터가 연도 표시를 할 수 없어 결국 민간 부문의 대혼란이 일어날 것이다. 기억나십니까?)……

1992년 리우데자네이루에서 열린 유엔회의에서 세계의 지도자들이 사인한 600쪽 분량의 장송곡 〈어젠더21〉의 첫머리를 보자. "인류는 결정적인 역사적 순간을 맞이하고 있다. 우리는 많은 문제에 직면해 있다. 국가 내 불평등과 국가 간 불평등은 영속화되고 있으며 빈곤, 기아, 건강, 문맹 문제는 악화되고 있다. 우리의 행복이 걸려 있는 생태계도 지속적으로 나빠지고 있다."

그 후 10년간 빈곤, 기아, 건강이상, 문맹은 역사상 가장 빠른 속도로 줄어들었다. 1990년대 빈곤 인구는 절대수치로 보나 상대적 비율로 보나 줄어들었다. 하지만 그랬던 1990년대조차 "선진 자유주의 사회의 지식계층이 분출시킨 자기회의, 심지어 자기혐오"로 특징지어졌다. 찰스 리드베터Charles Leadbetter의 표현이다. 그의 주장에 의하면 "근심과 공포를 느껴야 한다고 사람들을 설득하는 암묵적 동맹"이 적대 파벌 간에 형성됐다. 반동주의자와 급진주의자, 과거를 그리워하는 귀족과 종교적 보수주의자, 환경근본주의자들과 분노한 무정부주의자가 손을 잡았다. 개인주의, 기술, 세계화가 우리를 곧장 지옥으로 떨어지는 길로 인도하고 있다는 것이 이들의 공통된 주장이다.

"정체停滯를 갈망하는 사회비평가들, 수십년간 서구정신을 형성해온 이들(버지니아 포스트렐Virginia Postrel의 표현이다)"은 새것에 대해 폭언을 퍼부으며 안정을 간절히 원했다. 이들은 변화의 속도에 겁을 집어먹었다. 그리고 고귀한 지식계층이라는 신분이 약화되는 데 대해 두려움을 느꼈다.

부유한 환경주의자 에드워드 골드스미스Edward Goldsmith는 다음과 같이 탄식했다. "사람은 자신이 그 일부를 이루는 사회 및 생태계의 온전성과 안정성 유지에 필요한 제한 사항을 준수해야 한다. 현대인이 분열되고 불안정해지기 시작한 것은 이를 지키는 데 실패했기 때문이다." 영국 황태자의 표현에 따르면, 번영의 대가는 "자연세계의 리듬 및 흐름과의 조화를 점차 상실하는 것"이었다.

오늘날 비관주의자들이 울리는 북소리는 시끄러운 소음이 되었다. 요즘 세대는 역사상 그 어느 세대보다도 평화, 자유, 레저, 교육, 의약, 여행, 영화, 휴대전화와 그 메시지를 더 많이 누리고 경험한 세대다. 그런데도 이들은 기회가 있을 때마다 어둠을 덥석 받아들이고 있다.

최근 나는 공항 서점의 시사코너 앞에 멈춰서서 책장을 들여다보았다. 놈 촘스키Noam Chomsky, 바버라 에렌라이히Barbara Ehrenreich, 앨 프랭큰Al Franken, 앨 고어Al Gore, 존 그레이, 나오미 클라인Naomi Klein, 조르주 몽비오George Monbiot, 마이클 무어Michael Moore의 책들이 꽂혀 있었다. 정도의 차이는 있지만 모두 '(a) 세상은 끔찍한 곳이다, (b) 세상은 점점 나빠지고 있다, (c) 주로 상업의 죄다, (d) 어떤 전환점에 도달했다'는 내용을 담고 있다. 낙관적인 책은 단 한 권도 없었다. 심지어 좋은 소식조차 나쁜 뉴스처럼 제시된다.

반동주의자와 급진주의자는 '과도한 선택권'은 심각하고 현존하는 위협이라는 데 의견의 일치를 보인다. 슈퍼마켓에 있는 1천 종의 물품은 그 하나하나가, 당신의 예산은 제한돼 있다는 점과 당신의 수요를 모두 충족시키기는 불가능하다는 점을 환기시킨다는 것이다. 이런 물품들을 대하는 것은 혼란스럽고 부패한 것이라고 그들은 말한다. "소비자들은 상대적으로 사소한 수많은 선택권 앞에서 당황한다"고 말한 심리학 교수도 있다.

이 같은 인식은 허버트 마르쿠제Herbert Marcuse로부터 시작되었다. 생활수준의 지속적인 하락에 의한 '무산자의 궁핍화'라는 마르크스의 개념을 그는 거꾸로 뒤집었다. 자본주의는 노동자계급에 과도한 소비를 강요한다고 주장했다. 이런 주장은 학술 세미나에서 반향을 불러일으켜 청중의 고개를 끄덕이게 한다. 하지만 실제 세상에서 이는 완전히 쓰레기 같은 소리다. 동네 대형 백화점에서 선택의 불가능성 때문에 비참해진 사람을 나는 보지 못했다. 사람들은 자신이 살 물품을 잘 고르고 있다.

문제를 일으키는 부분적 원인은 향수다. 기원전 8세기 그리스의 황금시대에도 시인 헤시오도스는 그 전의 잃어버린 황금시대에 대한 향수를 표현했다. 사람들이 "많은 좋은 것과 함께 자신들의 땅에서 편안하고 평화롭게 거주하던" 시대 말이다. 구석기시대 이래 자식 세대의 무기력함을 개탄하고 과거의 황금빛 영광을 경배하지 않은 세대는 아마도 전혀 없을 것이다.

현대인들은 문자 메시지와 이메일이 주의 집중 시간을 단축시킨다고 끊임없이 한탄한다. 그 기원은 필기가 암기력을 해친다고 개탄했던 플라톤에게까지 이어진다.

한 시사해설가는 "요즘 젊은 층"은 천박하고 이기적이며 버릇이 없고, 걷잡을 수 없는 나르시시즘으로 가득 찬, 아무짝에도 쓸모없는 놈들이며 주의 집중을 잠깐씩밖에 못한다고 말한다.

또 다른 해설가는 젊은이들이 사이버공간에서 너무 많은 시간을 보낸다고 비판한다. 이 공간에서 그들의 회색 물질(뇌)은 도덕적 책임감, 상상력, 결과에 대한 자각을 박탈하는 일종의 인식 고엽제에 의해 화상을 입고 메말라버린다는 것이다.

당연히 어느 세대에나 천한 놈과 괴짜가 있기 마련이다. 하지만 오늘날 젊은이들이 보여주는 행태는 다른 어느 세대와도 다르지 않다. 자선행사에서 자원봉사를 하고 기업을 창업하며 친척을 돌보고 일하러 나간다. 어쩌면 이전 세대보다 더 많이 그렇게 하고 있는지도 모른다.

이들이 컴퓨터 화면을 들여다보는 것은 대개 복잡다단한 사회적 활동에 빠져들기 위해서다. 2004년 처음 발매됐을 때 열흘 만에 100만 카피 넘게 팔린 컴퓨터게임 심스2를 보자. 플레이어들(흔히 소녀들이다)이 가상의 인물들로 하여금 복잡하고 현실적이며 매우 사회적인 삶을 살게 한 뒤, 친구들과 이에 대해 채팅하는 프로그램이다. 뇌가 화상을 입고 말라죽을 일은 별로 없다.

정신분석학자 애덤 필립스Adam Phillips는 다음과 같이 믿는다. "기업문화라는 말을 과로, 고민, 고립의 삶이라는 뜻으로 받아들이는 영국인과 미국인이 점점 많아지고 있다. 경쟁이 최고의 가치로 군림한다. 심지어 어린아이들도 서로 경쟁하도록 내몰리고 있으며 그 결과 병에 걸린다." 그에게 전해줄 소식이 있다. 어린아이들은 현대의 자유시장 체제에서보다 과거의 산업, 봉건, 농경, 신석기 혹은 수렵채집 사회에서 더 많이 혹사당하고 병에 걸렸다.

소위 '자연의 종말'은 어떨까? 빌 매키벤Bill McKibben이 1989년 출간한 이 제목의 베스트셀러는 전환점이 가까이 왔다는 장송곡을 울린다. "우리는 부지불식간에 그 같은 변화의 문턱을 이미 넘어섰다. 우리는 자연이 종말을 고하는 지점에 와 있다. 그렇다고 나는 믿는다."

혹은 '다가오는 무법천지'는 또 어떤가? 1994년 로버트 카플란

Robert Kaplan이 월간《애틀랜틱》에 기고한 글이다. 당시 많은 토론의 대상이 되었고 나중에 책으로 나와 베스트셀러가 됐다. 기고문에서 그는 "인류가 어떻게 전환점에 도달했고 자원 부족, 범죄, 인구 과밀, 부족주의, 질병이 지구상의 사회구조를 어떻게 급속히 파괴하고 있는가"에 대해 말하고 있다. 그러나 이런 주장을 펴면서 제시한 증거는 보잘것없다. 그 핵심은 서부 아프리카의 도시지역이 빈곤하고 건강하지 못하며 위험한 무법지대라는 점을 그가 발견했다는 데 불과하다.

아니면 '도둑맞은 미래'는? 이 제목으로 1996년에 출간된 책은 다음과 같은 주장을 담고 있다. "정자 수는 줄고 유방암은 늘고 있으며, 뇌는 기형이 되어가고, 물고기들은 성별이 달라지고 있다. 이 모두가 인체의 호르몬 균형을 변화시키는 '내분비 교란 물질'인 합성 화학물질 때문이다." 다른 때와 마찬가지로 이번에도 공포는 크게 과장된 것으로 드러났다. 정자 수는 줄지 않았으며 내분비 교란으로 인간의 건강이 상당히 영향을 받는다는 증거는 아직 발견되지 않았다.

1995년 다른 면에서는 훌륭한 과학자이자 저술가인 재레드 다이아몬드Jared Diamond가 비관주의의 주문에 걸려 다음과 같이 장담했다. "내 어린 아들이 은퇴 연령에 이를 때면 생물종의 절반은 멸종되고 공기는 방사성을 띠며 바다는 기름으로 오염돼 있을 것이다." 그의 아들을 안심시켜주고 싶다. 멸종은 끔찍한 일이긴 하지만 아버지의 장담에는 크게 못 미치는 수준이라고. 설사 윌슨E. O. Wilson의 과도한 비관주의적 추정에 따르더라도 그렇다. 그의 말대로 매년 27,000종이 사라지고 있다고 치자. 그래도 비율로 따지면 한 세기에 2.7퍼센트에 불과하다(전체 생물종은 적어도 1,000만 종이 넘는 것으로 생각되고 있다).

다이아몬드의 다른 염려도 마찬가지다. 추세는 나빠지는 것이 아니라 좋아지고 있다. 핵실험과 핵사고로 인해 그의 아들이 오늘날 쬐는 방사선 양은 1960년대 초반 그가 쬐었던 양의 10퍼센트에 지나지 않는다. 그리고 어쨌든 자연에서 나오는 배경 방사선의 1퍼센트에도 못 미친다. 바다에 유출되는 기름의 양은 그의 아들이 태어나기 전부터 계속 줄고 있었다. 1980년 이래 지금까지 90퍼센트 감소했다.

통계를 기반으로 교묘하게 종말을 주장하는 이론도 있다. 마틴 리스Martin Rees의 책《우리의 마지막 세기》에 등장하는 리처드 고트 Richard Gott의 주장이 그렇다. "나는 이 행성에 사는 약 600억 번째 사람이다. 이를 감안하면 나는 인간종이 브로드웨이 극장에서 차례로 공연에 나온다고 볼 때 중간쯤에 등장하는 인물이라고 믿는 것이 타당하다. 상영 예정 기간 100만 년의 초창기에 등장하는 인물이라기보다는 말이다." 당신이 항아리에서 번호를 하나 뽑았는데 60이라는 숫자가 나왔다면 항아리 안에 있는 숫자는 1,000개라기보다는 100개일 가능성이 더 크다고 결론을 내릴 것이다. 그러므로 우리는 불행한 결말을 맞을 운명이라는 것이다.

하지만 나는 수학적 비유의 힘으로 비관주의자의 생각을 바꿀 의도는 없다. 어쨌든 지구상의 600억 번째 인물과 600만 번째 인물이 정확히 똑같은 주장을 할 수 있을 테니까.

비관주의는 언제나 흥행 실적이 좋았다. 비관주의자는 그레그 이스터브룩Greg Easterbrook이 "삶이 좋아진다는 믿음에 대한 집단적 거부"라고 부른 것이 시키는 대로 행동한다. 하지만 사람들이 자신들의 삶에는 이를 적용하지 않는다는 점은 무척 흥미롭다. 사람들은 자신들이 실제보다 더 오래 살고, 결혼을 더 오래 유지하며, 여행을 더 많이 할 거라고 추정하는 경향이 있다. 미국인의 약 19퍼센트는 자신들의 소득이 상위 1퍼센트에 들어간다고 믿는다.

이렇게 개인으로서는 낙관하는 사람들이 사회에 대해서는 비관한다는 사실이 각종 조사에서 일관성 있게 드러나고 있다. 데인 스탱글러Dane Stangler는 이를 "우리 모두에게 해당하는, 부담스럽지 않은 형태의 인지부조화"라고 부른다.

사회와 인류의 미래를 어둡게 전망하는 것은 인간의 자연스러운 성향이다. 이는 인간에게 위험을 회피하는 성향이 있다는 사실과도 들어맞는다. 사람들이 일정액의 돈을 잃는 것을 본능적으로 싫어하는 정도는 같은 액수를 따는 것을 좋아하는 정도보다 훨씬 크다. 이는 수많은 문헌이 확인해주는 사실이다.

그리고 비관 유전자는 낙관 유전자보다 문자 그대로 더 흔할지도 모른다. 세로토닌 전달 유전자의 긴 쪽 버전을 둘 다 가진(동형접합) 사람은 약 20퍼센트밖에 안 된다. 이 유전자는 사람들에게 밝은 쪽을 보는 유전적 성향을 부여하는 것 같다(위험을 감수할 용의는 낙관주의와 관련이 있을 가능성이 있는데, 이 또한 부분적으로 유전성이 있다. DRD4 유전자의 7회 반복 버전은 남성이 금융 위험을 감수하려는 성향의 20퍼센트를 설명한다. 그리고 대부분의 국민이 이민 출신인 나라에서 더 흔하게 발견된다). 한 국가에서 국민들이 점점 더 고령화되면 어떤 현상이 일어날까? 점점 더 새것을 혐오하고 비관적이 된다.

비관주의는 막대한 기득권도 가지고 있다. 세상이 점점 좋아진다고 말하면서 기금을 모으는 자선단체는 없다. 기자의 경우도 마찬가지다. 오늘날 재앙이 일어날 가능성이 줄어든 연유에 대해 쓰고 싶다고 에디터에게 말해서 1면을 배정받은 기자는 없다. 좋은 뉴스는 뉴스가 아니다. 그래서 언론의 확성기는 다가오는 재앙을 그럴싸하게 경고할 수 있는 정치인, 언론인, 운동가들의 수중에 들어가 있는 것이다. 그렇기 때문에 이익단체와 그들의 고객인 언론인들은 심지어 가장 신나는 통계에서조차 파국의 희미한 불빛을 찾고자 무진 애를 쓰는 것이다.

이 문단의 첫 번째 초고를 쓰던 날, BBC 아침뉴스에서 첫머리로 보도한 연구 결과를 보자. 영국 내 젊은이들과 중년 여성의 심장병 발병률 "하락세가 멈췄다"는 것이었다.

다음 중 뉴스가 아닌 것에 주목하라. "모든 연령대의 여성에게서 심장병 발병률은 최근까지 급속히 떨어지고 있었다. 남성들의 발병률은 지금도 떨어지고 있다. 그리고 방금 발병률의 '하락세가 멈춘' 연령대의 여성들도 발병률이 올라가지는 않고 있다." 그런데도 모든 논의의 초점은 이 '나쁜' 뉴스에만 맞춰져 있었다.

〈뉴욕 타임스〉도 마찬가지다. 2009년까지 10년간 지구 온도가 높아지지 않았다는 마음 놓이는 소식을 어떻게 보도했을까? "기온이 안정돼서 해결책을 찾는 과업이 더 어려워지고 있다."

종말론 중독자들(apocaholics, 개리 알렉산더Gary Alexander의 표현이다. 그는 스스로를 중독에서 회복 중인 환자라고 부른다)은 인간 본성의 타고난 비관주의를 이용해 이득을 취한다. 이들은 모든 사람이 지닌 천성적 반동 성향을 활용한다. 지난 200년간 모든 톱뉴스는 비관주의자들이 장식했다. 낙관주의자들이 옳은 경우가 훨씬 많았는데도 말이다. 주요 비관주의자들은 환대를 받고 영광을 누렸다. 과거의 실수를 추궁당하는 일이 없었던 것은 물론이고, 도전을 받는 일조차 거의 없었다.

우리는 비관주의에 조금이라도 귀를 기울여야 할까? 분명히 그렇다. 1990년대 초반 잠깐 공포를 일으켰던 오존층 문제를 보자. 인류는 염화불화탄소를 금지함으로써 자신과 스스로의 환경에 은혜를 베풀었다. 극지방의 오존층을 뚫고 추가로 들어오는 자외선의 양은 적도 지방 사람들이 평소 쬐는 양의 500분의 1에도 못 미친다 하더라도 말이다. (또한 새로운 이론에 따르면) 남극 오존층에 구멍을 만드는 데는 염소보다 우주선(宇宙線, 우주에서 지구로 쏟아지는 입자들 - 옮긴이)이 더 큰 역할을 한다 해도 말이다. 트집은 그만 잡기로 하자. 그래도 이 경우 대기에서 염소를 몰아낸 것은, 모든 것을 감안할 때 올바른 행동이었다. 인간의 복지에 끼친 악영향도 무시할 정도는 아니지만 작았다.

그리고 실제로 점점 나빠지는 것들도 분명히 존재한다. 그중 큰 것을 두 개 꼽자면 교통체증과 비만이다. 하지만 둘 다 풍요의 산물이다. 우리의 선조들은 음식과 교통수단이 그토록 풍부한 게 나쁜 일이냐며 비웃을 것이다.

비관주의자들의 경고가 지나치게 무시당한 사례도 많다. 당장 생각나는 대로 꼽아보더라도 히틀러, 마오쩌둥, 알카에다, 서브프라임 모기지를 우려하는 목소리를 귀담아들은 사람은 너무 적었다.

하지만 비관주의는 공짜가 아니다. 만일 어린이들에게 앞으로 세계는 나빠질 수밖에 없다고 가르친다면, 아이들은 그것이 사실이 아니도록 만들려는 노력을 열심히 하지 않을 것이다.

1970년대 나는 영국의 10대였다. 내가 읽는 모든 신문은 석유가 고갈되고 화학물질로 인한 암이 대규모로 퍼지고 식량은 부족해지고 빙하시대가 다시 도래하고 있다고 말하고 있었다. 그뿐만이 아니다. 영국 경제가 상대적으로 침체하는 것은 불가피하며 절대적인 침체에 빠질 가능성도 적지 않다고 했다.

하지만 1980년대와 1990년대 영국은 갑작스러운 호황과 경제 성장을 누렸다. 건강, 수명, 환경이 좋아진 것은 말할 것도 없다. 이 모든 현상은 나에게 큰 충격으로 다가왔다. 스물한 살 때 나는 깨달았다. 인류의 미래에 대해 뭔가 낙관적인 것을 말해준 사람은 아무도 없었다는 것을. 책에서건, 영화에서건, 심지어 선술집에서건 말이다. 어쨌든 그 후 10년간 고용, 특히 여성 고용이 늘었고 건강은 개선되고 수달과 연어가 지역의 강으로 돌아왔고 공기 질도 나아졌으며 지방 공항에서 출발하는 값싼 이탈리아 노선이 생겼고 전화는 휴대하게 되었으며 슈퍼마켓에는 더 싸고 품질 좋은 식품이 점점 더 많이 쌓였다.

나는 화가 났다. 세상이 훨씬 나아질 수 있다고 가르치거나 말해준 사람은 어째서 아무도 없었는가. 웬일인지 나는 낙담하라는 충고만 들었다. 오늘날 내 아이들도 그렇다.

암의 대유행

지금쯤 우리 세대의 인류는 합성 화학물질이 유발한 암으로 인해 파리 목숨처럼 죽어나가고 있어야 한다. 1950년대 후반부터 후손들을 향한 경고가 이어지지 않았던가. 합성 화학물질이 머지않아 암을 만연시킬 것이라고 말이다.

미국 국립 암연구소의 환경성 암 연구팀장 빌헬름 휘퍼Wilhelm Hueper는 합성 화학물질에 아주 미량이라도 노출되면 암 발병 위험이 대단히 커진다고 믿었다. 이런 확신이 너무나 큰 나머지 그는 심지어 흡연이 암을 유발한다는 사실조차 믿기를 거부했다. 폐암은 공기오염에서 비롯된다고 믿었기 때문이다.

휘퍼의 영향을 받은 레이철 카슨은 1962년《침묵의 봄》을 출간해 독자들을 공포에 질리게 했다. 합성 화학물질, 특히 살충제 DDT가 인류의 건강에 막대한 위험을 끼친다는 것이었다. 어린이 암이 드물었음에도 불구하고 그녀는 다음과 같이 썼다. "오늘날 미국의 학령 아동들은 다른 어떤 질병보다 암으로 많이 죽는다." 이것은 실제로는 통계적 책략에 불과하다. 말은 맞다. 하지만 이는 어린이 암이 증가하고 있어서가 아니라(정말 그렇지 않다) 다른 사망 원인이 빠르게 감소하고 있었기 때문이다. 그녀는 DDT가 "한 세대 만에 인구의 사실상 100퍼센트를 암으로 쓸어버리는" 원인이 될 것으로 예상했다.

서구의 한 세대 전체가 카슨이 경고한 암의 대유행이 자신들을 덮칠 것으로 예상하며 자랐다고 해도 지나친 과장은 아닐 것이다. 나도 그중 한 명이었다. 학교에서 내가 병이 들어 일찍 죽을 것이라고 배웠을 때 정말 겁이 났다. 카슨과 그 사도들의 영향을 받은 나는 생물학적 프로젝트를 수행하기 시작했다. "교외를 걸어다니면서 죽어가는 새들을 주워모아 그 암을 진단하고 결과를 출판하리라." 별로 성공하지 못했다. 사체를 하나 발견하긴 했는데 전력선에 부딪혀 죽은 백조였다.

1971년 환경운동가 폴 에를리히는 다음과 같이 썼다. "1945년 이후 태어난 사람들, 그래서 출생 전부터 DDT에 노출됐던 사람들의 기대수명은 DDT가 아예 없었을 경우에 비해 짧을 가능성이 있다. 사실 여부는 이들 중 첫 세대가 40대와 50대에 이르러야 알 수 있겠지만 말이다." 나중에 그는 더 구체적인 전망을 내놓았다. "1980년이 되면 암이 만연해서 미국인의 기대수명은 42세로 줄어들 것이다."

실제로는 어떤 일이 일어났을까? 암 발생률(폐암 제외)과 암으로 인한 사망률 모두 꾸준히 떨어졌다. 1950~1997년 16퍼센트 줄었다. 그 후에는 하락 속도가 더 빨라졌다. 심지어 폐암도 흡연이 줄어들면서 이 대열에 합류했다. 1945년 이후 출생자들의 기대수명은 기존 기록을 경신했다.

그렇다면 합성 화학물질이 유발한 암이 유행병처럼 광범위하게 퍼져 있지는 않을까? 아니다. 1960년대 이래 많은 과학자가 끈질기게 열성적으로 이를 추적했지만 모두 완전한 헛수고로 끝났다. 1980년대 역학자疫學者 리처드 돌Richard Doll과 리처드 피토Richard Peto의 연구에서 내려진 결론은 다음과 같다. 나이를 보정한 암 발생률은 떨어지고 있다. 암의 주요 원인은 흡연, 감염, 호르몬 불균형, 균형 잡히지 않은 식사다. 화학물질 오염 때문에 발생한 암은 전체 암의 2퍼센트 미만이다.

수많은 환경운동이 성장하는 토대를 제공했던 전제(오염을 없애면 암이 줄어들 것이다)는 틀린 것으로 드러났다. 1990년대 후반 브루스 에임스Bruce Ames가 입증한 사실은 유명하다. "양배추에는 49종의 천연 살충제가 들어 있는데, 이중 절반 이상이 발암물질이다. 커피 한 잔에는 당신이 1년 동안 접하는 식품의 잔류 살충제보다 훨씬 많은 화학적 발암물질이 들어 있다."

이는 커피가 위험하다거나 오염됐다는 뜻이 아니다. 커피에 들어 있는 천연 화학물질은 거의 모두가 발암물질이지만, 그 양은 너무 적어서 병을 유발하지 않는다는 말이다. 잔류 살충제도 이와 마찬가지다. 에임스는 말한다. "우리는 암 이야기를 넣은 관 뚜껑에 못을 100개나 박았다. 그런데도 관에서 빠져나와 되돌아오는 일이 반복된다."

예컨대 DDT를 보자. 말라리아와 발진티푸스의 유행을 막는 데 놀라운 능력을 발휘한 살충제다. 1950년대와 1960년대에 매년 5억 명의 생명을 구한 것으로 추정된다(미국 과학아카데미에 따르면 그렇다). 이는 인류의 건강에 미친 모든 부정적 효과를 크게 상회하는 긍정적 효과다. DDT 사용 중단은 스리랑카, 마다가스카르를 비롯한 많은 나라에서 말라리아가 되살아나게 만들었다.

물론, DDT는 실제 그랬던 것보다 더 조심스럽게 사용되었어야 했다. 이전의 살충제들(비소를 원료로 한 것이 많다)보다 조류에 대한 독성이 훨씬 덜하기는 하지만 파괴적인 능력을 실제로 지니고 있었다. 동물의 간에 축적되기 때문이다. 따라서 긴 먹이사슬의 최정상에 위치하는 독수리, 매, 수달 같은 포식자들을 무더기로 죽일 수 있다.

잔류 기간이 이보다 짧은 화학 살충제를 대신 쓰기 시작한 지 수십 년이 지나면서 수달, 대머리독수리, 송골매의 수가 다시 늘어 상대적으로 풍부해졌다. 다행히 DDT의 후계자인 요즘의 피레드린계 살충제는 잔류와 축적이 되지 않는다. 게다가 DDT를 말라리아모기만을 겨냥해서 조금만 사용하는 방법도 있다. 예컨대 실내의 벽에 뿌리는 것이다. 그러면 야생 생물에 나쁜 영향을 주지 않는다.

핵 아마겟돈

냉전 기간 중에는 핵 비관주의자가 될 이유가 충분했다. 핵무기 비축, 베를린과 쿠바에서의 동서 대결, 일부 군 지휘관들의 열광적인 수사학. 역사상 대부분의 군비 경쟁이 어떤 종말을 초래했는지를 감안하면 냉전이 매우 뜨거운 열전으로 바뀌는 것은 오로지 시간문제로 보였다.

당시 당신이 다음과 같은 내용을 믿는다고 말했다면 어떻게 되었을까? "상호 확증 파괴 능력 때문에 초강대국 사이의 직접적인 전면전은 일어나지 않을 것이다. 냉전은 종식될 것이다. 소비에트제국은 해체될 것이다. 세계의 군비 지출은 30퍼센트 줄어들고 모든 핵미사일의 4분의 3이 해체될 것이다." 아마도 전혀 고려할 가치 없는 바보 같은 소리라는 말을 들었을 것이다.

그레그 이스터브룩은 다음과 같이 말했다. "후세의 역사가들은 핵무기 감축을 너무나 놀랄 만한 업적으로 받아들일 것이다. 그래서 당시를 돌아보면서 기이하게 여길 것이다. 실제로 진행되고 있을 때 왜 그렇게 주목을 끌지 못했는가 하고 말이다."

핵 감축은 단지 운이 좋았던 덕분일지 모른다. 아직도 위험이 아주 사라진 것과는 거리가 멀다는 점은 의문의 여지가 없다(특히 한

국과 파키스탄 국민들에게 그렇다). 하지만 그럼에도 불구하고 세상이 좋아졌지 나빠지지 않았다는 점은 주목할 만하다.

세계적 기근

인류의 숙명을 비관하는 가장 진부한 근거 중 하나는 식량이 떨어질 것이라는 우려다.

1974년 저명한 환경 비관주의자 레스터 브라운은, 전환점이 도래했으며 농부들은 "늘어나는 수요를 더 이상 감당할 능력이 없다"고 예측했다. 그렇지 않았다.

1984년에는 "식량 생산과 인구 증가 간의 차이는 지금도 작은데 계속 줄어들고 있다"고 주장했다. 또 틀렸다.

1989년에는 "인구 증가는 농부들이 감당할 능력을 넘어섰다"고 했다. 아니었다.

1994년에도 또 주장했다. "식량과 인구 사이의 불균형이 점점 커지고 있다. 인류가 이렇게 분명한 대규모 위기와 맞닥뜨린 일은 과거에 거의 없었다." "40년간 기록적으로 식량 생산이 증가한 뒤끝에 1인당 생산량은 예상치 못하게 갑자기 역전됐다(전환점에 도달했다)." 그렇기는커녕 대풍년이 이어졌다. 밀 값은 기록적으로 떨어졌고 그 수준으로 10년간 유지됐다.

그러다가 2007년 밀 가격이 두 배로 뛰었다. 원인은 중국의 번영과 호주의 가뭄에 있었다. 또한 바이오연료를 더 많이 재배하라는 환경주의자들의 압력도 한몫했다. 득표용 선심 사업을 하는 미국 정치인들이 기꺼이 여기에 부응해 에탄올 제조업자들에게 보조금을 흘려보낸 것도 일조했다.

레스터 브라운은 다시 한 번 언론의 확실한 총아로 떠올랐다. 그의 비관주의는 30년 전과 마찬가지로 확고했다. "값싼 식량은 이제 역사 속의 옛일이 될지도 모른다." 바야흐로 전환점에 도달했다는 것이다. 다시 한 번 틀렸다. 기록적인 풍작이 뒤따랐고 밀 가격은 반 토막 났다.

세계적 기근에 대한 예측은 역사가 길다. 하지만 1967년과 1968년에는 종말론 중독적인 목소리가 가장 크고 날카롭게 울려퍼졌다. 두 권의 베스트셀러가 큰 역할을 했다.

첫 번째 책은 윌리엄 패독과 폴 패독 William and Paul Paddock의 《기근, 1975!》다. '인구와 식량의 충돌은 필연이다. 미리 정해진 운명이다'가 첫 장의 제목이다. 이들은 심지어 아이티, 이집트, 인도는 구제 불능이니 굶주리도록 내버려둬야 한다고 주장하는 데까지 나아갔다. 세계의 구호 노력은 베르됭 부상병 분류 원칙에 따라 덜 절망적인 사례들에 집중돼야 한다는 것이었다. 그런데 1975년이 되었지만 세계는 아직 굶주리지 않고 있었다. 이해 윌리엄 패독은 인구 증가율이 높은 나라들의 식량 생산을 늘리기 위한 연구 프로그램을 중단하라고 요구했다. 마치 스스로의 예측을 실현시키려고 한 것처럼 보인다.

이듬해 나온 《인구 폭탄》은 더 대형 베스트셀러가 되었다. 염세적인 분위기도 훨씬 강했다. 그저그런 나비생태학자였던 폴 에를리히는 이 책 덕분에 맥아더천재상까지 수상한 환경운동의 권위자로 변신했다. 그는 전환점을 선언하면서 다음과 같이 단언했다. "1970

년대와 1980년대에 수억 명이 아사할 것이다. 지금 어떤 비상 프로그램을 발동한다고 해도 그렇다. 이미 너무 늦어서 어떤 수단을 써도 세계의 사망률이 상당히 높아지는 것을 막을 수 없다." 그리고 주장했다. "필연적인 대량 아사가 임박했으며 세계 인구는 20억 명으로 줄어들고 가난한 사람들은 더욱 가난해질 것이다." 그뿐 아니다. 인구 성장이 이미 둔화되고 있다고 보는 사람들은 12월의 약간 덜 추운 하루를 봄이 오는 신호라고 받아들이는 사람처럼 멍청하다고까지 비난했다. 이 책의 개정판에서는 당시 아시아의 농업 상황을 바꾸고 있던 녹색혁명이 "기껏해야 불과 10년이나 20년의 시간을 벌어줄 수 있을 뿐"이라는 주장을 추가했다.

40년 후 에를리히는 교훈(시기를 못박지 말라)을 배웠다. 그는 2008년 부인과 공저로 펴낸 《지배적 동물Dominant Animal》에서 또 한 번 '사망률의 불행스러운 증가'를 예언했다. 하지만 이번에는 언제라는 시기를 밝히지 않았다. 이전에 단언했던 대량 아사와 대대적인 암이 어째서 발생하지 않았는지에 대해서는 한 마디 언급도 없이, 인간 행복 시장의 맨 윗자리를 여전히 자신 있게 차지하고 있다. 그는 "인류의 긴 진화사는 우리의 의도가 아니라 행동 탓에 전환점을 맞고 있다. 세계 전체가 점차 이 같은 사실을 깨닫기 시작하는 것으로 보인다"고 주장했다.

내가 4장에서 설명한 이유로 기근은 대체로 역사 속의 옛일이 되었다. 아직도 기근을 겪는 다르푸르와 짐바브웨의 경우 책임은 인구압이 아니라 정부 정책에 있다.

자원의 고갈

세상의 역사는 멸종과 고갈, 혹은 이에 근접한 사례들로 가득하다. 매머드, 고래, 청어, 나그네비둘기, 스트로브잣나무 숲, 레바논삼나무, 구아노…… 모두 '재생 가능'하다는 점을 주목하라.

이와는 놀랄 만큼 대조적인 현상이 있다. 재생 불가능한 자원은 이제까지 단 한 가지도 고갈되지 않았다. 석탄, 석유, 가스, 구리, 철, 우라늄, 실리콘, 돌…… 널리 알려진 바와 같이 석기시대는 돌이 부족해서 끝난 것이 아니다.

경제학자 조지프 슘페터가 1943년에 쓴 글을 보자. "틀릴 가능성이 가장 작은 예측 가운데 하나는, 계산 가능한 미래에 우리가 식량과 원자재의 지나친 풍요 속에서 살게 되리라는 것이다. 덕분에 총 산출량이 아무 제약 없이 늘어날 것이고, 그것으로 무엇을 할지는 그때 우리가 알고 있을 것이다. 이는 광물자원에도 해당되는 말이다."

틀릴 가능성이 가장 작은 예측이 또 있다. 사람들은 언제나 천연자원이 고갈되고 있다고 경고할 것이라는 점이다. 1970년대 초반 월드3라는 이름의 컴퓨터 모델이 내놓은 예측이 얼마나 굴욕적인 실패로 판명되었는지를 보라. 월드3는 지구 자원의 지속 가능성을 예측하기 위한 모델이었다. 그 결과는 〈성장의 한계〉라는 보고서로 제시되었다. 저자는 '로마클럽'이라는 젠체하는 이름으로 되어 있었다.

보고서의 결론은 이랬다. 지수함수적인 이용 때문에 세계의 알려진 아연, 금, 주석, 구리, 석유, 천연가스 매장량은 1992년이 되면 고갈될 수 있으며, 이는 그 다음 세기의 문명과 인구의 붕괴를 초래할 수 있다.

〈성장의 한계〉는 엄청난 영향을 미쳤다. 학교의 교과서들은 그 예측을 앵무새처럼 되풀이했다. 거기 붙은 선제조건들은 빼버리고 말이다. "일부 과학자들의 추정에 따르면 현재 알려진 석유, 주석, 구리, 알루미늄 매장량은 당신의 생애 내에 모두 고갈될 것이다." 한 교과서의 서술이다. "정부는 화석연료 사용을 제한하는 법을 통과시켜서 고갈을 막아야 한다." 또 다른 교과서의 의견이다.

이것이 오류인 것은 기술적 변화의 속도와 규모, 그리고 세계를 다시 배열하는 새로운 비법의 창출을 극히 과소평가했기 때문이다. 이는 로마클럽의 대부인 공학자 제이 포레스터 Jay Forester가 인정한 바다.

1990년 경제학자 줄리언 사이먼은 환경론자 폴 에를리히와의 내기에서 이겨 576.07달러를 땄다. 사이먼은 다섯 가지 금속(에를리히가 골랐다)의 가격이 1980년대에 떨어질 거라는 데 내기를 걸었었다. 에를리히는 "욕심 많은 다른 사람들이 끼어들기 전에 사이먼의 놀라운 제안"을 받아들였었다.

석유 부존량, 세계 농경지의 식량 생산 능력, 심지어 생물권의 재생 능력도 고정된 수치가 아니다. 이것들은 인간의 창의력과 자연의 제한 사이에 이루어지는 상시적인 타협에 의해 형성되는 동적인 변수다. 이 역동성을 받아들인다는 것은, 후손들이 나쁜 세상을 방지하는 것이 아니라 좋은 세상을 만들 가능성에 마음을 열어놓는다는 의미다.

우리는 1960년대에는 몰랐지만 지금은 알고 있다. 건강, 식품 안전, 기대수명이 더 개선되고 있는 상태로 60억 명이 넘는 사람들이 지구에서 살 수 있으며 이것이 더 깨끗한 공기, 늘어나는 숲 면적, 코끼리 개체수의 상당한 급증과 양립할 수 있다는 것을 말이다. 1960년의 자원과 기술로는 60억 명을 부양할 수 없었을 것이다. 하지만 자원과 기술이 달라졌다.

  60억 명이 전환점일까? 70억 명? 80억 명? 유리섬유가 구리선을 대체하고, 전자가 종이를 대신하며, 대부분의 고용이 하드웨어보다 소프트웨어에 더 많이 관련된 시대에 상상력이 가장 정체된 사람들만이 그렇게 생각할 것이다.

공기오염

  1970년 《라이프》는 독자들에게 단언했다. "10년 내에 도시 거주자들은 공기오염에서 살아남기 위해 가스마스크를 써야 할 것이라는 '확고한 실험적·이론적 증거'를 과학자들이 가지고 있다. 1985년이 되면 지구에 도달하는 햇빛의 양은 공기오염 때문에 절반으로 줄어들 것이다."

  오염 방지 기술과 규제 덕분에 대기의 질이 급속히 향상됨에 따라 도시의 스모그와 기타 공기오염은 이와 같은 시나리오를 따르지 않았다. 그러자 1980년대 비관주의의 시나리오는 산성비로 옮겨갔다.

  이 에피소드의 역사는 자세히 알아볼 가치가 있다. 이후에 오는 지구 온난화 소동의 예행연습에 해당하기 때문이다. 당신이 자녀들의 교과서에서 읽을 수 있는 전통적인 이야기는 다음과 같다. "석탄을 때는 발전소가 뿜어내는 연기에서 주로 만들어지는 황산과 질산이 캐나다와 독일, 스웨덴의 호수와 숲에 떨어져 이들을 황폐화시켰다. 아슬아슬하게 때를 맞추어 방출을 제한하는 법이 통과되었고 생태계는 서서히 회복되었다."

1980년대에 연구비 냄새를 맡은 과학자들과 기부금 냄새를 맡은 환경주의자들이 합동으로 종말론적인 예측을 내놓았다. 1984년 독일 잡지 《슈테른》의 보도를 보자. "독일 숲의 3분의 1은 이미 죽었거나 죽어가고 있으며, 1990년이 되면 독일의 침엽수는 모두 사라져버릴 것이라고 연방 내무상이 예측했다." 모두! 베른트 울리히 Bernd Ulrich 교수는 독일의 숲을 살리기에는 이미 너무 늦었다고 말했다. "살릴 방도가 없어요."

대서양 반대편에서도 이와 똑같은 종말론적 예측이 나왔다. 미국 동부 연안의 숲 100퍼센트가 부자연스러운 속도로 죽어가고 있다는 것이었다. "블루리지 산맥의 봉우리들은 나무들의 무덤이 되어가고 있습니다." 한 식물병리학 교수의 말이다.

모든 호수의 절반이 위험할 정도로 산성화되고 있었다. 〈뉴욕 타임스〉는 '하나의 과학적 컨센서스'를 선언했다. "연구는 이제 그만! 지금은 행동할 시간이다."

실제로 일어난 일은 어땠을까? 역사를 보면 유럽 숲의 생물량이 1980년대에 실제로 늘었다는 것을 알 수 있다. 이때는 오염물질 방출을 제한하는 어떤 법도 통과되기 전이며, 통제를 받지 않는 산성비가 숲을 죽이고 있어야 할 시기였는데 말이다. 1990년대에도 생물량은 계속 증가했다. 스웨덴 정부는 결국 질산(일종의 비료)이 자국 숲의 총체적 성장률을 높였다고 인정했다. 유럽의 숲은 말라죽지 않았을 뿐 아니라 울창해졌다.

미국에서는 정부의 지원을 받은 공식 연구가 5억 달러의 비용을 들여 10년에 걸쳐 진행되었다. 700명의 과학자가 수많은 실험 끝에 발견한 내용은 이렇다. "산성비로 인해 미국이나 캐나다의 숲이 전반적으로, 혹은 이상하게 줄어들었다는 증거는 없다." "산성 물질 퇴적이 주요한 원인인 것으로 알려진 숲 축소 사례는 없다."

보고서의 저자 중 한 사람은 낙관적이어야 한다는 압력을 받았느냐는 질문을 받고 그 반대라고 말했다. "네, 정치적 압력이 있었습니다. 산성비는 환경적 재앙이 되어야 했지요. 실제 드러난 사실이 어떻든 상관없이 말입니다. 우리가 이 같은 주장을 뒷받침할 수 없었기 때문에…… 환경보호국은 우리가 연구 결과를 의회에 제공하지 못하게 하려고 애썼습니다."

진상은 다음과 같다. 1980년대 숲이 국지적으로 손상된 지역이 약간 있었다. 일부는 해충 때문이었고 나머지는 자연적인 노쇠나 식물간의 경쟁 탓이었다. 국지적 오염이 원인이었던 사례도 소수 있었지만, 산성비로 인해 숲이 대규모로 고사한 일은 없었다.

하지만 산성비 규제법이 아무런 역할도 하지 못했다고 결론짓는다면 잘못이다. 먼 곳의 발전소에서 방출한 물질이 산의 호수를 산성화시킨 것은 실제 있었던(상대적으로 드물었지만) 일이다. 법에 의해 이 현상은 실제로 역전됐다. 하지만 논쟁 과정에서 해악이 엄청나게 과장됐다. 공식 연구에 따르면, 호수의 50퍼센트는커녕 4퍼센트만이 영향을 받았다. 이중 일부 호수는 정화 후에도 산성이 지속됐다. 주변 암반의 화학적 조성이 원인이었다.

이 사례의 역사를 주의 깊게 읽어보면 다음과 같은 사실을 알 수 있다. 산성비는 상대적으로 적은 비용으로 대처할 수 있는, 국지적이고 사소한 말썽꾼이었다. 지구의 넓은 범위에 걸친 중대한 위협이 아니란 뜻이다. 극단적 비관주의자들이 정말 잘못 짚었다.

유전자

인간 유전학과 복제의학이 진보할 때마다 프랑켄슈타인적 종말 예측이 마중을 나왔다. 1970년대 박테리아의 유전자를 조작하려는 첫 시도는 연구 중단과 금지 조치로 이어졌다. 운동가 제러미 리프킨Jeremy Rifkin은 생명공학이 "모든 점에서 핵 대량 학살과 한 치도 다름없이 치명적인 멸절의 한 형태"를 야기할 위험이 있다고 말했다. 하지만 실제로 나온 것은 당뇨병과 혈우병 환자들의 생명을 구하는 치료법이었다.

곧이어 체외 수정의 선구자인 로버트 에드워즈Robert Edwards와 패트릭 스텝토Patrick Steptoe는 동료 의사들까지 포함해 모든 진영으로부터 비방을 받았다. 소위 위험한 실험을 했다는 이유로 말이다. 1978년 루이즈 브라운(Louise Brown, 세계 최초의 시험관아기-옮긴이)이 태어나자 교황청은 "인류에게 매우 심각한 결과를 초래할 수 있는 사건"이라고 표현했다. 하지만 그들의 발명은 우생학적으로 남용되지 않았고, 수많은 무자녀 커플에게 진정한 행복을 가져다주었다.

2000년 인간 유전자 배열이 해독되자, 비관주의가 곧 그에 대한 해설을 지배했다. 일부에서는 한탄했다. "사람들은 자기 자녀들의 유전자에 손을 댈 거야." 그렇다. 하지만 흑내장성 백치나 헌팅턴 무도병 같은 끔찍한 유전병을 물려주지 않기 위해 하는 일이다. 신음소리를 내는 이들도 있었다. "질병을 예측할 수 있게 되면 건강보험 자체가 불가능해질 거야." 하지만 건강보험료가 그렇게 비싼 이유는 누가 병에 걸릴지 예측할 수 없다는 바로 그 점 때문이다. 따라서 병을 예측하고 예방할 수 있게 되면 보험료는 일부 줄어들 것이다.

또 다른 사람들은 비탄에 잠겨 말했다. "진단 능력이 치료법을 크게 앞지르겠지. 사람들은 자신의 숙명을 알면서도 고칠 방법은 알 수 없을 거야." 하지만 일단 발병 소인이 밝혀졌는데도 모종의 예방적 개입이 불가능한 질병은 극히 드물다. 그리고 소인을 알려주는 것은 지금이나 앞으로나 희망자에 한한다. 이로부터 몇 년 지나지 않아 비관주의자들은 유전적 통찰력이 너무 늦게 등장한다고 불평했다. 설상가상이라고 하지 않을 수 없다.

악성 전염병

1990년대 후반 종말론의 근거 중 인기 있었던 것은 전염성 질병의 부활론이었다. 성적으로 전염되는 신종 불치병 에이즈와 병원 박테리아의 항생제 내성 증가 문제다. 두 가지가 한 세트로 공포의 진정한 원인을 제공했다. 뿐만 아니라 더욱 치명적인 그 다음 역병을 찾는 유행에 불을 댕겼다.

경고의 나팔을 부는 책이 차례차례 출간되었다. 《위험지대The Hot Zone》, 《질병 발생Outbreak》, 《바이러스X》, 《역병이 오고 있다The Coming Plague》…… 이들에 따르면, 수억 명이 죽게 될 예정이었다. 전염병은 인간사에 개입하기 위해 다시 돌아오는 중이었다. 인간의 환경 약탈에 대한 지구의 복수의 일환이었다. 인류는 도태될 예정이었다. 보다 염세적인 일부 저자들은 이 같은 생각에 대해 만족 비슷한 감정을 드러내기까지 했다. 마치 청교도 전도사 같은 분위기였다.

에볼라 바이러스, 라사열, 한타 바이러스, 중증 호흡기 증후군 SARS에 대해 경쟁적으로 비관적인 예측이 쏟아져나왔다. 하지만 이 모두가 우스꽝스럽게 과장되었다는 사실이 다시 한 번 드러났다.

피해자를 끔찍하게 망가뜨리는 에볼라 출혈열을 보자. 1990년대 콩고에서 발생해 마을 전체를 전멸시킨 일이 몇 차례 있었다. 하지만 그때마다 사그라들었다. 사실 이 병은 매우 국지적이고 쉽게 통제할 수 있으며 부분적으로 인간이 만든 것이라는 점이 밝혀졌다. 무슨 말인고 하니, 박쥐가 가끔 전염시키는 이 병을 국지적 유행병으로 만든 것은 좋은 뜻을 가진 수녀들이었다. 재사용 가능한 주사기로 여러 사람에게 키니네를 주사하는 등의 행동이 원인으로 작용한 것이다.

심지어 에이즈도 그렇다. 특히 아프리카는 끔찍한 상황이기는 하지만, 세계 전체에 미친 영향으로 볼 때 1980년대 후반 흔히 제기됐던 무시무시한 예측은 전혀 들어맞지 않았다. 세계 전체의 신규 HIV 감염(모두 발병하는 것은 아니다-옮긴이)과 에이즈 발병 건수는 10년 가까이 계속 줄어왔다. 에이즈 사망자 수도 2005년 이래 계속 감소하고 있다. 심지어 남아프리카에서도 HIV 감염자 비율은 점점 낮아지고 있다. 에이즈는 아직 다 지나가지 않았고, 아주 많은 조치가 필요하다. 하지만 최근 소식은 상황이 나빠지는 것이 아니라 좋아지고 있다는 것이다.

광우병 소동을 기억하는가? 1980~1996년 영국에서 광우병에 걸린 소 약 75만 마리가 인간의 먹이사슬에 유입됐다. 1996년 일부 사람들이 감염된 소를 먹음으로써 몸에 들어온 소 프리온 때문에 죽어가고 있다는 사실이 분명해졌다. 종말론으로 가득한 예측이 경쟁적으로 나온 것은 이해할 수 있는 일이었다. 경쟁의 승리자는 휴 페닝턴Hugh Pennington이라는 세균학 교수였다. 되풀이돼서 방송을 탄 그의 말은 이런 식이었다. "아마도 수천, 수만, 수십만 건의 인간광우병vCJD이 발병을 기다리고 있는지 모른다. 우리는 여기에 대비해야 한다." 심지어 공식 모델도 희생자가 최대 136,000명에 이를 수 있다고 경고했다.

내가 이 글을 쓰고 있는 현시점에서 본 실상은 이렇다. 사망자 수는 166명이었다. 이중 2008년 사망자는 단 한 명, 2009년에는 두 명이었다. 현재 vCJD 확진, 혹은 추정 환자로 생존해 있는 사람은 네 명이다. 이는 한 사람 한 사람에게는 크나큰 비극이다. 하지만 인류에 대한 위협이라면, 그렇지는 않다.

이런 수치들은 1986년 체르노빌 원자력 발전소 사고의 희생자들과 놀랍도록 비슷하다. 방사선 피폭에 따른 암으로 최소 50만 명이 사망할 것이라는 초기 보도는 정신이 번쩍 들게 했다. 선천성 결손증 아기도 많이 출산될 거라고 했다. 하지만 최근의 추정에 따르면, 체르노빌 암으로 인해 죽을 것으로 예상되는 사람은 4천 명 미만이다. 사고에 노출된 인구 중 자연적 암으로 인한 사망자가 10만 명이 넘는 것과 대비된다. 선천적 결손증을 지닌 신생아는 사고 이전보다 더 많이 태어나지 않았다. 전혀!

덧붙이자면, 사고 자체가 벌어지는 동안 56명이 죽었다. 해당 지역에서 인구를 완전히 소개한 덕분에 야생 생물이 놀랄 만큼 번성했다. 설치류를 조사한 결과 예외적인 유전적 변화는 전혀 없었다.

2000년대의 인플루엔자 역시 종이호랑이로 밝혀졌다. 중국 농장에서 놓아기른 오리를 통해 H5N1 계열의 바이러스(조류독감)가 인간에게 옮겨갔다. 2005년 유엔은 조류독감으로 500만~1억 5천 만명이 사망할 것으로 예측했다. 하지만 사람들이 실제로 H5N1에 감염되자 상황이 달라졌다. 신문 보도와는 달리, 특별히 독성이나 전염성이 강하지는 않은 것으로 드러난 것이다. 현재까지 이로 인한 사망자는 세계를 통틀어 300명이 채 안 된다.

어느 시사해설가가 내린 결론을 보자. "조류독감 대유행에 대한 대중적 히스테리는 하늘이 무너진다고 호들갑을 떠는 미디어, 저작자, 야심 찬 보건관리, 제약 회사에 매우 좋은 일을 해주었다…… 하지만 공황을 일으킨 많은 사람이 남의 눈에 띄지 않으려고 숨기 시작했음에도 불구하고 히스테리의 흔적은 여전히 남았다. 더 심각한 다른 건강 문제에서 빼내온 수십억 달러도 잘못 배정된 채로 남았다. 종말을 말하는 사람들이 끼친 손실에 대해 아무도 책임을 묻지 않는 것은 안타까운 일이다."

이것은 너무 강한 비난이 아닐까 하고 나는 생각한다. 그리고 앞으로 또 어떤 형태로든 심각한 대유행이 시작되는 것은 아닐까 하고 의심한다. 하지만 2009년 멕시코에서 시작된 H1N1 돼지독감 역시 신종플루 계열의 통상적인 경로를 따라 독성이 약했다. 감염자 1천~1만 명당 사망자는 한 명꼴이다.

이는 놀랄 일이 아니다. 진화생물학자 파울 에발트Paul Ewald가 오래전부터 주장해온 바다. 새로운 숙주종에 일단 자리 잡은 바이러스는 돌연변이뿐 아니라 자연선택의 과정도 밟는다. 그리고 우연히 전염된 신종플루 같은 바이러스는 숙주에게 약한 증상을 유발하는 경우 더 성공적으로 자신을 복제할 수 있다. 숙주가 계속 돌아다니면서 새로운 사람들을 만날 수 있기 때문이다. 어두운 방에 홀로 누워 있는 희생자는 바이러스에게 쓸모가 적다. 출근해서 기침을 하며 일할 수 있는 만큼의 기력은 있다고 스스로 느끼는 희생자에 비해서 말이다.

현대의 생활방식은 여행도 많이 하지만 개인 공간도 더 넓다. 이는 독성이 약하면서 우연한 접촉으로 옮는 바이러스에 유리하다. 이들 바이러스에게는 감염자들이 잠깐씩 새로운 표적을 만날 수 있을 만큼은 건강해야 할 필요가 있다. 현대인이 200종 이상의 감기에 시달리는 것은 우연이 아니다. 감기는 바이러스에 의한 인간 착취의 절정이라고 할 수 있다.

그렇다면 H1N1 독감(스페인독감을 말한다- 옮긴이)이 1918년 약 5천만 명을 죽인 이유는 무엇인가? 에발트를 비롯한 학자들은 제1차 세계대전이 참호전이었다는 데 그 원인이 있다고 생각한다. 그렇게 많은 부상자가 좁은 참호에 몰려 있었으니 바이러스가 보다 치명적인 행태를 보이기에 이상적인 서식지가 된 것이다. 이런 상황에서 병사들은 죽어가면서 바이러스를 옮길 수 있다. 하지만 오늘날 당신에게 신종플루를 옮길 가능성이 훨씬 큰 사람은, 너무 아파서 집에 있는 환자가 아니라 일하러 나갈 만큼은 기력이 있는 사람이다.

이와 대조적으로 물이나 곤충을 통해 옮는 전염병인 장티푸스, 콜레라, 황열병, 발진티푸스, 말라리아 등은 훨씬 치명적이다. 이는 우연이 아니다. 거동을 못하는 희생자로부터도 퍼져나갈 수 있기 때문이다. 말라리아는 환자가 어두운 방에 누워 있을 때 더 쉽게 번져나갈 수 있다. 모기의 표적이 되기 때문이다.

하지만 대부분의 현대인은 더러운 물과 곤충의 위협을 점점 덜 받고 있다. 그래서 환자를 쇠약하게 만드는 치명적인 질병은 후퇴하고 있다. 게다가 의사의 무기는 점점 좋아지고 있다. 내 어린 시절에 유행했던 홍역, 볼거리, 풍진은 오늘날 백신주사 한 대로 예방할 수 있다.

HIV 바이러스를 이해하는 데는 10년이 넘게 걸렸다. 하지만 그로부터 20년이 지난 오늘날 SARS의 전체 유전자 배열을 해독해 그 취약점을 연구하기 시작하는 데는 3주밖에 걸리지 않았다. 2009년 돼지독감 백신을 제조하는 데 걸린 시간은 수개월에 불과했다.

오늘날 많은 질병을 완전히 근절시킬 가능성이 존재한다. 물론, 천연두가 근절된 지는 40년이 넘지만, 그 뒤를 이어 소아마비를 무덤으로 보내겠다는 희망이 번번이 좌절된 것이 사실이다. 그러나 그럼에도 불구하고 오늘날 치명적인 전염병은 세계 곳곳에서 놀라울 정도로 후퇴하고 있다. 소아마비는 인도의 극소수 지역과 서부 아프리카에만 존재한다. 말라리아는 유럽, 북아메리카, 카리브 해 거의 전 지역에서 사라졌다. 홍역 발병률은 심지어 20~30년 전에 비해서도 불과 몇 퍼센트 되지 않을 정도로 줄었다. 기면병, 강변실명증을 근절한 나라도 하나둘씩 꾸준히 늘고 있다.

다음 세기에는 뭔가 새로운 질병이 나타날 것이 분명하다. 하지만 치명적이면서 전염성이 강한 병은 매우 적을 것이다. 이런 병들을 치료하고 예방할 수단은 점점 더 빨리 등장할 것이다.

후퇴하라는 거짓 경보에 속지 말라

오늘날 극단적 환경주의자들은 세상이 전환점에 이르렀다는 주장을 편다. 이들은 지난 200년간 자신들의 전임자들이 이미 다른 많은 이슈에 대해 똑같은 주장을 해왔다는 사실을 정말 모른다. 그뿐만이 아니다. 지속 가능한 유일한 해결책은 후퇴하는 것, 경제 성장을 중단하고 점진적으로 경기를 후퇴시키는 것이라고 주장한다. '미국의 역발전(de-develop the United States, 오바마 대통령의 과학 고문 존 홀드런의 표현이다)'을 위한 캠페인을 요구하는 데 무슨 다른 뜻이 있겠는가.

유엔 환경계획UNEP의 수석 책임자인 모리스 스트롱Maurice Strong은 이렇게 표현했다. "지구의 유일한 희망은 산업문명이 붕괴하는 데 있지 않을까? 이를 실현하는 것이 우리의 책임 아닐까?"

언론인 조르주 몽비오는 말한다. "필요한 것은 세계 경제 규모를 구조적이고 질서 있게 축소하는 것이다. 이 같은 후퇴는 정치적 규제를 통해 달성되어야 한다."

이것이 의미하는 바는 다음과 같다. 당신 회사의 매출을 증대시키는 것뿐 아니라 축소시키지 못하는 것도 범죄가 될 것이다. 당신에게 할당된 거리보다 더 멀리 여행하는 것뿐 아니라 그 거리를 해마다 단축시키지 못하는 것도 경범죄가 될 것이다. 새로운 장치를 발명하는 것뿐 아니라 기존의 기술을 포기하지 않는 것도 위법이 될 것이다. 단위면적당 생산량을 늘리는 것만이 아니라 생산량을 줄이는 데 실패하는 것도 중죄가 될 것이다. 이런 것들이 모두 성장을 구성하고 있으니까 말이다.

 여기에 문제가 있다. 이 같은 미래는 과거 봉건시대와 끔찍할 정도로 비슷해 보인다. 명나라 황제와 마오쩌둥주의 독재자들은 상업의 발달을 제한하는 규정들을 만들었다. 인가받지 않은 여행은 금지, 혁신은 처벌, 가족 규모는 제한! 비관주의자들이 후퇴를 말할 때 이들이 되돌아가고 싶어 하는 세계의 필연적인 모습이 바로 이것이다. 이런 세계를 원한다고 자기 입으로 말하는 것은 아니지만 말이다.

10
오늘날의 양대 비관주의_2010년 이후의 아프리카와 기후

THE RATIONAL OPTIMIST

아프리카인들의 1인당 화석연료 소비량을 늘리지 않으면서 이들을
아시아인들만큼 잘살게 할 방법이 있을까?

우리는 이렇게 믿을 수 있다.
모든 과거는 시작의 시작에 불과하다.
과거에 존재했고 현재 존재하는 모든 것은 여명의 여명에 불과하다.

―

웰스 H. G. Wells, 《미래의 발견 The Discovery of the Future》

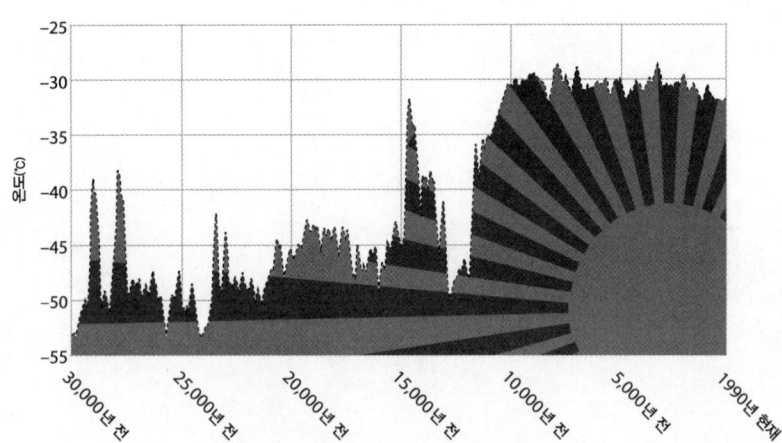

빙핵에서 측정한 그린란드 아이스 캡의 온도

THE TWO GREAT PESSIMISMS OF TODAY: AFRICA AND CLIMATE AFTER 2010

오늘날의 양대 비관주의 _ 2010년 이후의 아프리카와 기후

비관주의자들은 세계 모든 곳에 존재한다. 조만간 이들은 비장의 카드 두 장을 꺼내들고 이성적 낙관주의자에 맞설 것이다. 바로 아프리카와 기후라는 카드다. 비관주의자는 말한다. "아시아는 스스로의 힘으로 가난에서 벗어날 것이고 라틴아메리카도 아마 그럴 것이다. 모두 좋다. 하지만 아프리카가 이 같은 선례를 따르리라고는 상상하기 어렵다. 아프리카는 망조가 들었다. 그 이유는 인구 폭발, 풍토병, 부족주의, 부패, 인프라 부족, 심지어 (편견보다는 애도를 담아 이렇게 소곤거리는 사람도 있다) 유전자 때문이다."

환경주의자 조너선 포리트Jonathan Porritt의 말을 들어보자. "아프리카 대부분의 지역에서 인구가 절대로 부양할 수 없는 정도로 늘고 있다. 이 때문에 아프리카는 가장 심각하고 어두운 가난 속에 영원히 절망적으로 갇혀 있을 것이다."

비관주의자는 계속 말한다. "어쨌든 아프리카는 부흥을 꿈꿀 수 없다. 다음 세기 중에 기후 변화가 아프리카를 황폐화시킬 것이기 때문이다. 미처 번영하기 전에 말이다."

지금 글을 쓰고 있는 이 순간, 지구 온난화는 단연코 비관주의의 가장 인기 있는 근거다. 지구의 대기는 더워졌고, 10만 년에 걸친 인류의 진보라는 위대한 실험은 이제 커다란 시련에 직면했다. 해수면 상승, 빙관氷冠 용해, 가뭄, 폭풍, 기근, 전염병, 홍수가 기다리고 있는 것이다.

이 같은 변화의 많은 부분을 유발하는 것은 인간의 활동이다. 특히 화석연료를 태우는 행위가 그렇다. 화석에너지는 70억 명에 가까운 세계 인구 중 많은 사람의 생활수준을 향상시키는 데 기여해왔다. 그러므로 인류는 다음 세기에 완전한 딜레마에 빠지게 된다. 지구 온난화 때문에 비참하게 중단될 때까지 탄소를 연료로 하는 번영을 계속할 것인가, 아니면 값싼 대체 에너지원이 없기 때문에 탄소 이용을 제한하고 생활수준이 추락할 위험을 무릅쓸 것인가? 어느 쪽이든 전망은 파국적일 수 있다.

그러므로 아프리카와 기후는 이성적 낙관주의자에게 난관을 제시한다. 이는 결코 과장이 아니다. 나는 그동안 450여 쪽에 걸쳐 인류 노고의 밝은 면을 살펴왔다. 인구 폭발은 중단되고 있으며, 에너지가 곧 고갈되지는 않을 것이고, 공해·질병·기아·전쟁·가난은 앞으로도 계속 줄어들 것으로 예상할 수 있다. 인류가 재화와 용역, 아이디어의 자유로운 교환을 방해받지 않는다는 조건이 충족된다면 말이다. 이렇게 주장해온 나에게 아프리카의 가난과 지구의 급속한 온난화는 실제로 심각한 도전이다.

더구나 이 두 이슈는 서로 연결돼 있다. 지구의 급속한 온난화를 예측하는 모델이 다음과 같은 사실을 가정하고 있기 때문이다. "세계는 힘차게 번영할 것이다. 지구에서 가장 가난한 나라들(대부분은 아프리카에 있다)은 금세기 말이 되면 지금보다 아홉 배 잘살게 될 것이다." 만일 이것이 사실이 아니라면 이산화탄소 배출은 그처럼 급속한 온난화를 유발하지 못할 것이다. 그리고 아프리카인들의 1인당 화석연료 소비량을 늘리지 않으면서 이들을 아시아인들만큼 잘살게 할 방법은, 현재로서는 없다.

그러므로 아프리카는 특히 심각한 딜레마에 직면해 있다. 탄소를 더 많이 태워서 부유해진 다음에 그에 따른 기후 변화로 고통받을 것인가, 아니면 기후 변화를 막기 위한 세계 다른 나라들의 조치에 동참해 계속 가난 속에서 뒹굴 것인가?

하지만 이렇게 생각하는 것은 속된 지혜다. 딜레마 자체가 허구라고 나는 생각한다. 그리고 사실을 정직하게 평가해보면 다음과 같은 결론이 도출될 거라고 생각한다. 앞으로 90년 후 아프리카는 부유해질 것이며, 파국적 기후 변화는 일어나지 않을 가능성이 단연코 매우 높다.

아프리카의 최하위 10억 명

물론, 모든 가난이 아프리카에 몰려 있는 것은 아니다. 아프리카 외의 많은 곳에 끔찍한 빈곤이 존재한다는 것을 나는 잘 알고 있다. 아이티, 아프가니스탄, 볼리비아, 콜카타, 상파울루, 심지어 글래스

고와 디트로이트의 일부 지역 등. 하지만 한 세대 전과 비교해볼 때 가난은 특정 대륙에만 전례 없이 몰려 있다.

주된 이유는 아프리카 이외의 다른 지역이 번영했기 때문이다. 근래의 경제 부흥 대열에서 낙오한 "최하위 10억 명(bottom billion, 폴 콜리어Paul Collier의 표현이다)" 중 6억 명 이상이 아프리카인이다. 평균적 아프리카인이 하루 1달러로 살아간다.

아프리카를 구하는 일은 이상주의자의 목표이자 비관주의자의 절망이 되었다. 1990년 이래 아프리카는 아시아의 부흥에 동참하지 못했을 뿐 아니라, 대부분의 기간 동안 정체해 있거나 오히려 퇴보했다. 1980~2000년, 아프리카의 빈곤 인구는 두 배로 늘었다. 서부의 전쟁, 동부의 인종학살, 남부의 에이즈, 북부의 가난, 중부의 독재자들, 전 지역의 인구 증가…… 대륙의 어느 지역도 참사를 비켜가지 못했다. 수단, 에티오피아, 소말리아, 케냐, 우간다, 르완다, 콩고, 짐바브웨, 앙골라, 라이베리아, 시에라리온…… 서구 신문 독자들의 입에서 이들 국가의 이름은 완전한 무질서의 동의어로 변했다.

더구나 인구학적 천이가 시작되기는 했지만 인구 증가 속도가 줄어들려면 오랜 시간이 필요하다. 나이지리아의 출생률은 절반으로 줄었지만 여전히 인구 대체율의 두 배에 이른다. 이들을 먹여살릴 땅, 이민으로 내보낼 수단, 혹은 산업혁명은 어디서 올 것인가?

희망을 주는 예외가 있다. 말리, 가나, 모리셔스, 남아프리카공화국. 자유, 경제 성장, 평화를 달성한 나라들이다. 근래 대륙 전체에 걸쳐 경제가 나아졌다. 케냐, 우간다, 탄자니아, 말라위, 잠비아, 보츠와나에서는 심지어 기대수명도 빠르게 늘고 있다(남아공과 모잠비크는 아직 이 대열에 참가하지 못했다). 그 직전에는 에이즈 피해 때문에 기대수명이 떨어졌었다.

서구인들은 모든 아프리카인이 가난, 부패, 폭력, 질병에 쫓기며 산다고 생각한다. 이 케케묵은 생각은 분명 오류다. 하지만 너무나 많은 사람이 그렇게 살고 있다. 그리고 아시아 많은 지역과의 격차는 해가 거듭되면서 더 커지고 있다. 지난 25년간 아프리카의 1인당 소득은 제자리걸음을 한 데 비해 아시아에서는 세 배로 늘었다. 그리고 2000년대에 유력시되던 아프리카의 부흥은 신용 붕괴 때문에 갑자기 끝장났다. 서구인들 중 일부는 들어본 일이 있을 것이다. 성장이 문제가 아니라느니, 아프리카에 필요한 것은 인간개발 지수의 향상이라느니(새천년 발전 목표를 지향하고, 소득을 늘리지 않으면서 고난을 종식시키기 위해서 필요하단다), 새로운 종류의 지속 가능한 성장이 필요하다느니 하는 소리를 말이다.

세계은행의 폴 콜리어와 그의 동료들은《성장은 가난한 사람들에게 좋다》는 책을 출간했을 때 비정부기구들로부터 격렬한 항의를 받았다. 하지만 이처럼 성장을 의심하는 것은 부유한 서구인들만이 빠질 수 있는 사치다. 아프리카인들이 필요로 하는 것은 더 나은 생활수준이고 이는 주로 경제 성장에서 온다.

원조, 시험대에 오르다

부자 나라들이 원조를 늘리면 아프리카인들의 가장 긴급한 수요 중 일부를 채워줄 수 있다는 점은 분명하다. 생명을 구하고 굶주림을 줄이고 의약품, 모기장, 식사, 돌을 깐 포장도로를 제공할 수 있다. 하지만 원조가 제공할 수 없는 것이 있다. 경제 성장을 시작하거나 더 빠르게 만들 수는 없다. 통계, 일화, 사례연구 모두에서 드러난 사실이다.

1980년대 아프리카 대륙에 대한 원조는, 대륙 GDP에서 차지하는 비중으로 계산했을 때 두 배로 늘었다. 같은 기간 성장률은 2퍼센트에서 0퍼센트로 떨어졌다.

잠비아가 1960년 이래 받은 해외 원조를 검토해보자. 만일 동일한 액수가 자산 형태로 주어지지 않고 투자되었다면 어떻게 됐을까? 적당한 투자 수익률을 전제로 계산해보자. 그랬다면 오늘날 잠비아의 1인당 소득은 포르투갈과 같아졌을 것이다. 500달러가 아니라 2만 달러가 됐을 거란 말이다.

2000년대 초반 희망적인 연구 결과가 일부 나오기는 했다. 어떤 종류의 원조는 특정한 경제 정책을 시행하는 국가의 경제 성장을 유발하는 경우도 있다는 증거를 어찌어찌 찾아낸 연구가 있었다. 하지만 이 같은 연구 결과조차 IMF의 라구람 라잔Raghuram Rajan과 어빈드 서브라마니안Arvind Subramanian에 의해 2005년 박살났다. 이들은 원조가 경제 성장을 유발했다는 증거를 어떤 나라에서도 찾지 못했다. 전혀!

진상은 이보다 더 나빴다. 대부분의 원조는 정부와 정부가 주고받는 형태이기 때문이다. 이는 부패의 근원이자 기업가 정신을 좌절시키는 근원이 될 수 있다. 일부 원조는 독재자의 스위스 은행 계좌로 변한다. 일부는 수십억 달러짜리 철강 공장 건설에 쓰이지만 공장은 결코 가동되지 않는다. 일부 원조는 특정 상품을 서방 국가에서 수입한다는 조건으로 제공된다. 일부 원조는 주는 나라나 받는 나라에서 그 효과가 독립적으로 평가된 일이 없다.

아프리카의 일부 지도자들은 정부 원조에 환멸을 느낀 나머지, 심지어 잠비아 경제학자 담비사 모요Dambisa Moyo의 권고를 받아들이기까지 했다. 모요는 절망적인 결론을 내렸다. "원조는 도움이 안 된다. 과거에도 그랬고 미래에도 그럴 것이다. …… 더 이상 잠재적 해결책의 일부가 될 수 없다. 원조는 문제의 일부다. 사실 '원조 자체'가 문제다."

더구나 최근 몇 년간 주어진 원조는 자유시장 경제로의 개혁을 조건으로 한 경우가 많았다. 이런 원조는 흔히 경제 성장에 시동을 걸기는커녕 지역 전통과 성장 메커니즘에 해를 끼치는 것으로 드러났다. 윌리엄 이스털리William Easterly는 동구의 옛 공산권과 아프리카에 큰 피해를 준 충격요법을 비판하면서 "우리는 시장을 계획할 수는 없다"고 말했다.

상향식 체제에 대한 하향식 강요는 실패하기 마련이다. 이스털리는 살충 처리된 침대 모기장을 예로 들었다. 가격도 저렴하고 말라리아 예방 효과도 검증된 물품이다. 값은 약 4달러다. 2005년 다보스 세계경제포럼에서 고든 브라운(Gordon Brown, 영국 총리), 보노(Bono, 사회운동가이자 아일랜드 록그룹 U2의 리드싱어 - 옮긴이), 샤론 스톤Sharon Stone이 제안해 언론이 부산스럽게 보도했다. 덕분에 모기장은 원조사업의 패션 아이콘으로 떠올랐다. 불행하게도, 원조기관에서 공짜로 나눠주면 이런 것은 정말로 패션 아이콘이 되는 경우가 흔하다. 암시장에서 결혼식 신부 베일로 팔리거나 고기잡이 그물로 쓰이는 것이다. 값은 지역 상인들이 파는 베일이나 그물보다 싸다.

미국의 자선단체 '국제 인구 서비스'는 더 좋은 아이디어에 생각이 미쳤다. 임산부 전문 병원에 다니는 말라위 여성들에게 모기장을 50센트에 판 것이다. 그리고 형편이 좀 더 나은 말라위 도시민들에게는 5달러에 팔았다. 이로써 50센트 모기장에 일종의 보조금을 지급한 셈이 됐다. 가난한 엄마들은 반일치 임금을 주고 산 모기장을 반드시 제대로 사용하려 했다. 4년이 지나자 그런 모기장 안에서 자는 5세 이하 어린이의 비율이 8퍼센트에서 55퍼센트로 상승했다.

이스털리는 말한다. "원조사업은 좀 더 투명한 시장으로 바뀌어야 한다. 해를 덜 끼치고 좋은 영향을 더 많이 주기 위해서 말이다. 바람직한 형태는, 기부자금들은 프로젝트에 기금을 대는 경쟁을 하고, 프로젝트들은 기부를 끌어들이기 위해 경쟁하는 시장이다." 다행히 인터넷 덕분에 이런 일이 사상 처음으로 가능해졌다. 예컨대 www.globalgiving.org를 이용하면, 원조 프로젝트 진행자들이 어떤 기부자에게나 기부를 요청할 수 있다.

이런 공공시장은 원조의 민주화를 가능하게 한다. 그러면 원조가 비효율적인 국제 관료나 부패한 아프리카 공무원들의 손에서 벗어날 수 있다. 이상주의에 빠져 자유시장 경제를 바로 도입하려는 충격요법가들이 손을 대지 못하게 만들 수 있다. 무기 거래나 대규모 산업 프로젝트와 연계시키지 못하도록 할 수 있다. 상전 행세를 하는 공상적 박애주의자들로부터 거리를 둘 수 있다. 그래서 원조가 개인에서 개인으로 직접 전달되게 할 수 있다. 부유한 국가는 납세자들의 적절한 기부 행위에 대해 세금공제를 해줄 수 있다.

일부 사람들은 이렇게 하면 원조의 계획과 조율이 제대로 이루어지지 않는다고 말한다. 내 대답은 "정확히 그렇다"이다. 장엄한 목표와 중앙집중식 계획은 오래전부터 지금까지 정치 분야에서 재앙을 부르는 원인이었고, 이는 원조 분야에도 정확하게 똑같이 해당된다. 산업혁명이나 중국의 경제 부흥을 계획한 사람은 아무도 없다. 계획자의 역할은 오직 상향식의 진화적 해결책을 방해하지 않는 데 있었다.

예정된 실패?

아프리카가 경제 성장을 이룩하는 데 실패한 이유는 많다. 대부분의 경제학자가 동의하는 이유의 목록은 다음과 같다.

아프리카 국가 중 많은 수가 육지로 둘러싸여 있거나 해양 진출로가 불편하다. 그래서 세계 무역에 참여하지 못한다. 멀리 떨어진 도시를 서로 연결하는 도로는 지금도 시원찮은데다 점점 더 나빠지고 있다. 출산율은 폭발적으로 높다. 말라리아, 에이즈, 기면병이나 메디나충(사람이나 말의 발에 종양을 일으킨다) 같은 병이 유행하고 있다. 노예무역 때문에 붕괴한 사회 제도가 결코 완전히 회복되지 못했다.

식민지 시절을 겪었다. 이는 상인계층의 발달을 허용하는 데 관심이 없는 소수가 지배했다는 뜻이다. 제국주의자들의 식민지 지배를 받았고, 독립운동 지도자들은 마르크스주의자들이었고, 원조 공여자들은 화폐주의자들이었다. 때문에 대부분의 아프리카 국가들은 비공식적인 사회적 전통과 제도의 많은 부분을 잃었다. 그래서 재산권 인정과 사법 제도 운용이 자의적이고 불안정해졌다.

가장 유망한 산업인 농업은 보통 질식상태에 있다. 도시 엘리트들이 가격을 통제하는데다 관료적 매매기관과 거래하도록 강요하기 때문이다. 또한 농업은 유럽과 미국의 무역장벽과 보조금 탓에 발전하지 못하고 있는 게 보통이다. 지나치게 많이 방목한 염소의 수가 급격히 늘어난 탓에 토지가 황폐화된 것은 말할 필요조차 없다. 승자가 일당독재를 하는 체제에서 큰 부족들이 서로 종족투쟁을 벌이고 상대 부족을 미워하는 탓에 정치가 제대로 기능하지 못하고 있다.

역설적으로, 아프리카 국가들은 느닷없는 횡재의 저주를 받는 경우도 많다. 석유나 다이아몬드 같은 광물자원의 노다지가 어느 날 발견되는 것이다. 이는 오직 나쁜 방향으로만 작용한다. 민주적 정치인들을 타락시키고, 독재자들의 권력을 강화하며, 기업가들의 관심을 엉뚱한 데로 돌리고, 수출업자들의 교역 조건을 망치고 무모한 국가부채를 조장한다.

이 같은 조건을 두루 갖춘 전형적인 아프리카 국가를 예로 들어보겠다. 국토는 육지로 둘러싸여 있고, 가뭄이 자주 닥치며, 인구는 급속히 늘고 있다. 서로 다른 언어를 사용하는 여덟 부족으로 나뉘어 있다. 1966년 식민지에서 해방될 당시 포장도로는 13킬로미터에 불과했고(미국 텍사스만 한 국토에), 흑인 대졸자는 22명이고 중고교 졸업자는 100명에 지나지 않았다. 나중에 거대한 다이아몬드 광산이 발견되는 저주를 받았다. 에이즈가 만연하고 소 전염병이 국토를 유린했다. 제대로 된 야당은 없고, 한 정당이 국정을 농단했다. 정부 지출은 계속 과다했고 부의 불평등도 그랬다. 1950년 세계 전체에서 네 번째로 가난했던 이 나라는 아프리카가 받은 저주를 빠짐없이 갖추고 있었다. 실패는 필연적이고 예측 가능한 것이었다.

하지만 보츠와나는 실패하지 않았다. 오히려 성공을 거뒀다. '적당히'가 아니라 '눈부시게' 말이다. 독립 후 30년간 1인당 GDP 성장률은 세계 어느 나라보다 높았다(거의 8퍼센트). 같은 기간 일본, 중국, 한국, 미국보다 말이다. 1인당 소득이 13배로 증가해 오늘날의 평균적 시민은 태국, 불가리아, 페루 사람들보다 부자가 됐다. 그동안 쿠데타도, 내전도, 독재자도 없었다. 극도의 인플레이션이나 부채 지불정지 선언도 없었다. 코끼리도 멸종시키지 않았다.

보츠와나는 최근 몇십 년 동안 경제적으로 가장 크게 성공한 나라의 지위를 유지했다. 이 나라가 인구가 적은, 인종적으로 어느 정도 동질적인 국가라는 점은 사실이다. 이는 많은 아프리카 국가들과 다른 점이다. 하지만 이 나라의 가장 큰 이점은 다른 나라들도 쉽게 공유할 수 있는 것이었다. 그것은 바로 훌륭한 제도다. 보츠와나는 특히 안정되고 시행 가능한 재산권 인정 제도를 갖추고 있었던 것으로 드러났다. 재산권은 매우 광범위한 지역에서 매우 잘 존중받고 있었다.

대런 에이스모글루Daron Acemoglu와 그의 동료들이 세계 전 지역의 재산권과 경제 성장을 비교한 결과는 흥미롭다. 전자는 놀랍게도 후자 변이의 4분의 3을 설명할 수 있었다. 보츠와나가 여기에 해당한다는 사실도 확인할 수 있었다. 이 나라가 번영한 것은 재산권 덕분이었다. 우두머리에 의해 몰수당하거나 도둑에게 강탈당할 염려가 아프리카 다른 지역에 비해 훨씬 적었던 것이다. 이는 18세기에 영국은 번영했는데 중국은 그렇지 못했던 이유와 많은 부분 일치한다.

그래서 어쩌란 말인가? 아프리카의 여타 지역에 훌륭한 재산권 인정 제도를 준 다음 뒤에 물러앉아 기업활동이 마술을 부리기를 기다리기만 하면 될까? 그렇게 쉬운 일이라면 얼마나 좋으랴. 좋은 제도는 보통 위로부터 아래로 강요되기 어렵다. 그렇게 하면 자가당착에 빠진다. 아래로부터 진화해나와야 하는 것이다.

보츠와나의 제도는 진화적 뿌리가 깊은 것으로 드러났다. 18세기에 코이산 족 원주민을 정복한 츠와나 족(지금도 원주민들을 반드시 잘 대우해주는 것은 아니다)은 뚜렷이 민주적인 정치 제도를 운용하고 있었다. 가축은 개인 소유였고 토지는 집단 소유였다. 원칙적으로는 족장들이 토지와 방목권을 할당했지만, 반드시 의회 즉 크골타 kgotla와 협의를 거쳐야 했다. 또한 보츠와나 사람들은 배타적이 아니어서 다른 부족들을 자신들의 시스템에 기꺼이 참여시켰다. 이는 1852년 디마위 전투 때 보어인들을 축출하기 위해 연합군을 편성할 필요가 있을 때 큰 도움이 되었다.

보츠와나는 출발이 좋았다. 그리고 나중에 식민지가 됐을 때도 운이 좋았다. 대영제국에 편입은 됐지만 관심의 대상이 아니어서 식민지 지배를 거의 받지 않았다. 영국이 이곳을 접수한 주된 이유는 독일이나 보어인들의 손에 넘어가는 것을 막기 위해서였다.

1885년 식민정부는 "통치나 영국인 정착 과정에 개입을 최소화한다"는 정책을 명시적으로 발표했다. 보츠와나는 방치됐고, 유럽 제국주의의 직접적인 영향을 아주 조금 받았다. 나중에 아시아에서 성공을 거둔 태국, 일본, 타이완, 한국, 중국과 거의 비슷한 정도로 말이다.

1895년 보츠와나 족장 세 명이 영국으로 건너가 빅토리아 여왕에게 청원을 넣었다. 세실 로즈(Cecil Rhodes, 남아프리카 총독)의 관할 밖에 남아 있게 해달라는 것이었다. 청원은 받아들여졌다. 1930년대에는 또 다른 강압적 식민통치를 막기 위해 두 명의 족장이 소송을 제기했다. 이들은 패소했지만, 마침 전쟁이 일어난 덕분에 보스 행세를 하는 총독의 접근을 막을 수 있었다. 관대한 무시는 계속되었다.

독립 후 초대 대통령에 취임한 것은 족장 중 한 명인 세레체 카마 Seretse Khama였다. 그의 처신은 대부분의 아프리카 지도자들과 마찬가지였다. 강력한 국가를 건설하고 족장들의 특권을 박탈하기 위한, 또 이후의 모든 선거에서 승리하기 위한 조치를 취하기 시작했다. (두 명이 대통령직을 잇달아 승계했으니 집권당 입장에서는 일이 잘돼나간 셈이다.)

게다가 다음의 요소까지 겹쳐 분명히 좋지 않은 상황이 계속됐다. 나라는 극도로 가난한데다 해외 원조와 해외 노동시장(남아공)에 의존했으며, 광산 채굴권을 드비어스 사(네덜란드의 다이아몬드 회사-옮긴이)에 팔아넘긴 것이다.

그러나 보츠와나는 성공을 거듭했다. 가축 수출 대금과 이후의 다이아몬드 횡재를 주의 깊게 투자한 덕분이다. 그들은 이를 경제의 다른 부분들을 발전시키는 용도로 썼다. 좋은 그림을 망치는 요소는 하나밖에 없다. 1992~2002년 에이즈가 창궐해 기대수명을 떨어뜨린 것이다. 하지만 에이즈도 이제 후퇴하고 있다.

무한한 기회가 열려 있다

아프리카에 기업이 없어서 이를 발명해낼 필요가 있는 것은 아니다. 아프리카 도시의 거리는 거래에 능숙한 기업가들로 우글거린다. 다만 시스템에 장애가 있어서 사업을 확장하지 못할 뿐이다. 케냐 나이로비와 나이지리아 라고스의 슬럼가 환경은 끔찍하다. 하지만 주된 잘못은 정부에 있다. 값싼 주택을 지으려는 기업가들을 관료주의적 행정으로 가로막기 때문이다. 규제의 미궁을 빠져나갈 길을 찾을 수 없는 택지 개발업자들은, 가난한 사람들이 벽돌을 하나하나 쌓아 자기네 형편에 맞는 슬럼가를 불법적으로 건설하도록 내버려둔다. 그러고는 공식적인 철거 불도저를 기다리는 것이다.

이집트 카이로에서 집을 지을 국유지 한 토막을 불하받아 등기하려면 31개 기관의 관료적 절차 77가지를 거쳐야 한다. 길게는 14년도 걸린다. 500만 명 가까운 이집트인들이 불법 거주지를 만들기로 결정하는 것은 놀랄 일이 아니다. 카이로 주택 소유자의 전형적인 행태는, 지붕 위에 불법적으로 세 층을 더 올린 다음 이를 친척들에게 임대하는 것이다. 집주인 입장에서는 좋을 것이다. 하지만 서구에서 사업을 시작하는 기업가는 보통 저당으로 자금을 조달한다. 그런데 불법 주택은 돈을 빌리는 담보 구실을 할 수가 없다.

페루의 경제학자 에르난도 데 소토Hernando de Soto의 추정에 따르면, 아프리카인들이 소유한 '죽은 자본'은 놀랍게도 1조 달러에 이른다. 죽은 자본이란 서류 근거가 부실한 자산에 투자됐기 때문에 담보로 이용할 수 없는 저축을 뜻한다.

그는 19세기 초 미국의 사례에서 아프리카에 대응하는 교훈을 이끌어낸다. 당시 미국의 공식 성문법은 승산 없는 싸움을 벌이고 있었다. 공유지에 비공식적으로 무단 거주하는 사람들의 재산권을 용인하는 문제였다. 이는 점점 더 카오스적으로 혼란스러워지는 상황이었다. 점점 더 많은 주州가 선취권(공공유지에 정착해 이를 개량함으로써 얻게 되는 소유권)을 용인하거나 심지어 합법화했기 때문이다.

결국 물러서야 했던 것은 무단 거주자들이 아니라 법이었다. 위로부터의 계획이 아니라 아래로부터의 진화에 의해 법이 바뀌는 것을 법 스스로 허용한 것이다. 이는 1862년 개척민법Homestead Act으로 정점에 이르렀다. 이 법은 여러 해 동안 벌어져온 일을 공식화했다. 이것은 "엘리트주의적 법과 신질서 간의 격렬하고 소모적이었던 긴 투쟁의 종식"을 의미했다. 신질서를 초래한 것은 "대량 이민, 그리고 지속 가능한 개방적 사회에 대한 요구"였다.

그 결과는 재산 소유의 민주화였다. 창업 담보로 활용할 수 있는 '살아 있는 자본'을 거의 모든 사람이 갖게 된 것이다. 그 전에 영국에서도 공유지의 사유지화가 유사한 역할을 했다. 하지만 빈 땅이 부족했던 탓에 그 결과는 미국보다 크게 불공평했다. 프랑스의 빈민들도 혁명 덕분에 결국 재산 소유권을 얻었다. 피는 좀 더 흘렸지만 말이다. 그리고 볼셰비키 쿠데타만 일어나지 않았어도 러시아 혁명 역시 유사한 결과를 낳았을 것이다.

재산권의 중요성은 심지어 실험실에서도 입증됐다. 바트 윌슨과 버넌 스미스가 동료들과 진행한 연구를 보자. 이들은 가상의 마을 세 곳이 있는 지역을 만들었다. 그리고 진짜 대학생을 상인 또는 생산자의 신분으로 마을에 거주하게 했다. 이들이 필요로 하고 만들어내는 것은 붉은색, 푸른색, 분홍색 단위들이다. 세 종류를 모두 만들 수 있는 마을은 없기 때문에 피실험자들은 서로 교역을 시작해야 했고 실제로 그렇게 했다.

그 전의 보다 단순한 실험(140~142쪽을 보라)과 다른 점은, 이들이 시장 비슷한 비개인적 거래로 이행했다는 것이다. 하지만 재산권이 보장되지 않은(예컨대 서로의 은닉처에서 단위들을 훔칠 수 있었다) 상태의 참가자들 사이에서는 결코 교역이 꽃피지 않았다. 그리고 이들은 재산권이 보장됐을 경우에 비해 더 적은 돈을 벌어 집으로 돌아갔다. 이는 에르난도 데 소토와 더글러스 노스Douglass North 등의 경제학자들이 실제 세상에 대해 이전부터 말해온 것과 정확하게 일치한다.

말이 난 김에 덧붙이자면, 잘 만들어진 재산권 제도는 야생 생물과 자연을 보호하는 데도 핵심적인 역할을 한다. 이를 뒷받침하는 증거는 오늘날 엄청나게 많이 쌓여 있다. 아이슬란드 연안의 생선, 나미비아의 쿠두(큰 영양), 멕시코의 재규어, 니제르의 나무, 볼리비아의 꿀벌, 미국 콜로라도의 물에 똑같은 교훈이 적용된다. 지역민들에게 지속 가능한 방식으로 천연자원을 소유하고 이용하고 거기서 이익을 얻을 권리를 주면, 통상 이런 자원들을 보존하고 소중히 여기게 된다. 하지만 멀리 있는 정부의 통제(아니 '보호')를 받는 야생 생물 자원에 자신들 몫의 권리가 없는 경우, 지역민들은 이를 경시하고 망치고 낭비하게 마련이다. 이것이 '공유지의 비극'의 진짜 교훈이다.

재산권이 마법의 탄환은 아니다. 일부 국가에서는 재산권 공인이 지대 수입만으로 먹고사는 불로소득 계층을 만들어낼 뿐이다. 또 1978년 이래 중국 기업이 폭발적으로 성장한 것은, 진정으로 안전한 재산권은 전혀 인정되지 않는 상태에서 이루어진 일이다. 하지만 중국은 관료주의적 소동을 상대적으로 덜 일으키면서 사람들이 영업을 시작할 수 있도록 실제로 허용했다.

그래서 에르난도 데 소토는 또 다른 제안을 한다. 규제를 풀어서 영업을 자유화하라는 것이다. 미국이나 유럽에서 기업을 하나 만들려면 몇 단계의 절차만 거치면 된다. 하지만 탄자니아에서 똑같은 일을 하려면 379일이 걸리고 5,506달러가 든다는 사실을 데 소토의 연구보조원들이 발견했다. 이보다 더 나쁜 사실도 있다. 탄자니아에서 정상적인 영업활동을 50년간 하려면 이런저런 허가를 요청하느라 관청에서 1,000일 이상을 보내야 하고 18만 달러의 비용이 들어간다.

탄자니아인들의 사업 중 98퍼센트가 법의 영역 밖에서 이루어지고 있는 것은 놀랄 일이 아니다. 이는 사업이 아무런 규율의 통제도 받지 않는다는 뜻이 아니다. 오히려 이와는 거리가 멀다. 데 소토의 연구원들은 영업 현장에서 활동하는 사람들이 사용하는 수천 종의 문서 견본을 발견했다. 소유권을 증명하고 대여금을 기록하며 계약을 구체화하고 분쟁을 조정하는 용도의 문서들이었다.

손으로 쓴 문서들(엄지손가락 지문이 찍힌 경우도 종종 있다)이 전국 방방곡곡에서 기안되고 입회되고 도장이 찍히고 보관되고 법정 판결의 대상이 되었다. 이는 유럽에서 상관습이 공식 법령에 점차 반영되기 전에 상인들이 해온 일과 꼭 같았다. 탄자니아인들도 이와 마찬가지로 자기조직화한 복잡한 시스템을 진화시키고 있었다. 이웃뿐만 아니라 낯선 사람과도 영업을 할 수 있게 해줄 시스템 말이다. 예컨대 두 개인 간의 상업 대출을 기록한 한 쪽짜리 수기 문서를 보자. 대출 액수, 이자율, 상환 기간, 담보(채무자의 집)가 적혀 있다. 지역의 연장자가 서명하고 입회하고 도장을 찍었다.

하지만 이런 관습, 민간의 법들은 복잡한 조각그림 맞추기 같은 양상을 띤다. 이는 작은 공동체의 개인 간 거래에서는 잘 작동한다. 하지만 각각 다른 규칙을 가진 각각의 지방 사람들 사이에서만 통용되는 규칙이라는 게 문제다. 지역 공동체를 넘어서 사업을 확장하려고 하는 야심 찬 기업가에게는 도움이 되지 못하는 것이다.

탄자니아가 해야 할 일은 유럽과 미국이 수백 년 전에 한 일과 같다. 감당하지 못할 공식적 법체계를 강요할 것이 아니라, 이 같은 상향식의 비공식적인 법이 스스로 적용 범위를 넓히고 표준화하도록 점차 고무해야 한다. 에르난도 데 소토의 연구팀은 부를 창출하려는 가난한 사람이 법체계를 이용하지 못하게 만드는 병목을 67개나 확인했다.

종국적으로 아프리카인들의 생활수준을 높이는 데 훨씬 크게 기여할 것은 이런 종류의 제도적 개혁이다. 댐, 공장, 원조, 인구 통제보다 말이다. 1930년대 미국 테네시 주 내슈빌이 가난에서 벗어날 수 있었던 것은, 테네시 강 유역 개발공사가 지은 거대한 댐 덕분이 아니라, 훌륭한 지역 저작권법을 활용해 토착음악을 녹음하기 시작한 음반 회사들 덕분이었다. 말리의 바마코 역시 올바른 저작권법과 기업가 정신이 주어지자 스스로의 강력한 음악적 전통을 더욱 발전시킬 수 있었다.

상향식 변화의 깔끔한 사례로는, 아프리카 전역에서 가난한 사람들이 뜻밖에도 휴대전화에 신나게 몰입한 것을 들 수 있다. 휴대전화는 경제가 한 단계 더 발전했을 때에나 적합한 사치성 기술이라고 생각했던 사람들을 놀라게 한 사건이었다.

케냐에서는 2001년 이후 인구의 4분의 1이 휴대전화를 샀다. 국영 유선전화에 희망을 잃은 결과다. 농민들은 농산물을 출하하기 전에 여러 시장에 전화를 해서 가장 높은 값을 부르는 곳을 찾아간다. 덕분에 더 잘살게 되었다. 보츠와나의 시골 지방에 대한 연구에 따르면, 휴대전화를 수신할 수 있는 사람들은 그렇지 못한 사람들보다 농사가 아닌 직업을 가진 비율이 더 높았다.

휴대전화는 일자리를 찾는 일뿐 아니라, 사람들이 서비스에 대해 돈을 지불하고 받는 것도 가능하게 해준다. 휴대전화 결제 제도가 사실상 비공식적인 은행이자 지불 시스템이 됐기 때문이다. 가나의 티셔츠 제조업자들은 휴대전화 결제를 이용해 미국 바이어로부터 직접 돈을 받을 수 있다.

오늘날 초소액 융자업과 이동전화 사업, 그리고 인터넷이 융합해 만들어낸 시스템을 보자. 이를 통해 서구의 개인들은 아프리카의 기업가들에게 소액 융자를 해줄 수 있다(www.kiva.org 같은 웹사이트를 통해서). 그러면 빌린 이는 수령액을 휴대전화 결제 시스템에 예치한 뒤 이를 각종 청구서 지불에 쓸 수 있다. 은행이 문을 열 때까지 기다릴 필요도, 위험하게 현금을 다룰 필요도 없다.

이 같은 진보는 아프리카의 가난한 사람들에게 새로운 기회를 제공한다. 한 세대 전 아시아의 가난한 사람들에게는 주어지지 않았던 기회다. 휴대전화는 아프리카가 2000년대 후반 '아시아의 용들' 수준의 경제 성장을 이룬 이유 중 하나다.

휴대전화가 가난한 사람들의 소득을 늘리는 역할을 한다는 사실은 인도 남부 케랄라의 정어리잡이 어부에 대한 연구에서 특히 잘

드러난다(오늘날 아프리카에 대해서도 비슷한 이야기를 할 수 있지만 말이다). 다음은 경제학자 로버트 젠센Robert Jensen이 1997년 1월 14일 기록한 문서의 내용이다. "이날은 전형적인 날이었다. 고기를 잔뜩 잡은 열한 명의 어부가 바다가라 마을에 배를 댔지만 구매할 사람이 없다는 것을 알게 됐다. 지역 시장은 이미 포식을 한 상태였고, 곧 상해버릴 정어리는 한 푼도 받을 수 없는 물건이었다."

여기서 해안의 양쪽 방향으로 1.6킬로미터 떨어진 곳에 촘발라와 킬란디가 있었다. 이날 아침 이들 지역에서는 27명의 바이어가 빈손으로 떠날 채비를 하고 있었다. 심지어 평소보다 비싼 가격인 1킬로그램당 거의 10루피를 주고라도 사려고 했지만 물량이 없던 것이다. 바다가라에 있던 어부들이 만일 이 사실을 알았더라면, 그곳 시장으로 옮겨가서 각자 기름 값을 제하고도 1인당 3,400루피를 챙길 수 있었을 것이다.

그 후 같은 해에 케랄라 어부들은 바로 그 같은 일을 하게 된다. 기지국(신호가 바다 쪽으로 19킬로미터까지 도달한다)이 신설돼 휴대전화를 이용할 수 있게 된 덕분이다. 이들은 잡은 고기를 어디에 상륙시키는 것이 가장 좋을지 미리 전화를 걸어 알아본다. 그 결과 어부들의 이윤이 8퍼센트 늘었고, 정어리의 소비자 가격은 4퍼센트 떨어졌으며, 정어리 손실량은 5퍼센트 이상에서 사실상 0으로 떨어졌다. 모두가 이익을 얻었다(정어리만 빼고). 로버트 젠센의 평가대로다. "어업 부문 전체가 본질적으로 자급자족적인 일련의 시장에서 거의 완전한 지역적 차액 매매의 양상으로 바뀌었다."

이 같은 기술들을 이용하면 아프리카는 나머지 세계가 밟고 있는 번영의 길을 똑같이 따라갈 수 있다. 전문화하고 교환하는 것이다.

두 개인이 상호 분업할 방법을 일단 찾으면 양자는 모두 더 잘살게 된다. 이와 마찬가지로 아프리카의 미래 역시 교역에 있다. 차, 커피, 설탕, 쌀, 쇠고기, 캐슈너트, 면화, 석유, 보크사이트, 크롬, 금, 다이아몬드, 절화(가지째 꺾은 꽃), 깍지콩, 망고 등을 팔면 된다.

하지만 비공식 경제에 속해 있는 가난한 아프리카인들이 그 같은 국제 무역 기업가가 되기는 거의 불가능하다. 탄자니아의 두 사람이 손으로 문서화한 계약서는 서로의 형편에 맞고 구속력도 있다. 하지만 만일 채무자가 런던에 있는 슈퍼마켓에 절화를 공급하는 수출 영업을 시작하려 하는 경우에는 거의 도움이 되지 않는다.

물론, 모든 것이 쉽고 순탄하지는 않을 것이다. 하지만 나는 아프리카에 대한 비관주의를 거부한다. 펜 몇 번만 놀리면 그처럼 좋은 기회를 이용할 수 있는데다, 법외 영역에 기업가적 활력이 넘친다는 강력한 증거가 있기 때문이다. 게다가 인구 성장률이 떨어짐에 따라 아프리카는 곧 '인구학적 배당'을 받게 된다. 이는 부양해야 할 노인과 어린이에 비해 상대적으로 노동 인구가 많다는 의미다. 아시아가 이룩한 성장의 기적 중 아마도 3분의 1 정도는 이 같은 인구학적 횡재 덕분이었다.

아프리카를 위하는 주요 방안은 유럽과 미국의 농업보조금·쿼터·수입관세를 폐지하고, 영업을 규제하는 법들을 정비·단순화하고, 독재자들을 약화시키는 것이다. 그리고 무엇보다 중요한 것은 자유교역 도시들의 성장을 촉진하는 것이다. 1978년 중국은 오늘날의 아프리카처럼 가난하고 독재적이었다. 중국이 바뀐 것은 홍콩을 모범으로 삼아 자유무역 지대의 성장을 계획적으로 허용했기 때문이다. 경제학자 폴 로머는 말한다. "그렇다면, 왜 같은 공식을 적용하지 않는가?"

서구의 원조를 이용해 아프리카 무인 지역에 특별자치시(charter city, 통치 체제를 시민들이 선택하고 변경할 수 있도록 국법으로 허용된 도시 - 옮긴이)를 건설해 세계 모든 곳과 자유무역을 하게 하라. 그리고 주변 국가로부터의 인구 유입을 허용하라. 특별자치시는 3,000년 전 티레에서, 300년 전 암스테르담에서, 30년 전 홍콩에서 성공했다. 오늘날 아프리카에서도 성공할 수 있다. 단, 기후가 카오스적으로 요동치지 않는 한 말이다.

기후 변화의 문제

1970년대 중반, 근래의 지구 한랭화에 대해 겁주는 기사를 쓰는 행태가 언론인들 사이에서 잠깐 유행했다. 한랭화는 정말 나쁜 뉴스로 치부됐다. 그러나 오늘날에는 지구 온난화에 대해 겁주는 기사를 쓰는 행태가 유행하고 있다. 사실 그대로의 나쁜 소식이라며 말이다. 동일한 잡지에 30년 간격을 두고 각각 실린 두 개의 인용문을 보자. 어느 것이 한랭화에 대한 것이고 어느 것이 온난화에 대한 것인지 가려내보시라.

기후는 항상 변덕스럽다. 하지만 지난해는 변덕이라는 말에 새로운 의미를 부여한 해다. 홍수, 허리케인, 가뭄(유일하게 빠진 재난은 개구리떼의 습격밖에 없다). 극단적 기상의 패턴은 _____화된 세상에 대한 과학자들의 예측과 일치한다.

기상학자들은 _____화 추세의 원인과 정도에 대해 각자 의견을 달리한다. 국지적 기상 조건에 미치는 구체적 영향에 대해서도 마찬가지다. 하지만 이들이 거의 만장일치를 이루는 전망이 있다. 이 같은 추세 때문에 이번 세기 내내 농업 생산성이 줄어들 것이라는 점이다. 일단 그 결과가 무자비한 현실로 나타난 뒤에는, 시간을 끌면 끌수록 기후 변화에 대처하기가 점점 더 힘들어진다는 사실을 계획 입안자들은 알게 될 것이다.

내가 보여주고 싶은 것은 둘 중 하나의 예측이 틀린 것으로 드러났다는 게 아니다. 양자 모두 잔이 반쯤 비어 있다는 것이다. 온난화와 한랭화 모두 재앙을 부를 것으로 예측됐다. 이는 오직 현재 기온만이 완벽하다는 뜻이 된다. 하지만 기후는 언제나 변해왔다. 최근의 기후만이 완벽하다고 믿는 것은 특수한 종류의 자기중심주의다.

(해답이 궁금한가? 첫 번째가 온난화에 대한 경고고, 두 번째가 한랭화에 대한 경고다. 둘 다 《뉴스위크》에서 인용했다.)

만일 정말 필요하다면, 나는 과학 논쟁에 뛰어들어 독자와 나 자신을 설득하려는 시도를 할 수도 있다. 그들이 경쟁적으로 외처대는 경고는 우생학, 산성비, 정자 수, 암에 대한 경고가 그랬던 것으로 드러난 만큼이나 크게 과장됐다고 말이다.

그리고 다음과 같은 사실을 그 근거로 제시할 수도 있다. "다음 세기 지구가 겪을 온난화는 파국적일 가능성보다 가벼운 정도일 가능성이 더 크다. 지난 30년간 상대적으로 느리게 진행돼온 기온 변화는 온실효과에 대한 고감도 모델보다 저감도 모델에 더 잘 들어

맞는다. 구름의 온난화 방지 효과는 물 증발의 온난화 촉진 효과와 같은 크기일지도 모른다. 지난 20년간 대기 중의 메탄 증가율은 (불규칙적으로) 줄어들어왔다. 지구 역사상 좀 더 온난한 기간은 약 6천 년 전에도 있었고 중세에도 있었지만 온난화가 점점 더 빨라지거나 임계점에 도달한 사례는 전혀 없다. 빙하시대에 기후가 요동치며 빠르게 온난화했지만 인류와 자연은 살아남았다. 당시의 온난화는 금세기에 우리가 겪을 것으로 예측되는 속도보다 훨씬 빠르게 진행됐다."

이 모든 주장을 뒷받침할 훌륭한 과학적 논쟁들이 있다. 그리고 그중 일부 사례에는 이런 주장에 대한 훌륭한 반론도 제시돼 있다. 하지만 이 책은 기후에 대한 책이 아니다. 인류와 인류의 변화 능력에 대한 책이다. 게다가 설사 현재의 경고가 과장된 것으로 실제 밝혀진다 해도 오늘날 의심할 수 없는 사실들이 있다. 과거 이 행성의 기후는 자연적인 요동을 겪어왔으며, 다행히 지난 8,200년간 대규모 요동은 없었지만, 문명을 파괴하는 정도의 요동은 제법 있었다는 사실이다. 앙코르와트와 치첸이트사 마야 유적지의 폐허가 그 증거다.

그러므로 인류 문명이 기후 변화에도 살아남을 수 있느냐 하는 질문은 순수하게 가설적으로라도 제기해볼 만한 가치가 있다. '기후 변화에 관한 정부간 협의체IPCC'를 구성하는 과학자들이 일치된 의견으로 추정하는 속도로 기후가 변화한다는 전제 하에서 말이다.

금세기에 지구는 3도 정도 더워진다는 게 그들의 추정이다. 하지만 이 수치는 중간급에 불과하다. 2007년 IPCC는 금세기에 온도가 얼마나 높아질지를 계산하기 위해 여섯 가지의 방출 시나리오를 만들었다. 시나리오의 범위는 화석연료 집약적인, 100년 만에 맞는 전 지구적 경제 부흥에서 지속 가능한, 난롯가의 노래잔치 비슷하게 보이는 것에 이르기까지 다양하다.

여러 시나리오가 예측한 금세기 말의 평균 기온은 1990년 수준에 비해 1.8~4도 높을 것으로 나타났다. 신뢰구간을 95퍼센트로 잡으면 이 폭은 1~6도가 된다. 일부 도시에서는 '도시 열섬' 효과 때문에 온난화 정도가 더 클 것이다. 한편 온난화는 야간, 겨울, 추운 지역에서 불균형적으로 일어날 것이라는 게 전문가들의 일치된 의견이다. 추운 시간대와 장소가 덜 추워지는 폭은 더운 시간대와 장소가 더 더워지는 폭보다 클 것이란 이야기다.

영국 정부는 2100년 이후에 어떤 일이 일어날 수도 있는지를 알아보기로 했다. 그래서 2006년 니컬러스 스턴Nicholas Stern이라는 공무원을 임명해 극단적 기후 변화에 따른 잠재 비용을 먼 미래에 대해서까지 계산하게 했다. 그가 얻은 답에 따르면, 잠재 비용이 너무나 커서 이를 완화하기 위한 비용을 지금 당장 아무리 많이 들이더라도 그럴 만한 가치가 있을 정도였다.

하지만 이런 답이 도출된 것은, 첫째 예상 피해액 중 가장 큰 수치를 골랐고, 둘째 미래 손실의 현재 가치를 계산하는 데 비정상적으로 낮은 할인율을 적용했기 때문이다.

네덜란드 경제학자 리처드 톨Richard Tol은 미래의 손실액이 이산화탄소 1톤당 14달러보다 '실질적으로 적을 가능성이 크다'고 추정했다. 하지만 스턴은 이 수치를 문자 그대로 두 배로 늘려 톤당 29달러로 잡았다. 톨은 스턴의 보고서를 "인정받을 수 없는, 상식을 벗어난 기우"라고 평가했다. 스턴이 사용한 할인율은 21세기에 대해 2.1퍼센트, 22세기에 대해 1.9퍼센트, 그 다음 세기들에 대해 1.4퍼센트였다. 하지만 전형적인 할인율은 6퍼센트다. 이와 비교하면 이 같은 수치들은 22세기의 외관상 손실액을 100배로 늘려잡게 만든다.

그의 이야기는 다시 말해 다음과 같은 주장이 된다. 2200년 해안의 홍수로부터 한 생명을 구하기 위한 '현재'의 지출 우선순위는 오늘날 말라리아나 에이즈로부터 한 생명을 구하기 위한 그것과 거의 동일하다. 이것이 얼마나 말도 안 되는 이야기인지에 대해서는 윌리엄 노드하우스William Nordhaus 등 유명인사를 포함한 많은 경제학자가 곧바로 지적했다.

스턴의 이야기는 다음과 같은 뜻이라고 할 수 있다. 현대의 잠비아인만큼이나 못살던, 당신의 아주 윗대 선조가 오늘 당신의 청구서를 지불해주기 위해 당시 자신의 수입 대부분을 따로 떼어놓았어야 했다는 것이다.

할인율을 더 높게 적용하면 스턴의 주장은 무너져버린다. 기후변화로 인한 22세기의 피해는 오늘날 기후 변화 완화 조치로 인해 생기는 피해보다 훨씬 작을 것이기 때문이다. 심지어 최악의 사례를 상정한다 해도 그렇다.

나이절 로슨Nigel Lawson은 다음과 같이 묻는다(매우 타당한 질문이다). "100년이라는 시간이 지난 후 저개발국 사람들이 지금보다 9.5배가 아니라 고작 8.5배만 잘살게 될 공산이 있다. 이를 막아보겠다는 희망으로 지금 세대, 특히 저개발국의 지금 세대에게 희생을 요구한다고 할 때, 그 희생의 크기는 어느 정도라야 타당하거나 현실적인가?"

당신의 손자들은 그 정도로 잘살게 될 것이다. 내 말을 액면 그대로 믿지는 마시라. IPCC의 여섯 가지 시나리오는 모두 세계 경제가 엄청나게 성장한다고 가정한다. 2100년에 사람들은 오늘날의 사람들에 비해 평균 4~18배 잘살게 된다는 것이다. 세계 전체의 평균 생활수준은 오늘날의 포르투갈과 룩셈부르크 사이에 위치하고, 심지어 저개발국 사람들의 소득도 오늘날의 말레이시아와 노르웨이의 중간 수준 어딘가에 해당한다고 가정한다. 온난화가 가장 심하게 진행되는 시나리오에 의하면, 가난한 나라의 1인당 국민소득이 오늘날의 1,000달러에서 2100년 66,000달러(인플레이션 보정값)로 증가한다. 이런 미래에 사는 후손들은 심지어 아프리카에서도 오늘날보다 깜짝 놀랄 만큼 부유해진다. 끔찍한 미래를 경고하려는 시도의 출발점을 이루는 가정으로서는 꽤나 흥미롭다.

이것은 심지어 다음 사항을 감안해도 사실이라는 점에 주목하자. 즉, 2100년에는 스턴의 가정대로 기후 변화 자체 때문에 부의 20퍼센트가 줄어든다고 치자. 이는 세계가 지금보다 '고작' 2~10배 부유해진다는 뜻이 될 것이다.

2009년 찰스 황태자의 연설을 보면 이 같은 역설은 더 뚜렷해진다. 그는 인류가 "기후와 생태계의 돌이킬 수 없는 붕괴를 피하기 위해 필요한 조치를 취할 시간은 100개월 남았다"고 말했다. 그 뒤 같은 연설에서, 2050년이 되면 이 행성에는 대부분 지금의 서구 수준으로 소비생활을 하는 90억 명의 인구가 있게 될 것이라고 했다.

부에 대해 이처럼 장밋빛 가정을 하는 데는 이유가 있다. 세계를 그처럼 뜨겁게 만들 유일한 방법은 이산화탄소의 대량 방출을 통해 매우 부자가 되는 것밖에 없기 때문이다. 이 같은 미래는 멋져 보이긴 하지만 많은 경제학자가 비현실적이라고 생각한다. IPCC가 예상한 미래 시나리오 중 하나에 따르면, 2100년 세계 인구가 150억 명에 이른다. 인구학자들이 예측하는 수의 거의 두 배다. 또 다른 시나리오에서는 가장 가난한 나라들의 1인당 소득 성장 속도가 일본이 20세기에 이룩한 것보다 네 배 빠른 것으로 돼 있다.

이 모든 미래 예측에서는 GDP 구매력 지수 대신 시장 환율이 사용됐다. 이는 온난화를 더욱 과장하는 효과를 낳는다. 달리 말하자면, 이 모델에서 높은 수치의 견적들은 매우 무리한 가정을 기초로 산출되었다. 그러므로 있을 법하지 않은 6도는 고사하고 4도의 온난화도 인류가 진정 놀랍게 번영했을 때에만 일어날 수 있다. 그리고 만일 그렇게 엄청난 번영이 가능하다면, 그 과정에서 온난화가 경제적 해악을 많이 끼쳤을 리 없다.

이에 대해 마틴 와이츠먼Martin Weitzman 등 일부 경제학자들은 다음과 같이 답변한다. "파국이 닥칠 위험이 설사 아주 작더라도 그에 따른 피해는 너무나 클 것이기 때문에 경제학의 통상적 규칙들은 적용되지 않는다. 엄청난 재앙이 일어날 가능성이 어느 정도 존재하는 한, 세계는 이를 피하기 위해 모든 조치를 취해야 한다."

이 같은 논리의 문제점은 이것이 단지 기후 변화만이 아니라 모든 종류의 위험에 적용돼야 한다는 데 있다. 지구에 과거 공룡을 쓸어버린 것처럼 매우 큰 소행성이 부딪칠 위험은 1년을 단위로 봤을 때 약 1천억분의 1로 추산된다. 이런 충돌이 발생하면 인류의 번영은 심각하게 저해될 것이라는 점을 감안하면, 이 같은 소행성들을 추적하는 데 연간 400만 달러밖에 쓰지 않는 것은, 인류의 입장에서 '거저'처럼 보일 것이다. 북한의 미사일, 나쁜 로봇, 외계인 침략, 초강력 화산 폭발 등의 위험에서 사람들이 살아남을 수 있도록 도시마다 식량을 저장해둘 필요는 없을까? 우리는 왜 이런 일에 많은 돈을 쓰지 않는가? 각각의 위험이 실현될 확률은 매우 낮지만 잠재적 피해가 그토록 크다면, 이를 막기 위해 거의 무한한 자원을 쓰고 현재의 고난에는 거의 한 푼도 쓰지 않아야 되는 것 아닌가? 와이츠먼의 주장에 따르면 말이다.

한마디로, 극단적 기후 변화는 가능성이 너무 낮은데다 너무나 무리한 가정에 의존하고 있기 때문에, 나의 낙관주의에 손톱만한 흠집도 내지 못한다. 이산화탄소를 계속 배출하면서도 세계의 가난한 사람들이 1세기에 걸쳐 훨씬 더 부자가 될 가능성이 99퍼센트에 이른다면, 내가 뭔데 그들이 그 같은 기회를 갖지 못하도록 막을 수 있겠는가? 무엇보다 이들이 더 부유해질수록 이들의 경제가 기후에 의존하는 정도는 더 줄어들 것이고 기후 변화에 적응할 여유도 더 많이 생길 것이다.

온난화하고 더 부유해질 것인가, 냉각화하고 더 가난해질 것인가?

상상 가능한 범위를 넘어서는 위험 이야기는 이제 그만하면 됐다. 이제는 IPCC가 제시한 수치 중 훨씬 가능성이 높은 중심 사례를 검토해보자. "2100년이 되면 3도 상승한다." ('가능성이 높다'고 나는 말했다. 하지만 이 수준에 이르려면 1980년대와 1990년대의 온도 상승률은 실제의 두 배가 되었어야 한다는 점에 주목하라. 그리고 실제 상승률은 높아지는 게 아니라 낮아지고 있다.)

높아진 온도의 비용(그리고 편익)을 해수면의 높이, 물, 폭풍, 건강, 식량, 종, 생태계의 관점에서 계산해보라. 해수면의 높이는 단연 가장 걱정스러운 이슈다. 현재의 높이는 가능한 모든 높이 중에서 정말로 최적이기 때문이다. 어떤 변화든(높아지든 낮아지든) 일어나기만 하면 항구들은 이용할 수 없는 상태가 되어버릴 것이다.

IPCC는 해수면이 연평균 2~6밀리미터씩 상승할 것으로 예측한다. 최근 상승률인 3.2밀리미터(즉, 1세기에 약 32센티미터)보다 약간 낮은 수치다. 그런 비율이라면 일부 지역의 연안에서 홍수가 약간 늘어나긴 하겠지만(많은 지역에서 대지가 국지적으로 융기해 해수면을 하강시킨다), 일부 국가에서는 물에 쓸려온 흙이 퇴적돼서 생기는 땅이 침식으로 잃는 땅보다 더 많은 상황이 앞으로도 계속될 것이다.

그린란드의 대지 기반 빙관은 가장자리가 약간 녹을 것이다(20세기 말 20~30년간 그린란드의 많은 빙하가 후퇴했다). 하지만 가장 높게 잡은 추정치도 빙하가 녹는 양은 1세기당 1퍼센트 이하다. 빙하는 서기 12000년이 되면 모두 없어질 것이다. 물론, 그린란드와 남극 대륙 서부의 빙관이 무너지는 온도가 있을 것이다. 하지만 IPCC의 시나리오에 따르면, 그런 온도에 도달하는 일이 설사 있다 할지라도 21세기 중에 일어나지는 않을 것이 분명하다.

신선한 물에 관해서라면 뚜렷하게 눈에 띄는 증거들이 말하는 바는 다음과 같다. 다른 사정이 동일하다면, 물 부족 위험에 처한 인구의 총수는 바로 온난화 덕분에 줄어들 것이다. 다시 말해보라고? 그렇다. 줄어든다. 좀 더 따뜻한 세상에서는 대양으로부터의 증발량이 많기 때문에 평균 강수량이 늘어난다. 과거의 온난화 사례, 즉 홀로세(북극해의 얼음이 여름에는 거의 모두 녹았을지 모르는 시기다) 그리고 이집트와 로마, 중세의 온난기에 바로 그랬던 것처럼 말이다. 아시아 서부의 역사를 바꾼 대한발이 일어난 시기는 이론이 예측하는 대로 기온 하강기였다. 각각 4,200년 전과 8,200년 전이었다.

IPCC의 가정을 받아들여서 물이 더 많아지는 지역과 적어지는 지역에 살게 될 인구수를 비교해보자. 그러면 어떤 시나리오에서든, 2100년이 되면 물 부족 위험을 겪는 순 인구수가 준다는 사실이 명백해진다.

물론 물을 둘러싼 투쟁, 수질오염, 수자원 고갈이 계속되거나, 물을 과도하게 사용한 나머지 강물과 수맥 시추공이 말라버리는 일이 생길 수 있다. 하지만 이는 온난화되지 않은 세상에서도 일어나기 마련인 일이다. 기후대가 옮겨감에 따라 호주 남부와 스페인 서부는 더 건조해질 수 있지만, 근래 시작된 사하라 사막 남쪽 가장자리 초원지대와 호주 북부의 강수량 증가 추세는 계속될 것이다.

기후가 습해지면 변덕이 심해진다고 많은 사람이 반복해서 단언하고 있다. 하지만 그렇다는 증거는 전혀 없다. 빙핵에 대한 조사 결과는, 빙하시대를 벗어나며 지구가 따뜻해지던 시기에 기후의 변덕은 해마다 줄어들었다는 사실을 확인해준다. 다만, 최고의 집중호우 시에 내리는 비의 양은 어느 정도 늘어날 가능성이 크다. 그 결과 홍수도 더 많이 일어날 것이다. 그러나 더 부유한 사람일수록 홍수에 빠져죽을 가능성은 더 적다는 것은 슬프지만 사실이다.

그러므로 세상이 더 온난하고 부유해질수록 결과는 점점 더 좋아진다. 이는 폭풍에 대해서도 마찬가지로 진리다. 20세기에 지구가 따뜻해지는 동안 대서양에서 발생해 육지로 올라오는 허리케인은 횟수가 늘어나지도 최대 풍속風速이 빨라지지도 않았다. 지구 전체로 보았을 때, 2008년 열대 사이클론의 강도는 그에 앞선 30년 이래 최저치를 기록했다. 허리케인으로 인한 재산 피해는 크게 늘었지만, 이는 폭풍의 강도와 빈도 때문이 아니다. 해안에 값비싼 시설을 많이 짓고 보험에도 많이 들었기 때문이다.

기상 관련 자연재해로 인한 세계의 연간 총 사망률은 1920년대 이래 99퍼센트나 줄었다. 1920년대에는 100만 명당 242명이었지만, 2000년대에는 100만 명당 3명이다. 허리케인의 살상력은 풍속보다 부와 기상예보의 영향을 훨씬 더 많이 받는다.

2007년 5급 허리케인 딘Dean이 유카탄 반도를 덮쳤을 때를 보자. 다들 대비를 잘해서 아무도 죽지 않았다. 그런데 이듬해 동급의 폭풍이 미얀마를 덮쳤을 때는 20만 명이 죽었다. 사람들이 가난하고 대비를 제대로 하지 못한 탓이다. 번영할 자유를 얻을 수 있다면 미래의 미얀마인들은 2100년 보호와 구조와 보험을 누릴 경제적 여유를 갖출 것이다.

온난화가 건강에 미치는 영향과 관련해서는, 날씨가 추울 때의 초과 사망자 수가 혹서기보다 훨씬 많다는 점을 주목하라. 유럽 대부분의 지역에서 약 5대 1이다. 심지어 2003년 여름 유럽에 열파가 닥쳤을 때의 그 악명 높은 사상 초유의 사망률조차 유럽 지역 대부분에서 겨울의 추위로 인한 초과 사망률에는 미치지 못한다.

게다가 다시 한 번 말하지만, 사람들은 적응하기 마련이다. 오늘날 그러고 있는 것처럼 말이다. 사람들은 런던에서 홍콩으로, 보스턴에서 마이애미로 기꺼이 이사를 하지만 더워서 죽지는 않는다. 그렇다면 거주지가 불과 몇 도 정도 점차 더워진다고 해서 사람들이 죽을 이유가 어디 있겠는가? (사실 열섬 효과 때문에 이미 더워졌다.)

말라리아는 어떨까? 심지어 뛰어난 과학자들도 온난화하는 세상에서는 말라리아가 지구 북방으로, 그리고 고지대로 퍼져나갈 것이라고 주장했다는 소문이 있었다. 하지만 말라리아는 19세기와 20세기 초반 유럽, 북아메리카, 심지어 북극에 가까운 러시아에서도 창궐했었다. 당시는 세계 기온이 지금보다 거의 1도 낮았는데도 말이다. 말라리아는 지구가 온난해지는 동안 다음과 같은 이유들 때문에 사라졌다. 사람들이 가축을 축사에 가둬두고(모기의 저녁식사에 대안을 제공했다), 밤에는 창문이 닫힌 실내로 이동했다. 늪에서 물을 빼고 살충제를 사용한 것은 이보다 효과가 적었다.

오늘날 말라리아 발생 지역이 일부로 한정된 것은 기후 때문이 아니다. 창궐할 수 있었지만 그렇지 않은 지역이 많다. 산악지대에서 말라리아가 발생하지 않는 것도 똑같은 이유 때문이다. 말라리아모기가 살 수 없을 정도로 고도가 높은 지역은 아프리카의 2퍼센트밖에 안 된다. 그리고 케냐나 뉴기니 같은 고지대가 지난 세기 말라리아 발생 지역이 된 이유는 기후 변화가 아니라 사람들의 이주와 거주 지역 변화에 있었다. "이 질병이 갑자기 번성하는 비극이 일어나는 데 기후가 어떤 역할이라도 했다는 증거는 어떤 고도에서도 없다." 말라리아 전문가 폴 라이터Paul Reiter의 말이다.

지구 온난화로 인해 증가할 가능성이 있는 말라리아 사망자 수는 기껏해야 최대 3만 명이다. 이를 걱정하기 전에 오늘날 예방 가능한 말라리아로 인해 해마다 사망하는 100만 명을 구하기 위해 무언가 조치를 취해야 하지 않겠는가?

1990년을 전후해 동유럽에서 진드기 매개 질병이 급증한 사례도 이와 유사한 경우다. 처음에는 기후 변화가 원인으로 지목됐다. 하지만 공산주의 붕괴 이후 직업을 잃은 사람들이 숲에서 버섯을 따는 시간이 길어진 게 원인이었던 것으로 드러났다.

아직도 많은 시사해설가가 세계보건기구의 2002년 추정치에 사로잡혀 있다. 기후 변화의 결과로 죽는 사람이 매년 15만 명에 이른다는 추정치 말이다. 이 같은 계산이 토대로 하고 있는 가정을 살펴보자. 온난화 때문에 추가로 번식한 병원성 박테리아로 인해 추가로 사망한 설사병 환자가 2.4퍼센트라고 자의적으로 가정했다. 또한 말라리아 사망자의 일정 비율은 비가 더 많이 내려 모기가 더 많이 번식한 데 원인이 있다고 가정했다. 기타 등등…….

하지만 이런 추측을 설사 받아들인다 해도, 사망 원인 중에서 기후 변화가 차지하는 몫은 미미하다는 사실이 드러난다. 세계보건기구가 스스로 내놓은 여타 원인에 의한 사망자 수에 비해서 말이다. 철분 결핍, 콜레스테롤, 불안전한 섹스, 담배, 교통사고 등. '정상적인' 설사와 말라리아의 차이는 말할 것도 없다. 동일한 보고서에 따르면, 심지어 비만으로 인한 사망자 수도 기후 변화로 인한 사망자의 두 배에 이른다.

탄소 방출 덕분에 목숨을 건진 사람도 많지만, 그런 수치를 추정하려는 시도는 전혀 이루어지지 않았다. 예컨대 실내에서 불을 피워놓고 요리를 하면 공기오염 때문에 건강을 해치게 된다. 그렇게 살던 마을에 전기가 공급되면 사망률이 달라진다. 또는 농업 생산성이 높아지면 영양실조로 인한 사망자가 줄어든다는 점도 그렇다. 이를 가능케 하는 것은 비료고, 이는 천연가스를 이용해 제조된다.

2009년 코피 아난Kofi Annan이 개최한 인도주의 지구 포럼Global Humanitarian Forum에서는, 기후 변화로 인한 사망자 수를 두 배로 늘려 연간 315,000명으로 추산했다. 이런 수치가 나온 것은 오직 다음과 같은 수단을 쓴 덕분이다. 앞에서 내가 말한 논점들을 무시하고, 기후 변화로 인한 설사병 사망자 수를 자의적으로 두 배로 늘렸다. 그리고 웃기는 가정을 추가했다. 소말리아의 종족간 내전, 허리케인 카트리나, 기타 재난에 지구 온난화의 책임이 일부 있다는 것이다. 지구상에서 해마다 5천만~6천만 명이 죽는다는 사실을 기억하라. 심지어 인도주의 지구 포럼의 추정에 따르더라도, 사망 원인에서 기후 변화가 차지하는 비중은 채 1퍼센트에도 못 미친다.

기온이 3도 정도 올라가면 세계 식량 생산은 아마도 늘어날 것이다. 온난화는 추운 지역의 소출을 늘리고, 더 많이 내리는 비는 건조한 지역 중 일부의 생산량을 늘릴 것이다. 그뿐만이 아니다. 이산화탄소가 늘어나면 그 자체가 소출 증가의 원인이 된다. 건조한 지역에서 특히 그렇다. 예컨대 밀 생산량은 대기 중 이산화탄소 함량이 600ppm일 때 295ppm일 때에 비해 15~40퍼센트 늘어난다(온실에서는 식물 성장을 촉진하기 위해 이산화탄소 함량이 1,000ppm인 공기를 사용하는 일이 흔하다).

이런 효과에다 늘어나는 강수량과 새로 개발될 기술이 합쳐진다고 생각해보라. 더 따뜻해진 세상에서는 농경지 때문에 상실되는 동식물의 서식지 면적이 더 줄어든다는 의미가 된다. 사실 온난화가 가장 극심한 시나리오에서는 많은 땅이 야생으로 되돌아갈 수 있다. 오늘날의 경작지 면적은 세계의 11.6퍼센트지만 2100년에는 5퍼센트에 불과하게 되기 때문이다. 가장 잘살고 온난화가 가장 심한 버전의 미래는 굶주림도 가장 적고 인간이 스스로를 부양하기 위해 추가로 경작해야 할 면적도 가장 적은 미래다.

이 같은 계산은 머리가 이상한 회의주의자에게서 나온 것이 아니라 IPCC 보고서의 주저자로부터 나온 것이다. 그리고 인간 사회가 변화하는 기후에 적응하는 능력을 감안하지 않은 상태에서 도출된 것이다.

가난한 나라에서 너무 이른 사망, 피할 수 있었을 사망을 일으키는 주된 원인은 네 가지다. 인류 종말론의 네 기수라고나 할까. 앞으로도 오랫동안 변하지 않을 것으로 보이는 그 네 가지는 기아, 더러운 물, 실내 연기, 말라리아다. 이런 원인으로 죽는 사람의 수는 1분당 각각 약 7명, 3명, 3명, 2명이다. 만일 동료 인류에게 좋은 일을 하고 싶다면, 당신은 지금 이런 것들과 싸우는 데 힘을 써야 할 것이다. 인류가 다가오는 기후의 도전을 맞이할 준비를 갖추고 번영할 수 있도록 말이다.

경제학자들의 추산에 따르면, 기후 변화를 완화하기 위해 쓰인 1달러가 가져오는 편익은 90센트다. 그에 비해 의료에 사용된 1달러는 20달러, 기아 구제에 사용된 1달러는 16달러의 편익을 낳는다.

생태계 살리기

아, 하지만 그건 인류의 문제였다. 다른 종들은 어떻게 될까? 온난화는 멸종의 물결을 유발할까? 그럴지도 모르지만 필연적인 것은 아니다. 20세기에 두 차례의 급속한 온난화가 있었지만, 지구의 기후 변화 추세 때문에 멸종한 것으로 분명히 확인된 종은 지금까지는 하나도 없다.

첫 희생자로 가끔 거론되는 코스타리카의 황금두꺼비를 보자. 이들이 자취를 감춘 것은 곰팡이병 때문이거나 서식지인 운무림(습기가 많은 열대지방의 삼림)이 건조해졌기 때문이다. 후자는 아마도 더 낮은 산기슭 구릉지대의 숲이 벌채된 탓인 듯하다. 이는 국지적 원인이지 지구적 원인은 아니다.

북극곰은 오늘날 여전히 번성하고 있지만(13개 개체군 중 11개의 개체수가 유지되거나 늘고 있다), 한여름의 북극 해빙海氷이 감소한 탓에 위협을 받고 있다. 그래서 서식 범위가 더 북쪽으로 축소될 수 있다. 하지만 곰들은 허드슨 만에서 얼음이 없는 여름 몇 개월에 이미 적응하고 있다. 육지로 올라가 단식하면서 바다가 다시 얼기를 기다리는 것이다. 그리고 약 5,500년 전 한동안 북극해에 얼음이 거의 없는 시기가 있었다는 훌륭한 증거가 그린란드 북부에서 나왔다. 오늘날보다 뚜렷이 더웠던 시기에 말이다.

주장하건대, 보르네오의 오랑우탄이 재생 가능 에너지 때문에 받는 위협은 북극곰이 지구 온난화 때문에 받는 위협보다 훨씬 크다. 이들은 서식지인 숲이 야자유 바이오연료 농장으로 바뀌는 바람에 큰 피해를 입고 있다.

내 말을 오해하지 마시라. 나는 멸종이 일어나고 있다는 사실을 부인하는 것이 아니다. 나는 위협받는 종들을 멸종으로부터 구하는 일을 적극 지지한다. 그리고 절멸 직전의 종을 구하기 위한 프로젝트에서 두 차례 일하기도 했다. 부채머리꿩과 인도작은느시.

하지만 종들을 위협하는 요인들은 너무나 평범하다. 생태학적 종말론의 네 기수는 언제나 서식지 상실, 공해, 경쟁자 급증, 사냥이었고 지금도 그렇다. 많은 환경단체가 기후 안정이라는 환영을 좇으면서부터 이런 위협에 대해서는 갑자기 흥미를 잃었다. 과거에도 기후가 안정됐던 적은 결코 없었는데 말이다. 마치 기후 변화에 대한 최근의 강조가 환경보호 운동을 질식시키기라도 한 것 같다.

지난 반세기 동안 환경보호주의자들은 엄청나게 좋은 일을 해왔다. 소수의 야생 생태계를 보호하고 되살렸으며, 지역민들이 이들 생태계를 유지하고 귀하게 여기도록 격려했다. 하지만 오늘날에는 새로이 정치색을 띤 기후운동가들에게 배신당할 위험을 무릅쓰고 있다.

재생 가능 에너지를 향한 기후운동가들의 열정은 생태계를 축내고, 이를 보호할 재원도 빼앗아가고 있다. 예컨대 산호초를 보자. 공해와 토사, 영양소 유실, 어업 때문에 심각한 피해를 입고 있다. 특히 큰 문제는 바닷말을 깨끗이 청소해줄 초식 물고기들이 어획 탓에 줄어드는 것이다. 하지만 환경운동가들은 마치 기후 변화가 이보다 훨씬 큰 위협인 듯이 말하는 게 보통이다. 그리고 과거 숲이나 산성비에 대해 잘못된 주장을 했던 것과 마찬가지로 종말론적 주장을 소리 높여 외치고 있다.

호주의 해양생물학자 찰리 베론Charlie Veron은 말한다. "산호초가 지금 우리가 알아보는 어떤 형태로라도 존속할 희망은 전혀 없다. 심지어 금세기 중반까지라도 말이다." 런던 동물학협회의 알렉스 로저스Alex Rogers는 "산호초 소멸은 절대적으로 확실하다"고 장담한다. 이들의 주장은 달리 해석할 수 있는 여지가 전혀 없다.

물론, 수온이 단 몇 도라도 급속히 올라가면 산호초가 황폐화될 수 있다는 것은 사실이다. 산호와 공생하는 바닷말에 백화 현상을 일으키기 때문이다. 엘니뇨 현상 때문에 특별히 온난했던 1998년

많은 산호초가 이런 일을 겪었다.

하지만 백화 현상은 온도 자체보다 그 변화 속도에 더 크게 영향을 받는다. 이는 틀림없는 사실이다. 산호가 살기에 너무 더운 바다는 지구상 어느 곳에도 없기 때문이다. 심지어 수온이 35도에 이르는 페르시아 만도 그렇다. 오히려 많은 장소가 산호초에게는 너무 춥다. 갈라파고스 제도가 그런 예다.

오늘날 명백해진 사실은, 산호가 백화 현상의 피해를 빠르게 회복한다는 것이다. 죽어버렸던 암초 지역에서 불과 몇 년 지나지 않아 다시 번성한다. 산호초가 마지막 빙하기 말 기온이 갑자기 올라갔던 몇몇 시기를 견디고 살아남은 이유도 이것으로 추정된다. 산호의 회복 능력은 급속한 온난화를 많이 겪을수록 더 강해진다. 이는 최근 연구 결과 명백해진 사실이다.

그럼에도 불구하고, 21세기에 세계가 급속히 온난화된다면 일부 산호는 죽을 수 있다. 하지만 보다 추운 지역의 산호초들은 온난화 덕분에 더 넓은 지역으로 퍼져나갈 것이다. 기후 변화보다 훨씬 직접적으로 영향을 끼치는 것은 국지적 위협이다.

해양 산성화 논란은 환경보호 압력단체들의 대체 계획이 아닌가 하는 의심이 들게 한다. 기후가 온난해지지 않는 경우에 대비해서 화석연료를 비난할 또 하나의 계획 말이다.

대양은 알칼리성이다. 수소이온 농도의 평균 지수는 8.1이다. 중성인 7에 비해 훨씬 높은 수준이다. 그리고 농도 변화에 대한 완충장치도 극도로 잘 갖추고 있다. 만일 대기 중의 이산화탄소 농도가 극도로 높아지면 대양의 수소이온 지수는 2050년 약 7.95까지 내려갈 수 있다. 그래도 알칼리도는 지난 1억 년 중 대부분의 기간보다 훨씬 높은 수준이다.

그럼에도 불구하고 문제를 제기하는 사람들이 있다. 알칼리도가 아주 조금만 낮아져도 골격에 탄산칼슘을 저장하는 동식물에게는 상당한 영향을 끼친다고 말이다.

하지만 이는 화학법칙에 위배된다. 대양의 산성도가 증가하는 까닭은 (이산화탄소가) 용해된 중탄산염이 늘어났기 때문이다. 그리고 중탄산염 농도가 높아지면 탄산염과 칼슘을 결합·침전시키는 생물체들의 활동 효율이 높아진다. 중탄산염 농도가 심지어 세 배로 높아지더라도 산호의 광합성 및 탄산칼슘 침전 능력은 계속 늘어난다. 이는 많은 실증적 연구에서 드러난 사실이다. 탄산 증가는 석회성 플랑크톤, 오징어 유충, 석회비늘편모류의 성장에 영향이 없거나 긍정적인 영향을 미친다.

이산화탄소가 지구를 따뜻하게 한다는 것은 아무도 의심하지 않는 사실이지만, 이는 나의 전반적인 낙관주의에는 아무런 흠집도 내지 못한다. 심지어 IPCC 과학자들이 의견 일치를 이룬 정도로(금세기에 약 3도 - 옮긴이) 지구가 온난해진다 해도 그렇다. 그에 따른 순피해는, 오늘날 예방할 수 있는 원인 때문에 발생하고 있는 실제 피해보다 여전히 작아 보인다. 그리고 만일 그런 정도로까지 온난해진다면, 그에 대해서 뭔가 할 수 있는 여유를 가질 만큼 부유한 사람이 많아졌기 때문일 것이다.

하지만 언제나 그랬듯이, 이런 논쟁이 있을 때 낙관주의는 언론의 관심을 끌지 못한다. 겁주는 보도자료를 하나하나 받아먹기를 좋아하는 미디어는 낙관주의자를 바보로, 비관주의자를 현자로 대우한다.

물론, 이것이 낙관주의자들이 옳다는 근거가 될 수는 없다. 하지만 비관주의자들의 성적이 나쁘다는 점을 고려하면, 그들의 주장을 적어도 한 번이라도 재검토해야 할 근거는 된다. 무엇보다도, 우리는 과거에도 이런 일을 겪은 적이 있지 않은가. 빌 클린턴 미국 대통령은 말했었다. "이번 시련의 급박성을 강조하고 싶다. 이번 일은 무서운 장면이 나오면 눈을 감을 수 있는 여름철 공포영화가 아니다." 그가 말한 위험은 기후 변화가 아니라 Y2K였다. 1999년 12월 31일 밤 12시에 모든 컴퓨터가 고장날지 모른다는 가능성 말이다.

경제의 비탄소화

요약하자면, 더 온난하고 부유한 세계는 인류와 생태계의 웰빙을 개선시킬 가능성이 더 높다. 더 시원하지만 더 가난한 세계에 비해서 말이다. 인두르 고클라니의 표현에 따르면, "공중보건의 견지에서나 생태에 미치는 영향으로 볼 때나 기후 변화가 금세기 인류에게 닥칠 가장 중요한 문제가 될 것 같지는 않다".

기후 변화에 관한 13종의 경제학적 분석이 내린 결론은 다음과 같다. 이는 온난화의 정도에 대한 일치된 견해를 바탕으로 한 것이다. 이에 따르면, 온난화가 21세기 후반의 세계 경제에 미치는 영향은 경제 성장 약 1년치에 불과하다. 그만큼 더 성장하거나 덜 성장하게 된다는 말이다.

이런 견해를 비판하는 사람들이 흔히 하는 주장이 있다. 성장과 탄소 감축은 배타적인 것이 아니며, 기후 변화에 의해 가장 큰 타격을 입는 것은 가난한 사람들이라는 것이다. 맞는 말이다.

하지만 똑같은 논리가 거꾸로 적용될 수도 있다. 에너지 가격이 높아지면 가장 크게 타격을 입는 것은 빈민들이다. 기후 변화 완화 문제를 서툴게 관리하면, 기후 변화만큼이나 큰 피해를 입힐 수 있다. 화석연료를 이용한 전력을 공급받지 못하는 시골마을에서 실내 연기로 인해 어린이들이 죽는 것은 비극이다. 그 비극성은 기후 변화에 따른 홍수로 인해 어린이들이 죽는 것보다 조금도 덜하지 않다. 화석연료를 빼앗긴 사람들에 의해 벌채된 숲은 기후 변화로 인해 없어지는 숲에 못지않게 중요한 손실이다.

만일 기후 변화는 미약한 반면 탄소 감축은 진정한 고통을 유발하는 것으로 확인된다면 어떨까? 이는 우리가 지혈대로 스스로의 목을 졸라 코피를 멈추게 했음을 발견하는 꼴이 될 수 있다.

그리고 탄소 감축은 에너지 가격의 상승을 의미한다. IPCC에 따르면 그렇다. 내가 이 논의를 위해 IPCC의 온도 상승 추정치를 받아들이려 한다면, 탄소 할당제 때문에 손실되는 경제 성장에 대한 추정치 역시 받아들여야 할 것이다. IPCC는 그 손실을 대략 2050년 이후 매년 GDP의 5.5퍼센트로 잡고 있다. 그런데 이는 도저히 있을 법하지 않은 가정 위에서 이루어진 추정이다.

다음의 가정은 IPCC의 2007년 보고서에서 인용한 것이다. "거래 비용이 들지 않는 투명한 시장, 그래서 21세기 내내 정책 수단을 완벽하게 시행한 결과, 비용 효율적 온난화 완화 조치(탄소세나 범세계적인 탄소 배출권 거래 프로그램 등)가 범세계적으로 채택된다."

세계 경제를 운영하는 데는 많은 에너지가 필요하다. 노예를 기반으로 할 셈이 아니라면 말이다. 그리고 현재까지 이런 에너지를 얻는 가장 값싼 방법은 탄화수소를 태우는 것이다. 1,000달러어치의 경제활동은 약 600킬로그램의 이산화탄소를 배출한다. "이 수치를 실질적으로 줄이는 코스를 약간이라도 밟고 있는 나라는 하나도 없다." 물리학자 데이비드 맥케이David MacKay의 말이다.

감축은 가능하다. 다만 엄청난 비용이 든다. 금융뿐 아니라 환경에도 그렇다. '평균적으로 부유한' 나라인 영국을 보자. 현재의 생활수준을 유지하기 위한 1인당 하루치의 일에는 125킬로와트시의 에너지가 필요하다. 이중 106킬로와트시는 아직도 화석연료 연소를 통해 공급되고 있다.

화석연료가 없다면 영국이 어떻게 동력을 공급받을 수 있겠는가? 많은 비용이 드는 폐열 활용, 쓰레기 소각 에너지 활용, 지붕 아래 공간의 단열을 적극적으로 시행하면 이 같은 수요 중 25킬로와트시를 충족시킬 수 있다고 가정하자. 그러면 하루 100킬로와트시를 어딘가에서 구해야 한다. 핵·풍력·태양에너지에서 각각 25킬로와트시씩을, 그리고 바이오연료·나무·파도·조력·수력에서 각각 5와트시씩을 마련한다고 가정해보자.

이럴 경우 나라꼴이 어떤 모습이 될 것 같은가? 원자력 발전소 60곳이 해안에 서 있을 것이고, 풍력 발전소는 육지의 10퍼센트를 차지할 것이다. 태양열 패널이 링컨셔만 한 지역을 뒤덮을 것이고, 바이오연료 재배 면적은 대런던(Greater London, 런던 시와 카운티를 비롯한 광역 수도권 - 옮긴이) 18개를 합친 크기가 될 것이다. 뉴포리스트 국립공원 47개를 합친 면적에서 자라는 나무가 필요할 것이며, 바닷가에는 파력波力 발전기가 수백 킬로미터에 걸쳐 늘어설 것이다.

세번 강 어귀와 스트랭포드 만에는 거대한 조력 발전 댐이 들어서고, 강에는 지금의 25배에 달하는 수력 발전 댐이 건설되어야 할 것이다. 입맛 떨어지는 전망이 아닐 수 없다. 나라 전체가 발전소처럼 보일 것이다. 고지대에는 송전탑이, 도로에는 목재 수송 트럭이 줄지어 늘어설 것이다.

정전이 자주 발생할 것이다. 안개 자욱하고 바람 한 점 없는 1월의 어느 추운 날, 전력 수요는 최고치인데 때마침 세번 강 어귀의 파도는 약하고, 태양열 패널은 (안개 때문에) 햇빛을 받지 못하고, 풍력 발전기는 돌지 않는 일이 일어난다는 말이다.

또한 야생 생물들은 고통에 신음할 것이다. 강 어귀(파력 발전소로 인해)와 자유롭게 흐르는 강(수력 댐으로 인해)과 탁 트인 하늘(태양열 패널로 인해)을 잃었으니 말이다.

오늘날 이 같은 재생 가능 에너지로 세계에 동력을 공급하는 것은 자연을 훼손하는 가장 확실한 방법이다. (물론, 석탄과 석유 채굴도 환경을 훼손한다. 하지만 이들이 남기는 탄소발자국은 대부분의 재생 가능 에너지보다 놀랄 만큼 적다.)

게다가 대부분의 재생 가능 에너지는 가격이 내려갈 조짐이 전혀 보이지 않는다. 풍력에너지의 가격은 석탄의 세 배에 머무른 지 오래다. 풍력이 전력시장에서 조금이라도 발판을 마련할 수 있었던 것은 정부 보조금 덕분이다. 그 혜택은 임대료를 받는 부유한 지주들과 풍력 발전업계로 돌아간다. 일반 근로자들의 입장에서 보면, 부자가 세금을 덜 내는 역진세가 시행되는 셈이다.

경험법칙상 풍력 터빈은 전력 생산에서 발생하는 수익보다 보조금 수익이 더 크다. 심지어 덴마크에는 6천 개의 풍력 터빈이 있지만, 이 덕분에 이산화탄소 배출이 줄어든 몫은 전혀 없다. 바람이 잘 때는 화석연료로 발전량을 보충해야 하기 때문이다. 바람은 불다가 불지 않다가 한다. (덴마크에서 풍력으로 생산된 전기는 스웨덴과 노르웨이로 수출된다. 이들 나라는 덴마크에서 바람이 약해지면 자국의 수력 발전 시설을 신속하게 재가동할 준비를 갖추고 있다.)

한편 풍력 발전 보조금은 일자리를 파괴한다. 이는 스페인의 한 연구에서 확인됐다. "전통적 발전업계에서 재생 가능 발전업계로 근로자 한 사람이 이동할 때마다, 그와 비슷한 급료를 받는 일자리 두 개가 경제의 다른 분야 어딘가에서 사라져야 한다. 그렇지 않으면 재생 가능 발전의 초과 비용을 상쇄할 보조금을 조성할 방법이 없다."

환경운동가들은 보통 에너지 비용을 올리는 게 좋은 일이라고 주장한다. 하지만 개념의 정의상, 이렇게 되면 다른 부문에 대한 투자가 줄어들고 따라서 일자리가 파괴된다. "예외적으로 비싼 새로운 에너지원에 돈을 마구 쏟아부으면 우리가 경기 침체에서 벗어날 수 있다고? 이치에 맞지 않는 제안이다." 피터 휴버의 글이다. 하지만 오늘날 이런 일이 벌어지고 있다.

미래에는 이 같은 단점이 없으면서 탄소도 방출하지 않는 에너지원이 존재할 가능성이 충분하다. 그렇게 유망하지는 않더라도 가능성이 있는 방안들을 보자. 뜨거운 지하 암반층을 이용한 지열 발전, 근해에서 이루어지는 풍력·파력·조력 발전, 심지어 심해와 해수 표면 간의 온도차를 이용하는 해수 온도차 발전 등. 산호초의 바닷말에서 더 좋은 바이오연료를 얻을 수도 있을 것이다. 하지만 개인적으로 나는 원자력 발전이 더 좋다고 생각한다. 산호초는 물고기

양식장으로 쓰거나 자연보호 구역으로 만들 수 있도록 남겨두는 게 낫다.

공학자들이 아주 가까운 장래에 햇빛을 이용해 물에서 직접 수소를 뽑아내는 방법을 발견할 수 있을 것이다. 루테늄 염료를 촉매로 사용하는 방법인데, 이는 실제로 식물의 광합성을 모방한 것이다. 석탄을 합성가스로 전환하고 이산화탄소는 암반에 다시 주입하는 '청정 석탄'은 만일 제조비용이 낮아진다면 미래의 에너지원이 될 수도 있다('만일'을 아주 크게 써야 한다).

태양에너지가 큰 기여를 할 것은 분명하다. 재생 가능한 에너지원 중 대지를 가장 적게 차지하기 때문이다. 발전 효율 12퍼센트의 태양 전지판이 1제곱미터당 200달러에 대량 생산될 수 있다고 생각해보자. 그러면 석유 1배럴에 맞먹는 전력을 30달러에 만들어낼 수 있다. 그러면 사람들은 배럴당 40달러 하는 석유를 채굴하는 대신 너도나도 지붕을 태양 전지판으로 덮느라 야단일 것이다. 알제리와 미국 애리조나의 많은 부분이 값싼 태양 전지판으로 덮일 것이다. 애리조나 대부분의 지역에는 1제곱미터당 하루 6킬로와트시의 햇빛이 내리쬔다. 발전 효율을 12퍼센트라고 가정하면, 애리조나의 3분의 1에서 생산하는 전력으로 미국 전체의 수요를 충족시킬 수 있다. 면적은 많이 잡아먹겠지만, 상상 불가능한 일은 아니다. 하지만 가격은 별도로 치더라도 햇빛은 큰 문제를 안고 있다. 바람과 같은 문제다. 간헐적인 성격을 띤다는 점이다. 예컨대 밤에는 작동하지 않는다.

저탄소로 가는 가장 명백한 방법은 원자력이다. 원자력 발전소는 다른 어떤 기술보다 오염이 적고 치명적 사고도 덜하며, 탄소발자국도 적게 남기면서 더 많은 전력을 벌써부터 생산하고 있다. 핵폐기물은 해결 불가능한 이슈가 아니다. 양이 적고(1인당 평생 콜라 캔 한 개 분량) 저장도 간편하며, 다른 모든 독소와 달리 시간이 갈수록 안전해진다(2세기만 지나면 방사능이 초기에 비해 10억분의 1로 떨어진다).

더 좋은 원자력은 다음과 같아야 한다. 개별 마을에 전력을 공급하는 원자력 전지는 작고 수명이 제한돼 있으며 쓰고 버릴 수 있는 것이어야 한다. 그리고 원천적으로 안전 설계를 갖춘 페블베드(pebble-bed, 연료봉 대신 테니스 공만 한 우라늄 공을 죽 깔아놓은 모습에서 페블베드, 즉 자갈 바닥이라는 이름이 붙었다 - 옮긴이) 고속 증식 원자로라야 한다. 우라늄의 에너지를 99퍼센트까지(오늘날의 원자로는 효율이 1퍼센트밖에 안 된다) 뽑아 쓸 수 있으면서도 내놓는 폐기물은 반감기가 더 짧고 양도 적은 원자로 말이다. 현대의 원자로는 불안정하고 누출 위험이 있는 체르노빌 형과는 크게 다르다. 쌍발 프로펠러기와 제트 여객기만큼이나 차이가 난다.

언젠가는 핵융합 에너지도 발전에 기여할 것으로 보인다. 하지만 아직 놀라기는 이르다.

이탈리아 공학자 체자레 마르체티Cesare Marchetti는 지난 150년간 인류의 에너지원이 나무에서 석탄, 석유, 천연가스로 변천해온 내용을 그래프로 그려보았다. 수소에 대한 탄소의 비율은 단계마다 떨어졌다. 나무는 10, 석탄은 1, 석유는 0.5, 메탄가스는 0.25였다. 1800년 탄소는 연소의 90퍼센트를 맡았지만, 1935년이 되자 탄소와 수소의 역할은 50대 50이었다. 그리고 2100년이 되면 연소의 90퍼센트를 수소가 담당하게 될 수 있다. 이 수소는 원자력으로 만든 전기를 이용해 생산될 가능성이 가장 크다.

미국 록펠러 대학교 환경과학 교수인 제시 오서벨의 예측을 보자. "에너지 시스템을 간섭하지 않고 그냥 내버려둔다면 2060년이나 2070년에 대부분의 탄소는 시스템에서 사라질 것이다."

미래의 특징은 지금 현재 공학자들의 상상 속에 겨우 반짝이기 시작하는 아이디어들이 현실화될 수 있다는 데 있다. 예컨대 우주 공간에 설치되는 태양풍(태양에서 쏟아져나오는 작은 입자들의 무리 - 옮긴이) 동력화 장치, 혹은 지구의 자전 에너지, 혹은 태양과 지구 사이의 라그랑주점(두 천체와 정삼각형을 이뤄서 양측의 인력이 상쇄되는 안정된 지점 - 옮긴이)에 설치된 초대형 거울 등이 그 예가 될 수 있다.

그런 걸 내가 어떻게 알 수 있냐고? 오늘날은 창의성이 과거 어느 때보다도 넘쳐흐르기 때문이다. 지구 전체가 네트워크로 대량 연결돼 있고, 혁신율은 점점 높아지고 있다.

혁신적 기술과 방법들은 정교한 계획이 아니라 행운 덕분에 계속 발견되고 있다. 예컨대 1893년 시카고 국제 박람회에서 사람들에게 물었다고 치자. 20세기에 가장 크게 영향을 미칠 발명은 어떤 것일까? 휴대전화는 고사하고 자동차를 언급하는 사람도 전혀 없었을 것이다. 그러므로 오늘날의 당신은 2100년에 보편적으로 이용될 경이적인 기술이 무엇일지 상상조차 할 수 없다.

미래의 인류는, 인간이 만든 탄소는 심지어 건드리지도 않는 대신 자연의 탄소 순환을 이용할지도 모른다. 해마다 대기로부터 사라지는 탄소는 2천억 톤에 이른다. 식물과 플랑크톤의 성장에 쓰이는 것이다. 그리고 부패, 소화, 호흡 때문에 해마다 같은 양이 대기에 유입된다. 인간의 활동으로 인해 추가되는 탄소는 연간 100억 톤, 즉 5퍼센트에 지나지 않는다.

21세기 인류의 지적 능력으로 자연의 사이클을 약간 조정해서 자신들이 방출하는 5퍼센트의 탄소를 흡수하도록 만드는 것이 불가능할 리 없다. 대양의 사막화된 지역에 철과 황을 더 투입해 영양분을 풍부하게 만드는 방법이 쓰일 수도 있다. 혹은 대양의 바닥으로 가라앉는, 탄소가 풍부한 살파류salps라는 해양 생물이 많이 자라도록 촉진하는 방법일 수도 있다. 혹은 농작물로 만드는 바이오 숯을 매장하는 방법일 수도 있다.

이중 어떤 기술을 선택할지 결정하는 방법은 아마도 탄소세를 중과하고 지불급여세(영국에서는 국민보험료)를 그만큼 내리는 것이다. 그러면 고용이 촉진되고 탄소 방출은 줄어들 것이다.

이런 결과를 회피하는 방법은 바람이나 바이오연료 같은 패배자를 고르는 것이다. 그래서 탄소 배출권에 투기하는 사람들에게 보상을 주는 것이다. 경제에 규율, 규제, 보조금, 왜곡, 협잡이라는 짐을 지우는 것이다.

탄소 감축의 정치를 보면 나의 낙관주의는 흔들린다. 2009년 12월에 열린 코펜하겐 회의에서는 하마터면 탄소 배출권 개인별 할당 및 거래제carbon rationing를 도입할 뻔했다. 부패에 취약하고 효과는 없는 이 제도가 도입되었다면 어떤 일이 일어났을까? 가난한 사람들이 피해를 입고 생태계는 손상되었을 것이며 독재자와 밀매업자가 보상을 받았을 것이다.

나는 여기서 기후 논쟁을 해결하려는 것이 아니다. 온난화로 인한 파국이 도저히 일어날 수 없는 일이라고 말하는 것도 아니다. 그저 사실을 근거로 스스로의 낙관주의를 검증하고 있다. 그리고 내가 찾아낸 사실은 '급속하고 심각한 기후 변화가 일어날 가능성은 낮다'는 것이다. 발생 가능성이 가장 큰 기후 변화가 순손실을 끼칠 가능성은 낮다. 인류가 기후 변화에 전혀 적응하지 못할 가능성은 낮다. 앞으로 길게 보았을 때 새로운 저탄소 에너지 기술이 등장하지 않을 가능성은 낮다. 이렇게 낮은 가능성이 모조리 현실화될 확률은 더더욱 낮다. 그러므로 21세기에 인류가 번영할 가능성은 정의에 따라 높을 수밖에 없다.

번영할 가능성은 실제로 얼마나 높은가, 그래서 예방 조치에 얼마만큼의 돈을 써야 하는가에 대해서라면 당신은 논쟁을 할 수 있다. 하지만 IPCC가 제시한 수치를 기반으로 내릴 수 있는 결론은 하나밖에 없다. 2100년의 세계가 오늘날에 비해 더 살기 좋은 곳이 될 가능성이 매우 높다는 것이다.

그리고 아프리카가 그 같은 번영에 합류할 수 있다고 생각할 이유는 얼마든지 있다. 전쟁과 질병과 독재 지배가 계속되고 있기는 하지만, 아프리카는 조금씩 조금씩 나아질 것이다. 인구는 안정되고, 도시는 번창하며, 수출은 늘어나고, 농장은 번영하며, 자연은 살아남고, 사람들은 평화를 누리게 될 것이다.

빙하시대 대한발의 시기에 아프리카가 부양할 수 있는 초기 수렵 채집인은 매우 적은 수였다. 따스하고 비가 많이 내리는 간빙기(오늘날, 제4간빙기에 해당한다-옮긴이)에 아프리카는 10억 명을 부양할 수 있다. 대부분이 도시에 살며 교환과 전문화를 실천하는 10억 명 말이다.

11
카탈락시_2100년을 바라보는 이성적 낙관주의

THE RATIONAL OPTIMIST

역사를 보면 낙관주의가 종말론적 비관주의보다 실제로 더 현실적인 태도라는 것을 알 수 있다. 과거의 오랜 진보는 우리의 절망이 틀렸음을 보여준다.

아기들이 우는 소리를 듣는다. 그 아이들이 자라는 것을 본다.
아이들은 아주 많은 것을 배울 것이다.
그리고 나는 조용히 생각한다, 이 얼마나 멋진 세상인가!

―

보브 티엘Bob Thiele과 조지 데이비드 바이스George David Weiss,
〈얼마나 멋진 세상인가What a Wonderful World〉

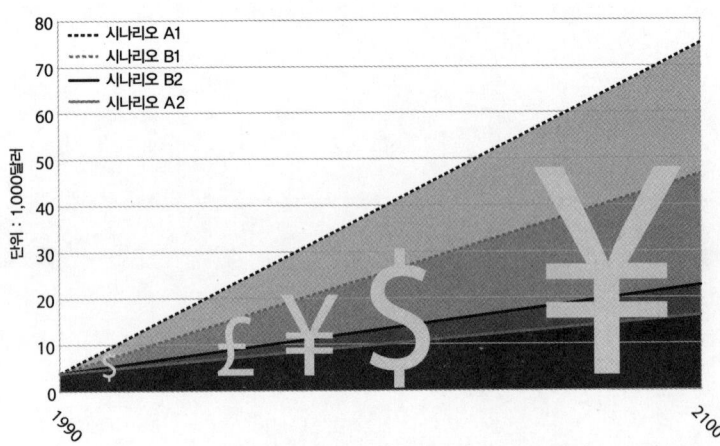

IPCC 추정 세계 1인당 GDP 추이

THE CATALLAXY: RATIONAL OPTIMISM ABOUT 2100
카탈락시 _ 2100년을 바라보는 이성적 낙관주의

이 책에서 나는 애덤 스미스와 찰스 다윈을 기반으로 서술하려고 노력했다. 인간 사회를 철학자 댄 데닛Dan Dennett이 '번영 진화'라고 부르는 오랜 역사의 산물로 해석하려고 노력했다. '번영 진화'는 유전적 변이가 아니라 문화들 사이에서의 자연선택을 통해 일어난다. 또한 나는 인간 사회를 개인간 거래라는, 보이지 않는 손에 의해 창발하는 질서로 해석하려고 노력했다. 이 질서는 하향식 결정론의 산물이 아니다.

내가 독자에게 보여주려고 노력한 것은 다음과 같은 것들이다. "생물학적 진화를 누적시키는 것이 섹스이듯, 문화적 진화를 누적시키고 지능을 집단화하는 것은 교환이다. 그러므로 인간 남녀의 혼란스러운 행동 뒤에는 인간사를 꿰뚫고 흐르는 불변의 흐름이 존재한다. 그 흐름은 썰물이 아니라 밀물이다."

10만여 년 전 아프리카 어딘가에서 이 행성 초유의 현상이 발생했다. 어떤 종이 유전자의 변화가 (거의) 없는 채로 세대에서 세대로 습성을 누적적으로 발달시키기 시작한 것이다. 이를 가능하게 한 것은 물건과 서비스를 개인 상호간에 맞바꾸는 교환이었다. 덕분에 이 종은 외부적이고 집단적인 지능을 갖추게 되었다. 뚜렷하게 큰 용적의 뇌에 담을 수 있는 것보다 훨씬 큰 지능을 말이다.

두 사람이 각자 두 개씩의 도구나 두 개씩의 아이디어를 보유할 수 있었다. 각자가 만들 수 있는 도구나 해낼 수 있는 착상은 하나씩밖에 없는데도 말이다. 열 명이 열 가지를 알고 있을 수 있었다. 각자 한 가지씩밖에 이해하지 못하는데 말이다.

이런 식으로 교환은 전문화를 촉진했고, 전문화는 각 개인이 만들 줄 아는 것의 종류를 줄이면서 그 종이 가질 수 있는 다양한 습성의 종류는 늘렸다. 그래서 생산이 더욱 전문화되면서 소비가 더욱 다양해질 수 있었다.

이런 문화가 발전적으로 팽창하는 속도는 처음에는 느렸다. 교환과 전문화에 연계된 인구가 적으면 팽창 속도가 제한되기 때문이다. 섬에 고립되거나 기근으로 황폐화되면 인구가 줄어들 수 있고, 이렇게 되면 집단지능이 축소된다. 하지만 이 종은 점차 수도 늘고 번성했다. 더 많은 습성을 획득할수록 더 많은 생태적 지위를 획득할 수 있었고 더 많은 사람을 부양할 수 있었다. 인구가 많아질수록 더 다양한 습성을 가질 수 있었다.

이 종의 문화적 진보는 도중에 장애를 만났다. 상시적인 문제는 인구 과잉이었다. 지역 환경의 인구 부양 능력이 부족해지자 개인들은 전문화와 교환에서 후퇴해 방어적인 자급자족으로 돌아가기 시작했다. 스스로 생산하는 범위를 확대하고 소비 폭을 축소한 것이다. 이는 자신들이 끌어낼 수 있는 집단지능을 축소시켰다. 이에 따라 생태적 지위가 축소되고 인구는 더 큰 압력을 받게 됐다.

그 결과 집단이 와해되고 심지어는 국지적 멸종까지 일어났다. 혹은 인구는 늘었지만 생활수준은 향상되지 못하는 상황이 발생했다. 하지만 이 종은 새로운 전문화와 교환을 통해 다시 일어서는 방법을 발견하고 또 발견했다. 성장은 재개되었다.

또 다른 장애는 이 종이 스스로 만들어낸 것이다. 스스로의 동물 족보로부터 이어져온 천성적 야심과 질투심 문제다. 사람들은 동료의 생산성을 먹이로 삼거나 거기에 기생하려는 유혹을 느끼는 경우가 흔했다. 주지 않고 받으려 했다. 동료를 죽이고, 노예로 만들고, 착취했다. 이 문제는 수천 년간 미해결인 채로 남아 있었다.

그리고 이 종의 팽창은 기생충의 탐욕에 의해 느려지고 정체되고 후퇴했다. 생활수준과 인구라는 두 측면에서 모두 그랬다. 모든 식객이 나쁜 것은 아니었다. 교역자와 생산자들에게 의존해 살아가지만 정의를 베풀고 외적의 침입을 막아주는 통치자와 공무원들이 있었다. 이들은 도로와 운하, 학교와 병원을 건설해 교환·전문화하는 사람들의 삶을 개선하기도 했다. 이들은 기생자가 아니라 공생자처럼 행동했다(정부는 좋은 일을 할 수 있다). 어쨌든 이 종은 수도 늘어나고 습성도 다양해졌다. 기생충들이 자신들이 빌붙어 사는 숙주의 시스템을 정말로 죽여버리는 일은 없었기 때문이다.

약 1만 년 전, 이 종이 진보하는 속도가 갑자기 빨라졌다. 기후가 갑자기 훨씬 안정된 덕분이었다. 이 종은 다른 종들을 흡수해 교환·전문화의 동반자로 만들었다. 동반자 종들은 자신들을 부양해주는 이 종에게 용역을 제공했다. 이것이 농경이다. 덕분에 각 개체는 자신을 위해 일하는(그 역도 마찬가지다) 같은 종의 구성원들뿐 아니라 다른 종들의 구성원까지 갖게 됐다. 소와 옥수수가 그 예다.

약 200년 전, 변화의 속도는 다시 한 번 빨라졌다. 멸종된 종을 이용할 수 있는 능력이 새로 생긴 덕분이었다. 화석연료를 채굴하고 그 에너지를 방출해 훨씬 많은 일을 할 수 있게 된 것이다. 이제 이 종은 해당 행성의 대형 우점종이 되었고, 출산율이 떨어져서 생활수준이 급속도로 향상됐다. 하지만 기생충들은 이 종을 여전히 괴롭혔다(전쟁을 일으키고 복종을 요구하고 관료제를 만들고 협잡을 일삼고 분열을 설교했다).

하지만 교환과 전문화는 계속되었고, 이 종의 집단지능은 전에 없던 수준에 도달했다. 오늘날 세계의 거의 전역이 인터넷으로 연결돼 있어서, 어느 지역에서 나온 아이디어든 서로 만나고 짝짓기를 할 수 있다. 진보의 속도는 다시 한 번 빨라졌다. 이 종의 미래는 밝았다. 스스로는 모르고 있었지만.

앞으로, 위로!

나는 밝은 낙관주의의 논거를 제시했다. 그동안 나는 다음과 같이 주장했다. "이제 세상이 네트워크로 연결되었고 아이디어들은 과거 어느 때보다도 문란하게 서로 섹스를 나누고 있다. 그러니 혁신 속도는 배가될 것이다. 경제적 진화 덕분에 21세기의 생활수준은 과거 상상도 못했던 수준으로 높아질 것이고, 심지어 세계에서 가장 가난한 사람들조차 생존적 필요만이 아니라 욕구를 충족시킬 여유를 갖게 될 것이다."

이런 낙관주의가 인기가 없는 것은 뚜렷하지만, 역사를 보면 이것이 종말론적 비관주의보다 실제로 더 현실적인 태도라는 것을 알 수 있다고 나는 주장했다. "과거의 오랜 진보는 우리의 절망이 틀렸음을 보여준다"고 웰스H. G. Wells는 말했다.

그런데 이 같은 낙관주의는 통념에 어긋난다는 대죄를 저질렀다. 그보다 더 나쁜 것은 다음과 같은 사실에 냉담하고 무관심하다는 인상까지 남길 수 있다는 점이다. 먹을 것이 부족한 사람이 10억 명이고, 깨끗한 물을 구할 수 없는 사람이 10억 명이며, 문맹인 사람이 10억 명이라는 사실 말이다.

하지만 진상은 정반대다. 고통받고 허덕이는 사람들의 수는 인간이라면 당연히 바랄 수준보다 아직도 훨씬 많다. 활발한 낙관주의를 갖는 것이 도덕적 의무인 것은 정확히 이 때문이다.

지난 반세기 동안 가난이 역사상 가장 큰 폭으로 줄어들긴 했지만 아직도 수억 명이 허덕이고 있다. 매일 똑같은 음식만 먹다가 비타민A 결핍으로 시력을 잃고, 단백질 부족으로 자녀들의 배가 부풀어오르는 것을 힘없이 바라보고, 오염된 물을 마셔 이질에 걸리고, 실내에서 불을 피운 연기 때문에 폐렴에 걸려서 기침을 해대고, 치료할 수 있는 에이즈로 죽어가고, 불필요하게 말라리아에 걸려 덜덜 떨고 있는 사람의 수를 합치면 더더욱 그렇다. 그리고 진흙 벽돌로 만든 오두막이나 함석판으로 지은 빈민가, 영혼이 없는 콘크리트 탑에 사는 사람들(서구 속의 아프리카 사람 포함), 책을 읽거나 의사에게 갈 기회가 전혀 없는 사람들이 있다. 기관총을 들고 다니는 소년들, 몸을 파는 어린 소녀들이 있다.

    2100년 내 고손녀가 이 책을 읽게 된다면 알아주었으면 좋겠다. 내가 살고 있는 이 세상의 불평등에 대해 내가 예리하게 인식하고 있었다는 사실을. 나는 늘어나는 체중을 걱정할 수 있고, 어느 레스토랑 주인은 겨울에 초록강낭콩을 케냐에서 공수해오는 경쟁자의 부정행위에 대해 불평을 늘어놓을 수 있는 세상이다.

    한편, 수단 다르푸르에서는 어린이의 오그라든 얼굴이 파리 떼로 뒤덮여 있고, 소말리아에서는 군중이 던진 돌에 여성이 맞아 죽으며, 아프가니스탄에서는 미국 정부가 폭탄을 투하하는 동안 미국 기업인이 외롭게 학교들을 짓고 있는 세상이기도 하다.

    경제 성장, 혁신, 변화는 수많은 사람의 생활수준을 향상시킬 수 있는, 알려진 유일한 방법이다. 내가 이를 급박하게 재촉하는 이유는 바로 이 같은 '피할 수 있는' 비참함 때문이다. 세상은 가난과 굶주림과 질병으로 넘쳐난다. 바로 그 때문에 우리는 매우 조심해야 한다. 이미 수많은 사람의 삶을 개선한 것들(전문화와 교환에 관련된 거래, 기술, 신용의 도구들)을 방해하지 않도록 말이다.

    환경 재앙이 어렴풋이 다가오고 있으니 절망하라고 충고하거나 성장을 늦추라고 요구하는 사람들이 있다. 하지만 세상을 개선하기 위해 인류가 해야 할 일은 아직도 너무나 많이 남아 있다. 이런 사람들이 실제로나 도덕적 관점에서나 잘못을 저지르고 있을지 모른다고 하는 것은 바로 그 때문이다. 기술 발전이 전혀 없을 것이라는 전제 하에 미래를 예측하고 그것이 끔찍하리라는 것을 '발견'하는 것은 흔한 수법이다. 이것이 틀렸다는 얘기가 아니다. 만일 발명과 발견이 계속 이어지지 않는다면 미래는 정말 끔찍할 것이다.

폴 로머는 이를 다음과 같이 표현했다. "새로운 비법이나 아이디어가 발견되지 않는다면 유한한 자원과 바람직하지 못한 부수효과들 때문에 성장에 한계가 발생한다는 사실은 모든 세대가 인식하고 있었다. 그리고 모든 세대는 새로운 비법과 아이디어를 발견해낼 스스로의 잠재력을 과소평가했다. 앞으로 발견될 아이디어가 얼마나 많은지를 파악하지 못하는 잘못을 우리는 일관성 있게 되풀이하고 있다."

인류가 스스로에게 저지를지도 모르는 가장 위험하고 옹호할 수 없는 일은 혁신의 불을 끄는 짓이다. 새로운 아이디어를 발명하고 채택하지 않는 짓은 그 자체로 위험하고 부도덕할 수 있다.

얼마나 더 좋아질 수 있을까?

미래학은 언제나 미래보다 현재에 대해 말하는 것으로 끝난다. H. G. 웰스는 기계를 갖춘 에드워드 왕조 시대처럼 보이는 미래를 창조했고, 올더스 헉슬리는 마약에 취한 1920년대의 뉴멕시코 주처럼 느껴지는 미래를 보여주었다. 조지 오웰의 미래는 TV를 갖춘 1940년대 러시아처럼 보였다. 심지어 대부분의 사람보다 비전이 훨씬 뛰어났던 아서 클라크Arthur C. Clarke와 아이작 아시모프Isaac Asimov도 커뮤니케이션에 사로잡힌 2000년대보다 수송수단에 사로잡힌 1950년대에 열중했다. (위의 인물들은 과학자이자 과학소설 작가다-옮긴이.)

그러므로 2100년의 세계를 묘사하는 일에서 나는 21세기 초반의 세계에 사로잡힌 사람처럼 보이고, 우스꽝스러운 외삽을 저지르는 숙명을 벗어날 수 없다. "예측을 하는 것은 쉽지 않다. 특히 그 대상이 미래일 경우에는 말이다." 누군가의 농담이다. 아마도 요기 베라Yogi Berra였던 것 같다.

내가 상상조차 할 수 없는 기술들이 흔하게 쓰이고 인간에게 필요하리라고 내가 생각지도 못했던 습성이 관례화될 것이다. 기계의 지능이 스스로를 디자인할 정도로 높아질지도 모른다. 그렇게 된다면 그때쯤 경제 성장률은 크게 달라질 수도 있다. 산업혁명 출범기에 그랬듯이 말이다. 그런 기계는 세계 경제를 몇 개월, 심지어 몇 주마다 두 배로 성장시키고, 변화의 속도가 거의 무한대인 기술적 '특이점'을 향해 가속적으로 달려가게 할 수 있을 것이다.

그럼에도 불구하고 여기에는 쉽지 않은 부분이 있다. 이제 그 문제에 도전해보자.

21세기에는 카탈락시(catallaxy, 하이에크의 용어로 교환과 전문화가 만들어내는 창발적 질서를 뜻한다)의 팽창이 계속될 것이라고 나는 전망한다. 지능은 더욱 집단화할 것이고, 혁신과 질서는 점점 더 상향식이 될 것이며, 일은 점점 더 전문화하고, 레저는 더욱더 다양해질 것이다. 대기업, 정치단체, 정부 관료기구는 무너져 작은 조각으로 나뉠 것이다. 과거의 중앙계획 기구들이 그랬던 것처럼 말이다. 2008년의 신용 붕괴가 몇 안 되는 거대 괴수를 쓸어가버렸지만, 그 자리에서는 조각나고 수명이 짧은 헤지펀드와 부티크가 새로 자라날 것이다. 2009년 미국 디트로이트의 거대 자동차 회사들이 붕괴한 자리에는 차세대 자동차와 엔진을 책임질 한 무리의 작은 기업들이 싹텄다. 몸뚱이가 하나인 거대 괴수들은 민간기업이든 국영기업이든 이 같은 소인국 사람들의 도전에 과거 어느 때보다도 취약하다.

거대 괴수들을 계속 멸종으로 내모는 것은 작은 기업들만이 아니다. 형성과 개혁을 계속하는, 과제 지향형 단기 집단 또한 마찬가지다. 대기업들이 살아남는 방법은 스스로를 상향식 진화 주체로 바꾸는 데 있다.

구글이 대부분의 수익을 올리고 있는 검색 광고 프로그램 애드워즈AdWords를 보자. 광고 경매에는 수백만 명의 광고주가 일시에 입찰하며 광고료는 클릭이나 노출 횟수에 비례해 산정된다. 이런 점에서 구글은 "스스로에게 하나의 경제 환경으로 기능하는, 부글거리는 실험실"이라고 스티븐 레비Stephen Levy는 말한다. 하지만 구글 역시 앞으로 등장할 것들에 비하면 거대 괴수처럼 보일 것이다.

상향식 세계는 금세기의 주요 주제가 될 예정이다. 요즘 환자들은 스스로의 질병과 관련된 정보를 면밀히 조사한다. 따라서 의사들은 풍부한 정보를 가진 환자들을 만나는 일에 익숙해져야만 한다. 요즘 언론인들은 지면 및 온라인상의 독자들이 스스로의 필요에 맞게 기사를 선택하고 조합하는 데 적응하고 있다.

방송인들은 자신이 맡은 프로그램에 출연시킬 탤런트를 시청자들이 각자의 기호에 맞게 선택할 수 있도록 해주는 방법을 배우고 있다. 엔지니어들은 해결책을 찾기 위해 문제들을 서로 공유하는 중이다. 제조업자들은 소비자들이 입맛대로 사양을 골라서 주문하는 데 부응하고 있다. 유전공학에서는 조작 기술 현황을 공개하는 오픈소스 방식이 자리 잡을 것이다. 여기서는 기업이 아니라 소비자들이 자신들이 원하는 유전자 조합을 결정하게 된다.

정치인들은 점점 더 여론의 파도 위를 떠다니는 종이배가 되어가고 있다. 독재자들은 배워가고 있다. 시민들이 문자 메시지로 폭동을 조직할 수 있다는 사실을. "모든 사람이 전면에 등장하는 세상이 오고 있다." 클레이 서키Clay Shirky가 같은 제목의 책에서 한 말이다.

사람들은 각자 전문 품목을 생산하고 그 대가로 다양한 소비를 즐기는 방법을 점점 더 자유롭게 찾아낼 것이다. 이러한 세상은 인터넷에 이미 어렴풋이 구현돼 있다. 존 발로John Barlow는 이를 '인터넷 공산주의dot-communism'라고 부른다. 아이디어와 노고를 서로 교환하는 자유로운 노동자들은 그 교환이 금전적 이익을 '실제로' 가져오느냐의 여부에는 관심이 거의 없다.

인터넷은 아이디어를 무상으로 공유하는 풍조를 불러일으켰다. 네티즌들이 여기에 폭발적인 관심을 보이는 데 대해 모두가 놀라고 있다. "온라인 대중은 놀랄 만큼 기꺼이 공유하려 한다. 뭔가 가치 있는 일을 해낸 생산자들은 (돈 대신) 신용, 지위, 명성, 즐거움, 만족, 경험을 얻는다." 케빈 켈리Kevin Kelly의 말이다.

사람들은 기꺼이 공유하려 한다. 사진은 플리커http://www.flickr.com에서, 생각은 트위터http://twitter.com에서, 친구들은 페이스북http://www.Facebook.com에서, 지식은 위키피디아http://www.wikipedia.org에서, 오류를 수정하고 개선하는 소프트웨어는 리눅스http://www.Linux.com에서, 기부는 글로벌기빙http://www.globalgiving.org에서, 커뮤니티 뉴스는 크레이그스리스트http://www.craigslist.org에서, 혈통은 앤세스트리http://www.Ancestry.com에서, 유전자는 23앤드미http://www.23andme.com에서, 심지어 의료 기록까지 페이션츠라이크미http://

www.PatientsLikeMe.com에서 공유한다.

인터넷 덕분에 각자는 능력에 따라 각자에게 필요한 것을 제공받고 있다. 마르크스주의에서는 결코 실현되지 않았던 정도로 말이다.

이 같은 카탈락시가 부드럽게, 아무 저항 없이 운영되지는 않을 것이다. 자연적인 재앙과 인간이 만드는 재앙이 앞으로도 발생할 것이다.

정부는 대기업과 관료주의를 살려내 보조금이나 탄소 배출권 같은 특혜를 줄 것이며, 시장을 규제해 진입장벽을 만들고 창조적 파괴를 저해할 것이다. 추장, 성직자, 도둑, 금융업자, 컨설턴트 등이 모든 부문에서 등장할 것이다. 이들은 사람들이 교환과 전문화로 창출한 잉여를 먹고 살면서 카탈락시의 혈액이 흐르는 길을 돌려 자신들의 반동적인 삶에 봉사하도록 만들 것이다.

과거에 그런 일이 실제로 일어났다. 제국들은 기생적인 궁정을 만드는 대가를 치르고 안정을 얻었다. 일신교는 기생적인 성직자 계층이라는 대가를 치르고 사회를 단결시켰다. 민족주의는 기생적인 군대라는 희생을 치르고 권력을 얻었다. 사회주의는 기생적 관료제라는 대가를 치르고 평등을 이룩했다. 자본주의는 기생적 금융업자라는 대가를 치르고 효율을 달성했다. 온라인 세상에도 기생생물들이 꼬일 것이다. 단속자와 사이버 범죄자에서 해커와 표절 행위자에 이르기까지.

미래에 포식자와 기생생물들이 사실상 전적인 승리를 거둘지도 모른다. 혹은 다음 세기 중 어느 시기에 야심 찬 이상주의자들이 주제넘게 나서서 카탈락시를 폐쇄하고 세계를 산업사회 이전의 궁핍으로 되돌릴 가능성이 더 클지도 모르겠다.

게다가 미래를 비관할 새로운 이유도 있다. 과거에는 한 사람이 손에 넣을 수 있는 것은 한 나라, 운이 좋으면 하나의 제국 정도였다. 하지만 오늘날의 세계는 긴밀히 통합돼 있다. 이것이 의미하는 바는, 어떤 바보 같은 아이디어의 손아귀에 세계 전체가 사로잡히는 일이 곧 가능해질 수도 있다는 것이다. (모든 위대한 종교는 스스로가 그 안에서 번성하고 강력해질 수 있는 제국을 필요로 했다. 인도 마우리아 왕조와 중국의 불교, 로마제국의 기독교, 아랍 제국 내의 이슬람이 모두 그랬다.)

예컨대 세계가 한때 카탈락시에 등을 돌릴 뻔했던 사례를 보자. 12세기에 벌어진 일이다. 1100~1150년의 단 50년 만에 세계의 위대했던 세 나라가 혁신, 기업, 자유를 단번에 말살시켰다.

바그다드에서 알 가잘리Al-Ghazali라는 종교학자가 거의 혼자 힘으로 저지른 일을 보자. 그는 아랍 세계의 전통이던 합리적 탐구정신을 말살하고 신사고를 관용하지 않는 신비주의로 되돌아가게 만들었다.

11세기 말 중국인 소송(蘇頌, 1020~1101, 북송의 대학자이자 관료)이 만든 '수운의상대(水運儀象台, 물을 동력으로 움직이는 높이 12미터의 천문관측탑이자 시계장치 - 옮긴이)'를 보자. 당시 세계에서 가장 정교한 기계장치였을 테지만 후에 베이징에서 파괴되었다. 새로운 것과 이성을 불신하고 반역을 의심하는 한 정치인의 지시에 따른 것이었다. 그의 행태는 자급자족으로 후퇴하는 분위기를 조성했다. 이는 그 후 수세기 동안 중국을 옥죄는 전통이 되었다.

프랑스 파리에서는 클레르보 수도원장인 성 베르나르St. Bernard of Clairvaux가 스콜라 학자 피에르 아벨라르(Peter Abelard, 철학자이자 신학자, 엘로이즈와의 연애편지로도 유명하다 - 옮긴이)를 박해했다. 그는 파리 대학이 중심이 된 이성의 르네상스를 비판했으며, 파멸적 광신 행위인 제2차 십자군 원정을 지지했다.

다행히 자유사상과 이성과 카탈락시의 불꽃은 계속 타올랐다. 특히 이탈리아와 북아프리카에서 그랬다. 하지만 이마저 존재하지 않았다고 상상해보라. 그때 세계 전체가 카탈락시에 등을 돌렸다면 어떻게 됐을까? 21세기의 글로벌화한 세상에서 이성으로부터의 후퇴가 글로벌화하도록 내버려둔다고 상상해보라. 걱정이 되지 않을 수 없다. 과거 나쁜 종류의 추장, 성직자, 도둑들이 지구상에서 미래의 번영을 끝장낼 뻔했지 않은가.

벌써 귀족들은 유전자 조작 농산물을 없애버리기 위해 작업복으로 갈아입었고, 각국 대통령들은 줄기세포 연구를 막으려는 계획을 세우고 있으며, 총리들은 테러를 핑계로 인신보호 영장을 짓밟고 있다. 변질된 관료들은 반동적인 압력단체를 대신해 혁신을 방해하고, 미신에 사로잡힌 창조론자들은 제대로 된 과학(진화론을 말한다 - 옮긴이)의 교습을 중단시키고 있다.

멍청한 유명인사들은 자유무역에 거세게 항의하고 있고, 이슬람 율법학자들은 여성의 권리 신장에 비난을 퍼붓는다. 진지한 왕자들은 옛날 방식이 사라졌다며 한탄하고, 독실한 주교들은 상업이 사람들을 천박하게 만든다며 유감스러워한다.

아직까지는 이들의 행태가 미치는 총체적 영향은 국지적이다. 인류의 행복한 진보를 조금 멈칫거리게 했을 뿐이다. 앞으로 이들 중 하나가 전 지구적인 영향을 미치게 될까? 나는 그럴 가능성에 대해 회의적이다. 혁신의 불꽃을 완전히 꺼뜨리기는 어려울 것이다. 혁신은 네트워크 세상에서 상향식으로 일어나는 진화적 현상이기 때문이다. 유럽과 이슬람 세계와 심지어 미국이 아무리 반동적이고 지나치게 조심스러운(유전공학을 염두에 둔 표현이다 - 옮긴이) 쪽으로 변한다 하더라도 중국은 카탈락시의 횃불을 계속 타오르게 만들 것이 분명하다. 인도 또한 그럴 것이고 아마 브라질도 마찬가지일 것이다. 더 규모가 작은 자유도시와 국가들은 말할 필요도 없다.

2050년이 되면 중국의 경제 규모는 미국의 두 배가 될 가능성이 있다. 실험은 계속될 것이다. 인간이 교환과 전문화를 번창시킬 수 있는 지역이 어딘가에 있는 한, 지도자들이 이를 돕든 방해하든 문화는 진화하게 마련이다. 그리고 그 결과는 번영이 확산되고 기술이 진보하고 빈곤이 줄어들며 질병이 후퇴하고 출산율이 떨어지며 행복이 증가하고 폭력이 축소되며 환경이 개선되고 자연보전 지역이 확대되는 것으로 나타난다.

매콜리 경은 다음과 같이 말했다. "인류 연보의 거의 모든 페이지에 씌어 있는 것은 개인들의 노동이 이뤄낸 업적이다. 정부가 낭비하는 것보다 더 빠른 속도로 창조하고, 침략자들이 파괴하는 무엇이든 수리해낸다. 전쟁과 세금, 기근과 대화재, 해로운 금지령, 더 해로운 보호무역과 힘겨운 투쟁을 벌이면서 말이다."

인간의 본성은 바뀌지 않을 것이다. 침략과 중독, 심취와 세뇌, 매혹과 피해의 오랜 드라마는 미래에도 상연될 것이다. 하지만 그 무대는 과거 어느 때보다도 부유한 세상이다.

손턴 와일더Thornton Wilder의 희곡 《가까스로 우리는The Skin of Our Teeth》을 보면, 앤트로버스 가문(인류를 상징)은 빙하시대, 대홍수, 세계대전을 겪고도 용케 살아남았지만 본성은 변하지 않는다. 이 작품에 함축된 의미는 역사가 원형이 아니라 나선형으로 되풀이된다는 것이다. 등장하는 배우들의 캐릭터는 변하지 않지만 발생할 수 있는 선과 악의 진폭은 점점 더 커진다. 이것이 역사라는 희곡이 공연되는 방식이다. 이런 방식으로 인류는 스스로의 문화를 발전시키고 풍요롭게 만드는 과업을 계속할 것이다. 간혹 후퇴하는 일도 있겠고, 설사 각 개인은 진화를 통해 획득한 불변의 본성을 가지고 있을지라도 말이다.

  21세기는 살기에 아주 근사한 시대가 될 것이다. 우리 모두 거리낌 없이 낙관주의자가 되자.

옮긴이의 말

이성은 낙관주의를 선택했다

  이 책의 주장은 간단하다. "인류의 역사는 사람들의 평균적 생활 수준이 계속 향상되어온 번영의 역사였다. 교환과 전문화, 그리고 이를 토대로 발전해온 집단지능 덕분이었다. 혁신적 변화를 계속 이뤄낼 수 있는 인류의 능력(집단지능)이 살아 있는 한 21세기에 인류는 더욱 번영하고 자연의 생물 다양성은 더욱 확대될 것이다."

  독자는 여기에 의문을 제기할 수도 있다. 혹시 이 책은 인류가 낙관할 만한 근거만 모아놓은 것은 아닐까? 만일 비관할 만한 근거만 모아놓는다면 똑같은 타당성을 지닌 '이성적 비관주의자'가 나올 그런 역사가 인류의 역사인 것은 아닐까?

  그렇지 않다는 것이 이 책의 미덕이요, 설득력의 근거다.

  이 책은 인류사 전체를 다룬다. 석기시대에서 인터넷시대까지, 명제국의 침체에서 증기기관의 발명에 이르기까지, 인구 폭발에서 기후 변화가 가져올 법한 결과에 이르는 모든 것을 총체적으로 검토하고 있다.

인류의 복지가 지속적으로, 평균적으로 개선돼왔다는 점을 이 책은 설득력 있게 보여준다. 재화와 용역의 자유로운 교환과 아이디어의 짝짓기를 억압하는 바보짓만 저지르지 않는다면 인류의 미래가 밝을 것임도 마찬가지로 밝혀준다.

저자가 스스로 '이성적 낙관주의자'가 된 이유를 설명한 내용은 이렇다. "'낙관주의자'인 것은 인류사를 조사해본 결과 갖게 된 소신이고 '이성적'인 것은 합리적이고 포괄적인 조사를 통해 그런 결론을 내렸기 때문이다."

이것이 새로운 시각인 것은 언제나 비관주의가 뉴스를 장식해왔기 때문이다. 나쁜 소식만을 뉴스로 삼는 대중매체의 선정주의적 속성 탓이다. 하지만 사태를 이성적인 시각으로 판단하는 것은 반드시 필요하다. 인류가 위에 언급한 바보짓을 하지 않고, 자원과 노력을 현재 급박한 분야, 앞으로 성공할 전망이 높은 분야에 투자하기 위해서 그렇다.

비관주의의 오류

인류의 미래에 관한 현대의 담론을 지배해온 것은 비관주의적 관점이다. 1960년대에는 인구 폭발과 세계적 기근이, 1970년대에는 자원 고갈이, 1980년대에는 산성비가, 1990년대에는 세계적인 전염병이, 2000년대에는 지구 온난화가 이를 대표했다. 비관론의 취지는 "인류는 경제 성장이라는 어리석은 목표를 포기할 때에만 비로소 살아남을 수 있다"는 것이다. 유엔 환경계획의 수석 책임자인

모리스 스트롱은 "지구의 유일한 희망은 산업문명이 붕괴하는 데 있지 않을까?"라고까지 물었다. 오바마 미국 대통령의 과학 고문인 존 홀드런은 '미국의 역_逆발전'이 필요하다고 역설했다.

이 책은 비관주의에 대한 정면비판이다. 저자는 말한다. "'우리가 지금처럼 계속할 수 있을까?'라는 질문은 쟁점이 될 수 없다. 당연히 그 대답은 '아니다'니까. …… 기술 발전이 전혀 없을 것이라는 전제 하에 미래를 예측하고 그것이 끔찍하리라는 것을 '발견'하는 것은 흔한 수법이다. 이것이 틀렸다는 얘기가 아니다. 만일 발명과 발견이 계속 이어지지 않는다면 미래는 정말 끔찍할 것이다. …… 진정한 쟁점은 '어떻게 하면 우리가 필요로 하는 변화의 급류를 촉진할 수 있을까?'다. …… 경제 성장, 혁신, 변화는 수많은 사람의 생활수준을 향상시킬 수 있는, 알려진 유일한 방법이다. 내가 이를 급박하게 재촉하는 이유는 '피할 수 있는 비참함'이 오늘날 만연하고 있기 때문이다."

인류의 역사는 번영의 역사다

이 책은 10만 여 년에 걸친 인류의 역사가 '번영의 역사'라는 결론을 내린다. 저자는 교환과 전문화(애덤 스미스), 그리고 진화론(찰스 다윈)의 관점에서 인류의 역사를 검토한다. 이를 요약하면 다음과 같다.

선사시대의 어느 시점에 처음으로 교환거래가 시작됐고 이를 통해 인류는 '노동의 분업'을 발견했다. 분업은 전문화를, 전문화는 혁신을 촉진했다. 그래서 인간 사회에 번영이라는 것이 일어났다. 필요한 것을 (교환을 통해) 구하기 위해 각자가 투입해야 하는 노동

시간이 짧아지는 것이 바로 저자가 말하는 번영의 정의다. 보통사람이 한 시간 일해서 번 돈으로 과거보다 더 많은 재화와 용역을 구입할 수 있게 되면, 그만큼 그 사회는 번영한 것이다.

교환하고 전문화하는 습성은 집단지능을 창조했다. 수많은 사람이 조금씩 보유한 각기 다른 지식과 노하우를 합친 것이 집단지능이다. 이는 아이디어들의 짝짓기에 의해 진화하며 문화적으로 누적된다. 다양한 분야의 아이디어, 즉 창의력이 서로 만나서 섹스를 하는 과정을 통해 새롭고 종합적인 후손이 출현하기 때문이다. 인류가 놀라운 번영을 성취한 까닭은 아이디어들이 서로 만나고 짝짓기를 시작했기 때문이다. 교환이 문화의 진화에 미치는 영향은 섹스가 생물의 진화에 미치는 영향과 같다. 인류의 문화는 진화론의 자연선택 과정과 유사한 방식으로 진화해왔다.

인류의 번영은 특히 근대에 가속화했다. 1800년 이래 세계 인구는 6배로 증가했는데도 기대수명은 2배 이상으로, 실질소득은 9배 이상으로 늘었다. 2005년을 기점으로 봐도 지구상에 사는 평균적 인간은 1955년에 비해 소득은 거의 3배로(불변가격), 섭취 칼로리는 3분의 1이 늘었다. 땅에 묻은 자녀의 수는 3분의 1로 줄었고 기대수명은 3분의 1이 늘었다.

게다가 오늘날 인류의 집단지능은 전에 없던 수준에 도달했다. 세계의 거의 모든 곳이 인터넷으로 연결돼 있어서 어느 지역에서 나온 아이디어든 서로 만나고 짝짓기를 할 수 있다. 진보의 속도는 다시 한 번 빨라졌다. 인류의 미래는, 스스로는 잘 모르고 있지만, 밝다.

유기농, 바이오연료, 기후 변화론에 대한 비판

이 책에서 특히 눈에 띄는 것은 각종 생태주의, 녹색운동의 허점에 대한 가차 없는 비판이다. '그린' '청정' '재생 가능' '지속 가능성' 등의 개념을 비판하는 근거는 과학과 경제학, 그리고 인도주의다. 저자의 주장을 보자.

화석연료를 사용하는 것은 현재로서 환경을 보존하는 최선의 방법이다. 대안으로 떠오르는 바이오연료에 비해서 특히 그렇다. 에탄올 생산은 비효율적인 연료를 비효율적으로 생산하기 위해 귀중한 땅을 훔치는 짓이다. 무엇보다 가난한 사람들이 먹을 식량을 부족하게 만든다.

만일 미국이 수송용 연료를 모두 바이오연료로 대체하려 든다면, 현재 식량 생산에 사용하고 있는 농경지의 1.3배에 해당하는 땅이 필요하게 될 것이다. 미국 환경단체 '자연보호'의 조지프 파르지온은 말한다. "브라질 미개척지의 토양을 디젤용 콩 재배지로 만들거나 말레이시아의 이탄지대를 디젤용 야자유 산지로 바꾸는 것은 바보짓이다. 이 때문에 배출되는 온실가스는 이들 바이오연료가 화석연료를 대체함으로써 줄어드는 1년치 온실가스의 17~420배에 이른다."

풍력 발전이나 태양열 발전 등의 재생 가능 에너지도 대안이 되지 못한다. 미국에서 통상 사용되는 양의 에너지를 충족시키려면 카자흐스탄 크기의 풍력 발전소나 스페인 크기의 태양열 패널이 필요하게 될 터이다.

유기농 운동 역시 오류에 빠져 있다. 우선, 유전자 조작 작물을 거부하는 것은 자가당착이다. 박테리아의 살충제 생성 유전자를 넣은 'bt목화'가 대표적 사례다. 이를 재배하는 지역에서 살충제 사용량은 최대 80퍼센트 줄어들었다. 모든 합성비료를 회피하는 행태도 불합리하다. 유기농법은 토양의 광물성 영양분을 고갈시킨다. 그 대책으로 유기농법은 분쇄한 광석과 으깬 생선을 땅에 보태준다. 모두가 채굴하거나 그물로 잡아야 하는 것들이고, 이는 환경과 생태계를 파괴한다. 세계 모든 나라에서 유전자 조작 작물을 길러야 한다.

인류의 미래에 대한 위협으로 대두되고 있는 '기후 변화' 문제도 마찬가지다. '기후 변화에 관한 정부간 협의체IPCC'가 2007년에 제시한 여섯 개의 시나리오는 모두 세계 경제가 엄청나게 성장한다고 가정한다(각국의 탄소 배출량을 과대포장하기 위한 가정이다). 2100년의 인류는 오늘날의 사람들에 비해 평균 4~18배 잘살게 된다는 것이다. 금세기에 지구는 3도 정도 더워진다는 것이 IPCC의 추정이고 보면, 우리는 온난화를 막기보다는 방치해야 하지 않겠는가.

자유주의 시장경제 옹호론

자유주의 시장경제 체제의 장점을 이토록 실증적이고 포괄적으로 분석한 현대의 저작은 달리 없을 것으로 생각된다. 선사시대에서 오늘날에 이르는 역사를 모두 아우르면서 교환과 전문화를 이룩한 사회가 얼마나 크게 발전했는지, 이를 억압한 사회가 어떻게 침체의 길로 들어섰는지를 일관성 있게 보여준다.

또한 시장을 혐오하고 불신하는 녹색운동, 좌파 사상을 가차 없이 비판한 점에서도 달리 예를 찾기 어려울 듯싶다. 이를 감안할 때 우파와 좌파, 녹색운동가를 포함한 지식계층 모두가 일독할 가치가 있는 책으로 생각된다.

  한국어로 옮기는 과정은 쉽지 않았다. 인류사를 망라한 책인지라 지명과 인명, 신기술의 명칭이 숨 쉴 틈 없이 등장하는 게 가장 어려운 부분이었다. 여러 사전과 인터넷 사이트를 두루 찾으면서 노력을 기울였지만 오류가 없지 않으리라는 두려움이 남는다.

  역자를 신뢰하고 사상사적으로 중요한 가치가 있는 책의 번역을 맡겨준 김영사 박은주 사장에게 감사를 전한다.

조현욱

주와 참고문헌

• 주는 www.rationaloptimist.com에서 계속 수정, 확장될 예정이다.

프롤로그 _ 아이디어들이 섹스할 때

p. 14 동물들의 경우, 개체 수준에서 유년기로부터 노년기 혹은 성숙기로 나아간다. : Ferguson, A. 1767. *An Essay on the History of Civil Society*.

p. 15 내 책상 위에는 크기와 형태가 비슷한 인공물이 두 개 놓여 있다. : 주먹도끼와 컴퓨터 마우스 사진은 John Watson의 허락을 받아 게재했다.

p. 16 약 300만 명에서 거의 70억 명으로 : Kremer, M. 1993. Population growth and technical change, one million B.C. to 1990. *Quarterly Journal of Economics* 108:681-716.

p. 18 "인간은 _____ 하는 유일한 동물이다." : Gilbert, D. 2007. *Stumbling on Happiness*. Harper Press.

p. 18 언어는 예외일 가능성도 있지만 말이다. : Pagel, M. 2008. Rise of the digital machine. *Nature* 452:699.

p. 19 심지어 침팬지와 비교해도 우리는 충실하게 모방하는 데 거의 강박적인 관심을 갖고 있다. : Horner, V. and Whiten, A. 2005. Causal knowledge and imitation/emulation switching in chimpanzees (*Pan troglodytes*) and children (*Homo sapiens*). *Animal Cognition* 8:164-81.

p. 20 "하나의 발명이 모방을 통해 조용히 퍼져나가는 현상이 일어났을 때 우리는 이를 사회의 진화라고 부를 수 있을 것이다." : Tarde, G. 1969/1888. *On Communication and Social Influence*. Chicago University Press.

p. 20 '성공적인 제도와 습성을 모방하는 것에 의한 선택' : Hayek, F.A. 1960. *The Constitution of Liberty*. Chicago University Press.

p. 20 리처드 도킨스는 문화적 모방의 단위를 뜻하는 '밈meme'이라는 단어를 만들어냈다. : Dawkins, R. 1976. *The Selfish Gene*. Oxford University Press.

p. 20 리처드 넬슨은 1980년대에 경제 전체가 자연선택을 통해 진화한다고 설명했다. : Nelson, R.R. and Winter, S.G. 1982. *An Evolutionary Theory of Economic Change*. Harvard University Press.

p. 21 '하나의 문화'나 '한 대의 카메라' : Richerson, p. and Boyd, R. 2005. *Not by Genes Alone*. Chicago University Press: '그 결과가 유기체의 극도로 완벽한 기관을 닮을 때까지 하나의 전통에 이노베이션을 차례차례 추가한다.'

p. 22 "창조한다는 것은 재조합하는 것"이라고 분자생물학자 프랑수아 자코브가 말하지 않았던가. : Jacob, F. 1977. Evolution and tinkering. *Science* 196:1163.

p. 24 1776년 애덤 스미스가 했던 말 : Smith, A. 1776. *The Wealth of Nations*.

1. 더 나아진 현재 _ 전례 없는 번영

p. 30 과거를 돌아보면 오직 좋아진 것밖에 없는 지금, 미래를 내다볼 때는 오직 나빠지기만 할 것으로 예상해야 한다니, 도대체 무슨 그런 신념이 있는가? : Macaulay, T.B. 1830. Review of Southey's Colloquies on Society. *Edinburgh Review*, January 1830.

p. 30 세계총생산 도표 : Maddison, A. 2006. The World Economy. *OECD Publishing*.

p. 31 그러나 절대다수는 과거 어느 시대의 조상보다도 훨씬 더 잘살고 있다. 식사와 주거, 여가와 질병 예방, 기대수명 등 모든 면에서 그렇다. : Kremer, M. 1993. Population growth and technical change, one million BC to 1990. *Quarterly Journal of Economics* 108:681-716. See Brad De Long's estimates at http://econ161.berkeley.edu/TCEH/1998_ Draft/World_GDP/Estimating_World_GDP.html.

p. 32 오늘날 뉴욕이나 런던에서 구매할 수 있는 제품의 종류는 100억 개가 넘는다고 한다. : Beinhocker, E. 2006. *The Origin of Wealth*. Harvard Business School Press.

p. 34 창밖에서 노래하는 새로 말할 것 같으면, 내일이면 소년이 놓은 덫에 잡혀 그의 식사가 될

예정이다. : McCloskey, D. 2006. *The Bourgeois Virtues*. Chicago University Press : "당시라면 우리가 부자이게 하소서. 소작인의 연기 가득한 오두막을 기억하라. 법률로 이주를 금지한 일본을 기억하라. 미국의 옥외 변소와 얼음 덮인 빗물 홈통과 추위와 습기와 먼지를 기억하라. 방 한 칸에는 사람 열 명이, 다른 한 칸에는 암소와 닭들이 살던 덴마크를 기억하라."

p. 34 실질소득은 아홉 배 이상으로 늘었다. : Maddison, A. 2006. *The World Economy*. OECD Publishing.

p. 35 베트남에서 하루 2달러 이하로 살아가는 사람의 비율 : Norberg, J. 2006. *When Man Created the World*. 스웨덴어로는 다음과 같은 제목으로 출간됐다. *När människan skpade världen*. Timbro.

p. 35 1980~2000년 개발도상국 빈곤층의 소비 증가 속도는 세계 평균의 두 배에 달했다. : Lal, D. 2006. *Reviving the Invisible Hand*. Princeton University Press. See also Bhalla, S. 2002. *Imagine There's No Country*. Institute of International Economics.

p. 36 절대빈곤층의 비율도 줄었다. 1950년대의 절반 이하인 18퍼센트 아래로 떨어진 것이다. : Chen, S. and Ravallion, M. 2007. Absolute poverty measures for the developing world, 1981-2004. *Proceedings of the National Academy of Sciences USA (PNAS)*. 104 : 16757-62.

p. 36 빈곤은 지난 50년간, 그 이전의 500년간에 비해 더 많이 줄었다는 게 유엔의 추정이다. : Lomborg, B. 2001. *The Sceptical Environmentalist*. Cambridge University Press.

p. 37 1958년 갤브레이스는, '풍요한 사회'가 극에 달한 나머지 불필요한 많은 재화가 광고에 현혹된 소비자들에게 과잉 공급되고 있다고 선언했다. : Galbraith, J.K. 1958. *The Affluent Society*. Houghton Mifflin.

p. 37 이런 삶은 20세기 중반에는 생각조차 할 수 없는 일이 되었다. : Statistics from Lindsey, B. 2007. *The Age of Abundance : How Prosperity Transformed America's Politics and Culture*. Collins.

p. 38 오늘날 최대 속도로 달리는 자동차가 내뿜는 오염물질은 1970년대 주차된 차에서 새나오던 양보다 더 적다. : 오염 자료의 출처는 Norberg, J. 2006. *When Man Created the World*. 스웨덴어로는 다음과 같은 제목으로 출간됐다. *När människan skapade världen*. Timbro.

p. 39 두 예측 모두 그로부터 채 5년도 지나지 않아 오류로 판명났다. : Oeppen, J. and Vaupel, J.W. 2002. Demography. Broken limits to life expectancy. *Science* 296 : 1029-31.

p. 40 사람들은 더 오래 살 뿐 아니라 죽어가는 기간도 더 줄어들었다. : Tallis, R. 2006. 'Sense about Science' annual lecture. http://www.senseaboutscience.org.uk/pdf/Lecture2007Transcript.pdf.

p. 40 암이나 심장병, 호흡기 질환도 마찬가지다. 나이가 들수록 많이 걸리지만 발병 시기는 점점 늦어졌다. 1950년대 이후 약 10년이 늦춰졌다. : Fogel, R.W. 2003. *Changes in the Process of Aging during the Twentieth Century : Findings and Procedures of the Early Indicators Project.* NBER Working Papers 9941, National Bureau of Economic Research.

p. 41 그러나 이상한 통계적 역설에 의해서 일부 국가 내의 불평등은 늘었지만 세계적 불평등은 줄었다. 최근 중국과 인도는 전체적으로 부유해졌지만 부자의 소득이 가난한 사람의 소득보다 빨리 늘어나는 바람에 국내 불평등이 심화되었다. : 세계 소득 분포를 그린 Hans Rosling의 도표에서 특히 명확하게 드러난다. www.gapminder.com에 실려 있다. 1960년대 이후 생활의 개인주의화는 개인의 자유를 확장해주었다. 이는 또한 집단에 대한 충성도를 감소시키는 효과도 가져왔다. 이 과정은 2009년 (CEO들에 대한―옮긴이) 보너스 소동으로 고비에 이르렀음이 분명하다. : Lindsey, B. 2009. *Paul Krugman's Nostalgianomics : Economic Policy, Social Norms and Income Inequality.* Cato Institute.

p. 41 하이에크가 말했듯, : Hayek, F.A. 1960. *The Constitution of Liberty.* Chicago University Press.

p. 41 이런 현상은 플린 효과라 불린다. 여기에 처음 주목한 학자 제임스 플린의 이름을 딴 것이다. : Flynn, J.R. 2007. *What Is Intelligence? Beyond the Flynn Effect.* Cambridge University Press.

p. 42 억울한 옥살이에서 풀려난 미국인은 오늘날까지 234명에 이른다. : http://www.innocenceproject.org/know.

p. 43 오늘날의 평균적인 가정집을 마련하는 비용은 아마도 1900년이나 심지어 1700년에 비해서도 사소하게나마 적을 것이다. : 장기간에 걸친 주택 가격의 변동을 측정하는 일은 매우 어렵다. 주택의 종류가 너무나 다양하기 때문이다. 하지만 Piet Eichholtz는 동일 지역, 즉 암스테르담 Herengracht 지역을 대상으로 거의 400년에 걸친 주택 가격 변동 자료를 모았다. 이를 토대로 시기별 주택 가격에 대한 비교지수를 산정할 수 있었다. : Eichholtz, P.M.A. 2003. 장기 주택 가격 : The Herengracht Index, 1628-1973. *Real Estate Economics* 25 : 175-92.

p. 43 오늘날과 같은 양의 인공조명을 : Pearson, P.J.G. 2003. *Energy History, Energy Services, Innovation and Sustainability.* Report and Proceedings of the International

Conference on Science and Technology for Sustainability 2003 : Energy and Sustainability Science, Science Council of Japan, Tokyo.

p. 43 1800년의 한 시간 임금으로는 10분간 책을 읽을 수 있는 조명을 얻을 수 있었을 뿐이다. : Nordhaus, W. 1997. *Do Real-Output and Real Wage Measures Capture Reality? The History of Lighting Suggests Not*. Cowles Foundation Paper no. 957, Yale. 현대 영국을 기준으로 따져봐도 비슷한 결과가 나온다. 주당 수입은 평균 479파운드, 1킬로와트시의 가격은 0.09파운드니까 18킬로와트시를 벌기 위한 노동 시간은 4분의 1초다. 여기에 약간의 전구 값이 추가된다.

p. 44 시간을 화폐단위로 삼아 비교해보면 : Nordhaus, W. 1997. *Do Real-Output and Real Wage Measures Capture Reality? The History of Lighting Suggests Not*. Cowles Foundation Paper no. 957, Yale.

p. 44 경제학자 돈 부드로는, : http://cafehayek.typepad.com/hayek/2006/08/were_much_wealt.html.

p. 46 오늘날 평균적인 영국인이 소비하는 인공조명의 양은 1750년의 4만 배다. : Fouquet, R., Pearson, P.J.G., Long run trends in energy services 1300-2000. Environmental and Resource Economists 3rd World Congress, via web, Kyoto.

p. 46 노동 시간으로 환산했을 때, 1950년대에 비해 비용이 오른 항목은 극히 드물다. 의료비와 교육비 정도다. : Cox, W.M. and Alm, R. 1999. *Myths of Rich and Poor-Why We Are Better Off Than We Think*. Basic Books. See also Easterbrook, G. 2003. *The Progress Paradox*. Random House.

p. 47 주간 《하퍼스》가 그의 철로에 대해서 쓰지 않을 수 없었던 기사를 보라. : Gordon, J.S. 2004. *An Empire of Wealth : the Epic History of American Power*. Harper Collins.

p. 47 이들은 사람들을 부유하게 만드는 귀족이기도 했던 것이다. : McCloskey, D. 2006. *The Bourgeois Virtues*. Chicago University Press.

p. 48 헨리 포드는 차를 값싸게 만듦으로써 부자가 됐다. : Moore, S. and Simon, J. 2000. *It's Getting Better All the Time*. Cato Institute.

p. 48 알루미늄 1파운드의 가격은 1880년대 545달러에서 1930년대 20센트로 떨어졌다. : Shermer, M. 2007. *The Mind of the Market*. Times Books.

p. 48 1945년 후안 트립이 운영하는 팬암 사가 여행사 글래스의 값싼 좌석을 팔기 시작했다. : Norberg, J. 2006. *When Man Created the World*. 스웨덴어로는 다음과 같은 제목으로 출간됐다. *När människan skapade världen*. Timbro.

p. 49 1956년 주택 9.3제곱미터를 마련하는 비용은 임금 16주치에 해당했다. 요즘은 14주치의

임금이면 같은 면적을 더 나은 수준으로 구할 수 있다. : Cox, W.M. and Alm, R. 1999. *Myths of Rich and Poor-Why We Are Better Off Than We Think*. Basic Books.

p. 49 그 후에야 정부가 이를 바로잡으려 한다면, 보다 저렴한 주택을 건설하도록 강제 조치를 취하거나 빈곤층의 주택 담보 융자에 보조금을 지급해야 한다. : Woods, T.E. 2009. *Meltdown*. Regnery Press.

p. 50 리처드 레이야드에 따르면 : Layard, R. 2005. *Happiness : Lessons from a New Science*. Penguin.

p. 50 "예나 지금이나 히피들이 옳았다." : Oswald, Andrew. 2006. The hippies were right all along about happiness. *Financial Times*, 19 January 2006.

p. 51 1974년 리처드 이스털린의 연구 : Easterlin, R.A. 1974. Does economic growth improve the human lot? in Paul A. David and Melvin W. Reder (eds). *Nations and Households in Economic Growth : Essays in Honor of Moses Abramovitz*. Academic Press.

p. 51 "역설 자체가 존재하지 않는다." : Stevenson, B. and Wolfers, J. 2008. *Economic Growth and Subjective Well-Being : Reassessing the Easterlin Paradox*. NBER Working Papers 14282, National Bureau of Economic Research; Ingleheart, R., Foa, R., Peterson, C. and Welzel, C. 2008. Development, freedom and rising happiness : a global perspective, 1981-2007. *Perspectives on Psychological Science* 3 : 264-86.

p. 51 둘 중 한 연구의 표현을 빌려보자. : Stevenson, B. and Justin Wolfers, J. 2008. *Economic Growth and Subjective Well-Being : Reassessing the Easterlin Paradox*. NBER Working Papers 14282, National Bureau of Economic Research.

p. 52 투자 자금이 되는 저축을 촉진하기 위해 소비에 세금을 물리는 것 : Frank, R.H. 1999. *Luxury Fever : Why Money Fails to Satisfy in an Era of Excess*. The Free Press.

p. 52 잘살면서 불행한 것은 못살면서 불행한 것보다 분명히 낫다. : 언론인 Greg Easterbrook의 기도문은 다음과 같다. "나를 포함한 5억 명의 사람이 좋은 집에서 풍족하게, 배터지게 먹고 자유를 누리면서 불만스럽게 사는 데 감사합니다. 독재 치하에서 굶주리고 비참한 지경으로, 역시 불만스럽게 사는 것보다 얼마나 좋은 일입니까." : Easterbrook, G. 2003. *The Progress Paradox*. Basic Books.

p. 53 심리학자들은 이렇게 말한다. "사람들은 스스로의 행복수준을 상당히 일정하게 유지하는 경향이 있다. 크게 의기양양한 성공을 거두었건 불행을 당한 후건 원래의 수준으로 다시 돌아온다." : Gilbert, D. 2007. *Stumbling on Happiness*. Harper Press.

p. 53 정치학자 로널드 잉글하트는, : Ingleheart, R., Foa, R., Peterson, C. and Welzel, C.

2008. Development, freedom and rising happiness : a global perspective, 1981-2007. *Perspectives on Psychological Science* 3 : 264-86.

p. 53 루트 빈호벤은 "국가가 개인주의화할수록 국민들이 더 즐겁게 산다"고 주장한다. : Veenhoven, R. 1999. Quality-of-life in individualistic society : A comparison of 43 nations in the early 1990's. *Social Indicators Research* 48 : 157-86.

p. 54 일부 압력집단이 현지(잠비아)의 굶주림을 악화시켰을지 모른다. : Paarlberg, R. 2008. *Starved for Science*. Harvard University Press.

p. 54 '예방 원칙' : Ron Bailey는 다음과 같이 지적한다. 대부분의 경우 예방 원칙의 핵심은 다음의 명령문으로 요약할 수 있다 : "어떤 일이든 당신이 처음으로 하지는 마라." http://reason.com/archives/2003/07/02/making-the-future-safe.

p. 55 같은 나이의 수렵채집인은 다르다. 평생 생산하고 소비하는 칼로리의 총량에 비춰봤을 때, 15세까지 생산은 4퍼센트밖에 하지 못하는 반면 소비는 20퍼센트를 한다. : Kaplan, H.E. and Robson, A.J. 2002. The emergence of humans : the co-evolution of intelligence and longevity with intergenerational transfers. *PNAS* 99 : 10221-6; Kaplan, H. and Gurven, M. 2005. The natural history of human food sharing and cooperation : a review and a new multi-individual approach to the negotiation of norms. In *Moral Sentiments and Material Interests* (eds H. Gintis, S. Bowles, R. Boyd and E.Fehr). MIT Press.

p. 58 '자원의 저주' : Ferguson, N. 2008. *The Ascent of Money*. Allen Lane.

p. 58 1930년대의 대공황조차 상승기 중 잠깐의 하락기에 불과 : Findlay, R. and O'Rourke, K.H. 2007. Power and Plenty : *Trade, War and the World Economy*. Princeton University Press.

p. 58 대공황기에 모든 종류의 새로운 상품과 신산업이 탄생했다. : Nicholas, T. 2008. Innovation lessons from the 1930s. *McKinsey Quarterly*, December 2008.

p. 59 미국 캘리포니아 북부의 '아카디아 바이오사이언스'라는 회사 : http://www.arcadiabio.com/pr_0032.php.

p. 61 헨리 데이비드 소로는 물었다. : Thoreau, H.D. 1854. *Walden : Or Life in the Woods*. Ticknor and Fields.

p. 62 1900년의 평균적 미국인은 100달러 중 76달러를 식비와 의복비, 주거비로 지출했다. 오늘날 이런 항목에 지출되는 돈은 평균 37달러에 불과하다. : Cox, W.M. and Alm, R. 1999. *Myths of Rich and Poor-Why We Are Better Off Than We Think*. Basic Books.

p. 63 존 스튜어트 밀은 "누군가 생산을 한다는 것은 그가 소비를 원한다는 뜻" 이라고 말했다.

"그렇지 않다면 괜히 노동을 할 이유가 어디에 있겠는가?" : Mill, J.S. 1848. *Principles of Political Economy*.

p. 63 토머스 스웨이츠라는 예술가가 토스터를 손수 만들기 시작했다. : http://www.the toasterproject.org. 드렉셀 대학의 켈리 콥은 자신의 집에서 반경 160킬로미터 이내에서 생산되는 재료만으로 남성용 정장을 만들기로 했다. : http://www.wired.com/print/culture/design/news/2007/03/100milesuit0330. http://www.thebigquestions.com/2009/10/30/the-10000-suit.

p. 68 애덤 스미스의 말을 들어보자. "문명사회의 개인은 수많은 사람의 협력과 지원을 상시적으로 필요로 한다. 우정을 맺을 수 있는 사람은 생애를 통틀어도 불과 몇 명 되지 않는데 말이다." : Smith, A. 1776. *The Wealth of Nations*.

p. 68 1958년 레너드 리드가 쓴 고전적 에세이 〈나는 연필〉을 예로 들어보자. : Read, L.E. 1958. I, Pencil. *The Freeman*, December 1958. 이와 동일한 주제를 멋지게 다룬 현대소설이 있다. Roberts, R. 2008. *The Price of Everything*. Princeton University Press.

p. 68 프리드리히 하이에크가 처음으로 명확하게 파악했듯, 지식은 결코 집중되거나 통합된 형태로 존재하지 않는다. : Hayek, F.A. 1945. The use of knowledge in society. *American Economic Review* 35 : 519-30.

p. 69 "더 적은 양의 노동으로 더 많은 양의 제품을 생산" : Smith, A. 1776. *The Wealth of Nations*. 2

p. 70 세후 소득을 대충 다음과 같은 분야에 소비했을 것이다. : 자료 출처는 Bureau of Labour Statistics : www.bls.org.

p. 71 1790년대 영국의 농장노동자는 대충 아래와 같이 지출했다. : Clark, G. 2007. *A Farewell to Alms*. Princeton University Press.

p. 71 현대 말라위에서 농업에 종사하는 여성은 대략 다음과 같은 일로 하루를 보낼 것이다. : Blackden, C.M. and Wodon, Q. 2006. *Gender, Time Use and Poverty in SubSaharan Africa*. World Bank.

p. 72 마칭가 지방에서 물을 긷기 위해 시레 강까지 : http://allafrica.com/stories/200712260420.html.

p. 72 기초적 서비스뿐 아니라 욕망을 가지고 원하는 서비스까지 : 필요와 욕구를 구별하는 것은 쉽지 않다. Abraham Maslow의 욕구위계설에도 이런 점이 나타나 있다. : 인간은 성공을 추구하는 야심을 갖도록 진화했다. 자신의 기초적 필요를 만족시키기 훨씬 이전부터 스스로의 사회적 지위나 성적 가치를 과장하기 시작하는 행태를 보인다. 이는 진화의 영향이다. See Miller, G. 2009. *Spent*. Heinemann.

p. 73 "푸드마일이라는 개념 자체에 '지속 가능성 지표'로서 심각한 흠이 있다." : Bailey, R. 2008. The food miles mistake. *Reason*, 4 November 2008. http://www.reason.com/news/show/129855.html. 'Ten times as much carbon'.

p. 73 영국산 먹을거리를 영국 내에서 냉장할 때 방출되는 탄소는 외국에서 먹을거리를 공수해올 때 나오는 양의 10배에 이른다. : https://statistics.defra.gov.uk/esg/reports/foodmiles/final.pdf.

p. 73 탄소발자국이 케냐산 친환경 장미의 6배 : Specter, M. 2008. Big foot. *The New Yorker*, 25 February 2008. http://www.newyorker.com/reporting/2008/02/25/080225fa_fact_specter. http://grownunderthesun.com.

p. 74 1315~1318년 유럽에서 있었던 일의 재판이다. : Jordan, W.C. 1996. *The Great Famine : Northern Europe in the Early Fourteenth Century*. Princeton University Press.

p. 75 오늘날 경제활동 인구 중 농업 종사자는 1퍼센트, 제조업 종사자는 24퍼센트다. : 이 문단에 나오는 통계의 출처 : Angus Maddison (*Phases of Capitalist Development*), cited in Kealey, T. 2008. *Sex, Science and Profits*. Heinemann.

p. 75 '본래의 풍요한 사회' : Sahlins, M. 1968. Notes on the original affluent society. In Man the Hunter (eds R.B. Lee and I. DeVore). Aldine. Pages 85-9.

p. 76 노인이 될 때까지 사는 일이 자신들의 선조에 비해 훨씬 많았다. : Caspari, R. and Lee, S.-H. 2006. Is human longevity a consequence of cultural change or modern biology? *American Journal of Physical Anthropology* 129 : 512-17.

p. 76 사자와 하이에나가 대부분 사라졌다. : Ofek, H. 2001. *Second Nature : Economic Origins of Human Evolution*. Cambridge University Press.

p. 76 예컨대 제프리 밀러의 뛰어난 저서 《소비》에서 : Miller, G. 2009. *Spent*. Heinemann.

p. 78 해마다 부족민의 0.5퍼센트가 전쟁으로 사망한다. : Keeley, L. 1996. *War Before Civilization*. Oxford University Press.

p. 78 이집트의 예벨 사하바에서 발견된 공동묘지 : tterbein, K.F. 2004. *How War Began*. Texas A & M Press.

p. 79 제프리 밀러는 묻는다. : Miller, G. 2009. *Spent*. Heinemann.

2. 집단지능 _ 20만 년 전 이후의 교환과 전문화

p. 82 그는 샤워 물줄기 아래로 발을 옮긴다. 3층의 펌프에서 시작된 힘찬 물줄기를 맞는다. :

McEwan, I. 2005. *Saturday*. Jonathan Cape. 샤워를 하는 사람은 Perowne, 플롯의 중심이 되는 외과의사다.

p. 82 출생 직후의 기대수명 도표 : World Bank Development Indicators.

p. 83 때는 50만 년 전보다 조금 가까운 시기, 장소는 오늘날의 잉글랜드 남부 박스그로브 마을 근처. : Potts, M. and Roberts, M. 1998. *Fairweather Eden*. Arrow Books.

p. 85 양면 주먹도끼의 역사에서 기술적 진보는 단 한 번 일어났는데, 이는 한 차례의 경련처럼 미미한 것이었다. : Klein R. G. and Edgar B. 2002. *The Dawn of Human Culture*. Wiley.

p. 85 뇌 용적이 직립원인에 비해 (아마도) 25퍼센트가량 더 컸다. 현대 인류와 거의 같은 크기였다. : Rightmire, G.p. 2003. Brain size and encephalization in early to Mid-Pleistocene *Homo*. *American Journal of Physical Anthropology* 124 : 109-23.

p. 87 직립 호미니드 : 이야기를 단순화하기 위해 150만 년 전부터 30만 년 전 사이에 살았던 모든 호미니드종을 '직립 호미니드'로 부르려 한다. 이 시기의 호미니드에 대한 가장 오래되고 포괄적인 명칭을 따른 것이다. 오늘날에는 이 그룹에 네 종을 포함시키는 게 유행이다. 가장 오래된 아프리카의 호모 에르가스테르(*H. ergaster*), 이보다 조금 뒤 아시아에 나타난 직립원인(*H. erectus*), 아프리카를 벗어나 나중에 유럽으로 들어간 하이델베르크인(*H. heidelbergensis*), 그 후손인 네안데르탈인(*H. heidelbergensis*)이다. Foley, R.A. and Lahr, M.M. 2003. 을 보라. 돌이 많은 유적지 : Lithic technology, human evolution, and the emergence of culture. *Evolutionary Anthropology* 12 : 109-22.

p. 88 인간 발전의 자연스러운 표현이었다. : Richerson, p. and Boyd, R. 2005. *Not by Genes Alone*. Chicago University Press : 아마도 우리는 다음과 같은 가설을 받아들일 필요가 있을지 모른다. "아슐리안 양면핵석기는 순수하게 문화의 산물이라기보다 인간종의 내적인 제약이었다. 그 형태의 시간적 안정성은 유전적으로 계승되는 인간 심리의 어떤 요소로부터 생겨난 것이다."

p. 88 고기를 먹게 된 덕분에 이들은 아주 컸던 창자의 크기를 줄이고 대신 뇌의 크기를 키울 수 있었다. : Aiello, L.C. and Wheeler, p. 1995. The expensive tissue hypothesis : the brain and the digestive system in human and primate evolution. *Current Anthropology* 36 : 199-221.

p. 89 도구 세트에 변화의 조짐이 보인 것은 285,000년 전이라는 것이다. : McBrearty, S. and Brooks, A. 2000. The revolution that wasn't : a new interpretation of the origin of modern human behavior. *Journal of Human Evolution* 39 : 453-563. Morgan, L.E. and Renne, P.R. 2008. Diachronous dawn of Africa's Middle Stone Age : New 40Ar/39Ar ages from the Ethiopian Rift. *Geology* 36 : 967-70.

p. 89 적어도 16만 년 전 : White T.D. et al. 2003. Pleistocene Homo sapiens from Middle Awash, Ethiopia. Nature 423 : 742-7; Willoughby, P. R. 2007. *The Evolution of Modern Humans in Africa : a Comprehensive Guide*. Rowman AltaMira.

p. 89 남아공 피너클 포인트 : Marean, C.W. et al. 2007. Early human use of marine resources and pigment in South Africa during the Middle Pleistocene. Nature 449 : 905-8.

p. 90 머리가 홀쭉한 소수의 아프리카인이 중동 지역으로 이주하기 시작했음을 알 수 있다. : Stringer, C. and McKie, R. 1996. *African Exodus*. Jonathan Cape.

p. 91 모로코 타포랄트 인근의 그로테스 데스 피전스 지역 : Bouzouggar, A. et al. 2007. 82,000-year-old shell beads from North Africa and implications for the origins of modern human behavior. *PNAS 2007* 104 : 9964-9; Barton R.N.E., et al. 2009. OSL dating of the Aterian levels at Dar es-Soltan I (Rabat, Morocco) and implications for the dispersal of modern Homo sapiens. *Quaternary Science Reviews*. doi : 10.1016/ j.quascirev.2009.03.010.

p. 91 흑요석이, 추정컨대 교역을 통해 먼 곳까지 이동하기 시작했다는 단서가 있다. : Negash, A., Shackley, M. S. and Alene, M. 2006. Source provenance of obsidian artefacts from the Early Stone Age (ESA) site of Melka Konture, Ethiopia. *Journal of Archeological Science* 33 : 1647-50; and Negash, A. and Shackley, M.S. 2006. Geochemical provenance of obsidian artefacts from the MSA site of Porc Epic, Ethiopia. *Archaeometry* 48 : 1-12.

p. 92 말라위 호수에 쏟아부었다. 호수의 깊이는 600미터나 줄어들었다. : Cohen, A.S. et al. 2007. Ecological consequences of early Late Pleistocene megadroughts in tropical Africa. *PNAS* 104 : 16422-7.

p. 92 미토콘드리아 L3형이라는 특징을 가진 이들의 유전자는 아프리카에서 갑자기 확산돼 대부분의 다른 유전자형을 대체했다. : Atkinson, Q.D., Gray, R.D. 와 Drummond, A.J. 2009. Bayesian coalescent inference of major human mitochondrial DNA haplogroup expansions in Africa. *Proceedings of the Royal Society B* 276 : 367-73.

p. 93 뇌 크기의 증대를 촉진하고 가능케 하는 것은 커다란 사회집단과 풍부한 먹을거리라는 두 가지 조건이다. : Dunbar, R. 2004. *The Human Story*. Faber and Faber.

p. 93 유전자에 우연한 돌연변이가 일어나 뇌가 생성되는 방식에 미묘한 변화가 생겼고 이것이 인간 행태에 변화의 방아쇠를 당겼다는 것이다. : Klein, R.G. and Edgar, B. 2002. *The Dawn of Human Culture*. John Wiley.

p. 94 FOXP2는 인간과 명금의 말과 언어에 핵심적인 기능을 하는 유전자다. : Fisher, S. E. and Scharff, C. 2009. FOXP2 as a molecular window into speech and language. *Trends in Genetics* 25 : 166-77. doi : 10.1016/j.tig.2009.03.002 A.

p. 94 생쥐새끼가 찍찍거리는 방식을 변화시키기까지 했다. : Enard, W. et al. 2009. A humanized version of FOXP2 affects cortico-basal ganglia circuits in mice. *Cell* 137 : 961-71.

p. 94 네안데르탈인들도 바로 이 두 개의 돌연변이를 가지고 있었던 것으로 확인되었다. : Krause, J. et al. 2007. The derived FOXP2 variant of modern humans was shared with Neandertals. *Current Biology* 17 : 1908-12.

p. 96 리다 코스미데스와 존 투비처럼 이렇게 표현할 수도 있다. : Cosmides, L. and Tooby, J. 1992. Cognitive adaptations for social exchange. In *The Adapted Mind* (eds J.H. Barkow, L. Cosmides and J. Tooby). Oxford University Press.

p. 97 애덤 스미스의 표현을 빌리면 : Both Adam Smith quotes are from book 1, part 2, of *The Wealth of Nations* (1776).

p. 97 카메룬의 초원 : Rowland and Warnier, quoted in Shennan, S. 2002. *Genes, Memes and Human History*. Thames & Hudson.

p. 99 영장류학자 세라 브로스넌은 각기 다른 두 침팬지 집단에 물물교환을 가르치려 시도했지만, : Brosnan, S. F., Grady, M. F., Lambeth, S. P., Schapiro, S. J. and Beran, M. J. 2008. Chimpanzee autarky. PLOS ONE 3(1) : e1518. doi : 10.1371/journal.pone.0001518.

p. 100 침팬지와 원숭이에게 토큰을 내놓고 대신 먹을거리를 받는 교환을 가르칠 수는 있다. : Chen, M.K. and Hauser, M. 2006. How basic are behavioral biases? Evidence from capuchin monkey trading behavior. *Journal of Political Economy* 114 : 517-37.

p. 100 "다른 영장류들에서는 이러한 상호보완성의 힌트조차 나타나지 않는다." : Wrangham, R. 2009. *Catching Fire : How Cooking Made Us Human*. Perseus Books.

p. 101 비루테 갈디카스는 어린 오랑우탄을 자신의 딸 빈티와 같이 키웠는데, : Galdikas, B. 1995. *Reflections of Eden*. Little, Brown.

p. 101 불은 피우기가 어렵지 나눠주기는 쉽다. : Ofek, H. 2001. *Second Nature : Economic Origins of Human Evolution*. Cambridge University Press.

p. 103 남성과 여성은 각자 전문화하고 그 다음에 나눠먹는다. : Low, B. 2000. *Why Sex Matters : a Darwinian Look at Human Behavior*. Princeton University Press.

p. 103 "남성이 사냥하고 여성과 아이들은 채집한다." : Kuhn, S.L. and Stiner, M.C. 2006.

What's a mother to do? A hypothesis about the division of labour and modern human origins. *Current Anthropology* 47 : 953-80.

p. 103 "같은 영역에서도 자원을 구하는 방법에 대해 놀라울 정도로 다른 결정을 내리며, : Kaplan, H. and Gurven, M. 2005. The natural history of human food sharing and cooperation : a review and a new multi-individual approach to the negotiation of norms. In *Moral Sentiments and Material Interests* (eds H. Gintis, S. Bowles, R. Boyd and E. Fehr). MIT Press.

p. 104 호주 서부 마르투 족의 경우 여성은 고아나도마뱀을, : Bliege Bird, R. 1999. Cooperation and conflict : the behavioural ecology of the sexual division of labour. *Evolutionary Anthropology* 8 : 65-75.

p. 104 "여성은 사회적 권리로서 고기를 요구하고, 이를 얻는다. 그렇지 않으면 남편을 떠나 다른 곳에 가서 결혼하거나 다른 남자들과 섹스를 한다." : Biesele, M. 1993. *Women Like Meat*. Indiana University Press.

p. 104 영국 리버풀의 머지 강 어귀 : Stringer, C. 2006. *Homo Britannicus*. Penguin.

p. 105 호주 원주민 알야와레 족의 경우, : Bliege Bird, R. and Bird, D. 2008. Why women hunt : risk and contemporary foraging in a Western Desert Aboriginal community. *Current Anthropology* 49 : 655-93.

p. 105 노동의 성별 분업은 육아라는 제한이 없는 경우에도 존재해왔다. : 인간 남녀가 수십만 년간 다른 일을 해왔다면 현대인에게도 그 흔적이 어딘가에 남아 있지 않을까 하고 생각해보는 게 합리적이다. 적어도 남녀가 여가시간에 하는 활동의 일부에라도 말이다. 신발을 사는 행위는 채집과 좀 비슷하다. 수많은 가능성 중에서 완벽한 항목을 고르는 것이다. 골프를 치는 것은 수렵과 약간 비슷하다. 넓은 야외에서 표적을 향해 투사 무기를 겨냥하는 것이다. 남성 대부분이 여성 대부분보다 육식을 더 많이 한다는 것도 눈에 띤다. 서구 채식주의자 중에서 여성의 비율은 남성의 두 배가 넘는다. 채식주의자가 아닌 경우에도 남자는 접시의 야채를 먹는 시늉만 하면서 깨작거리고 여자는 고기를 그렇게 하는 경우가 흔하다. 석기시대의 남성과 여성이 모두 잡식성이기는 했다. 남자는 채집을 맡은 여자에게 고기를 제공하고 여자는 사냥을 맡은 남자에게 채소를 공급했으니까. 하지만 각자가 야외에서 점심을 먹으려 할 때는 다르지 않았을까? 여자들은 자신들이 채집한 견과를 먹었을 대고, 남자들은 거북을 굽거나 자신이 처음 사냥한 동물에서 고기를 뚝 잘라내 먹었을 것이다. 이런 요소도 내 주장의 일부 근거가 될 수 있다. 하지만 이 같은 짐작이 대단히 과학적인 것은 못 된다는 것을 나는 인정한다.

p. 106 인간종은 마치 하나가 아니라 두 개의 뇌, 두 개의 지식창고를 가지고 있는 것이나

마찬가지다. : Joe Henrich는 밤늦은 인디애나의 술집에서 나에게 이런 생각을 처음 밝혔다.

p. 106 남성은 집단 전체를 먹여살릴 만큼 큰 동물을 사냥하려 애쓰는 경향이 있는 것으로 보인다. : R. and Bird, D. 2008. Why women hunt : risk and contemporary foraging in a Western Desert Aboriginal community. *Current Anthropology* 49 : 655-93.

p. 106 하즈다 족 남자들은 거대한 일런드영양을 잡기 위해 몇 주씩 시간을 들인다. : Hawkes, K. 1996. Foraging differences between men and women. In *The Archaeology of Human Ancestry* (eds James Steele and Stephen Shennan). Routledge.

p. 106 토레스 해협 메르 섬의 남성들은 : Bliege Bird, R. 1999. Cooperation and conflict : the behavioural ecology of the sexual division of labour. *Evolutionary Anthropology* 8 : 65-75.

p. 107 스티븐 쿤과 메리 스타이너는 다음과 같이 주장한다. : Kuhn, S.L. and Stiner, M.C. 2006. What's a mother to do? A hypothesis about the division of labour and modern human origins. *Current Anthropology* 47 : 953-80.

p. 107 1978년 글린 아이작이 처음 공개적으로 지지했다. : Isaac, G.L. and Isaac, B. 1989. *The Archaeology of Human Origins : Papers by Glyn Isaac*. Cambridge University Press.

p. 109 웰스의 말을 빌려서 표현하면 : Wells, H.G. 1902. 'The Discovery of the Future'. Lecture at the Royal Institution, 24 January 1902, published in *Nature* 65 : 326-31. Reproduced with the permission of AP Watt Ltd on behalf of the Literary Executors of the Estate of H.G. Wells.

p. 110 아마도 45,000년 전을 전후한 시기였을 것이다. : O'Connell, J. F. and Allen, J. 2007. Pre-LGM Sahul (Pleistocene Australia-New Guinea) and the archaeology of Early Modern Humans. In Mellars, P., Boyle, K., Bar-Yosef, O. et al., *Rethinking the Human Revolution,* Cambridge : McDonald Institute for Archaeological Research, pp. 395-410.

p. 111 아프리카에서의 첫 이주 후 거의 완전하게 고립돼 있었다. 유전학적으로 분명히 확인된 사실이다. : Thangaraj, K. et al. 2005. Reconstructing the origin of Andaman Islanders. Science 308 : 996; Macaulay, V. et al. 2005. Single, rapid coastal settlement of Asia revealed by analysis of complete mitochondrial genomes. Science 308 : 1034-6 ; Hudjashov et al. 2007. Revealing the prehistoric settlement of Australia by Y chromosome and mtDNA analysis. PNAS. 104 : 8726-30.

p. 111 조너선 킹던은 1990년대 초 처음으로 다음과 같은 주장을 제기했다. : Kingdon, J. 1996. *Self-Made Man : Human Evolution from Eden to Extinction.* John Wiley.

p. 112 '해변 떠돌이'들은 아시아의 모든 연안 지역에서 신선한 물이 샘솟아 바다 쪽으로 개울을 이루며 굽이굽이 흘러가는 모습을 발견하곤 했을 것이다. : Faure, H., Walter, R.C. and Grant, D.E. 2002. The coastal oasis : Ice Age springs on emerged continental shelves. *Global and Planetary Change* 33 : 47-56.

p. 113 상상컨대 이들은 심지어 친척들의 몸에 있던 이가 옮을 정도로 가까이 접촉했을 것이다. : Svante Paabo, personal communication. See also Evans, P.D. et al. 2006. Evidence that the adaptive allele of the brain size gene microcephalin introgressed into Homo sapiens from an archaic Homo lineage. *PNAS* 103 : 18178-83.

p. 113 이의 유전자를 분석해보면 그렇다. : Pennisi, E. 2004. Louse DNA suggests close contact between Early Humans. *Science* 306 : 210.

p. 114 인간의 포식 행위 탓에 멸종 직전 상황까지 몰린 것이다. : Stiner, M. C. and Kuhn, S. L. 2006. Changes in the 'connectedness' and resilience of palaeolithic societies in Mediterranean ecosystems. *Human Ecology* 34 : 693-712.

p. 114 모하비 사막의 갈까마귀는 가끔 거북을 잡아먹는다. : http://www.scienceblog.com/community/older/archives/E/usgs 398.html.

p. 117 장식품과 물건들을 만드는 데도 쓰였다. 재료로는 뼈와 상아뿐 아니라 조개, 산호 화석, 동석, 흑옥, 갈탄, 적철광, 황철광 등이 사용되었다. : Stringer, C. and McKie, R. 1996. *African Exodus.* Jonathan Cape.

p. 117 독수리 뼈로 만든 플루트 : Conard, N.J., Maline, M. and Munzel, S.C. 2009. New flutes document the earliest musical tradition in southwestern Germany. *Nature* 46 : 737-740.

p. 117 흑해산 조가비와 발트 해 연안산 호박으로 만든 장신구 : Ofek, H. 2001. *Second Nature : Economic Origins of Human Evolution.* Cambridge University Press.

p. 117 이는 네안데르탈인의 행태와 뚜렷한 대조를 이룬다. 이들의 석기는 사용 장소에서 걸어서 한 시간 이내에 있는 곳의 돌로 만들어졌다. 사실상 언제나 그랬다. : Stringer, C. 2006. *Homo Britannicus.* Penguin : '네안데르탈인의 거의 모든 석기는 그들이 있던 지역에서 걸어서 한 시간 거리에 있는 원재료로 만들어졌다. 크로마뇽인은 이와 달랐다. 네안데르탈인보다 훨씬 더 기동성이 좋았거나, 아니면 수백 킬로미터에 걸쳐 있는 교역망에서 자원을 구했다.'

p. 120 진화생물학자 마크 페이젤과 루스 메이스는 말한다. : Pagel, M. and Mace, R. 2004. The cultural wealth of nations. *Nature* 428 : 275-8.

p. 121 인류학자 이언 대티솔은 말한다. : Tattersall, I. 1997. *Becoming Human.* Harcourt.

p. 121 역할 분담은 그만큼 인간의 본성에 부합하며, 설명이 필요한 일(이노베이션을 할 능력)을 명확하게 설명해준다. : 예컨대 다음을 보라. Horan, R.D., Bulte, E.H. and Shogren, J.F. 2005. How trade saved humanity from biological exclusion : the Neanderthal enigma revisited and revised. *Journal of Economic Behavior and Organization* 58 : 1-29.

p. 123 1817년 주식중개인 데이비드 리카도가 정의한 : Ricardo, D. 1817. *The Principles of Political Economy and Taxation.* John Murray.

p. 123 이는 너무나 멋진 아이디어라서, 구석기시대 사람들이 우연히 떠올리는 데 (혹은 경제학자들이 이 개념을 정의하는 데) 그렇게 오랜 시간이 걸렸다는 사실이 믿기지 않을 정도다. : 많은 지식인이 그 핵심을 파악하는 데 그토록 큰 어려움을 겪는다는 것 역시 놀랄 만한 일이다. 다음을 보라. Paul Krugman's essay 'Ricardo's Difficult Idea' : http://web.mit.edu/krugman/www/ricardo.htm.

p. 124 곤충의 사회생활은 개별 행태가 더 복잡해지는 것이 아니라 개체들이 각자 전문화하는 데 기반을 두고 있다. : Holldobbler, B. and Wilson, E.O. 2008. *The Superorganism.* Norton.

p. 126 심지어 찰스 다윈도 분업을 예상했다. : Darwin, C. R. 1871. The Descent of Man. Quoted in Ofek, H. 2001. *Second Nature : Economic Origins of Human Evolution.* Cambridge University Press.

p. 126 인류학자 조 헨리치에 따르면, : Henrich, J. 2004. Demography and cultural evolution : how adaptive cultural processes can produce maladaptive losses-the Tasmanian case. *American Antiquity* 69 : 197-214.

p. 127 기술적 퇴보의 가장 두드러진 사례는 태즈메이니아, : Heinrich, J. 2004. Demography and cultural evolution : how adaptive cultural processes can produce maladaptive losses-the Tasmanian case. *American Antiquity* 69 : 197-214.

p. 129 이 지역에서 이노베이션이 없었다는 것이 아니다. 다만 퇴보가 진보를 압도했다. : Diamond, J. 1993. Ten thousand years of solitude. Discover, March 1993.

p. 131 태즈메이니아의 시장은 많은 종류의 전문 기술을 지탱하기에는 너무 작았다. : Heinrich, J. 2004. Demography and cultural evolution : how adaptive cultural processes can produce maladaptive losses - the Tasmanian case. *American Antiquity* 69 : 197-214.

p. 131 캥거루 섬과 플린더스 섬에 고립된 후 몇천 년 지나지 않아 사람들의 직업은 점차 종류가 줄어들었다. 아마도 기술의 소실이 원인이었을 것이다. : Bowdler, S. 1995. Offshore island and maritime explorations in Australian prehistory. *Antiquity* 69 : 945-58.

p. 131 인류학자 리버스를 고심하게 만든 문제 : Shennan, S. 2002. *Genes, Memes and Human History*. Thames & Hudson.

p. 132 적어도 3만 년 전부터 조개껍데기로 만든 구슬이 호주 전역을 가로질러 장거리를 이동했다. : Balme, J. and Morse, K. 2006. Shell beads and social behaviour in Pleistocene Australia. *Antiquity* 80 : 799-811.

p. 132 가장 좋은 돌도끼는 돌이 채굴된 장소에서 멀게는 800킬로미터까지 이동했다. : Flood, J. 2006. *The Original Australians : the Story of the Aboriginal People*. Allen & Unwin.

p. 132 티에라 델 푸에고 제도는 태즈메이니아와 대조적이다. : Heinrich, J. 2004. Demography and cultural evolution : how adaptive cultural processes can produce maladaptive losses - the Tasmanian case. *American Antiquity* 69 : 197-214.

p. 133 인류의 성공을 좌우하는 핵심 요소는 인구수와 연결이다. 여기에 결정적으로 그리고 위태위태하게 의존하고 있는 것이다. : Jared Diamond의 저서 《문명의 붕괴Collapse》는 그린란드 노스인들과 이스터 섬 거주민들에게 일어난 일들을 생태 고갈의 대표적 사례로 멋지게 서술했다. 그런데 이들 사례는 고립에 대해서도 생태에 대한 것 못지않게 많은 이야기를 해주고 있는지 모른다. 그린란드 노스인들은 흑사병과 기후 악화 때문에 스칸디나비아로부터 고립됐다. 그 탓에 본래의 생활양식을 유지할 수 없었다. : 태즈메이니아인들과 마찬가지로 이들은 고기잡이 지식을 잃어버렸다. 이스터 섬 이야기는 Diamond가 부분적으로 오해했을지 모른다 : 원주민 사회는 숲을 모두 없애버린 뒤에도 여전히 번영을 구가하고 있었을지 모른다고 주장하는 사람이 일부 있다. 1860년대 노예무역상들이 상륙해 대량 학살을 저질렀다는 것이다. 다음을 보라. Peiser, B. 2005. From genocide to ecocide : the rape of Rapa Nui. *Energy & Environment* 16 : 513-39.

p. 133 호주 원주민의 기술에 구세계 기술의 많은 부분이 빠져 있는 현실을 이로써 설명할 수 있을지 모른다. : O'Connell, J.F. and Allen, J. 2007. Pre-LGM Sahul (Pleistocene Australia-New Guinea) and the archaeology of Early Modern Humans. In Mellars, P., Boyle, K., Bar-Yosef, O. et al. *Rethinking the Human Revolution*. Cambridge : McDonald Institute for Archaeological Research, pp. 395-410.

p. 134 '태즈메이니아인 효과'는 16만 년 전 이후 아프리카 대륙에서 일어난 기술적 진보가 왜 그토록 느리고 불규칙적이었는지도 설명해줄 수 있을지 모른다. : Richerson, P.J., Boyd, R. and Bettinger, R.L. 2009. Cultural innovations and demographic change. *Human Biology* 81 : 211-35; Powell, A., Shennan, S. and Thomas, M.G. 2009. Late Pleistocene demography and the appearance of modern human behaviour. *Science* 324 :

1298-1301.

p. 135 경제학자 줄리언 사이먼은 이를 다음과 같이 표현했다. : Simon, J. 1996. *The Ultimate Resource 2*. Princeton University Press.

p. 134 이와 교환하기 위해 원주민들이 판 것은 슬프게도 잠자리 상대로 삼을 여성들이었다. : Flood, J. 2006. *The Original Australians : the Story of the Aboriginal People*. Allen & Unwin.

3. 덕성의 형성 _ 5만 년 전 이후의 물물교환, 신뢰, 규칙

p. 138 돈은 금속이 아니다. 새겨넣은 신뢰다. : Ferguson, N. 2008. *The Ascent of Money*. Allen Lane.

p. 138 유럽의 살인율 도표 : Spierenburg, p. 2008. *A History of Murder*. Polity Press. Eisner, M. 2001. Modernization, Self-Control and Lethal Violence. The Long-term Dynamics of European Homicide Rates in Theoretical Perspective *The British Journal of Criminology* 41 : 618-638.

p. 139 그린스트리트는 보가트에게 충고한다. : Siegfried, T. 2006. *A Beautiful Math : John Nash, Game Theory and the Modern Quest for a Code of Nature*. Joseph Henry Press.

p. 140 경제학자 허버트 긴티스(Herbert Gintis)의 표현을 빌리면, : http://www.reason.com/news/ show/34772.html.

p. 140 대체로 소규모인 부족사회 열다섯 곳의 사람들을 게임에 끌어들인 흥미진진한 연구다. : Henrich, J. et al. 2005. 'Economic man' in cross-cultural perspective : Behavioral experiments in 15 small-scale societies. *Behavioral and Brain Sciences* 28 : 795-815.

p. 141 손해를 보면서라도 상대방의 이기심을 처벌할 필요가 있을 수 있다. : Fehr, E. and Gachter, S. 2000. Cooperation and punishment in public goods experiments. *American Economic Review*, Journal of the American Economic Association 90 : 980-94; Henrich, J. et al. 2006. Costly punishment across human societies. *Science* 312 : 1767-70.

p. 142 개미나 침팬지처럼 집단생활을 하는 여타 종들의 경우 서로 다른 집단의 구성원 사이에서 일어나는 상호작용은 거의 언제나 폭력적이다. : Brosnan, S. 2008. Fairness and other-regarding preferences in nonhuman primates. In Zak, p. (ed.) 2008. *Moral Markets*. Princeton University Press.

p. 142 인간은 낯선 사람을 '명예 친구'로 대접할 수 있다. : Seabright, p. 2004. *The Company of Strangers*. Princeton University Press.

p. 142 세라 허디와 프란스 드 발 같은 영장류학자 : Hrdy, S. 2009. *Mothers and Others*. Belknap. De Waal, F. 2006. *Our Inner Ape*. Granta Books.

p. 143 말레이시아, 인도네시아, 필리핀에서 교역은 흔히 여자가 담당했다. 이들은 어릴 때부터 셈과 계산을 배웠다 : Pomeranz, K. and Topik, S. 2006. *The World That Trade Created*. M.E. Sharpe.

p. 144 영국 정부가 나탄 로스차일드라는 유대인 대금업자를 믿었기 때문에 가능했다. : Ferguson, N. 2008. *The Ascent of Money*. Allen Lane.

p. 145 바트 윌슨, 버넌 스미스와 동료들이 설계한 이 실험 : Crockett, S., Wilson, B. and Smith, V. 2009. Exchange and specialization as a discovery process. *Economic Journal* 119 : 1162-88.

p. 146 호주 북부에 살던 이르 요론트 원주민 : Sharp, L. 1974. Steel axes for stone age Australians. In Cohen, Y. (ed.) 1974. *Man in Adaptation*. Aldine de Gruyter.

p. 147 찰스 다윈이라는 젊은 박물학자가 어떤 수렵채집인들과 얼굴을 맞대게 되었다. : Darwin, C.R. 1839. *The Voyage of the Beagle*. John Murray.

p. 148 1933년 광산 탐사가인 마이클 리히와 그의 동료들이 뉴기니 고지에서 만난 종족의 사례도 이와 유사하다. : Connolly, R. and Anderson, R. 1987. *First Contact*. Viking.

p. 148 북아메리카 태평양 연안 사람들은 바닷조개를 내륙 수백 킬로미터 안까지 보냈고, 그보다 더 먼 곳에서 흑요석을 수입했다. : Baugh, T.E. and Ericson, J. E. 1994. *Prehistoric Exchange Systems in North America*. Springer.

p. 149 미국 캘리포니아 남부 채널 제도의 추마시 족 : Arnold, J.E. 2001. *The Origins of a Pacific Coast Chiefdom : The Chumash of the Channel Islands*. University of Utah Press.

p. 149 '애덤 스미스 문제' : Coase, R. H. 1995. Adam Smith's view of man. In *Essays on Economics and Economists*. University of Chicago Press.

p. 149 인간이 제아무리 이기적이기 마련이라 할지라도, : Smith, A. 1759. *The Theory of Moral Sentiments*. p. 93 'Man has almost constant occasion for the help of his brethren'. Smith, A. 1776. *The Wealth of Nations*.

p. 150 '명예 친구' : Seabright, p. 2004. *The Company of Strangers*. Princeton University Press.

p. 150 철학자 로버트 솔로몬의 표현을 빌리면, : Solomon, R.C. 2008. Free enterprise, sympathy and virtue. In Zak, p. (ed.). 2008. *Moral Markets*. Princeton University Press.

p. 151 아기의 미소는 엄마 뇌의 특정 회로를 작동시켜 : Noriuchi, M., Kikuchi, Y. and Senoo, A. 2008. The functional neuroanatomy of maternal love : mother's response to infant's attachment behaviors. *Biological Psychiatry* 63 : 415-23.

p. 151 신경경제학자 폴 작 : Zak, p. 2008. Values and value. In Zak, p. (ed.). 2008. *Moral Markets*. Princeton University Press.

p. 151 2004년 그는 에른스트 페르를 포함한 동료들과 함께 경제학 역사상 가장 뜻깊은 실험 중 하나를 수행했다. : Kosfeld, M., Henrichs, M., Zak, P.J., Fischbacher, U. and Fehr, E. 2005. Oxytocin increases trust in humans. *Nature* 435 : 673-6.

p. 153 공포를 표현하는 기관인 소뇌 편도핵의 활동을 억제하는 데서 기인한다. : Rilling, J.K., et al. 2007. Neural correlates of social cooperation and non-cooperation as a function of psychopathy. *Biological Psychiatry* 61 : 1260-71.

p. 154 프랭크는 다음과 같이 말한다. : Frank, R. 2008. The status of moral emotions in consequentialist moral reasoning. In Zak, p. (ed.) 2008. *Moral Markets*. Princeton University Press.

p. 154 사람들은 자신을 속인 사람의 얼굴을 예리하게 기억한다. : Mealey, L., Daood, C. and Krage, M. 1996. Enhanced memory for faces of cheaters. *Ethology and Sociobiology* 17 : 119-28.

p. 154 꼬리감기원숭이와 침팬지는 불공정한 처사에 대해 인간 못지않게 분개한다. : Brosnan, S. 2008. Fairness and other-regarding preferences in nonhuman primates. In Zak, p. (ed.) 2008. *Moral Markets*. Princeton University Press.

p. 155 한 사회의 구성원들이 서로를 더 많이 믿고 있을수록 그 사회는 더 번영하며, : Zak, p. and Knack, S. 2001. Trust and growth. *Economic Journal* 111 : 295-321.

p. 158 존 클리핑거는 이로부터 낙관적인 결론을 도출했다. : Clippinger, J. H. 2007. *A Crowd of One*. Public Affairs Books.

p. 160 로버트 라이트가 주장했듯이, : Wright, R. 2000. *Non Zero : the Logic of Human Destiny*. Pantheon.

p. 161 마이클 셔머는 석기시대에 이루어진 대부분의 거래는 양측 모두에 도움이 된 일이 드물었기 때문이라고 생각한다. : Shermer, M. 2007. *The Mind of the Market*. Times Books.

p. 161 자국 내의 솥과 냄비 수를 엄청나게 늘릴 수 있는 : O'Rourke, P.J. 2007. *On The Wealth of Nations*. Atlantic Monthly Press에서 인용.

p. 162 호주 사회학자 피터 손더스가 주장한 바 : Saunders, p. 2007. Why capitalism is good for the soul. *Policy Magazine* 23 : 3-9.

p. 163 브링크 린지는 이렇게 서술했다. : Lindsey, B. 2007. *The Age of Abundance : How Prosperity Transformed America's Politics and Culture*. Collins.

p. 163 아닐드 토인비는 노동자들을 그토록 더 잘살게 만든 영국 산업혁명에 대해 노동자들에게 강연하면서 : Phillips, A. and Taylor, B. 2009. *On Kindness*. Hamish Hamilton에서 인용.

p. 163 2009년 애덤 필립스와 바버라 테일러는 주장했다. : Phillips, A. and Taylor, B. 2009. *On Kindness*. Hamish Hamilton.

p. 163 영국의 정치인 태버른 경은 자기 자신에 대해 말하면서 다음과 같이 표현했다. : Lord Taverne, personal communication.

p. 164 14세기 이탈리아 피렌체의 상업혁명에 대한 자료를 다량 수집한 시카고 대학의 존 패짓 : Described in Clippinger, J.H. 2007. *A Crowd of One*. Public Affairs Books.

p. 164 몽테스키외가 관찰한 바에 따르면, : Hirschman, A. 1977. *The Passions and the Interests*. Princeton University Press에서 인용.

p. 164 데이비드 흄은 이렇게 생각했다. : McFarlane, A. 2002. David Hume and the political economy of agrarian civilization. *History of European Ideas* 27 : 79-91.

p. 165 1800년 이후 생활의 급속한 상업화는 그 이전 세기와 비교해 놀라운 인간 감성의 향상을 수반했는데, : Pinker, S. 2007. A history of violence. *The New Republic*, 19 March 2007.

p. 166 1800년을 전후해 노예 반대 운동을 이끌고 자금을 댄 것은 웨지우드나 윌버포스 같은 신흥 상인 부자들이었다. : Desmond, A. and Moore, J. 2009. *Darwin's Sacred Cause*. Allen Lane.

p. 167 이몬 버틀러는 말한다. : Butler, E. 2008. *The Best Book on the Market*. Capstone.

p. 167 매력적인 남자의 사진을 보여주고 : Miller, G. 2009. *Spent*. Heinemann.

p. 168 마이클 셔머는 이렇게 지적한다. : Shermer, M. 2007. *The Mind of the Market*. Times Books.

p. 168 사람이 살해될 확률은 17세기 이후 모든 유럽 국가에서 지속적으로 떨어졌다. : Eisner, M. 2001. Modernization, self-control and lethal violence. The long-term dynamics of European homicide rates in theoretical perspective. *British Journal of Criminology* 41 : 618-38.

p. 168 산업혁명 이전 유럽의 인구 대비 살인 발생률은 오늘날의 10배에 달했다. :

Spierenburg, p. 2009. *A History of Murder*. Polity Press.

p. 169 쿠츠네츠 환경 곡선 : Yandle, B., Bhattarai, M. and Vijayaraghavan, M. 2004. *Environmental Kuznets Curves*. PERC.

p. 169 1인당 국민소득이 약 4,000달러에 이르면, 사람들은 자기 동네의 개울물과 공기를 정화할 것을 요구한다. : Goklany, I. 2008. *The Improving State of the World*. Cato Institute.

p. 169 사람들이 더 잘살게 되면서 더 높은 기준을 충족시키라고 요구했기 때문이다. : Moore, S. and Simon, J. 2000. *It's Getting Better All the Time*. Cato Institute.

p. 170 '분포의 긴 꼬리' : Anderson, C. 2006. *The Long Tail : Why the Future of Business Is Selling Less of More*. Hyperion.

p. 170 오늘날에는 별로 인기가 없는 철학자 허버트 스펜서는 자유는 상업을 따라 확대된다고 주장했다. : 다음에서 인용. 1842 essay for *The Nonconformist*, 1853 essay for *The Westminster Review*. Both quoted in Nisbet, R. 1980. *History of the Idea of Progress*. Basic Books.

p. 171 미국의 인권운동에 부분적인 힘을 보태준 것은 경제적 이유로 인한 대대적인 이주였다 : Lindsey, B. 2007. *The Age of Abundance : How Prosperity Transformed America's Politics and Culture*. Collins.

p. 173 경제가 성장하려면 민주주의가 필요한가? 이 문제는 오늘날 많은 논쟁을 낳고 있다. : Friedman, B. 2005. *The Moral Consequences of Economic Growth*. Knopf.

p. 173 나는 데어드르 매클로스키와 함께 만세를 부를 수 있어서 행복하다. : McCloskey, D. 2006. *The Bourgeois Virtues*. Chicago University Press.

p. 173 "한쪽은 자본주의를 비난하지만 그 열매는 게걸스럽게 먹는다. 다른 한쪽은 그 열매를 저주하면서 이를 탄생시킨 시스템은 옹호한다." : Lindsey, B. 2007. *The Age of Abundance : How Prosperity Transformed America's Politics and Culture*. Collins.

p. 175 나는 밀턴 프리드먼의 시각에 동의한다. : Norberg, J. 2008. *The Klein Doctrine*. Cato Institute briefing paper no. 102. 14 May 2008에서 인용.

p. 175 "소비자들이 중세 지주에 딸린 농노처럼 브랜드의 노예였으면" : Klein, N. 2001. *No Logo*. Flamingo.

p. 175 1995년 쉘은 석유 저장 시설을 심해에 버리려고 시도했는지 모른다. : 그린피스는 Brent Spar 시설에 석유 5,500톤이 들어 있다고 주장했지만 나중에 그 양이 100톤 정도라고 인정했다.

p. 176 엔론 사가 기후 변화 경고주의에 돈을 댄 것 : Ken Lay는 엔론을 세계의 선도적인 재생

가능 에너지 회사로 만들려는 야심을 가지고 있었다. 그리고 재생 가능 에너지에 대한 보조금과 강제 조치를 위해 맹렬한 로비를 펼쳤다. http://masterresource.org/?p=3302#more-3302를 보라.

p. 176 오늘날 최상위 서열에 속하는 기업 중 반수는 1980년에는 존재하지도 않았다. : Micklethwait, J. and Wooldridge, A. 2003. *The Company*. Weidenfeld.

p. 177 에릭 바인하커에 따르면, : Beinhocker, E. 2006. *The Origin of Wealth*. Random House.

p. 178 골이 진 철판이나 컨테이너 선적처럼, : 1950년대 화물선의 컨테이너화가 발달한 덕분에 배에서 짐을 싣고 부리는 속도가 약 20배로 빨라졌다. 그래서 무역 비용이 극적으로 내려갔고 이는 아시아에서 수출 붐이 시작되는 데 도움이 됐다. 오늘날은 무게가 없는 정보의 시대지만 세계 전체의 상선 규모는(등록된 것만 5억 5천여 만 톤) 1970년대의 두 배, 1920년대의 열 배에 이른다. Edgerton, D. 2006. *The Shock of the Old : Technology and Global History since 1900*. Profile Books를 보라.

p. 178 1990년대 월마트는 방취제를 판지상자에 넣어서 팔지 않기로 결정했다. 단순하고 사소하고 통상적인 결정이었다. : Fishman, C. 2006. *The Wal-Mart Effect*. Penguin.

p. 179 1990년대 코닥과 후지가 35밀리미터 필름 산업에서 우위를 차지하기 위해 끝까지 맹렬하게 싸우는 동안, : 필름 카메라의 소멸과 관련해 눈에 띄는 점은 필름 회사들이 그 같은 추세를 전혀 몰랐다는 점이다. 최근인 2003년까지도 이들은, 디지털이 차지할 시장은 일부고 필름의 시대는 계속될 것이라고 주장했다.

p. 179 미국의 경우를 보면 대략 15퍼센트의 일자리가 매년 없어지고 : Kauffman Foundation estimates : *The Economist* survey of business in America, by Robert Guest, 30 May 2009에서 인용.

p. 180 이베이의 최고경영자 메그 휘트먼은 말한다. "경매와는 관계가 없습니다." : Harvard Business School case study 9-700-007.

p. 184 세계 127개국을 조사한 결과를 보자. : Carden, A. and Hall, J. 2009. Why are some places rich while others are poor? The institutional necessity of economic freedom (29 July 2009). Available at SSRN : http://ssrn.com/abstract=1440786.

p. 184 세계은행은 '무형의 부'에 대한 연구보고서를 출판했다. : Bailey, R. 2007. The secrets of intangible wealth. *Reason*, 5 October 2007. http://reason.com/news/show/122854.html.

p. 186 상법 : 나는 이 문제를 '이타적 유전자(*The Origins of Virtue* 1996)'에서 상세하게 검토했다. :

p. 186 마이클 셔머와 그의 세 친구가 미국 횡단 자전거 경기를 시작했을 때 : In Shermer, M. 2007. *The Mind of the Market*. Times Books.

4. 90억 명 먹여살리기 _ 1만 년 전 이후의 농업

p. 188 과거 옥수수 한 이삭이나 목초 한 잎밖에 자라지 않던 땅 한 뼘에서 : Swift, J. 1726. *Gulliver's Travels*.

p. 188 세계 곡물 수확량 도표 : FAOSTAT : http://faostat.fao.org.

p. 189 1991년 알프스 산맥 고지대에서 빙하시대의 인간이 바짝 마른 상태로 발견되었다. 이름은 외치라고 붙여졌다. : 외치에 대한 자료는 http://www.mummytombs.com/otzi/scientific을 보라.

p. 190 생물학자 리 실버는 어느 날, : Lee Silver, personal communication.

p. 191 애덤 스미스에게 자본이란 "이를테면, 필요한 경우 미래의 언젠가 사용하기 위해 비축, 저장한 일정량의 노동"을 뜻한다. : Smith, A. 1776. *The Wealth of Nations*.

p. 192 건기에만 모습을 드러내는 오할로2 : Piperno, D.R., Weiss, E., Holst, I. and Nadel, D. 2004. Processing of wild cereal grains in the Upper Palaeolithic revealed by starch grain analysis. *Nature* 430 : 670-3.

p. 193 이들이 "식량을 재배하는 쪽으로 이행하기를 극단적으로 꺼렸다"고 지적한 연구논문도 있다. : Johnson, A.W. and Earle, T.K. 2000. *The Evolution of Human Societies : from Foraging Group to Agrarian State*. Stanford University Press.

p. 194 농업이 이처럼 중단된 이유는 어쩌면 기후 변화 때문일지도 모른다. : Rosen, A.M. 2007. *Civilizing Climate : Social Responses to Climate Change in the Ancient Near East*. Rowman AltaMira.

p. 194 살아남은 사람들은 다시 수렵채집하며 떠도는 생활로 되돌아갔다. : Shennan, S. 2002. *Genes, Memes and Human History*. Thames & Hudson.

p. 196 9,200년 전쯤 페루에서는 : Dillehay, T.D. et al. 2007. Preceramic adoption of peanut, squash, and cotton in northern Peru. *Science* 316 : 1890-3.

p. 196 8,400년 전 중국에서는 조와 쌀이, : Richerson, P.J., Boyd, R. and Bettinger, R.L. 2001. Was agriculture impossible during the Pleistocene but mandatory during the Holocene? A climate change hypothesis. *American Antiquity* 66 : 387-411.

p. 196 7,300년 전 멕시코에서는 옥수수가, : Pohl, M.E.D. et al. 2007. Microfossil evidence for pre-Columbian maize dispersals in the neotropics from San Andrés, Tabasco, Mexico. *PNAS* 104 : 11874-81.

p. 196 6,900년 전 뉴기니에서는 타로토란과 바나나가, : Denham, T.P., et al. 2003. Origins of agriculture at Kuk Swamp in the Highlands of New Guinea. *Science* 301 : 189-93.

p. 196 농업의 이러한 동시 발생은 놀랄 만한 일이다. : 최근의 학문적 성과 덕분에 이 같은 동시 발생은 더욱더 놀라운 일이 됐다. 최근까지도 사람들은 페루, 멕시코, 뉴기니에서 농업이 발생한 것은 훨씬 더 늦은 시기였다고 믿었다.

p. 196 "농업은 빙하시대에는 불가능했지만 충적세에는 필수적" 이었다. : Richerson, P.J., Boyd, R. and Bettinger, R.L. 2001. Was agriculture impossible during the Pleistocene but mandatory during the Holocene? A climate change hypothesis. *American Antiquity* 66(3) : 387-411. 마지막 빙하시대 말기에 농업이 갑자기 출현한 것과 모든 빙하시대의 어머니격인 '눈덩이 지구' 시대가 끝난 뒤 다세포 생물이 갑자기 출현한 것 사이에는 매혹적인 유사성이 있다. 7억 9천만 년 전에서 6억 3천만 년 전의 '눈덩이 지구' 시대에는 때때로 적도 지방조차 두터운 얼음층에 깔려 있었다. 이 시대와 관련해 기발한 주장이 하나 있다. "당시 박테리아 난민들은 추위에 떨며 고립된 소집단으로 모여 있었다. 여기서 근친교배를 너무나 많이 하다 보니 단세포들이 뭉쳐 '몸체'를 이루고 번식은 전문적인 생식세포에게 위임했다." 다음을 보라. Boyle, R.A., Lenton, T.M., Williams, H.T.p. 2007. Neoproterozoic 'snowball Earth' glaciations and the evolution of altruism. *Geobiology* 5 : 337-49.

p. 196 오늘날의 호주가 빙하시대의 변덕스러운 세상과 아직도 약간 비슷해 보이는 것은 우연이 아니다. : Lourandos, H. 1997. *Continent of Hunter-Gatherers.* Cambridge University Press.

p. 197 최초의 농업 정착지들과 관련해 흥미로운 점 가운데 하나는, 이들 지역이 교역 타운이기도 했던 것으로 보인다는 것이다. : Sherratt, A. 2005. The origins of farming in South-West Asia. ArchAtlas, January 2008, edition 3, http://www.archatlas.org/OriginsFarming/Farming.php, accessed 30 January 2008.

p. 198 1960년대 제인 제이콥스가 출간한 《도시의 경제》를 보자. : Jacobs, J. 1969. *The Economy of Cities.* Random House.

p. 198 그리스에서는 약 9천 년 전 농부들이 갑자기 극적으로 출현했다. : Perles, C. 2001. *The Early Neolithic in Greece.* Cambridge University Press.

p. 199 유전자 증거가 그렇게 말한다. : Cavalli-Sforza, L.L. and Cavalli-Sforza, E. C. 1995. *The Great Human Diasporas : the History of Diversity.* Addison-Wesley.

p. 200 흑해 피난민의 후손 중 또 다른 일부는 오늘날 우크라이나 평원에 해당하는 지역까지 진출했다. : Fagan, B. 2004. *The Long Summer*. Granta.

p. 200 신체의 착색을 결정하는 OCA2 유전자의 DNA 염기서열에 돌연변이가 일어나 A(아데닌)가 들어갈 자리에 G(구아닌)가 들어간 것 : Eiberg H. et al. 2008. 인간의 파란 눈은 HERC2 유전자 내의 조절 인자에 개척자 돌연변이가 일어난 데 원인이 있을 수 있다. 이 돌연변이가 OCA2 유전자의 발현을 억제하는 데 완벽하게 관여하게 되었을 것이라는 말이다. : *Human Genetics* 123 : 177-87.

p. 201 화재 때문에 방출된 이산화탄소는 심지어 6,000년 전의 온난한 기후를 최고조로 따뜻하게 만들었을지도 모른다. : Ruddiman, W.F. and Ellis, E.C. 2009. Effect of per-capita land use changes on Holocene forest clearance and CO_2 emissions. *Quaternary Science Reviews*. (doi : 10.1016/j.quascirev.2009.05.022).

p. 202 8,000년 전 시리아와 터키 국경 지대에 살던 할라프 족이 사용한 인장 : http://www.tell-halaf-projekt.de/de/tellhalaf/tellhalaf.htm.

p. 202 하임 오펙은 이렇게 기술했다. : Ofek, H. 2001. *Second Nature : Economic Origins of Human Evolution*. Cambridge University Press.

p. 203 두 이론가의 말을 빌리면 이렇다. : Richerson, P.J. and Boyd, R. 2007. The evolution of free-enterprise values. In Zak, p. (ed.) 2008. *Moral* Markets Princeton University Press.

p. 203 슈퍼리어 호 부근의 순수 구리광상을 아주 초기에 채굴한 사람들 : Pledger, T. 2003. A brief introduction to the Old Copper Complex of the Western Great Lakes : 4000-1000 bc. In *Proceedings of the Twenty-seventh Annual Meeting of the Forest History Association of Wisconsin, Inc*. Oconto, Wisconsin, 5 October 2002, pp. 10-18. 또한 다음을 보라. http://www.uwfox.uwc.edu/academics/depts/tpleger/oldcopper.html.

p. 204 미터버그의 광부들은 다뉴브 평야의 농부들보다 : Shennan, S.J. 1999. Cost, benefit and value in the organization of early European copper production. *Antiquity* 73 : 352-63.

p. 205 오늘날 산업화하지 않은 전통적인 사회에 사는 사람들의 전형적인 행태는 어떨까? 스스로의 생산물 중 3분의 1 내지 3분의 2를 소비하고 나머지는 다른 물품들과 교환한다는 게 대략적인 추정이다. : Davis, J. 1992. *Exchange*. Open University Press.

p. 205 자신이 생산한 식량을 자신이 먹는 것은 1인당 연간 약 300킬로그램까지다. : Clark, C. 1970. *Starvation or Plenty?* Secker and Warburg.

p. 206 스티븐 셰년은 이를 다음과 같이 풍자했다. : Shennan, S.J. 1999. Cost, benefit and value in the organization of early European copper production. *Antiquity* 73 : 352-63.

p. 206 남태평양의 '쿨라' 시스템으로,: Davis, J. 1992. Exchange. Open University Press.

p. 208 '인류 역사상 아마도 최악의 실수': Diamond, J. 1987. The worst mistake in the history of the human race? *Discover*, May : 64-6.

p. 210 일부다처제는 가난한 여성들이 가난한 남성들보다 번영에 더 많이 참여할 수 있게 만들어준다. : Shennan, S. 2002. *Genes, Memes and Human History*. Thames & Hudson.

p. 211 티에라 델 푸에고 제도의 남편들이 저지른 행태를 보라. 이들은 수영을 할 줄 모른다. 아내들은 바다의 켈프 채취장으로 카누를 몰고 가서 닻을 내린 뒤 눈보라 속을 헤엄쳐서 해변으로 돌아온다. 아내가 이 모든 일을 하는 동안 남편들은 두 손 놓고 있다. : Bridges, E.L. 1951. *The Uttermost Part of the Earth*. Hodder & Stoughton.

p. 211 어떤 해설가는 이에 대해 다음과 같이 표현했다. : Wood, J.W. et al. 1998. A theory of preindustrial population dynamics : demography, economy, and well-being in Malthusian systems. *Current Anthropology* 39 : 99-135.

p. 212 고고학자 스티븐 르블랑은 말한다. 고대에 폭력이 일상적으로 저질러졌다는 증거들이 : LeBlanc, S.A. and Register, K. 2003. *Constant Battles : Why We Fight*. St Martin's Griffin.

p. 212 독일 메르츠바흐 계곡의 경우를 보자. : Shennan, S. 2002. *Genes, Memes and Human History*. Thames & Hudson.

p. 212 기원전 4900년경 독일 남서부 탈하임에서는 : Bentley, R.A., Wahl, J., Price T.D. and Atkinson, T.C. 2008. Isotopic signatures and hereditary traits : snapshot of a Neolithic community in Germany. *Antiquity* 82 : 290-304.

p. 213 폴 시브라이트는 다음과 같이 썼다. : Seabright, p. 2008. *Warfare and the Multiple Adoption of Agriculture after the Last Ice Age*, IDEI Working Paper no. 522, April 2008.

p. 213 1609년 북아메리카 원주민 휴런 족이 모호크 족을 습격해 승리를 거둘 때 동행했던(스스로 화승총을 들고 한몫 거들었다) 사뮈엘 샹플랭이 목격한 참상을 보자. : Brook, T. 2008. *Vermeer's Hat*. Profile Books.

p. 215 저명한 화학자 겸 물리학자 윌리엄 크룩스 경은 영국 화학협회 회장 취임식에서 이와 유사한 한탄을 길게 늘어놓았다. : Crookes, W. 1898. *The Wheat Problem*. Reissued by Ayers 1976.

p. 216 프리츠 하버와 카를 보슈 : Smil, V. 2001. *Enriching the Earth*. MIT Press.

p. 216 1920년까지도 미국 중서부의 우수한 농업용지 300만 에이커 이상이 경작되지 않은 채 방치되었다. : Clark, C. 1970. *Starvation or Plenty?* Secker and Warburg.

p. 218 멕시코에서 일하는 과학자 노먼 볼로그 : Easterbrook, G. 1997. Forgotten benefactor of humanity. *The Atlantic Monthly*.

p. 219 1968년 멕시코산 씨앗을 대량으로 수입한 뒤 양국의 밀 수확량은 엄청나게 늘었다. : Hesser, L. 2006. The Man Who Fed the World. Durban House. Borlaug, N.E. 2000을 보라. Ending world hunger : the promise of biotechnology and the threat of antiscience zealotry. *Plant Physiology* 124 : 487-90. 저자와의 인터뷰는 N. Borlaug 2004에 있다.

p. 221 집약농업 덕분에 육지의 44퍼센트가 야생 상태로 보존될 수 있었다. : Goklany I. 2001. Agriculture and the environment : the pros and cons of modern farming. *PERC Reports* 19 : 12-14.

p. 221 다음과 같이 주장하는 사람들도 있다. "인류는 지구의 1차생산물을 자기 마음대로 쓰고 있다. 이미 지속 가능한 수준을 넘어섰다." : 세계 야생 생물 기금의 추정에 따르면 인류는 지구 자원을 이미 과도하게 끌어썼다. 하지만 이 같은 결론이 도출될 수 있는 이유는 한 가지뿐이다. 1인당 탄소 배출량을 상쇄하기 위해 신규로 나무를 심어야 할 방대한 면적을 포함시켜서 계산했기 때문이다.

p. 221 HANPP(human appropriation of net primary productivity, 지구 순 1차생산력의 인류 독점) : Haberl, H. et al. 2007. Quantifying and mapping the human appropriation of net primary production in earth's terrestrial ecosystems. Proceedings of the National Academy of Sciences 104 : 12942-7.

p. 222 "이 같은 조사 결과가 시사하는 바는, 지구 전체로 볼 때 반드시 HANPP를 늘리지 않고도 농업 산출량을 증대시킬 상당한 잠재력이 있을 수 있다"는 것이다. : Haberl, H. et al. 2007. Quantifying and mapping the human appropriation of net primary production in earth's terrestrial ecosystems. Proceedings of the National Academy of Sciences 104 : 12942-7.

p. 223 심지어 소와 돼지, 병아리를 축사나 닭장에 가둬 키우는 것도 : Hudson Institute의 Dennis Avery가 여기에 관해 쓴 내용은 다음을 보라. http://www.hudson.org/index.cfm?fuseaction=publication_details&id=3988.

p. 224 콜린 클라크가 계산한 내용에 따르면, 한 사람을 지탱하는 데 필요한 토지 면적은 이론상 27제곱미터면 족하다. : Clark, C. 1963. Agricultural productivity in relation to population. In *Man and His Future*, CIBA Foundation; also Clark, C. 1970. *Starvation* or Plenty?* Secker and Warburg.

p. 224 인류는 약 5억 헥타르의 토지에서 쌀, 밀, 옥수수 약 20억 톤을 생산했다. : 통계 출처는 FAO : www.faostat.fao.org.

p. 225 300억 에이커의 추가 목초지에서 추가로 70억 마리의 가축이 풀을 뜯는다는 뜻이 된다. : Smil, V. 2001. *Enriching the Earth*. MIT Press. 또한 다음을 보라. http://www.heartland.org/policybot/results/22792/Greenpeace_Farming_Plan_Would_Reap_Environmental_Havoc_around_the_ World.html : Dennis Avery가 Vaclav Smil에게 이런 계산을 해줄 것을 요청했다.

p. 226 레스터 브라운은 다음과 같이 지적한다. "인도는 지하 대수층과 갠지스 강에 크게 의존해 농작물에 물을 대고 있다." : Brown, L. 2008. *Plan B 3.0 : Mobilizing to Save Civilisation*. Earth Policy Institute.

p. 226 일단 시장에서 적절한 가격이 매겨지면 물을 아껴쓰게 될 뿐 아니라, : Morriss, A. p. 2006. Real people, real resources and real choices : the case for market valuation of water. *Texas Tech Law Review* 38.

p. 227 내가 맡은 라디오 프로그램에서 교수 한 명과 요리사 한 명이 함께 제안한 내용이 있다. : 교수는 Tim Lang, 요리사는 Gordon Ramsey. 지속 가능 개발 위원회의 멤버인 Lang은 2008년 3월 4일 BBC 방송의 Today 프로그램에서 질문했다. "우리는 왜 다른 사람들에게 식량을 사고 있는가? 개발도상국 사람들을 먹여살리는 데 쓰여야 할 식량인데 말이다." 2008년 3월 9일 Gordon Ramsey는 다음과 같이 말했다. "나는 12월 중순에 식당 메뉴에 아스파라거스가 올라 있는 것을 보고 싶지 않다. 3월 중순에 케냐산 딸기를 보고 싶지도 않다. 나는 이런 것들이 가정에서 재배되는 것을 보고 싶다." ('Ramsey orders seasonal-only menu'를 보라. http://news.bbc.co.uk/1/hi/uk/7390959.stm.) 방출량 중대는 별도로 하고, 만일 이런 제안들이 실행된다면 영국인의 식단이 얼마나 끔찍하게 단조로울 것인가를 상상해보라. 커피도 홍차도, 바나나도 망고도, 쌀도 카레가루도 없을 것이다. 딸기는 6~7월에만 있을 뿐이고 겨울에는 상추도 없을 것이다. 감자만 끔찍하게 많이 먹게 될 것이다. 부자들은 온실에 난방을 넣고 오렌지나무를 키우든지, 외국으로 여행가 짐 속에 파파야를 밀수해올 터이다. 고기는 Lang 교수와 그의 부유한 동료들이나 먹을 수 있는 사치품이 될 것이다. 양을 키우는 데 필요한 면적은 동일한 칼로리의 빵을 만들 밀을 재배하는 데 필요한 면적의 열 배에 이르기 때문이다. 영국에는 콤바인 공장이 없다. 그래서 우리가 외국으로부터 밀가루가 아니라 콤바인을 위선적으로 수입하는 것을 교수가 바라지 않는다면, 모든 국민이 8월에 낫을 들고 교대로 들판에 나가야 할 것이다. 이런 단순한 불편들이야 교수가 법률과 식량 정책을 통해 정리할 수 있을 것이다. 하지만 진짜 문제는 다른 데, 즉 개발도상국에서 생긴다.

편리하게도 이 문제는 교수의 눈에 보이지 않는다. 커피, 홍차, 바나나, 망고, 쌀, 강황을 키우는 농부들이 고통을 받을 것이다. 환금 작물 재배를 중단하고 자급자족에 좀더 가까이 가야 할 터이다. 이게 좋은 일로 들릴지 모른다. 하지만 자급자족이란 바로 빈곤이라는 단어의 정의다. 환금 작물을 팔 수 없게 되면, 이 사람들은 자기들이 재배한 것을 먹어야 할 수밖에 없다. 북반구에 사는 우리가 감자와 빵을 우걱우걱 먹듯이, 적도 지방에 사는 그들은 망고와 강황을 끝없이 먹는 데 진짜 물릴 것이다. 우리가 망고를, 그들이 빵을 먹을 수 있는 것은 현금경제 체제 덕분이다. 하느님 감사합니다.

p. 228 경작할 토지 면적은 또다시 풍선처럼 팽창할 것이다. : 이를 학문적으로 표현하면 다음과 같다. "연간 바이오에너지를 이런 수준까지 얻으려면 4~7PgC/yr을 추가로 수확해야 한다. 그러려면 현재의 바이오매스 수확량을 거의 두 배로 늘려야 한다. 이는 생태계에 막대한 부담을 추가로 지우게 될 터이다. Haberl, H. et al. 2007. Quantifying and mapping the human appropriation of net primary production in earth's terrestrial ecosystems. *Proceedings of the National Academy of Sciences* 104 : 12942-7.

p. 228 오늘날 1인당 필요 면적은 1,000제곱미터 남짓, 10분의 1헥타르 : Smil, V. 2000. *Feeding the World*. MIT Press.

p. 229 유기농업은 소출이 적다. 당신이 좋아하든 그렇지 않든 말이다. : Avery, A. 2006. *The Truth about Organic Foods*. Henderson Communications. 다음도 참조. Goulding, K.W.T. and Trewavas, A.J. 2009. Can organic feed the world? AgBioview Special Paper 23 June 2009. http://www.agbioworld.org/newsletter_wm/index.php?caseid=archive&newsid=2894.

p. 229 이런 방법을 쓰면 특정한 좁은 면적에서는 유기농법의 소출이 비#유기농법에 필적할 수 있다. 하지만 이를 위해서는 콩과 식물을 키우고 소를 먹일 추가 토지가 반드시 필요하다. : 최근의 한 연구는 유기농법이 전통적 농법보다 소출이 높을 수 있다고 주장했다(http://www.ns.umich.edu/htdocs/releases/story.php?id=5936). 하지만 이는 통계를 극도로 작위적이고 왜곡되게 오용한 결과일 뿐이다. (다음을 보라. http://www.cgfi.org/2007/09/06/organic-abundance-report-fatally-flawed/).

p. 230 캘리포니아에서 합성비료나 살충제를 사용하지 않고 유기 재배한 양상추 450그램에는 80칼로리가 들어 있다. 이것이 도시 레스토랑의 식탁에 오르기까지 소모되는 화석연료는 4,600칼로리다. : Pollan, M. 2006 *The Omnivore's Dilemma : the Search for the Perfect Meal in a Fast Food World*. Bloomsbury.

p. 230 유기농업에 경쟁력과 효율성을 제공하는 기술이 나타났을 때 유기농 운동은 즉각 이를 거부했다. : Ronald, p. and Adamchak, R.W. 2008. *Tomorrow's Table : Organic*

Farming, Genetics and the Future of Food. Oxford University Press.

p. 232 소출은 거의 두 배로 늘었으며 살충제 사용량은 절반으로 줄었다. : ISAAA 2009. *The Dawn of a New Era : Biotech Crops in India.* ISAAA Brief 39, 2009 : http://www.isaaa.org/resources/publications/downloads/The - Dawn-of-a-New-Era.pdf.

p. 232 살충제 사용량은 최대 80퍼센트까지 줄었으며 : Marvier M., McCreedy, C., Regetz, J. and Kareiva, p. 2007. A meta-analysis of effects of Bt cotton and maize on nontarget invertebrates. *Science* 316 : 1475-7; also Wu, K.-M. et al. 2008. Suppression of cotton bollworm in multiple crops in China in areas with Bt Toxin-containing cotton. *Science* 321 : 1676-8 (doi : 10.1126/science.1160550).

p. 232 유기농 운동 지도자들은 합성 살충제의 사용을 크게 줄여준 신기술의 수용을 고집스럽게 거부했다. : Ronald, P.C. and Adamchak, R.W. 2008. *Tomorrow's Table : Genetics, and the Future of Food.* Oxford University Press.

p. 232 유전자 조작 덕분에 사용되지 않은 살충제의 유효 성분이 2억여 킬로그램에 달하며. : Miller, J. K. and Bradford, K. J. 2009. The pipeline of transgenic traits in specialty crops. Unpublished paper, Kent Bradford.

p. 232 미국 미주리 주의 농부 블레이크 허스트가 쓴 글 : Hurst, B. 2009. The omnivore's delusion : against the agri-intellectuals. *The American*, journal of the American Enterprise Institute. 30 July 2009.
http://www.american.com/archive/2009/july/the-omnivore2019s-delusion-against-the-agri-intellectuals.

p. 233 《침묵의 봄》: Carson, R. 1962. *Silent Spring.* Houghton Mifflin.

p. 234 이는 이들 품종의 씨를 뿌리고 수확하려는 최초의 농부들에 의해 우연히 선택된 것이다. : J. 2006. Unfallen grains : how ancient farmers turned weeds into crops. *Science* 312 : 1318-19.

p. 234 이끼와 조류에서 빌려온 DNA 염기서열 : Richardson, A.O. and Palmer, J.D. 2006. Horizontal gene transfer in plants. *Journal of Experimental Botany* 58 : 1-9.

p. 234 뱀의 DNA가 바이러스의 도움을 받아 자연상태에서 게르빌루스 쥐에게 전달되는 것까지 확인되었다. : Piskurek, O. and Okada, N. 2007. Poxviruses as possible vectors for horizontal transfer of retroposons from reptiles to mammals. *PNAS* 29 : 12046-51.

p. 235 농부와 소비자들이 이런 작물을 이용할 길이 막혀 있는 곳은 오직 유럽과 아프리카, 두 대륙의 일부 지역에 불과하다. : Brookes, G. and Barfoot, p. 2007. Global impact of GM crops : socio-economic and environmental effects in the first ten years of commercial use. *AgBioForum* 9 : 139-51.

p. 235 스튜어트 브랜드는 이를 "굶주림에 대한 이들의 습관적 무관심"이라고 표현했다. : Brand, S. 2009. *Whole Earth Discipline*. Penguin.

p. 235 로버트 팔버그는 "유럽인들은 최고의 부자 취향을 가장 가난한 사람들에게 강요하고 있다"고 썼다. : Paarlberg, R. 2008. *Starved for Science*. Harvard University Press.

p. 236 잉고 포트리쿠스는 "모든 유전자 조작 식품을 일괄적으로 반대하는 것은 오직 배부른 서구인들만이 누릴 수 있는 사치"라고 생각했다. : trykus, I. 2006. Economic Times of India, 26 December 2005. Reprinted at http://www.fighting diseases.org/main/articles.php?articles_id=568.

p. 236 케냐 과학자인 플로렌스 왐부구는 이렇게 표현했다. : 다음에서 인용. Brand, S. 2009. *Whole Earth Discipline*. Penguin.

p. 236 아프리카의 1인당 식량 생산량은 지난 35년간 20퍼센트 떨어졌다. : Collier, p. 2008. The politics of hunger : how illusion and greed fan the food crisis. *Foreign Affairs* November/December 2008.

p. 237 2010년 케냐에서 가뭄과 해충에 저항성을 지닌 옥수수 품종의 현장 재배 실험이 시작된다. : Muthaka, B. 2009. GM maize for local trials. *Daily Nation* (Nairobi), 17 June 2009.

p. 238 예컨대 식물 기름과 많은 양의 붉은살코기를 먹는 현대의 식사에는 오메가3 지방산이 부족하다. : Morris, C.E. and Sands, D. 2006. The breeder's dilemma : resolving the natural conflict between crop production and human nutrition. *Nature Biotechnology* 24 : 1078-80.

p. 239 인도의 운동가 반다나 시바 : 다음에서 인용. Avery, D.T. 2000. What do environ- mentalists have against golden rice? Center for Global Food Issues, http://www. cgfi.org/materials/articles/2000/mar_7_00.htm. See also www.goldenrice.org for more of the shocking story of opposition to this humanitarian project.

5. 도시의 승리 _ 5천 년 전 이후의 교역

p. 242 수입은 크리스마스 아침이다. 수출은 1월 마스터카드 청구서다. : O'Rourke, P.J. 2007. *On The Wealth of Nations*, Atlantic Monthly Press.

p. 242 수인성 질병으로 인한 미국인 사망률 도표 : Goklany, I. 2009. *Electronic Journal of*

Sustainable Development. www.ejsd.org.

p. 243 오늘날 단 한 사람이 운전하는 콤바인은 빵 50만 개를 만들 수 있는 밀을 하루에 거둬들인다. : 빵 한 덩어리에 밀가루 0.5킬로그램, 1에이커당 밀 3,500킬로그램, 하루 80에이커=하루 빵 56만 개. 이 수치는 내 소유의 농장에서 사람들이 실제로 하는 일에서 도출된 것이다.

p. 244 독특한 우바이드 양식의 도기, 찰흙 낫, 가옥 디자인 : Stein, G.J. and Ozbal, R. 2006. A tale of two Oikumenai : variation in the expansionary dynamics of 'Ubaid' and Uruk Mesopotamia. Pp. 356-70 in Stone, E. C. (ed.) *Settlement and Society : Ecology, Urbanism, Trade and Technology in Mesopotamia and Beyond* (Robert McC. Adams Festschrift). Los Angeles, Cotsen Institute of Archaeology.

p. 245 고고학자 길 스타인의 표현이다. : Stein, G.J. and Ozbal, R. 2006. A tale of two Oikumenai : variation in the expansionary dynamics of 'Ubaid' and Uruk Mesopotamia. Pp. 356-70 in : Stone, E. C. (ed.) *Settlement and Society : Ecology, Urbanism, Trade and Technology in Mesopotamia and Beyond* (Robert McC. Adams Festschrift). Los Angeles, Cotsen Institute of Archaeology.

p. 246 점토판들이 전하는 메시지는, 문명의 여러 장치가 생기기 훨씬 전에 시장이 생겼다는 것이다. : Basu, S., Dickhaut, J.W., Hecht, G., Towry, K.L. and Waymire, G.B. 2007. Recordkeeping alters economic history by promoting reciprocity. *PNAS* 106 : 1009-14.

p. 247 상인과 장인이 부를 만들어낸다. 족장과 사제와 도둑들이 이를 탕진한다. : 우연히도, 내가 받은 교육에서는 두 이야기가 완전히 군림하고 있었다. 지금 떠올려보니 이상한 일이다. 그것은 성경 이야기와 로마 이야기다. 둘 다 역사상 실패 사례였다. 하나는 폭력적이며 편견이 상당히 심한, 이해하기 어려운 부족과 그 부족이 나중에 갖게 된 광신적 종교 이야기다. 이 부족은 둘러앉아 자신들의 신학적 배꼽을 뚫어지게 바라보는 일을 몇천 년간 계속 하고 있었다. 자신의 멋진 이웃들이 별별 것을 다 발명하는 동안 말이다. 그동안 페니키아인은 해상 문명을, 블레셋인들은 철을, 가나안인은 알파벳을, 리디아인은 금속 화폐를, 그리스인은 기하학을 발명했다. 또 다른 하나는 야만적으로 폭력적인 사람들에 대한 이야기다. 이들은 제국을 만들었다. 상업적 마인드를 가진 이웃들에 대한 약탈을 제도화한 제국 중 하나다. 500년간 존속하면서 발명한 것은 실질적으로 전무했다. 그리고 시민들의 생활수준을 실질적으로 악화시키는 업적을 달성했다. 제국이 멸망할 즈음에는 거의 모든 사람이 문맹이었다. 내 이야기는 과장되었다. 하지만 역사에는 예수 그리스도나 율리우스 카이사르보다 흥미로운 인물이 많다.

p. 248 수렵채집인이나 유목민들과 달리 제자리에 머물러 살아야 하는 농부들은 세금이

부과됐을 때 고스란히 내는 수밖에 없다. : Carneiro, R.L. 1970. A theory of the origin of the state. *Science* 169 : 733-8.

p. 248 현대 역사가 두 사람의 표현이다. : Moore, K. and Lewis, D. 2000. *Foundations of Corporate Empire*. Financial Times/Prentice Hall.

p. 249 모티머 휠러 경은 자서전에서 다음과 같이 썼다. : 다음에서 인용. Sally Greene in 1981, introduction to illustrated edition of *Man Makes Himself*. Childe, V. Gordon. 1956. Pitman Publishing.

p. 249 고고학자 셰린 라트나가르의 결론 : Ratnagar, S. 2004. *Trading Encounters : From the Euphrates to the Indus in the Bronze Age*. Oxford University Press India.

p. 249 인더스 도시들의 막대한 부가 교역으로 창출된 것이라는 데는 의심의 여지가 거의 없다. : Possehl, G.L. 2002. *The Indus Civilization : A Contemporary Perspective*. Rowman AltaMira.

p. 250 소위 노르테 치코 문명이라 불리는 도시들도 있다. : Haas, J. and Creamer, W. 2006. Crucible of Andean civilization : The Peruvian coast from 3000 to 1800 bc. *Current Anthropology* 47 : 745-75.

p. 251 교역 증대가 먼저 일어났다. : 여기서 중국의 사례를 다루지 않은 것은 한 가지 단순한 이유 때문이다. 중국에서 핵심 시기인 룽산 문화에 대해 알려진 것이 너무 적기 때문이다. 특히 교역이 어느 정도 성행했는지에 관해서 말이다.

p. 253 물품 가격은 은 본위로 매겨져 자유로이 오르내렸다. : Aubet, M.E. 2001. *The Phoenicians and the West*. 2nd edition. Cambridge University Press.

p. 253 고위 사제를 나타내는 우루크 단어는 회계사를 뜻하는 단어와 동일하다. : Childe, V.G. 1956/1981. *Man Makes Himself*. Moonraker Press.

p. 253 아슈르에서 온 상인들은 아나톨리아의 독립 국가들에 있는 카룸이라는 특별 교역 구역에서 : Moore, K. and Lewis, D. 2000. *Foundations of Corporate Empire*. Pearson.

p. 254 이윤은 주석의 경우 100퍼센트, 직물의 경우 200퍼센트 : Chanda, N. 2007. *Bound Together : How Traders, Preachers, Adventurers and Warriors Shaped Globalisation*. Yale University Press.

p. 254 상인들의 교역 품목이 주로 구리와 양모였던 것은 아시리아에 필요한 물품이라서가 아니다. 교역은 금과 은을 더 많이 버는 수단이었기 때문이다. : Aubet, M.E. 2001. *The Phoenicians and the West*. 2nd edition. Cambridge University Press.

p. 255 페니키아인들의 또 다른 발명인, 노 젓는 곳이 상하 2단으로 된 갤리선 : Holst, S. 2006. *Phoenicians : Lebanon's Epic Heritage*. Sierra Sunrise Publishing.

p. 258   호메로스는 《일리아드》와 《오디세이》 모두에서 페니키아의 교역자들에게 내내 가차 없는 반감을 드러내면서, : Aubet, M.E. 2001. *The Phoenicians and the West*. 2nd edition. Cambridge University Press.

p. 258   티레의 무역상들은 기원전 750년경 카디즈(오늘날의 가디르)를 건설했다. : Aubet, M.E. 2001. *The Phoenicians and the West*. 2nd edition. Cambridge University Press.

p. 259   17세기 캐나다 몬태나의 덫 사냥꾼이 프랑스 선교사에게 한 말이다. : Brook, T. 2008. *Vermeer's Hat*. Profile Books.

p. 259   1767년 타이티에 기착한 영국 군함의 선원들은 20페니짜리 쇠 못 한 개면 여자와 한 번 잘 수 있다는 것을 알게 되었다. : Bolyanatz, A. H. 2004. *Pacific Romanticism : Tahiti and the European Imagination*. Greenwood Publishing Group.

p. 261   데이비드 흄이 처음 제시했다. : 이 논의는 David Hume의 *History of Great Britain*에까지 거슬러 올라간다. 최근에는 Douglass North가 이 문제를 추적했다.

p. 261   밀레투스는 이오니아 지방에서 가장 성공한 그리스 도시였다. 네 갈래의 교역로가 교차하는 길목에 '부풀어오른 거미'처럼 자리 잡고 있었다. : Cunliffe, B. 2001. *The Extraordinary Voyage of Pytheas the Greek*. Penguin.

p. 264   "지난 1만 년간 인류가 치러온 위대한 전투는 독점에 대항하는 전투였다." : Kealey, T. 2008. *Sex, Science and Profits*. Random House.

p. 264   인도 마우리아 제국 : Khanna, V. S. 2005. *The Economic History of the Corporate Form in Ancient India* (1 November 2005). Social Sciences Research Network.

p. 265   당시 의심할 여지 없는 경제 초강대국 : Maddison, A. 2006. *The World Economy*. OECD Publishing.

p. 266   토머스 카니는 이렇게 썼다. : Carney, T.F. 1975. *The Shape of the Past*. Coronado Press.

p. 266   오스티아는 오늘날의 홍콩만큼이나 확실한 무역도시였고, : Moore, K. and Lewis, D. 2000. *Foundations of Corporate Empire*. Pearson.

p. 266   로마가 계속 번영한 것은 인도를 '발견' 한 덕분인지도 모른다. 적어도 부분적으로는 말이다. : Chanda, N. 2007. *Bound Together : How Traders, Preachers, Adventurers and Warriors Shaped Globalisation*. Yale University Press.

p. 270   8세기 카롤링거 왕조의 프랑크 왕국은 수공업 제품과 곡물의 역내 거래가 완만하게 되살아나면서 사납게 팽창하기 시작했다. : Kohn, M. 2008. *How and why economies develop and grow : lessons from preindustrial Europe and China*. Unpublished manuscript.

p. 271 서기 826년, 인도네시아 벨리퉁에서 침몰한 아랍 범선 : Flecker, M. 2001.
A 9th-century Arab or Indian shipwreck in Indonesian waters. *International Journal of Nautical Archaeology.* 29 : 199-217.

p. 271 사제들이 강력한 권력을 쥐자, : Norberg, J. 2006. *When Man Created the World.* 스웨덴어로는 다음과 같은 제목으로 출간됐다. *När människan skapade världen.* Timbro.

p. 272 마그레브 무역상은 계약의 의무적 이행, 투표에 의한 추방이라는 제재 등을 담은 상거래 규약을 발전시키기 시작했다. : Greif, A. 2006. *Institutions and the Path to the Modern Economy : Lessons from Medieval Trade.* Cambridge University Press.

p. 273 북아프리카에 거주하는 피사 무역상 피보나치 : Ferguson, N. 2008. *The Ascent of Money.* Allen Lane.

p. 273 제노바와 북아프리카 간의 무역은 1161년 상인보호 협정이 체결된 후 두 배로 늘었다. : Chanda, N. 2007. *Bound Together : How Traders, Preachers, Adventurers and Warriors Shaped Globalisation.* Yale University Press.

p. 274 1500년이 되자 이탈리아의 1인당 GDP는 유럽 평균보다 60퍼센트 높아졌다. : Maddison, A. 2006. *The World Economy.* OECD Publishing.

p. 274 비교적 최근인 1600년을 보자. 이때만 해도 유럽과 아시아 간의 무역량은 미미했다(수송비용 때문에 향료 같은 사치품에 집중됐다). 액수로 볼 때 유럽 역내 가축 교역량의 절반에 불과했다. : Kohn, M. 2008. How and why economies develop and grow : lessons from preindustrial Europe and China. Unpublished manuscript.

p. 276 앵거스 매디슨의 추정에 따르면, : Maddison, A. 2006. *The World Economy.* OECD Publishing.

p. 276 현대 중국의 역설적인 측면은 권위주의적일 법한 중앙정부의 힘이 약하다는 사실이다. : Fukuyama, F. 2008. *Los Angeles Times,* 29 April 2008.

p. 276 우산, 성냥, 칫솔, 놀이용 카드뿐 아니라 한 번에 여러 가닥의 면사를 잣는 다축 물레, 수력식 기계 해머도 만들었다. : Baumol, W. 2002. *The Free-market Innovation Machine.* Princeton University Press.

p. 277 흑사병 : Durand, J. 1960. The population statistics of China, A.D. 2-1953. *Population Studies* 13 : 209-56.

p. 277 농노제가 사실상 복구됐다. : Findlay, R. and O'Rourke, K.H. 2007. *Power and Plenty : Trade, War and the World Economy.* Princeton University Press.

p. 278 중세 지리학자 이븐 할둔이었고, 이를 따라 근래에 페테르 투르친도 같은 주장을 폈다.

: Turchin, p. 2003. *Historical Dynamics*, Princeton University Press.

p. 278 머리가 좋은 사람들 대부분은 아직도 정부에게 더 많은 기관을 직영하라고 요구한다. : 이는 2008년의 금융 위기에도 역시 해당된다는 점을 주목하라. 정부가 주택 정책, 이자율, 환율을 잘못 운영하는 데 따른 책임은 대기업이 위험을 잘못 관리하는 데 따른 책임에 못지않게 크다. Northcote Parkinson, Mancur Olson, Gordon Tullock and Deepak Lal의 글을 보라. 많은 사람이 기업은 불완전하다고(사실이다) 상정하면서 정부기관은 완전할 거라고 상정하지만 그렇지 않다. 이는 내가 볼 때 이상한 현상이다.

p. 279 명나라 황제들은 제조업과 무역의 많은 부분을 국유화해 소금, 철, 차, 알코올, 대외 무역, 교육에 대해 전매청 또는 독점기관을 만들었다. : Landes, D. 1998. *The Wealth and Poverty of Nations*. Little, Brown.

p. 279 에티엔 발라즈가 묘사한 : Balazs, E. 다음에서 인용. Landes, D. 1998. *The Wealth and Poverty of Nations*. Little, Brown.

p. 279 초대황제인 홍무제의 행태 : Brook, T. 1998. *The Confusions of Pleasure : Commerce and Culture in Ming China*. University of California Press.

p. 280 은을 가득 실은 스페인의 대형 갈레온선 : Brook, T. 2008. *Vermeer's Hat*. Profile Books.

p. 281 락탄티우스는 말했다. : 다음에서 인용 : Harper, F.A. 1955. Roots of economic understanding. *The Freeman* vol. 5, issue 11. http://www.thefreeman online.org/columns/roots-of-economic-understanding.

p. 282 문제의 인물인 요한 프리드리히 뵈트거 : Gleason, J. 1998. *The Arcanum*. Bantam Press.

p. 282 가장 크게 혜택을 본 것은 네덜란드인들로, 이들은 1670년에 이르자 유럽의 국제무역을 지배했다. 황제도 없고 내부에서 더욱 쪼개진 덕을 보았다. 이들의 상선단 규모는 프랑스, 잉글랜드, 스코틀랜드, 신성로마제국, 스페인, 포르투갈의 상선단을 모두 합친 것보다 클 정도였다. : Blanning, T. 2007. *The Pursuit of Glory*. Penguin.

p. 284 라플라타 강 어귀 양쪽은 수출을 위해 쇠고기를 통조림으로 만들고 소금간을 하고 건조시키는 광대한 도축장이 되었다. : Edgerton, D. 2006. *The Shock of the Old : Technology and Global History since 1900*. Profile Books.

p. 285 하지만 20세기에 이르러 제1차 세계대전의 여파로 이웃 나라들을 빈곤에 빠뜨리러 시도하는 국가가 하나둘 늘어나기 시작했다. : Findlay, R. and O'Rourke, K.H. 2007. *Power and Plenty : Trade, War and the World Economy*. Princeton University Press.

p. 286 중국은 20년에 걸쳐 수입관세를 55퍼센트에서 10퍼센트로 내렸다. 이와 같은

개방정책으로 중국은 세계에서 가장 폐쇄된 시장에서 가장 열린 시장으로 바뀌었다. : Lal, D. 2006. *Reviving the Invisible Hand*. Princeton University Press.

p. 286 농업보조금, 그리고 면화, 쌀, 설탕, 기타 여러 상품에 대한 수입관세로 인해 손실한 수출액은 연간 5,000억 달러에 이른다. : Moyo, D. 2009. *Dead Aid*. Allen Lane.

p. 288 포드 매독스 포드가 《런던의 영혼》이라는 소설에서 찬양했듯, : Ford, F.M. 1905. *The Soul of London*. Alston Rivers.

p. 288 수케타 메타는 말한다. : Mehta, S. Dirty, crowded, rich and wonderful. International Herald Tribune, 16 July 2007. Quoted in Williams, A. 2008. *The Enemies of Progress*. Societas.

p. 289 스튜어트 브랜드는 이렇게 쓰고 있다. : Brand, S. 2009. *Whole Earth Discipline*. Penguin.

p. 289 가나의 수도 아크라에서 하루 4달러를 받는 교사 더로이 퀘시 앤드루의 말이다. : Harris, R. 2007. Let's ditch this nostalgia for mud. *Spiked*, 4 December 2007.

p. 290 사람들은 고층 빌딩 안에서 보다 더 밀접하게 접촉하면서 서로 교환하는 것을 선호한다. : Jacobs, J. 2000. *The Nature of Economies*. Random House.

p. 290 에드워드 글레이저의 표현에 따르면, : Glaeser, E. 2009. Green cities, brown suburbs. *City Journal* 19 : http://www.city-journal.org/2009/19_1_green-cities.html.

p. 290 생태학자 폴 에를리히는 1960년대 델리 도심의 끔찍하게 더운 택시 안에서 저녁시간을 보낸 뒤, 평범한 일상에서 비범한 깨달음을 얻는 경험을 했다. : Ehrlich, p. 1968. *The Population Bomb*. Ballantine Books.

6. 맬서스의 함정을 피해 _ 1200년 이후의 인구

p. 294 중대한 질문이 지금 쟁점이 되고 있다. : Malthus, T. R. 1798. *Essay on Population*.

p. 294 세계 인구 증가율 도표 : United Nations Population Division.

p. 296 경제학자 버넌 스미스는 : Smith, V.L. 2008. *Discovery-a Memoir*. Authorhouse.

p. 297 맬서스주의자들이 말하는 위기는 인구 증가의 직접적인 결과로서가 아니라 전문화의 감소 때문에 닥치게 된다. : 이 대목에서 내 입장은 다음 두 주장의 중간에 위치한다. 하나는 역사가 Greg Clark 같은 사람들이 제기한 맬서스주의적인 주장이다. 또 하나는 George Grantham이 제기한 주장이다. 이에 따르면 산업혁명 이전의 경제 체제들은 언제나 더 큰

생산 능력을 갖추고 있었지만 포식을 비롯한 고유 요소들이 이를 방해했다. 예컨대 다음을 보라. : Grantham, G. 2008. Explaining the industrial transition : a non-Malthusian perspective. *European Review of Economic History* 12 : 155-65. 다음도 보라. : Persson, K.-G. 2008. The Malthus delusion. *European Review of Economic History* 12 : 165-73.

p. 297 그레고리 클라크의 표현에 따르면, : Clark, G. 2007. A *Farewell to Alms*. Princeton University Press.

p. 297 로버트 맬서스 : Malthus, T.R. 1798. *Essay on Population*.

p. 297 데이비드 리카도 : Ricardo, D. 1817. *The Principles of Political Economy and Taxation*. (Adam Smith, looking at China, India and Holland, had thought the same.)

p. 299 대머램의 월트서 마을 : Langdon, J. and Masschaele, J. 2006. Commercial activity and population growth in medieval England. *Past and Present* 190 : 35-81.

p. 300 에식스 피어링 지역의 한 제분공 : Langdon, J. and Masschaele, J. 2006. Commercial activity and population growth in medieval England. *Past and Present* 190 : 35-81.

p. 300 굶주림이 실제적 위협으로 떠올랐고, 갑자기 닥쳤다. 1315년과 1317년 여름에 비가 너무 많이 내려 북유럽 전역의 밀 생산량이 절반 이하로 줄었다. : Jordan, W.C. 1996. *The Great Famine : Northern Europe in the Early Fourteenth Century*. Princeton University Press.

p. 301 하지만 리카도나 맬서스 식의 단순한 이론으로는 13세기의 인구 급증이나 14세기의 급감 어느 쪽도 설명할 수 없다. : 다음을 보라. Meir Kohn's book *How and Why Economies Develop and Grow* at www.dartmouth.edu/~mkohn/Papers/lessons%201r3.pdf.

p. 302 도버 성의 풍차제분소 신축 공사장 : Langdon, J. and Masschaele, J. 2006. Commercial activity and population growth in medieval England. *Past and Present* 190 : 35-81.

p. 302 조엘 모키르의 표현에 따르면, : Mokyr, J. 1990. *Lever of Riches*. Oxford University Press.

p. 303 일본인들은 포르투갈의 디자인을 본떠 제작한 조총을 무수히 들고 가 조선을 정복했다. : 다음에 언급돼 있다. : Perrin, N. 1988. *Giving Up the Gun : Japan's Reversion to the Sword*. Grodine.

p. 303 1880년 현지를 여행한 이사벨라 버드 여사는 이렇게 지적했다. : Macfarlane, A. and Harrison, S. 2000. Technological evolution and involution : a preliminary comparison of Europe and Japan. In Ziman, J. (ed.) *Technological Innovation as an Evolutionary*

Process. Cambridge University Press.

p. 304 유럽인들이 동물, 수력, 풍력을 사용한 영역에서 일본인들은 직접 몸으로 때웠다. : Macfarlane, A. and Harrison, S. 2000. Technological evolution and involution : a preliminary comparison of Europe and Japan. In Ziman, J. (ed.) *Technological Innovation as an Evolutionary Process*. Cambridge University Press.

p. 304 일본인들은 심지어 자본집약적인 총도 포기하고 노동집약적인 칼을 썼다. : Perrin, N. 1988. *Giving Up the Gun : Japan's Reversion to the Sword*. Grodine.

p. 305 윌리엄 페티 경 : Petty, W. 1691. Political Arithmetick.

p. 305 애덤 스미스는 반대 의견을 표명했다. : *The Wealth of Nations*, quoted in Blanning, T. 2007. *The Pursuit of Glory*. Penguin.

p. 306 1800년대가 되자 덴마크는 자급자족이라는 스스로의 덫에 걸리고 말았다. : Pomeranz, K. 2000. *The Great Divergence*. Princeton University Press.

p. 307 유언장에서 1,000파운드를 남긴 영국 상인에게는 평균 네 명의 생존 자녀가 있었다. 이에 비해 10파운드를 남긴 노동자에게는 자녀가 평균 두 명밖에 없었다. : Clark, G. 2007. *A Farewell to Alms*. Princeton University Press.

p. 310 존슨은 스스로의 인구 문제 해결을 거부하는 나라들에 대외 원조를 낭비할 생각은 없다고 대답한 것으로 알려졌다. : Epstein, H. 2008. The strange history of birth control. *New York Review of Books*, 18 August 2008.

p. 310 개릿 하딘의 유명한 평론 〈평민들의 비극〉 : Hardin, G. 1968. The tragedy of the commons. *Science* 162 : 1243-8.

p. 310 하딘의 견해는 거의 보편적인 것이었다. : 예외는 Barry Commoner의 주장이다. 그는 1972년 스톡홀름에서 열린 유엔의 인구 관련 회의에서 인구학적 천이 덕분에 인구 성장 문제는 강제 없이도 해결될 것이라고 주장했다.

p. 310 1977년 존 홀드런과 에를리히 부부가 쓴 글을 보자. : Ehrlich, P., Ehrlich, A. and Holdren, J.F. 1977. *Eco-science*. W.H. Freeman.

p. 311 인도 총리(인디라 간디)의 아들인 산자이 간디는 로버트 맥나마라가 이끄는 세계은행의 부추김을 받아 대대적인 캠페인을 벌였다. : Connelly, M. 2008. *Fatal Misconception : the Struggle to Control World Population*. Harvard University Press.

p. 312 (방글라데시의) 출산율은 1955년 여성 1인당 6.8명이었다. : 출산율을 측정하는 표준적 방법은 총출산율을 재는 것이다. 특정 연도의 해당 인구 집단 내 연령대별 출산율을 합쳐서 이를 생애 평균 출산율이라고 추정하는 방식이다. 이는 부정확한데다 출산을 연기한 것을 가족 규모 감소와 혼동하는 자료다. 하지만 이 장에서는 그대로 사용했다. 더 나은 측정값이

없는데다 구할 수 있는 최선의 자료였기 때문이다.

p. 313 환경주의자 스튜어트 브랜드는 이를 다음과 같이 표현했다. : Brand, S. 2005. Environmental heresies. *Technology Review*, May 2005.

p. 315 고출산 고사망에서 저출산 저사망으로 바뀌는 '인구학적 천이'의 후반 단계가 세계 전체에서 진행 중이다 : Caldwell, J. 2006. *Demographic Transition Theory*. Springer.

p. 316 폴 에를리히와 존 홀드런은 잘난 체하며 맹렬한 비난을 퍼부었다. : 매독스의 책은 *The Doomsday Syndrome*(1973, McGraw Hill)다. 그리고 Holdren과 Ehrlich의 리뷰는 John Tierney가 다음에 인용해놓았다. http://tierneylab.blogs.nytimes.com/2009/04/15/the-skeptical-prophet/.

p. 317 인구학적 천이 이론은 정말 혼란스러운 분야다. : 이를 학술 용어로 표현하면 이렇다. "이 논쟁은 계속 진행 중이다. 서로 경쟁하는 이론 체계가 너무나 많지만 어느 것도 폭넓은 지지를 받지 못하고 있다." 이는 Hirschman의 발언인데 다음에 인용돼 있다. Bongaarts, J. and Watkins, S.C. 1996. Social interactions and contemporary fertility transitions. *Population and Development Review* 22 : 639-82.

p. 318 제프리 삭스의 이야기를 들어보자. : Sachs, J. 2008. *Common Wealth : Economics for a Crowded Planet*. Allen Lane.

p. 319 현재로서 인구를 줄이는 최선의 정책은 여성 교육을 확대하는 것인 듯하다. : Connelly, M. 2008. *Fatal Misconception : the Struggle to Control World Population*. Harvard University Press.

p. 321 대담한 프로그램을 생각해보자. 인류애 때문에 이런 일을 시작할 수도 있다. 물론 해당 국가 정부의 지원을 받을 수도 있다. : Sachs, J. 2008. *Common Wealth : Economics for a Crowded Planet*. Allen Lane.

p. 321 세스 노턴이 찾아낸 사실을 보자. : Norton, S. 2002. *Population Growth, Economic Freedom and the Rule of Law*. PERC Policy Series no. 24.

p. 322 북아메리카의 개신교 재세례파 분파인 후터 파와 아미시 파 신도들의 경우다. 이들은 인구학적 천이에 크게 저항해왔다. : Richerson, p. and Boyd, R. 2005. *Not by Genes Alone*. Chicago University Press.

p. 322 론 베일리의 표현을 빌려보자. : Bailey, R. 2009. The invisible hand of population control. *Reason*, 16 June 2009. http://www.reason.com/news/ show/134136.html.

p. 323 펜실베이니아 대학의 한스 피터 쾰러 : Myrskyl?, M., Kohler, H.-p. and Billari, F.C. 2009. Advances in development reverse fertility declines. *Nature*, 6 August 2009 (doi : 10.1038/nature 08230).

7. 노예 해방 _ 1700년 이후의 에너지

p. 326 석탄이 있으면 거의 모든 일이 가능해지거나 쉬워진다. 만일 그것이 없다면 우리는 예전의 힘들고 궁핍한 시절로 돌아가야 할 것이다. : Jevons, W.S. 1865. *The Coal Question : An Inquiry Concerning the Progress of the Nation, and the Probable Exhaustion of our Coal-mines*. Macmillan.

p. 326 미국의 임금 대비 금속 가격 도표 : Goklany, I. 2009. *Electronic Journal of Sustainable Development*. www.ejsd.org.

p. 328 경제학자 돈 부드로는 서술하고 있다. : http://www.pittsburghlive.com/x/pittsburghtrib/opinion/columnists/boudreaux/s_304437.html.

p. 329 잉글랜드의 경우, 짐 끄는 동물들 중에서 말이 차지하는 비중이 1086년 20퍼센트였으나 1574년이 되자 60퍼센트로 높아졌다. : Fouquet, R. and Pearson, P.J.G. 1998. A thousand years of energy use in the United Kingdom. *Energy Journal* 19 : 1-41.

p. 329 잉글랜드 남부에 50명당 한 개꼴로 있었다. : Mokyr, J. 1990. *Lever of Riches*. Oxford University Press.

p. 329 클레르보 수도원 : Clairvaux의 수도원장에 대해서는 다음에 인용돼 있다. Gimpel, J. 1976. *The Medieval Machine*. Penguin.

p. 330 네덜란드가 세계의 작업장이 될 수 있는 힘을 제공한 것은 바람이 아니라 이탄(토탄)이었다. : De Zeeuw, J.W. 1978. Peat and the Dutch golden age. http://www.peatandculture.org/documenten/Zeeuw.pdf.을 보라.

p. 333 1688년 영국 인구를 조사한 그레고리 킹에 따르면, : Kealey, T. 2008. *Sex, Science and Profits*. William Heinemann.

p. 334 심지어 농장노동자의 임금도 산업혁명기에 인상되었다. : Clark, G. 2007. *A Farewell to Alms*. Princeton University Press.

p. 334 1678년 수동식 리넨 방직기의 특허증서 : Friedel, R. 2007. *A Culture of Improvement*. MIT Press.

p. 334 영국인의 평균 수입은 3세기 동안 정체돼 있다가 1800년경 오르기 시작했다. : 이것은 Clark의 추정이다. 다른 사람들은 설탕 등의 제품 가격이 빠르게 하락한 덕분에 평균 소득의 구매력이 1700년대에 꾸준히 오르고 있었다고 주장한다. 다음을 보라. : Clark, G. 2007. *A Farewell to Alms*. Princeton University Press.

p. 336 〈1807~08년 생존 중인 영국의 뛰어난 과학인〉이라는 유명 인쇄물 : 이 인쇄물은 William Walker가 편집, 출판한 다음 책의 부록으로 나왔다. : *Memoirs of the*

Distinguished Men of Science of Great Britain Living in the Year 1807-08.

p. 337 고든 무어와 로버트 노이스, 스티브 잡스와 세르게이 브린, 스탠리 보이어와 르로이 후드 같은 사람들 : Moore는 Intel, Noyce는 microchip, Jobs는 Apple, Brin은 Google, Boyer는 Genentech, Hood는 Applied Biosystems을 세웠다.

p. 338 헝가리 자유주의자의 표현 : Gergely Berzeviczy, quoted in Blanning, T. 2007. *The Pursuit of Glory*. Penguin.

p. 339 프랑스는 내부 관세장벽으로 인해 세 곳의 주요 교역지대로 분할돼 있었다. : Landes, D.S. 2003. *The Unbound Prometheus : Technological Change and Industrial Development in Western Europe from 1750 to the Present*. 2nd edition. Cambridge University Press.

p. 339 스페인은 '국지적 생산과 소비가 이루어지는 섬들이 모인 열도나 다름없었다. 각 섬은 내부 관세로 몇 세기째 서로 분리 고립돼' 있었다. : John Lynch, quoted in Blanning, T. 2007. *The Pursuit of Glory*. Penguin.

p. 339 제임스 2세의 전제정치에 대항해 일어난 명예혁명 : Jardine, L. 2008. *Going Dutch*. Harper.

p. 339 예컨대 1700년에 비즈니스를 시작하거나 확대하기에 나쁘지 않은 장소 : Baumol, W. 2002. *The Free-market Innovation Machine*. Princeton University Press.

p. 340 데이비드 랜디스의 말이다. : Landes, D.S. 2003. *The Unbound Prometheus : Technological Change and Industrial Development in Western Europe from 1750 to the Present*. 2nd edition. Cambridge University Press.

p. 341 로버트 프리델은 말한다. : Friedel, R. 2007. *A Culture of Improvement*. MIT Press.

p. 341 닐 맥켄드릭은 "소비자혁명이 18세기 잉글랜드에서 일어났다"고 썼다. : 인용 출처 : Blanning, T. 2007. *The Pursuit of Glory*. Penguin.

p. 341 1728년 대니얼 디포가 쓴 글을 보면, : Mokyr, J. 1990. *Lever of Riches*. Oxford University Press; Friedel, R. 2007. *A Culture of Improvement*. MIT Press.

p. 342 제조업자들이 출범한 것도 이들 동방 수입품을 베껴만들면서부터다. : Mokyr, J. 1990. *Lever of Riches*. Oxford University Press; Friedel, R. 2007. *A Culture of Improvement*. MIT Press.

p. 343 캘리코 법 : Friedel, R. 2007. *A Culture of Improvement*. MIT Press; Rivoli, p. 2005. *The Travels of a T-shirt in the Global Economy*. John Wiley.

p. 344 (공유지의) 사유지화는 농장노동자들의 임금제 고용을 실제로 증가시켰다. : 다음은 Landes의 표현이다. "마르크스가 제기하고 여러 세대에 걸친 사회주의자들과 심지어

비사회주의 역사가들까지 되풀이하고 윤색한 견해가 있다. 오랫 동안 가장 널리 받아들여진 견해이기도 하다. 이런 입장은 너무나 거대한 사회적 변화가 일어난 사건(집요한 저항에도 불구하고 산업 프롤레타리아가 탄생)을 토지 강제 몰수법으로 설명한다." 공유지의 사유지화(인클로저) 때문에 오두막에 살던 농업일꾼들과 영세농들이 삶의 터전을 빼앗겨 도시의 공장으로 내몰렸다. 하지만 최근의 실증적 연구는 이 같은 가설을 무효로 만들었다. 자료에 따르면 인클로저와 관련된 농업혁명은 농장의 노동력 수요를 늘렸고 실제로 인클로저 법이 가장 많이 적용된 지역에서 상주인구가 가장 많이 늘어났다. 1750~1830년, 영국 내 농업 카운티의 거주자는 두 배로 늘었다. 이는 객관적인 증거다. 하지만 이미 신념이 되어버린 것을 몰아내기에 충분할 것인지는 의심스럽다. : Landes, D.S. 2003. *The Unbound Prometheus : Technological Change and Industrial Development in Western Europe from 1750 to the Present*. 2nd edition. Cambridge University Press, pp. 114-15.

p. 345 1835년 역사가 에드워드 베인스는 : Baines, E. 1835. *History of the Cotton Manufacture in Great Britain*. Quoted in Rivoli, p. 2005. The Travels of a T-shirt in the Global Economy. John Wiley.

p. 345 조지프 슘페터는 다음과 같이 회상했다. : Schumpeter, J.A. 1943. *Capitalism, Socialism, and Democracy*. Allen & Unwin.

p. 346 20세기 경제학자 콜린 클라크의 표현대로 : Clark, C. 1970. *Starvation or Plenty?* Secker and Warburg.

p. 346 제니는 1800년이 되자 이미 구식이 되었다. : Landes, D.S. 2003. *The Unbound Prometheus : Technological Change and Industrial Development in Western Europe from 1750 to the Present*. 2nd edition. Cambridge University Press.

p. 346 가는 면사 1파운드의 가격은 1786년 38실링에서 1832년 3실링으로 떨어졌다. : Friedel, R. 2007. *A Culture of Improvement*. MIT Press.

p. 347 1815~1860년 목화는 미국 총 수출액의 절반을 차지했다. : 노예제 때문에 생산량이 늘어 값이 내렸다. 일부러 남보다 더 싼 값에 판 것이 아니었다. 19세기 인도의 생산량은 줄지 않고 늘었지만 미국만큼 빨리 늘지는 못했다. : Fogel, R.W. and Engerman, S.L. 1995. *Time on the Cross : The Economics of American Negro Slavery*. Reissue edition. W.W. Norton and Company.

p. 347 경제학자 피에트라 리볼리는 이를 다음과 같이 표현한다. : Rivoli, p. 2005. *The Travels of a T-shirt in the Global Economy*. John Wiley.

p. 349 공장에 충분한 동력을 제공할 만한 바람, 물, 나무는 잉글랜드 어디서도 찾을 가망이

없었다. 제대로 된 장소에서 발견하는 것은 더더욱 불가능했다. : Rolt, L.T.C. 1965. *Tools for the Job*. Batsford Press. 그런데 석탄으로 만든 코크스가 1709년이라는 이른 시기부터 제철에 사용됐다(Abraham Darby at Coalbrookdale in Shropshire에서다). 하지만 그 철은 품질이 낮은 무쇠였다.

p. 349 인구와 경제활동의 무게중심은 남쪽의 양쯔 강 유역으로 이동했다. : Pomeranz, K. 2000. *The Great Divergence*. Princeton University Press.

p. 350 1740~1860년대에 석탄의 톤당 산지 가격은 아주 약간 상승했다. : Clark, G. and Jacks, D. 2006. *Coal and the Industrial Revolution, 1700-1869*. Working Paper #06-15, Department of Economics, University of California, Davis.

p. 350 19세기 잉글랜드 북동부 지역 채탄부의 임금과 임금 상승 속도는 각각 농장노동자의 두 배에 달했다. : Clark, G. and Jacks, D. 2006. *Coal and the Industrial Revolution, 1700-1869*. Working Paper #06-15, Department of Economics, University of California, Davis.

p. 350 역사학자 토니 리글리는 이를 다음과 같이 표현했다. : Wrigley, E.A. 1988. *Continuity, Chance and Change : the Character of the Industrial Revolution in England*. Cambridge University Press.

p. 352 인도인 직공은 임금을 아무리 적게 받더라도 맨체스터의 뮬 증기기관 방적기를 조작하는 직공과 경쟁이 되지 않았다. : Clark, G. 2007. *A Farewell to Alms*. Princeton University Press.

p. 353 오늘날 석탄은 대부분 발전용으로 사용된다. : Fouquet, R. and Pearson, P.J.G. 1998. A thousand years of energy use in the United Kingdom. *Energy Journal* 19 : 1-41.

p. 354 파리 근교 므니에 지역의 들판 너머까지 케이블로 이어져 있는 쟁기를 끌고 있었다. : Rolt, L.T.C. 1967. *The Mechanicals*. Heinemann.

p. 355 생산성 통계에 반영되기까지는, 컴퓨터가 그랬던 것처럼 수십 년이 걸렸다. : David, P.A. 1990. The dynamo and the computer : an historical perspective on the modern productivity paradox. *American Economic Review* 80 : 355-61.

p. 355 필리핀인들을 대상으로 한 최근의 연구 결과를 보자. : Barnes, D.F. (ed.). 2007. *The Challenge of Rural Electrification*. Resources for the Future Press.

p. 355 목재에너지 1줄(Joule, 에너지 단위)은 석탄에너지 1줄보다 사용하기가 불편하다. 에너지 사용이 편리해지는 순서는 석탄 → 천연가스 → 전기 → 내 휴대전화에 조금씩 흐르는 전기다. : Huber, P.W. and Mills, M.p. 2005. *The Bottomless Well : the Twilight of Fuel, the Virtue of Waste, and Why We Will Never Run Out of Energy*. Basic Books.

p. 357 애덤 스미스의 표현을 빌리면, : *The Wealth of Nations*.

p. 357 오늘날 평균적인 지구인이 소비하는 에너지는 2,500와트, : 1와트는 초당 1줄이다. 1칼로리는 4.184줄이다. 1인당 에너지 소비를 와트로 계산한 수치는 International Energy Agency에서 찾았다. : http://en.wikipedia.org/wiki/Image : Energy_consumption_versus_GDP.png.

p. 358 당신이 현재와 같은 생활양식을 유지하려면 노예로 환산해 150명이 필요하다는 말이다. : 곡물을 자전거 화물 운송으로 전환할 때 낭비되는 에너지는 석유를 트럭 화물 운송으로 전환할 경우의 두 배다. 만일 그 곡물을 닭고기로 전환해 자전거 타는 사람에게 먹이는 경우, 위의 비율은 16배가 된다. Huber, P.W. and Mills, M.p. 2005. *The Bottomless Well : the Twilight of Fuel, the Virtue of Waste, and Why We Will Never Run Out of Energy*. Basic Books.

p. 359 화석연료가 곧 고갈될 것이라는 우려는 화석연료 자체만큼이나 오래된 것이다. : Jevons, W.S. 1865. *The Coal Question : An Inquiry Concerning the Progress of the Nation, and the Probable Exhaustion of our Coal-mines*. Macmillan.

p. 361 만일 미국이 모든 수송기관의 연료를 바이오연료로 대체하려 든다면? 현재 식량 생산에 사용되고 있는 농경지의 1.3배에 해당되는 땅이 필요하게 될 것이다. : Dennis Avery, cited in Bryce, R. 2008. *Gusher of Lies*. Perseus Books.

p. 362 모든 대륙을 합친 것보다 3분의 1 넓은 수력 발전 댐 저수지. : 이 같은 계산은 보수적이라기보다 낙관적인 가정을 전제로 한 것이다. 1제곱미터당 태양열 전지는 약 6와트, 풍력 발전은 1.2와트, 건초를 먹는 말은 0.8와트(말 한 마리는 8헥타르의 목초지를 필요로 하고 700와트의 견인력, 즉 1마력을 낸다), 땔나무는 0.12와트, 수력 발전은 0.012와트를 생산한다. 미국의 에너지 소비량은 약 3,120기가와트, 스페인의 면적은 504,000제곱킬로미터, 카자흐스탄은 270만 제곱킬로미터, 인도와 파키스탄을 합친 면적은 400만 제곱킬로미터, 러시아와 캐나다를 합친 면적은 2,700만, 모든 대륙을 합친 면적은 1억 4,800만 제곱킬로미터로 계산했다. 말을 제외한 에너지 출력 밀도의 출처는 다음이다. : Ausubel, J. 2007. Renewable and nuclear heresies. *International Journal of Nuclear Governance, Economy and Ecology* 1 : 229-43.

p. 362 캘리포니아 알타몬트에 있는 풍력 발전소 한 곳의 경우만 보아도 해마다 스물네 마리의 검독수리가 부딪쳐 죽는다. : 조류에 위험한 시설 및 Altamont Pass 풍력 자원 지역의 조류 사망률은 다음을 보라. C.G. Thelander, K.S. Smallwood and L. Rugge of BioResource Consultants in Ojai, California, NREL/SR - 500-33829, December 2003. 유리창에 부딪쳐 죽는 새들이 훨씬 많다고 말하는 사람들이 있다. 그건 사실이다. 하지만 검독수리는 이런

사고로 죽지 않는다. 이 새는 매우 희귀종이고, 풍력 발전 터빈에 특히 취약하다. 독자의 온실에 마지막으로 검독수리가 부딪힌 것은 언제인가? 만일 석유 회사 시설에서 그런 식의 조류 사고가 일어났다면 법정에 서야 했을 것이라는 주장에 대해서는 다음을 보라. : Bryce, R. 2009. Windmills are killing our birds : one standard for oil companies, another for green energy sources. *Wall Street Journal*, 7 September 2009. http://online.wsj.com/article/SB10001424052970203706604574376543308399048.html?mod=googlenews_wsj.

- p. 363 해마다 수백 마리의 오랑우탄이 바이오연료를 재배하는 농장에 방해가 된다는 이유로 살해당하고 있다. : http://www.telegraph.co.uk/earth/main.jhtml?xml=/earth/2007/08/14/eaorang114.xml.
- p. 363 에너지 전문가 제시 오서벨의 말이다. : Ausubel, J. 2007. Renewable and nuclear heresies. *International Journal of Nuclear Governance, Economy and Ecology* 1 : 229-43.
- p. 364 2004~2007년, 세계 옥수수 생산량은 5,100만 톤 증가했다. : Avery, D.T. 2008. *The Massive Food and Land Costs of US Corn Ethanol : an Update*. Competitive Enterprise Institute no. 144, 29 October 2008.
- p. 365 미국의 자동차 운전자들은 연료 탱크를 채우기 위해 가난한 사람들의 입에서 탄수화물을 빼앗고 있었던 것이다. : Mitchell, D.A. 2008. *Note on Rising Food Prices*. World Bank Policy Research Working Paper no. 4682. Available at SSRN : http://ssrn.com/abstract=1233058.
- p. 365 그렇다면, 연료 재배에 들어가는 연료는 얼마나 되는가? 양자는 거의 동일하다. : Bryce, R. 2008. *Gusher of Lies*. Perseus Books.
- p. 366 환경단체 '자연보호'의 조지프 파르지온은 다음과 같이 말한다. : Fargione, J. et al. 2008. Land clearing the biofuel carbon debt. *Science* 319 : 1235-8.
- p. 367 바이오연료 산업은 경제에만 나쁜 것이 아니다. 지구환경에도 나쁘다. : Bryce, R. 2008. *Gusher of Lies*. Perseus Books.
- p. 368 생태주의자 윌슨의 표현을 인용하자면, : Wilson. E.O. 1999. *The Diversity of Life*. Penguin.
- p. 369 피터 휴버와 마크 밀스는 다음과 같이 표현했다. : Huber, P.W. and Mills, M.p. 2005. *The Bottomless Well : the Twilight of Fuel, the Virtue of Waste, and Why We Will Never Run Out of Energy*. Basic Books.
- p. 369 현대의 복합행정 터빈은 : 복합행정 터빈은 가스 자체를 태워서 하나의 터빈을 돌리고,

그 열로 증기를 생산해 또 하나의 터빈을 돌린다.

p. 371 빅토리아 왕조 시대의 경제학자 스탠리 제번스의 이름을 딴 것이다. : Jevons, S. 1865. *The Coal Question : An Inquiry Concerning the Progress of the Nation, and the Probable Exhaustion of our Coal-mines.* Macmillan, p. 103.

p. 372 토머스 에디슨의 말이 결정판이다. : Edison in 1910, quoted in Collins, T. and Gitelman, L, *Thomas Edison and Modern America.* New York : Bedford/St Martin's, 2002, p. 60. Source : Bradley, R.J. 2004. *Energy : the Master Resource.* Kendall/Hunt.

8. 발명의 발명 _ 1800년 이후의 수확 체증

p. 374 나에게 아이디어를 전달받는 사람은 : Thomas Jefferson letter to Isaac McPherson, 13 August 1813. http://www.let.rug.nl/usa/P/tj3/writings/ brf/jefl220.htm.

p. 374 세계 총생산 도표 : Maddison, A. 2006. *The World Economy.* OECD Publishing.

p. 377 리카도의 말을 들어보자. : Ricardo, D. 1817. *The Principles of Political Economy and Taxation.*

p. 377 신고전파 경제학자들은 비관적으로 '성장의 종말'을 예보했다. : Beinhocker, E. 2006. *The Origin of Wealth.* Random House.

p. 378 경제학자 이몬 버틀러는 이를 다음과 같이 표현했다. : Butler, E. 2008. *The Best Book on the Market.* Capstone.

p. 378 특정 시장이 완전경쟁에 필적하는 데 실패했다고 해서 이것이 '시장의 실패'일 수는 없다. : 이 관점에 대해서는 다음을 보라. Booth, p. 2008. Market failure : a failed paradigm. *Economic Affairs* 28 : 72-4.

p. 378 생태학도 이와 똑같은 오류를 지속적으로 범하고 있다. 생태계가 교란되더라도 나중에 그 자리로 되돌아오게 마련인 완벽한 평형상태가 자연계에 일부 존재한다는 이론이 그것이다. : Kricher, J. 2009. *The Balance of Nature : Ecology's Enduring Myth.* Princeton University Press. "지난 수십 년에 걸친 연구 결과 생태학자들은 생태계가 역동적이라는 현실을 이해하게 되었다. 이들은 자연이 어떤 종류의 유의미한 균형상태로서 존재한다는 인식을 대체로 포기했다."

p. 381 어떤 나라도 지식 창조의 리더 역할을 오래 하지는 못했다. : 사실 철은 수명이 짧은 이노베이션이었지만 스스로의 이름이 붙은 법칙을 갖고 있다. 어떤 나라도 2~3세대 이상 계속해서 지식 창조의 리더 역할을 할 수 없다는 철칙이 'Cardwell's Law'다. Mokyr, J.

2003. *The Gifts of Athena*. Princeton University Press. 그렇긴 하지만 William Easterly은 BC 1000년 이래 세계의 특정 지역이 지속적으로 기술과 성장의 선두 자리를 유지해왔다고 지적한다. Comin, D., Easterly, W. and Gong, E. 2006. *Was the Wealth of Nations Determined in 1000 BC?* NBER Working Paper no. 12657.

p. 381 조엘 모키르는 이를 다음과 같이 표현했다. : Mokyr, J. 2003. *The Gifts of Athena*. Princeton.

p. 383 1944년 조지 오웰이 신물나도록 들은 주장이 있다. 세계는 축소되고 있는 것으로 보이며, 이는 아마도 현대에 나타난 새로운 현상일 것이라는 주장이었다. : Orwell, G. 1944. *Tribune*, 12 May 1944.

p. 384 신용카드가 처음 도입되었을 때도 이와 유사했다. : Nocera, J. 1994. *A Piece of the Action*. Simon and Schuster. 그렇긴 하지만 인간의 활동 분야 중 지나친 이노베이션이 해로운 것이 금융이라는 데는 의심의 여지가 없다. Adair Turner는 이를 다음과 같이 표현했다. "백신을 제조하는 지식이 없어진다면 인류의 복지에 해가 될 것이다. 이에 비해 부채담보부 증권(부채 보증에 대한 부채 보증)을 만드는 지침은 그렇지 않다. 이 지식이 단절된다 하더라도 우리가 사는 데 아무 지장이 없을 것이라고 나는 생각한다." 다음을 보라. Turner, A. 2009. 'The Financial Crisis and the Future of Financial Regulation'. Inaugural Economist City Lecture, 21 January 2009. Financial Services Authority.

p. 384 루이스 맨델은 미국인들 중 "신용카드에 찬성하는 사람보다 실제로 사용하는 사람이 훨씬 많다"는 사실을 발견했다. : 다음에서 인용 : Nocera, J. 1994. *A Piece of the Action*. Simon and Schuster.

p. 385 마이클 크라이튼은 나에게 이렇게 말한 적이 있다. : M. Crichton, email to the author, June 2007.

p. 385 1679년 윌리엄 페티는 말했다. : 다음에서 인용 : Mokyr, J. 2003. *The Gifts of Athena*. Princeton University Press.

p. 385 앨프리드 노스 화이트헤드는 "19세기의 가장 큰 발명은 발명하는 방법을 발명한 것이었다"고 썼다. : Whitehead, A.N. 1930. *Science and the Modern World*. Cambridge University Press.

p. 386 과학자 테렌스 킬리가 본 바에 의하면, : Kealey, T. 2007. *Sex, Science and Profits*. William Heinemann.

p. 387 증기기관을 가장 크게 발전시킨 네 명의 인물, : Kealey, T. 2008. *Sex, Science and Profits*. William Heinemann. Kealey의 주장에 따르면 Watt는 Joseph Black으로부터 어떤 영향도 받지 않았다고 강력히 부인했다. 하지만 Joel Mokyr는 이와 반대되는 Watt의 말을

인용한다(in The Gifts of Athena).

p. 387　18세기 과학자들은 뉴커먼의 주요 통찰력이 파팽의 이론에서 나온 것이라고 증명하기 위해 온갖 노력을 기울였지만 완전히 실패로 끝났다. : Rolt, L.T.C. 1963. *Thomas Newcomen : the Prehistory of the Steam Engine*. David and Charles. 이와 유사한 사례가 있다. 1815년 광산 기사인 George Stephenson이 과학적 원리를 알지 못하는 채 광부용 안전램프를 발명했을 때의 일을 보자. 제도권 학계에서는 그런 비천한 자가 그런 업적을 이뤘다는 사실을 믿지 못한 나머지 그가 과학자 Sir Humphry Davy의 아이디어를 도용했다는 혐의를 제기했다. 이 혐의는 거꾸로 적용되는 것이 더 타당하다. Davy는 Stephenson의 실험 이야기를 John Buddl이라는 기사에게서 들었다. 기사는 탄광 의사인 Burnet에게서, 의사는 Stephenson에게서 들었다. 다음을 보라. Rolt, L.T.C. 1960. *George and Robert Stephenson*. Longman.

p. 387　유명한 만찬모임인 '달 협회' : Lunar Society에 대한 상세 내용은 다음을 보라 : Uglow, J. 2002. *The Lunar Men*. Faber and Faber.

p. 388　"방향성이 뚜렷하지 않은 채 더듬더듬 비효율적으로 시행착오를 하는 과정을 통해 이루어졌다. 재치 있고 손재주 좋은 전문가들이 이를 수행했다. 이들은 처음에는 작업 과정을 잘 몰랐으나 점차 분명하게 인식하게 되었다." : Mokyr, J. 2003. *The Gifts of Athena*. Princeton.

p. 389　그 대부분을 과학이라고 부르는 것은 확대해석이다. : 최근 Joel Mokyr는 다음과 같은 설명을 제시했다(Mokyr, J. 2003. The Gifts of Athena. Princeton). "과학혁명이 산업혁명을 일으키지 않은 것은 사실이다. 그렇지만 지식의 기반이 확대된(이해한 내용을 공유하고 일반화한) 덕분에 지식이 많은 분야에 응용될 수 있었다. 그래서 수확 체감을 피하고 산업혁명이 끝없이 확대되는 것이 가능했다." 나는 그렇게 보지 않는다. 산업에서 창출된 번영 덕분에 돈을 들여 지식을 확대할 수 있었고, 그 결과가 간헐적으로 산업에 보은을 했다는 게 내 생각이다. 심지어 19세기 말과 20세기 초 과학이 신산업에 강력하게 기여하고 있는 것으로 보이던 시절에도 여전히 철학자들은 기술자들에 비해 덜 중요하다는 평가를 받았다. 전기 저항과 유도에 Lord Kelvin이 기여한 것도 전신산업의 문제를 해결한다는 실질적인 목적의 연구 덕분이었지 심원한 고찰에 따른 결과가 아니었다. 물론 James Clerk Maxwell의 물리학이 전기혁명을, Fritz Haber의 화학이 농업혁명을, Leo Szilard의 중성자 연쇄반응 아이디어가 핵무기 발명의 단초를, Francis Crick의 생물학이 생명공학이라는 지식을 낳은 것은 사실이다. 하지만 그럼에도 불구하고 이런 현자들도 그들의 통찰력을 생활수준을 향상시킬 수 있는 무언가로 바꾸기 위해서는 수많은 기술자를 필요로 했다는 것 역시 사실이다. 현장 임시변통과 수선에 능한 Thomas Edison과 그의 엔지니어팀 40명은

생각하는 Maxwell보다 전기의 실용화에 더 중요한 역할을 했다. 실질적인 Carl Bosch는 심원한 생각에 잠겨 있는 Haber보다 중요했고, 실무 행정적인 Leslie Groves는 몽상적인 Szilard보다, 실질적인 Fred Sanger가 이론적인 Crick보다 중요했다.

p. 390 18세기 영국이 다른 나라보다 우위에 있었던 점은 두 가지다. : Hicks, J.R. 1969. *A Theory of Economic History*. Clarendon Press.

p. 391 프랑스의 사정은 영국과 대조적이었다. : Ferguson, N. 2008. *The Ascent of Money*. Allen Lane.

p. 391 1980~2000년, 성공적으로 출범한 벤처기업의 3분의 1은 창업자가 인도나 중국 출신이었다. : Baumol, W.J., Litan, R.E. and Schramm, C.J. 2007. *Good Capitalism, Bad Capitalism*. Yale University Press.

p. 392 로마시대의 여러 저작에 자주 등장하는 일화는 매우 인상적이다. : Moses Finley, cited in Baumol, W. 2002. *The Free-market Innovation Machine*. Princeton University Press.

p. 392 명나라에 파견됐던 어느 기독교 선교사의 기록을 보자. : 다음에서 인용. Rivoli, p. 2005. *The Travels of a T-shirt in the Global Economy*. John Wiley.

p. 393 연구개발에 쓰는 돈이 GDP에서 차지하는 비중은 지난 반세기 동안 두 배 이상 늘어서 : Kealey, T. 2007. *Sex, Science and Profits*. William Heinemann.

p. 394 선구적 벤처자본가 조르주 도리오에 따르면, : 다음에서 인용 : Evans, H. 2004. *They Made America*. Little, Brown.

p. 395 돈 탭스콧과 앤서니 윌리엄스는 이를 '아이디어 광장'이라고 부른다. : Tapscott, D. and Williams, A. 2007. *Wikinomics*. Atlantic.

p. 397 염료산업은 1860년대까지 주로 비밀에 의존했다. : Moser, p. 2009. Why don't inventors patent? http://ssrn.com/abstracts= 930241.

p. 398 에마누엘 포차르는 파리 근교의 식당 열 곳의 주방장과 인터뷰하면서, : Fauchart, E. and Hippel, E. von. 2006. *Norm-based Intellectual Property Systems : the Case of French Chefs*. MIT Sloan School of Management working paper 4576-06. http://web.mit.edu/evhippel/www /papers/vonhippelfauchart2006.pdf.

p. 399 하지만 발명가들이 발명을 하게 부추기는 실질적 요인이 특허라는 증거는 거의 없다. : James Watt가 1769년과 1775년 따낸 증기기관에 대한 특허는 포괄적인 용어로 표현되어 있었고, 그는 이 특허에 대한 위반을 공격적으로 단속했다. 때문에 증기기관을 이용한 산업의 이노베이션이 실질적으로 봉쇄되었는지에 대해서는 다음에 생생한 논쟁이 실려 있다 : Rolt, L.T.C. 1960. *George and Robert Stephenson*. Longman. ('석탄을 사용하기가 너무 쉬웠기 때문에 북부 지방의 광산 소유자들은 Messrs가 요구하는 특허사용료를 내느니 Watt의 증기기관의

효율성을 포기하는 편을 택했다. Boulton and Watt.'); also www.thefreemanonline. org/featured/do-patents-encourage-or-hinder-innovation-the-case-of - the-steam-engine/; Boldrin, M. and Levine, D.K. 2009. Against intellectual monopoly. Available online : http://www.micheleboldrin. com/research/aim.html; and Von Hippel, E. 2005. Democratizing Innovation. MIT Press. 이에 반대되는 견해가 있다. Watt의 특허는 이노베이션을 거의 저해하지 않았으며, 특허가 없었다면 Boulton의 후원을 결코 받을 수 없었으리라는 것이다. 이 견해는 George Selgin과 John Turner가 제시했다 : Selgin, G. and Turner, J.L. 2006. James Watt as intellectual monopolist : comment on Boldrin and Levine. *International Economic Review* 47 : 1341-8; and Selgin, G. and Turner, J.L. 2009. Watt, again? Boldrin과 Levine은 증기기관의 진보에 특허가 미친 악영향을 여전히 과장하고 있다. 18 August 2009, prepared for the Center for Law, Innovation and Economic Growth conference, Washington University School of Law, April 2009.

p. 399 20세기의 중요 발명 중에는 특허를 끝내 받지 않은 것이 대단히 많다. : 다음에서 인용 : M. 2007. *The Mind of the Market*. Times Books.

p. 399 라이트 형제는 1906년에 획득한 동력비행 기계의 특허를 열성적으로 방어한 결과 : Heller, M. 2008. *The Gridlock Economy*. Basic Books.

p. 399 미국의 라디오 제조업은 막다른 골목에 봉착해 있었다. 네 회사가 관련 특허를 나눠갖고 있는 탓에, : Benkler, Y. 2006. *The Wealth of Networks*. Yale University Press.

p. 400 오늘날 미국의 제도 아래에서 특허를 가장 많이 가져가는 것은 '특허 소송꾼'들이다. : 이 정보는 R. Litan이 제공한 것이다.

p. 400 블랙베리를 제조하는 캐나다의 리서치인모션 사는 : Baumol, W.J., Litan, R.E. and Schramm, C.J. 2007. *Good Capitalism, Bad Capitalism*. Yale University Press.

p. 400 마이클 헬러는 특허 소송꾼들을 신성로마제국 멸망과 근대국가 출현 사이 라인 강의 상황에 비유했다. : Heller, M. 2008. *The Gridlock Economy*. Basic Books

p. 402 각기 다른 산업 130종의 연구개발 담당 중역 650명에 대한 설문조사 결과를 보자. : Von Hippel, E. 2005. *Democratizing Innovation*. MIT Press.

p. 402 개발비의 대부분은 서구인의 질병에 대한 '나도 약'에 들어간다. : Boldrin, M. and Levine, D.K. 2009. Against intellectual monopoly. Available online : http://www. micheleboldrin.com/research/ aim.html.

p. 402 당시 음악저작권을 인정한 나라는 영국뿐이었다. : Boldrin, M. and Levine, D.K. 2009. Against intellectual monopoly. Available online : http://www.micheleboldrin. com/research/aim.html.

p. 402 신문사들은 저작권 라이선스로 미미한 수입이라도 얻고 있다. : Benkler, Y. 2006. *The Wealth of Networks : How Social Production Transforms Markets and Freedom*. Yale University Press. (Benkler's book, true to his argument, is available free online.)

p. 404 고질적으로 기업가 정신이 투철한 이들 기업의 창시자들은 차고나 침실에서 기초를 쌓고 있었다. : Audretsch, D.B. 2007. *The Entrepreneurial Society*. Oxford University Press.

p. 404 통제주의자들이 찬양하는 바로 그 대기업들을 몰락시키며 스스로 세계 시장을 석권할 기초 말이다. : Postrel, V. 1998. *The Future and Its Enemies*. Free Press.

p. 405 OECD가 수행한 대규모 연구 : Quoted in Kealey, T. 2007. *Sex, Science and Profits*. William Heinemann.

p. 407 주요 혁신 46종에 대한 최근 조사에 따르면, : Agarwal, R. and Gort, M. 2001. First mover advantage and the speed of competitive entry : 1887-1986. *Journal of Law and Economics* 44 : 161-78.

p. 407 '자전거 남편을 둔 마차가 낳은 자식' : Rolt, L.T.C. 1967. *The Mechanicals*. Heinemann.

p. 408 박테리아는 이종교배가 가능하고 실제로 그렇게 한다. 한 종의 박테리아가 가진 유전자의 대략 80퍼센트는 다른 종에서 빌려온 것이다. : Dagan, T., Artzy-Randrup, Y. and Martin, W. 2008. Modular networks and cumulative impact of lateral transfer in prokaryote genome evolution. *PNAS* 105 : 10039-44 : "조사된 각 게놈의 유전자 중 적어도 81±15퍼센트는 그 종의 역사에서 어느 시기에 있었던 유전자 수평 이동과 관련돼 있었다."

p. 408 둘 사이에서는 후손이 생기지 않거나 생기더라도 노새처럼 불임이 된다. : 잡종의 불임은 Charles Darwin을 크게 걱정시킨 문제다. 일부 미국 인류학자들의 주장 때문이었다. 흑인은 별개로 창조된 종이라는 것이다. 이는 노예제도를 정당화한다. 심지어 이들은 흑인과 백인 간의 잡종이 불임이라고까지 주장했다. 다음을 보라. : Desmond, A. and Moore, J. 2009. *Darwin's Sacred Cause*. Penguin.

p. 408 신기술은 기존 기술들이 하나로 합쳐져서 생기는데, 이때 전체는 부분의 합보다 더 커진다. : Arthur, B. and Polak, W. 2004. *The Evolution of Technology within a Simple Computer Model*. Santa Fe working paper 2004-12-042.

p. 408 헨리 포드는 자신이 스스로 발명한 것은 아무것도 없다고 솔직히 인정한 적이 있다. : Evans, H. 2004. *They Made America*. Little, Brown.

p. 409 역사가 조지 바살라의 표현이다. : Basalla, G. 1988. *The Evolution of Technology*.

Cambridge University Press.

p. 410 "쓸 곳이 없는 발명": http://laserstars.org/history/ruby.html.

p. 411 첨언하자면 히펠 본인도 자신의 가르침을 실천하고 있다. : Von Hippel, E. 2005. *Democratizing Innovation*. MIT Press.

p. 412 제프리 밀러가 일깨워주듯, : Miller, G. 2009. *Spent*. Heinemann.

p. 413 피아노를 137미터 이상 던질 수 있는 실물 투석기 : *Wall Street Journal*, 15 January 1992.

p. 414 경제학이라는 학문이 1세기 동안 막다른 골목에 몰려 있었던 것은 혁신을 내부에 포함하지 못했기 때문이다. 1990년대 폴 로머가 이를 구원해준 것은 위대한 성취다. : Warsh, D. 2006. *Knowledge and the Wealth of Nations*. W.W. Norton.

p. 416 폴 로머가 표현한 대로 : Romer, p. 1995. *Beyond the Knowledge Worker*. Wordlink.

9. 전환점 소동 _ 1900년 이후의 비관주의

p. 418 내가 본 바에 따르면, 많은 이에게 현자로 칭송받는 것은 : Speech by John Stuart Mill to the London Debating Society on 'perfectibility', 2 May 1828.

p. 418 미국의 대기오염 물질 방출량 도표 : US Environmental Protection Agency.

p. 419 실제로 경제학자 줄리언 사이먼은 1990년대에 이렇게 말했다가 온갖 비난을 받았다. : Simon, J. 1996. *The Ultimate Resource 2*. Princeton University Press.

p. 419 2000년대 같은 시도를 한 비외른 롬보르는 : Lomborg, B. 2001. *The Sceptical Environmentalist*. Cambridge University Press.

p. 420 하이에크의 말이다. : Hayek, F.A. 1960. *The Constitution of Liberty*. Routledge.

p. 422 워런 마이어의 표현대로, : http://www.coyoteblog.com/coyote_blog/2005/02/in_praise_of_ro.html.

p. 422 환경주의자 레스터 브라운이 2008년에 쓴 글을 보자. : Brown, L. 2008. *Plan B 3.0 : Mobilizing to Save Civilisation*. Earth Policy Institute.

p. 424 비관주의자들은 세계 어느 곳에나 항상 존재했고 언제나 환대를 받았다. : Herman, A. 1997. *The Idea of Decline in Western History*. The Free Press.

p. 424 애덤 스미스가 산업혁명 출범기에 쓴 글을 보자. : Smith, A. 1776. *The Wealth of Nations*.

p. 425 《쿼털리 리뷰》는 "기관차가 역마차보다 두 배나 빠른 속도로 달릴 것으로 전망하는 것만큼 명백하게 이치에 맞지 않고 우스꽝스러운 일이 또 있을 수 있을까?"라고 울부짖었다. : Smiles, S. 1857. *The Life of George Stephenson, Railways Engineer*. John Murray.

p. 425 로버트 사우디의 책《토머스 모어, 혹은 사회의 진보와 전망에 대한 대화》가 갓 출판된 해이기도 하다. : Southey, R. 1829. *Sir Thomas More : Or, Colloquies on the Progress and Prospects of Society*. John Murray.

p. 426 현대 철학자 존 그레이는 사우디의 뒤를 따라 이렇게 표현했다. : 다음에서 인용. Postrel, V. 1998. *The Future and Its Enemies*. Free Press.

p. 426 토머스 배빙턴 매콜리는 전혀 다른 주장을 폈다. : Macaulay, T.B. 1830. Review of Southey's Colloquies on Society. *Edinburgh Review*, January 1830.

p. 427 《영국의 역사》에서 : Macaulay, T.B. 1848. *History of England from the Accession of James the Second*.

p. 429 1830년 매콜리는 말했다. : Macaulay, T.B. 1830. Review of Southey's Colloquies on Society. *Edinburgh Review*, January 1830.

p. 429 독일인 막스 노르다우가 지은《퇴보》: 다음에서 인용. Leadbetter, C. 2002. *Up the Down Escalator : Why the Global Pessimists Are Wrong*. Viking.

p. 430 윈스턴 처칠은 "정신박약자들의 번식은 인류에 대한 끔찍한 위협"이라는 메모를 총리에게 보냈다. : Asquith papers, December 1910. 다음에서 인용. Addison, p. 1992. *Churchill on the Home Front 1900-1955*. Jonathan Cape.

p. 430 시어도어 루스벨트는 보다 노골적인 표현을 썼다. : *The Works of Theodore Roosevelt*, National Edition, XII, p. 201.

p. 430 아이자이어 벌린은 이를 다음과 같이 표현했다. : 다음에서 인용. Byatt, I. 2008. Weighing the present against the future : the choice and use of discount rates in the analysis of climate change. In *Climate Change Policy : Challenging the Activists*. Institute of Economic Affairs.

p. 431 오스발트 슈펭글러는 1923년 논란의 대상이 됐던 베스트셀러『서구의 몰락』에서 : Spengler, O. 1923. *The Decline of the West*. George Allen & Unwin.

p. 433 〈어젠더 21〉의 첫머리를 보자. : Preamble to Agenda 21, 1992.

p. 433 찰스 리드베터의 표현이다. : Leadbetter, C. 2002. *Up the Down Escalator : Why the Global Pessimists Are Wrong*. Viking.

p. 433 부유한 환경주의자 에드워드 골드스미스는 다음과 같이 탄식했다. : 다음에서 인용.

Postrel, V. 1998. *The Future and Its Enemies*. Free Press.

p. 433 영국 황태자의 표현에 따르면, : HRH Prince of Wales 2000. The civilized society. Temenos Academy Review. 다음을 보라. http://www.princeofwales.gov.uk/speechesandarticles/an_article_by_hrh_the_prince_of_wales_titled_the_civilised_s_93.html000.

p. 434 "소비자들은 상대적으로 사소한 수많은 선택권 앞에서 당황한다"고 말한 심리학 교수도 있다. : Barry Schwartz, quoted in Easterbrook, G. 2003. *The Progress Paradox*. Random House.

p. 435 이 같은 인식은 허버트 마르쿠제로부터 시작되었다. : Saunders, p. 2007. Why capitalism is good for the soul. *Policy Magazine* 23 : 3-9.

p. 435 시인 헤시오도스는 그 전의 잃어버린 황금시대에 대한 향수를 표현했다. : Hesiod, *Works and Days II*.

p. 435 필기가 암기력을 해친다고 개탄했던 플라톤에게까지 이어진다. : Barron, D. 2009. *A Better Pencil*. Oxford University Press.

p. 435 일종의 인식 고엽제에 의해 화상을 입고 메말라버린다는 것이다. : John Cornwell. Is technology ruining our children? *The Times*, 27 April 2008.

p. 436 정신분석학자 애덤 필립스는 다음과 같이 믿는다. : Phillips, A. and Taylor, B. 2009. *On Kindness*. Hamish Hamilton. Excerpted in *The Guardian*, 3 January 2009.

p. 436 빌 매키벤이 1989년 출간한 이 제목의 베스트셀러 : McKibben, W. 1989. *The End of Nature*. Random House.

p. 436 1994년 로버트 카플란이 월간 《애틀랜틱》에 기고한 글이다. : www.theatlantic.com/doc/199402/anarchy.

p. 437 '도둑맞은 미래' : Colburn, T., Dumanoski, D. and Myers, J.p. 1996. *Our Stolen Future*. Dutton. See Breithaupt, H. 2004. A Cause without a Disease. EMBO Reports 5 : 16-18.

p. 437 재레드 다이아몬드가 비관주의의 주문에 걸려 다음과 같이 장담했다. : Diamond, J. 1995. *The Rise and Fall of the Third Chimpanzee*. Radius.

p. 438 마틴 리스의 책 《우리의 마지막 세기》에 : Rees, M. 2003. *Our Final Century*. Heinemann.

p. 438 그레그 이스터브룩이 "삶이 좋아진다는 믿음에 대한 집단적 거부"라고 부른 것이 시키는 대로 : Easterbrook, G. 2003. *The Progress Paradox*. Random House.

p. 439 사람들은 자신들이 실제보다 더 오래 살고, 결혼을 더 오래 유지하며, 여행을 더 많이 할

거라고 추정하는 경향이 있다. : Gilbert, D. 2007. *Stumbling on Happiness*. Harper Press.

p. 439 데인 스탱글러는 이를 "우리 모두에게 해당하는, 부담스럽지 않은 형태의 인지부조화"라고 부른다. : Stangler, D., personal communication.

p. 439 사람들이 일정액의 돈을 잃는 것을 본능적으로 싫어하는 정도는 같은 액수를 따는 것을 좋아하는 정도보다 훨씬 크다. : McDermott, R., Fowler, J.H. and Smirnov, O. 2008. On the evolutionary origin of prospect theory preferences. *The Journal of Politics* 70 : 335-50.

p. 439 비관 유전자는 낙관 유전자보다 문자 그대로 더 흔할지도 모른다. : Fox, E., Ridgewell, A. and Ashwin, C. 2009. Looking on the bright side : biased attention and the human serotonin transporter gene. *Proceedings of the Royal Society B* (doi : 10.1098/rspb.2008.1788).

p. 439 DRD4 유전자의 7회 반복 버전은 남성이 금융 위험을 감수하려는 성향의 20퍼센트를 설명한다. : Dreber, A. et al. 2009. The 7R polymorphism in the dopamine receptor D4 gene (DRD4)is associated with financial risk taking in men. *Evolution and Human Behavior* (in press).

p. 440 이 문단의 첫 번째 초고를 쓰던 날 BBC 아침뉴스에서 : 1 May 2008.

p. 440 〈뉴욕 타임스〉도 마찬가지다. 2009년까지 10년간 지구 온도가 높아지지 않았다는 마음 놓이는 소식을 어떻게 보도했을까? : *New York Times*, 23 September 2009.

p. 441 남극 오존층에 구멍을 만드는 데는 염소보다 우주선이 더 큰 역할을 한다 해도 말이다. : Lu, Q.-B. 2009. Correlation between cosmic rays and ozone depletion. *Physical Review Letters* 102 : 118501-9400.

p. 443 휘퍼의 영향을 받은 레이철 카슨은 1962년 《침묵의 봄》을 출간해 독자들을 공포에 질리게 했다. : Carson, R. 1962. *Silent Spring*. Houghton Mifflin.

p. 443 하지만 이는 어린이 암이 늘고 있어서가 아니라 다른 사망 원인이 빠르게 줄고 있었기 때문이다. : Bailey, R. 2002. Silent Spring at 40. *Reason*, June 2002. http://www.reason.com/news/show/34823.html.

p. 444 1971년 환경운동가 폴 에를리히는 다음과 같이 썼다. : Ehrlich, p. 1970. *The Population Bomb*. 2nd edition. Buccaneer Press.

p. 444 나중에 그는 더 구체적인 전망을 내놓았다. : Special Earthday edition of *Ramparts* magazine, 1970.

p. 444 암 발생률(폐암 제외)과 암으로 인한 사망률 모두 꾸준히 떨어졌다. : Ames, B.N. and Gold, L.S. 1997. Environmental pollution, pesticides and the prevention of cancer :

misconceptions. *FASEB Journal* 11 : 1041-52.

p. 444 리처드 돌과 리처드 피토의 연구에서 내려진 결론은 다음과 같다. : Doll, R. and Peto, R. 1981. The causes of cancer : quantitative estimates of avoidable risks of cancer in the United States today. *Journal of the National Cancer Institute* 66 : 1193-1308.

p. 444 1990년대 후반 브루스 에임스가 입증한 사실은 유명하다. : Ames, B.N. and Gold, L.S. 1997. Environmental pollution, pesticides, and the prevention of cancer : misconceptions. *FASEB Journal* 11 : 1041-52.

p. 445 에임스는 말한다. : Bruce Ames, personal communication.

p. 446 말라리아모기만을 겨냥해서 조금만 사용하는 방법도 있다. 예컨대 실내의 벽에 뿌리는 것이다. 그러면 야생생물에 나쁜 영향을 주지 않는다. : http://www.nationalreview.com/comment/bate200406030904.asp : http://www.prospect-magazine.co.uk/article_details.php?id=10176.

p. 446 그레그 이스터브룩은 다음과 같이 말했다. : Easterbrook, G. 2003. *The Progress Paradox*. Random House.

p. 447 레스터 브라운은, 전환점이 도래했으며 농부들은 "늘어나는 수요를 더 이상 감당할 능력이 없다"고 예측했다. : Various sources for these Brown quotes, including Smil, V. 2000. Feeding the World. MIT Press, and Bailey, R. 2009. Never right, but never in doubt : famine-monger Lester Brown still gets it wrong after all these years. *Reason* magazine, 12 May 2009 : http://reason.com/archives/2009/05/05/never-right-but-never-in-doubt. See also Brown, L. 2008. *Plan B 3.0 : Mobilizing to Save Civilization*. Earth Policy Institute.

p. 448 윌리엄 패독과 폴 패독 : Paddock, W. and Paddock, p. 1967. *Famine, 1975! America's Decision : Who Will Survive?* Little, Brown.

p. 448 윌리엄 패독은 인구 증가율이 높은 나라들의 식량 생산을 늘리기 위한 연구 프로그램을 중단하라고 요구했다. : Paddock, William C. Address to the American Phytopathological Society, Houston, Texas 12 August 1975.

p. 448 《인구 폭탄》 : Ehrlich, p. 1971. *The Population Bomb*. 2nd edition. Buccaneer.

p. 449 《지배적 동물》 : Ehrlich, p. and Ehrlich, A. 2008. *The Dominant Animal*. Island Press.

p. 450 경제학자 조지프 슘페터가 1943년에 쓴 글을 보자. : Schumpeter, J.A. 1943. *Capitalism, Socialism, and Democracy*. Allen & Unwin.

p. 450 〈성장의 한계〉 : 여기서 밝혀두어야 할 사실이 있다. 〈성장의 한계〉를 집필한 이들은

다음과 같이 주장해왔다. 자신들은 만일 광물자원 사용량의 지수적 증가 추세가 계속되고 새로운 광물 매장지가 전혀 발견되지 않을 경우 어떤 일이 벌어질 수 있는가를 보여주려고 했을 뿐이고, 정말 그렇게 될 리가 없다는 것을 알고 있었다는 것이다. 하지만 이것은 그 책에서 자신들이 동원한 계산과 표현을 지나치게 관대하게 해석한 것이다. "2000년 이전에 경작지가 절망적으로 부족해질 것이다." "2000년이 되면 세계 인구는 70억 명이 될 것이다." 이런 표현들은 내가 볼 때 예측으로 보인다. 심지어 이보다 나중에 나온 개정판에서도 주된 진단은 달라지지 않았다. "금세기에 자원 부족으로 인류 문명은 붕괴할(혹은 붕괴해야 할) 것이다." "만일 인류가 계속 생존하고 싶어 한다면 인류는 뒷걸음질을 치고, 속도를 줄이고, 치유해야 한다." 다음을 보라. Meadows, D.H., Meadows, D.L. and Randers, J. 1992. *Beyond the Limits*. Chelsea Green Publishing; and Meadows, D.H., Randers, J. and Meadows, D. 2004. *Limits to Growth : The 30-Year Update*. Chelsea Green Publishing.

p. 451 학교의 교과서들은 그 예측을 앵무새처럼 되풀이했다. 거기 붙은 전제조건들은 빼버리고 말이다. : 다음을 보라. Bailey, R. 2004. science and public policy. *Reason* : http://www.reason.com/news/show/34758.html.

p. 451 1990년 경제학자 줄리언 사이먼은 환경론자 폴 에를리히와의 내기에 이겨서 576.07달러를 땄다. : Simon, J. 1996. *The Ultimate Resource 2*. Princeton University Press.

p. 452 1970년 《라이프》는 독자들에게 단언했다. : 다음에서 인용. http://www.ihatethemedia.com/earth-day-predictions-of-1970-the-reason-you-should-not-believe-earth-day-predictions-of-2009.

p. 453 베른트 울리히 교수는 독일의 숲을 살리기에는 이미 너무 늦었다고 말했다. : Mauch, C. 2004. *Nature in German History*. Berghahn Books.

p. 453 〈뉴욕 타임스〉는 '하나의 과학적 컨센서스'를 선언했다. : Easterbrook, G. 1995. *A Moment on the Earth*. Penguin. See also *Fortune magazine*, April 1986.

p. 454 보고서 저자 중 한 사람은 낙관적이어야 한다는 압력을 받았느냐는 질문을 받고 그 반대라고 말했다. : Mathiesen, M. 2004. *Global Warming in a Politically Correct Climate*. Universe Star.

p. 455 운동가 제러미 리프킨은 생명공학이 "모든 점에서 핵 대량 학살과 한 치도 다름없이 치명적인 멸절의 한 형태"를 야기할 위험이 있다고 말했다. : Miller, H.I. 2009. The human cost of anti-science activism. *Policy Review*, April/May 2009. http://www.hoover.org/publications/policyreview/41839562.html.

p. 457 피해자를 끔찍하게 망가뜨리는 에볼라 출혈열을 보자. : Colebunders, R. 2000. Ebola haemorrhagic fever - a review. *Journal of Infection* 40 : 16-20.

p. 457 HIV 감염자 비율은 점점 낮아지고 있다. : http://data.unaids.org/pub/GlobalReport/2008/JC1511_GR08_Executive Summary_en.pdf.

p. 458 휴 페닝턴이라는 세균학 교수 : http://news.bbc.co.uk/1/hi/sci/tech/573919.stm.

p. 458 사망자 수는 166명이었다. : http://www.cjd.ed.ac.uk/figures.htm

p. 459 선천적 결손증을 지닌 신생아는 사고 이전보다 더 많이 태어나지 않았다. 전혀! : Little, J. 1993. The Chernobyl accident, congenital anomalies and other reproductive outcomes. Paediatric Perinatal Epidemiology 7 : 121-51. World Health Organisation은 2006년 다음과 같이 결론지었다. "벨로루시에서 오염된 지역과 그렇지 않은 지역 모두에서 선천적 기형의 발생 사례가 조금씩이지만 꾸준히 늘고 있는 것은 방사능 탓이 아니라 보고를 더 상세하게 한다는 사실과 관련이 있는 것으로 보인다." 다음을 보라. http://www.iaea.org/NewsCenter/Focus/Chernobyl/pdfs/pr.pdf.

p. 459 인구를 완전히 소개한 덕분에 야생 생물이 놀랄 만큼 번성했다. : Brand, S. 2009. *Whole Earth Discipline*. Penguin.

p. 459 어느 시사해설가가 내린 결론을 보자. : Fumento, M. 2006. The Chicken Littles were wrong : bird flu threat flew the coop. *The Standard*, 25 December 2006.

p. 460 당신에게 신종 플루를 옮길 가능성이 훨씬 큰 사람은 너무 아파서 집에 있는 환자가 아니라 일하러 나갈 만큼은 기력이 있는 사람이다. : Wendy Orent. Swine flu poses a risk, but no reason to panic. *Los Angeles Times*, 29 April 2009. http://articles.latimes.com/2009/apr/29/opinion/oe-orent29.

p. 462 오바마 대통령의 과학 고문 존 홀드런의 표현이다. : Holdren, J., Ehrlich, A. and Ehrlich, p. 1973. *Human Ecology : Problems and Solutions*. W.H. Freeman and Company, p.279.

p. 462 유엔 환경계획의 수석 책임자인 모리스 스트롱은 이렇게 표현했다. : http://www.spiked-online.com/index.php/site/article/7314.

p. 462 언론인 조르주 몽비오는 말한다. : *The Guardian*, 18 August 2009.

p. 463 비관주의자들이 후퇴를 말할 때 : http://www.climate-resistance.org/2009/08/folie-a-deux.html.

10. 오늘날의 양대 비관주의 _ 2010년 이후의 아프리카와 기후

p. 466 우리는 이렇게 믿을 수 있다. 모든 과거는 시작의 시작에 불과하다. : Wells, H.G. 'The Discovery of the Future' Lecture at the Royal Institution, 24 January 1902, published in Nature 65 : 326-31. Reproduced with the permission of AP Watt Ltd on behalf of the Literary Executors of the Estate of H.G. Wells.

p. 466 빙핵에서 측정한 그린란드 아이스 캡의 온도 : NCDC. 다음을 보라. ncdc.noaa.gov.

p. 467 환경주의자 조너선 포리트의 말을 들어보자. : Ecologist Online April 2007. See www.optimumpopulation.org/ecologist.j.porritt.April07.doc.

p. 470 폴 콜리어의 표현. : Collier, p. 2007. *The Bottom Billion*. Oxford University Press.

p. 470 기대수명도 빠르게 늘고 있다. : 이 글을 쓰고 있는 순간, 남아공, 모잠비크, 그리고 당연히 짐바브웨의 기대수명은 아직도 내려가고 있다.

p. 471 세계은행의 폴 콜리어와 그의 동료들은《성장은 가난한 사람들에게 좋다》는 책을 출간했을 때 비정부기구들로부터 격렬한 항의를 받았다. : Collier, p. 2007. *The Bottom Billion*. Oxford University Press.

p. 472 오늘날 잠비아의 1인당 소득은 포르투갈과 같아졌을 것이다. : Moyo, D. 2009. *Dead Aid*. Allen Lane.

p. 472 이 같은 연구 결과조차 IMF의 라구람 라잔과 어빈드 서브라마니안에 의해 2005년 박살났다. : Rajan, R.G. and Subramanian, A. 2005. *Aid and Growth : What Does the Cross-Country Evidence Really Show?* NBER Working Papers 11513, National Bureau of Economic Research.

p. 473 잠비아 경제학자 담비사 모요의 권고 : Moyo, D. 2009. *Dead Aid*. Allen Lane.

p. 473 윌리엄 이스털리는 동구의 옛 공산권과 아프리카에 큰 피해를 준 충격요법을 비판하면서 "우리는 시장을 계획할 수는 없다"고 말했다. : Easterly, W. 2006. *The White Man's Burden : Why the West's Efforts to Aid the Rest Have Done So Much Ill and So Little Good*. Oxford University Press.

p. 473 살충 처리된 침대 모기장을 예로 들었다. : Easterly, W. 2006. *The White Man's Burden : Why the West's Efforts to Aid the Rest Have Done So Much Ill and So Little Good*. Oxford University Press.

p. 477 최근 몇십 년 동안 경제적으로 가장 크게 성공한 나라의 지위를 유지했다. : Acemoglu, D., Johnson, S.H. and Robinson, J.A. 2001. *An African Success Story : Botswana*. MIT Department of Economics Working Paper no. 01-37.

p. 480 택지 개발업자들은, 가난한 사람들이 벽돌을 하나하나 쌓아 자기네 형편에 맞는 슬럼가를 불법적으로 건설하는 대로 내버려둔다. : Boudreaux, K. 2008. Urbanisation and informality in Africa's housing markets. *Economic Affairs,* June 2008 : 17-24.

p. 480 카이로 주택 소유자의 전형적인 행태는 지붕 위에 불법적으로 세 층을 더 올린 다음 이를 친척들에게 임대하는 것이다. : De Soto, H. 2000. *The Mystery of Capital.* Bantam Press.

p. 481 이것은 "엘리트주의적 법과 신질서 간의 격렬하고 소모적이었던 긴 투쟁의 종식"을 의미했다. 신질서를 초래한 것은 "대량 이민, 그리고 지속 가능한 개방적 사회에 대한 요구" 였다. : De Soto, H. 2000. *The Mystery of Capital.* Bantam Press.

p. 481 바트 윌슨과 버넌 스미스가 동료들과 진행한 연구를 보자. 이들은 가상의 마을 세 곳이 있는 지역을 만들었다. : Kimbrough, E.O., Smith, V.L. and Wilson, B.J. 2008. Historical property rights, sociality, and the emergence of impersonal exchange in long-distance trade. *American Economic Review* 98 : 1009-39.

p. 482 잘 만들어진 재산권 제도는 야생 생물과 자연을 보호하는 데도 핵심적인 역할을 한다. : Anderson, T. and Huggins, L. 2008. *Greener Than Thou.* Hoover Institution Press.

p. 482 아이슬란드 연안의 생선, : Costello, C., Gaines, S.D. and Lynham, J. 2008. Can catch shares prevent fisheries collapse? Science 321 : 1678-80. (doi : 0.1126/science.1159478).

p. 483 탄자니아에서 똑같은 일을 하려면 379일이 걸리고 5,506달러가 든다는 사실을 데 소토의 연구보조원들이 발견했다. : Institute of Liberty and Democracy. 2005. Tanzania : the diagnosis. http://www.ild.org.pe/en/wnatwedo/diagnosis/tanzania.

p. 484 말리의 바마코 역시 올바른 저작권법과 기업가 정신이 주어지자 스스로의 강력한 음악적 전통을 더욱 발전시킬 수 있었다. : Schulz, M. and van Gelder, A. 2008. Nashville in Africa : Culture, *Institutions, Entrepreneurship and Development.* Trade, Technology and Development discussion paper no. 2, International Policy Network.

p. 485 초소액 융자업과 이동전화 사업, 그리고 인터넷이 융합해 만들어낸 시스템을 보자. : Talbot, D. 2008. Upwardly mobile. *Technology Review,* November/December 2008 : 48-54.

p. 485 이 같은 진보는 아프리카의 가난한 사람들에게 새로운 기회를 제공한다. 한 세대 전 아시아의 가난한 사람들에게는 주어지지 않았던 기회다. : Rodrik, D. (ed.). 2003. *In Search of Prosperity.* Princeton University Press.

p. 485 인도 남부 케랄라의 정어리잡이 어부에 대한 연구 : Jensen, Robert T. 2007. The digital provide : information (technology), market performance and welfare in the

South Indian fisheries sector. Quarterly Journal of Economics 122 : 879-924.

p. 487 '인구학적 배당' : Bloom, D.E. et al. 2007. *Realising the Demographic Dividend : Is Africa Any Different?* PGDA Working Paper no. 23, Harvard University.

p. 488 아프리카 무인 지역에 특별자치시를 건설해 : www.chartercities.com.

p. 488 기후는 항상 변덕스럽다. : *Newsweek*, 22 January 1996. On the web at http://www.newsweek.com/id/101296/page/1.

p. 489 기상학자들은 _____화 추세의 원인과 정도에 대해 각기 의견을 달리한다. : *Newsweek*, 28 April 1975. On the web at http://www.denisdutton.com/cooling_world.htm.

p. 489 지난 30년간 상대적으로 느리게 진행돼온 기온 변화는 온실효과에 대한 고감도 모델보다 저감도 모델에 더 잘 들어맞는다. : Lindzen, R.S. and Choi, Y.S. 2009. On the determination of climate feedbacks from ERBE data. *Geophysical Research Letters*. In press. Schwartz, S.E., R.J. Charlson, and H. Rhode, 2007 : Quantifying climate change-too rosy a picture? Nature Reports Climate Change 2 : 23-24, and Schwartz S.E. 2008. Reply to comments by G. Foster et al., R. Knutti et al., and N. Scafetta on Heat capacity, time constant, and sensitivity of Earth's climate system. J. Geophys. Res. 113, D15105. (doi : 10.1029/2008JD009872).

p. 490 구름의 온난화 방지 효과는 물 증발의 온난화 촉진 효과와 같은 크기일지도 모른다. : Paltridge, G., Arking, and Pook, M. 2009. Trends in middle-and upper-level tropospheric humidity from NCEP reanalysis data. *Theoretical and Applied Climatology*. (doi : 10.1007/ s00704-009-0117-x).

p. 490 지난 20년간 대기 중의 메탄 증가율은 (불규칙적으로) 줄어들어왔다. : M.A.K. Khalil, C.L. Butenhoff and R.A. Rasmussen, Atmospheric methane : trends and cycles of sources and sinks, *Environmental Science & Technology* 41 : 2131-7.

p. 490 지구 역사상 좀더 온난한 기간은 약 6천 년 전에도 있었고 중세에도 있었지만 온난화가 점점 더 빨라지거나 임계점에 도달한 사례는 전혀 없다. : Loehle, C. 2007. A 2000-year global temperature reconstruction based on non-treering proxies. *Energy and Environment* 18 : 1049-58; and Moberg, A., D.M. Sonechkin, K. Holmgren, N.M. Datsenko, and W. Karlén, 2005. Highly variable Northern Hemisphere temperatures reconstructed from low- and high-resolution proxy data. Nature 433 : 613-7. 'the Intergovernmental Panel on Climate Change (IPCC)'. The full IPCC reports are available at www.ipcc.ch.

p. 491 네덜란드 경제학자 리처드 톨 : www.ff.org/centers/csspp/pdf/ 20061031_tol.pdf.
p. 492 할인율을 더 높게 적용하면 스턴의 주장은 무너져버린다. : 다음을 보라. Weitzman, M. 2007. Review of the Stern Review on the economics of climate change. *Journal of Economic Literature* 45 (3) : 'The present discounted value of a given global-warming loss from a century hence at the non-Stern annual interest rate of 6 per cent is one-hundredth of the value of the same loss at Stern's centuries-long discount rate of 1.4 per cent.'

p. 492 나이절 로슨은 다음과 같이 묻는다(매우 타당한 질문이다). : Lawson, N. 2008. *An Appeal to Reason*. Duckworth.

p. 493 IPCC의 여섯 가지 시나리오는 모두 세계 경제가 엄청나게 성장한다고 가정한다. 2100년에 사는 사람들은 오늘날의 사람들에 비해 평균 4~18배 잘살게 된다는 것이다. : http://www.ipcc.ch/ipccreports/sres/emission/014.htm.

p. 493 온난화가 가장 심하게 진행되는 시나리오에 의하면, 가난한 나라의 1인당 국민소득이 오늘날의 1,000달러에서 2100년 66,000달러(인플레이션 보정값)로 늘어난다. : Goklany, I. 2009. Is climate change 'the defining challenge of our age'? *Energy and Environment* 20 : 279-302.

p. 493 이것은 심지어 다음 사항을 감안해도 사실이라는 점에 주목하자. 즉, 2100년에는 스턴의 가정대로 기후 변화 자체 때문에 부의 20퍼센트가 줄어든다고 치자. 이는 세계가 지금보다 '고작' 2~10배 부유해진다는 뜻이 될 것이다. : 다음을 보라. http://sciencepolicy.colorado.edu/prometheus/archives/climate_change/001165a_comment_on_ipcc_wo.html.

p. 493 2009년 찰스 황태자의 연설을 보면 이 같은 역설은 뚜렷해진다. : http://www.spectator.co.uk/politics/all/5186108/the-spectators-notes.thtml.

p. 494 이 모든 미래 예측에서는 GDP 구매력 지수 대신 시장 환율이 사용되었다. 이는 온난화를 더욱 과장하는 효과를 낳는다. : Castles, I. and Henderson, D. 2003. Economics, emissions scenarios and the work of the IPCC. *Energy and Environment* 14 : 422-3. See also Maddison, A. 2007. *Contours of the World Economy*. Oxford University Press.

p. 494 이 같은 논리의 문제점은 이것이 단지 기후 변화만이 아니라 모든 종류의 위험에 적용돼야 한다는 데 있다. : http://cowles.econ.yale.edu/P/cd/d16b/d1686.pdf; and http://www.economics.harvard.edu/faculty/weitzman/files/ ReactionsCritique.pdf.

p. 496 일부 국가에서는 물에 쓸려온 흙이 퇴적돼서 생기는 땅이 침식으로 잃는 땅보다 더 많은

상황이 앞으로도 계속될 것이다. : 그럼에도 불구하고 언론인 George Monbiot는 살인을 선동한다. "방글라데시에서 홍수 때문에 한 명 죽을 때마다 항공사 중역 한 명을 사무실에서 끌어내 익사시켜야 한다(Guardian, 5 December 2006)." 그리고 James Hansen은 남들과 동떨어진 견해를 가진 사람들은 인류에 대한 범죄 혐의로 재판에 넘겨야 한다고 요구했다. 세계의 선도적 기후과학자 중 한 사람인 James Hansen은 오늘 화석연료 대기업의 중역들을 재판에 부치라고 요구할 예정이다. 인류와 자연에 대해 중죄를 저지른 혐의가 있다는 것이다. 이들이 지구 온난화에 대한 의심을 적극적으로 퍼뜨렸다는 것이 고발의 내용이다. (Guardian, 23 June 2008).

p. 496 가장 높게 잡은 추정치도 빙하가 녹는 양은 1세기당 1퍼센트 이하다. : Luthke, S.B. et al. 2006. Recent Greenland ice mass loss from drainage system from satellite gravity observations. 배수 시스템으로 인한 최근 그린란드의 얼음 손실 총량. 이는 인공위성에서 중력 관찰로 측정한 값이다. Science 314 : 1286-9. 어느 편인가 하면, 그린란드 빙하가 녹는 속도는 느려지고 있다. van der Wal, R.S.W., et al. 2008. 그린란드 빙상의 삭마(깎이고 마모됨) 지역이 이동하는 속도가 얼음 용해로 인해 빠르고 크게 변화하는 현상 : Science 321 : 111.

p. 496 물 부족 위험에 처한 인구의 총수는 바로 온난화 덕분에 줄어들 것이다. : Arnell, N.W., 2004. 기후 변화와 지구 수자원 : SRES emissions and socio-economic scenarios. Global Environmental Change 14 : 31-52. 정책 결정권자들을 위한 IPCC의 요약문은 본래의 논문을 오도했다. 인구 거주 지역에서 강수량이 늘어나는 데 따른 긍정적 효과에 대한 언급이 요약문에서는 몽땅 빠졌다. Indur Goklany는 이에 대해 다음과 같이 쓰고 있다. "한마디로 말해 수자원에 대한 SPM.2 수치에 틀린 점은 없다. 하지만 기후 변화를 긍정적으로 볼 수 있게 만들지도 모를 정보를 제공하지 않음으로써 이들은 독자를 기만했다." 다음을 보라. http://wattsupwiththat.com/2008/09/18/how-the-ipcc-portrayed-a-net-positive-impact-of-climate-change-as-a-negative/#more-3138.

p. 497 과거의 온난화 사례, : 중세 온난기(Medieval Warm Period, 서기 800~1300년의 온난기―옮긴이)는 결코 없었다는 사실을 증명하는 것처럼 보였던 유명한 '하키 스틱' 그래프는 그 후 철저히 불신당하고 있다. 이 그래프는 브리슬콘소나무와 시베리아낙엽송에서 나온 표본(나이테를 말함―옮긴이) 두 세트에 과도하게 의존하고 있다. 이들 표본은 신뢰도가 매우 낮은 것으로 나중에 드러났다. 이 그래프는 실제 온도계 데이터와 측정 대용물을 선택적으로 한데 이어 붙임으로써 대용물이 근현대의 온도를 반영하지 않는다는 사실을 모호하게 만들었다. 그리고 통계적 기법을 써서 red noise(브라운 운동으로 생성되는 거의 무작위적인 신호 잡음―옮긴이)로부터 하키 스틱 모양의 그래프를 (어거지로―옮긴이) 도출했다.

나무 나이테가 아닌 측정 대용물을 사용한 결과는 중세 온난기가 오늘날보다 더웠다는 사실을 분명하게 드러낸다. 다음을 보라. http://www.climateaudit.org/?p=7168. Holland, D. 2007. Bias and concealment in the IPCC process : the 'hockey-stick' affair and its implications. *Energy and Environment* 18 : 951-83; http://republicans.energycommerce.house.gov/108/home/07 142006_Wegman_Report.pdf; www.climateaudit.org/?p=4866#more - 4866; http://wattsupwiththat.com/2009/03/18/steve-mcintyres-iccc09 - presentation-with-notes/#more-6315; http://www.climateaudit.org/? p=7168. See also Loehle, C. 2007. A 2000-year global temperature reconstruction based on non-tree ring proxies. *Energy and Environment* 18 : 1049-58; and Moberg, A., Sonechkin, D.M., Holmgren, K., Datsenko, N. M. and Karlén, W, 2005. Highly variable Northern Hemisphere temperatures reconstructed from low-and high-resolution proxy data. 변동이 극도로 심한 북반구 온도. 고해상도 및 저해상도 측정 대용물 데이터를 이용해 재구성했다. *Nature* 433 : 613-17. 8,000년 전과 5,000년 전 사이 홀로세 온난기에 대한 논문은 다음을 보라. http://climatesanity.wordpress.com/2008/10/15/dont-panic-the-arctic-has-survived-warmer-temperatures-in-the-past/; http://adsabs.harvard.edu/abs/2007AGUFMPP11A0203F; and http://meetingorganizer.copernicus.org/EGU2009/EGU2009-13045.pdf; and http://nsidc.org/arcticseaicenews/faq.html#summer_ice.

p. 497 어떤 시나리오에서든, 2100년이 되면 물 부족 위험을 겪는 순인구수가 준다는 사실이 명백해진다. : Goklany, I. 2009. Is climate change the defining challenge of our age? *Energy and Environment* 20 : 279-302.

p. 497 대서양에서 발생해 육지로 올라오는 허리케인은 횟수가 늘어나지도 최대 풍속이 빨라지지도 않았다. : Pielke, R. A., Jr., Gratz, J., Landsea, C. W., Collins, D., Saunders, M.A. and Muslin, R, 2008 : Normalized hurricane damage in the United States : 1900-2005. *Natural Hazard Review* 9 : 29-42.

p. 498 기상 관련 자연재해로 인한 세계의 연간 총 사망률은 1920년대 이래 99퍼센트나 줄었다. : Goklany, I. 2007. Deaths and death rates due to extreme weather events. *Civil Society Report on Climate Change*. International Policy Network.

p. 498 날씨가 추울 때의 초과 사망자 수가 혹서기보다 훨씬 많다. : Lomborg, B. 2007. *Cool It*. Marshall Cavendish.

p. 499 오늘날 말라리아 발생 지역이 일부로 한정된 것은 기후 때문이 아니다. : Reiter, p. 2008. Global warming and malaria : knowing the horse before hitching the cart.

Malaria Journal 7 (supplement 1) : S3.

p. 499 말라리아 전문가 폴 라이터의 말이다. : Reiter, p. 2007. Human ecology and human behavior. Civil Society Report on Climate Change. International Policy Network.

p. 499 지구 온난화로 인해 증가할 가능성이 있는 말라리아 사망자 수는 기껏해야 최대 3만 명이다. : Goklany, I. 2004. Climate change and malaria. *Science* 306 : 56-7. IPCC는 말라리아 전문가 Paul Reiter를 이상한 방식으로 대했다. 당초 Reiter 교수는 2007년 IPCC 기후 평가의 '건강' 장 '말라리아' 절 집필자로 추천되었으나 거부당했다. IPCC는 처음엔 마치 그가 추천되지 않았다는 듯한 태도를 취했다. 그 다음에는 그가 각기 다른 관료들에게 보낸 추천 서류 4부를 받지 못한 척했다. '말라리아' 절의 주된 필자 두 명은 Reiter 교수와 달리 말라리아 전문가가 아니었다. 해당 주제에 대해 쓴 논문은 두 사람 것을 합쳐서 단 한 편에 불과했다. 한 명은 과학자도 아니고 환경운동가였다. 출처 : http://scienceand publicpolicy.org/images/stories/papers/scarewatch/scarewatch_agw_ spread_malaria.pdf.

p. 499 1990년을 전후해 동유럽에서 진드기 매개 질병이 급증한 사례 : Randolph, S.E. 2008. Tick-borne encephalitis in Central and Eastern Europe : consequences of political transition. *Microbes and Infection* 10 : 209-16.

p. 500 2009년 코피 아난이 개최한 인도주의 지구 포럼에서는, 기후 변화로 인한 사망자 수를 두 배로 늘려 연간 315,000명으로 추산했다. : 이 주제에 대한 훌륭한 토론은 다음을 보라. http://sciencepolicy.colorado.edu/prometheus/what-is-wrong-with-non-empirical-science-5410; also http://www.climate-resistance.org/2009/06/the-age-of-the-age-of-stupid.html; also the *Wall Street Journal* : http://online.wsj.com/article/SB124424567009790525.html.

p. 501 예컨대 밀 생산량은 대기 중 이산화탄소 함량이 600ppm일 때 295ppm일 때에 비해 15~40퍼센트 늘어난다. : Pinter, P.J., Jr., Kimball, B.A., Garcia, R.L., Wall, G.W., Hunsaker, D.J. and LaMorte, R.L. 1996. Free-air CO_2 enrichment : Responses of cotton and wheat crops. In Koch, G.W. and Mooney, H.A. (eds). 1996. *Carbon Dioxide and Terrestrial Ecosystems.* Academic Press.

p. 501 오늘날의 경작지 면적은 세계의 11.6퍼센트지만 2100년에는 5퍼센트에 불과하게 되기 때문이다. : Goklany, I. 다음에 인용돼 있다. Bailey, R. 2009. What planetary emergency? Reason, 10 March 2009. See http://www.reason.com/news/show/132145.html.

p. 501 가장 잘살고 온난화가 가장 심한 버전의 미래는 굶주림도 가장 적고 : Parry, M.L., Rosenzweig, C., Iglesias, A., Livermore, M. and Fischer, G, 2004 : Effects of climate change on global food production under SRES emissions and socio-economic scenarios. *Global Environmental Change* 14 : 53-67.

p. 501 인간이 스스로를 부양하기 위해 추가로 경작해야 할 면적도 가장 적은 : Levy, P.E. et al. 2004. Modelling the impact of future changes in climate, CO2 concentration and future land use on natural ecosystems and the terrestrial carbon sink. *Global Environmental Change* 14 : 21-30.

p. 502 기아, 더러운 물, 실내 연기, 말라리아다. 이런 원인으로 죽는 사람의 수는 1분당 각각 약 7명, 3명, 3명, 2명이다. : 유엔 추정치는 다음과 같다. 기아로 인한 사망자 연간 370만 명, 더러운 물로 인해 170만 명, 실내 연기로 인해 160만 명, 말라리아로 인해 110만 명.

p. 502 경제학자들의 추산에 따르면, 기후 변화를 완화하기 위해 사용된 1달러가 가져오는 편익은 90센트다. : Lomborg, B. 2008. How to get the biggest bang for 10 billion bucks. *Wall Street Journal*, 28 July 2008. 북극곰은 오늘날 여전히 번성하고 있다(13개 개체군 중 11개의 개체수가 유지되거나 늘고 있다). : http://www.sciencedaily.com/releases/2008/10/0810 20095850.htm. See also Dyck, M.G., Soon, W., Baydack, R.K., Legates, D.R., Baliunas, S., Ball, T.F. and Hancock, L.O. 2007. 허드슨 만 서부의 북극곰과 기후에 대해서는 다음을 보라. Are warming spring air temperatures the 'ultimate' survival control factor? *Ecological Complexity* 4 : 73-84. See also Dr Mitchell Taylor's presentation at http://www.you tube.com/watch?v=I63Dl14Pemc.

p. 504 호주의 해양생물학자 찰리 베론 / 런던 동물학협회의 알렉스 로저스 : 둘 다 다음에서 인용. *Guardian*, 2 September 2009. http://www.guardian.co.uk/environment/2009/sep/02/ coral-catastrophic-future.

p. 505 심지어 수온이 35도에 이르는 페르시아 만도 그렇다. : 다음은 캐나다 생물학자가 2008년 자신의 블로그에 올린 글이다. "나는 방금 페르시아 만의 이란 측 연안인 Asaluyeh/Nyband Bay 지역에서 돌아왔다. 기온은 40도, 수온은 35도였다. (이런 조건에서 현장 작업을 하는 게 얼마나 즐거운지에 대한 논평을 듣고 싶으면 개인적으로 이메일을 보내시라). 우리는 수심 4~15미터에 있는 산호를 관찰했다. 어느 깊이에서 봐도 백화된 산호는 전혀 없었다. '회복력'이라는 단어가 해당되는 적절한 경우다. 기존에 기술된 바가 거의 없는 이 암초들에서 산호가 덮고 있는 면적은 거의 30퍼센트에 이른다. 이는 플로리다키스 제도보다 높은 수치다." http://coral.aoml.noaa.gov/pipermail/coral-list/ 2008-August /037881.html.

p. 505 산호의 회복 능력은 급속한 온난화를 많이 겪을수록 더 강해진다. : . Oliver, T.A. and Palumbi, S.R. 2009. Distributions of stress-resistant coral symbionts match environmental patterns at local but not regional scales. *Marine Ecology Progress Series* 378 : 93-103. 또한 다음도 보라 : Baker, A.C. et al. 2004. Coral reefs : Corals' adaptive response to climate change. *Nature* 430 : 741, 이들은 다음과 같이 말한다. "공생 군집들의 적응적 변화가 시사하는 바는 다음과 같다. '이들 황폐화된 암초들은 미래의 온도 스트레스를 더 잘 견딜 능력을 갖추게 될 수 있다. 이는 살아남는 산호들이 멸종되는 데 걸리는 기간이 과거 예상했던 것보다 상당히 길어지는 결과'를 낳는다."

p. 505 21세기에 세계가 급속히 온난화된다면 일부 산호는 죽을 수 있다. 하지만 보다 추운 지역의 산호초들은 온난화 덕분에 더 넓은 지역으로 퍼져나갈 것이다. : Kleypas, J.A., Danabasoglu, G. and Lough. J.M. 2008. Potential role of the ocean thermostat in determining regional differences in coral reef bleaching events, *Geophysical Research Letters* 35 : L03613. (doi : 10.1029/2007GL03 2257).

p. 506 이는 많은 실증적 연구에서 드러난 사실이다. 탄산 증가는 석회성 플랑크톤, 오징어 유충, 석회비늘편모류의 성장에 영향이 없거나 긍정적인 영향을 미친다. : Iglesias-Rodriguez, M.D. et al. 2008. Phytoplankton calcification in a high-CO2 world. *Science* 320 : 336-40. Other studies of the carbonate issue are summarised by Idso, C. 2009. *CO2, Global Warming and Coral Reefs*. Vales Lake Publishing.

p. 507 빌 클린턴 미국 대통령은 말했었다. : Speech to the US National Academy of Sciences, 15 July 1998.

p. 507 인두르 고클라니의 표현에 따르면, : Goklany, I. 2008. *The Improving State of the World*. Cato Institute.

p. 507 기후 변화에 관한 13종의 경제학적 분석이 내린 결론 : Summarised in Tol, R. S. J. 2009. The Economic Effects of Climate Change. *Journal of Economic Perspectives*, 23 : 29-51. http://www.aeaweb.org/articles.php?doi=10.1257/jep.23.2.29. See also the essay by Jerry Taylor at http://www.masterresource.org/2009/11/the-economics-of-climate-change-essential-knowledge.

p. 508 IPCC의 2007년 보고서에서 인용 : IPCC AR4, Working Group III, p. 204.

p. 509 물리학자 데이비드 맥케이의 말이다. : MacKay, D. 2009. *Sustainable Energy-without the Hot Air*. UIT, Cambridge.

p. 509 영국을 보자. 현재의 생활수준을 유지하기 위한 1인당 하루치의 일에는 125킬로와트시의 에너지가 필요하다. : Numbers in this paragraph recalculated from MacKay, D. 2009. *Sustainable Energy-without the Hot Air*. UIT, Cambridge. 1인당 하루 125kWh라는 수치를 제7장에 제시된 각기 다른 에너지원과 비교해 보라. 영국은

250기가와트(초당 250기가줄)를 소비한다. 인구를 5천만 명으로 보면 이는 1인당 매초 5,000줄에 해당한다. 하루는 86,400초이므로 5,000×86,400=1인당 하루 4억 3,200만 줄이다. 1킬로와트시는 360만 줄이므로 432÷3.6=1인당 하루 120킬로와트시가 된다.

p. 511 풍력 발전 보조금은 일자리를 파괴한다. 이는 스페인의 한 연구에서 확인됐다. : Donald Hertzmark, 6 April 2009 at http://masterresource.org/?p=1625. See also http://www.juandemariana.org/pdf/090327-employment-public-aid-renewable.pdf, and http://masterresource.org/?p=5046#more-5046.

p. 511 피터 휴버의 글이다. : Huber, p. 2009. Bound to burn. *City Journal,* spring 2009.

p. 512 공학자들이 아주 가까운 장래에 햇빛을 이용해 물에서 직접 수소를 뽑아내는 방법을 발견할 수 있을 것이다. 루테늄 염료를 촉매로 사용하는 방법인데, 이는 실제로 식물의 광합성을 모방한 것이다. : Bullis, K. 2008. Sun+water=fuel. *Technology Review,* November/December, 56-61.

p. 512 발전 효율 12퍼센트의 태양 전지판이 1제곱미터당 200달러에 대량 생산될 수 있다고 생각해보자. 그러면 석유 1배럴에 맞먹는 전력을 30달러에 만들어낼 수 있다. : Ian Pearson, 8.9.08 : http://www.futurizon.net/blog.htm.

p. 513 지난 150년간 인류의 에너지원이 나무에서 석탄, 석유, 천연가스로 변천 : Ausubel, J.H. 2003. 'Decarbonisation : the Next 100 Years'. Lecture at Oak Ridge National Laboratory, June 2003. http://phe.rockefeller.edu/PDF_FILES/oakridge.pdf.

p. 514 제시 오서벨의 예측 : Ausubel, J.H. and Waggoner, P.E. 2008. Dematerialization : variety, caution and persistence. *PNAS* 105 : 12774-9. See also : http://www.nytimes.com/2009/04/21/science/earth/21tier.html.

p. 515 탄소가 풍부한 살파류라는 해양생물 : Lebraton, M. and Jones, D.O.B. 2009. Mass deposition event of Pyrosoma atlanticum carcasses off Ivory Coast (West Africa). *Limnology and Oceanography* 54 : 1197-1209.

11. 카탈락시 _ 2100년을 바라보는 이성적 낙관주의

p. 518 아기들이 우는 소리를 듣는다. 그 아이들이 자라는 것을 본다. : Thiele, B. and Weiss, G. D. 1967. 'What a Wonderful World'. Range Road Music, Inc., Bug Music-Quartet Music, Inc. and Abilene Music, Inc., USA. Reproduced with permission of Carlin Music Corp., London.

p. 518 세계 1인당 GDP 추이 그래프 : Intergovernmental Panel on Climate Change, 4th Assessment Report 2007.

p. 523 웰스는 말했다. : Wells, H.G. 'The Discovery of the Future' Lecture at the Royal Institution, 24 January 1902, published in Nature 65 : 326-31. Reproduced with the permission of AP Watt Ltd on behalf of the Literary Executors of the Estate of H.G. Wells.

p. 525 폴 로머는 이를 다음과 같이 표현했다. : 다음에서 인용. Romer, p. 'Economic growth' in the Concise Encyclopedia of Economics(edited by David R Henderson, published by Liberty Fund); and Romer, p. 1994. New goods, old theory, and the welfare costs of trade restrictions. Journal of Development Economics 43 : 5-38.

p. 526 세계 경제를 몇 개월, 심지어 몇 주마다 두 배로 성장시키고, : Hanson, R. 2008. Economics of the Singularity. IEEE Spectrum (June 2008) 45 : 45-50.

p. 526 기술적 '특이점' : 이 개념을 탐구한 것은 Vernor Vinge와 Ray Kurzweil이다. 다음을 보라. Kurzweil, R. 2005. The Singularity Is Near. Penguin.

p. 527 스티븐 레비는 말한다. : Levy, S. 2009. Googlenomics. Wired, June 2009.

p. 528 클레이 서키가 같은 제목의 책에서 한 말이다. : Shirky, C. 2008. Here Comes Everybody. Penguin.

p. 528 케빈 켈리의 말이다. : Kelly, K. 2009. The new socialism. Wired, June 2009.

p. 531 과거 나쁜 종류의 추장, 성직자, 도둑들이 지구상에서 미래의 번영을 끝장낼 뻔했지 않은가. : 이 점에 대해서는 Meir Kohn의 우아한 글이 있다. 다음을 보라. www.dartmouth.edu/~mkohn/Papers/lessons%201r3.pdf.

p. 532 매콜리 경은 다음과 같이 말했다. : Macaulay, T.B. 1830. Southey's Colloquies on Society. Edinburgh Review, January 1830.

p. 532 손턴 와일더의 희곡 〈가까스로 우리는〉을 보면, : Wilder, T. 1943. The Skin of Our Teeth. HarperCollins.

찾아보기

/
/
/

ㄱ

가족 형성 299-300
간디, 산자이 311-312
간디, 인디라 310-312
갈다카스, 비루테 101
강도귀족 46-47, 160, 401
개미 56, 142, 142, 296
개스켈, 엘리자베스 334-335
갤리선 255
갤브레이스 37
게이츠, 빌 168, 398, 405
경제적 진화 23, 54, 522
고령화 322, 439
고클라니, 인두르 220, 507
고트리스, 리처드 438
골드스미스, 에드워드 433

골든라이스 235, 239
광우병 458
교환 | 물물교환 97-99, 109, 135 | 신뢰 관련 257-160, 164-165 | 예절과 의례 관련 206 | 이노베이션 관련 118, 186, 256-257, 380, 405-412 | 인간 고유의 특질 96-97
구아노 215
구자라트 144, 302, 308
구텐베르크, 요하네스 281
국민총행복 50
《국부론》(스미스) 5, 150
귀스, 베르너 139
그노 족 141
그람, 제노브 테오필 353-354
그레이, 존 426

그린피스 54, 235, 238, 422
글래드스턴, 윌리엄 359
글레이저, 에드워드 290
글로벌기빙www.globalgiving.org 474, 528
금융 위기(2008년) 54, 160, 162, 526
기대수명 33-35, 39, 82, 426, 428, 444, 470-471, 479
기후 변화 | 경제성장과의 관계 493-495 | 관련 사망률 498-502 | 생태계에 미치는 영향 502-505 | 화석연료와의 관계 508
길버트, 대니얼 18

ㄴ

나사리우스 90-91, 95, 109
나이지리아 36, 58, 185, 320, 358, 470, 480
나투피아 189-190
남아프리카공화국(남아공) 89, 91, 134, 235, 470, 479
내비게이션 403-404
네덜란드 58, 144, 168, 233, 282-283, 308, 330, 339, 351, 399, 479
네안데르탈인 17, 76, 90-91, 94, 107-108, 113, 117, 127, 129
네팔 35, 318
넬슨, 리처드 20
노드하우스, 윌리엄 492
노르다우, 막스 429
노르베리, 요한 286
노르웨이 156, 493
노르테 치코 250

노스, 더글러스 482
노예 62, 78, 149, 166, 246, 260, 262, 327-330, 336, 344, 347, 356-357, 359, 391, 521
노이스, 로버트 337
노턴, 세스 321
농업 | 난쟁이 밀 217-220 | 도시화 239 | 비료의 발전 209, 214-217 | 유기농 74, 225, 229-234 | 유전자 조작 작물 230, 233-239, 425, 531 | 초기의 발전 189-201, 208-214
뉴기니 111, 120, 141, 148, 192, 196, 499
뉴질랜드 38, 107, 115
뉴커먼, 토머스 387
니그리토 111

ㄷ

다르푸르 449, 524
다윈, 찰스 126, 132, 147, 167, 182, 519
다이아몬드, 재레드 437-438
데 소토, 에르난도 480-484
데닛, 댄 519
데이비, 험프리 337
도리오, 조르주 393
도브 쿵 부시맨 208
도킨스, 리처드 20, 87
독일 36, 58, 117, 144, 149, 172, 212, 273, 281, 286, 309, 330, 381, 429-431, 453
돌, 리처드 444
동인도회사 342-343
DDT 443-446

디오클레티아누스 268, 281
디젤, 루돌프 223
디킨스, 찰스 335
디포, 대니얼 341
디프로토돈 115

ㄹ

라마레라 족 141
라스코 동굴 114
라이베리아 35, 470
라이터, 폴 499
라이트 형제 394, 399
라이트, 로버트 160, 268
라자스탄 249, 252
라잔, 라구람 472
라트나가르, 셰린 248
락탄티우스 281
랜디스, 데이비드 340
랭엄, 리처드 100-101
랭커셔 327, 331, 351-353, 397
러다이트 운동 393
레비, 스티븐 527
레이야드 리처드 50
로디긴, 알렉산드르 409
로머, 폴 406, 415-416, 487, 525
로스차일드, 나탄 144
로슨, 나이절 492
로웰, 프랜시스 캐벗 397
로저스, 알렉스 504
로탈 248, 252
록펠러, 존 47, 422
롬브르, 비요른 419

루스벨트, 시어도어 172, 430
루이 14세 65-67, 281, 283, 391
르블랑, 스티븐 212
르완다 35
리글리, 토니 350-351
리드, 레너드 68
리드베터, 찰스 433
리버스, W. H. R. 131
리볼리, 피에트라 347
리스, 제이컵 37
리카도, 데이비드 123-124, 259-260,
    285, 297-298, 301, 377, 413
리프킨, 제러미 455
리히, 마이클 148
린지, 브링크 163, 173

ㅁ

마그레브 272-275
마다가스카르 115, 445
마르체티, 체자레 513
마르쿠제, 허버트 435
마르크스, 카를 165, 170, 333
마르크스주의자 333, 475, 529
마르투족 104
마오쩌둥 36, 285, 396, 441
마우리아 264, 530
마이어, 워런 422
말라리아 209, 242, 414, 445-446, 461,
    475, 492, 499-502
말라위 71-72, 92, 205, 470, 474
말리노프스키, 브로니스와프 206-207
매도프, 버나드 55

매독스, 존 316
매디슨, 앵거스 276
매콜리, 토머스 배빙턴 32, 426-429, 532
매큐언, 이언 82
매클로스키, 데어드르 173
매키벤, 빌 436
맥마나라, 로버트 311
맥케이, 데이비드 509
맥켄드릭, 닐 341
맨델, 루이스 384
맬서스, 로버트 214-215, 217, 223, 291, 297-298, 306, 377
메르츠바흐 212
메소포타미아 244-245, 248-249, 257, 297, 302, 308
메이스, 루스 120
메체리히 117
메타, 수케타 288
멕시코 35, 184, 192, 196, 218-219, 302, 459, 482
모건, J. P. 161
모로코 90, 319
모방 19-21, 87, 126, 130
모스, 새뮤얼 409
모요, 담비사 473
모즐리, 헨리 337
모키르, 조엘 302, 381, 388
모헨조다로 248
모호크족 213
몽비오, 조르주 462
몽테스키외 264
무어, 고든 337

문화의 진화 20-23, 94-95, 126, 317, 408, 519
미국 | 노예제도 330 | 농촌에서 도시로 이주 171, 288, 335 | 대공황 59-60, 172, 296 | 바이오연료 생산 361, 364-365 | 부유함 37-38, 55 | 생산성 176-177 | 에너지 사용 358, 362 | 이민 309 | 저작권 및 특허 제도 399-400, 402, 484 | 출산율 323 | 행복 51-52
미국의 역발전 462
미터버그 200
밀, 존 스튜어트 63, 164, 377, 415, 418
밀라노 273
밀러, 제프리 76, 79, 412
밀레투스 261-262
밀스, 마크 369

ㅂ

바살라, 조지 409
바실루스 투린기엔시스 231
바이오연료 361, 363-367, 447, 503, 509, 511
바인하커, 에릭 177
박스그로브 83-86
발라즈, 에티엔 279
방글라데시 312, 320
밴더빌트, 코르넬리우스 38, 47, 49
비너스 리, 팀 69, 411
버드, 이사벨라 303,
버틀러, 이몬 167, 378
버핏, 워런 168, 405

번영 19, 23, 25, 46, 72, 80, 205
벌린, 아이자이어 430-431
베네수엘라 58, 360
베네치아 273
베론, 찰리 504
베블런, 소스타인 163
베어드, 존 로지 69
베인스, 에드워드 345
베일리, 론 322
베전트, 애니 317
베트남 35, 287
벨, 알렉산더 그레이엄 69
보겔, 오빌 218
보슈, 카를 216
보이어, 스탠리 337
보츠와나 35, 477-479, 485
볼로그, 노먼 218-220
볼턴, 매슈 337, 388
뵈트거, 요한 프리드리히 282
부드로, 돈 44, 328
부르키나파소 235
북한 35, 183, 285, 484
브라마, 조지프 337
브라운, 고든 473
브라운, 레스터 226, 422-423, 447-448
브라운, 루이즈 455
브라운, 페르디난트 409
브래들로, 찰스 317
브랜드, 스튜어트 235, 289, 313
브로스넌, 세라 99
브루넬, 마크 337
브린, 세르게이 337

블레셋 255, 261
블롬보스 동굴 91, 134
비관주의 25, 38-39, 217, 419-463, 506, 467-468, 470, 507
비교우위 117, 123-124, 156, 192, 260, 299
비블로스 252
bt목화 231-232, 237
비옥한 초승달 지대 192, 380
빈호벤, 루트 53

ㅅ

사우디, 로버트 32, 425-427
사이먼, 줄리언 135, 419, 451
사회의 진화 20, 99
산성비 420-421, 452-455, 489
살린스, 마셜 205, 208
상법 186, 254, 275
상호의존 74-75
새먼, 세실 218
생물학적 진화 20-23, 85-86, 519
생태적 극상 379
샤피로, 칼 400
샹플랭, 사뮈엘 213
서브라마니안, 어빈드 472
서키, 클레이 528
석탄 308, 326-327, 330-332, 348-353, 357-359, 369, 450
선천성 결손증 458-459
〈성장의 한계〉 451
세계적 기근 420, 447-449
세마테크SEMATECH 403

서머, 마이클 161, 168, 186
세넌, 스티븐 134, 206
세이디, 루스 249
소로, 헨리 데이비드 61-62, 290
소말리아 35, 470, 501, 524
소송(수운의상대) 530
소크, 조너스 69, 394
손더스, 피터 162
솔로, 로버트 176, 415
솔로몬, 로버트 150
쇼베 동굴 16, 114, 126
수렵채집인 | 생산과 소비 패턴 55-56 |
　　노동의 분업 102-106, 125 | 기근
　　194 | 집단 크기의 제약 126-131 |
　　식품 가공 69-70 | 기술적 퇴보
　　127-128 | 교역 119, 127 | 폭력
　　77-78, 211-214
수확 체중 376, 380-382, 415
순기르 117, 121, 126
슈펭글러, 오스발트 431
슘페터, 조지프 179, 345, 415, 450
스리랑카 68, 110, 313, 317, 445
스미스, 버넌 25, 145, 296, 484
스미스, 애덤 5, 24, 68-69, 96-97, 131,
　　149-151, 161, 165, 191, 305, 357,
　　377, 410, 424, 519
스와질란드 35
스완, 조지프 354, 409
스웨덴 38, 282, 348, 453, 511
스웨이츠, 토머스 63
스위프트, 조너선 188, 364
스타이너, 메리 107-108, 114

스타인, 길 245
스타인, 허브 422
스탠리, 래리 411
스턴, 니컬러스 491-493
스텝토, 패트릭 455
스트롱, 모리스 434, 462
스티븐슨, 조지 387
스팽글러, 데인 439, 446
스페인 41, 57, 200, 271, 281, 283, 285,
　　339, 431, 497
스펜서, 허버트 170
스포렌 231
스필오버 406, 409
시돈 256
시리아 192, 202, 251, 266
시바, 반다나 239
시브라이트, 폴 150, 213
시에라리온 35, 470
시칠리아 266, 272
신석기시대 69, 201, 204
신종플루 460
실버, 리 190
실크로드 278
싱가포르 58, 246, 286

ㅇ

아그타 족 104
아나톨리아 197-198, 252-256
아난, 코피 500
아데나워, 콘라트 432
아르놀피니, 조반니 274
아르헨티나 35, 184-185

아말피 272
아바스 247, 272
아부 후레이라 197
아소카 대왕 264-265
아슈르 253
아슐리안 주먹도끼 83-86
아스피린 390
아시리아 247, 253-257
아시모프, 아이작 525
아우 족 141
아이디어의 타가수정 22
아이작, 글린 107
IPCC 490, 493-497, 502, 506, 508, 516
아체 족 103
아추아르 족 141
아카드 247, 252-253
아크라이트, 리처드 346
아프가니스탄 35, 469, 524
아프리카 | 가난 469-471 | 경제 성장 470, 487-488 | 교역 487-488 | 국제 원조 471-475 | 농업 222, 226, 235-237, 476 | 식민주의 475 | 인구학적 천이 315, 321, 470 | 1인당 국민소득 35, 471-472, 477 | 재산권 477
아프리카인(인류 초기) 91-92, 101, 109
안다만 제도 111, 127
알렉산더, 개리 440
알렉산드라 263
알야와레 족 105
알제리 91, 371, 512
알콰리즈미 182

알프스 189-190, 203, 273
애덤 스미스 문제 149
애덤스, 헨리 431
야간 족 104
〈어젠더 21〉 433
언어 18-19, 94, 98, 111, 120, 200
에너지 집약도 370
에드워즈, 로버트 455
에디슨, 토머스 354, 372, 409
에를리히, 폴 219, 290-291, 310, 316, 444, 449, 451
에미안 간빙기 90
에발트, 파울 460
에이스모글루, 대런 477
에이즈 23, 456-458, 470, 475-476, 479, 523
HANPP 221-222
에임스, 브루스 444
에탄올 364-367, 448
에티오피아 35, 89, 91, 200, 470,
엥겔스, 프리드리히 209
영, 에일린 415
영국 | 기대수명 34 | 기후 변화 정책 491 | 명예혁명 339 | 부유함 37, 46, 333-335 | 산업혁명 163, 348-351, 386-390 | 소득 평등 40 | 에너지 사용 509 | 의회 개혁 170 | 자본시장 390-391 | 저작권 시스템 402 | 출산율 307
예리코 197, 212
예벨 사하바 78
오랑 아슬리 111

오랑우탄 101
오미디아르, 피에르 158
오서벨, 제시 363, 514
오웰, 조지 383, 432, 525
오펙, 하임 101, 202
오픈소스 158, 410, 527
오할로2 192-193
옥시토신 151-155
온실가스 73, 233, 238, 366
와그너, 찰스 429
와이츠먼, 마틴 494
와일더, 손턴 532
와트, 제임스 337, 387, 408
왐부구, 플로렌스 236
왓슨, 토머스 423
외르스테드, 한스 크리스티안 409
외치 189-191, 203-205, 211
우루크 245-247, 253, 331
우바이드 문화 244-246
우에드 드제바나 91
울리히, 베른트 453
월마트 177-179
월턴, 샘 177, 397
웨스팅하우스, 조지 354
웨지우드, 조사이어 180, 342, 387
웰스, H. G. 109, 466, 523, 525
웰치, 잭 394
위키피디아 158, 181, 411, 528
윌리엄스, 앤서니 395
윌리엄스, 조지프 384
윌슨, 바트 145, 481
윌슨, E. O. 368, 437

유아사망률 35-36, 314, 318, 320, 426
유프라테스 197, 244, 247
육시네 호수 199
이노베이션 | 과학과의 관계 385-390 |
    교역 117-118 | 교환 120, 405-412
    | 무제한성 412-416 | 수확 체증
    377, 381, 415 | 자본 투자 191,
    390-395 | 전문화 108, 131, 380 |
    정부 지출 프로그램 403-405 |
    지적재산권 396-402
이누잇 족 77, 103, 107, 196
이라크 58, 244, 253
이븐 할둔 278
이산화탄소 201, 238, 332, 358, 366, 469,
    495, 501, 505-506, 509
이성적 낙관주의자 26, 50, 60, 323,
    467-468
이스라엘 90-91, 114, 192, 226, 257
이스터브룩, 그레그 438
이스털리, 윌리엄 473-474
이스털린, 리처드 51
이집트 78, 194, 196, 218, 235, 247, 248,
    252, 254-257, 262, 266, 268, 272,
    277, 295, 297, 302, 448, 480, 197
이차보 215
이탈리아 35, 114, 164, 171, 261-262,
    266, 272-274, 277, 302, 317, 380,
    431, 531
인구 폭발 23, 214, 322, 376, 420,
    467-468
《인구 폭탄》(에를리히) 219, 448
인구학적 천이 310-323, 470

인도 36, 41, 110, 113, 144, 183, 198,
　　200, 217-219, 226, 231-232, 239,
　　246, 252, 264-269, 274, 285-286,
　　288, 297, 302, 308, 311-313, 347,
　　352, 370, 380, 461, 485
인도-유럽어 200
인터넷 66, 158-159, 166, 170, 180,
　　382-383, 395, 403-404, 407, 411,
　　474, 485, 522, 528-529
일본 36, 38, 52, 58, 164, 172, 183, 280,
　　285-286, 297, 303-306, 335-336,
　　381
잉글하트, 로널드 53

ㅈ
자급자족 51-52, 70, 131
자연선택 20-21, 53, 85, 93, 155-156,
　　460, 519
자원의 저주 58
자코브, 프랑수아 22
잭, 폴 151, 156
잠비아 54, 235, 470, 472
잡스, 스티브 337
재생 가능 에너지 331, 348, 361-363,
　　368, 450, 503-504, 510-512
저지대 국가들 330, 344, 380
전문화 | 교환 관련 23, 61, 95, 98, 122,
　　145-146, 183, 185 | 노동의 분업
　　관련 23, 61, 80, 121, 125 | 성별
　　전문화 103, 105-109
전환점 429, 434, 436-437, 447-449,
　　452, 462

점적관개 226-229
제너, 에드워드 337
제노바 144, 260, 272-273, 275
제번스, 스탠리 359, 271
제이콥스, 제인 198
제퍼슨, 토머스 374, 376
젠센, 로버트 486
존스, 리스 129
종말론 중독자 440, 448
주커버그, 마크 395
중국 | 경제적·기술적 후퇴 275-276, 281
　　| 농업 192, 196, 226 | 마오쩌둥 36,
　　279, 285, 396, 441 | 명나라 184,
　　273, 275, 392, 463 | 무역 144,
　　267-268, 271, 280, 286 | 상나라
　　254 | 석탄 공급 349 | 이노베이션
　　79, 530 | 1인당 소득 184 | 출산율
　　32, 311, 317
지구 온난화 420-421, 452, 469
지구의 친구들 54, 235, 238
지그메 싱기에 왕추크 50
지대 추구 26, 58, 279, 457
지멘스, 윌리엄 354
직립원인 85, 113, 118
직립 호미니드 87-89, 113, 115, 129
진티스, 허버트 140
짐바브웨 35, 184, 449, 470
집단지능 19, 68, 2장, 95, 127, 129, 134,
　　140, 156, 520-521

ㅊ

차일드, 고든 208, 248
차탈회유크 197
처칠, 윈스턴 430
체르노빌 424, 458, 513
추마시 족 104, 149
침팬지 21, 55-56, 99-100, 102, 154

ㅋ

카네기, 앤드루 47
카니, 토머스 266
카디즈(가디르) 258-529, 261
카랄 249-250
카룸 253-254
카르타고 260-261, 265-266
카를 5세 57, 281
카메룬 97
카슨, 레이철 233, 443
카탈락시 96, 526, 529-531
카터, 지미 360
카트라이트, 에드먼드 337
카플란, 로버트 436-437
칼리파노, 조지프 310
캘리포니아 59, 104, 114, 149, 230, 338, 362, 367, 381, 384, 391
캄보디아 35
캘리코 면 343
캥거루 섬 131
케냐 73-74, 236-237, 319, 470, 485, 499
케네, 프랑수아 75
케이, 존 346
켈리, 케빈 528
코널리, 매슈 311
코스미데스, 리다 96
코이산 족 92, 103-104, 112, 183, 478
코헨, 마크 208
콘그리브, 윌리엄 337
콘스탄티노플 269, 271
콜러, 한스 피터 323
콜럼버스, 크리스토퍼 147, 281
콜리어, 폴 470-471
콜필드, 클라이너 퍼킨스 391
콥, 켈리 64
콩고 35, 54, 470
콰키우틀 인디언 148
쿠즈네츠 환경 곡선 169
쿤, 스티븐 107-108, 114
쿨라 시스템 206-207
쿵 족 77, 210
크라이튼, 마이클 385
크래퍼 69
크롬프턴, 새뮤얼 346
크룩스 경 215-217
클라시스 강 134
클라크, 그레고리 297, 307
클라크, 아서 525
클라크, 콜린 224, 346
클레르보 수도원 329, 530
클리핑거, 존 158
키케로 265
키프로스 203, 226, 258
킬리, 테렌스 264
킹, 그레고리 333
킹던, 조너선 111-112

ㅌ

타르드, 가브리엘 20
타스만, 아벌 130
타운스, 찰스 410
타이완 58, 286, 335, 479
탄소발자국 73, 510
탄자니아 103, 141, 470, 483-484, 487
탈하임 212
태버른 경 163
태양에너지 330, 368-369, 509, 512
태즈메이니아 127-135
태터솔, 이언 121
탭스콧, 돈 395
터키 114, 197-198, 202
테슬라, 니콜라 354
테일러, 바버라 163
텔퍼드, 토머스 337
토인비, 아널드 163
톨, 리처드 491
투르친, 페테르 278
투비, 존 96
트러셀, 로버트 430
트레비식, 리처드 337, 387
트로브리안드 군도 98
트립, 후안 48
특허 소송꾼 400
특허의 가시숲 400, 402
티레 256-261, 488
티베리우스 392
티에라 델 푸에고 제도 78, 104, 132, 147, 211
티엘, 피터 395
티위 족 131

ㅍ

파레토, 빌프레도 378
파르지온, 조지프 366
파키스탄 218-219, 312, 362, 447
파팽, 드니 387
팔버그, 로버트 235
패독, 윌리엄 448
패독, 폴 448
패러데이, 마이클 409
패짓, 존 164
패킷 교환 398
퍼거슨, 애덤 14
페니실린 390
페니키아 255-261, 271, 284, 308
페닝턴, 휴 458
페루 58, 156, 196, 204, 249-250, 280, 302
페르, 에른스트 151
페블베드 모듈형 원자로PBMR 371, 513
페이젤, 마크 120
페티, 윌리엄 283, 305, 385
펠리페 2세 57
펨버턴, 존 397
포겔헤르트 동굴 117
포드, 포드 매독스 288
포드, 헨리 48-49, 180, 288, 408
포레스터, 제이 451
포리트, 조너선 467
포머란츠, 케네스 308-309
포스트렐, 버지니아 433

포차르, 에마누엘 398
포트리쿠스, 잉고 236
폴라니, 칼 252-253
퐁텐, 이폴리트 354
푸드마일 73-74
푸수켄 254
프라이, 아트 394
프랑스 36, 46, 281, 283, 302, 315, 217, 336, 339, 358, 381, 391, 481
프랭크, 로버트 153-154
프랭클린, 벤저민 170
프랭클린, 벤저민 388
프레비시, 라울 285
프렌드, 리처드 389
프리델, 로버트 341
프리드먼, 밀턴 175
프톨레마이오스 3세 263
플라톤 435
플랑드르 277, 302
플린 효과 41
플린, 제임스 41
플린더스 섬 131
피그미 족 112
피너클 포인트 89, 134
피사 272
피시먼, 찰스 178
피토, 리처드 444
피프스, 새뮤얼 334
핀란드 35, 64, 394
필립스, 애덤 163, 436

ㅎ

하그리브스, 제임스 346, 387
하딘, 개릿 310, 322
하라파 248
하버, 프리츠 216, 223, 226
하이델베르크인 85-86
하이에크, 프리드리히 20, 41, 68, 96, 378, 420, 526
하즈다 족 103, 106
한국(남한) 35, 58, 64, 183, 280, 286, 323, 477, 479
해양 산성화 420, 453, 505-506
허디, 세라 142
허스트, 블레이크 232
헉슬리, 올더스 431, 525
헤라크레이토스 379
헤시오도스 435
헨리, 조지프 408-409
헨리치, 조 126
헬러, 마이클 400
헬레스폰트 199, 261
호메로스 16, 258
호모 사피엔스 89, 107
호크, 디 384
호혜주의 96-99, 152, 206, 252, 258
홀드런, 존 310, 462
홀레 펠스 117
홍적세 76, 79
홍콩 58, 135, 243, 260, 286, 335, 487, 488

화석연료 220, 230, 238, 327-328, 331,
　　　333, 348, 358-359, 366, 369-371,
　　　469, 508-509
화식 86, 88, 94, 101-102, 107
화이트헤드, 앨프리드 노스 385
황화론 309
후드, 르로이 337
휘트먼, 메그 180
휘퍼, 빌헬름 443
휠러, 모티머 249
휴런족 213
휴버, 피터 369, 511
흄, 데이비드 154. 164-165, 261
흑사병 209, 270, 277, 301, 303, 429
히위족 103
히틀러 36, 281, 441
히펠, 에릭 폰 411